Web 开发视频点播大系

CSS3+DIV 网页样式与布局从入门到精通

未来科技　编著

中国水利水电出版社
www.waterpub.com.cn
·北京·

内 容 提 要

《CSS3+DIV 网页样式与布局从入门到精通》一书全面系统地讲解了 CSS3 基础理论和实际运用技术，通过大量实例对 CSS DIV 技术、CSS 核心技术、CSS 实战应用进行了深入浅出的分析。全书分为 3 大部分，共 16 章。第 1 部分主要介绍了 CSS 相关的基础知识，包括 CSS 样式设计基础，使用 CSS 设置字体和文本样式、设置图片样式、控制背景图像、设计列表样式、设计表格样式、设计表单样式、定义链接样式，使用 DIV+CSS 布局网页，使用 CSS 定位，网页版式设计与实战等；第 2 部分介绍了 CSS 新技术，包括使用 CSS3 布局网页和设计动画；第 3 部分为扩展应用部分，介绍了如何使用 JavaScript 控制 CSS 样式、使用 CSS 设计 XML 文档样式、设计可响应的移动页面等。

《CSS3+DIV 网页样式与布局从入门到精通》配备了极为丰富的学习资源，其中配套资源有：**249 节教学视频（可二维码扫描）、素材源程序**；附赠的拓展学习资源有：**习题及面试题库、案例库、工具库、网页模板库、网页配色库、网页素材库、网页案例欣赏库等**。

《CSS3+DIV 网页样式与布局从入门到精通》适用于 CSS 从入门到精通、CSS DIV 从入门到精通层次读者，也可作为高校网页设计、网页制作、网站建设、Web 前端开发相关专业的教学参考书或相关机构的培训教材。

图书在版编目（CIP）数据

CSS3+DIV网页样式与布局从入门到精通 / 未来科技编著. -- 北京 : 中国水利水电出版社, 2017.8（2022.7重印）
（Web开发视频点播大系）
ISBN 978-7-5170-5422-1

Ⅰ. ①C… Ⅱ. ①未… Ⅲ. ①网页制作工具 Ⅳ. ①TP393.092.2

中国版本图书馆CIP数据核字(2017)第115072号

书　名	CSS3+DIV 网页样式与布局从入门到精通　CSS3+DIV WANGYE YANGSHI YU BUJU CONG RUMEN DAO JINGTONG
作　者	未来科技　编著
出版发行	中国水利水电出版社 （北京市海淀区玉渊潭南路 1 号 D 座　100038） 网址：www.waterpub.com.cn E-mail：zhiboshangshu@163.com 电话：（010）62572966-2205/2266/2201（营销中心）
经　售	北京科水图书销售有限公司 电话：（010）68545874、63202643 全国各地新华书店和相关出版物销售网点
排　版	北京智博尚书文化传媒有限公司
印　刷	涿州市新华印刷有限公司
规　格	203mm×260mm　16 开本　33.25 印张　936 千字
版　次	2017 年 8 月第 1 版　2022 年 7 月第 7 次印刷
印　数	16001—19000 册
定　价	69.80 元

前 言

Preface

随着以 CSS+DIV 技术为核心的网页标准化设计的流行，对 CSS 的学习也成为设计人员的必修课。基于此，本书系统地讲解了 CSS 的基础知识和实际运用技巧，通过大量实例对 CSS 进行深入浅出的讲解。

全书着重讲解如何用 CSS+DIV 进行网页布局，注重实际操作，使读者在学习 CSS 应用技术的同时，掌握 CSS+DIV 的精髓。另外，本书还详细讲解了 CSS 的外延技术细节，抓住 CSS3 最新技术，让读者学有所成，学以致用，提高综合应用能力。

本书编写特点

📖 系统深入

本书系统地讲解了 CSS 层叠样式表技术在网页设计中各个方面的应用，从为什么要用 CSS 开始讲解，循序渐进，配合大量实例，帮助读者奠定坚实的理论基础，做到“知其然，知其所以然”。

📖 案例丰富

书中设置大量应用案例、示例，重点强调具体技术的灵活应用，并且结合了作者长期的网页设计制作和教学经验，使读者真正做到学以致用。

📖 重点突出

本书用相当的篇幅重点介绍了用 DIV+CSS 进行网页布局的方法和技巧，配以经典的布局案例，帮助读者掌握 CSS 最核心的应用技术。

📖 综合应用

真正的网页除了外观表现之外，还需要结构标准语言和行为标准的结合，因此本书还特别讲解了 CSS 与 JavaScript、Ajax 和 XML 的混合应用，这些都是 Web 2.0 网站中的主要技术，使读者一并掌握高级的网页制作技术。

本书内容

本书分为 3 大部分，共 16 章，具体结构划分及内容如下。

第 1 部分：CSS 基础知识，包括第 1 章～第 11 章，主要介绍了 CSS 相关的基础知识，包括 CSS 样式设计基础，使用 CSS 设置字体和文本样式、图片样式、背景图像样式、列表样式、表格样式、表单样式、链接样式，使用 DIV+CSS 布局网页，使用 CSS 定位，网页版式设计与实战等。

第 2 部分：CSS3 新技术，包括第 12 章～第 13 章，主要通过对 CSS3 布局和动画进行介绍，由浅入深地讲解设计交互样式和新布局的方法，帮助读者轻松掌握 DIV+CSS 新布局方式，制作出精美的网页并搭建功能强大的网站。

第 3 部分：扩展应用，包括第 14 章～第 16 章，主要介绍了设计可响应的移动网页、使用 JavaScript 控制 CSS 样式、使用 CSS 设计 XML 文档样式等内容。这些知识在网页设计实践中会经常用到，因此读者需要学习和掌握它们，并能够综合应用各种技术，解决复杂的网页设计问题。

本书显著特色

📖 **体验好**

二维码扫一扫，随时随地看视频。书中几乎每个章节都提供了二维码，读者朋友可以通过手机微信扫一扫，随时随地看相关的教学视频（若个别手机不能播放，请参考前言中的“本书学习资源列表及获取方式”下载后在计算机上可以一样观看）。

📖 **资源多**

从配套到拓展，资源库一应俱全。本书不仅提供了几乎覆盖全书的配套视频和素材源文件，还提供了拓展的学习资源，如习题及面试题库、案例库、工具库、网页模板库、网页配色库、网页素材库、网页案例欣赏库等，拓展视野、贴近实战，学习资源一网打尽！

📖 **案例多**

案例丰富详尽，边做边学更快捷。跟着大量的案例去学习，边学边做，从做中学，使学习更深入、更高效。

📖 **入门易**

遵循学习规律，入门与实战相结合。本书编写模式采用“基础知识+中小实例+实战案例”的形式，内容由浅入深、循序渐进，从入门中学习实战应用，从实战应用中激发学习兴趣。

📖 **服务快**

提供在线服务，随时随地可交流。本书提供QQ群、网站下载等多渠道贴心服务。

本书学习资源列表及获取方式

本书的学习资源十分丰富，全部资源分布如下：

📖 **配套资源**

（1）本书的配套同步视频，共计249节（可用二维码扫描观看或从下述的网站下载）。

（2）本书的素材及源程序，共计275项。

📖 **拓展学习资源**

（1）习题及面试题库（共计1 000题）。

（2）案例库（各类案例4 396个）。

（3）工具库（HTML参考手册11部、CSS参考手册10部、JavaScript参考手册26部）。

（4）网页模板库（各类模板1 636个）。

（5）网页素材库（17大类）。

（6）网页配色库（623项）。

（7）网页案例欣赏库（共计508例）。

📖 **以上资源的获取及联系方式**

（1）读者朋友可以加入本书微信公众号咨询关于本书的所有问题。

（2）登录网站 xue.bookln.cn，输入书名，搜索到本书后下载。

（3）加入本书学习交流专业解答 QQ 群：621135618，获取网盘下载地址和密码。

（4）读者朋友还可通过电子邮件 weilaitushu@126.com、945694286@qq.com 与我们联系。

（5）登录中国水利水电出版社的官方网站：www.waterpub.com.cn/softdown/，找到本书后，根据相关提示下载。

本书约定

为了给读者提供更多的学习资源，同时弥补篇幅有限的遗憾，本书提供了很多参考链接，部分书中无法详细介绍的问题都可以通过这些链接找到答案。这些链接地址仅供参考，因为这些链接地址会因时间而有所变动或调整，本书无法保证所有这些地址是长期有效的。确有需要，请加入本书 QQ 群进行咨询。

本书所列出的插图可能会与读者实际环境中的操作界面有所差别，这可能是由于操作系统平台、浏览器版本等不同而引起的，在此特别说明，读者应该以实际情况为准。

本书适用对象

本书适用于网页设计、网页制作、网站建设的入门者和有一定基础的读者，也适用于高等院校，尤其是职业院校相关专业的学生及社会培训机构的学员等。

关于作者

未来科技是由一群热爱 Web 开发的青年骨干教师组成的一个松散组织，主要从事 Web 开发、教学培训、教材开发等业务。该群体编写的同类图书在很多网店上的销量名列前茅，让数十万的读者轻松跨进了 Web 开发的大门，为 Web 开发的普及和应用做出了积极贡献。

参与本书编写的人员有：刘望、彭方强、邹仲、谢党华、雷海兰、郭靖、马林、刘金、吴云、赵德志、张卫其、李德光、刘坤、杨艳、顾克明、班琦、蔡霞英、曾德剑、曾锦华、曾兰香、曾世宏、曾旺新、曾伟、常星、陈娣、陈凤娟、陈凤仪、陈福妹、陈国锋、陈海兰、陈华娟、陈金清、陈马路、陈石明、陈世超、陈世敏、陈文广等。

编　者

目　录

Preface

第1章　CSS样式设计基础 1

视频讲解：27个　示例：37个

1.1　网页设计需要学什么 1

1.1.1　学习HTML 1

1.1.2　掌握DIV布局 2

1.1.3　学习CSS 2

1.1.4　学习JavaScript 3

1.2　设计良好的结构 4

1.2.1　一个简单的文档必须包含的内容 4

1.2.2　认识标签 5

1.2.3　选用标签 7

1.2.4　使用div和span 7

1.2.5　使用id和class 8

1.2.6　设置文档类型 9

1.2.7　认识显示模式 9

1.3　初识CSS 11

1.3.1　CSS发展历史 11

1.3.2　CSS优势 12

1.3.3　CSS样式 12

1.3.4　应用CSS样式 12

1.3.5　CSS样式表 14

1.3.6　导入样式表 14

1.3.7　CSS注释和格式化 14

1.3.8　设计第一个样式示例 15

1.4　CSS选择器 16

1.4.1　认识CSS选择器 16

1.4.2　标签选择器 16

1.4.3　ID选择器 17

1.4.4　类选择器 18

1.4.5　指定选择器 20

1.4.6　包含选择器 20

1.4.7　子选择器 22

1.4.8　相邻选择器 22

1.4.9　兄弟选择器 23

1.4.10　分组选择器 25

1.4.11　伪选择器 25

1.4.12　属性选择器 26

1.4.13　通用选择器 28

1.5　CSS特性 28

1.5.1　层叠性 28

1.5.2　继承性 29

第2章　使用CSS设置字体和文本样式 30

视频讲解：19个　示例：21个

2.1　字体和文本样式基础 30

2.1.1　字体类型 30

2.1.2　字体大小 32

2.1.3　字体颜色 35

2.1.4　字体粗细 35

2.1.5　斜体字体 36

2.1.6　装饰线 37

2.1.7　字体大小写 38

2.1.8　文本水平对齐 39

2.1.9　文本垂直对齐 41

2.1.10　字间距和词间距 42

2.1.11　行高 43

2.1.12　首行缩进 45

2.2　实战案例 47

2.2.1　模拟百度Logo样式 47

2.2.2　定义标题样式 49

2.2.3　定义正文样式 51

2.2.4　设计文本块样式 52

2.2.5　设计新闻版面 55

2.2.6　设计图文版面 59

2.2.7　设计单页版式 63

第 3 章 使用 CSS 设置图片样式 66
视频讲解：14 个 示例：11 个
3.1 图片样式基础 66
3.1.1 图片边框 66
3.1.2 图片大小 68
3.1.3 图片对齐 69
3.1.4 半透明图片 71
3.1.5 圆角图片 72
3.1.6 阴影图片 73
3.2 实战案例 75
3.2.1 设计镶边效果 75
3.2.2 设计水印效果 76
3.2.3 图文混排 78
3.2.4 图片布局 81
3.2.5 多图版式 84
3.2.6 圆角栏目 87
3.2.7 设计个人简历 1 90
3.2.8 设计个人简历 2 94

第 4 章 使用 CSS 控制背景图像 98
视频讲解：15 个 示例：13 个
4.1 背景样式基础 98
4.1.1 背景颜色 98
4.1.2 版块配色 99
4.1.3 设置背景图像 103
4.1.4 背景平铺 104
4.1.5 背景定位 106
4.1.6 固定背景 109
4.1.7 定位参考 110
4.1.8 背景裁剪 112
4.1.9 背景大小 113
4.1.10 多背景图 115
4.2 实战案例 116
4.2.1 设计带花纹的网页边框 116
4.2.2 设计圆边页面 121
4.2.3 设计分栏版式 125
4.2.4 设计滑动门菜单 127
4.2.5 设计焦点图 130

第 5 章 使用 CSS 定义链接样式 133
视频讲解：12 个 示例：11 个
5.1 链接样式基础 133
5.1.1 设置链接样式 133
5.1.2 定义下划线样式 134
5.1.3 定义类型标识样式 136
5.1.4 定义按钮样式 137
5.1.5 案例：基本链接样式应用 140
5.2 实战案例 144
5.2.1 鼠标光标样式 144
5.2.2 文档类型提示 147
5.2.3 工具提示样式 148
5.2.4 立体菜单栏 150
5.2.5 设计 CSS Sprites 导航栏 152
5.2.6 选项卡 156
5.2.7 浏览大图 160

第 6 章 使用 CSS 设计列表样式 163
视频讲解：12 个 示例：6 个
6.1 列表样式基础 163
6.1.1 设置项目符号 163
6.1.2 自定义项目图标 166
6.1.3 定义列表项目的版式 167
6.2 实战案例 168
6.2.1 设计新闻栏目 168
6.2.2 设计导航菜单 172
6.2.3 设计多级菜单 175
6.2.4 设计列表版式 178
6.2.5 使用列表设计图文混排页面 181
6.2.6 设计水平滑动菜单 187
6.2.7 设计垂直滑动菜单 189
6.2.8 设计 Tab 面板 191
6.2.9 设计下拉式面板 193

第 7 章 使用 CSS 设计表格样式 196
视频讲解：9 个 示例：7 个
7.1 表格样式基础 196
7.1.1 设置表格背景色和前景色 196
7.1.2 设置表格边框 198
7.1.3 设置单元格边距 199
7.1.4 设置表格标题的位置 200
7.1.5 隐藏空单元格 201
7.2 实战案例 202
7.2.1 设计课程表 202

7.2.2　设计通讯录 204
7.2.3　设计月历 208
7.2.4　设计分组表格 212

第 8 章　使用 CSS 设计表单样式 218
视频讲解：8 个　示例：11 个
8.1　表单样式基础 218
8.1.1　定义表单字体样式 218
8.1.2　定义表单边框和边距样式 221
8.1.3　定义表单背景样式 223
8.2　实战案例 226
8.2.1　定义表单样式 226
8.2.2　设计下拉菜单样式 230
8.2.3　设计注册表 231
8.2.4　设计调查表 235
8.2.5　设计反馈表 241

第 9 章　使用 DIV+CSS 布局网页 245
视频讲解：14 个　示例：14 个
9.1　CSS 盒模型 245
9.1.1　定义边界 245
9.1.2　定义补白 248
9.1.3　定义边框 251
9.1.4　定义尺寸 253
9.2　CSS 布局基础 255
9.2.1　定义显示类型 255
9.2.2　定义显示模式 255
9.2.3　网页布局样式 256
9.2.4　设置浮动显示 257
9.2.5　清除浮动 260
9.2.6　浮动嵌套 262
9.2.7　网页布局方法 263
9.3　实战案例 267
9.3.1　网站重构 267
9.3.2　设计两列网页 272
9.3.3　设计三列网页 277

第 10 章　使用 CSS 定位 282
视频讲解：12 个　示例：13 个
10.1　CSS 定位基础 282
10.1.1　设置定位显示 282
10.1.2　静态定位 283
10.1.3　绝对定位 283
10.1.4　相对定位 284
10.1.5　固定定位 285
10.1.6　定位包含框 286
10.1.7　设置定位偏移 289
10.1.8　设置层叠顺序 293
10.1.9　层叠上下文 295
10.2　实战案例 297
10.2.1　画册式网页定位 297
10.2.2　展厅式网页定位 301
10.2.3　书签式网页定位 306

第 11 章　网页版式设计与实战 311
视频讲解：14 个　示例：4 个
11.1　HTML 结构重构 311
11.1.1　设计基本结构 311
11.1.2　SEO 结构优化 313
11.2　单列版式 314
11.3　两列版式 316
11.3.1　弹性版式 316
11.3.2　固宽版式 319
11.3.3　混合版式 320
11.4　三列版式 324
11.4.1　弹性版式 324
11.4.2　固宽版式 328
11.4.3　混合版式 329
11.4.4　多列等高 333
11.5　实战案例 336
11.5.1　设计单列固宽网页 336
11.5.2　设计单列弹性框架网页 341
11.5.3　设计两列弹性网页 347
11.5.4　设计三列弹性网页 352

第 12 章　使用 CSS3 布局网页 356
视频讲解：15 个　示例：15 个
12.1　多列流动布局 356
12.1.1　设置列宽 356
12.1.2　设置列数 357
12.1.3　设置列间距 358
12.1.4　设置列边框样式 359
12.1.5　设置跨列显示 360

12.1.6 设置列高度............................361

12.2 弹性盒布局............................362

12.2.1 定义 Flexbox............................363

12.2.2 定义伸缩方向............................365

12.2.3 定义行数............................366

12.2.4 定义对齐方式............................368

12.2.5 定义伸缩项目............................370

12.3 实战案例............................373

12.3.1 比较三种布局方式............................373

12.3.2 设计可伸缩网页模板............................377

12.3.3 设计多列网页............................381

12.3.4 设计 HTML5 应用网页模板....383

第 13 章 使用 CSS3 设计动画................ 387

视频讲解：23 个 示例：29 个

13.1 设计 2D 变换............................387

13.1.1 定义旋转............................387

13.1.2 定义缩放............................388

13.1.3 定义移动............................389

13.1.4 定义倾斜............................391

13.1.5 定义矩阵............................392

13.1.6 定义变换原点............................393

13.2 设计 3D 变换............................394

13.2.1 定义位移............................395

13.2.2 定义缩放............................397

13.2.3 定义旋转............................398

13.3 设计过渡动画............................401

13.3.1 设置过渡属性............................401

13.3.2 设置过渡时间............................402

13.3.3 设置延迟时间............................402

13.3.4 设置过渡动画类型............................403

13.3.5 设置触发方式............................404

13.4 设计帧动画............................410

13.4.1 设置关键帧............................410

13.4.2 设置动画属性............................411

13.5 实战案例............................414

13.5.1 设计挂图............................414

13.5.2 设计高亮显示............................415

13.5.3 设计 3D 几何体............................416

13.5.4 设计旋转的盒子............................419

13.5.5 设计可折叠面板............................421

13.5.6 设计翻转广告............................422

13.5.7 设计跑步动画............................424

第 14 章 设计可响应的移动网页 426

视频讲解：9 个 示例：7 个

14.1 响应式设计基础............................426

14.1.1 响应式设计流程............................426

14.1.2 设计响应式图片............................427

14.1.3 定义媒体类型............................429

14.1.4 使用@media............................430

14.1.5 在<link>中定义媒体查询.....433

14.1.6 设计响应式布局............................437

14.2 实战案例............................441

14.2.1 根据设备控制显示内容.........441

14.2.2 设计伸缩菜单............................444

14.2.3 设计可响应网页模板............446

14.2.4 设计响应式网站首页............448

第 15 章 使用 JavaScript 控制 CSS 样式.....452

视频讲解：39 个 示例：73 个

15.1 在网页中使用 JavaScript............................452

15.1.1 使用<script>标签............................452

15.1.2 脚本位置............................454

15.1.3 延迟执行............................455

15.1.4 异步响应............................456

15.1.5 脚本样式与 CSS 样式............457

15.2 获取网页对象............................458

15.2.1 获取元素............................458

15.2.2 使用 CSS 选择器............................460

15.2.3 遍历 DOM 节点............................461

15.2.4 遍历元素............................462

15.3 操作类样式............................464

15.3.1 获取类样式............................464

15.3.2 添加类样式............................465

15.3.3 删除类样式............................466

15.4 读写行内样式............................467

15.4.1 CSS 脚本特性............................467

15.4.2 使用 style 对象............................468

15.5 读写样式表中样式............................473

15.5.1 使用 styleSheets 对象............474

15.5.2 访问样式............................475

15.5.3　读取选择符 477
15.5.4　编辑样式 478
15.5.5　添加样式 479
15.5.6　读取最终样式 480
15.6　获取尺寸 483
15.6.1　获取对象大小 483
15.6.2　获取可视区域大小 484
15.6.3　获取偏移大小 487
15.6.4　获取窗口大小 488
15.7　获取位置 489
15.7.1　获取偏移位置 489
15.7.2　获取相对位置 491
15.7.3　获取定位位置 492
15.7.4　获取鼠标指针位置 492
15.7.5　获取鼠标指针相对位置 493
15.7.6　获取滚动条位置 495
15.8　设置位置 495
15.8.1　设置偏移位置 495
15.8.2　设置相对位置 496
15.8.3　设置滚动条位置 497
15.9　显示 497
15.9.1　可见性 497
15.9.2　透明度 498
15.10　实战案例 499
15.10.1　使用定时器 499
15.10.2　设计运动 502
15.10.3　设计渐变 503
15.10.4　设计换肤 504

第 16 章　使用 CSS 设计 XML 文档样式 ...507
视频讲解：7 个　示例：3 个
16.1　XML 样式基础 507
16.1.1　XML 文档结构 507
16.1.2　嵌入 CSS 样式 509
16.1.3　使用 CSS 样式表 510
16.2　实战案例 512
16.2.1　设计特效文字 512
16.2.2　设计表格样式 513
16.2.3　设计图文页面 516
16.2.4　设计正文版面 517

第 1 章　CSS 样式设计基础

怎样才能设计一个吸引人的网页，除了需要设计师的创意外，专业知识也是应该注重和掌握的方面。本章将重点介绍 CSS 的基本概念和用法。对于零基础的读者来说，本章应该仔细阅读。

【学习重点】

- 设计良好的 HTML 结构。
- 恰当选用 HTML 标签。
- 了解 CSS 基本语法和用法。
- 熟练使用 CSS 选择器。
- 理解 CSS 基本特性。

1.1　网页设计需要学什么

网页设计和开发需要掌握的技术非常多，不过对于初学者来说，掌握如下几项技术基本就可以了。

1.1.1　学习 HTML

HTML 是超文本标识语言，专门用来编写网页文档，这种文档被浏览器解析之后，呈现出来的就是网页效果。如果没有浏览器的解析，我们所看到的网页文档将由大量的 HTML 标签和文本信息组成，如图 1.1 所示。

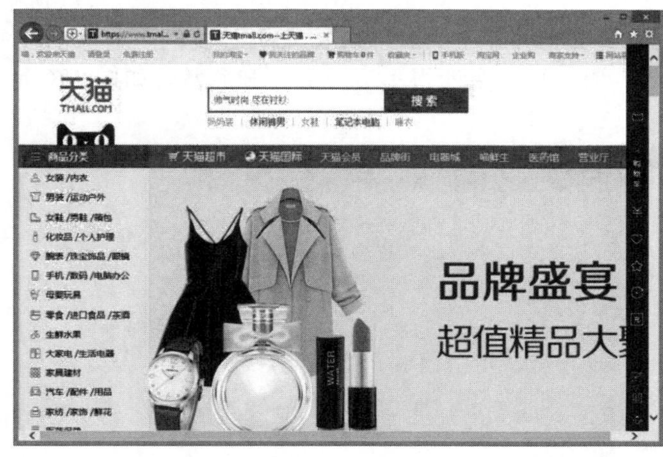

天猫首页效果　　天猫首页源代码

图 1.1　HTML 网页源代码

学习 HTML 语言，就是学习这些标签及其用法，熟练使用这些标签组织网页内容。例如，使用<title>定义网页标题，使用<h1>、<h2>、<h3>等定义文档标题，使用<p>定义段落文本，使用<img>插入图像，使用<ul>、<ol>定义列表新闻，使用<table>定义表格等。

1.1.2 掌握 DIV 布局

DIV 是<div>标签的习惯性称呼，因为设计师主要使用<div>标签构建网页结构，使用 CSS 设计网页样式，故把网页设计简称为 DIV+CSS 布局。

在 HTML 文档中，页面会被划分为很多区域，不同区域显示不同的内容，如标题栏、广告位、导航条、新闻列表、正文显示区域、版权信息区域等。这些区域一般都通过<div>标签进行分隔，如图 1.2 所示就是通过不同颜色边框分隔出页面中不同区块的结构。

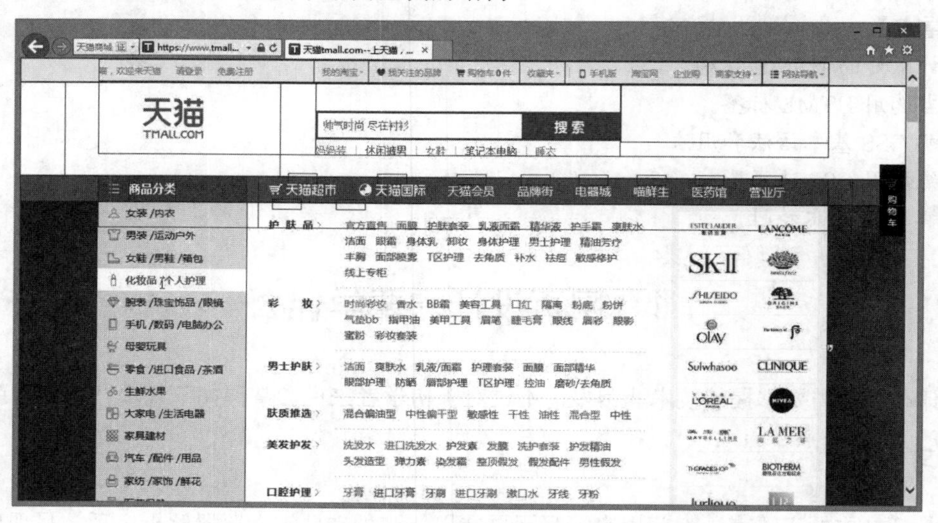

图 1.2 DIV 构建网页结构

1.1.3 学习 CSS

CSS 与 HTML 一样，是一种描述性语言，它定义如何显示 HTML 标签、如何控制网页对象的样式，以及如何进行页面排版等。当网页缺少 CSS 时，页面会变得不适合阅读和欣赏，如图 1.3 所示就是禁用 CSS 之后的天猫首页效果。

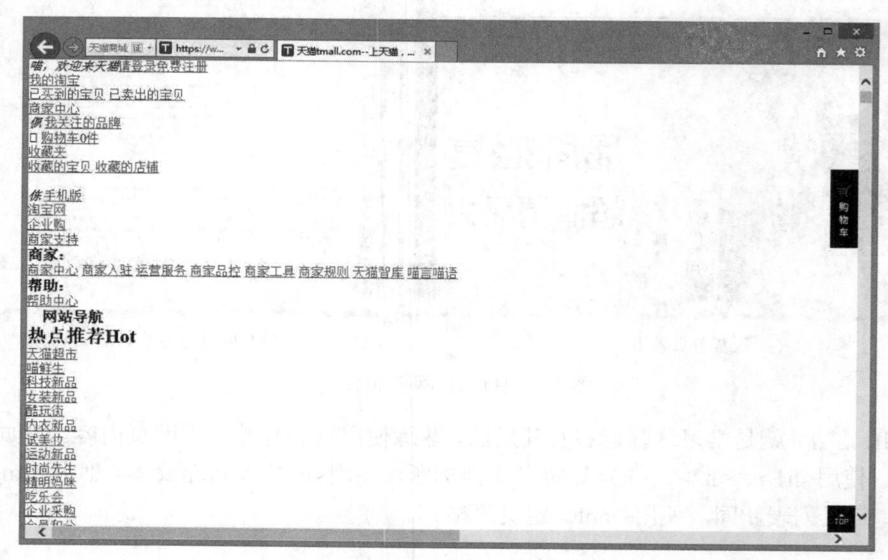

图 1.3 没有 CSS 修饰的网页效果

对于初学者来说，需要了解 CSS 基本用法，灵活使用 CSS 选择器，熟练掌握 CSS 不同类型的属性，并能够正确设置 CSS 属性值。如图 1.4 所示就是天猫首页的样式表。

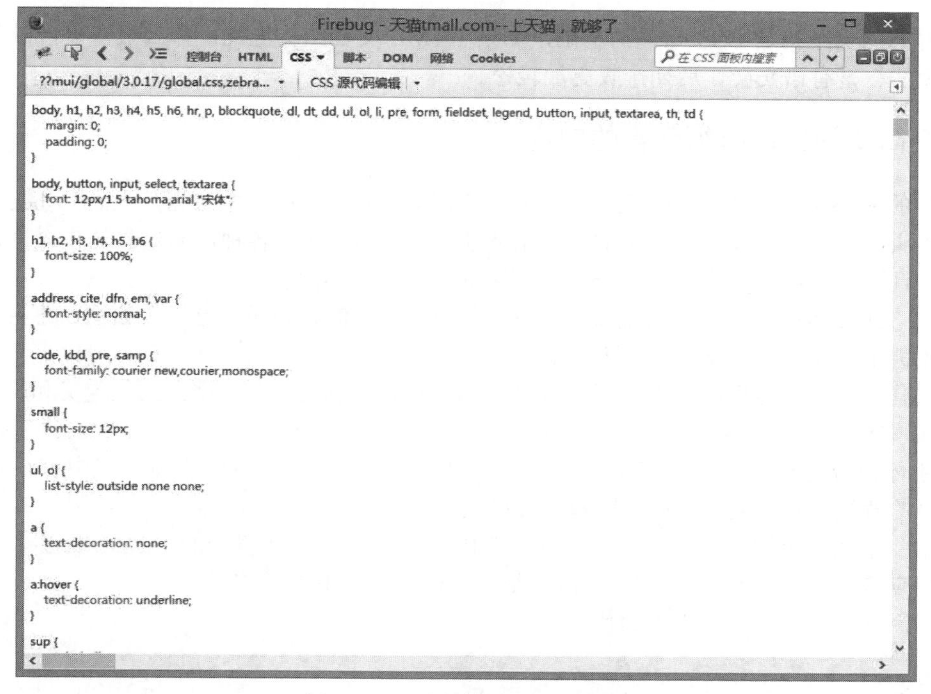

图 1.4　网页中的样式表源代码

1.1.4　学习 JavaScript

JavaScript 是一种脚本语言，也是网页设计人员必学的编程工具，使用它可以设计各种网页特效、为页面添加交互式行为、实现页面智能化响应等。例如，在图 1.5 所示页面中，当鼠标移动到产品列表项上时，图片会淡入，同时显示红色边框线，动感十足，视觉体验比较好。

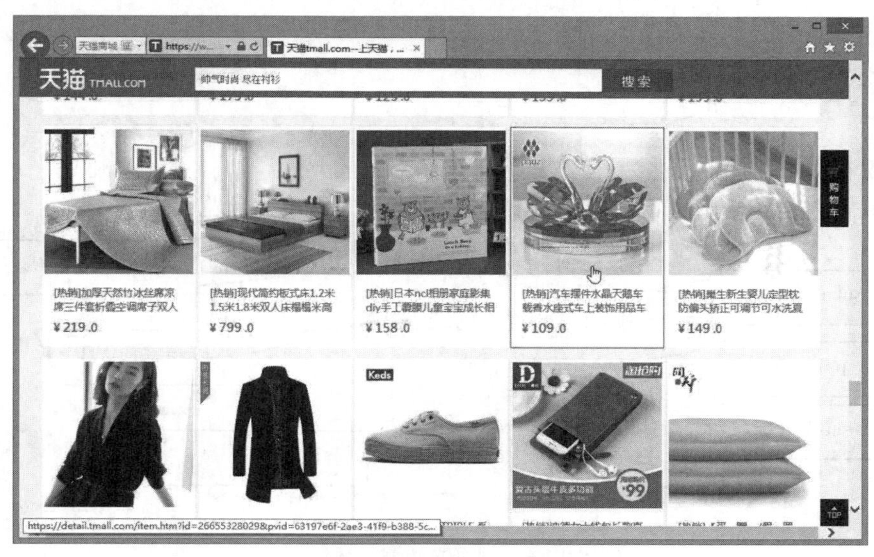

图 1.5　JavaScript 在页面特效中的应用

1.2 设计良好的结构

搭建良好的网页结构是 CSS 布局的基础，如果 HTML 文档结构混乱，那么很多事情做起来都会很麻烦。结构简洁、富有语义会让后期排版更加轻松。

扫一扫，看视频

1.2.1 一个简单的文档必须包含的内容

一个完整的 HTML 文档必须包含三个部分：一个用<html>定义的文档容器，一个用<head>定义的各项声明的文档头部和一个由<body>定义的文档主体部分。<head>作为各种声明信息的包含框，出现在文档的头部，并且要先于<body>出现，而<body>用来显示文档主体内容。

在 HTML 文档的头部区域，一般需要包括网页标题、基础信息和元信息等。HTML 的头部元素是以<head>为开始标记，以</head>为结束标记的。

<head>的作用范围将是整篇文档，其中可以有<meta>元信息定义、文档样式表定义和脚本等信息，定义在 HTML 文档头部的内容往往不会在网页上直接显示。

网页的主体部分包括了要在浏览器中显示处理的所有信息。在网页的主体标记中有很多的属性设置，包括网页的背景设置、文字属性设置和链接设置等。

【示例】 下面这个例子是一个很简单的 HTML 文件，使用了尽量少的 HTML 标签。它演示了一个简单的文档应该包含的内容，以及 body 内容是如何在浏览器中显示的。

第 1 步：新建文本文件，输入下面代码。

```
<html>
    <head>
        <meta charset="utf-8">
        <title>一个简单的文档包含内容</title>
    </head>
    <body>
        <h1>我的第一个网页文档</h1>
        <p>HTML 文档必须包含三个部分：</p>
        <ul>
            <li>html——网页包含框</li>
            <li>head——头部区域</li>
            <li>body——主体内容</li>
        </ul>
    </body>
</html>
```

第 2 步：保存文本文件，命名为 test，设置扩展名为.html。

第 3 步：使用浏览器打开这个文件，则可以看到如图 1.6 所示的预览效果。

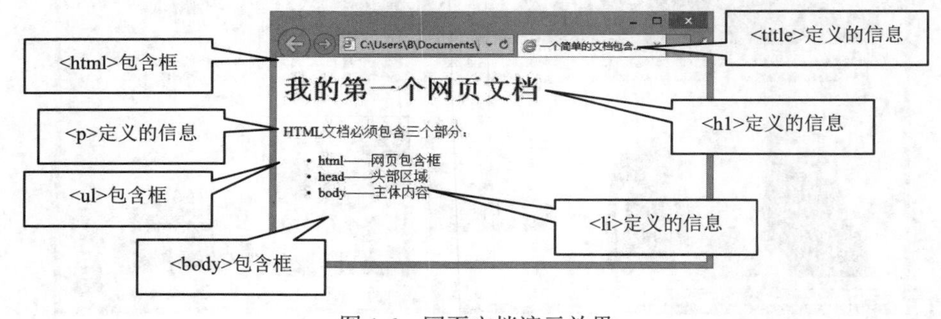

图 1.6 网页文档演示效果

1.2.2　认识标签

扫一扫，看视频

HTML 原本是一种简单且容易理解的标签语言。但是，随着网页变得越来越复杂，代码变得几乎不可能理解了。因此，需要使用各种可视化网页编辑工具来处理大量的标签。不幸的是，这些工具并没有简化工作，反而添加了更多、更复杂的标签。最后，即使普通的网页也变得非常复杂，以致于几乎不可能进行手工编辑，后期编辑简直就成为一场噩梦，简单的修改就会破坏代码之间的结构性，使网页无法正常显示。

如图 1.7 所示是搜狐网站（http://www.sohu.com/）2002 年 1 月的首页效果（http://www.infomall.cn/cgi-bin/arcv-nohead/20020118/http://sohu.com/），它使用表格进行布局，对标题使用了大的粗体字。其代码缺乏结构，很难理解，网页结构和表现混淆在一起，很难读懂标签的语义性，如图 1.8 所示。

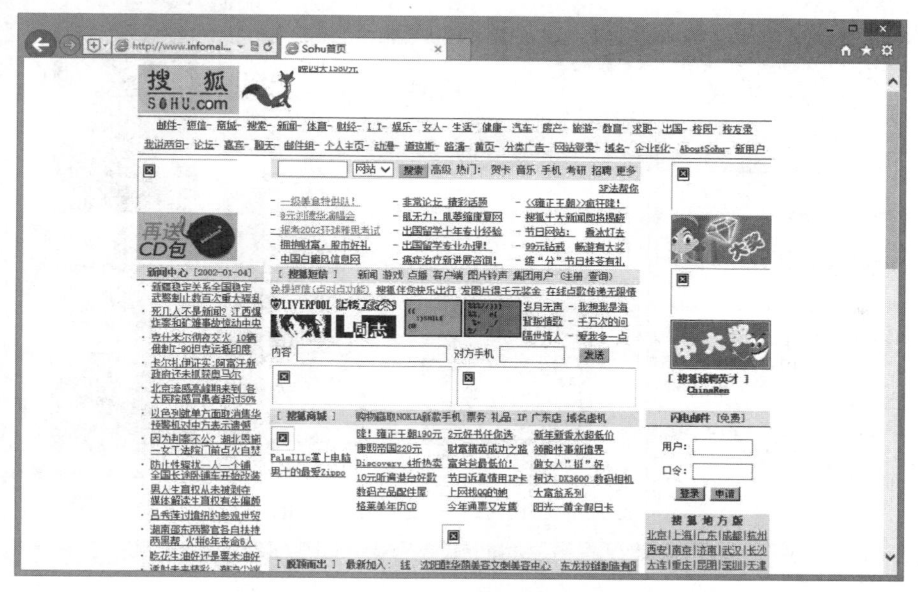

图 1.7　2002 年 1 月搜狐网站首页

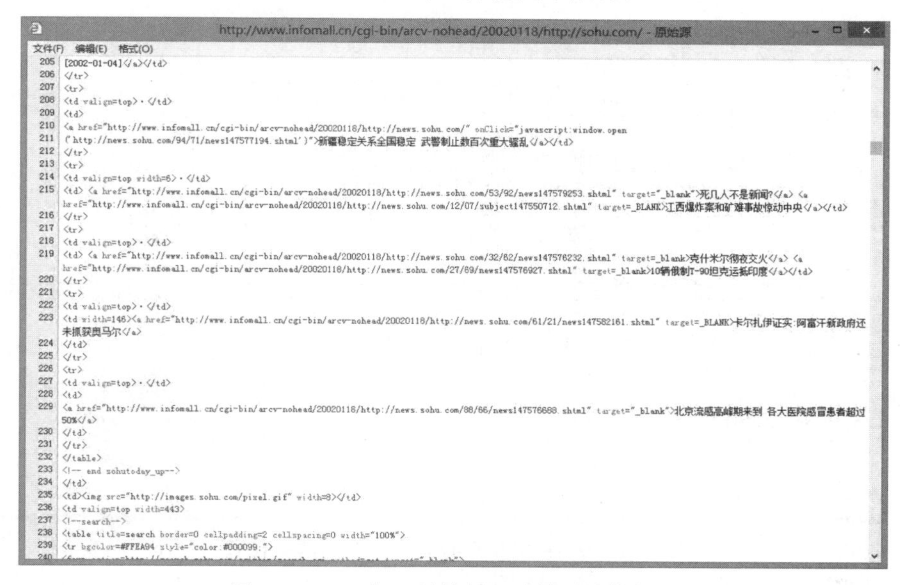

```
http://www.infomall.cn/cgi-bin/arcv-nohead/20020118/http://sohu.com/ - 原始源
文件(F)  编辑(E)  格式(O)
205 [2002-01-04]</a></td>
206 </tr>
207 <tr>
208 <td valign=top>·</td>
209 <td>
210 <a href="http://www.infomall.cn/cgi-bin/arcv-nohead/20020118/http://news.sohu.com/" onClick="javascript:window.open
211 ('http://news.sohu.com/94/71/news147577194.shtml')">新疆稳定关系全国稳定 武警制止数百次重大骚乱</a></td>
212 </tr>
213 <tr>
214 <td valign=top width=6>·</td>
215 <td> <a href="http://www.infomall.cn/cgi-bin/arcv-nohead/20020118/http://news.sohu.com/53/92/news147579253.shtml" target="_blank">死几人不是新闻?</a> <a href="http://www.infomall.cn/cgi-bin/arcv-nohead/20020118/http://news.sohu.com/12/07/subject147550712.shtml" target=_BLANK>江西爆炸案和矿难事故惊动中央</a></td>
216 </tr>
217 <tr>
218 <td valign=top>·</td>
219 <td> <a href="http://www.infomall.cn/cgi-bin/arcv-nohead/20020118/http://news.sohu.com/32/62/news147576232.shtml" target=_blank>克什米尔彻夜交火</a> <a href="http://www.infomall.cn/cgi-bin/arcv-nohead/20020118/http://news.sohu.com/27/69/news147576927.shtml" target=_blank>10辆俄制T-90坦克运抵印度</a></td>
220 </tr>
221 <tr>
222 <td valign=top>·</td>
223 <td width=146><a href="http://www.infomall.cn/cgi-bin/arcv-nohead/20020118/http://news.sohu.com/61/21/news147582161.shtml" target=_BLANK>卡尔扎伊证实:阿富汗新政府还未抓获奥马尔</a>
224 </td>
225 </tr>
226 <tr>
227 <td valign=top>·</td>
228 <td>
229 <a href="http://www.infomall.cn/cgi-bin/arcv-nohead/20020118/http://news.sohu.com/88/66/news147576688.shtml" target="_blank">北京流感高峰期来到 各大医院感冒患者超过50%</a>
230 </td>
231 </tr>
232 </table>
233 <!-- end sohutoday_up-->
234 </td>
235 <td><img src="http://images.sohu.com/pixel.gif" width=8></td>
236 <td valign=top width=443>
237 <!--search-->
238 <table title=search border=0 cellpadding=2 cellspacing=0 width="100%">
239 <tr bgcolor=#FFEA94 style="color:#000099;">
```

图 1.8　2002 年 1 月搜狐网站首页结构代码

在这种情况下，CSS 出现了。CSS 可以控制页面的外观，并且将文档的表现与内容分隔开。表现标签（如字体标签）可以去掉，而且可以使用 CSS 而不是表格来控制布局。标签重新变得简单了，人们又开始对底层代码感兴趣了。

如图 1.9 所示是搜狐网站（http://www.sohu.com/）2016 年 9 月的首页效果，设计更趋成熟、大气，信息容量和用户体验得到明显改善和强化。它具有良好的结构，容易理解。虽然它仍然包含一些表现标签，但是与图 1.10 所示的代码相比有了显著的改进。

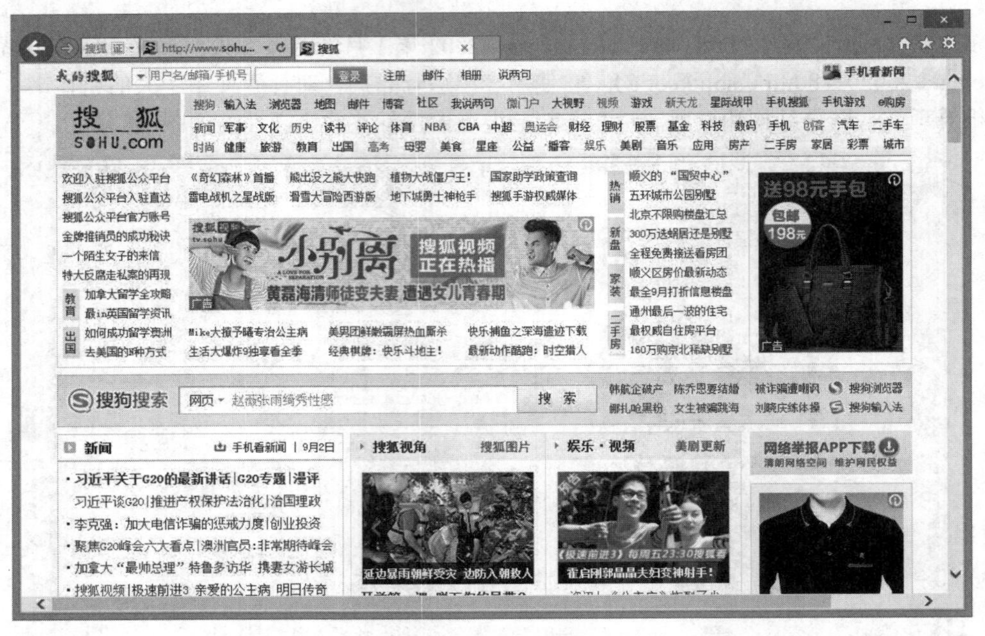

图 1.9　2016 年 9 月搜狐网站首页

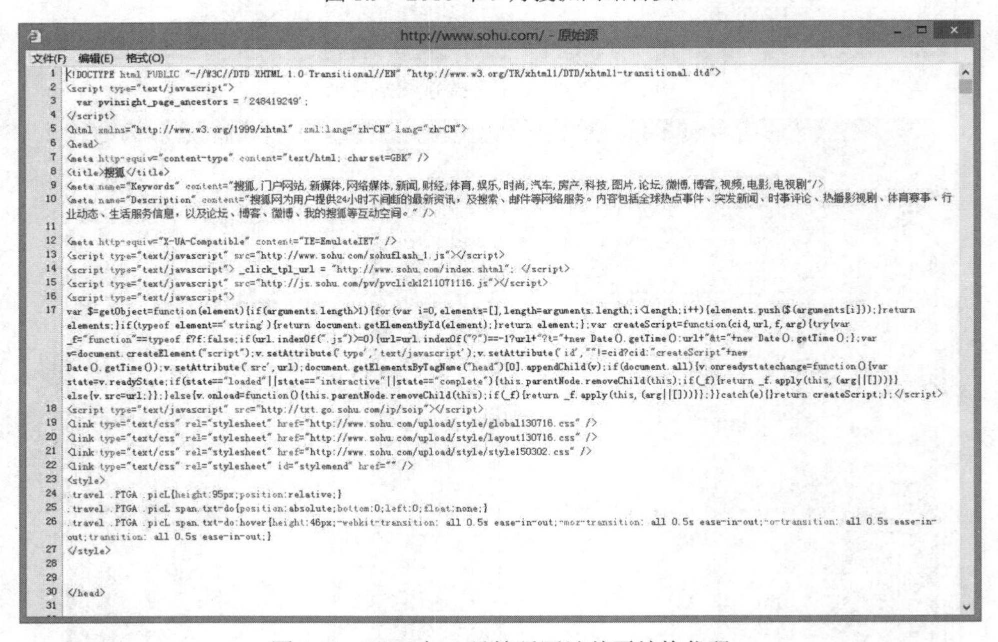

```
http://www.sohu.com/ - 原始源
文件(F) 编辑(E) 格式(O)
1  <!DOCTYPE html PUBLIC "-//W3C//DTD XHTML 1.0 Transitional//EN" "http://www.w3.org/TR/xhtml1/DTD/xhtml1-transitional.dtd">
2  <script type="text/javascript">
3    var pvinsight_page_ancestors = '248419249';
4  </script>
5  <html xmlns="http://www.w3.org/1999/xhtml" xml:lang="zh-CN" lang="zh-CN">
6  <head>
7  <meta http-equiv="content-type" content="text/html; charset=GBK" />
8  <title>搜狐</title>
9  <meta name="Keywords" content="搜狐,门户网站,新媒体,网络媒体,新闻,财经,体育,娱乐,时尚,汽车,房产,科技,图片,论坛,微博,博客,视频,电影,电视剧"/>
10 <meta name="Description" content="搜狐网为用户提供24小时不间断的最新资讯，及搜索、邮件等网络服务。内容包括全球热点事件、突发新闻、时事评论、热播影视剧、体育赛事、行业动态、生活服务信息，以及论坛、博客、微博、我的搜狐等互动空间。" />
11
12 <meta http-equiv="X-UA-Compatible" content="IE=EmulateIE7" />
13 <script type="text/javascript" src="http://www.sohu.com/sohuflash_1.js"></script>
14 <script type="text/javascript"> _click_tpl_url = "http://www.sohu.com/index.shtml"; </script>
15 <script type="text/javascript" src="http://js.sohu.com/pv/pvclick1211071116.js"></script>
16 <script type="text/javascript">
17 var $=getObject=function(element){if(arguments.length>1){for(var i=0,elements=[],length=arguments.length;i<length;i++){elements.push($(arguments[i]));}return elements;}if(typeof element=='string'){return document.getElementById(element);}return element;};var createScript=function(cid,url,f,arg){try{var _f="function"==typeof f?f:false;if(url.indexOf(".js")>=0){url=url.indexOf("?")==-1?url+"?t="+new Date().getTime():url+"&t="+new Date().getTime();};var v=document.createElement("script");v.setAttribute('type','text/javascript');v.setAttribute('id',""!=cid?cid:"createScript"+new Date().getTime());v.setAttribute('src',url);document.getElementsByTagName("head")[0].appendChild(v);if(document.all){v.onreadystatechange=function(){var state=v.readyState;if(state=="loaded"||state=="interactive"||state=="complete"){this.parentNode.removeChild(this);if(_f){return _f.apply(this,(arg||[]))}}else{v.src=url;}};}else{v.onload=function(){this.parentNode.removeChild(this);if(_f){return _f.apply(this,(arg||[]))}};}}catch(e){}return createScript;};</script>
18 <script type="text/javascript" src="http://txt.go.sohu.com/ip/soip"></script>
19 <link type="text/css" rel="stylesheet" href="http://www.sohu.com/upload/style/global130716.css" />
20 <link type="text/css" rel="stylesheet" href="http://www.sohu.com/upload/style/layout130716.css" />
21 <link type="text/css" rel="stylesheet" href="http://www.sohu.com/upload/style/style150302.css" />
22 <link type="text/css" rel="stylesheet" id="stylemend" href="" />
23 <style>
24 .travel .PTGA .picL{height:95px;position:relative;}
25 .travel .PTGA .picL span.txt-do{position:absolute;bottom:0;left:0;float:none;}
26 .travel .PTGA .picL span.txt-do:hover{height:46px;-webkit-transition: all 0.5s ease-in-out;-moz-transition: all 0.5s ease-in-out;-o-transition: all 0.5s ease-in-out;transition: all 0.5s ease-in-out;}
27 </style>
28
29
30 </head>
31
```

图 1.10　2016 年 9 月搜狐网站首页结构代码

1.2.3　选用标签

扫一扫，看视频

HTML 包含丰富的语义元素，正确选用它们可以避免代码冗余。在制作网页时不仅需要使用<div>标签来构建网页结构，还要使用下面几类标签来完善网页结构。

- <h1>、<h2>、<h3>、<h4>、<h5>、<h6>：定义文档标题，1 表示一级标题，6 表示六级标题，常用标题包括一级、二级和三级。
- <p>：定义段落文本。
- <ul>、<ol>、<li>等：定义信息列表、导航列表、榜单结构等。
- <table>、<tr>、<td>等：定义表格结构。
- <form>、<input>、<textarea>等：定义表单结构。
- <span>：定义行内包含框。

为了更好地选用标签，读者可以参考 w3school 网站的 http://www.w3school.com.cn/tags/index.asp 页面信息。其中 DTD 列描述标签在哪一种 DOCTYPE 文档类型是允许使用的：S=Strict，T=Transitional，F=Frameset。

1.2.4　使用 div 和 span

扫一扫，看视频

文档结构基本构成元素是 div，div 表示区块（division）的意思，它提供了将文档分割为有意义的区域的方法。通过将主要内容区域包围在 div 中并分配 id 或 class，就可以在文档中添加有意义的结构。

【示例 1】 为了减少使用不必要的标签，应该减少不必要的嵌套。例如，如果设计导航列表，就没有必要将<ul>再包裹一层<div>标签。

```
<div id="nav">
    <ul>
        <li><a href="#">首页</a></li>
        <li><a href="#">关于</a></li>
        <li><a hzef="#">联系</a></li>
    </ul>
</div>
```

完全可以删除 div，直接在 ul 上设置 id。

```
<ul id="nav">
    <li><a href="#">首页</a></li>
    <li><a href="#">关于</a></li>
    <li><a hzef="#">联系</a></li>
</ul>
```

过度使用 div 是结构不合理的一种表现，也容易造成结构复杂化。

与 div 不同，span 元素可以用来对行内元素进行分组。

【示例 2】 在以下代码中对段落文本中部分信息进行分隔显示，以便应用不同的类样式。

```
<h1>新闻标题</h1>
<p>新闻内容</p>
<p>......</p>
<p>发布于<span class="date">2016 年 12 月</span>，由<span class="author">张三</span>
编辑</p>
```

对行内元素进行分组的情况比较少，所以使用 span 的频率没有 div 多。一般只有在应用类样式时才会用到。

扫一扫，看视频

1.2.5 使用 id 和 class

HTML 是简单的文档标识语言，而不是界面语言。文档结构大部分使用<div>标签来完成，为了能够识别不同的结构，一般通过定义 id 或 class 给它们赋予额外的语义，给 CSS 样式提供有效的“钩子”。

【示例 1】 构建一个简单的列表结构，并给它分配一个 id，自定义导航模块。

```
<ul id="nav">
    <li><a href="#">首页</a></li>
    <li><a href="#">关于</a></li>
    <li><a hzef="#">联系</a></li>
</ul>
```

使用 id 标识页面上的元素时，id 名必须是唯一的。id 可以用来标识持久的结构性元素，例如主导航或内容区域；id 还可以用来标识一次性元素，如某个链接或表单元素。

在整个网站上，id 名应该应用于语义相似的元素以避免混淆。例如，如果联系人表单和联系人详细信息在不同的页面上，那么可以给它们分配同样的 id 名 contact，但是如果在外部样式表中给它们定义样式，就会遇到问题，因此使用不同的 id 名（如 contact_form 和 contact_details）就会简单得多。

与 id 不同，同一个 class 可以应用于页面上任意数量的元素，因此 class 非常适合标识样式相同的对象。例如，设计一个新闻页面，其中包含每条新闻的日期。此时不必给每个日期分配不同的 id，而是可以给所有日期分配类名 date。

提示：

id 和 class 的名称一定要保持语义性，并与表现方式无关。例如，可以给导航元素分配 id 名为 right_nav，因为希望它出现在右边。但是，如果以后将它的位置改到左边，那么 CSS 和 HTML 就会发生歧义。所以，将这个元素命名为 sub_nav 或 nav_main 更合适。这种名称解释就不再涉及如何表现它。

对于 class 名称，也是如此。例如，如果定义所有错误消息以红色显示，不要使用类名 red，而应该选择更有意义的名称，如 error 或 feedback。

注意：

class 和 id 名称需要区分大小写，虽然 CSS 不区分大小写，但是在标签中是否区分大小写取决于 HTML 文档类型。如果使用 XHTML 严谨型文档，那么 class 和 id 名是区分大小写的。最好的方式是保持一致的命名约定，如果在 HTML 中使用驼峰命名法，那么在 CSS 中也采用这种形式。

【示例 2】 在实际设计中，class 被广泛使用，这就容易产生滥用现象。例如，很多初学者在所有的元素上都添加类，以便更方便地控制它们。这种现象被称为“多类症”，在某种程度上，这和使用基于表格的布局一样糟糕，因为它在文档中添加了无意义的代码。

```
<h1 class="newsHead">标题新闻</h1>
<p class="newsText">新闻内容</p>
<p>......</p>
<p class="newsText"><a href="news.php" class="newsLink">更多</a></p>
```

【示例 3】 在上面的示例中，每个元素都使用一个与新闻相关的类名进行标识。这使新闻标题和正文可以采用与页面其他部分不同的样式。但是，不需要用这么多类来区分每个元素。可以将新闻条目放在一个包含框中，并加上类名 news，从而标识整个新闻条目。然后，可以使用包含框选择器识别新闻标题或文本。

```
<div class="news">
    <h1>标题新闻</h1>
    <p>新闻内容</p>
    <p>......</p>
    <p><a href="news.php">更多</a></p>
```

```
</div>
```

以这种方式删除不必要的类有助于简化代码，使页面更简洁。过渡依赖类名是不必要的，我们只需要在不适合使用 id 的情况下对元素应用类，而且尽可能少使用类。实际上，创建大多数文档时常常只需要添加几个类。如果初学者发现自己添加了许多类，那么很可能意味着自己创建的 HTML 文档结构有问题。

扫一扫，看视频

1.2.6 设置文档类型

在网页文档的第一行代码中，一般都要使用<doctype>标签定义文档的类型。例如：

- 定义 HTML5 类型文档

```
<!doctype html>
```

- 定义 XHTML 1.0 过渡型文档

```
<!DOCTYPE html PUBLIC "-//W3C//DTD XHTML 1.0 Transitional//EN" "http://www.w3.org/TR/xhtml1/DTD/xhtml1-transitional.dtd">
```

- 定义 HTML 4.01 严谨型文档

```
<!DOCTYPE HTML PUBLIC "-//W3C//DTD HTML 4.01//EN" "http://www.w3.org/TR/html4/strict.dtd">
```

网页文档类型众多，主要根据 HTML 版本号细分。常用类型包括 HTML 4.01、XHTML 1.0、HTML 5 和 XHTML Mobile 1.0，其中 HTML 4.01 和 XHTML 1.0 又分为过渡型和严谨型两种。

浏览器根据<doctype>标签是否存在，以及设置的 DTD 来选择要使用的表现方法。如果 XHTML 文档包含形式完整的 DOCTYPE，那么它一般以标准模式表现。

提示：

DTD（文档类型定义）是一组机器可读的规则，它们定义 XML 或 HTML 的特定版本中允许有什么，不允许有什么。在解析网页时，浏览器将使用这些规则检查页面的有效性，并且采取相应的措施。浏览器通过分析页面的 DOCTYPE 声明来了解要使用哪个 DTD，因此知道要使用 HTML 的哪个版本。

扫一扫，看视频

1.2.7 认识显示模式

浏览器为了实现对标准网页和传统网页的兼容，分别制定了几套网页显示方案，这些方案就是浏览器的显示模式。浏览器能够根据网页文档类型来决定选择哪套显示模式对网页进行解析。

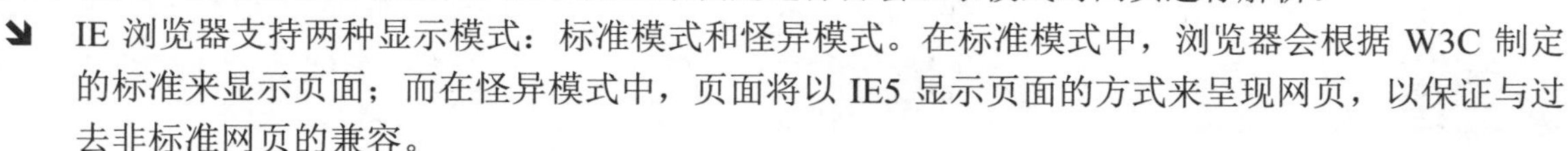

- IE 浏览器支持两种显示模式：标准模式和怪异模式。在标准模式中，浏览器会根据 W3C 制定的标准来显示页面；而在怪异模式中，页面将以 IE5 显示页面的方式来呈现网页，以保证与过去非标准网页的兼容。
- Firefox 支持三种显示模式：标准模式、几乎标准的模式和怪异模式。其中几乎标准的模式对应于 IE 和 Opera 的标准模式，该模式除了在处理表格的方式方面有一些细微差异外，与标准模式基本相同。
- Opera 支持与 IE 相同的显示模式。但是在 Opera9 版本中怪异模式不再兼容 IE5 盒模型解析方式。

【示例】 为了让读者明白什么是标准模式和怪异模式，下面的示例比较了浏览器显示模式的工作方式。

第 1 步：首先新建文档，输入以下完整网页代码。

```
<!DOCTYPE HTML PUBLIC "-//W3C//DTD HTML 4.01 Transitional//EN" "http://www.w3c.org/TR/1999/REC-html401-19991224/loose.dtd">
<html xmlns="http://www.w3.org/1999/xhtml">
<head>
<title>标准模式</title>
<style type=text/css>
```

```
div {
      border:solid 50px red;
      padding:50px;
      background:#ffccff;
      width:200px;
      height:100px;
}
</style>
</head>
<body>
<div>标准显示盒模型</div>
</body>
</html>
```

第 2 步：再新建文档，输入以下完整网页代码。

```
<!DOCTYPE HTML PUBLIC "-//W3C//DTD HTML 4.0 Transitional//EN">
<html>
<head>
<title>怪异模式</title>
<style type=text/css>
div {
      border:solid 50px red;
      padding:50px;
      background:#ffccff;
      width:200px;
      height:100px;
}
</style>
</head>
<body>
<div>怪异显示盒模型</div>
</body>
</html>
```

第 3 步：保存文档，在 IE 浏览器中预览上面两个文档，显示如图 1.11、图 1.12 所示。

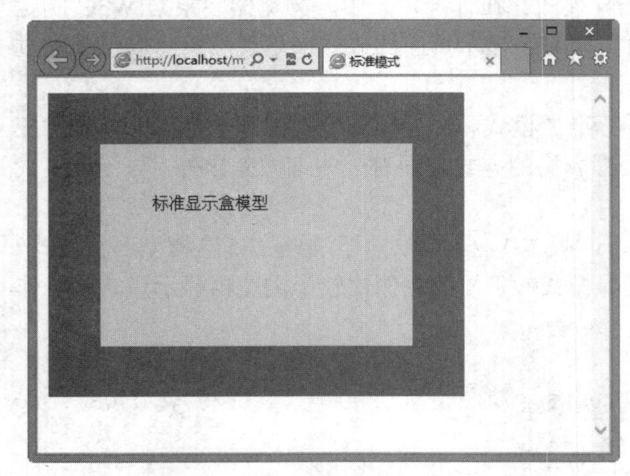

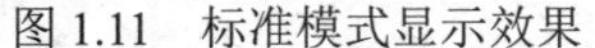
图 1.11　标准模式显示效果

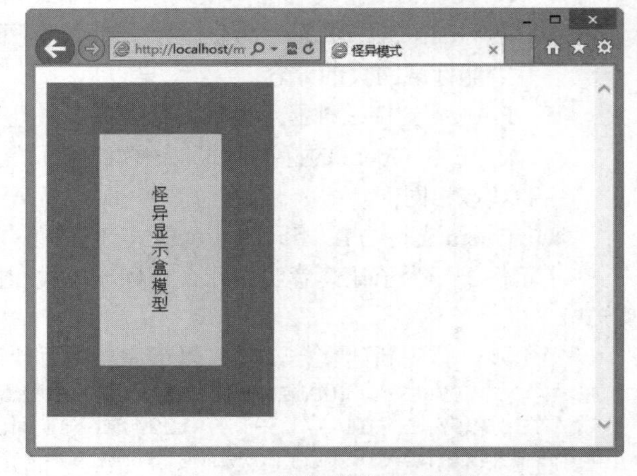

图 1.12　怪异模式显示效果

可以看到：当网页的文档类型被声明为 HTML 4.01 过渡型时，网页将按标准模式显示，页面显示的盒模型将遵循 W3C 制定的标准进行解析。

注意：

对于 HTML 1.01 文档，包含严格 DTD 的 DOCTYPE 常常导致页面以标准模式解析，包含过渡 DTD 和 URI 的 DOCTYPE 也导致页面以标准模式解析。但是有过渡 DTD，而没有 URI 会导致页面以怪异模式表现。DOCTYPE 不存在或形式不正确会导致 HTML 和 XHTML 文档以怪异模式表现。

例如，定义下面几种文档类型，IE 浏览器会以怪异模式显示网页。

- 没有提供文档类型的版本

```
<!DOCTYPE HTML PUBLIC "-//W3C//DTD HTML//EN" "http://www.w3.org/TR/html/ loose.dtd">
```

- HTML 2.0 版本

```
<!DOCTYPE HTML PUBLIC "-//IETF//DTD HTML 2.0//EN">
```

- HTML 3.0 版本

```
<!DOCTYPE HTML PUBLIC "-//IETF//DTD HTML 3.0//EN//">
```

- HTML 3.2 版本

```
<!DOCTYPE HTML PUBLIC "-//W3C//DTD HTML 3.2 Final//EN">
```

1.3　初识 CSS

CSS 是 Cascading Style Sheet 的首字母缩写，中文名称为层叠样式表，与 HTML 一样都是标识型语言，使用它可以进行网页样式设计。

1.3.1　CSS 发展历史

20 世纪 90 年代初，HTML 语言诞生。早期的 HTML 只含有少量的显示属性，用来设置网页和字体效果。随着互联网的发展，为了满足日益丰富的网页设计需求，HTML 不断添加各种显示标签和样式属性，于是就带来一个问题：网页结构和样式混用让网页代码变得混乱不堪，代码冗余增加了带宽负担，代码维护也变得苦不堪言。

1994 年初，哈坤 • 利提出了 CSS 的最初建议。当时伯特 • 波斯也正在设计一款 Argo 浏览器，于是他们一拍即合，决定共同开发 CSS。

1994 年底，哈坤在芝加哥的一次会议上第一次展示了 CSS 的建议，1995 年他与波斯一起再次展示了这个建议。当时 W3C（World Wide Web Consortium，万维网联盟）组织刚刚成立，W3C 对 CSS 的前途很感兴趣，为此专门组织了一次讨论会，哈坤、波斯是这个项目的主要技术负责人。

1996 年底，CSS 语言正式完成，同年 12 月 CSS 的第一个版本被正式出版（http://www.w3.org/TR/CSS1/）。

1997 年初，W3C 组织专门成立负责 CSS 的工作组，负责人是克里斯 • 里雷。该工作组开始讨论第一个版本中没有涉及的问题。

1998 年 5 月，CSS2 版本正式出版（http://www.w3.org/TR/CSS2/）。

尽管 CSS3 的开发工作在 2000 年之前就开始了，但是距离最终的发布还有相当长的路要走，为了提高开发速度，也为了方便各主流浏览器根据需要渐进式支持，CSS3 按模块化进行全新设计，这些模块可以独立发布和实现，这也为日后 CSS 的扩展奠定了基础。

考虑到从 CSS2 到 CSS3 发布之间时间会很长，2002 年工作组启动了 CSS2.1 的开发。这是 CSS2 的修订版，它纠正了 CSS2 版本中的一些错误，并且更精确地描述了 CSS 的浏览器实现。2004 年 CSS2.1 正式发布，到 2006 年年底得到完善。CSS2.1 也成为了目前最流行、获得浏览器支持最完整的版本，它更准确地反映了 CSS 当前的状态。

提示：

CSS1.0 包含非常基本的属性，如字体、颜色、空白、边框等。CSS2 在此基础上添加了高级概念，如浮动和定位，以及高级的选择器，如子选择器、相邻同胞选择器和通用选择器等。CSS3 包含一些令人兴奋的新特性，如圆角、阴影、渐变、动画、弹性盒模型、多列布局等。

1.3.2 CSS 优势

CSS 可以让页面变得更简洁，更容易维护。学习它能够给设计师带来很多好处。

- 避免使用不必要的标签和属性，让结构更简洁、合理，语义性更明确。
- 更有效地定义对象样式，控制页面版式，抛弃传统表格布局的陋习。
- 提高开发和维护效率，结构和样式分离，通过外部样式表控制整个网站的表现层，开发速度更快，后期维护和编辑更经济。

1.3.3 CSS 样式

在 CSS 源代码中，样式是最基本的语法单元，每个样式包含两部分内容：选择器和声明（或称规则），如图 1.13 所示。

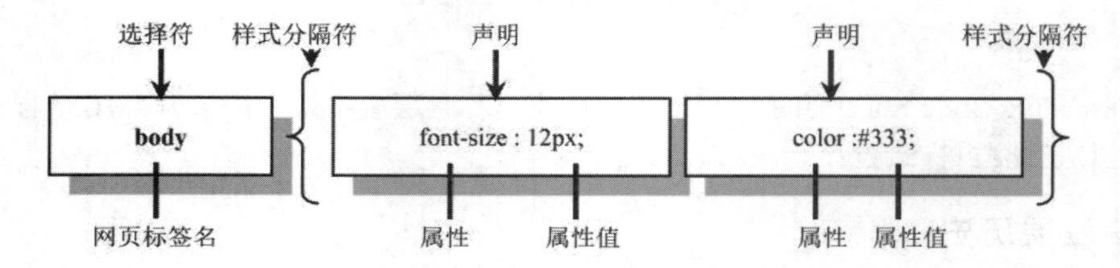

图 1.13　CSS 样式基本格式

- 选择器（Selector）：选择器告诉浏览器该样式将作用于页面中哪些对象，这些对象可以是一个标签、指定 class 或 id 值的对象等。
- 声明（Declaration）：声明包括属性和属性值，用分号来标识结束，在一个样式中最后一个声明可以省略分号。所有声明被放置在一对大括号内，然后放在选择器的后面。
  - 属性（Property）：属性是 CSS 预定的样式项。属性名由一个单词或多个单词组成，多个单词之间通过连字符相连。这样可以直观显示要设置的类型和效果。
  - 属性值（Value）：属性值设置属性应该显示的效果，包括值和单位，或者关键字。

【示例 1】　定义网页字体大小为 12 像素，字体颜色为深黑色，可以设置如下样式。

```
body{font-size: 12px; color: #333;}
```

【示例 2】　定义段落文本的背景色为紫色，可以在上面样式的基础上定义如下样式。

```
body{font-size: 12px; color: #333;}p{background-color: #FF00FF;}
```

【示例 3】　由于 CSS 忽略空格，可以格式化 CSS 源代码。

```
body {
    font-size: 12px;
    color: #333;
}
p { background-color: #FF00FF; }
```

这样在阅读时就一目了然，代码也容易维护。

1.3.4 应用 CSS 样式

CSS 样式代码必须保存在.css 类型的文本文件中，或者放在网页内<style>标签中，或者插在网页标签的 style 属性值中，否则是无效的。

【示例 1】 直接放在标签的 style 属性中，即定义行内样式。

```
<!doctype html>
<html>
<head>
<meta charset="utf-8">
</head>
<body>
<span style="color:red;">红色字体</span>
<div style="border:solid 1px blue; width:200px; height:200px;"></div>
</body>
</html>
```

当浏览器解析上面的标签时，能够解析这些样式代码，并把效果呈现出来。

注意：

行内样式与标签属性用法类似，但这种做法没有真正把 HTML 和 CSS 代码分开，不建议使用。除非临时定义单个样式。

【示例 2】 把样式代码放在<style>标签内，也称为内部样式。

```
<!doctype html>
<html>
<head>
<meta charset="utf-8">
<style type="text/css">
/*页面属性*/
body {
   font-size: 12px;
   color: #333;
}
/*段落文本属性*/
p { background-color: #FF00FF; }
</style>
</head>
<body>
</body>
</html>
```

使用<style>标签时，应该指定 type 属性，告诉浏览器该标签包含的代码是 CSS 源代码。这样浏览器能够正确解析它们。

提示：

内部样式一般放在网页头部区域，目的是让 CSS 源代码早于页面结构代码下载并被解析，这样可避免当网页信息下载之后，由于没有 CSS 样式渲染而让页面信息无法正常显示。

注意：

在进行网站整体开发时，使用这种方法会产生大量代码冗余，而且一页一页管理样式也是繁琐的任务，并不建议这样使用。

把样式代码保存在单独的文件中，然后使用<link>标签或者@import 命令导入。这种方式称为导入外部样式，每个 CSS 文件定义一个外部样式表。一般网站都采用外部样式表来设计网站样式，以便代码统筹和管理。

扫一扫，看视频

1.3.5 CSS样式表

一个或多个CSS样式可以组成一个样式表。样式表包括内部样式表和外部样式表，它们没有本质区别，具体说明如下。

1. 内部样式表

内部样式表包含在<style>标签内，一个<style>标签定义一个内部样式表，一个网页文档中可以包含多个<style>标签，即能够定义多个内部样式表。

2. 外部样式表

把CSS样式放在独立的文件中，就成为外部样式表。外部样式表文件是一个文本文件，扩展名为.css。

在外部样式表文件的第一行可以定义CSS样式的字符编码。例如，下面的代码定义样式表文件的字符编码为中文简体。

```
@charset "gb2312";
```

也可以保留默认设置，浏览器会根据HTML文件的字符编码解析CSS代码。

扫一扫，看视频

1.3.6 导入样式表

外部样式表必须导入到网页文档中，才能够被浏览器正确解析，导入外部样式表文件的方法有两种，简单说明如下。

1. 使用<link>标签

使用<link>标签导入外部样式表文件的用法如下。

```
<link href="style.css" rel="stylesheet" type="text/css" />
```

在使用<link>标签时，一般应定义3个基本属性：

- href：定义样式表文件的路径。
- type：定义导入文件的文本类型。
- rel：定义关联样式表。

也可以设置title属性，来定义样式表的标题，部分浏览器（如Firefox）支持通过title选择所要应用的样式表文件。

2. 使用@import命令

使用CSS的@import命令可以在<style>标签内导入外部样式表文件。

```
<style type="text/css">
@import url("style .css");
</style>
```

在@import命令后面，调用url()函数定义外部样式表文件的地址。

扫一扫，看视频

1.3.7 CSS注释和格式化

所有被放在“/*”和“*/”分隔符之间的文本信息都被CSS视为注释，不被浏览器解析。

```
/* 注释 */
```

或

```
/*
注释
*/
```

在CSS中，各种空格是不被解析的，因此可以利用Tab键、空格键对样式表和样式代码进行格式化排版。

1.3.8　设计第一个样式示例

扫一扫，看视频

下面尝试完成第一个 CSS 样式页面。

【操作步骤】

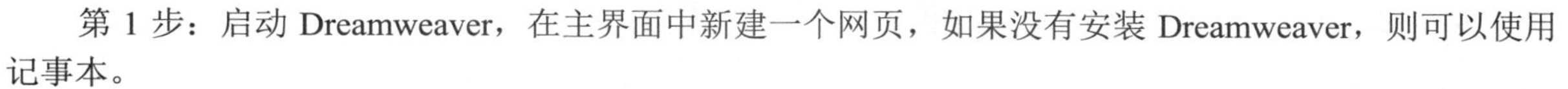

第 1 步：启动 Dreamweaver，在主界面中新建一个网页，如果没有安装 Dreamweaver，则可以使用记事本。

第 2 步：在<head>标签中添加一个<style type="text/css">标签，来定义一个内部样式表，则所有 CSS 样式就可以放置在该标签中。

```
<!doctype html>
<html>
<head>
<meta charset="utf-8">
<title>第一个样式页面</title>
<style type="text/css">

</style>
</head>
<body>
</body>
</html>
```

第 3 步：在<style type="text/css">标签中输入下面的样式代码。定义 div 元素显示为长方形，显示蓝色边框，且并列显示在一行，同时增加 4 像素的边界。

```
div { /*定义 div 元素方形显示 */
    width:200px;
    height:200px;
    border:solid 2px blue;
    float:left;
    margin:4px;
}
.green { background-color: green; }     /* 设置背景颜色为绿色 */
.red { background-color: red; }         /* 设置背景颜色为红色 */
```

第 4 步：在<body>标签内定义两个 div 元素，并分别设置它们的 class 属性值为 green 和 red。

```
<div class="red"></div>
<div class="green"></div>
```

第 5 步：保存网页文档为 test.html，在浏览器中预览，效果如图 1.14 所示。

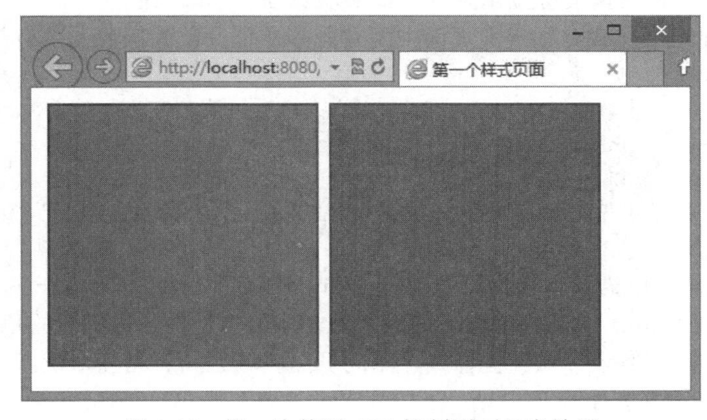

图 1.14　第一次使用 CSS 控制页面元素效果

1.4 CSS 选择器

如果将 CSS 样式应用于特定的网页对象上，需要先找到目标元素。在 CSS 样式中执行这一任务的部分被称为选择器，类似于 Photoshop 中的选区。

1.4.1 认识 CSS 选择器

CSS 语言有两个基本功能：匹配和渲染。当浏览器在解析 CSS 样式时，首先应该确定哪些元素需要渲染，即先匹配对象，这个任务由 CSS 样式中的选择器负责完成。在匹配到明确对象后，浏览器根据样式中的声明，执行渲染，并把效果呈现在页面中。

CSS 的灵活性首先体现在选择器上，选择器类型的多少决定着应用样式的广度和深度。细腻的网页效果需要有更强大的选择器来精准控制对象的样式。

提示：

CSS 能够提供向后兼容性，如果浏览器不理解某个选择器，那么它会忽略整个样式。因此，可以在现代浏览器中应用新型选择器和 CSS 新功能，而不必担心它在老式浏览器中会造成问题。

根据所获取页面中元素的不同，可以把 CSS 选择器分为五大类：

- 基本选择器
- 复合选择器
- 伪类选择器
- 伪元素
- 属性选择器

其中，复合选择器包括：子选择器、相邻选择器、兄弟选择器、包含选择器和分组选择器。伪类选择器又分为六种：动态伪类选择器、目标伪类选择器、语言伪类、UI 元素状态伪类选择器、结构伪类选择器和否定伪类选择器。

下面分别说明不同类型选择器的具体用法。

扫一扫，看视频

1.4.2 标签选择器

标签选择器也称为元素选择器或类型选择器，它是以文档中对象类型的元素作为选择器，如 p、div、span 等。标签选择器的优势和缺陷如下。

- 优点：为页面中同类型的标签重置样式，实现页面显示效果的统一。

【示例 1】 下面三个样式分别定义页面中所有段落字体颜色为黑色，所有超链接显示为下划线，所有一级标题显示为粗体效果。

```
p {color:black}
a {text-decoration:underline;}
h1 {font-weight:bold;}
```

【示例 2】 在网页样式表中定义如下样式，把所有 div 元素对象都定义为宽度为 774 像素。

```
div {width:774px;}
```

当用 div 进行布局时，就需要重复为页面中每个 div 对象定义宽度，因为在页面中并不是每个 div 元素对象的宽度都显示为 774px，否则所有 div 都显示为 774px 将是件非常麻烦的事情。

- 缺点：不能够为标签设计差异化样式，不同页面区域之间会相互干扰。

在什么情况下选用标签选择器？

情景 1：如果希望为标签重置样式时，可以使用标签选择器。

【示例 3】　li 元素默认会自动缩进，并自带列表符号，但有时这种样式会给列表布局带来麻烦，此时可以选择 ul 元素作为标签选择器，并清除预定义样式。

```
ul {/*清除预定义样式*/
    margin:0px; /*定义左外边距为 0*/
    list-style:none; /*定义列表样式为无*/
}
```

情景 2：如果希望统一文档中标签的样式时，可以使用标签选择器。

【示例 4】　在下面的样式表中，通过 body 标签选择器统一文档字体大小、行高和字体，通过 table 标签选择器统一表格的字体样式，通过 a 标签选择器清除所有超链接的下划线，通过 img 标签选择器清除网页图像的边框，当图像嵌入 a 元素中，即作为超链接对象时会出现边框，通过 input 标签选择器统一输入表单的边框为浅灰色的实线。

```
body {font:12px/1.6em Arial, Helvetica, sans-serif;}
table {
    font-size:12px;       /*定义字体大小为 12 像素*/
    color:#666;           /*定义表格字体颜色为中灰*/
    line-height:200%;     /*定义行高为默认值的 2 倍*/
}
a {text-decoration:none;}
img {border:0px;}
input { border:solid 1px #ddd;}
```

注意：

对于 div、span 等通用元素，不建议使用标签选择器，因为它们的应用范围广泛，使用标签选择器会相互干扰。

1.4.3　ID 选择器

ID 选择器是以元素的 id 属性作为选择器。例如，在<div><p id=" first"><span ></span> </p></div><p></p>结构中，#first 选择器可以定义第一个 p 元素的样式，但不会影响最后一个 p 元素对象。

ID 选择器使用#前缀标识符进行标识，后面紧跟指定元素的 ID 名称，如图 1.15 所示。

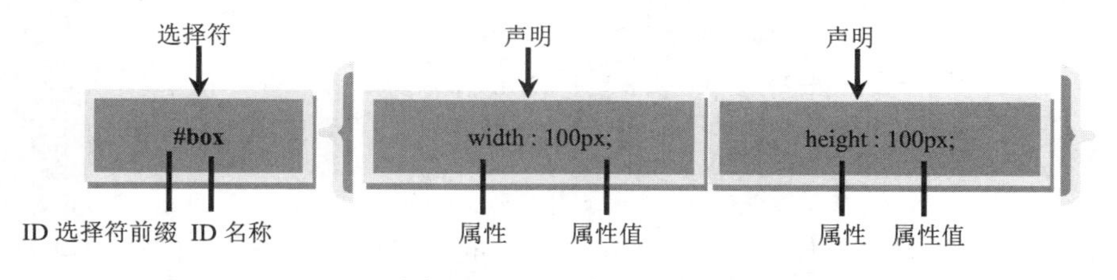

图 1.15　ID 选择器结构

提示：

元素的 ID 名称是唯一的，只能对应于文档中一个具体的对象。在 HTML 文档中，用来构建整体结构的标签应该定义 id 属性，因为这些对象一般在页面中都是比较唯一、固定的，不会重复出现，如标题栏包含框（<div id="header">）、导航条（<div id="nav">）、主体包含框（<div id="main">）、版权区（<div id="footer">）等。

【示例 1】　在以下页面的主结构中，每个元素对象都定义了 id 属性来标识自己的唯一身份，这样就可以使用 ID 选择器来定义它们的样式。

```
<!doctype html>
<html>
<head>
<meta charset="utf-8">
```

```
</head>
<body>
<div id="header"><!--头部模块-->
    <div id="logo"></div><!--网站标识-->
    <div id="banner"></div><!--广告条-->
    <div id="nav"></div><!--导航-->
</div>
<div id="main"><!--主体模块-->
    <div id="left"></div><!--左侧通栏-->
    <div id="content"></div><!--内容-->
</div>
<div id="footer"><!--脚部模块-->
    <div id="copyright"></div><!--版权信息-->
</div>
</body>
</html>
```

注意：

id 属性不能够滥用，有些初学者喜欢为每个结构元素都设置 id 属性，这有悖于 CSS 提倡的代码简化原则。一般建议对于模块包含框元素使用 id 属性，内部元素可以定义 class 属性，因为包含框都是唯一的，而内部元素可能会出现重复。

【示例 2】 在以下页面的模块中，外部包含框定义了 id 属性，而内部元素都定义了 class 属性。

```
<!doctype html>
<html>
<head>
<meta charset="utf-8">
</head>
<body>
<div id="father"><!--父级元素-->
    <div class="child1"></div><!--子级元素-->
    <div class="child2"></div><!--子级元素-->
    <div class="child2"></div><!--子级元素-->
</div>
</body>
</html>
```

这样就可以通过 ID 选择器精确匹配该包含框中所有的子元素，例如，可以这样定义所有 CSS 样式。

```
#father { }                          /*父级样式*/
#father div {}                       /*所有子 div 元素样式*/
#father .child1 { }                  /*子级样式 1*/
#father .child2 {}                   /*子级样式 2*/
```

扫一扫，看视频

1.4.4 类选择器

类选择器是以对象的 class 属性作为选择器，例如，在<div><p class="red" ><span class="red"></span></p></div><p></p>结构中，.red 选择器可以定义第一个 p 元素和 span 元素的样式，但不会影响最后一个 p 元素对象。

类选择器使用.（英文点号）进行标识，后面紧跟类名，如图 1.16 所示。

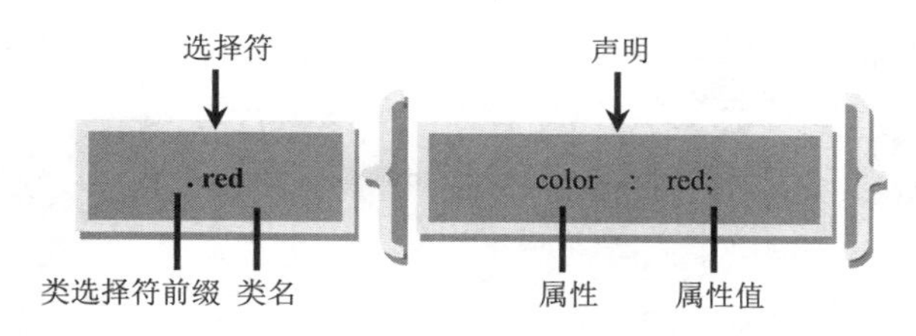

图 1.16　类选择器结构

类样式可以应用于文档中的多个元素，这体现了 CSS 代码的可重用性，可帮助用户简化页面控制。

【比较 1】　类选择器与标签选择器都具有一对多的特性，即一个样式可以控制多个对象的显示效果，但在选用时应注意。

- 与标签选择器相比，类选择器具有更大的适应性和灵活性，因为可以指定类的样式所应用的元素对象的范围，不受元素类型的限制。
- 与类选择器相比，标签选择器具有操作简单、定义方便的优势，因为不需要为每个元素都定义相同的 class 属性，而使用类选择器之前，需要在 HTML 文档中为要应用类样式的元素定义 class 属性，这样就显得比较麻烦。
- 标签选择器适合为元素定义基本样式，而类选择器更适合定义类样式；定义了标签选择器的样式之后，肯定会对页面中同一个元素产生影响，而类选择器定义的样式会出现不被应用的情况，具有更大的机动性。

【比较 2】　类选择器与 ID 选择器除了在应用范围上不同外，它们的优先级也不同。在同等条件下，ID 选择器比类选择器具有更大的优先权。

【示例 1】　下面的两个 CSS 样式被同时应用到<div id="text" class="red">标签上，则效果显示为蓝色。

```
<!doctype html>
<html>
<head>
<meta charset="utf-8">
<style type="text/css">
#text { color:Blue; }
.red { color:Red;}
</style>
</head>
<body>
<div id="text" class="red">ID 选择器比类选择器具有更大的优先权。</div>
</body>
</html>
```

在文档中匹配特定对象，最常用的方法是使用 ID 选择器和类选择器，但是很多设计师过度依赖它们。例如，如果希望对主内容区域中的标题应用一种样式，而在第二个内容区域中采用另一种方式，那么很可能创建两个类样式，然后在每个标题上引用不同类。

解决方法：使用复合选择器，避免这种情况发生。

【示例 2】　下面是一个简单的示例，使用包含选择器就可以成功地找到两个标题元素，并为它们实施不同的样式。如果在文档中添加了很多不必要的类，就会产生代码冗余。

```
<!doctype html>
<html>
<head>
<meta charset="utf-8">
<style type="text/css">
```

```
#mainContent h1 {font-size:1.8em;}
#secondaryContent h1 {font-size:1.2em;}
</style>
</head>
<body>
<div id="mainContent">
    <h1>个人网站</h1>
</div>
<div id="secondaryContent">
    <h1>最新新闻</h1>
</div>
</body>
</html>
```

扫一扫，看视频

1.4.5 指定选择器

指定选择器是为ID选择器或类选择器指定目标标签的一种特殊选择器形式。

【示例1】 把标签名附加在类选择器或ID选择器前面，定义样式只能在当前标签范围内使用。

```
span.red{/*定义 span 元素中 class 为 red 的元素的颜色为红色*/
    color:Red;
}
div#top{/*定义 div 元素中 id 为 top 的元素的宽度为百分之百*/
    width:100%;
}
```

上面的选择器就是指定选择器，分别定义span元素中已设置class为red的对象的样式，以及定义div元素中已设置id为top的对象的样式。

注意：

指定选择器前后选择符之间没有空格，且前后两个选择符匹配对象在结构上不是包含关系，而是同一个对象。

指定选择器主要用于限制类选择器或ID选择器的应用范围，可缩小样式影响的目标。

【示例2】 在下面这个模块中，包含了4个子元素，使用指定选择器可以精确控制新闻正文的样式。

```
<div><!-- 包含框-->
    <h2 class="news"></h2><!- -新闻标题-->
    <p class="news"></p><!-- 新闻正文-->
    <span class="news"></span><!-- 新闻说明-->
    <p></p><!--  其他文本信息 -->
</div>
```

在上面的结构中，直接使用news类选择器匹配新闻正文是不行的，而直接使用p标签选择器或包含选择器也不是很合适，会影响到其他元素对象的样式，此时最好的方法就是使用指定选择器，CSS代码如下：

```
p.news{/* 通过指定选择器实现对新闻正文的样式控制 */
    font-szie:12px;
}
```

扫一扫，看视频

1.4.6 包含选择器

包含选择器是复合选择器，由前后两个选择符组成，它选择被第一个选择符包含的第二个选择符匹配的所有后代元素对象。例如，在<div><p><span></span></p></div>结构中，div span包含选择器可以定义 span 元素的样式。

包含选择器中前后两部分之间以空格隔开，前后两部分选择符在结构上属于包含关系，如图 1.17 所示。

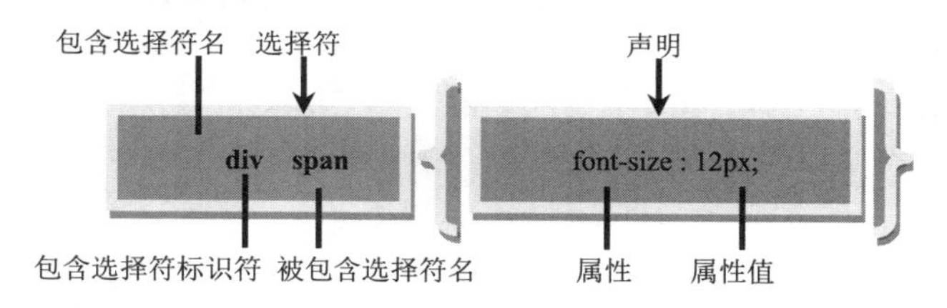

图 1.17　包含选择器

注意：

定义包含选择器时，必须保证在 HTML 结构中第一个选择符匹配的对象能够包含第二个选择符匹配的对象。

【示例 1】　包含选择器是最有用的复合选择器，它能够简化代码，实现更大范围的样式控制。在下面的代码中通过两个样式控制了 div1 类中所有的 h2 和 p 元素的显示样式。

```
.div1 h2{/*定义类 div1 中的标题样式*/
    font-size:18px;
}
.div1 p{/*定义类 div1 中的段落样式*/
    font-szie:12px;
}
```

在上面的代码中省略了为两个内嵌元素定义 class 属性，代码看起来更明白了，也不必去设置 h2 和 p 的 class 属性名称。

【示例 2】　包含选择器可以实现多层嵌套。

```
.div1 h2 p span{/*多层包含选择器*/
    font-size:18px;
}
```

【示例 3】　包含选择器也可以实现跨层包含，即父对象可以包含子对象、孙对象或孙的子对象等，例如，搭建如下的结构。

```
<!doctype html>
<html>
<head>
<meta charset="utf-8">
</head>
<body>
<div class="level1"><!--父对象-->
    一级嵌套
    <h2><!--子对象-->
        二级嵌套
    </h2>
    <span><!--子对象-->
        <p><!--孙对象-->
            三级嵌套
        </p>
    </span>
</div>
</body>
</html>
```

下面使用 CSS 来控制这个模块中的段落样式。

```
.level1 { color:red;}/*定义模块颜色为红色*/
.level1 p{ color:#333;}/*跨层包含，定义模块内段落的颜色为深灰色*/
```

使用多层包含选择器控制段落颜色。

```
.level1 { color:red;}/*定义模块颜色为红色*/
.level1 span p { color:#333;}/*多层包含，定义模块内段落的颜色为深灰色*/
```

扫一扫，看视频

1.4.7 子选择器

子选择器是复合选择器，由前后两个选择符组成，它选择被第一个选择符包含的第二个选择符匹配的所有子对象。例如，在<div><p><span></span></p></div>结构中，div>p 子选择器可以定义 p 元素的样式，但不能使用 div>span 子选择器定义 span 元素的样式。

在子选择器中前后部分之间用一个大于号隔开，前后两部分选择符在结构上属于父子关系，如图 1.18 所示。

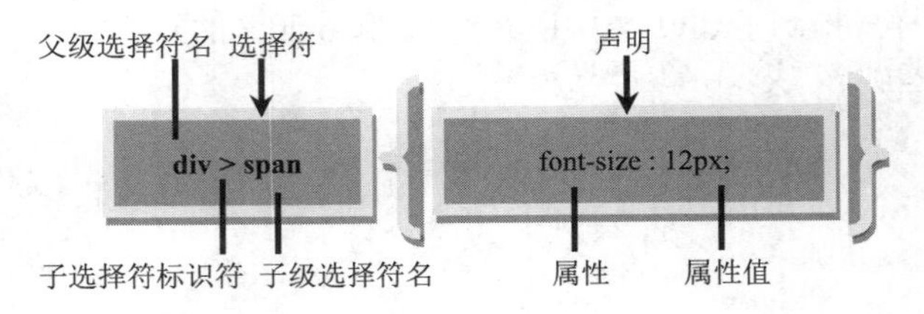

图 1.18　子选择器

【比较 1】　子选择器与指定选择器都是限定性选择器：指定选择器是用 class 和 id 属性作为限制条件，来定义某类标签中符合条件的元素样式；子选择器则用包含的子对象作为限制条件，来定义父对象所包含的部分子元素样式。

【示例 1】　如果定义主体模块中的表格样式，就可以使用子选择器。

```
#main > table{/*定义 id 为 main 的主体模块中子对象 table 的样式*/
    width:778px;
    font-size:12px;
}
#main > .title {/*定义 id 为 main 的主体模块中子对象的 class 为 title 的样式*/
    color:red;
    font-style:italic;
}
```

【比较 2】　包含选择器和子选择器的作用对象部分重合，但包含选择器可以控制所有包含元素，不受结构层次影响，而子选择器却只能控制子元素。

【示例 2】　在下面这个结构中，可以使用 p>a 选择器来定义 a 元素的样式，但是使用 div>a 就不合法，因为中间隔了一个 p 元素；而使用 div a 包含选择器就可以控制 p 以及 a 元素的样式。

```
<div>
    <p>
        <a></a>
    </p>
</div>
```

扫一扫，看视频

1.4.8 相邻选择器

相邻选择器是复合选择器，由前后两个选择符组成，它选择与第一个选择符相邻的第二个选择符匹配的所有同级对象。例如，在<div><p><span></span></p></div><p></p>结构中，div+p 相邻选择器可以定义最后一个 p 元素的样式，但不会影响其内部的 p 元素对象。

相邻选择器中前后部分之间用一个加号（+）隔开，前后两部分选择符在结构上属于同级关系，且拥有共同的父元素，如图 1.19 所示。

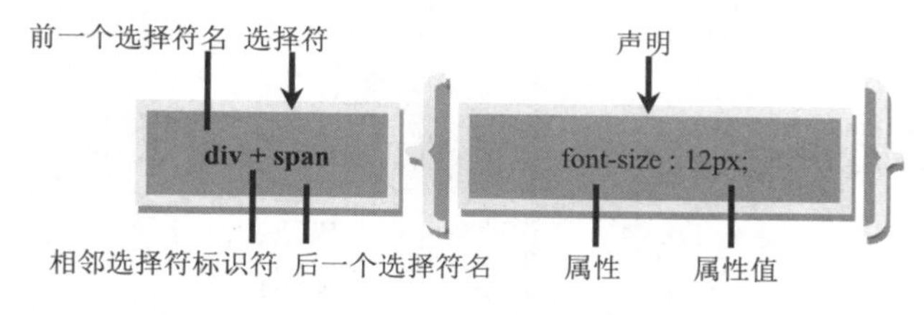

图 1.19　相邻选择器

【示例】　在下面的示例结构中，如果要单独控制最下面这个 p 元素，不是一件容易的事情，除非为它单独定义一个 class 或 id 属性。不过如果使用相邻选择器，一切都变得简单了，可以使用下面的选择器来控制它的样式。

```
<!doctype html>
<html>
<head>
<meta charset="utf-8">
<style type="text/css">
#sub_wrap + p { font-size:14px;}
</style>
</head>
<body>
<div id="wrap">
   <div id="sub_wrap">
      <h2 class="news"></h2>
      <p class="news"></p>
      <span class="news"></span>
   </div>
   <p></p>
</div>
</body>
</html>
```

1.4.9　兄弟选择器

扫一扫，看视频

兄弟选择器是复合选择器，由前后两个选择符组成，它选择与第一个选择符后面的第二个选择符匹配的所有同级对象。例如，在<div></div><p></p><p><span></span></p>结构中，div~p 兄弟选择器可以定义 div 后面两个 p 元素的样式。

兄弟选择器中前后部分之间用一个波浪符号（~）隔开，前后两部分选择符在结构上属于同级关系，且拥有共同的父元素，如图 1.20 所示。

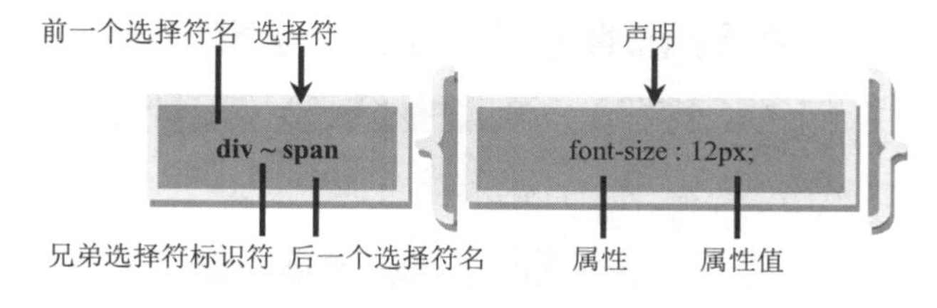

图 1.20　兄弟选择器

从位置上分析，相邻选择器中第一个选择符为同级前置，第二个选择符为其后同级所有匹配元素。

【示例】 下面示例使用 p ~ h3 { background-color: #0099FF; }为<div class="header">包含框中所有 p 后面 h3 元素定义样式。

```
<!doctype html>
<html>
<head>
<meta charset="utf-8">
<style type="text/css">
h2, p, h3 {
    margin: 0;                          /* 清除默认边距 */
    padding: 0;                         /* 清除默认间距 */
    height: 30px;                       /* 初始化设置高度为 30 像素 */
}
p ~ h3 { background-color: #0099FF;     /* 设置背景色 */ }
</style>
</head>
<body>
<div class="header">
    <h2>情况一：</h2>
    <p>子选择器控制 p 标签，能控制我吗</p>
    <h3>子选择器控制 p 标签</h3>
    <h2>情况二：</h2>
    <div>我隔开段落和 h3 直接</div>
    <p>子选择器控制 p 标签，能控制我吗</p>
    <h3>相邻选择器</h3>
    <h2>情况三：</h2>
    <h3>相邻选择器</h3>
    <p>子选择器控制 p 标签，能控制我吗</p>
    <div>
        <h2>情况四：</h2>
        <p>子选择器控制 p 标签，能控制我吗</p>
        <h3>相邻选择器</h3>
    </div>
</div>
</body>
</html>
```

在浏览器中预览，则页面效果如图 1.21 所示。可以看到在<div class="header">包含框中，所有位于<p>标签后的<h3>标签都被选中，背景色设置为蓝色。

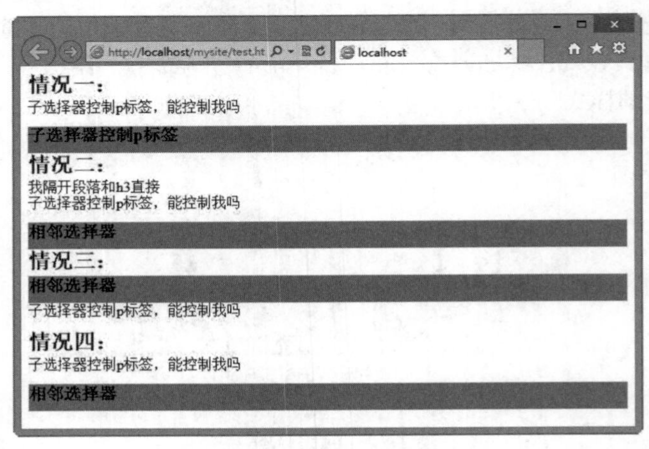

图 1.21 兄弟选择器

1.4.10　分组选择器

分组选择器也是复合选择器，但它不是一种选择器类型，而是一种选择器的特殊用法。

选择器分组，使用逗号把同组内不同对象分隔。分组选择器与类选择器在性质上有点类似，都可以为不同元素或对象定义相同的样式。

【示例 1】　当多个对象定义了相同的样式时，可以把它们分成一组，这样能够简化代码。

```
h1,h2,h3,h4,h5,h6,p{/*定义所有级别的标题和段落行高都为字体大小的 1.6 倍*/
    line-height:1.6em;
}
```

【示例 2】　分组选择器用法灵活，用好分组选择器会使样式代码更简洁。在下面的样式表中，定义了两个样式。

```
.class1{/*类样式 1：13 像素大小，红色，下划线*/
    font-size:13px;
    color:Red;
    text-decoration:underline;
}
.class2{/*类样式 2：13 像素大小，蓝色，下划线*/
    font-size:13px;
    color:Blue;
    text-decoration:underline;
}
```

上面的代码可以通过分组进行优化：

```
.class1,class2{/*共同样式：13 像素大小，下划线*/
    font-size:13px;
    text-decoration:underline;
}
.class1{/*类样式 1：红色*/
    color:Red;
}
.class2{/*类样式 2：蓝色*/
    color:Blue;
}
```

分组选择器的使用原则：

- 方便的原则。不能为了分组而分组，把每个元素、对象中相同的声明都抽取出来分为一组，这样做有点画蛇添足，只能带来更多麻烦。
- 就近的原则。如果几个元素相邻，同处于一个模块内，可以考虑把相同声明提取出来进行分组。这样便于分组、容易维护，也更容易明白。

1.4.11　伪选择器

伪选择器包括伪类和伪对象两种选择器，以冒号（：）作为前缀，冒号后紧跟伪类或者伪对象名称，冒号前后没有空格，否则将解析为包含选择器，如图 1.22 所示。

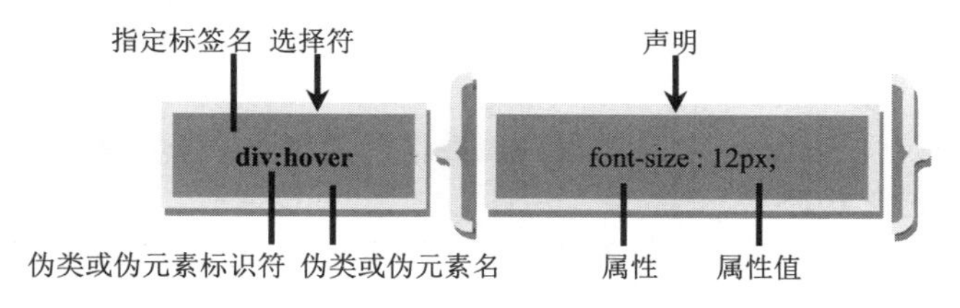

图 1.22　伪类和伪对象选择器

伪选择器主要用来选择特殊区域或特殊状态下的元素或者对象，这些特殊区域或特殊状态是无法通过标签选择器、ID 选择器或者类选择器等进行精确控制的。

【示例 1】 下面的示例使用伪类选择器为超链接的不同状态定义样式。

```
a {text-decoration: none; }/*相同的样式都放在这里*/
a:link { color: #FF0000;}/*第 1 位置，定义超链接的默认样式*/
a:visited { color: #0000FF; }/*第 2 位置，定义访问过的样式*/
a:hover { color: #00FF00;}/*第 3 位置，定义经过的样式*/
a:active { color: #CC00CC;}/*第 4 位置，定义鼠标按下的样式*/
```

【示例 2】 在定义超链接样式时，有时只需要定义下面两个样式就可以了。把去除超链接下划线的声明放在 a 标签选择器的样式中，这样超连接就不会显示下划线，除非单独定义才会显示。

```
a {/*默认样式*/
    text-decoration: none;
    color: #FF0000;
}
a:hover { color: #00FF00;}/*鼠标经过样式*/
```

【示例 3】 :link 伪类可以定义未访问过的超链接样式，省略 a:link 状态下的样式可以看作是一个技巧，但也存在一个问题：如果文档中存在定位锚记，如<a name="second"><a>，那么超链接的默认样式就会对它们也起作用，因此读者在实际使用时要灵活选择使用。

```
a { text-decoration: none; color: #FF0000;}/*相同的样式都放在这里*/
a:active { color: #CC00CC;}/*定义鼠标按下的样式*/
a:visited { color: #0000FF;}/*定义访问过的样式*/
a:hover {color: #00FF00;}/*定义经过的样式*/
```

提示：

使用与超链接相关的伪类选择器时，应为 a 元素定义 href 属性，指明超链接的链接地址，否则在 IE 早期版本中就会失效，但在其他浏览器还会继续支持该样式显示。

有关伪类选择器的具体说明，可以参考本章后面示例。

扫一扫，看视频

1.4.12 属性选择器

属性选择器是以对象的属性作为选择器。例如，在<div><p id="first"><span></span></p></div><p></p>结构中，p[id]属性选择器可以定义第一个 p 元素的样式，但不会影响最后一个 p 元素对象。

属性选择器使用中括号进行标识，中括号内包含属性名、属性值，或者属性表达式，如 h1[title]、h1[title="Logo"]等，如图 1.23 所示。

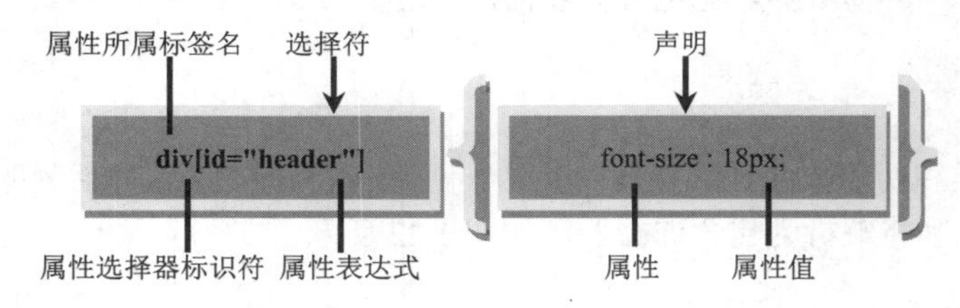

图 1.23　属性选择器

属性选择器也是限定性选择器，它根据指定属性作为限制条件来定义元素的样式。实际上，ID 和类选择器就是特殊的属性选择器。

属性选择器可以细分为 5 种形式，详细说明如下。

1. 匹配属性名

通过匹配存在的属性来控制元素的样式，一般把要匹配的属性包含在中括号内，只列举属性名。例如：

```
[class] { color: red;}
```

上面样式将会作用于任何带 class 属性的元素，不管 class 的值是什么。当然，这个属性不仅仅是 class 或者 id，也可以是元素所有合法的属性，例如：

```
img[alt]{ border:none;}
```

上面样式将会作用于任何带有 alt 属性的 img 元素。

2. 匹配属性值

只有当属性完全匹配指定的属性值时，才会应用样式。id 和 class 实际上就是精确属性值选择器，如 h1#logo 就等价于 h1[id="logo"]。例如：

```
a[href="http:// www.baidu.com/"][title=" css "] { font-size: 12px;}
```

上面样式将会作用于地址指向 http://www.baidu.com/，且提示字符为“css”的 a 元素，即如下所示的超链接。

```
<a href="http://www.baidu.com/" title=" css">百度一下</a>
```

也可以综合使用多个条件，例如：

```
div[id][title="ok"] {
    color: blue;
    font-style:italic;
}
```

上面样式将会作用于所有设置了 id 属性，且 title 属性值为“ok”的 div 元素。

3. 前缀匹配

只要属性值的开始字符匹配指定字符串，即可对元素应用样式。前缀匹配选择器使用[^=]的形式来实现，例如：

```
<div class="Mytest">前缀匹配</div>
```

针对上面的 HTML 代码，可以使用以下选择器来控制它的样式。

```
[class^="My"] { color:red;}
```

在上面的样式中，定义了只要 class 属性值开头字符为 My 的元素，都可以为它应用该样式。读者可以定义任意形式的前缀字符串。

4. 后缀匹配

与前缀匹配相反，只要属性值的结尾字符匹配指定字符串，即可对元素应用样式。后缀匹配选择器使用[$=]的形式来实现，例如：

```
<div class="Mytest">后缀匹配</div>
```

针对上面的 HTML 代码，我们可以使用以下选择器来控制它的样式。

```
[class$="test"] { color:red;}
```

在上面的样式中，定义了只要元素的 class 属性值结尾字符为 test 即可应用该样式。读者可以定义任何形式的后缀字符串。

5. 模糊匹配

只要属性值中存在指定字符串，即可应用定义的样式，模糊匹配选择器使用[*=]的形式来实现，例如：

```
<div class="Mytest">模糊匹配</div>
```

针对上面的 HTML 代码，我们可以使用以下选择器来控制它的样式：

```
[class*="est"] {color:red;}
```

在上面的样式中，定义了只要元素的 class 属性值中包含 est 字符串就可以应用该样式。

扫一扫，看视频

1.4.13 通用选择器

通用选择器确定文档中所有类型元素作为选择器，表示该样式适用所有网页元素。通用选择器由一个星号表示。

【示例】 可以使用通用选择器定义下面的样式，删除每个元素上默认的空白边界。

```
* {
   padding:0;
   margin:0;
}
```

1.5 CSS 特性

CSS 包括两个特性：层叠性和继承性。灵活利用这两个特性，可以优化 CSS 代码，提升 CSS 样式设计技巧。

扫一扫，看视频

1.5.1 层叠性

CSS 通过一个称为层叠的过程来处理样式冲突。层叠给每个样式分配一个重要度：作者的样式表被认为是最重要的，其次是用户的样式表，最后是浏览器或用户代理使用的默认样式表。

为了让用户拥有更多的控制能力，可以通过将任何声明指定为!important 来提高它的重要度，让它优先于任何规则，甚至优先于作者加上!important 标志的规则。

层叠采用以下重要度次序：

- 标为!important 的用户样式。
- 标为!important 的作者样式。
- 作者样式。
- 用户样式。
- 浏览器/用户代理应用的样式。

然后，根据选择器的特殊性决定样式的次序。具有更特殊选择器的样式优先于具有比较一般选择器的规则。如果两个样式的特殊性相同，那么后定义的样式优先。

为了优化排序各种样式的特殊性，CSS 为每一种选择器都分配一个值，然后，将样式中每个选择器的值加在一起，就可以计算出每个样式的特殊性，即优先级别。

根据 CSS 规则，一个简单的类型选择器，如 h2，特殊值为 1，类选择器的特殊值为 10，ID 选择器的特殊值为 100。

【示例】 如果一个选择器由多个选择符组合而成，则它的特殊性就是这些选择符的权重之和，例如，在下面的代码中，把每个选择器的特殊性进行加权。

```
div{/*特殊值=1*/
   color:Green;
}
div h2{/*特殊值：1+1=2*/
   color:Red;
}
.blue{/*特殊值：10=10*/
```

```
    color:Blue;
}
div.blue{/*特殊值：1+10=11*/
    color:Aqua;
}
div.blue .dark{/*特殊值：1+10+10=21*/
    color:Maroon;
}
#header{/*特殊值：100=100*/
    color:Gray;
}
#header span{/*特殊值：100+1=101*/
    color:Black;
}
```

注意：

- 被继承的值具有的特殊性为 0。不管父级样式的优先权多大，被子级元素继承时，它的特殊性为 0，也就是说一个元素显式声明的样式都可以覆盖继承来的样式。
- CSS 定义了一个!important 命令，该命令被赋予最大权力。也就是说不管特殊性如何，以及样式位置的远近，!important 都具有最大优先权。

1.5.2　继承性

扫一扫，看视频

继承性让设计师不必为每个元素定义同样的样式。

【示例】　如果打算设置的属性是一个继承的属性，那么也可以将它应用于父元素。

```
p,div,h1,h2,h3,ul,ol,dl,li {color:black;}
```

但是下面的写法更简单：

```
body {color:black;}
```

恰当地使用层叠可以简化 CSS，恰当地使用继承可以减少代码中选择器的数量和复杂性。

注意：

并不是所有的 CSS 属性都可以继承。如果边框样式也能够继承，那么为 body 定义了边框样式，则所有网页对象都显示边框，这显然是错误的。为了避免这种情况，CSS 强制规定部分属性不具有继承特性，例如下面的属性就不具有继承性：

- 边框属性
- 边界属性
- 补白属性
- 背景属性
- 定位属性
- 布局属性
- 元素宽高属性

第 2 章　使用 CSS 设置字体和文本样式

网页中包含大量的文字信息，所有由文字构成的内容都称为网页文本。在网页中文字是传递信息最直接、最简便的方式，各式各样的文字效果给网页增添了无穷魅力。通过 CSS，可以设置文字的字体样式和文本样式。

【学习重点】

- CSS 设置字体样式。
- CSS 设置段落文本样式。
- 使用 CSS 设计网页文本版式。

2.1　字体和文本样式基础

字体样式包括字体类型、字体大小、字体颜色等基本效果，也包括粗体、斜体、大小写、装饰线等特殊效果。文本样式包括文本水平对齐、文本垂直对齐、首行缩进、行高、字符间距、词间距、换行方式等排版效果。本节将分别介绍字体样式和文本样式的属性用法。

提示：

CSS 在命名属性时，特意使用了 font 前缀和 text 前缀来区分大部分字体属性和文本属性。

扫一扫，看视频

2.1.1　字体类型

CSS 使用 font-family 属性定义字体类型，用法如下：

```
font-family : name
font-family :cursive | fantasy | monospace | serif | sans-serif
```

name 表示字体名称，可指定多种字体，多个字体将按优先顺序排列，以逗号隔开。如果字体名称包含空格，则应使用引号括起。

第二种声明方式使用字体序列名称（或称通用字体），如果使用 fantasy 序列，将提供默认字体序列。

提示：

font 也可以设置字体类型，它是一个复合属性，用法如下：

```
font : font-style || font-variant || font-weight || font-size || line-height ||
font-family
font : caption | icon | menu | message-box | small-caption | status-bar
```

属性值之间以空格分隔。font 属性至少应设置字体大小和字体类型，且必须放在后面，否则无效。前面可以自由定义字体样式、字体粗细、大小写和行高，详细讲解将在后面内容中介绍。

【示例 1】　下面的示例为页面和段落文本分别定义不同的字体类型。

第 1 步：启动 Dreamweaver，新建一个网页，保存为 test.html，在<body>标签内输入一行段落文本。

```
<p>定义字体类型</p>
```

第 2 步：在<head>标签内添加<style type="text/css">标签，定义一个内部样式表，然后输入以下样式，用来定义网页字体的类型。

```
body {
   font-family:Arial, Helvetica, sans-serif;    /* 字体类型 */
```

```
}
p {/* 段落样式 */
    font:14px "黑体";      /* 14 像素大小的黑体字体 */
}
```

注意：

在网页设计中，中文字体多采用默认的宋体类型，对于标题或特殊提示信息，如果需要特殊字体，则多用图像或背景图来替代。

拉丁字符的字体类型比较丰富，艺术表现力强，在浏览外文网站时，读者会发现页面选用的字体类型非常丰富。习惯上，标题多使用无衬线字体、艺术字体或手写体等，而网页正文则多使用衬线字体等。

拓展：

CSS 提供了五类通用字体。通用字体是一种备用机制，当指定的所有字体都不可用时，将在用户系统中找到一个类似字体进行替代显示。这五类通用字体说明如下。

- serif：衬线字体，衬线字体通常是变宽的，字体较明显地显示粗与细的笔划，在字体头部和尾部会附带显示一些装饰细线。
- sans-serif：无衬线字体，没有突变、交叉笔划或其他修饰线，无衬线字体通常是变宽的，字体粗细笔划的变化不明显。
- cursive：草体，表现为斜字型、联笔或其他草体的特征。看起来像是用手写笔或刷子书写，而不像印刷出来的。
- fantasy：奇异字体，主要是装饰性的，但保持了字符的呈现效果，换句话说就是艺术字，用画写字，或者说字体像画。
- monospace：等宽字体，唯一标准就是所有的字型宽度都是一样的。

【示例 2】　通用字体对于中文字体无效，简单比较三种通用字体类型，则效果如图 2.1 所示。

图 2.1　三种通用字体效果比较

示例代码如下：

```
<!doctype html>
<html>
<head>
<meta charset="utf-8">
<style type="text/css">
body { font-size: 36px; }
.serif { font-family: "Times New Roman", Times, serif; }
.sans-serif { font-family: Arial, Helvetica, sans-serif; }
.monospace { font-family: "Courier New", Courier, monospace; }
```

```
</style>
</head>
<body>
<p class="serif">衬线字体 - serif</p>
<p class="sans-serif">无衬线字体 - sans-serif</p>
<p class="monospace">等宽字体 - monospace</p>
</body>
</html>
```

【示例 3】 在 font-family 属性中，可以以列表的形式设置多种字体类型。例如，在上面示例的基础上，为段落文本设置三种字体类型，其中第一种字体类型为具体的字体类型，而后两种字体类型为通用字体类型。

```
p { font-family:"Times New Roman", Times, serif}
```

字体列表以逗号进行分隔，浏览器会按字体名称的顺序优先采用，如果在本地系统中没有匹配到所有列举字体，浏览器就会使用默认字体显示网页文本。

扫一扫，看视频

2.1.2 字体大小

CSS 使用 font-size 属性定义字体大小，用法如下：

```
font-size: length
font-size: xx-small | x-small | small | medium | large | x-large | xx-large
font-size: larger | smaller
```

length 可以是百分数，或者浮点数字和单位标识符组成的长度值，但不可为负值。百分比取值是基于父元素的字体尺寸来计算的，与 em 单位计算相同。

xx-small（最小）、x-small（较小）、small（小）、medium（正常）、large（大）、x-large（较大）、xx-large（最大）用来表示绝对字体尺寸，这些特殊值将根据对象字体进行调整。

larger（增大）和 smaller（减少）这对特殊值将根据父对象中字体尺寸进行相对增大或者缩小。

【示例 1】 下面的示例演示如何为页面中多段文本定义不同的字体大小。

第 1 步：启动 Dreamweaver，新建一个网页，保存为 test.html，在<body>标签中输入以下多段文本。

```
<div>
    <p class="p1">春晓  0.6in</p>
    <p class="p2">春眠不觉晓，  0.8em</p>
    <p class="p3">处处闻啼鸟。  2cm</p>
    <p class="p4">夜来风雨声，  16pt</p>
    <p class="p5">花落知多少？  2pc</p>
</div>
```

第 2 步：在<head>标签内添加<style type="text/css">标签，定义一个内部样式表，然后输入以下样式，分别设置各个段落中的字体大小。

```
div{font-size:20px;}                    /* 以像素为单位设置 div 标签中的字体大小*/
.p1{ font-size: 0.6in; }                /* 以英寸为单位设置字体大小 */
.p2{ font-size: 0.8em; }                /* 以父元素字体大小为参考设置大小 */
.p3{ font-size: 2cm ; }                 /* 以厘米为单位设置字体大小*/
.p4{ font-size: 16pt; }                 /* 以点为单位设置字体大小 */
.p5{ font-size: 2pc; }                  /* 以皮卡为单位设置字体大小 */
```

第 3 步：在浏览器中预览，显示效果如图 2.2 所示。

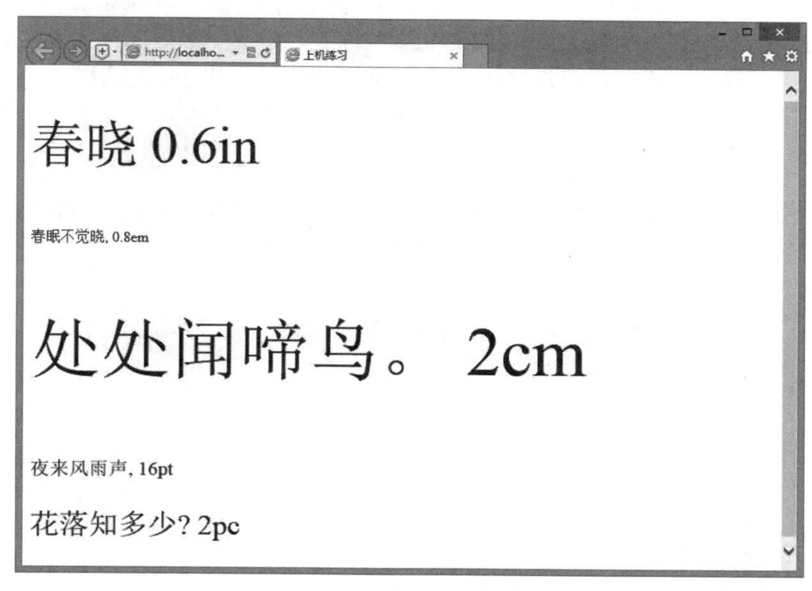

图 2.2　设置段落字体大小

提示：

字体大小的单位可以被归为两类：绝对单位和相对单位。

绝对单位所定义的字体大小是固定的，大小显示效果不会受所处环境的影响。例如，in（英寸）、cm（厘米）、mm（毫米）、pt（点）、pc 等。此外， xx-small、x-small、small、medium、large、x-large、xx-large 这些关键字也是绝对单位。

相对单位所定义的字体大小一般是不固定的，会根据所处环境而不断发生变化。例如，px（像素）、em（相对父元素字体的大小）、ex（相对父元素字体中 x 字符高度）、%（相对父元素字体的大小）。此外，larger 和 smaller 这两个关键字也是以父元素的字体大小为参考进行计算的。

【示例 2】　在网页设计中，常用字体大小单位包括像素、em 或百分比。从用户体验角度考虑，选择字体大小单位以 em 或%比较好。这是因为：

- 有利于浏览器调整字体大小。
- 使字体能够适应版面宽度的变化。

【操作步骤】

第 1 步：启动 Dreamweaver，新建一个网页，保存为 test1.html。

第 2 步：在<body>标签内输入如下内容。

```
<div id="content">《水调歌头 明月几时有》
    <div id="sub">苏轼
        <p>明月几时有，把酒问青天。</p>
        <p>不知天上宫阙，今夕是何年。</p>
        <p>我欲乘风归去，又恐琼楼玉宇，高处不胜寒。</p>
        <p>起舞弄清影，何似在人间。</p>
        <p>转朱阁，低绮户，照无眠。</p>
        <p>不应有恨，何事长向别时圆？</p>
        <p>人有悲欢离合，月有阴晴圆缺，此事古难全。</p>
        <p>但愿人长久，千里共婵娟。 </p>
    </div>
</div>
```

第 3 步：在<head>标签内添加<style type="text/css">标签，定义一个内部样式表。

第 4 步：输入以下样式，设计页面正文字体大小为 12 像素，使用 em 来设置。

```
body {                                          /* 网页字体大小 */
    font-size:1.2em;                            /* 约等于 29 像素 */
}
```

计算方法：浏览器默认字体大小为 16 像素，用 16 像素乘以 1.2 即可得到 29 像素。同样的道理，默认 14 像素，则应该是 0.875em；默认 10 像素，则应该是 0.625em。

第 5 步：在浏览器中显示，效果如图 2.3 所示。

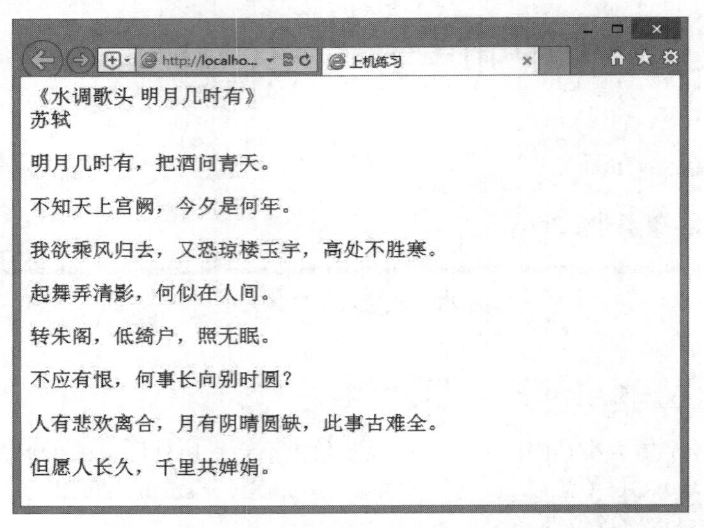

图 2.3　以 em 为单位设置字体大小

注意：

在复杂结构中如果都选择 em 或百分比作为字体大小，可能就会出现字体大小显示混乱的状况。

【示例 3】　上例文档另存为 test2.html，修改上面示例中的样式，分别定义 body、div 和 p 元素的字体大小为 0.75em。

```
body, div, p {font-size:0.75em;}
```

由于 em 单位是以父元素字体大小为参考进行显示，所以会发现有些文字大小不合适，如图 2.4 所示。

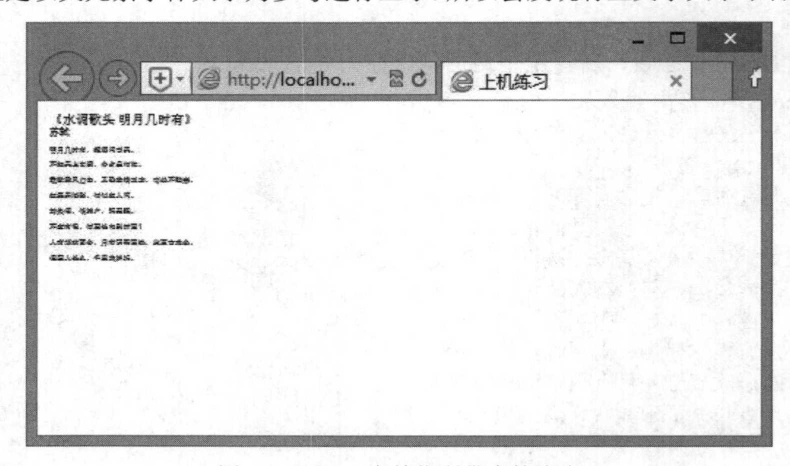

图 2.4　以 em 为单位所带来的隐患

解决方法：去掉字体大小的单位，设计如下样式，则可以纠正上面示例存在的问题，因为这时就不再以父元素作为参考，而是统一以 body 元素的字体大小作为参考。

```
body, div, p { font-size:0.75;}
```

2.1.3　字体颜色

扫一扫，看视频

CSS 使用 color 属性定义字体颜色，用法如下：

```
color : color
```

color 表示颜色值，可以使用颜色名称、HEX、RGB、RGBA、HSL、HSLA 和 transparent。

【示例】　下面示例分别使用不同的方法定义字体颜色为红色显示。

第 1 步：启动 Dreamweaver，新建一个网页，保存为 test.html，在<body>标签中输入以下内容。

```
<p class="p1">颜色名：color:red;</p>
<p class="p2">HEX：color:#ff0000;</p>
<p class="p3">RGB：color:rgb(255,0,0);</p>
<p class="p4">RGBA：color:rgba(255,0,0,1);</p>
<p class="p5">HSL：color:hsl(360,100%,50%)</p>
<p class="p6">HSLA：color:hsla(360,100%,50%,1.00);</p>
```

第 2 步：在<head>标签内添加<style type="text/css">标签，定义一个内部样式表，然后输入以下样式，分别定义<p>标签包含的字体颜色。

```
.p1 { color:red;}                           /* 使用颜色名 */
.p2 { color:#ff0000;}                       /* 使用十六进制 */
.p3 { color:rgb(255,0,0);}                  /* 使用 RGB 函数 */
.p4 { color:rgba(255,0,0,1);}               /* 使用 RGBA 函数 */
.p5 { color:hsl(360,100%,50%);}             /* 使用 HSL 函数 */
.p6 { color:hsla(360,100%,50%,1.00);}       /* 使用 HSLA 函数 */
```

第 3 步：在浏览器中预览，显示效果如图 2.5 所示。

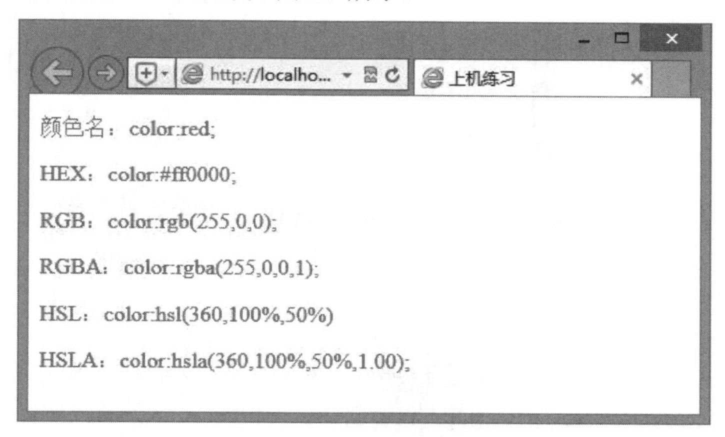

图 2.5　设置字体颜色

2.1.4　字体粗细

扫一扫，看视频

CSS 使用 font-weight 属性定义字体粗细，用法如下：

```
font-weight: normal | bold
font-weight: bolder | lighter
font-weight: 100 | 200 | 300 | 400 | 500 | 600 | 700 | 800 | 900
```

font-weight 属性取值比较特殊，其中 normal 关键字表示默认值，即正常的字体，相当于取值为 400。

bold 关键字表示粗体，相当于取值为 700 或者使用<b>标签定义的字体效果。

bolder（较粗）和 lighter（较细）是相对于 normal 字体粗细而言的。

取值为 100、200、300、400、500、600、700、800、900，分别表示字体的粗细程度，是对字体粗细的一种量化定义，值越大就表示越粗，相反就表示越细。

【示例】 下面的示例演示为不同标签定义不同的字体粗细效果。

第 1 步：启动 Dreamweaver，新建一个网页，保存为 test.html，在<body>标签中输入以下内容。

```
<p>文字粗细是 normal</p>
<h1>文字粗细是 700</h1>
<div>文字粗细是 bolder</div>
<p class="bold">文字粗细是 bold</p>
```

第 2 步：在<head>标签内添加<style type="text/css">标签，定义一个内部样式表，然后输入以下样式，分别定义段落文本、一级标题、<div>标签包含字体的粗细效果，同时定义一个粗体样式类。

```
p { font-weight: normal }                    /* 等于 400 */
h1 { font-weight: 700 }                      /* 等于 bold */
div{ font-weight: bolder }                   /* 可能为 500 */
.bold { font-weight:bold; }                  /* 加粗显示 */
```

第 3 步：在浏览器中预览，显示效果如图 2.6 所示。

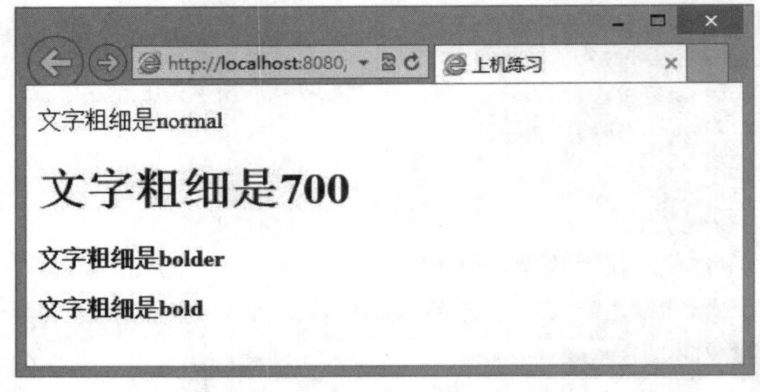

图 2.6　设置字体的粗细

提示：

对于中文字体来说，一般仅支持 bold（加粗）、normal（普通）两种效果。

扫一扫，看视频

2.1.5　斜体字体

CSS 使用 font-style 属性定义字体倾斜效果，用法如下：

```
font-style : normal | italic | oblique
```

normal 表示默认值，即正常的字体，italic 表示斜体，oblique 表示倾斜的字体。oblique 取值只在拉丁字符中有效。

【示例】 下面的示例演示如何为网页文本定义斜体效果。

第 1 步：启动 Dreamweaver，新建一个网页，保存为 test.html。

第 2 步：在<head>标签内添加<style type="text/css">标签，定义一个内部样式表，然后输入以下样式，定义一个斜体样式类。

```
.italic {
    font-size:24px;
    font-style:italic;                       /* 斜体 */
}
```

第 3 步：在<body>标签中输入一行段落文本，并把斜体样式类应用到该段落文本中。

```
<p>设置<span class="italic">文字斜体 </span></p>
```

第 4 步：在浏览器中预览，显示效果如图 2.7 所示。

图 2.7　设置斜体字

2.1.6　装饰线

CSS 使用 text-decoration 属性定义装饰线，装饰线效果包括下划线、删除线、顶划线、闪烁线，用法如下：

```
text-decoration : none || underline || overline || line-through || blink
```

none 表示默认值，即无装饰字体，underline 表示下划线，line-through 表示删除线，overline 表示顶划线，blink 表示闪烁线。

【示例 1】　下面的示例演示如何为多段文本定义不同的装饰线效果。

第 1 步：启动 Dreamweaver，新建一个网页，保存为 test.html。

第 2 步：在<head>标签内添加<style type="text/css">标签，定义一个内部样式表。

第 3 步：输入以下样式，定义三个装饰字体样式类。

```
.underline {text-decoration:underline;}                /* 下划线样式类 */
.overline {text-decoration:overline;}                  /* 顶划线样式类 */
.line-through {text-decoration:line-through;}          /* 删除线样式类 */
```

第 4 步：在<body>标签中输入三行段落文本，并分别应用上面的装饰类样式。

```
<p class="underline">设置下划线</p>
<p class="overline">设置顶划线</p>
<p class="line-through">设置删除线</p>
```

第 5 步：在浏览器中预览，显示效果如图 2.8 所示。

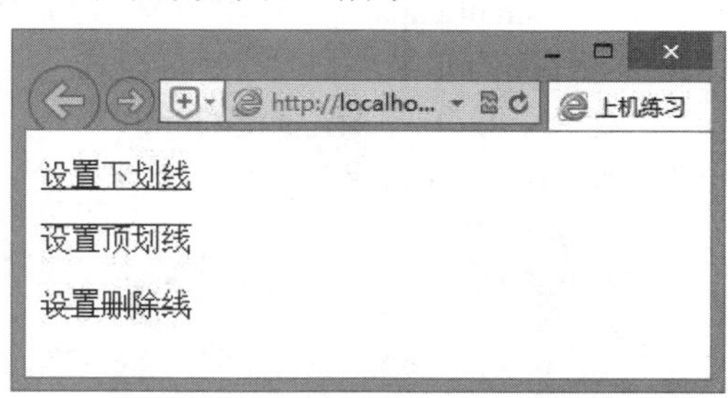

图 2.8　设置字体的下划线、顶划线和删除线

【示例 2】　可以为同一个对象应用多种装饰线效果。

设计方法：将 underline 和 overline 等值同时赋给 text-decoration，并用空格分开。

第 1 步：在<head>标签中定义如下样式。

```
p.one{ text-decoration:underline overline; }                    /* 下划线+顶划线 */
p.two{ text-decoration:underline line-through; }                /* 下划线+删除线 */
p.three{ text-decoration:overline line-through; }               /* 顶划线+删除线 */
p.four{ text-decoration:underline overline line-through; }/* 三种同时 */
```

第 2 步：在<body>标签中输入四行段落文本，并把上面的样式应用到段落文本中。

```
<p class="one">下划线文字，顶划线文字</p>
<p class="two">下划线文字，删除线文字</p>
<p class="three">顶划线文字，删除线文字</p>
<p class="four">三种效果同时</p>
```

第 3 步：在浏览器中预览，则可以看到每行文本显示多种修饰效果，如图 2.9 所示。

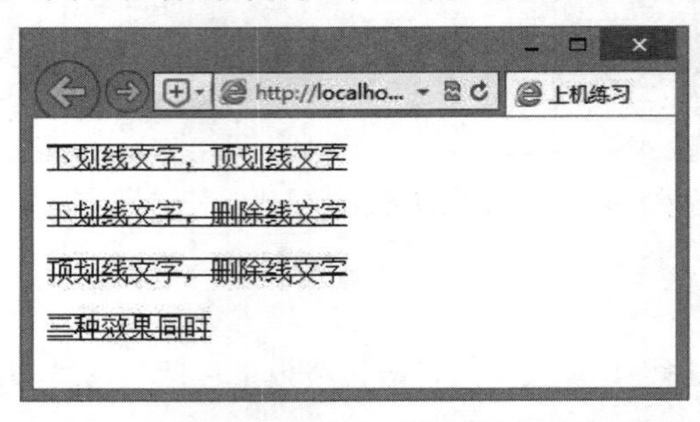

图 2.9　下划线、删除线和顶划线的多种应用效果

提示：

在 CSS2 中，text-decoration 属于文本属性，CSS3 则把 text-decoration 归为独立的一类：文本装饰，把 text-decoration 作为复合属性使用，同时扩展了多个子属性，简单说明如下：

- text-decoration-line：定义线型，如 non、underline、overline、line-through 和 blink。
- text-decoration-color：定义装饰线的颜色。
- text-decoration-style：定义装饰线的样式，如 solid、double、dotted、dashed 和 wavy。
- vtext-decoration-skip：定义装饰线忽略的位置。
- text-underline-position：定义装饰线的位置，如 auto、under、left 和 right。

大部分浏览器目前还暂时不支持这些属性，读者可以忽略。

扫一扫，看视频

2.1.7　字体大小写

CSS 使用 font-variant 属性定义字体大小效果，用法如下：

```
font-variant : normal | small-caps
```

normal 表示默认值，即正常的字体，small-caps 表示小型的大写字母字体。

【示例 1】　下面的示例为页面拉丁字符定义小型大写字母样式。

第 1 步：启动 Dreamweaver，新建一个网页，保存为 test.html。

第 2 步：在<head>标签内添加<style type="text/css">标签，定义一个内部样式表。

第 3 步：输入以下样式，定义一个类样式。

```
.small-caps {/* 小型大写字母样式类 */
    font-variant:small-caps;
}
```

第 4 步：在<body>标签中输入一行段落文本，并应用上面定义的类样式。

```
<p class="small-caps">font-variant:small-caps;</p>
```

注意：

font-variant 仅支持拉丁字符，中文字体没有大小写效果区分。如果设置了小型大写字体，但是该字体没有对应的小型大写字体，则浏览器会采用模拟效果。例如，可通过使用一个常规字体，并将其小写字母替换为缩小过的大写字母。

📖 拓展：

CSS 另定义了 text-transform 文本属性，它能够设计单词文本的大小写样式，用法如下：

```
text-transform : none | capitalize | uppercase | lowercase
```

none 表示默认值，无转换发生；capitalize 表示将每个单词的第一个字母转换成大写，其余无转换发生；uppercase 表示把所有字母都转换成大写；lowercase 表示把所有字母都转换成小写。

【示例 2】 下面的示例使用 text-transform 属性为多段文本定义不同的大小写样式。

第 1 步：新建一个网页，保存为 test1.html。

第 2 步：在<head>标签内添加<style type="text/css">标签，定义一个内部样式表。

第 3 步：输入以下样式，定义三个类样式。

```
.capitalize {/
    text-transform:capitalize;              /* 首字母大写*/
}
.uppercase {
    text-transform:uppercase;               /* 全部大写*/
}
.lowercase {
    text-transform:lowercase;               /* 全部小写*/
}
```

第 4 步：在<body>标签中输入三行段落文本，并分别应用上面定义的类样式。

```
<p class="capitalize">text-transform:capitalize;</p>
<p class="uppercase">text-transform:uppercase;</p>
<p class="lowercase">text-transform:lowercase;</p>
```

第 5 步：分别在 IE 和 Firefox 浏览器中预览，则会发现在怪异模式下，只要是单词就把首字母转换为大写，如图 2.10 所示；而标准模式则认为只有单词通过空格间隔之后，才能够成为独立意义上的单词，所以几个单词连在一起时就算作一个词，如图 2.11 所示。

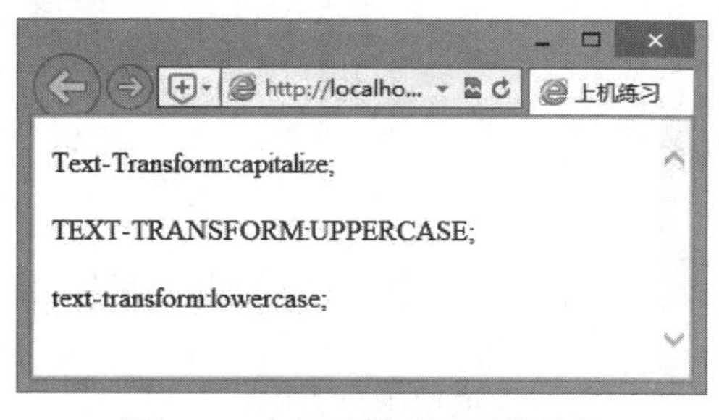

图 2.10　在怪异模式下解析效果

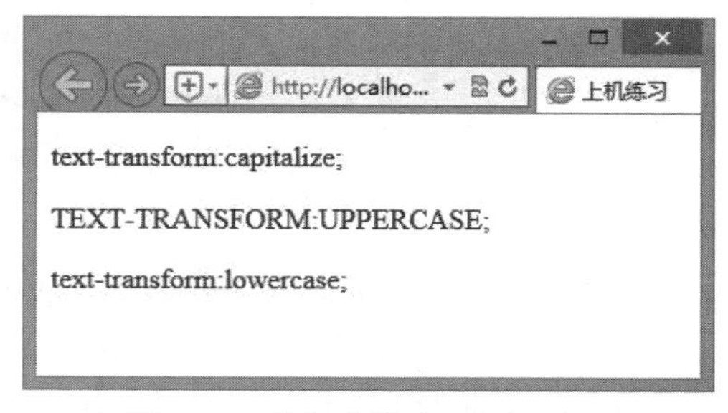

图 2.11　在标准模式下解析效果

2.1.8　文本水平对齐

扫一扫，看视频

CSS 使用 text-align 属性定义文本的水平对齐方式，用法如下：

```
text-align : left | right | center | justify
```

该属性取值包括四个：left 为默认值，表示左对齐；right 表示右对齐；center 表示居中对齐；justify 表示两端对齐。

📢 提示：

CSS3 为 text-align 属性新增 4 个值，说明如下。这些值得到部分浏览器的有限支持，IE 当前不支持。

- start：内容对齐开始边界。

- end：内容对齐结束边界。
- match-parent：继承父元素的对齐方式。如果继承的为 start 或 end 关键字，则将根据 direction 属性值进行计算，计算值可以是 left 和 right。
- justify-all：效果等同于 justify，同时定义最后一行也两端对齐。

【示例 1】 下面的示例分别为 4 段文本应用左对齐、居中对齐、右对齐和两端对齐显示。

第 1 步：新建一个网页，保存为 test.html。

第 2 步：在<head>标签内添加<style type="text/css">标签，定义一个内部样式表。

第 3 步：输入以下样式，定义对齐类样式。

```
.left{  text-align:left;}              /* 左对齐*/
.center { text-align:center; }         /* 居中对齐*/
.right{ text-align:right;}             /* 右对齐*/
.justify{ text-align:justify;}         /* 两端对齐*/
```

第 4 步：在<body>标签中输入 4 行段落文本，分别使用 HTML 的 align 属性和 CSS 的 text-align 属性定义文本对齐方式。

```
<p align="left">align="left"</p>
<p class="center">text-align:center;</p>
<p class="right">text-align:right;</p>
<p class="justify">text-align:justify;</p>
```

第 5 步：在浏览器中预览，显示效果如图 2.12 所示。

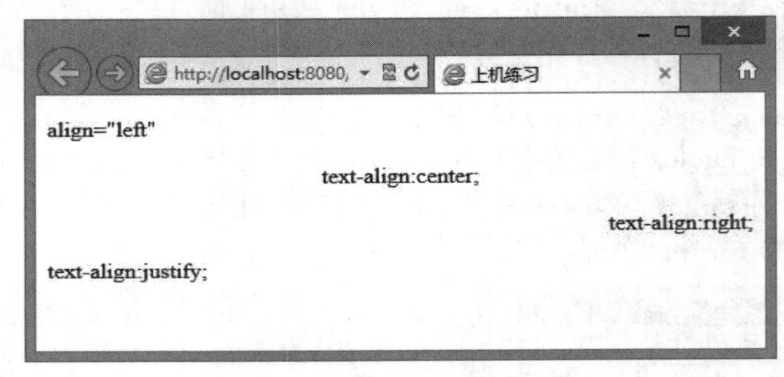

图 2.12 设置文本的水平对齐

拓展：

text-align 是文本属性，仅作用于行内文本或内联元素，如 img、a 等。如果是设计块级元素水平对齐方式，还需要用到 margin 属性或者 float 属性。

【示例 2】 下面的示例设计网页居中显示，实际上让网页包含框居中显示即可。

第 1 步：新建一个网页，保存为 test1.html。

第 2 步：在<head>标签内添加<style type="text/css">标签，定义一个内部样式表。

第 3 步：输入以下样式，定义块级元素的水平居中。

```
body {
   text-align: center;      /* 网页居中，兼容早期 IE */
   margin: 0; padding: 0;   /* 清除页边距 */
}
div {
   height: 200px;
   margin-left: auto;       /* 网页居中，兼容标准用法 */
   margin-right: auto;      /* 网页居中，兼容标准用法 */
   text-align: left;        /* 恢复网页文本左对齐 */
```

```
    background: #bbb;
    padding:1px;
    width: 600px;
}
```

第 4 步：在<body>标签中输入以下内容：

```
<div><h1></h1></div>
```

第 5 步：在浏览器中预览，显示效果如图 2.13 所示。

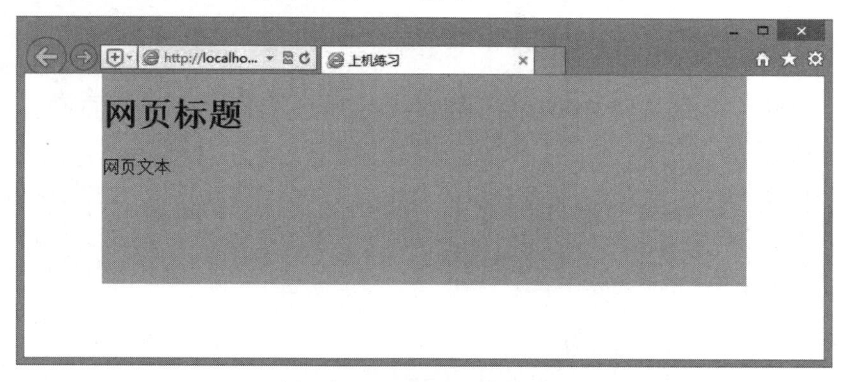

图 2.13　设置网页居中显示

在 CSS 中，让块元素居中通常使用 margin 属性，将元素的 margin-left 和 margin-right 属性设置为 auto。在实际使用中，还要将其父元素的 text-align 属性设置为 center。注意，必须为需要居中的元素指定宽度。

2.1.9　文本垂直对齐

扫一扫，看视频

CSS 使用 vertical-align 属性定义文本垂直对齐，用法如下：

```
vertical-align: auto || length
vertical-align: baseline | sub | super | top | text-top | middle | bottom | text-bottom
```

auto 表示自动对齐，length 表示由浮点数和单位标识符组成的长度值或者百分数，可为负数，定义由基线算起的偏移量，基线对于数值来说为 0，对于百分数来说就是 0%。

baseline 为默认值，表示基线对齐，sub 表示文本下标，super 表示文本上标，top 表示顶端对齐，text-top 表示文本顶部对齐，middle 表示居中对齐，bottom 表示底端对齐，text-bottom 表示文本底部对齐。

【示例 1】　下面为文本行中部分文本定义上标显示。

第 1 步：新建一个网页，保存为 test.html。

第 2 步：在<head>标签内添加<style type="text/css">标签，定义一个内部样式表。

第 3 步：输入以下样式，定义上标类样式。

```
.super {vertical-align:super;}
```

第 4 步：在<body>标签中输入一行段落文本，并应用该上标类样式。

```
<p>vertical-align:super;表示<span class="super">上标</span></p>
```

第 5 步：在浏览器中预览，显示效果如图 2.14 所示。

图 2.14　文本上标样式效果

拓展：

vertical-align 属性不支持块状元素对齐，只有当块级元素显示为单元格时才有效。

【示例 2】 下面的示例设计包含框中的 div 元素居中显示。

第 1 步：启动 Dreamweaver，新建一个网页，保存为 test1.html。

第 2 步：在<body>标签内输入如下结构。

```
<div class="outer">
    <div class="inner"></div>
</div>
```

第 3 步：在<head>标签内添加<style type="text/css">标签，定义一个内部样式表。

第 4 步：定义如下两个样式，定义外面盒子为单元格显示，且垂直居中。

```
.outer {
    display:table-cell;                                 /*单元格显示 */
    vertical-align:middle;                              /*垂直居中 */
    width:300px;                                        /*宽度 */
    height:200px;                                       /*高度 */
    border:solid 1px red;                               /*红色边框线 */
}
.inner {
    width:100px;                                        /*宽度 */
    height:50px;                                        /*高度 */
    background:blue;                                    /*蓝色背景 */
}
```

第 5 步：在浏览器中预览测试，则在标准模式下显示效果如图 2.15 所示。但是在 IE 怪异模式中由于不支持这种方法，显示效果如图 2.16 所示。

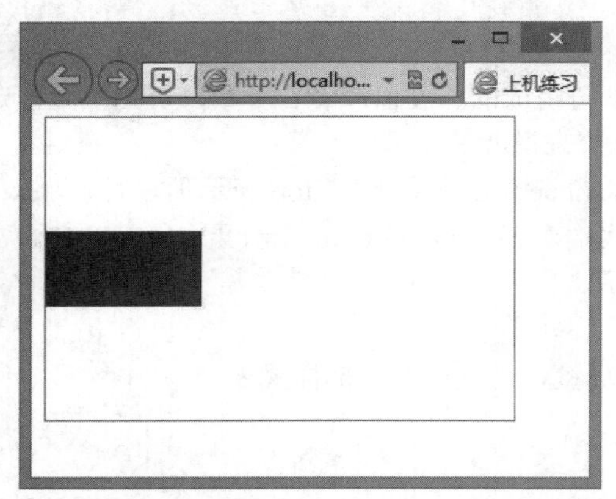

图 2.15　IE 标准模式中的效果

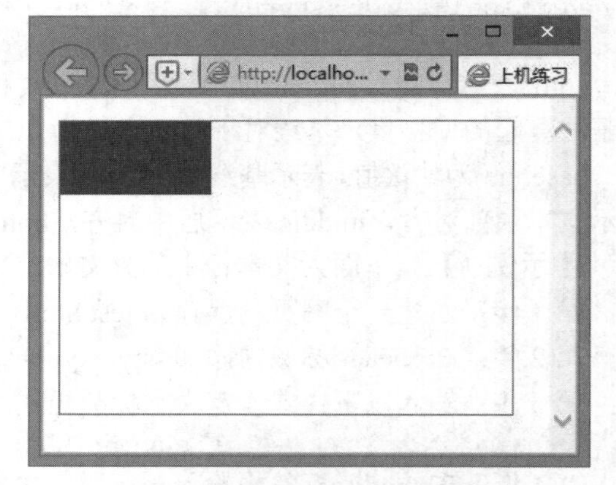

图 2.16　IE 怪异模式中的效果

扫一扫，看视频

2.1.10　字间距和词间距

CSS 使用 letter-spacing 属性定义字符间距，使用 word-spacing 属性定义单词间距。这两个属性的取值都是长度值，默认值为 normal，表示默认间隔。

定义词间距时，以空格为基准进行调节，如果多个单词被连在一起，则被 word-spacing 视为一个单词；如果汉字被空格分隔，则分隔的多个汉字就被视为不同的单词，word-spacing 属性此时有效。

【示例】 下面的示例比较字间距和词间距的测试效果。

第 1 步：新建一个网页，保存为 test.html。

第 2 步：在<head>标签内添加<style type="text/css">标签，定义一个内部样式表。

第 3 步：输入下面的样式，定义两个类样式。

```
.lspacing { letter-spacing:2em;}
.wspacing {word-spacing:2em;}
```

第 4 步：在<body>标签中输入两行段落文本，并应用上面两个类样式。

```
<p class="lspacing">letter spacing（字间距）</p>
<p class="wspacing"> word spacing（词间距）</p>
```

第 5 步：在浏览器中预览，显示效果如图 2.17 所示。从图中可以直观地看到，所谓字间距就是定义字母之间的间距，而词间距就是定义西文单词之间的距离。

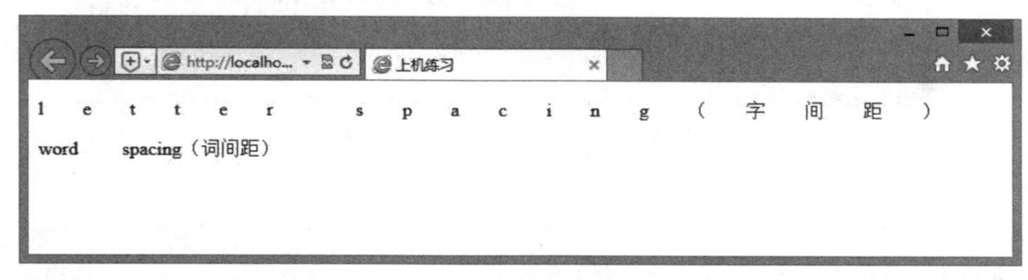

图 2.17　字间距和词间距演示效果比较

注意：

字间距和词间距一般很少使用，使用时应慎重考虑用户的阅读体验。对于中文用户来说，letter-spacing 属性有效，而 word-spacing 属性无效。

2.1.11　行高

扫一扫，看视频

CSS 使用 line-height 属性定义行高（或称为行间距），用法如下。

```
line-height : normal | length
```

normal 表示默认值，默认值一般为 1.2em，length 表示百分比数字，或者由浮点数字和单位标识符组成的长度值，允许为负值。

【示例】　下面示例比较了为两段文本定义不同的行高效果。

第 1 步：新建一个网页，保存为 test.html。

第 2 步：在<head>标签内添加<style type="text/css">标签，定义一个内部样式表。

第 3 步：输入以下样式，定义两个行高类样式。

```
.p1 {
    font-size:16px;
    line-height:12pt;    /* 行间距为绝对数值*/
}
.p2 {
    font-size:12px;
    line-height:2em;     /* 行间距为相对数值*/
}
```

第 4 步：在<body>标签中输入两行段落文本，并应用上面两个类样式。

```
<p class="p1">明月几时有，把酒问青天。不知天上宫阙，今夕是何年？我欲乘风归去，又恐琼楼玉宇，高处不胜寒。起舞弄清影，何似在人间！转朱阁，低绮户，照无眠。不应有恨，何事长向别时圆？人有悲欢离合，月有阴晴圆缺，此事古难全。但愿人长久，千里共婵娟。</p>
<p class="p2">大江东去，浪淘尽，千古风流人物。故垒西边，人道是，三国周郎赤壁。乱石穿空，惊涛
```

拍岸，卷起千堆雪。江山如画，一时多少豪杰！遥想公瑾当年，小乔初嫁了，雄姿英发。羽扇纶巾，谈笑间，强虏灰飞烟灭。故国神游，多情应笑我，早生华发。人生如梦，一尊还酹江月。</p>

第 5 步：在浏览器中预览，显示效果如图 2.18 所示。

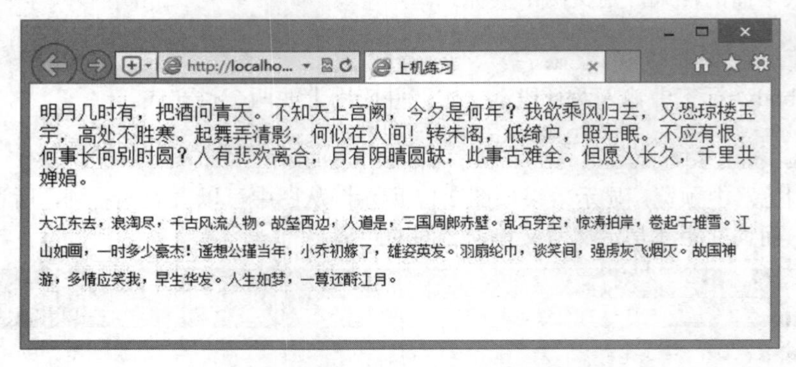

图 2.18　段落文本的行间距演示效果

注意：

行距取值单位一般使用 em 或百分比，很少使用像素，不建议使用。一般行间距的最佳设置范围为 1.2em ~ 1.8em，当然对于特别大的字体或者特别小的字体，可以特殊处理。建议遵循字体越大、行距越小的原则来定义段落的行高。而当 line-height 属性取值小于一个字体大小时，会发生上下行文本重叠现象。

例如，如果段落字体大小为 12px，则行间距设置为 1.8em 比较合适；如果段落字体大小为 14px，则行间距设置为 1.5em～1.6em 比较合适；如果段落字体大小为 16px～18px，则行间距设置为 1.2em 比较合适。一般浏览器的默认行间距为 1.2em 左右。IE 默认行高为 19px，如果除以默认字体大小（16px），则约为 1.18em；而 Firefox 默认为 1.12em。

拓展：

可以设置 line-height 属性值为一个数字，但不设置单位。例如，line-height:1.6;，这时浏览器会把它作为 1.6em 或者 160%。由于默认字体大小为 16px，也就是说页面行间距实际为 19px。利用这种特性，可以解决多层嵌套结构中的行距继承问题。

第 1 步：新建一个网页，保存为 test1.html。

第 2 步：在<head>标签内添加<style type="text/css">标签，定义一个内部样式表。

第 3 步：输入以下样式，设置网页和段落文本样式。

```
body {
    font-size:12px;
    line-height:1.6em;
}
p { font-size:30px;}
```

第 4 步：在<body>标签中输入如下两段文本。

```
<p class="p1">明月几时有，把酒问青天。不知天上宫阙，今夕是何年？我欲乘风归去，又恐琼楼玉宇，高处不胜寒。起舞弄清影，何似在人间！转朱阁，低绮户，照无眠。不应有恨，何事长向别时圆？人有悲欢离合，月有阴晴圆缺，此事古难全。但愿人长久，千里共婵娟。</p>
<p class="p2">大江东去，浪淘尽，千古风流人物。故垒西边，人道是，三国周郎赤壁。乱石穿空，惊涛拍岸，卷起千堆雪。江山如画，一时多少豪杰！遥想公瑾当年，小乔初嫁了，雄姿英发。羽扇纶巾，谈笑间，强虏灰飞烟灭。故国神游，多情应笑我，早生华发。人生如梦，一尊还酹江月。</p>
```

上面的示例定义 body 元素的行间距为 1.6em。由于 line-height 具有继承性，因此网页中的段落文本的行间距也继承 body 元素的行高。浏览器在继承该值时，并不是继承“1.6em”这个值，而是把它转换为精确值之后（即 19px）再继承。换句话说 p 元素的行间距为 19px，但是 p 元素的字体大小为 30px，继承的行间距小于字体大小，就会发生文本行重叠现象。

第 5 步：如果在浏览器中预览，演示效果如图 2.19 所示。

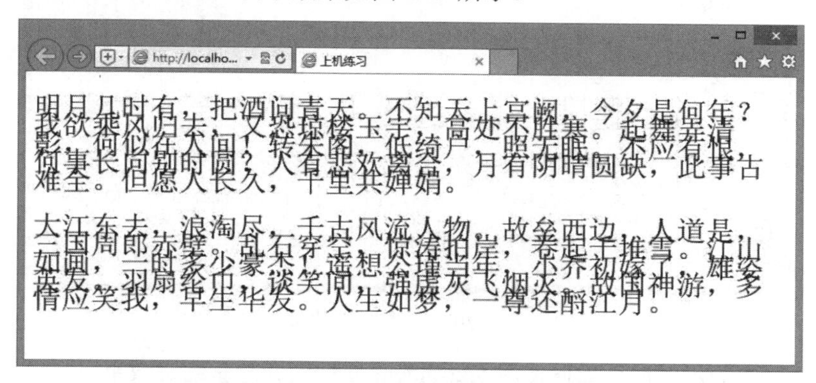

图 2.19　错误的行间距继承效果

解决方法：

方法 1：可以重新为页面中所有元素定义行间距。此方法比较繁琐，不推荐使用。

方法 2：在定义 body 元素的行距时，不为其设置单位，即直接定义为 line-height:1.6，这样页面中其他元素所继承的值为 1.6，而不是 19px。继承元素就会使用继承的值 1.6 附加默认单位 em，最后页面中所有继承元素的行间距都为 1.6em。

2.1.12　首行缩进

扫一扫，看视频

CSS 使用 text-indent 属性定义首行缩进，用法如下：

```
text-indent: length
```

length 表示百分比数字，或者由浮点数字和单位标识符组成的长度值，允许为负值。

在设置缩进单位时，建议选用 em，它表示一个字距，这样的比较精确确定首行缩进效果。

【示例 1】　下面的示例定义段落文本首行缩进 2 个字符。

第 1 步：新建一个网页，保存为 test.html。

第 2 步：在<head>标签内添加<style type="text/css">标签，定义一个内部样式表。

第 3 步：输入以下样式，定义段落文本首行缩进 2 个字符。

```
p { text-indent:2em;    /* 首行缩进 2 个字符 */}
```

第 4 步：在<body>标签中输入如下标题和段落文本。

```
<h1>社戏</h1>
<h2>鲁迅 </h2>
<p>我在倒数上去的二十年中，只看过两回中国戏，前十年是绝不看，因为没有看戏的意思和机会，那两回全在后十年，然而都没有看出什么来就走了。</p>
<p>第一回是民国元年我初到北京的时候，当时一个朋友对我说，北京戏最好，你不去见见世面么？我想，看戏是有味的，而况在北京呢。于是都兴致勃勃的跑到什么园，戏文已经开场了，在外面也早听到咚咚地响。我们挨进门，几个红的绿的在我的眼前一闪烁，便又看见戏台下满是许多头，再定神四面看，却见中间也还有几个空座，挤过去要坐时，又有人对我发议论，我因为耳朵已经嗡的响着了，用了心，才听到他是说“有人，不行！”  </p>
```

第 5 步：在浏览器中预览，则可以看到文本缩进效果，如图 2.20 所示。

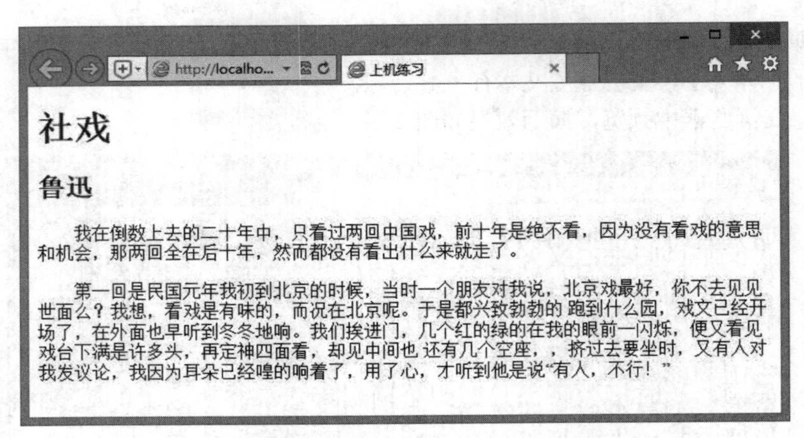

图 2.20　文本缩进效果

【示例 2】　下面的示例演示如何使用 text-indent 属性设计悬垂缩进效果。

第 1 步：新建一个网页，保存为 test1.html。

第 2 步：在<head>标签内添加<style type="text/css">标签，定义一个内部样式表。

第 3 步：输入以下样式，定义段落文本首行缩进负的 2 个字符，并定义左侧内部补白为 2 个字符。

```
p {                        /* 悬垂缩进 2 个字距 */
    text-indent:-2em;      /* 首行缩进 */
    padding-left:2em;      /* 左侧补白 */
}
```

text-indent 属性可以取负值，定义左侧补白，是防止取负值缩进导致首行文本伸到段落的边界外边。

第 4 步：在<body>标签中输入如下标题和段落文本。

```
<h1>社戏</h1>
<h2>鲁迅 </h2>
<p>我在倒数上去的二十年中，只看过两回中国戏，前十年是绝不看，因为没有看戏的意思和机会，那两回全在后十年，然而都没有看出什么来就走了。</p>
<p>第一回是民国元年我初到北京的时候，当时一个朋友对我说，北京戏最好，你不去见见世面么？我想，看戏是有味的，而况在北京呢。于是都兴致勃勃的跑到什么园，戏文已经开场了，在外面也早听到咚咚地响。我们挨进门，几个红的绿的在我的眼前一闪烁，便又看见戏台下满是许多头，再定神四面看，却见中间也还有几个空座，挤过去要坐时，又有人对我发议论，我因为耳朵已经喤的响着了，用了心，才听到他是说“有人，不行！”  </p>
```

第 5 步：在浏览器中预览，则可以看到文本悬垂缩进效果，如图 2.21 所示。

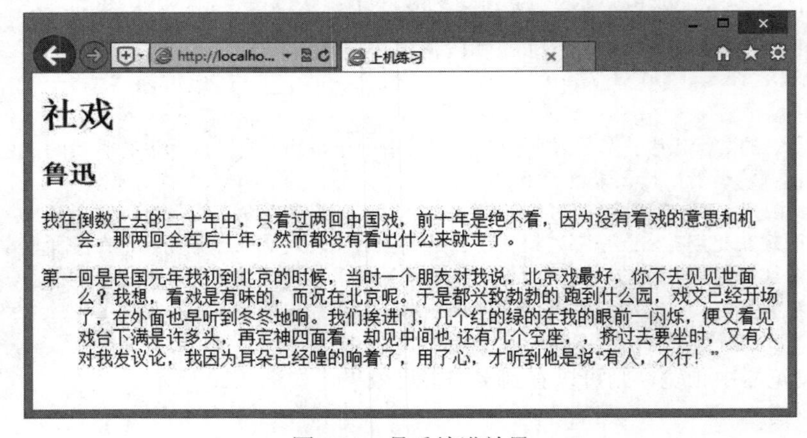

图 2.21　悬垂缩进效果

2.2　实战案例

本节以实例的形式帮助读者使用 CSS 设计网页正文版式，以提高实战技法。

扫一扫，看视频

2.2.1　模拟百度 Logo 样式

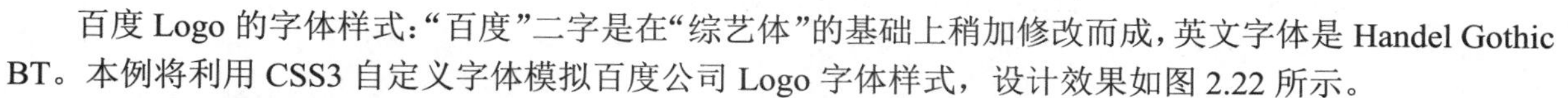

百度 Logo 的字体样式：“百度”二字是在“综艺体”的基础上稍加修改而成，英文字体是 Handel Gothic BT。本例将利用 CSS3 自定义字体模拟百度公司 Logo 字体样式，设计效果如图 2.22 所示。

【操作步骤】

第 1 步：新建 HTML 文档，保存为 index.html。构建简单的网页结构，其中<p>标签中包含了两个<span>标签和一个<img>标签，如图 2.23 所示。

```
<p>
<span class="g1">Bai</span>
<img src="images/baidu.jpg" border="0">
<span class="g2">百度</span>
</p>
```

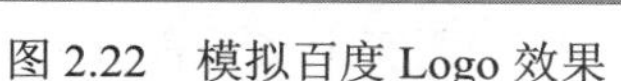

图 2.22　模拟百度 Logo 效果

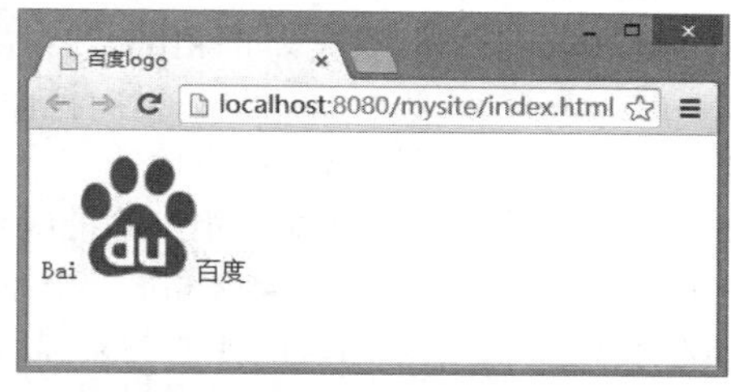

图 2.23　构建百度 Logo 示例的页面结构

第 2 步：规划整个页面的基本显示属性：字体颜色、字体基本类型、网页字体大小等。由于本页面中的字体颜色是一致的，所以在<p>标签中定义了网页的字体颜色，并让文本居中显示。

```
p {
    color: #eb0005;
    text-align: center
}
```

第 3 步：使用@font-face 引入外部字体文件。

```
@font-face {
    /* 选择默认的字体类型 */
    font-family: "bai";
    /* 兼容 IE */
    src: url(fonts/Handel.eot);
    /* 兼容非 IE */
    src: local("bai"), url(fonts/Handel.ttf) format("truetype");
}
@font-face {
    font-family: "du";
    src: url(fonts/方正新综艺简体.eot);
    src: local("du"), url(fonts/方正新综艺简体.ttf) format("truetype");
}
```

📖 拓展：

CSS3 允许用户自定义字体类型，通过@font-face 命令可以加载外部或服务器端的字体文件，让客户端浏览器显示客户端所没有安装的字体。@font-face 语法格式如下：

```
@font-face { <font-description> }
```

@font-face 规则的选择符是固定的，用来引用服务器端的字体文件。

<font-description>是一个属性名值对，格式类似如下样式：

```
descriptor: value;
descriptor: value;
descriptor: value;
descriptor: value;
[...]
descriptor: value;
```

属性及其取值说明如下。

- font-family：设置文本的字体名称。
- font-style：设置文本样式。
- font-variant：设置文本大小写。
- font-weight：设置文本的粗细。
- font-stretch：设置文本是否横向拉伸变形。
- font-size：设置文本字体大小。
- src：设置自定义字体的相对路径或者绝对路径。注意，该属性只能在@font-face 规则里使用。

IE 只支持微软自有的.eot 字体格式，其他浏览器仅支持.ttf 字体格式。考虑到浏览器的兼容性，在使用时建议同时定义.eot 和.ttf，以便能够兼容所有主流浏览器。

第 4 步：分别设置两个<span>标签的样式。由于在本示例中，既有中文又有西文，而中文和西文在显示上差别较大，所以分别进行设置。本示例中对第一个<span>，也就是英文“Bai”的样式设置如下。

```
.g1{
    font-size:60px;                                    /* 字体大小*/
    font-family:MS Ui Gothic,Arial,sans-serif;         /* 字体类型*/
    letter-spacing:1px;                                /* 字间距*/
    font-weight:bold;                                  /* 字体粗细*/
}
```

第 5 步：接下来设置第二个<span>，也就是中文“百度”的具体类样式如下：

```
.g2{
    font-size:50px;
    font-family:MS Ui Gothic,Arial,sans-serif;
    letter-spacing:1px;
    font-weight:900;                               /* 字体粗细为 900 */
}
```

第 6 步：最后使用相对定位 position: relative;设置中间的图标向下偏移 8 像素，让图像与文字垂直居中对齐显示。

```
p img {
    position: relative;
    top: 8px;
}
```

2.2.2　定义标题样式

在网页中标题往往会影响整个版面的风格。本示例以设计标题为例，进一步介绍 CSS 在控制文字时的各种技法，演示效果如图 2.24 所示。本例中使用的一些 CSS 属性会在后面的章节中介绍，读者先略微了解即可。

图 2.24　标题样式的演示效果

【操作步骤】

第 1 步：新建 HTML 文档，保存为 index.html。

第 2 步：构建网页结构。在本示例中使用了<h1>标签，并加入了<img>标签，用于插入图片进行装饰。

```
<h1><img  src="images/tang.png" >《唐诗三百首》</h1>
```

第 3 步：定义网页基本属性。定义背景为 bg.jpg 的图片，上下左右的边界为 20px，字体大小为 14px，字体为宋体。

```
body {/* 页面基本属性 */
    margin:20px;                                              /* 边界 */
    background:url(images/bg.jpg);                            /* 背景图片 */
    font-size:14px;                                           /* 网页字体大小 */
    font-family:"宋体", Arial, Helvetica, sans-serif;         /* 网页字体默认类型 */
}
```

此时的显示效果如图 2.25 所示，仅仅定义了网页的基本属性。

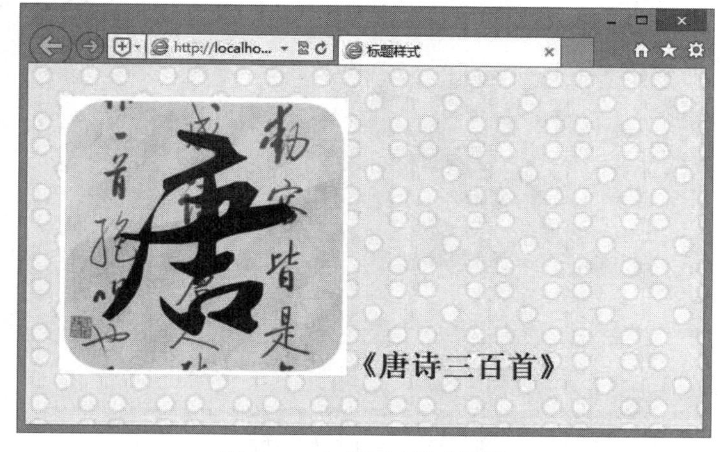

图 2.25　定义网页基本属性

第 4 步：定义标题样式，居中显示，字体颜色为#086916。

```
h1 {
   text-align:center;                          /* 居中对齐 */
   color:#086916;                              /* 字体颜色 */
}
```

此时<h1>标签加入了简单的 CSS 设置，包括对齐方式和字体颜色，显示效果如图 2.26 所示。

图 2.26　对标题进行简单的 CSS 设置

第 5 步：上一步实现了标题的居中和字体颜色的调整，接下来在文字下面添加一条 2px 宽的灰色边框，以增强效果，并在文字的下方增加补白，适当调整标题底边界。

```
h1{
   color:#086916;
   text-align:center;
   padding-bottom:24px;                    /* 定义底边界为 24px * /
   border-bottom:2px solid #cecaca;           /* 宽为 2px 的灰色下边框 */
}
```

此时的效果如图 2.27 所示。由于<h1>是一个块级元素，所以它的边界不仅仅到文字，而是与页面的水平宽度灵活地保持一致。需要特别指出的是，这种创建边框的方法（border-bottom:2px solid #cecaca）是一个由 3 部分组成的语句：宽度、式样、颜色。读者可以试着改变它们的值，看看会产生什么不同的效果。

图 2.27　添加灰色下边框

第 6 步：定义<img>标签的图片样式。为了使图片位置下移，对图片进行了相对定位 position relative，并向下移动 24px。

```
img {
    position: relative;
    height:80px;
    bottom: -24px;
}
```

2.2.3　定义正文样式

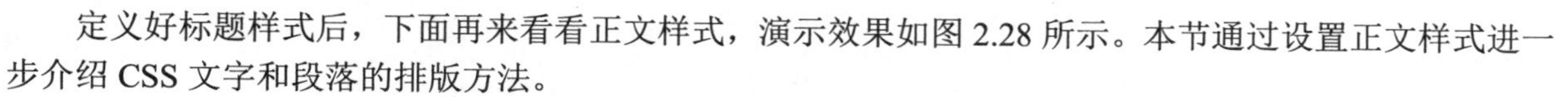

定义好标题样式后，下面再来看看正文样式，演示效果如图 2.28 所示。本节通过设置正文样式进一步介绍 CSS 文字和段落的排版方法。

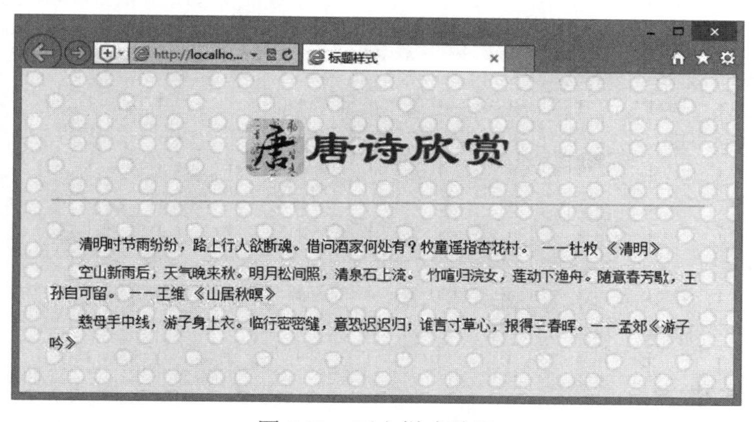

图 2.28　正文样式效果

【操作步骤】

第 1 步：构建网页结构。本示例中<h1>标签与上例相同，同时增加了三个<p>标签，添加段落文本。

```
<h1><img  src="images/tang.png " >唐诗欣赏</h1>
<p>清明时节雨纷纷，路上行人欲断魂。借问酒家何处有？牧童遥指杏花村。 ——杜牧 《清明》 </p>
<p>空山新雨后，天气晚来秋。明月松间照，清泉石上流。 竹喧归浣女，莲动下渔舟。随意春芳歇，王孙自可留。 ——王维 《山居秋暝》 </p>
<p>慈母手中线，游子身上衣。临行密密缝，意恐迟迟归；谁言寸草心，报得三春晖。——孟郊《游子吟》</p>
```

此时显示效果极其简单，仅仅是简单的文字和标题，如图 2.29 所示。

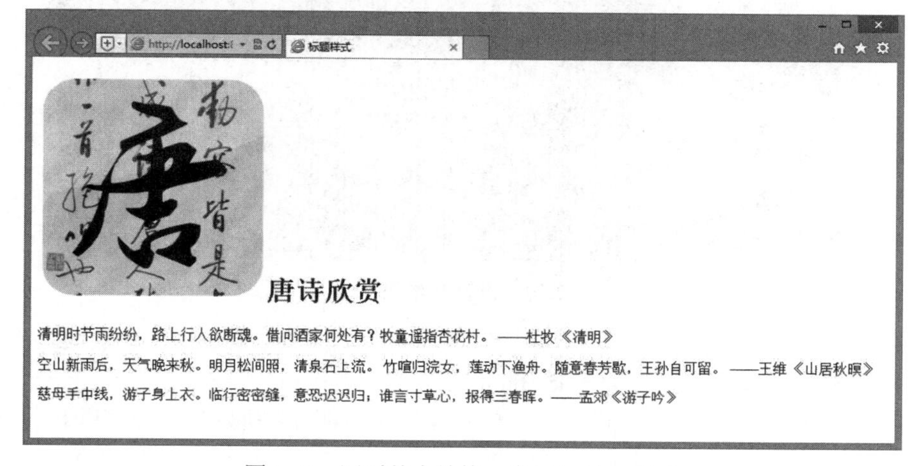

图 2.29　网页基本结构，未加入 CSS 样式

第 2 步：定义网页基本属性、标题属性，与上例基本相同。

```
body {
    margin:30px;                                          /* 边界 */
    background:url(images/bg.jpg);                        /* 背景图片 */
    font-size:14px;                                       /* 网页字体大小 */
    font-family:"宋体", Arial, Helvetica, sans-serif;     /* 网页字体默认类型 */
}
h1 {
    font-family: 隶书; font-size: 50px; color: #086916; text-align: center;
    padding-bottom: 24px; border-bottom: 2px solid #cecaca;
}
img { position: relative; height:60px; bottom: -14px;}
```

第 3 步：设置正文样式，即<p>标签中的段落内容。

```
p{
   line-height:1.6em;                    /*行间距 */
   font-size:13px;                       /*字体大小 */
   color:#000;                           /*字体颜色 */
   text-indent:2em;                      /*定义首行缩进 2 个字 */
   margin:0;                             /*四周补白为 0 */
}
```

此时<p>标签加入了 CSS 样式，包括字体大小、字体颜色和行间距等，但是并没有设置字体类型，所以<p>将会继承其父级属性，显示为宋体。

扫一扫，看视频

2.2.4 设计文本块样式

上两个示例，分别介绍了标题和正文样式，本节进一步介绍 CSS 文本样式应用。重点演示如何让标题和文本样式和谐、恰当，背景和字体颜色搭配合理，效果如图 2.30 所示。

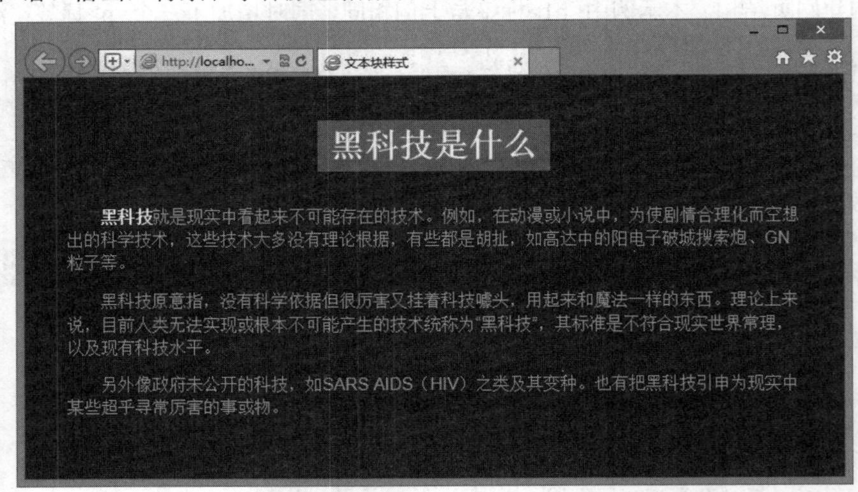

图 2.30　设置文本块样式

【操作步骤】

第 1 步：新建 HTML 文档，保存为 index.html。

第 2 步：构建网页结构。考虑到页面中只有标题和正文两部分，所以只需要有<h1>标签和<p>标签即可。

```
<h1>黑科技是什么</h1>
<p>黑科技就是现实中看起来不可能存在的技术。例如，在动漫或小说中，为使剧情合理化而空想出的科学技术，这些技术大多没有理论根据，有些都是胡扯，如高达中的阳电子破城搜索炮、GN 粒子等。</p>
<p>黑科技原意指，没有科学依据但很厉害又挂着科技噱头，用起来和魔法一样的东西。理论上来说，目前人类无法实现或根本不可能产生的技术统称为“黑科技”，其标准是不符合现实世界常理，以及现有科技水平。</p>
<p>另外像政府未公开的科技，如 SARS AIDS（HIV）之类及其变种。也有把黑科技引申为现实中某些超乎寻常厉害的事或物。</p>
```

此时页面显示效果很简单，仅仅是简单的文字和标题，并没有友好的界面，如图 2.31 所示。

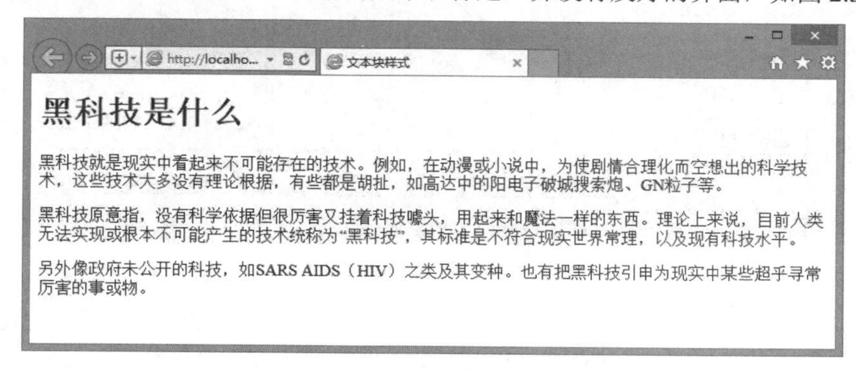

图 2.31　网页基本结构

第 3 步：接下来定义网页基本属性，其中包括网页四周的补白、背景颜色和对齐方式。

```
body {
    margin: 50px 40px;                          /*四周边界*/
    background: #383838;                        /*黑色背景*/
    text-align:center;                          /*水平居中 */
}
```

margin 表示元素的边界，也就是元素与元素之间的距离。在本例中，body 标签定义了 margin: 50px 40px，表示网页四周的边距分别为：上边界 50px、左边界 40px、下边界 50px、右边界 40px。text-align 属性设置为居中，这样 body 包含的所有元素将继承这一属性。显示效果如图 2.32 所示。

图 2.32　设置网页属性

第 4 步：设置标题样式，即<h1>标签中的内容，分别设置了标题的前景色和背景色。

```
h1{
    color:#ffffff;
```

```
    background:#009933;
}
```

显示效果如图 2.33 所示。

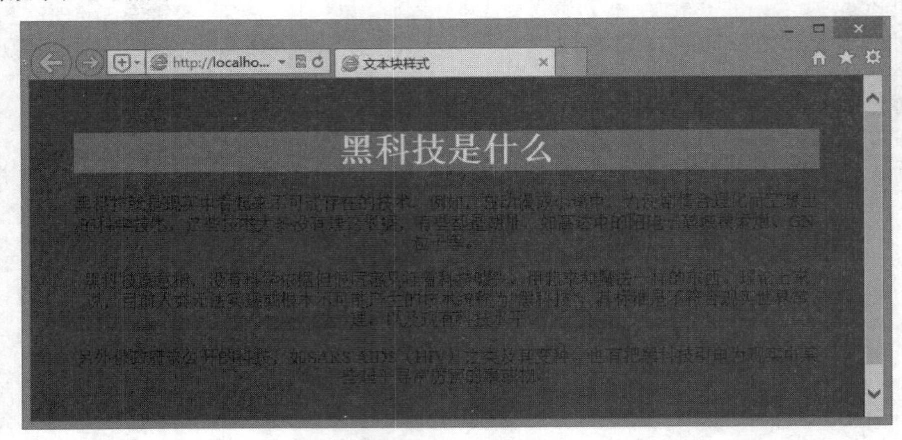

图 2.33　设置标题样式

从图 2.33 可以看出，由于<h1>是一个块级元素，所以它的背景色不仅仅到文字，而是延伸到与页面的水平宽度一致。如果想要使 h1 背景色的宽度只是它的文字的宽度，要在<h1>的 CSS 设置中加入语句 display:inline，同时使用 padding:6px 12px 增大标题上下、左右的补白。

```
h1 {
    color: #ffffff;
    background: #009933;
    display: inline;
    padding:6px 12px;
}
```

显示效果如图 2.34 所示。

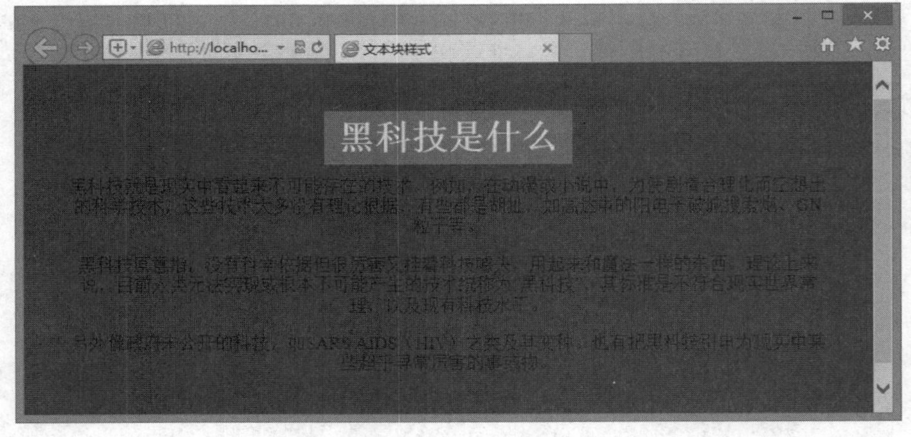

图 2.34　完善标题样式

拓展：

display:inline 语句的作用就是把元素设置为行内元素。inline 特点如下：

- 多个 inline 元素可以在一行内显示。
- 行高和上下边界不可改变。
- 文字或图片的宽度也不可改变。

在常用标签中，<span>、<a>、<label>、<input>、<img>、<strong>、<em>等都是 inline 元素。与 display:inline 相对应的是 display:block，使用它可以把元素设置为块级元素。

第 5 步：设置段落文本<p>。

```
p {
    font-family: Arial, 宋体, sans-serif;
    font-size: 16px;
    color: #c5c4c4;
    line-height: 1.4em;
    text-align: left;
    padding-top: 14px;
    margin:0;
    text-indent:2em;
}
```

在<body>中，为了使段落居中，设置了 text-align:center 属性，由于属性继承性，导致<p>标签中的文字也居中对齐，所以这里要设置文本左对齐。

使用 margin:0 语句清除段落默认的上下边距。再加入 padding-top:14px 语句，使文字的上边距与<p>标签的边界产生 14px 的距离。

使用 color: #c5c4c4 定义正文字体颜色为浅灰色，使用 font-size: 16px 定义正文字体大小为 16 像素，使用 line-height: 1.4em 定义行高为 1.4em，使用 text-indent:2em 定义首行缩进 2 个字符。

第 6 步：添加两个类样式。

```
.strong {
    color:#ffffff;
    font-weight:bold;
}
.top{margin-top:24px;}
```

strong 类定义文本高亮、加粗显示，top 类用于增大文本段前面的距离。

然后，为第一段文本应用 top 类样式，为第一个词“黑科技”应用 strong 类样式：

```
<p class="top"><span class="strong">黑科技</span>就是现实中看起来不可能存在的技术。例如，在动漫或小说中，为使剧情合理化而空想出的科学技术，这些技术大多没有理论根据，有些都是胡扯，如高达中的阳电子破城搜索炮、GN 粒子等。</p>
```

显示效果如图 2.35 所示。

图 2.35　应用类样式的效果

2.2.5　设计新闻版面

扫一扫，看视频

本节设计网上常见的一则新闻版面，介绍如何灵活设计段落样式，从而进一步理解 CSS 段落文本的排版方法，演示效果如图 2.36 所示。

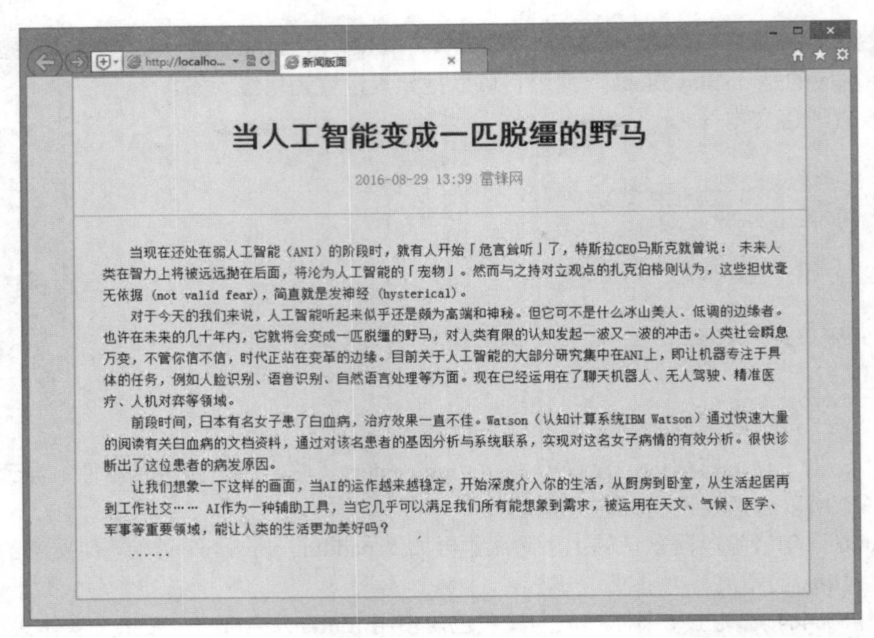

图 2.36 设计新闻版面

【操作步骤】

第 1 步：新建文档，保存为 index.html，构建网页结构。考虑到页面中有标题和正文两部分，所以页面结构分为上下两部分，分别是 header 和 main，使用<div>进行分块。

```
<div class="container">
    <div class="header">
        <h1>当人工智能变成一匹脱缰的野马</h1>
        <p class="p1">2016-08-29 13:39  雷锋网</p>
    </div>
    <div class="main">
        <p>当现在还处在弱人工智能（ANI）的阶段时，就有人开始「危言耸听」了，特斯拉 CEO 马斯克就曾说： 未来人类在智力上将被远远抛在后面，将沦为人工智能的「宠物」。然而与之持对立观点的扎克伯格则认为，这些担忧毫无依据 (not valid fear)，简直就是发神经 (hysterical)。</P>
        <p>对于今天的我们来说，人工智能听起来似乎还是颇为高端和神秘。但它可不是什么冰山美人、低调的边缘者。也许在未来的几十年内，它就将会变成一匹脱缰的野马，对人类有限的认知发起一波又一波的冲击。人类社会瞬息万变，不管你信不信，时代正站在变革的边缘。目前关于人工智能的大部分研究集中在 ANI 上，即让机器专注于具体的任务，例如人脸识别、语音识别、自然语言处理等方面。现在已经运用在了聊天机器人、无人驾驶、精准医疗、人机对弈等领域。</p>
        <p>前段时间，日本有名女子患了白血病，治疗效果一直不佳。Watson（认知计算系统 IBM Watson）通过快速大量地阅读有关白血病的文档资料，通过对该名患者的基因分析与系统联系，实现对这名女子病情的有效分析。很快诊断出了这位患者的病发原因。 </P>
        <p>让我们想象一下这样的画面，当 AI 的运作越来越稳定，开始深度介入你的生活，从厨房到卧室，从生活起居再到工作社交…… AI 作为一种辅助工具，当它几乎可以满足我们所有能想象到需求，被运用在天文、气候、医学、军事等重要领域，能让人类的生活更加美好吗？</p>
        <p>......</p>
    </div>
</div>
```

在 container 框架下，页面分为 header 和 main 两部分。在 header 下，分别定义了<h1>和<p>。在 main 下，分别定义了 4 个<p>的段落文本。此时页面效果非常简单，仅是简单的文字和标题，如图 2.37 所示。

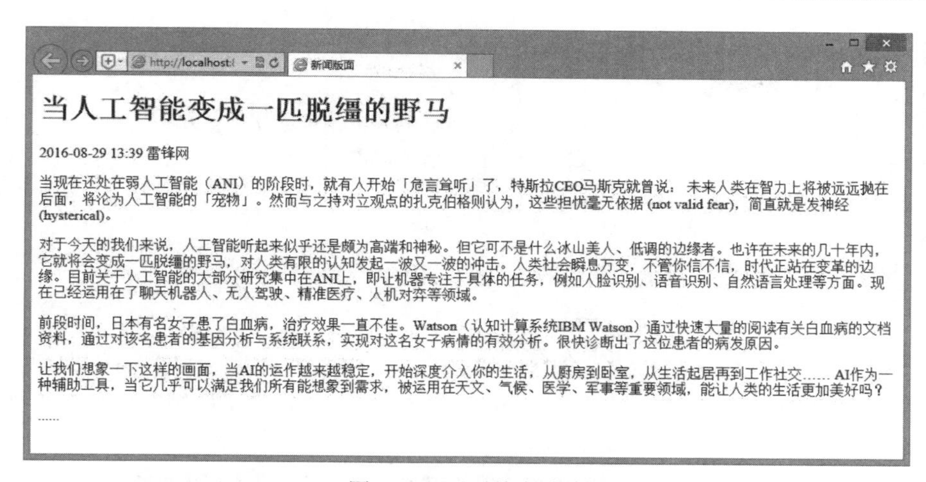

图 2.37　网页基本结构

第 2 步：接下来定义网页基本属性。

```
body{
    background-color:#f1e2d9;
    font-family:"宋体";
    text-align:center;
}
.container{
    width:800px;
    border:2px solid #c1bebc;
    margin:0px auto;
    background-color:#c0f5ef;
}
```

在以上代码中，body 定义了背景色、字体类型和对齐方式等属性。在 container 中定义了网页宽度为 800px，使用 border:2px solid #c1bebc 语句为 container 容器添加边框，包括边框宽度、式样和颜色。读者可以试着改变它们的值以产生不同的效果。

在 body 中定义了 text-align:center，在 container 中定义了 margin:0px auto，两条语句配合使用，目的是使网页水平居中，而且只有将两条语句配合使用才能使网页具有更强的兼容性。显示效果如图 2.38 所示。

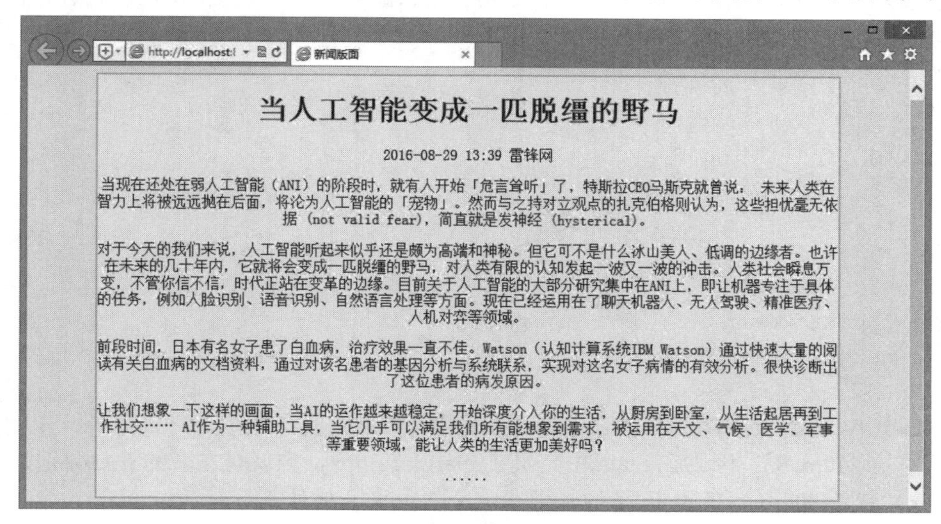

图 2.38　设置网页的基本属性

第 3 步：设置 header 部分样式。

```
.header{
    width:800px;                              /*header 宽度*/
    border-bottom:1px solid #c1bebc;          /*下边框*/
}
h1{
   font-family:"黑体";
   margin-top:50px;                           /*标题文字上方补白为 50px*/
}
```

在上面的代码中，首先定义了 header 容器的样式，并在容器的下方添加了一条宽为 1px 的边框。在<h1>标签中定义了标题的字体类型，以及用 margin-top:50px 语句定义了标题文字上方补白为 50px。显示效果如图 2.39 所示。

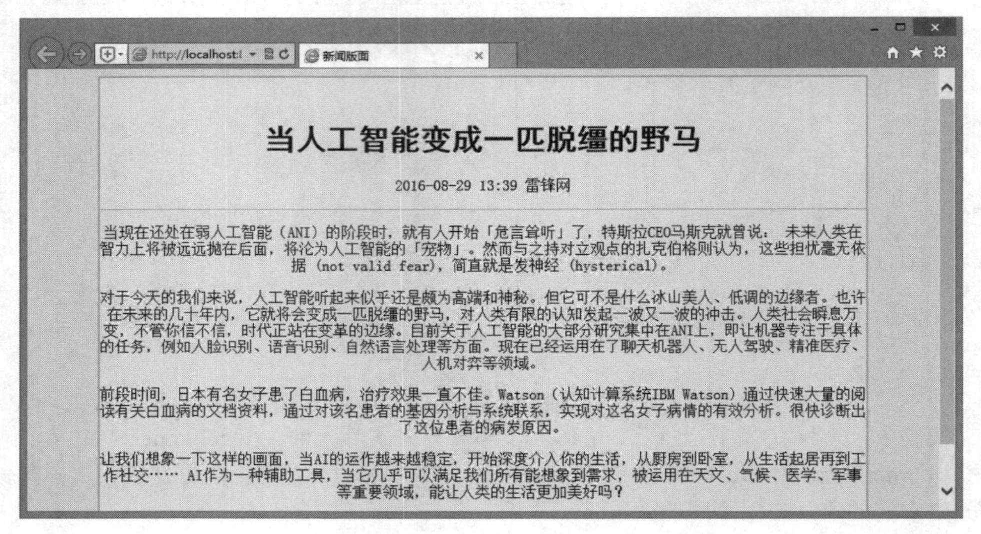

图 2.39　设置 header 部分样式

第 4 步：从上图可以看出，网页的基本样式已经初见端倪，但是段落文本还没有进行设置，接下来对 main 部分的段落文本添加 CSS 样式。

```
.main{
    width:740px;                    /*main 的宽度*/
    text-align:left;
    margin: 30px;                   /*main 容器四周边界*/
}
.main p{
    font-size:15px;
    text-indent:2em;
    line-height:1.6em;
}
```

在以上代码中，main 定义其宽度为 740px。有的读者可能会问，为什么在 container 中定义了宽度为 800px，而这里是 740px 呢？因为在 main 中定义了 margin: 30px，也就是左右的补白分别是 30px，相加（740px+60px）就是 800px。在 main 下的 p 中，定义文本水平左对齐。

2.2.6　设计图文版面

新闻正文页一般都包含图片，图片与新闻如何混排？本例通过一则简单的新闻图文内页介绍图文混排版式，帮助读者进一步学习 CSS 文本版式设计技巧，示例效果如图 2.40 所示。

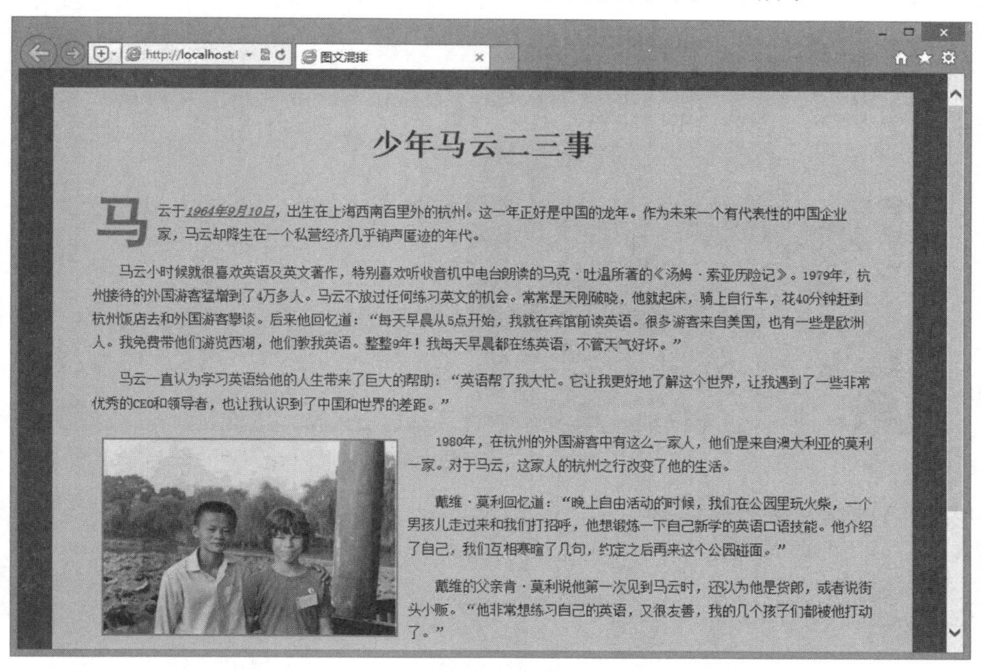

图 2.40　设计图文混排版式

【操作步骤】

第 1 步：构建网页结构。使用<div class="container">定义页面整体框架，在此框架下分别定义了<h1>标签、多个<p>标签，在<p>标签中又定义了<span>标签，目的是为文本添加特殊效果。

```
<div class="container">
    <h1>少年马云二三事</h1>
    <p class="noindent"><span class="sh">马</span>云于<span class="s1">1964 年 9 月 10 日</span>，出生在上海西南百里外的杭州。这一年正好是中国的龙年。作为未来一个有代表性的中国企业家，马云却降生在一个私营经济几乎销声匿迹的年代。</p>
    <p>马云小时候就很喜欢英语及英文著作，特别喜欢听收音机中电台朗读的马克·吐温所著的《汤姆·索亚历险记》。1979 年，杭州接待的外国游客猛增到了 4 万多人。马云不放过任何练习英文的机会。常常是天刚破晓，他就起床，骑上自行车，花 40 分钟赶到杭州饭店去和外国游客攀谈。后来他回忆道：“每天早晨从 5 点开始，我就在宾馆前读英语。很多游客来自美国，也有一些是欧洲人。我免费带他们游览西湖，他们教我英语。整整 9 年！我每天早晨都在练英语，不管天气好坏。”</p>
    <p>马云一直认为学习英语给他的人生带来了巨大的帮助：“英语帮了我大忙。它让我更好地了解这个世界，让我遇到了一些非常优秀的 CEO 和领导者，也让我认识到了中国和世界的差距。” </p>
    <p><img src='images/mayun.png'></p>
    <p>……</p>
</div>
```

在没有 CSS 支持下，页面效果简单，如图 2.41 所示。

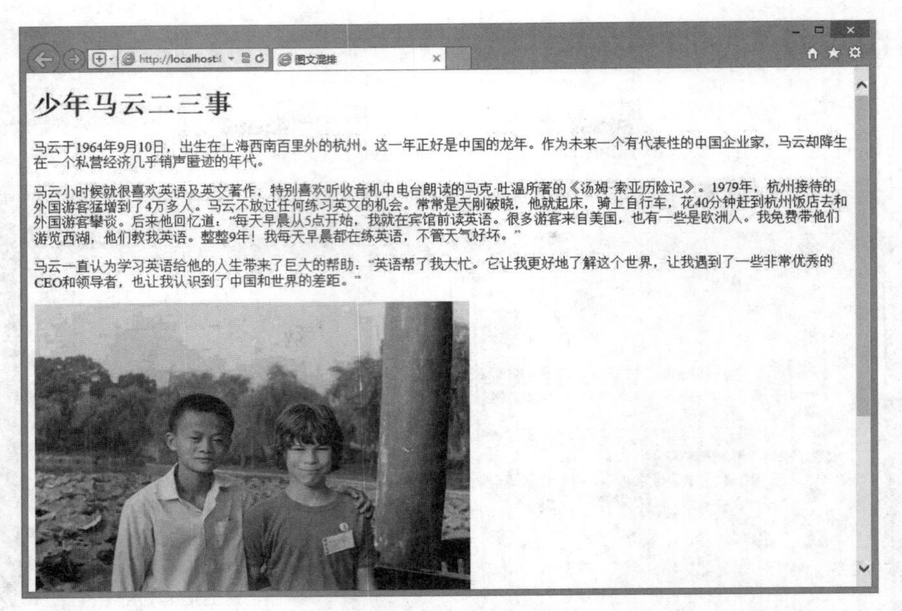

图 2.41　网页基本效果

第 2 步：接下来定义网页基本属性。

```
body{
    font-family:"宋体";
    text-align:center;
    background-color:#445545;
}
.container{
    width:850px;
    border:1px solid #66CCFF;
    margin:0px auto;
    padding: 20px 40px;
    background-color:#CCCCCC;
}
```

在以上代码中，body 标签定义了背景色、字体类型和对齐方式等属性。在 container 中定义了 container 容器的宽度为 850px，另外使用 border 语句为 container 容器的四周添加了边框。与上节示例相同，在 body 中定义了 text-align:center，在 container 中定义了 margin:0px auto，两条语句配合使用，目的是使 container 容器水平居中。完成此步骤后，页面中的属性设置完毕，显示效果如图 2.42 所示。

第 3 步：设置标题样式。

```
h1{
   font-weight:bold;
   color:#000066;
   margin:20px auto;                    /*标题文字上边界和下边界为 20px*/
}
```

在上方代码中，首先定义了标题的字体粗细为 bold，用 margin:20px auto 语句定义标题文字上边界和下边界为 20px，左右边界为浏览器自动适应宽度。

第 4 步：网页的基本样式已经初见端倪，但是段落文本还没有进行设置，接下来对段落添加 CSS 样式。

```
.container p {
    font-size: 14px;
```

```
    text-align: left;
    line-height: 1.8em;
    text-indent: 2em;
}
.container p.noindent { text-indent: 0; }
```

图 2.42　设置网页的基本属性

在以上代码中，p 标签定义了所有段落的样式，包括字体大小、对齐方式、行间距等，同时设置了首行缩进。

同时为第一段定义一个类样式 noindent，清除首行缩进，因为第一个<p>标签有一个首字下沉的效果，所以不需要进行首行缩进的设置。为了避免样式层叠，需要使用复合选择器.container p.noindent，增大该样式的优先级。

显示效果如图 2.43 所示。

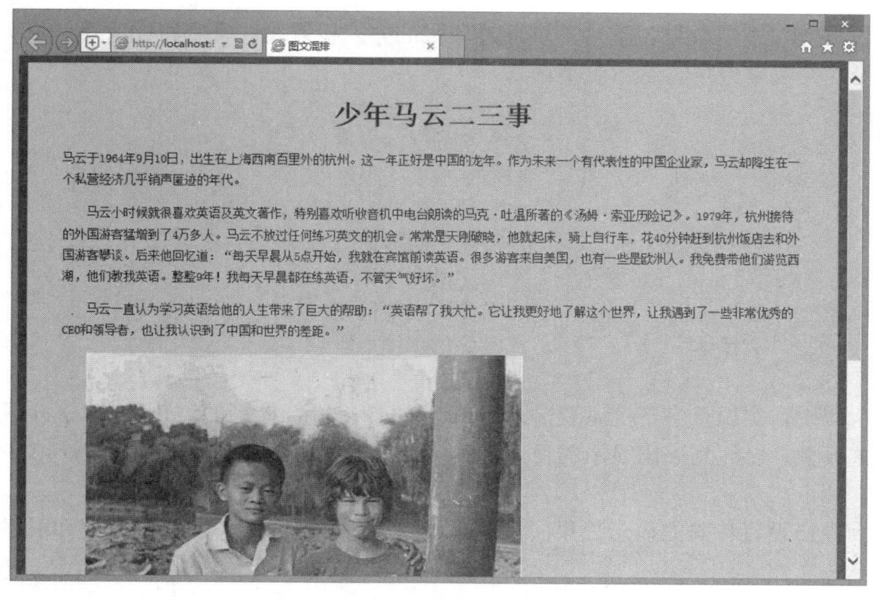

图 2.43　设置段落文本

第 5 步：设置图片样式。

```
img {
    border: #339999 2px solid;
    float: left;
    width: 300px;
    margin: 10px;
}
```

图片的相关内容会在后面的章节详细介绍，这里只做一个简单的叙述，width 定义了图片的宽度，border 语句为图片添加了 2px 宽的边框，float:left 是对图片进行左浮动，margin:10px 表示图片四周补白为 10px。显示效果如图 2.44 所示。

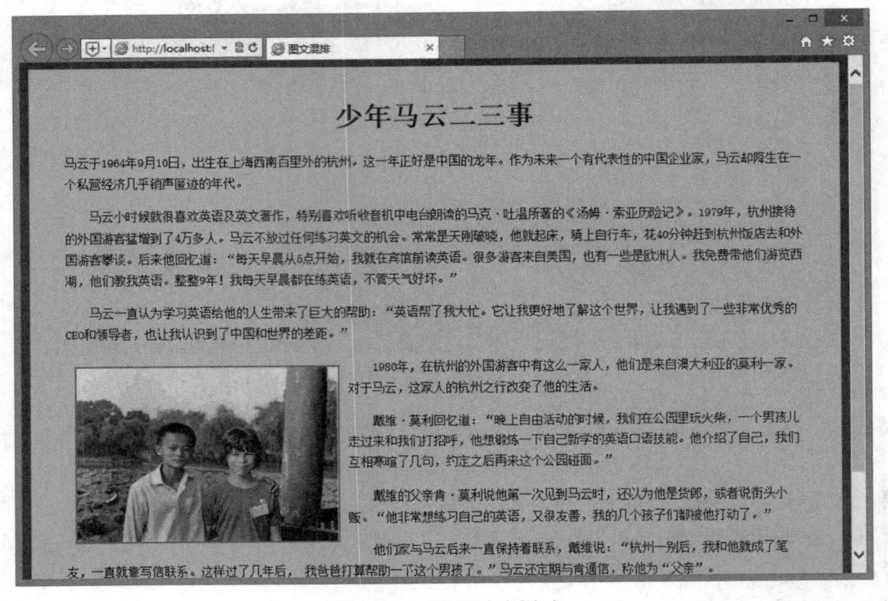

图 2.44　设置图片样式

第 6 步：设置首字下沉效果。首字下沉通过夸张的方式设置第一个字符的大小，以吸引人的眼球。在本例中，为第一个汉字应用首字下沉类样式。

```
.sh{
    font-size:60px;                /*首字的字体大小*/
    color:green;                   /*首字的字体颜色*/
    float:left;                    /*设置左浮动以实现下沉的效果*/
    padding-bottom:12px;           /*首字的底部补白*/
    padding-right:6px;             /*首字的右边界补白*/
    font-weight:bold;              /*首字的字体粗细*/
    font-family:"黑体";            /*首字的字体类型*/
}
```

在以上的代码中，实现首字下沉主要是通过 float 语句来进行控制的，并且用<span>标签，对首字进行了单独的样式设置，以达到突出显示的目的，其显示效果如图 2.45 所示。float 语句的具体用法将在后面章节中详细介绍。

第 7 步：为生日设置特殊的显示效果。在段落中，通过<span>标签为生日定义单独的样式类。

```
.s1{
    font-size:20px;
```

```
    font-style:italic;                    /*斜体显示*/
    text-decoration:underline;            /*显示下划线*/
    color:#FF0000;
}
```

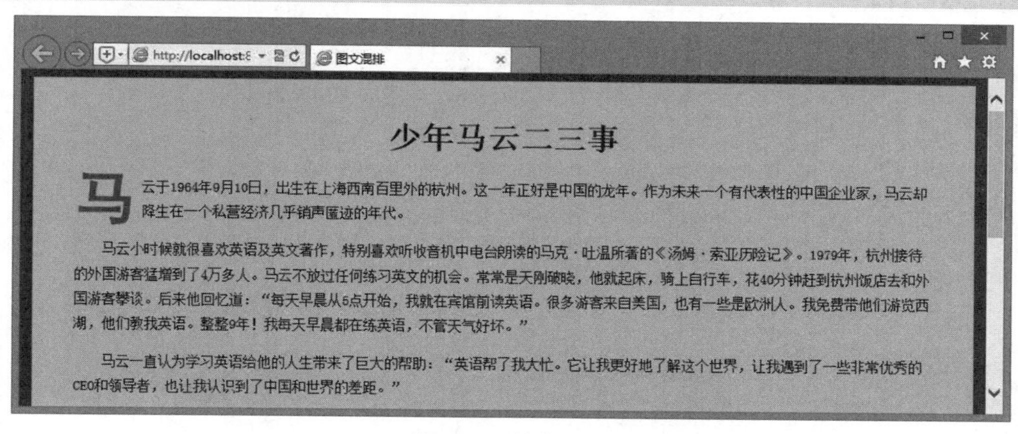

图 2.45　首字下沉

2.2.7　设计单页版式

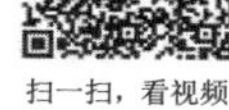
扫一扫，看视频

在阅读信息时，段落文本的呈现效果多以块状存在。在页面版式设计中，应注意几个阅读体验问题：

- 方块感越强，越能给用户方向感。
- 方块越少，越容易阅读。
- 方块之间以空白的形式进行分隔，从而组合为一个更大的方块。

本节介绍一个简单的文章版式，对一级标题、二级标题、三级标题和段落文本的样式分别设计，从而使每个标签包含的信息的重要性通过标题很好地展示出来，更有利于用户阅读，演示效果如图 2.46 所示。

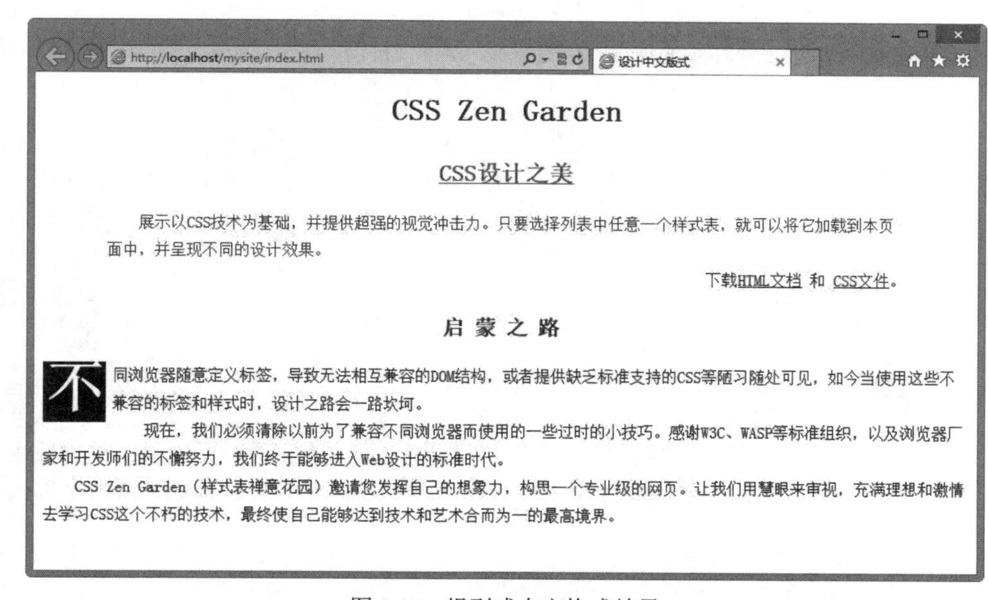

图 2.46　报刊式中文格式效果

【操作步骤】

第 1 步：设计网页结构。本示例的 HTML 文档结构依然采用“禅意花园”的结构，截取第一部分的结构和内容，并把英文全部译为中文。

```
<div id="intro">
    <div id="pageHeader">
        <h1><span>CSS Zen Garden</span></h1>
        <h2><span><acronym title="cascading style sheets">CSS</acronym>设计之美
</span></h2>
    </div>
    <div id="quickSummary">
        <p class="p1"><span>展示以<acronym title="cascading style sheets">CSS</acronym>
技术为基础，并提供超强的视觉冲击力。只要选择列表中任意一个样式表，就可以将它加载到本页面中，并呈
现不同的设计效果。</span></p>
        <p class="p2"><span>下载<a title="这个页面的 HTML 源代码不能够被改动。"
href="http://www.csszengarden.com/zengarden-sample.html">HTML 文档</a> 和 <a
title="这个页面的 CSS 样式表文件，你可以更改它。"
href="http://www.csszengarden.com/zengarden-sample.css">CSS 文件</a>。</span></p>
    </div>
    <div id="preamble">
        <h3><span>启蒙之路</span></h3>
        <p class="p1"><span>不同浏览器随意定义标签，导致无法相互兼容的<acronym
title="document object model">DOM</acronym>结构，或者提供缺乏标准支持的<acronym
title="cascading style sheets">CSS</acronym>等陋习随处可见，如今当使用这些不兼容的标签
和样式时，设计之路会很坎坷。</span></p>
        <p class="p2"><span>现在，我们必须清除以前为了兼容不同浏览器而使用的一些过时的小技巧。
感谢<acronym
title="world wide web consortium">W3C</acronym>、<acronym
title="web standards project">WASP</acronym>等标准组织，以及浏览器厂家和开发师们的不懈
努力，我们终于能够进入 Web 设计的标准时代。</span></p>
        <p class="p3"><span>CSS Zen
            Garden（样式表禅意花园）邀请你发挥自己的想象力，构思一个专业级的网页。让我们用慧眼
来审视，充满理想和激情去学习 CSS 这个不朽的技术，最终使自己能够达到技术和艺术合而为一的最高境界。
</span></p>
    </div>
</div>
```

第 2 步：定义网页基本属性。定义背景色为白色，字体为黑色。也许你认为浏览器默认网页就是这个样式，但是考虑到部分浏览器会以灰色背景显示，因此显式声明这些基本属性会更加安全。字体大小为 14px，字体为宋体。

```
body {/* 页面基本属性 */
    background:#fff;                                  /* 背景色 */
    color:#000;                                       /* 前景色 */
    font-size:0.875em;                                /* 网页字体大小 */
    font-family:"新宋体", Arial, Helvetica, sans-serif;     /* 网页字体默认类型 */}
```

第 3 步：定义标题居中显示，适当调整标题底边距，统一为一个字距。间距设计的一般规律：字距小于行距，行距小于段距，段距小于块距。检查的方法是尝试将网站的背景图案和线条全部去掉，看看是否还能保持想要的区块感。

```
h1, h2, h3 {/* 标题样式 */
    text-align:center;                                  /* 居中对齐 */
    margin-bottom:1em;                                  /* 定义底边界 */}
```

第 4 步：为二级标题定义一个下划线，并调暗字体颜色，目的是使一级标题、二级标题和三级标题在同一个中轴线上显示时产生一个变化，避免单调。由于三级标题字数少（四个汉字），可以通过适当调节字距来产生一种平衡感，避免因为字数太少而使标题看起来很单调。

```
h2 {/* 个性化二级标题样式 */
    color:#999;                                   /* 字体颜色 */
    text-decoration:underline;                    /* 下划线 */}
h3 {/* 个性化三级标题样式 */
    letter-spacing:0.4em;                         /* 字距 */
    font-size:1.4em;                              /* 字体大小 */}
```

第 5 步：定义段落文本的样式。统一清除段落间距为 0，定义行高为 1.8 倍字体大小。

```
p {/* 统一段落文本样式 */
    margin:0;                                     /* 清除段距 */
    line-height:1.8em;                            /* 定义行高 */}
```

第 6 步：定义第一个文本块中的第一段文本字体为深灰色，定义第一个文本块中的第二段文本右对齐，定义第一个文本块中的第一段和第二段文本首行缩进两个字符，同时定义第二个文本块的第一段、第二段和第三段文本首行缩进两个字符。

```
#quickSummary .p1 {/* 第一文本块的第一段样式 */
    color:#444;                                   /* 字体颜色 */}
#quickSummary .p2 {/* 第一文本块的第二段样式 */
    text-align:right;                             /* 右对齐 */}
#quickSummary .p1, .p2, .p3 {/* 除了首字下沉段以外的段样式 */
    text-indent:2em;                              /* 首行缩进 */}
```

第 7 步：为第一个文本块定义左右缩进样式，设计引题的效果。

```
#quickSummary {/* 第一个文本块样式 */
    margin-left:4em;                              /* 左缩进 */
    margin-right:4em;                             /* 右缩进 */}
```

第 8 步：定义首字下沉效果。CSS 提供了一个首字下沉的属性：first-letter，这是一个伪对象。为了使首字下沉效果更明显，这里设计首字加粗、反白显示。

```
.first:first-letter {/* 首字下沉样式类 */
    font-size:50px;                                   /* 字体大小 */
    float:left;                                       /* 向左浮动显示 */
    margin-right:6px;                                 /* 增加右侧边距 */
    padding:2px;                                      /* 增加首字四周的补白 */
    font-weight:bold;                                 /* 加粗字体 */
    line-height:1em; /* 定义行距为一个字符大小，避免行高影响段落版式 */
    background:#000;                                  /* 背景色 */
    color:#fff;                                       /* 前景色 */}
```

注意：

由于 IE 早期版本浏览器存在 Bug，无法通过:first-letter 选择器来定义首字下沉效果，故这里重新定义了一个首字下沉的样式类（first），然后手动把这个样式类加入到 HTML 文档结构对应的段落中。

第 3 章　使用 CSS 设置图片样式

在网页设计中，图片具有重要的作用，它能够美化页面，传递更丰富的信息，提升浏览者的审美感受。使用 CSS 定义图片样式是网站设计的一项重要工作。本章介绍 CSS 设置图片样式的基本方法，并结合大量实例进行强化练习。

【学习重点】

- CSS 设置图片样式。
- 使用 CSS 设计网页图片显示效果。
- 设计各种图片特效。

3.1　图片样式基础

图片的效果将在很大程度上影响到网页效果，要使网页图文并茂并且布局结构合理，我们就要注意图片的设置。通过 CSS 统一管理，不但可以更加精确地调整图片的各种属性，还可以实现很多特殊的效果。本节将对图片的边框、图片的大小与缩放、图片对齐等属性进行介绍。

扫一扫，看视频

3.1.1　图片边框

在 HTML 语法里，可以使用<img>标签的 border 属性为图片添加边框，用法如下：

```
<img src= " " border= "整数值" />
```

使用 HTML 无法设计出富有个性的边框效果，但使用 CSS 的 border-style、border-color 和 border-width 属性可以更灵活地定义图片边框样式，用法如下：

```
border-style : none | hidden | dotted | dashed | solid | double | groove | ridge
| inset | outset
border-color: color
border-width: length | thin | medium | thick
```

border-style 属性用于设置边框的样式，用得最多的 3 个参数：solid 表示实线，dotted 表示点线，dashed 表示虚线，其他值会在后面章节中用到时详细说明。border-color 属性用于设置边框的颜色。border-width 属性用于设置边框的宽度。

【示例 1】　下面的示例演示如何使用 CSS 为图片定义点线框和虚线框。

第 1 步：启动 Dreamweaver，新建一个网页，保存为 test.html，在<body>标签内输入以下代码。

```
<img src="images/picture.jpg" class="pic1" />
<img src="images/picture.jpg" class="pic2" />
```

第 2 步：在<head>标签内添加<style type="text/css">标签，定义一个内部样式表，然后输入以下样式，用来定义图片边框样式。

```
.pic1{
    border-style:dotted;        /*点线*/
    border-color:#000066;       /*边框颜色*/
    border-width:2px;           /*边框粗细*/
}
.pic2{
```

```
    border-style:dashed;         /*虚线*/
    border-color:#FF0000;        /*边框颜色*/
    border-width:10px;           /*边框粗细*/
}
```

第 3 步：在浏览器中预览，显示效果如图 3.1 所示，第 1 幅图片设置的是蓝色、2 像素的点划线，第 2 幅图片设置的是红色、10 像素宽的虚线。

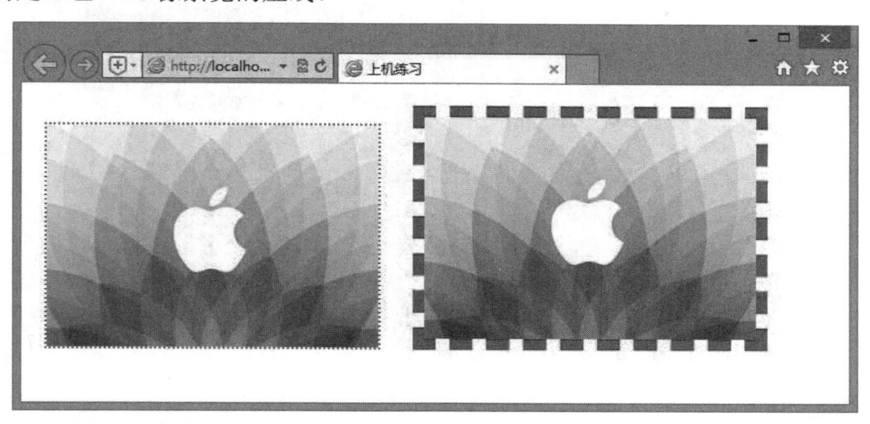

图 3.1　设置各种图片边框

【示例 2】　border 包含 4 个子属性：border-left、border-right、border-top、border-bottom，分别设置 4 个边框的不同样式。

第 1 步：启动 Dreamweaver，新建一个网页，保存为 test1.html，在<body>标签内输入以下代码。

```
<img src="images/picture1.jpg" />
```

第 2 步：在<head>标签内添加<style type="text/css">标签，定义一个内部样式表。

第 3 步：输入以下样式，用来定义图片边框样式。

```
img {
   height: 300px;
   border-left-style: solid;                 /*左边框样式*/
   border-left-color: #33CC33;
   border-left-width: 20px;
   border-right-style: solid;                /*右边框样式*/
   border-right-color: #33CC33;
   border-right-width: 20px;
   border-top-style: solid;                  /*顶边框样式*/
   border-top-color: #3300FF;
   border-top-width: 30px;
   border-bottom-style: solid;               /*底边框样式*/
   border-bottom-color: #666;
   border-bottom-width: 30px;
}
```

第 4 步：在浏览器中预览，显示效果如图 3.2 所示，图片的 4 个边框被分别设置了不同的样式。

拓展：

上面的示例介绍了如何独自设置 4 个边框样式的方法，用户也可以将各边样式合并，以优化代码。

图 3.2　分别设置 4 个边框样式

```
img {
   text-align:center;
   height: 300px;
   border-style: solid;                                    /*4 个边框样式*/
   border-color: #3300FF #33CC33 #666 #33CC33;             /*边框颜色：顶边、右边、底边、右边
*/
   border-width: 30px 20px;                                /*边框宽度：上下边、左右边 */
}
```

如果 4 个边框样式相同，可以进一步合并。

```
border: solid  #3300FF 30px;
```

在设置 border-style、border-color 和 border-width 时，属性值的顺序是有讲究的，在设置 border-color 和 border-width 之前必须先设置 border-style，否则 border-color 和 border-width 的效果将不会显示。

扫一扫，看视频

3.1.2　图片大小

CSS 使用 width 和 height 属性定义图片的宽度和高度，用法如下：

```
width: length | percentage | auto
height: length | percentage | auto
```

取值可以是具体长度值，如 200px，也可以是相对值，如 50%。当 width 设置为 50%时，图片的宽度将为父元素宽度的一半。

【示例】　下面的示例设计图片宽度为 50%，则它总能够随浏览器窗口的变化进行自动调节，始终保持为网页宽度的 50%不变。

第 1 步：启动 Dreamweaver，新建一个网页，保存为 test.html，在<body>标签中输入以下内容。

```
<img src="images/watch.png"/><img src="images/watch.png" />
```

第 2 步：在<head>标签内添加<style type="text/css">标签，定义一个内部样式表，然后输入以下样式。

```
body{                              /* 清除页边距 */
   margin:0;
   padding:0;
}
img{width:50%;}                    /* 相对宽度 */
```

第 3 步：在浏览器中预览，显示效果如图 3.3 所示。因为设置的是相对大小，这里是相对于 body 标记的宽度，因此图片的大小总是保持为相对于 body 的 50%。当改变浏览器大小时，图片的大小也相对变化，但总是保持在 50%的水平。

图 3.3　图片的宽度相对变化

本例仅设置了图片的 width 属性，而没有设置 height 属性，但是图片的大小会等纵横比例缩放，如果只设定了 height 属性而没有设置 width 属性道理也是一样的。

但是，如果同时设置 width 和 height 属性值，应保证宽高比正确，否则图片显示会变形，比较安全的方法是使用百分比进行设置。

拓展：

在图片缩放中，等比调整图片的宽度和高宽，可以保证图片不变形。在 CSS 中，通过 max-width、max-height、min-width、min-height 这四个属性也可以调整图片大小，保证图片不变形，它们分别表示定义图片最大宽度、最大高度、最小宽度和最小高度。如果图片的尺寸超过最大值（max-width 或 max-height），那么就按 max-width 或 max-height 值显示宽度或高度，同理如果图片的尺寸小于最小值（min-width 或 min-height），那么就按 min-width 或 min-height 值显示宽度或高度。

3.1.3　图片对齐

扫一扫，看视频

图片水平对齐与文字的水平对齐方法相同，不同的是图片水平对象包括：左对齐、居中对齐、右对齐三种，需要通过设置图片的父元素的 text-align 属性来实现。

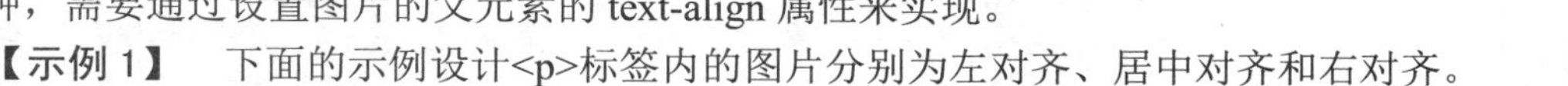

【示例 1】　下面的示例设计<p>标签内的图片分别为左对齐、居中对齐和右对齐。

第 1 步：新建一个网页，保存为 test.html，在<body>标签中输入以下代码，并分别设置类样式。

```
<p class="left"><img src="images/left.png" /></p>
<p class="center"><img src="images/center.png" /></p>
<p class="right"><img src="images/right.png" /></p>
```

第 2 步：在<head>标签内添加<style type="text/css">标签，定义一个内部样式表，然后输入以下样式。

```
body { margin: 0; padding: 0;}
.left { text-align: left; }
.right { text-align: right; }
.center { text-align: center; }
```

第 3 步：在浏览器中预览，显示效果如图 3.4 所示。

图片垂直对齐主要体现在与文字的搭配使用中，当图片的高度和宽度与文字部分不一致时，可以通过 CSS 的 vertical-align 属性来设置纵向对齐。

【示例 2】　下面的示例比较不同垂直对齐方式。

第 1 步：新建一个网页，保存为 test.html，在<head>标签内添加<style type="text/css">标签，定义一个内部样式表，然后输入以下样式，定义多个垂直对齐类样式。

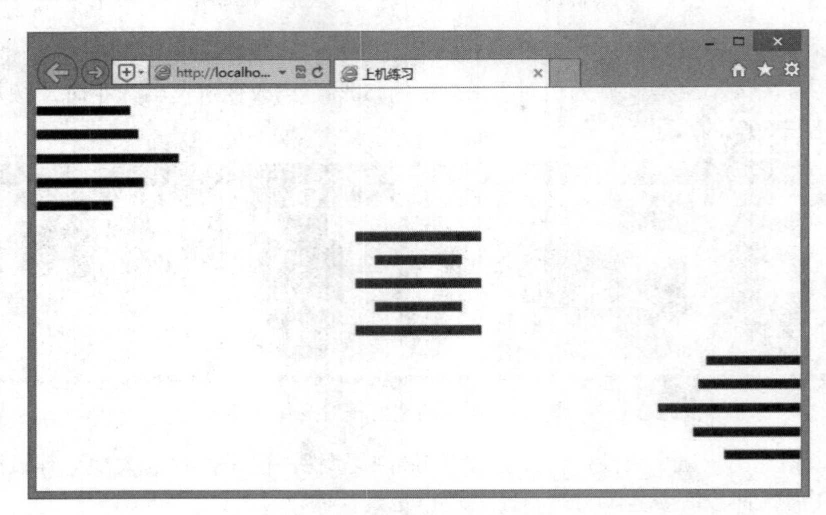

图 3.4　设置图片水平对齐

```
.baseline {vertical-align:baseline;}
.sub {vertical-align:sub;}
.super {vertical-align:super;}
.top {vertical-align:top;}
.text-top {vertical-align:text-top;}
.middle {vertical-align:middle;}
.bottom {vertical-align:bottom;}
```

第 2 步：在<body>标签中输入多段文本，并应用垂直对齐类样式。

```
<p>valign:
<span class="baseline"><img src="images/box.gif" title="baseline" /></span>
<span class="sub"><img src="images/box.gif" title="sub" /></span>
<span class="super"><img src="images/box.gif" title="super" /></span>
<span class="top"><img src="images/box.gif" title="top" /></span>
<span class="text-top"><img src="images/box.gif" title="text-top" /></span>
<span class="middle"><img src="images/box.gif" title="middle" /></span>
<span class="bottom"><img src="images/box.gif" title="bottom" /></span>
<span class="text-bottom"><img src="images/box.gif" title="text-bottom" /></span>
</p>
```

第 3 步：在浏览器中预览，显示效果如图 3.5 所示。

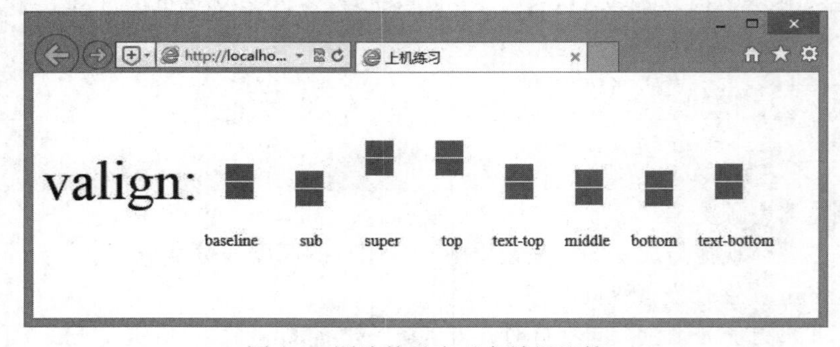

图 3.5　图片的垂直对齐效果比较

【示例 3】　与文字的垂直对齐相似，图片的垂直对齐也可以设置具体的数值。启动 Dreamweaver，新建一个网页，保存为 test.html，在<body>标签内输入如下结构：

```
<p>纵向对齐<img src="picture.jpg" style="vertical-align:5px;">方式: 5px</p>
<p>纵向对齐<img src="picture.jpg" style="vertical-align:-20px;">方式: -20px</p>
<p>纵向对齐<img src="picture.jpg" style="vertical-align:15px;">方式: 15px</p>
```

在浏览器中预览测试，显示结果如图 3.6 所示。可以看出，图片在垂直方向上发生了位移，当设置的值为正数时，图片向上移动相应的数值，当设置为负数时，图片向下移动相应的数值。

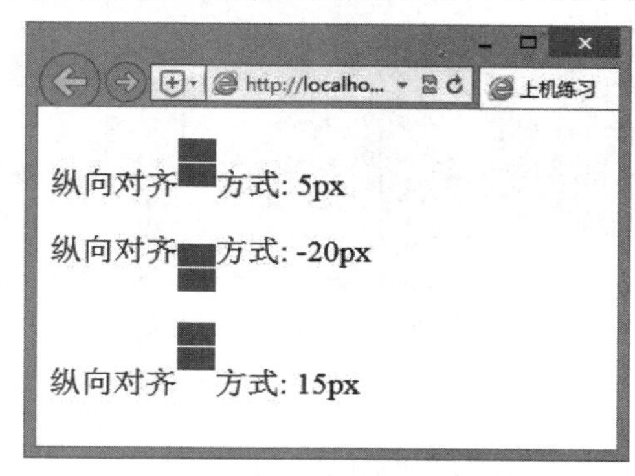

图 3.6　用数值调整垂直对齐

3.1.4　半透明图片

扫一扫，看视频

CSS3 使用 opacity 属性定义图片的不透明度，用法如下：

```
opacity: length
```

取值范围在 0～1 之间，数值越低透明度越高，0 为完全透明，而 1 表示完全不透明。

提示：

早期浏览器对 opacity 的支持不统一，如果要兼容不同浏览器，应使用各浏览器的私有属性，在一个样式中同时进行声明。例如，IE 浏览器使用 CSS 滤镜定义透明度，基本用法如下：

```
filter:alpha(opacity=0~100);
```

取值范围在 0～100 之间，数值越低透明度越高，0 为完全透明，而 100 表示完全不透明。

【示例】　在下面这个示例中，先定义一个透明度样式类，然后把它应用到一个图像中，并与原图进行比较，演示效果如图 3.7 所示。

```
<!doctype html>
<html>
<head>
<meta charset="utf-8">
<style type="text/css">
img { width:300px;}
.opacity {/* 透明度样式类 */
    opacity: 0.3;                          /* 标准用法 */
    filter:alpha(opacity=30);              /* 兼容 IE 早期版本浏览器 */
    -moz-opacity:0.3;                      /* 兼容 Firefox 浏览器 */}
</style>
</head>
<body>
<img src="images/bg.jpg" title="图像不透明度" />
<img class="opacity" src="images/bg.jpg" title="图像透明度为 0.3" />
</body>
</html>
```

图 3.7　图像透明度演示效果

扫一扫，看视频

3.1.5　圆角图片

CSS3 使用 border-radius 属性定义圆角样式，用法如下：

```
border-radius:none | length
```

border-radius 属性初始值为 none，对其取值简单说明如下：

- none：默认值，表示元素没有圆角。
- length：由浮点数字和单位标识符组成的长度值，不可为负值。

为了方便定义元素的四个顶角圆角，border-radius 属性派生了 4 个子属性。

- border-top-right-radius：定义右上角的圆角。
- border-bottom-right-radius：定义右下角的圆角。
- border-bottom-left-radius：定义左下角的圆角。
- border-top-left-radius：定义左上角的圆角。

提示：

border-radius 属性可包含两个参数值：第一个值表示圆角的水平半径，第二个值表示圆角的垂直半径，两个参数值通过斜线分隔。如果仅包含一个参数值，则第二个值与第一个值相同，表示这个角就是一个四分之一圆角。如果参数值中包含 0，则这个角就是直角，不会显示为圆角。

【示例】　在下面这个示例中，分别设计两个圆角类样式，第一个类 r1 为固定 12 像素的圆角，第二个类 r2 为弹性取值 50%的椭圆圆角，然后分别应用到不同的图像上，则演示效果如图 3.8 所示。

```
<!doctype html>
<html>
<head>
<meta charset="utf-8">
<style type="text/css">
img { width:300px;border:solid 1px #eee;}
.r1 {
    -moz-border-radius:12px; /*兼容 Gecko 引擎*/
    -webkit-border-radius:12px; /*兼容 Webkit 引擎*/
    border-radius:12px; /*标准用法*/}
.r2 {
    -moz-border-radius:50%; /*兼容 Gecko 引擎*/
    -webkit-border-radius:50%; /*兼容 Webkit 引擎*/
    border-radius:50%; /*标准用法*/}
</style>
```

```
</head>
<body>
<img class="r1" src="images/bg.jpg" title="圆角图像" />
<img class="r2" src="images/bg.jpg" title="椭圆图像" />
</body>
</html>
```

图 3.8　圆角图像演示效果

拓展：

border-radius 属性取值比较灵活，例如：

```
.r1{border-radius:10px;}                          /*四个顶角相同*/
.r2{border-radius:10px 20px;}                     /*左上、右下顶角相同，左下、右上顶角相同*/
.r3{border-radius:10px 20px 30px;}                /*左上为 10px，右下为 20px、左下、右上为
30px*/
.r4{border-radius:10px 20px 30px 40px;}           /*四个顶角各不相同*/
.r11{border-radius:10px/5px;}                     /*四个顶角 x 轴和 y 轴相同*/
.r22{border-radius:10px 20px/5px 10px;}           /*x 轴四个顶角分别为 10px 和 20px,y 轴类推*/
.r33{border-radius:10px 20px 30px/5px 10px 15px;}
.r44{border-radius:10px 20px 30px 40px/5px 10px 15px 20px;}
```

3.1.6　阴影图片

扫一扫，看视频

CSS3 使用 box-shadow 属性定义阴影效果，用法如下：

```
box-shadow:none | shadow
```

box-shadow 属性的初始值是 none，该属性适用于所有元素。取值简单说明如下：

- none：默认值，表示元素没有阴影。
- shadow：该属性值可以使用公式表示为 inset && [<length>{2,4} && <color>?]，其中 inset 表示设置阴影的类型为内阴影，默认为外阴影；<length>是由浮点数字和单位标识符组成的长度值，可取正负值，用来定义阴影水平偏移、垂直偏移，以及阴影大小（即阴影模糊度）、阴影扩展；<color>表示阴影颜色。

提示：

如果不设置阴影类型，默认为投影效果，当设置为 inset 时，则阴影效果为内阴影。X 轴偏移和 Y 轴偏移定义阴影的偏移距离。阴影大小、阴影扩展和阴影颜色是可选值，默认为黑色实影。box-shadow 属性值必须设置阴影的偏移值，否则没有效果。如果需要定义阴影，则不需要偏移，此时可以定义阴影偏移为 0，这样才可以看到阴影效果。

【示例 1】 在下面这个示例中，设计一个阴影类样式，定义圆角、阴影显示，设置圆角大小为 8 像素，阴影显示在右下角，模糊半径为 14 像素，然后分别应用在第二幅图像上，则演示效果如图 3.9 所示。

```
<!doctype html>
<html>
<head>
<meta charset="utf-8">
<style type="text/css">
img { width:300px; margin:6px;}
.r1 {
   -moz-border-radius:8px;
   -webkit-border-radius:8px;
   border-radius:8px;
   -moz-box-shadow:8px 8px 14px #06C; /*兼容 Gecko 引擎*/
   -webkit-box-shadow:8px 8px 14px #06C;/*兼容 Webkit 引擎*/
   box-shadow:8px 8px 14px #06C;/*标准用法*/}
</style>
</head>
<body>
<img src="images/bg.jpg" title="无阴影图像" />
<img class="r1" src="images/bg.jpg" title="阴影图像" />
</body>
</html>
```

图 3.9 阴影图像演示效果

拓展：

box-shadow 属性用法比较灵活，还可以设计叠加阴影特效。

【示例 2】 在上面的示例中，修改类样式 r1 的代码如下：

```
<style type="text/css">
img { width:300px; margin:6px;}
.r1 {
   -moz-border-radius:12px;
   -webkit-border-radius:12px;
   border-radius:12px;
```

```
    -moz-box-shadow:-10px 0 12px red,
      10px 0 12px blue,
      0 -10px 12px yellow,
      0 10px 12px green;
    -webkit-box-shadow:-10px 0 12px red,
      10px 0 12px blue,
      0 -10px 12px yellow,
      0 10px 12px green;
    box-shadow:-10px 0 12px red,
      10px 0 12px blue,
      0 -10px 12px yellow,
      0 10px 12px green;
}
</style>
```

通过多组参数值还可以定义渐变阴影，演示效果如图 3.10 所示。

图 3.10　设计图像多层阴影效果

提示：

当给同一个元素设计多个阴影时，需要注意它们的顺序，最先写的阴影将显示在最顶层。如在上面这段代码中，先定义一个 10px 的红色阴影，再定义一个 10px 大小、12 像素扩展的黄色阴影。显示结果就是红色阴影层覆盖在黄色阴影层之上，此时如果顶层的阴影太大，就会遮盖底部的阴影。

3.2　实战案例

本节以实例形式帮助读者设计 CSS 的图片样式，以提高实战水平，强化训练对图片的灵活应用。

扫一扫，看视频

3.2.1　设计镶边效果

本节为 img 元素定义一个默认的镶边样式，这样当在网页中插入图像时，会自动显示为镶边效果，如图 3.11 所示。这种定义有阴影效果的图像更真实更富有立体感，特别适合于照片发布页面。

图 3.11　为图像定义默认的阴影样式

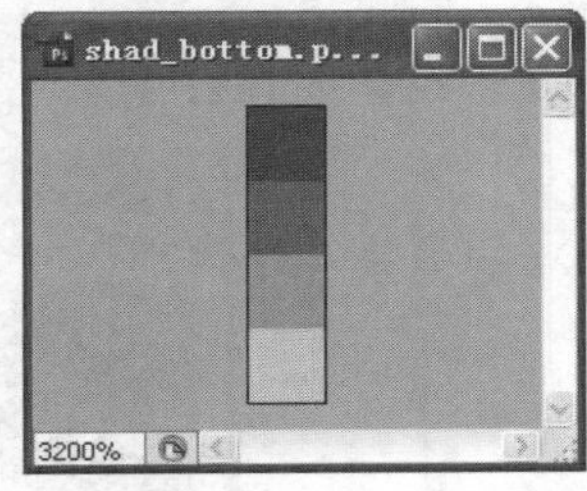

图 3.12　设计一个渐变阴影图像

【操作步骤】

第 1 步：使用 Photoshop 设计一个 4 像素高、1 像素宽的渐变阴影，如图 3.12 所示。

第 2 步：新建 HTML 文档，保存为 test.html。

第 3 步：在<head>标签内添加<style type="text/css">标签，定义一个内部样式表。

第 4 步：输入以下样式，为 img 定义一个默认样式。

```
img {
    background: white;                          /* 白色背景 */
    padding: 5px 5px 9px 5px;                   /* 增加内边距 */
    background: white url(images/shad_bottom.gif) repeat-x bottom left; /* 底边阴影 */
    border-left: 2px solid #dcd7c8;             /* 左侧浅阴影 */
    border-right: 2px solid #dcd7c8;            /* 右侧浅阴影 */
}
```

定义图片底边补白，是考虑到底边阴影背景图像可能要占用 4 个像素的高度，因此要多设置 4 像素。左右两侧的阴影颜色可以根据网页背景色适当调整深浅。

第 5 步：在<body>标签中输入以下内容，在网页中插入图片即可。

```
<img src="images/bg.jpg"  width="300">
<img src="images/bg1.jpg"  width="400">
```

扫一扫，看视频

3.2.2　设计水印效果

本例利用 opacity 属性设计水印特效，同时利用 CSS 定位技术实现水印与图片重叠显示，演示效果如图 3.13 所示。

图 3.13　设计水印特效

【操作步骤】

第 1 步：启动 Dreamweaver，新建一个网页，保存为 test.html。

第 2 步：构建一个简单的 HTML 结构。设计一个包含框（<div class="watermark">），主要是为水印图片在照片上精确定位提供一个参照，并把它们捆绑在一起，避免在网页中随处流动。插入的第一幅图片为照片，第二幅图片为水印图片。

```
<div class="watermark">
    <img src="images/bg.jpg" class="img" width="400">
    <img src="images/logo.png" class="logo" width="100">
</div>
```

在没有任何样式的情况下，显示如图 3.14 所示效果。

图 3.14 插入图像后的效果

第 3 步：在<head>标签内添加<style type="text/css">标签，定义一个内部样式表，然后输入以下样式。

第 4 步：首先定义包含元素为相对定位，这样能够保证水印图片定位在照片上面。由于 div 元素默认显示块状态元素，宽度为 100%，此时无法精确定位内部的水印。如果固定宽度，就会使设计失去灵活性，还需要确定包含元素和照片的宽度。具体样式如下。

```
.watermark { /* 包含块样式 */
    position:relative;        /* 相对定位 */
    float:left;               /* 向左浮动，这样包含元素能够自动包裹包含的照片 */
    display:inline;           /* 行内显示，这样就避免包含元素随处浮动 */
}
```

第 5 步：利用上节介绍的方法为照片定义阴影，具体代码如下，此时就不能为所有照片定义阴影。

```
.img {
    background: white;
    padding: 5px 5px 9px 5px;
    background: white url(images/shad_bottom.gif) repeat-x bottom left;
    border-left: 2px solid #dcd7c8;
    border-right: 2px solid #dcd7c8;
}
```

第 6 步：定义水印透明度和精确定位的位置，具体样式如下：

```
.img1 {
    filter:alpha(opacity=40);          /* 兼容 IE 浏览器 */
    -moz-opacity:0.4;                  /* 兼容 Moz 和 FF 浏览器 */
    opacity: 0.4;                      /* 支持 CSS3 的浏览器（FF 1.5 也支持）*/
    position:absolute;                 /* 绝对定位 */
    right:20px;                        /* 定位到照片的右侧 */
    bottom:20px;                       /* 定位到照片的底部 */
}
```

IE 使用专有的 CSS 滤镜 filter:alpha(opacity)来定义对象的透明度，而 Moz Family 浏览器使用私有属性-moz-opacity 来定义，对于标准浏览器来说一般都支持标准属性 opacity。上面的样式定义水印图片的透明度为 0.4，位于照片的右下角。

扫一扫，看视频

3.2.3 图文混排

本节设计一个专题页面，介绍中国的传统节日，主要利用图文混排的方法设计图文版式效果。整个页面对文字和图片一左一右应用两种不同的对齐方式，并采用两组不同的 CSS 类样式进行控制，合理地将图片和文字融为一体，整个网页设计效果如图 3.15 所示。

图 3.15 图文混排

提示：

CSS 使用 float 属性来实现图片与文字环绕，再配合使用 padding 和 margin 属性，使图片和文字达到一种最佳的效果。float 属性的作用是使对象产生浮动，用法如下：

```
float: none | left | right
```

float 属性共有三个值，说明如下：

- none：设置对象不浮动。
- left：设置对象浮在左边。
- right：设置对象浮在右边。

【操作步骤】

第 1 步：新建一个网页，保存为 index.html，在<body>标签中构建网页结构。第一个<p>标记的内容是网页的首段，在首段中用<span>标记设置了首字下沉效果。然后是各个分标题，每个分标题都由两个<p>标记、一个<img>标记组成，分别是分标题中的标题、图片和段落内容。具体代码如下所示。

```
<p><span class="first">中</span>国的传统节日形式多样，内容丰富，是我们中华民族悠久的历史文化的一个组成部分。传统节日的形成过程，是一个民族或国家的历史文化长期积淀凝聚的过程，下面列举的这些节日，无一不是从远古发展过来的，从这些流传至今的节日风俗里，还可以清晰地看到古代人民社会生活的精彩画面。</p>
<p class="title1">春节</p>
<img src="images/chunjie.jpg" class="pic1">
<p class="content">春节是我国一个古老的节日，也是全年最重要的一个节日，如何庆贺这个节日，在
```

```
千百年的历史发展中，形成了一些较为固定的风俗习惯，有许多还相传至今。扫尘：“腊月二十四，掸尘扫房子”　。贴春联：每逢春节，无论城市还是农村，家家户户都要精选一幅大红春联贴于门上，为节日增加喜庆气氛。贴窗花和倒贴“福”字：在民间人们还喜欢在窗户上贴上各种剪纸——窗花。窗花不仅烘托了喜庆的节日气氛，也集装饰性、欣赏性和实用性于一体。剪纸在我国是一种很普及的民间艺术，千百年来深受人们的喜爱，因它大多是贴在窗户上的，所以也被称其为“窗花”。在贴春联的同时，一些人家要在屋门上、墙壁上、门楣上贴上大大小小的“福”字。守岁：除夕守岁是最重要的年俗活动之一，守岁之俗由来已久。拜年：新年的初一，人们都早早起来，穿上最漂亮的衣服，打扮得整整齐齐，出门去走亲访友，相互拜年，恭祝来年大吉大利。拜年的方式多种多样，有的是同族长带领若干人挨家挨户地拜年；有的是同事相邀几个人去拜年。</p>
<p class="title2">清明节</p>
<img src="images/qingming.jpg" class="pic2">
<p class="content">……</p>
……
```

第 2 步：规划整个页面的基本显示属性。为网页选择一个合适的背景颜色，设置<p>标记的字体大小，也就是所有段落的字体大小，并设置首字下沉效果。

```
body{background-color:#d8c7b4; }
p{font-size:12px; }/* 段落文字大小 */
span.first{      /* 首字放大 */
    font-size:60px;
    font-family:黑体;
    float:left;
    font-weight:bold;
    color:#59340a; /* 首字颜色 */
}
```

此时的显示效果如图 3.16 所示。

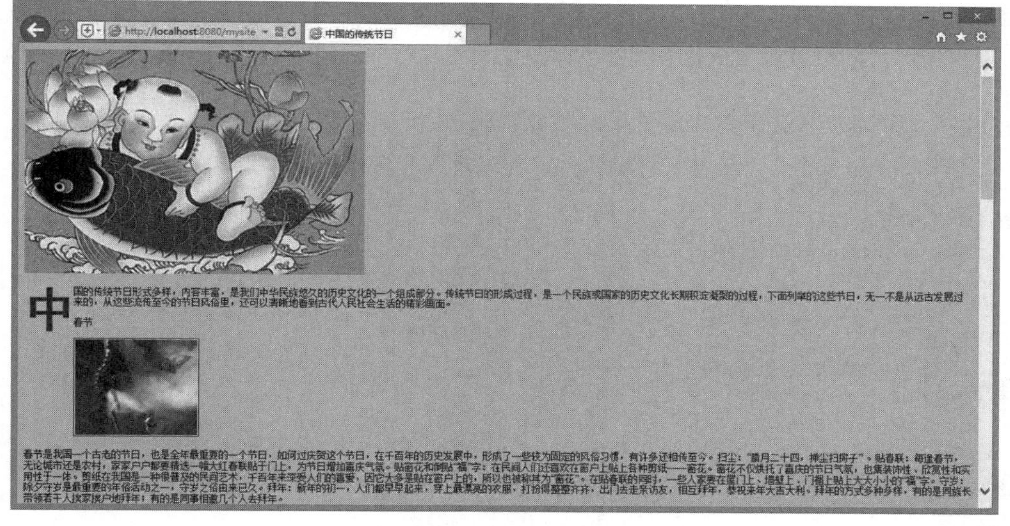

图 3.16　首字下沉

第 3 步：采用一左一右的形式设计图文排版，所以图文混排的 CSS 分为左右两段，分别定义为 img.pic1 和 img.pic2，不同的是一个在左边一个在右边。

```
img.pic1{
    float:left;                  /* 左侧图片混排 */
    margin-right:10px;           /* 图片右端与文字的距离 */
    margin-bottom:5px;           /* 图片底端与文字的距离 */
```

```
}
img.pic2{
    float:right;                          /* 右侧图片混排 */
    margin-left:10px;                     /* 图片左端与文字的距离 */
    margin-bottom:5px;
}
```

此时的显示效果如图 3.17 所示。

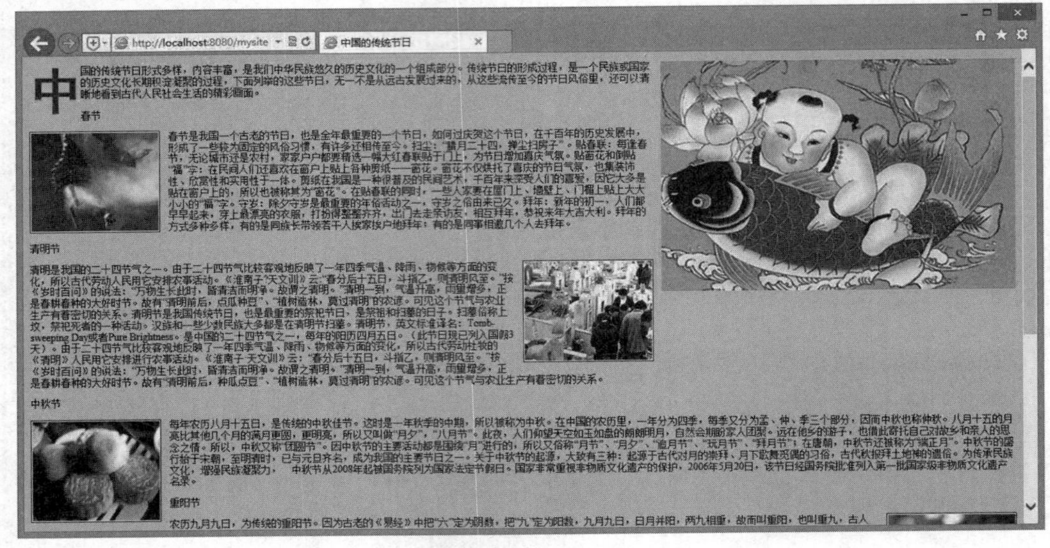

图 3.17　图片处于左右两边

第 4 步：设置正文的文字样式。文字本身不需要做太多调整，但是每一个段落的标题同样是分为左右两侧，要根据图片的位置做出变化。所以小标题也和图片一样要进行左右两个 CSS 设置，分别为 title1 和 title2。

```
.title1{                                  /* 左侧标题 */
    text-decoration:underline;            /* 下划线 */
    font-size:18px;
    font-weight:bold;                     /* 粗体*/
    text-align:left;                      /* 左对齐 */
    color:#59340a;                        /* 标题颜色 */
}
.title2{                                  /* 右侧标题 */
    text-decoration:underline;
    font-size:18px;
    font-weight:bold;
    text-align:right;
    color:#59340a;
}
p.content{                                /* 正文内容 */
    line-height:1.2em;                    /* 正文行间距 */
}
```

从代码中可以看出，两段标题代码的不同就在于文字的对齐方式，当图片应用 img.pic1 而位于左侧时，标题则使用 title1，也相应地在左侧；当图片应用 img.pic2 而位于右侧时，标题则使用 title2，也相应地在右侧。p.content 设置了段落正文的样式。

3.2.4　图片布局

本例模仿淘宝网上的图片布局，进一步展示了图片与文字之间混排和用图片布局的方法，演示效果如图 3.18 所示。

图 3.18　设置图片布局效果

【操作步骤】

第 1 步：构建网页结构。在本示例中首先用<div>标记设置 container 容器，在此页面中，所有内容分为 4 个部分，每个部分用 one 和 two 分为两块，one 中又分为 left 和 right 两部分，分别定义图片和下边框，two 中也分为 left 和 right 两部分，分别定义图片和文字列表，如图 3.19 所示。

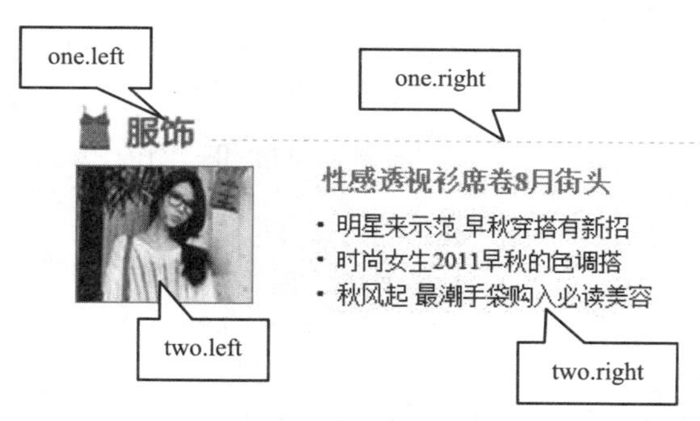

图 3.19　网页内容部分截图

以下为部分代码，其余代码请浏览本书资源包实例。

```
<div class="container">
    <div class="one">
        <div class="left"> <img src="images/001.jpg"> </div>
        <div class="right"> </div>
    </div>
    <div class="two">
```

```
        <div class="left"> <img src="images/002.jpg"> </div>
        <div class="right">
            <h3>性感透视衫席卷 8 月街头</h3>
            <ul>
                <li>明星来示范 早秋穿搭有新招</li>
                <li>时尚女生 2011 早秋的色调搭</li>
                <li>秋风起 最潮手袋购入必读美容</li>
            </ul>
        </div>
    </div>
</div>
```

此时的显示效果如图 3.20 所示，可以看到，网页的基本结构已经搭建好了，但是由于没有进行 CSS 样式设置，界面并不美观。

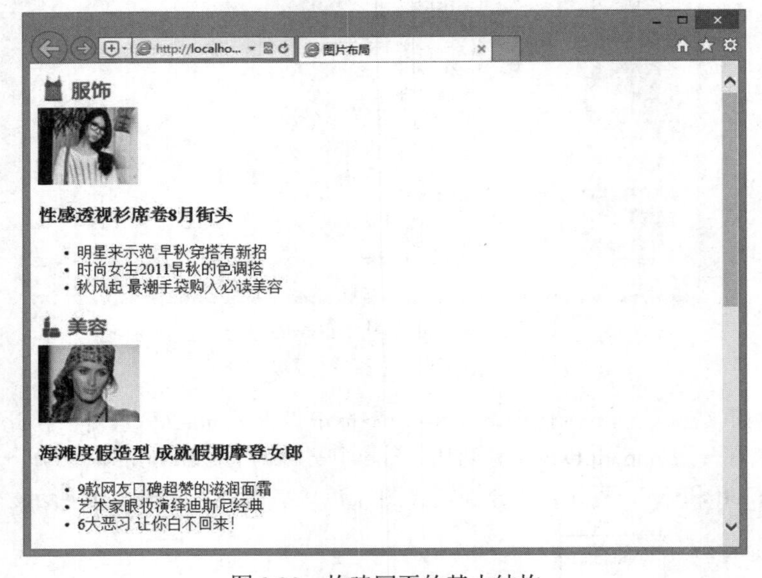

图 3.20　构建网页的基本结构

第 2 步：定义网页基本属性，以及 container 容器的宽度和左侧内边距。

```
*{ margin:0px; padding:0px;}
.container{
    width:430px;
    padding-left:30px;
}
```

以上代码中，*{ margin:0px; padding:0px;}表示将网页中所有标签的 padding 和 margin 都设定为 0px，*表示通配符，指的是所有标签。

第 3 步：定义第一栏内容中的 one 部分，包括“one.left”和“one.right”。

```
.one .left{
    float:left;                 /*左浮动*/
    width:85px;                 /*宽度*/
    height:30px;                /*高度*/
    margin-top:10px;            /*顶部补白*/
}
```

```
.one .right{
    float:right;
    width:345px;
    border-bottom:#CCCCCC 1px dashed;    /*底部边框*/
    height:35px;
    margin-bottom:15px;
}
```

.left 中的内容包含了一个<img>标签，left 类样式定义了其浮动为左浮动。.right 中没有实际的内容，只是在 right 类样式中定义了底部边框，此时显示效果如图 3.21 所示。

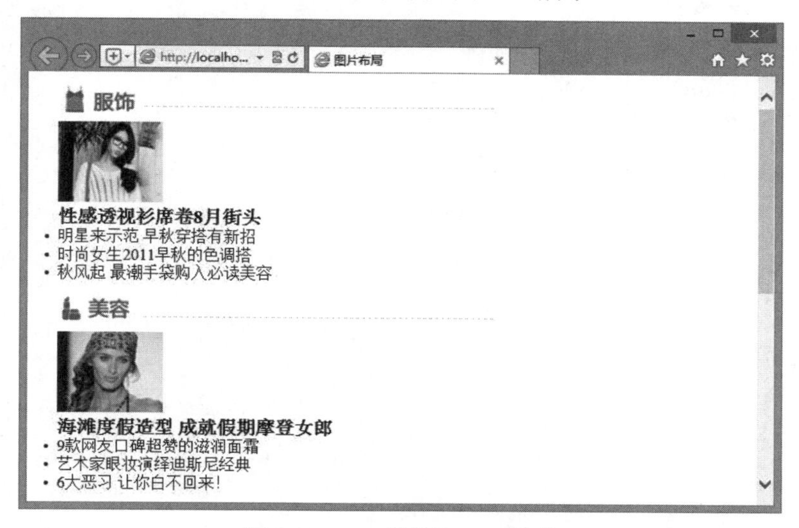

图 3.21 one 部分的 CSS 样式

第 4 步：上一步实现了 one 部分的样式设计，接下来设计 two.left 和 two.right 部分的样式。

```
.two .left {
   float: left;
   width: 120px;
   height: 85px;
}
.two .right {
   float: right;
   width: 280px;
   height: 85px;
   padding-left: 30px;
}
.two .left.img {
   border: #FF3300 1px solid;
   margin-left: 5px;
}
```

two.left 与 one.left 一样，都包含了一个<img>标签，同样将图片设置为左浮动。two.right 标签中包含了一个<h3>标签和一个<ul>标签，分别定义了标题和文字列表。另外，在 left.img 中定义了图片样式。此时的显示效果如图 3.22 所示。

图 3.22　two 部分的 CSS 设置

从图中可以看出，页面的基本样子已经实现，最后完成标题和文字部分的样式设置。

第 5 步：定义<h3>标签的标题样式和<ul>标签的列表样式。

```
h3 {
   color: #FF0000;
   padding-bottom: 10px;
   font-size: 16px;
}
ul {
   padding-left: 10px;
   font-size: 14px;
}
li { padding-bottom: 5px; }
```

在<h3>标签中定义了标题的字体大小和颜色，并设置了底部补白。<ul>标签定义了文字列表，关于对<ul>标签的样式定义会在后面的章节中详细介绍。最终的显示效果参考图 3.18。

扫一扫，看视频

3.2.5　多图版式

在网页中经常会看到多张图片排列的情况，本节介绍如何设计多图排列，并进一步了解 CSS 设置图片的方法，演示效果如图 3.23 所示。

图 3.23　多图排列效果

【操作步骤】

第 1 步：构建网页的基本结构。本例中首先用<div>标记设置 container 容器，然后分别用<div>标记将页面分为四块，每一块中包含一个<img>标记、一个<a>标记和一个<p>标记。

```
<div class="container">
    <div><a href="#"><img src="images/1.jpg"><p>老虎</p></a></div>
    <div><a href="#"><img src="images/2.jpg"><p>大熊猫</p></a></div>
    <div><a href="#"><img src="images/3.jpg"><p>大象</p></a></div>
    <div><a href="#"><img src="images/4.jpg"><p>野马</p></a></div>
</div>
```

此时的页面效果很简单，仅是简单的图片和标题，如图 3.24 所示。

图 3.24　网页基本结构，未加入 CSS 语句

第 2 步：定义网页基本属性及 container 容器的样式。

```
body{margin:20px; padding:0;}
.container{
    text-align:center;
    width:800px;
    height:240px;
    background-image:url(images/bg.jpg);
    border:1px #000 solid;
}
```

首先在 body 中定义了四周补白以及内边距为 0。在 container 中定义了 container 下所有元素的水平对齐方式为居中对齐，定义了 container 的宽度、高度以及边框样式。background-image:url(imagesl bg.jpg)语句的作用是为 container 标记添加名为 bg.jpg 的背景图片，这部分知识将在下一章中详细介绍。此时页面的显示效果如图 3.25 所示。

第 3 步：设置 container 容器下的<div>标记，以及<div>下的<p>标记的样式。

```
.container div{
    float:left;
    margin-top:30px;
    margin-left:35px;
}
.container p{
    font-size:20px;
    font-family:黑体;
}
```

图 3.25　定义网页基本属性

<div>标记中包含一个<img>标记、一个<a>标记和一个<p>标记，首先将<div>块设置为左浮动，并设置其顶部补白与左侧补白。<p>标记中显示的是标题，设置其样式为字体大小 20px、字体为黑体。此时显示效果如图 3.26 所示。

图 3.26　设置 container 容器下的<div>标记

第 4 步：设置<a>标记样式。

```
a{
   text-decoration:none;                /*不显示超链接的下划线*/
   color:#204402;                       /* 字体颜色*/
}
a:hover{
   text-decoration:underline;           /* 鼠标悬停时显示下划线*/
   color:red;                           /* 鼠标悬停时字体颜色*/
}
a:hover img{
    border:2px red solid;               /* 鼠标悬停时图片的边框样式*/
}
```

<a>标记的样式设置了下划线，a:hover 定义了鼠标悬停时链接的样式。a:hover img 定义了在鼠标悬停时的图片样式。关于<a >标记的 CSS 样式将在后面章节详细介绍。

3.2.6　圆角栏目

扫一扫，看视频

栏目圆角化是网上常见的一种网页美化方法，本例使用 border-radius 属性设计圆角化栏目，进一步介绍 CSS 设置图片的方法，演示效果如图 3.27 所示。

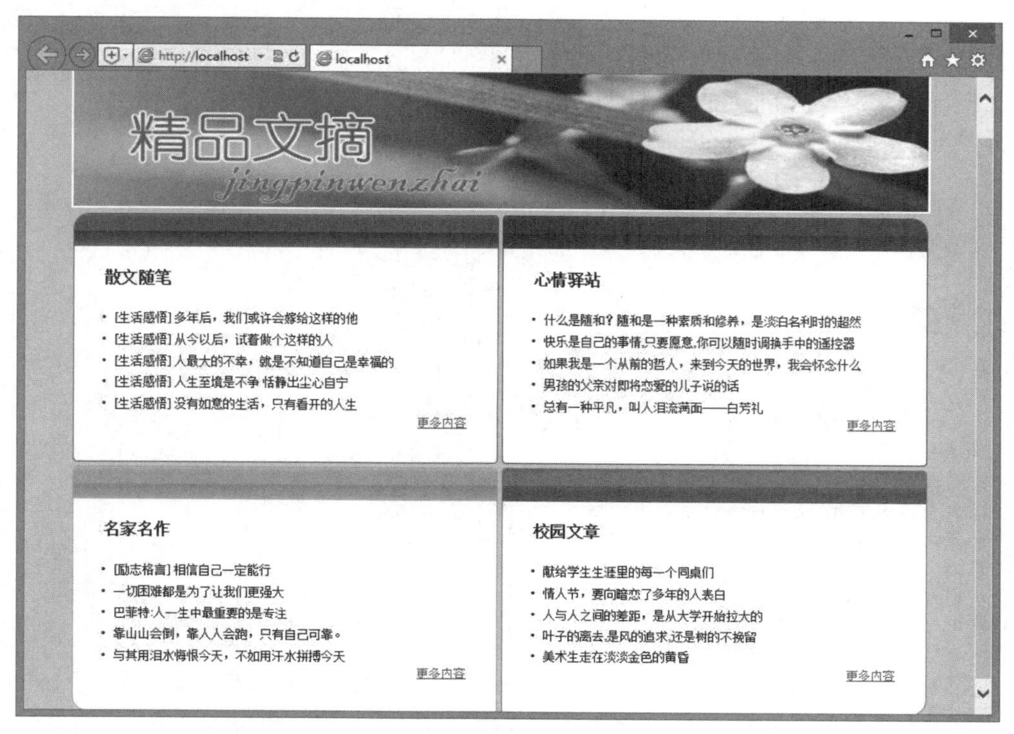

图 3.27　设置圆角栏目

【操作步骤】

第 1 步：构建网页结构。本例中首先用<div>标记设置 container 容器，然后分别用<div>标记将页面分为 header 和 main 两部分。以下为部分代码，完整代码请参考本书资源包实例。

```
<div class="container">
    <div class="header"><img class="bgimg" src="images/bg.jpg"></div>
    <div class="main">
        <div class="lanmu bcolor1">
            <div class="headline"><img src="images/bg1.gif"></div>
            <div>
                <h3>散文随笔</h3>
                <ul class="topic">
                    <li>[生活感悟] 多年后，我们或许会嫁给这样的他 </li>
                    <li>[生活感悟] 从今以后，试着做个这样的人</li>
                    <li>[生活感悟] 人最大的不幸，就是不知道自己是幸福的</li>
                    <li>[生活感悟] 人生至境是不争 恬静出尘心自宁 </li>
                    <li>[生活感悟] 没有如意的生活，只有看开的人生</li>
                </ul>
                <p class="more"><a href="#">更多内容</a></p>
            </div>
        </div>
        ......
```

```
    </div>
</div>
```

在 container 框架下，页面分为 header 和 main 两部分。在 header 下，定义了<img>标记，用于设置 banner 图片。在 main 下，又分为四部分，分别定义了四个栏目。在 lanmu 中定义了每个栏目的具体内容。每个栏目的效果如图 3.28 所示。

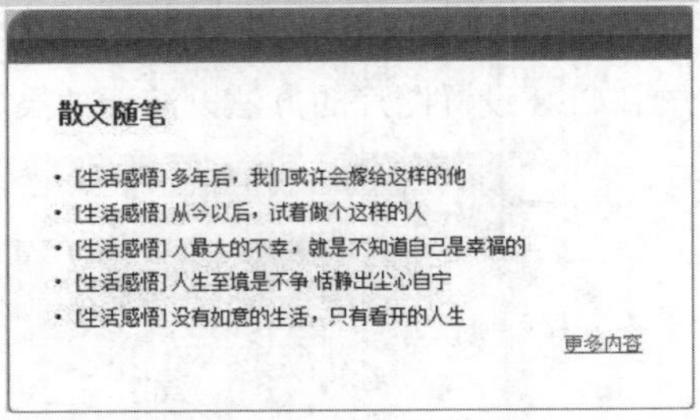

每一个栏目作为一个包含框<div class="lanmu">，在其中又分为两部分，分别是 headline 和 content，也就是圆角图片和栏目的文字信息。

图 3.28　栏目效果

第 2 步：接下来定义网页基本属性。

```
* {/*定义页面中所有标签的统一样式*/
    margin: 0;
    padding: 0;
    font-size: 12px;
    text-align: center;
}
body { background: #d3d3d3;   /*页面背景色*/ }
.container {
    width: 844px;
    margin: 0 auto;              /*居中显示*/
}
.bgimg {
    width: 840px;
    border: 2px #fff solid;      /*给 header 部分图片定义 2px 宽的边框*/
}
```

在以上代码中，*{ }表示将页面中所有的标签都设置为此样式。body 标签定义了背景色。在 container 中定义了 container 容器的宽度为 844px，另外在 container 中定义了 margin:0px auto，目的是使 container 容器水平居中。bgimg{border:2px #fff solid}设置了 header 部分图片的边框，在这里可以很容易理解为什么把 container 容器的宽度设置为 844px，因为 header 部分的图片宽是 840px，而其边框宽为 2px，border-left+border-right=4px，所以相加为 844px。此时的显示效果如图 3.29 所示。

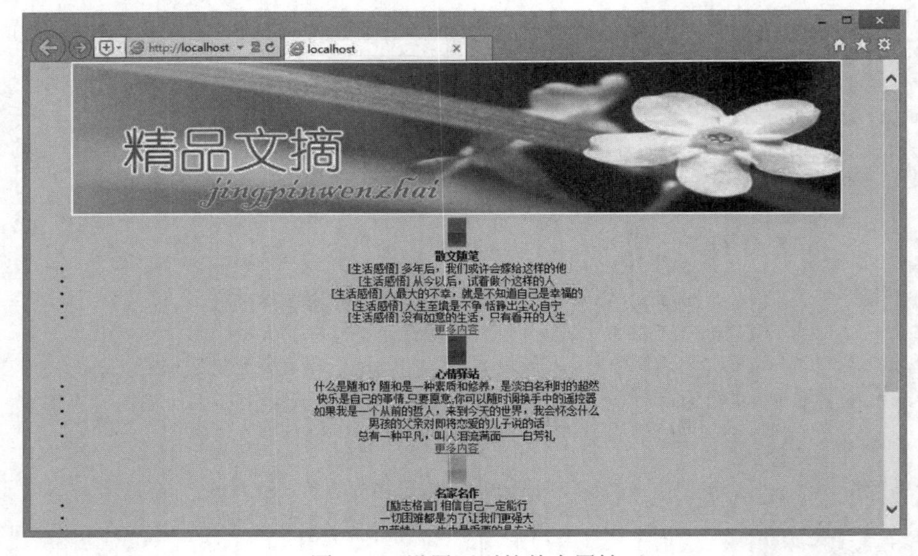

图 3.29　设置网页的基本属性

第 3 步：设置栏目的样式。

```
.lanmu {
   width: 422px;
   height: 250px;
   float: left;
   margin: 2px;
   border: 1px solid;
   border-radius: 4px;
   overflow: hidden;
   background: #fff;
}
```

在上方代码中，首先定义了 lanmu 容器的样式，设置了容器的宽度为 422px，也就是 container 宽度的一半，然后定义圆角化，为了防止包含内容溢出圆角区域，使用 overflow: hidden;隐藏溢出内容。显示结果如图 3.30 所示。

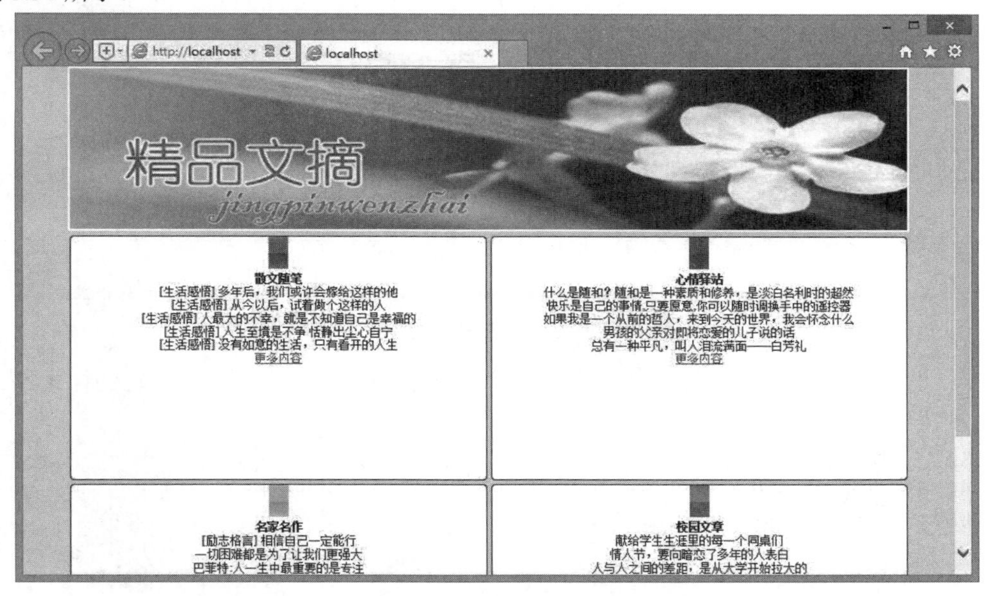

图 3.30　设置栏目基本样式

由于在 lanmu 类样式中设置了 float:left，使得各个栏目可以水平显示，又由于 container 宽度为 844px，而 lanmu 宽度为 422px，所以决定了每行只可以显示两个栏目。

第 4 步：设置每个栏目的个性样式。

```
.bcolor1 {
   border-color: #C146A4;
   border-top-left-radius: 16px;
}
.bcolor2 {
   border-color: #31639F;
   border-top-right-radius: 16px;
}
.bcolor3 {
   border-color: #EEA92A;
   border-bottom-left-radius: 16px;
}
```

```
.bcolor4 {
    border-color: #F36F5A;
    border-bottom-right-radius: 16px;
}
```

在以上代码中，分别设置了四个栏目的边框颜色和圆角，目的是让边框颜色与标题栏背景图颜色一致，同时为四个栏目的外角设置更大的圆角，显示效果如图 3.31 所示。

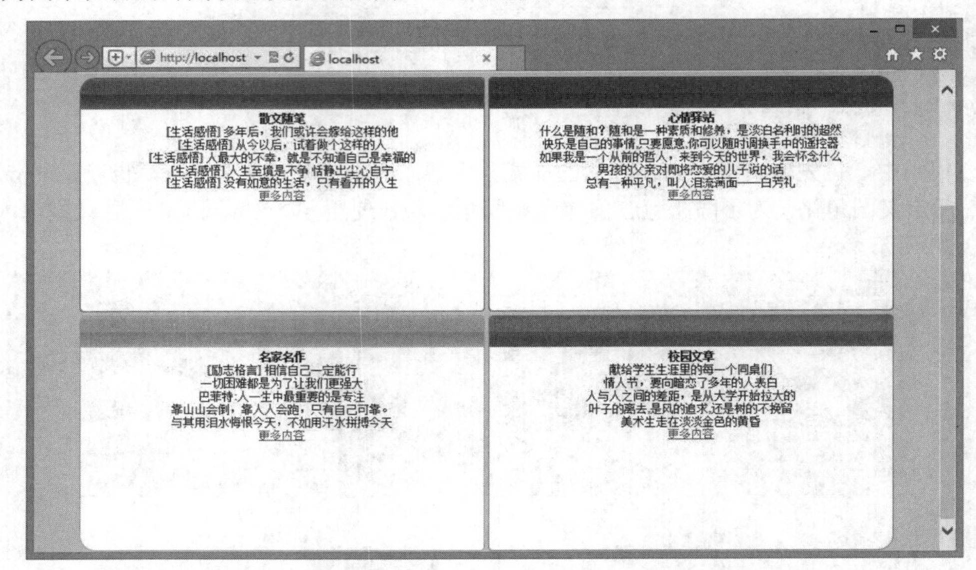

图 3.31　为每个栏目定制个性样式

第 5 步：设置栏目中的文本样式，其中包括一个<ul>标记的样式、一个<li>标记的样式和一个<p>标记的样式，代码如下。

```
h3 {
    padding: 20px 30px;
    font-size: 16px;
    color: #000066;
    text-align: left;
}
ul { padding-left: 40px; }
li {
    text-align: left;
    list-style: disc;
    line-height: 1.8em;
}
.more { text-align: right; padding-right: 30px;}
```

在上方代码中，首先定义了列表<ul>的样式 padding-left:40px，即左侧内边距为 40px。<li>标记中定义了 list-style:disc 样式，也就是列表前的项目符号为实心圆。在 more 类样式中，定义了栏目右下角的“更多内容”文字的样式。

扫一扫，看视频

3.2.7　设计个人简历 1

本节设计一个具有台历效果的个人简历，页面采用传统设计风格，整体效果精致典雅，样式部分主要应用了 CSS 定位技术，设计图片显示位置，定义图片边框效果。页面效果如图 3.32 所示。

图 3.32　精致典雅的界面设计风格

【操作步骤】

第 1 步：新建文档，保存为 index.html，构建网页结构。

```
<div id="info">
    <h1>个人简历</h1>
    <h2><img src="images/header.jpg" alt="张三的头像" title="张三"></h2>
    <dl>
        <h3>基本信息</h3>
        <dt>姓名</dt>
        <dd>张三</dd>
        <dt>性别</dt>
        <dd>田力</dd>
        <dt>年龄</dt>
        <dd>大男</dd>
        <dt>地址</dt>
        <dd>北京京北</dd>
    </dl>
    <dl class="top">
        <h3>联系信息</h3>
        <dt>QQ</dt>
        <dd>111111111</dd>
        <dt>Email</dt>
        <dd>zhangsan@163.com</dd>
        <dt>Tel</dt>
        <dd>13512345678</dd>
        <dt>HTTP</dt>
        <dd>http://www.mysite.cn/</dd>
    </dl>
    <dl class="top">
        <h3>专业信息</h3>
        <dt>英语</dt>
        <dd>5.4 级</dd>
        <dt>职称</dt>
        <dd>98 级程序员</dd>
        <dt>技术</dt>
        <dd>HTML、CSS、JavaScript 幼儿版</dd>
        <dt>特长</dt>
        <dd>ASP.NET 博士</dd>
    </dl>
```

```
</div>
```

“个人简历”是整个页面的标题，所以使用一级标题元素来设计，副标题是个人照片，这里使用二级标题来表示。“基本信息”“联系信息”和“专业信息”属于信息块标题，所以使用三级标题来表示。个人资料信息属于列表性质，所以使用列表结构来定义，这里使用列表定义能够很合理地包含所有信息，<dt>标签表示列表项的标题，而<dd>标签表示列表项的详细说明内容。整个结构既符合语义性，又层次清晰，没有冗余代码。

第 2 步：在<head>标签内添加<style type="text/css">标签，定义一个内部样式表。输入以下样式，用来定义网页基本属性。

```
* {/* 清除所有元素的边界和补白默认值，即清除所有元素的默认显示边距 */
    margin:0;                   /* 定义边界为 0 */
    padding:0;                  /* 定义补白为 0 */
}
body {/* 定义网页背景色、设置网页居中显示 */
    background:#423949;         /* 定义背景色为深紫色 */
    text-align:center;          /* 定义文本居中显示，实际上是设置网页居中显示 */
}
#info {/*  */
    background:url(images/bg1.gif) no-repeat center; /* 定义背景图像，禁止重复且居中显
示 */
    width:893px;                /* 定义网页显示宽度 */
    height:384px;               /* 固定高度 */
    position:relative;          /* 相对定位，为定位包含的元素指定参照坐标系 */
    margin:6px auto;            /* 调整网页的边距，并设置居中显示 */
    padding-top:36px;           /* 调整包含框内显示内容的顶部距离 */
    text-align:left;            /* 恢复文本默认的左对齐 */
}
html>/**/body #info {/* 兼容 FF 浏览器，即专门为 FF 浏览器定义样式 */
    height:405px;               /* 重设高度 */
    padding-top:15px;           /* 重设包含框内部的补白（内边距） */
}
```

清除所有元素的边距，定义网页背景色，并设置居中显示。在信息包含框<div id="info">中定义背景图，同时使用 text-align:left;恢复文本左对齐，使用 padding-top:36px;调整内部文本显示位置，关于背景图的设置问题可以参考下章介绍。固定<div id="info">大小，使用 position:relative;定义包含框能够定位内部对象。此时页面的显示效果如图 3.33 所示。

图 3.33　定义网页基本属性

第 3 步：定义标题和图片样式。

```
#info h1 {/* 定义一级标题样式 */
    position:absolute;          /* 绝对定位 */
    right:180px;                /* 距离包含框右侧的距离 */
    top:60px;                   /* 距离包含框顶部的距离 */
    color:#FFF;                 /* 定义一级标题的显示颜色 */
    font-family:"幼圆";          /* 定义一级标题的字体类型 */
    font-size:46px;             /* 定义一级标题的字体大小 */
}
#info h2 img {/* 定义二级标题包含图像的样式 */
    position:absolute;          /* 绝对定位 */
    right:205px;                /* 距离包含框右侧的距离 */
    top:160px;                  /* 距离包含框顶部的距离 */
    width:120px;                /* 定义图像显示宽度 */
    padding:2px;                /* 为图像增加补白 */
    background:#fff;            /* 定义图像背景色为白色，设计白色边框效果 */
    border-bottom:solid 2px #888;          /* 定义底部边框，设计阴影效果*/
    border-right:solid 2px #444;           /* 定义右侧边框，设计阴影效果 */
}
#info h3 {/* 定义三级标题样式 */
    margin-top:6px;             /* 调整顶边距 */
    font-size:12px;             /* 定义字体大小 */
}
```

使用绝对定位方式设置标题显示在右侧居中位置，同时使用绝对定位方式设置图片在信息包含框右侧显示，位于一级标题的下面，使用 padding:2px 给图片镶边，当定义 background:#fff 样式后，就会在边沿露出 2 像素的背景色，然后使用 border-bottom:solid 2px #888;和 border-right:solid 2px #444;模拟阴影效果。

此时页面的显示效果如图 3.34 所示。

图 3.34　定义标题和图片样式

第 4 步：定义列表样式。

```
#info dl {/* 定义列表包含框样式 */
    margin-left:70px;           /* 调整距离包含框左侧距离 */
    margin-top:20px;            /* 调整距离包含框顶部距离 */
```

```
    font-size:12px;            /* 定义内部包含字体大小 */
    color:#A8795B;             /* 定义内部包含字体颜色 */
}
#info dt {/* 定义列表结构中列表项标题样式 */
    float:left;                /* 向左浮动，设计列表项标题和列表项并列显示的效果 */
    clear:left;                /* 清除左侧浮动，禁止列表项标题随意浮动 */
    margin-top:6px;            /* 调整顶部距离 */
    width:60px;                /* 固定宽度 */
    background:url(images/dou.gif) no-repeat 36px center;/*为列表项定义背景图像，增加
冒号效果 */
}
#info dd { margin-top:6px; }/* 调整列表项的顶部距离 */
.top { margin-top:42px!important; }/* 定义一个样式类，强制显示顶部边界为 42 像素，即使应
用该类样式的元素已经定义顶部边界 */
```

使用 margin-left:70px 和 margin-top:20px 语句设置文字信息位于单线格中显示，同时定义字体大小和字体颜色，定义 dt 向左浮动 float:left 显示，使用 margin-top:6px 调整上下间距，使用 width:60px 定义显示宽度。定义 dd 的顶部距离 margin-top:6px。最后即可得到最终效果。

扫一扫，看视频

3.2.8 设计个人简历 2

本节继续以上一节示例结构为基础，设计另一种风格的个人简历。示例没有使用定位布局，但是隐藏了副标题中的图像，整个页面卡通味十足。如果说 HTML 结构主要是为了组织信息，那么页面效果就完全取决于 CSS 设计实现。实例效果如图 3.35 所示。

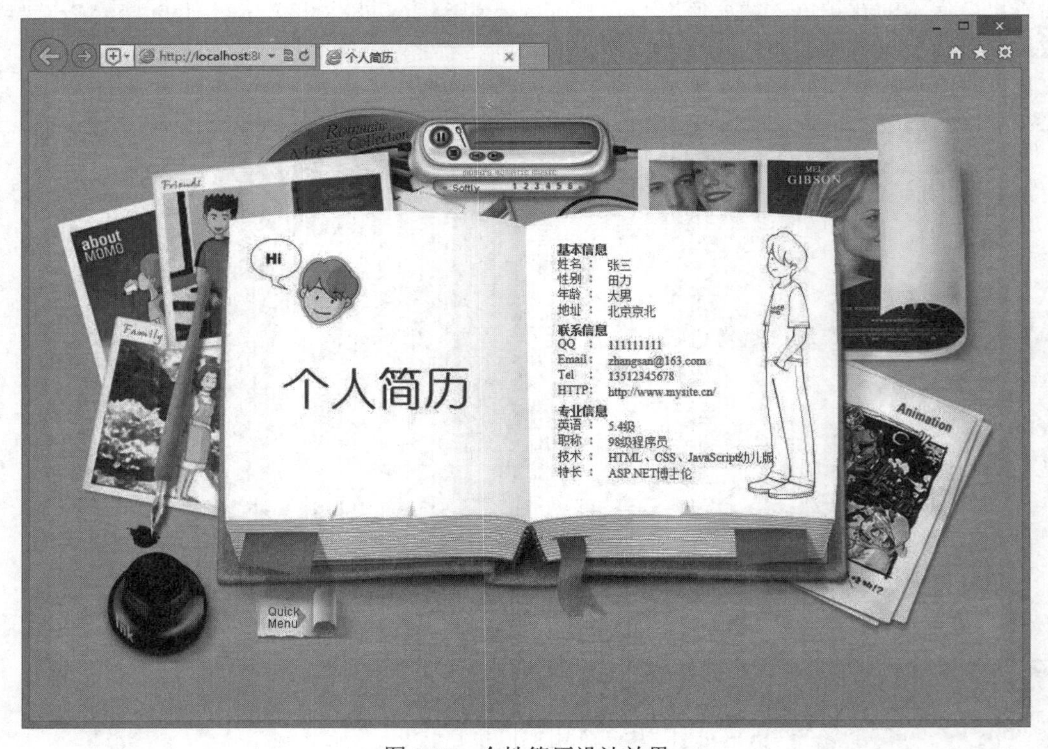

图 3.35　个性简历设计效果

【操作步骤】

第 1 步：新建文档，保存为 index.html，复制上一节网页结构。

第 2 步：在<head>标签内添加<style type="text/css">标签，定义一个内部样式表。输入以下样式，用来定义网页基本属性。

```
* {/* 清除所有元素的默认边距，说明同上 */
    margin:0;
    padding:0;
}
body {/* 设置网页基本属性，说明同上 */
    background:#CEAE71;                    /* 定义背景色为黄色 */
    text-align:center;
}
#info {/* 网页包含框样式 */
    background:url(images/bg.jpg) no-repeat center; /* 定义网页背景图像 */
    width:944px;                           /* 固定宽度 */
    height:582px;                          /* 固定高度 */
    margin:6px auto;
    padding-top:36px;                      /* 使用补白属性调整网页内容在页面中的显示位置*/
    text-align:left;
}
```

清除所有元素的边距，定义网页背景色，并设置居中显示。在信息包含框<div id="info">中定义背景图，同时使用 text-align:left;恢复文本左对齐，使用 padding-top:36px;调整内部文本显示位置，关于背景图的设置问题可以参考下章介绍。固定<div id="info">大小，使用 padding-top:36px 调整包含内容在框内的显示位置。此时页面的显示效果如图 3.36 所示。

图 3.36　定义网页基本属性

第 3 步：定义标题和图片样式。

```
#info h1 {/* 网页标题样式 */
    color:#333;
    font-family:"幼圆";
```

```
    font-size:46px;
    float:left;                          /* 定义网页标题向左浮动显示 *
    margin:260px 0 0 230px;              /* 使用边界调整网页标题在页面中的位置 *
}
* html #info h1 { margin:260px 20px 0 160px; }/* 兼容 IE 6 版本浏览器显示效果 */
#info h2 { display:none; }               /* 隐藏二级标题，即不显示头像 */
#info h3 {/* 三级标题样式 */
    font-size:12px;
    margin-top:6px;
}
```

定义一级标题字体颜色、类型、大小，使用 float:left 让标题向左浮动，使用 margin:260px 0 0 230px 调整一级标题顶部和左侧的边距，调整标题摆放位置。隐藏二级标题，也就是不再显示图片。定义三级标题字体大小和顶部边距。此时页面的显示效果如图 3.37 所示。

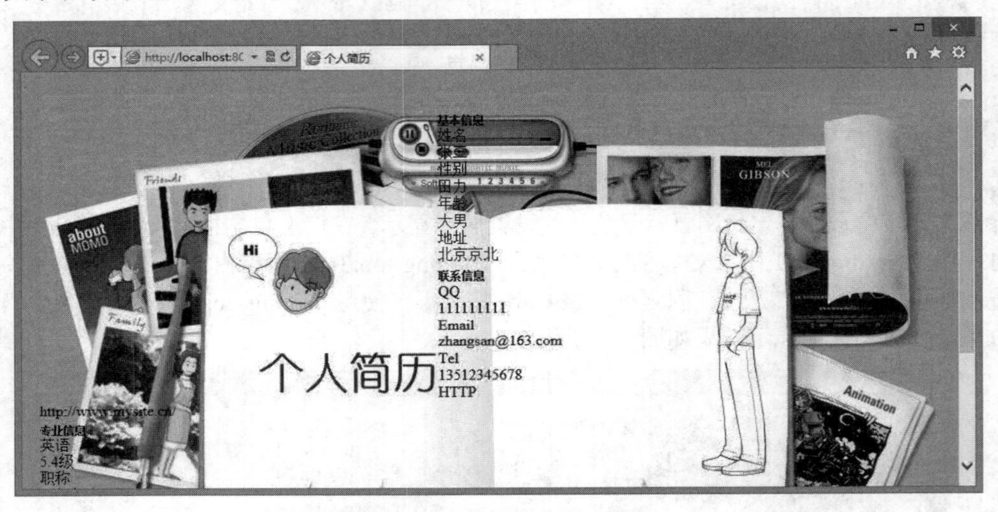

图 3.37　定义标题和图片样式

第 4 步，定义列表样式。

```
#info dl {/* 定义列表包含框样式 */
    margin-right:200px; /* 调整右侧边界距离，用来调整定义列表信息右侧显示距离 */
    margin-top:130px;   /* 调整顶部边界距离，用来调整定义列表信息顶部显示距离 */
    float:right;        /* 向右浮动显示 */
    clear:right;        /* 清除右侧浮动，防止并行显示 */
    font-size:12px;
    color:#695200;
    width:240px;        /* 固定宽度，实现列表信息能够在垂直方向对齐显示 */
}
* html #info dl {/* 兼容 IE 6 版本浏览器，即专门为 IE 6 版本浏览器定义样式 */
    margin-left:60px;
    margin-right:144px;
}
#info dt {/* 定义列表项标题样式 */
    float:left;
    clear:left;
    width:50px;
```

```
    background:url(images/dou.gif) no-repeat 32px center;
}
#info dd { margin-top:2px; }/* 调整列表项的顶部距离 */
.top { margin-top:0!important; }/* 定义类样式，强制调整应用该类样式的元素顶部距离为 0 */
```

使用 margin-right:200px 和 margin-top:130px 调整 dl 包含框在页面中的显示位置，使用 float:right 让列表框向右浮动，固定宽度为 width:240px，定义字体大小为 12px，字体颜色为#695200。定义 dt 向左浮动，固定宽度为 width:50px。定义 dd 顶部距离为 2px，调整上下列表项距离，最后得到页面效果。

第 4 章　使用 CSS 控制背景图像

网页中的图像有两种形式：前景图像（或称图片）和背景图像。

- 前景图像主要用来传递信息，作为网页内容而存在，如新闻图片、摄影作品、绘画作品、插图、个人照片等。前景图像应该使用<img>标签插入比较恰当。
- 背景图像主要用来修饰或点缀，使用背景图可以美化页面，设计艺术效果，如图标、项目符号、按钮、渐变背景、圆角图片、抽象符号、花边等。背景图像不建议使用<img>标签插入，应该使用 background 属性设置。

CSS 的 background 属性具有强大的背景图控制能力，用好 background 可以设计出更具创意的页面效果。本章将介绍使用 CSS 控制背景图像的基本方法和应用技巧。

【学习重点】

- CSS 设置背景图的基本方法。
- 灵活使用 CSS 的 background 设计漂亮的网页。

4.1　背景样式基础

背景样式包括背景颜色和背景图像。任何一个网页，都需要使用背景色或背景图来定制页面基调。

扫一扫，看视频

4.1.1　背景颜色

CSS 使用 background-color 属性定义背景颜色，用法如下。

```
background-color: color | transparent
```

默认值为透明。颜色值的设置方法与文字颜色的设置方法是一样的，可以采用颜色名、十六进制、RGB、RGBA、HSL、HSLA 等。

【示例】　下面的示例为页面定义背景色为浅粉色，营造一种初春的色彩效果。

第 1 步：启动 Dreamweaver，新建一个网页，保存为 test.html。

第 2 步：在<body>标签内输入如下代码：

```
<h1>春</h1>
<p><img src="images/picture.jpg" ></p>
<p>你悄悄地走来，默默无声，一眨眼，大地披上了金色衣裳。</p>
<p>你悄悄走来，走进田间，麦子香味四飘，那亩亩庄稼，远看好似翻滚的千层波浪；近看，麦子，笑弯了腰，高粱涨红了脸、玉米乐开了怀，地里的人忙及了，"唱一曲呀收获的歌，收了麦子，收高粱啊，收了玉米，收大豆啊，收获完了送国家啊。"悠洋的歌声道出了农家秋收的喜悦。</p>
<p>……</p>
<p>……</p>
```

第 3 步：在<head>标签内添加<style type="text/css">标签，定义一个内部样式表。

第 4 步：输入以下样式，定义网页字体的类型。

```
body { /*页面基本属性*/
    background-color: #EDA9EB;            /* 设置页面背景颜色 */
    margin: 0px;
    padding: 0px;
}
```

```
img { /*图片样式*/
    width: 350px;
    float: right;                              /*右浮动*/
}
p {  /*段落样式*/
    font-size: 15px;                           /* 正文文字大小 */
    padding-left: 10px;
    padding-top: 8px;
    line-height: 1.6em;
}
h1 {                                           /* 首字放大 */
    font-size: 80px;                           /* 定义大字体，实现占据 3 行下沉效果 */
    font-family: 黑体;                         /* 设置黑体字，首字下沉更醒目 */
    float: left;                               /* 左浮动，脱离文本行限制 */
    padding-right: 5px;                        /* 定义下沉字体周围空隙 */
    padding-left: 10px;
    padding-top: 8px;
    margin: 24px 6px 2px 6px;
}
```

第 5 步：在浏览器中预览，显示效果如果 4.1 所示。背景颜色为#EDA9EB，字体颜色为黑色，再加上图片以及文字内容，春天的感觉跃然表现在网页中。

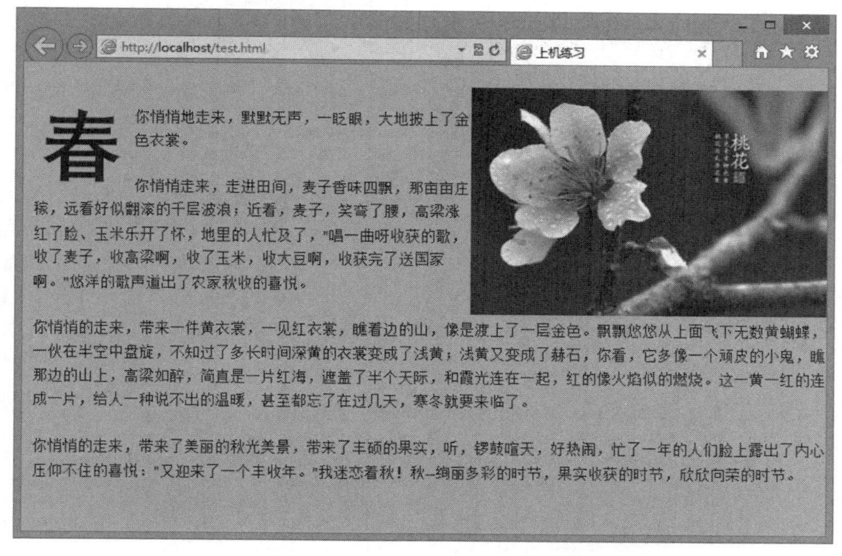

图 4.1　设置背景颜色

提示：

背景颜色的取值从#000000 到#FFFFFF 都可以，但是为了避免出现喧宾夺主的情况，背景色不要使用特别鲜艳的颜色，当然这也要取决于网站的个性化需求，不能一概而论。

4.1.2　版块配色

background-color 属性不仅可以设置网页背景色，而且可以设置每个元素的背景色。很多网页通过设置 div 块的背景色，从而实现给页面分块的目的。

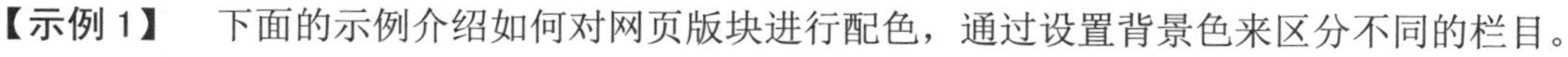

【示例 1】　下面的示例介绍如何对网页版块进行配色，通过设置背景色来区分不同的栏目。

第 1 步：新建文档，保存为 test.html。

第 2 步：建立一个 2 行 2 列的结构。

```
<div id="wrap">
    <h3 id="header">网页标题</h3>
    <ul id="nav">
        <li>链接 1</li>
        <li>链接 2</li>
        <li>链接 3</li>
        <li>……</li>
    </ul>
    <div id="main">
        <div>正文内容……</div>
    </div>
</div>
```

第 3 步：在<head>标签内添加<style type="text/css">标签，定义一个内部样式表。

第 4 步：输入以下样式，使用 CSS 支撑起这个框架，效果如图 4.2 所示。

```
body { text-align: center;}                /* 网页居中 */
#wrap {
    width: 400px;                          /* 固定包含框的宽度 */
    margin: 0 auto;                        /* 网页居中 */
    text-align: left;                      /* 文本左对齐 */
}
#header {
    height: 40px;                          /* 固定高度 */
    line-height: 40px;                     /* 定义行高 */
    margin: 0 0 2px 0;                     /* 头部区域的外边距 */
    text-align: center;                    /* 文本居中对齐 */
}
ul#nav {
    list-style: none;                      /* 清楚项目符号 */
    margin: 2px 0 0 0;                     /* 导航栏外边距 */
    padding: 10px 0 0 10px;                /* 导航栏内边距 */
    float: left;                           /* 向左浮动 */
    width: 84px;                           /* 固定宽度 */
    height: 190px;                         /* 固定高度 */
}
#wrap #main {
    float: right;                          /* 向右浮动 */
    height: 200px;                         /* 固定高度 */
    width: 300px;                          /* 固定宽度 */
    margin: 2px 0 0 2px;                   /* 增加外边距 */
}
ul#nav li { line-height: 1.5em;}           /* 导航行高 */
#main div { padding: 12px 2em;}            /* 主体区域内边距 */
```

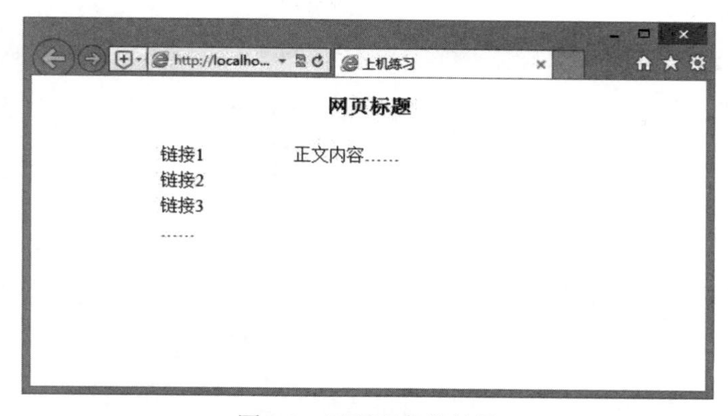

图 4.2　网页配色前效果

第 5 步：分别对网页背景、头部区域、导航侧栏和主体区域的前景色和背景色进行设置。网页背景色采用天蓝色（淡色调）；头部区域采用草绿色背景，配上红色字体，可以强化头部区域的内容；左侧栏目采用鹅黄色背景，这样可以使整个栏目更加亮丽。右侧主体区域采用粉红色背景，这样更适宜用户阅读。整个页面的配色效果如图 4.3 所示。

```
body {
    color: #FF0000;                    /* 网页字体基本色，一般多为黑色或深灰色 */
    background: #99FFFF;               /* 网页背景色 */
}
#header {
    color: #FF0000;                    /* 标题栏字体色 */
    background: #66CC66;               /* 标题栏背景色 */
}
ul#nav {
    color: #000;                       /* 导航侧栏字体色 */
    background: #CCFF33;               /* 导航侧栏背景色 */
}
#wrap #main {
    color: #000;                       /* 主体区域字体色 */
    background: #FF99CC;               /* 主体区域背景色 */
}
```

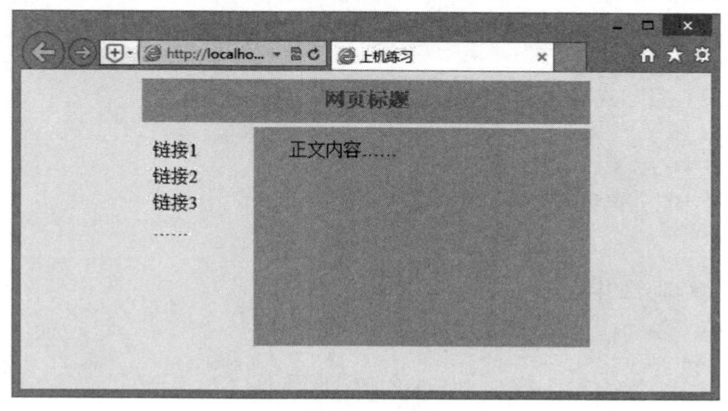

图 4.3　网页配色后效果

【示例 2】　下面的示例设计一个比较真实的 3 行 2 列页面，并通过背景色区分左右两列。

第 1 步：启动 Dreamweaver，新建一个网页，保存为 test1.html，在<body>标签内输入如下内容：

```
<div class="container">
    <div class="header"></div>
    <table width="800px" cellpadding="2" cellspacing="2" class="chara" align=
"center">
        <tr>
            <td>首页</td>
            <td>我的博文</td>
            ……
            <td>友情链接</td>
        </tr>
    </table>
    <div class="main">
        <div class="leftbar"></div>
        <div class="content"></div>
    </div>
</div>
```

在以上代码中，分别用<div>和<table>定义了网页的结构。

第 2 步：在<head>标签内添加<style type="text/css">标签，定义一个内部样式表。

第 3 步：输入以下样式，用来定义网页中不同部分的颜色样式。

```
body { /*页面基本属性*/
    margin: 0px;
    padding: 0px;
    text-align: center;
}
.container { /*container 容器的样式*/
    width: 800px;
    margin: 0 auto;
}
.header {/*页面 banner 部分的样式*/
    width: 800px;
    height: 200px;
    background: url(images/bg.jpg); /* 页面背景图片 */
}
.chara {/*导航栏样式*/
    font-size: 16px;
    background-color: #90bcff;  /* 导航栏的背景颜色 */
}
.leftbar { /*左侧栏目样式*/
    width: 200px;
    height: 600px;
    background-color: #d4d7c6; /*左侧栏目背景颜色*/
    float: left;
}
.content { /* 正文部分的样式 */
    width: 600px;
    height: 600px;
    background: #e5e5e3;     /* 正文部分的背景颜色 */
    float: left;
}
```

在以上代码中，对顶端的 banner、导航栏、左侧栏目和正文部分分别运用图片背景和三种不同的背景颜色实现了页面的分块，显示效果如图 4.4 所示。这种分块的方法在网页中极其常见。

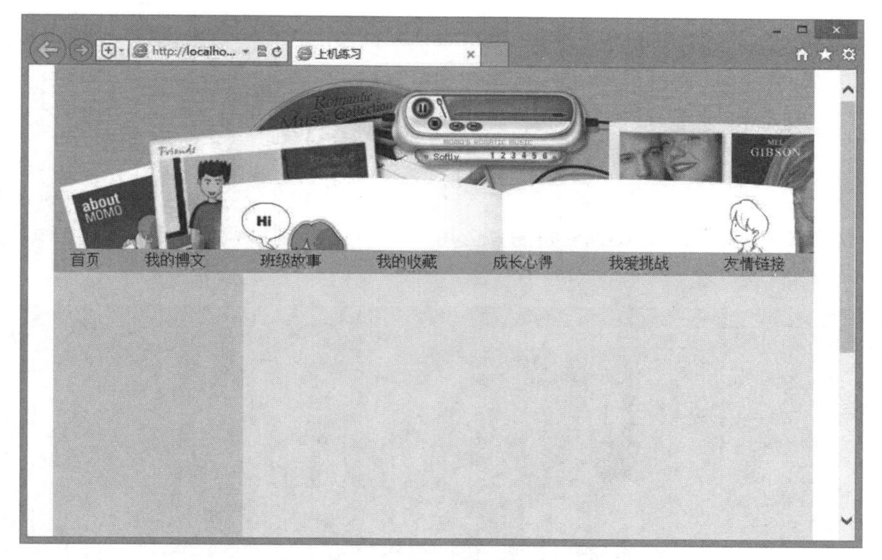

图 4.4　通过背景色给网页分块

4.1.3　设置背景图像

扫一扫，看视频

CSS 使用 background-image 属性定义背景图像，用法如下：

```
background-image: url | none
```

url 定义图像的路径，可以是绝对路径，也可以是相对路径。none 表示不设置背景图像。

【示例 1】　下面的示例演示如何为网页设置背景图像。

第 1 步：启动 Dreamweaver，新建一个网页，保存为 test.html。

第 2 步：在<head>标签内添加<style type="text/css">标签，定义一个内部样式表。

第 3 步：输入以下样式，为网页定义背景图。

```
body { background-image: url(images/bg.jpg); } /* 页面背景图片 */
```

以上代码中，背景图像默认会在横向和纵向上重复显示，本例图片原型如图 4.5 所示。

第 4 步：在浏览器中预览，其在网页中平铺的效果如图 4.6 所示。

图 4.5　背景图像原型

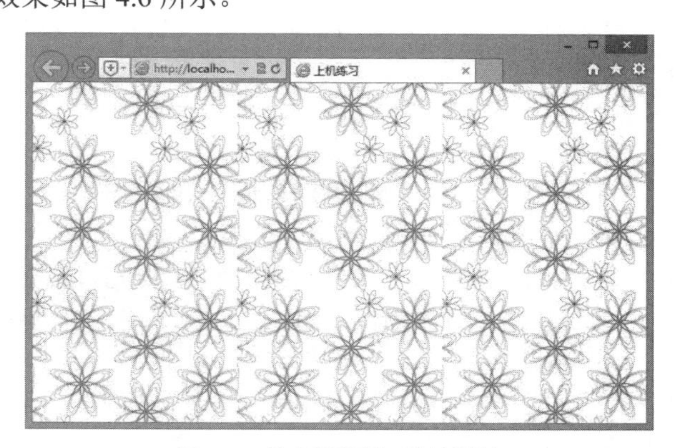

图 4.6　为网页添加背景图片

【示例 2】　如果使用的背景图是 gif 或 png 格式的透明图像，那么再设置背景颜色 background-color，则背景图片和背景颜色将同时生效。

第 1 步：启动 Dreamweaver，新建一个网页，保存为 test1.html。

第 2 步：在<head>标签内添加<style type="text/css">标签，定义一个内部样式表。

第 3 步：输入以下样式，为网页定义背景图。

```
body {
    background-image: url(images/1.png);
    background-color: #6AC3FF;
}
```

第 4 步：在浏览器中预览，显示结果如图 4.7 所示。可以看到淡蓝色的背景颜色和背景图片同时显示在网页中。

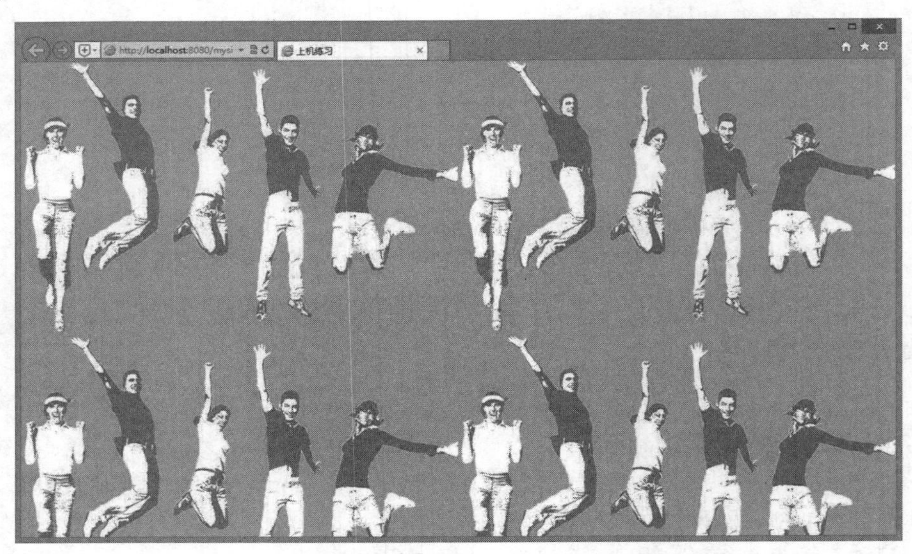

图 4.7　同时设置背景图片和背景颜色

扫一扫，看视频

4.1.4　背景平铺

CSS 使用 background-repeat 属性定义背景图像的平铺方式，用法如下。

```
background-repeat: repeat-x | repeat-y | repeat | no-repeat | space | round
```

取值说明如下，其中 space 和 round 值是 CSS3 新增的，早期 IE（6.0～8.0）和 Firefox（2.0～38.0）暂不支持。

- repeat-x：背景图像在横向上平铺。
- repeat-y：背景图像在纵向上平铺。
- repeat：　背景图像在横向和纵向平铺。
- no-repeat：背景图像不平铺。
- round：背景图像自动缩放直到适应且填充满整个容器。
- space：背景图像以相同的间距平铺且填充满整个容器或某个方向。

【示例】　下面的示例使用背景图像设计一个公告栏。

第 1 步：启动 Dreamweaver，新建一个网页，保存为 test1.html。

第 2 步：构建公告栏结构。

```
<div id="call">
    <div id="call_tit">公司公告</div >
    <div id="call_mid">公告内容</div >
    <div id="call_btm"></div >
</div>
```

第 3 步：在<head>标签内添加<style type="text/css">标签，定义一个内部样式表。

第 4 步：输入以下样式，为标题行、内容框和底部行定义背景图像。

```
#call {width: 218px; font-size: 14px;} /* 包含框样式是固定宽度和字体大小 */
#call_tit {/* 标题行 */
    background: url(images/call_top.gif);
    background-repeat: no-repeat;                /* 禁止平铺 */
    height: 43px;                                /* 固定高度，与背景图像等高 */
    line-height: 43px;                           /* 标题垂直居中 */
    text-align: center;                          /* 标题水平居中 */
    color: #fff; font-weight: bold;
}
#call_mid {/* 内容框 */
    background-image: url(images/call_mid.gif);
    background-repeat: repeat-y;                 /* 垂直平铺 */
    padding:3px 14px;                            /* 调整内容框信息显示位置 */
    height: 140px;                               /* 固定内容框高度 */
}
#call_btm {/* 底部行 */
    background-image: url(images/call_btm.gif);
    background-repeat: no-repeat;                /* 禁止平铺 */
    height: 11px;
}
```

背景的原图如图 4.8 所示。

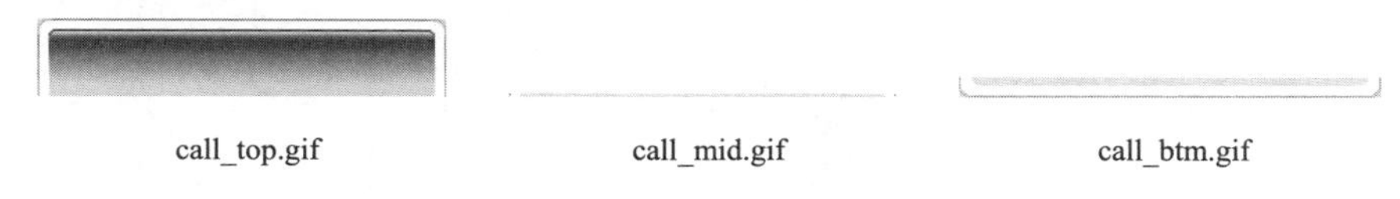

图 4.8　背景原图

第 5 步：在浏览器中预览，显示效果如图 4.9 所示。其中标题行和底部行背景图像禁止平铺，中间的内容框背景图像设置为垂直平铺。

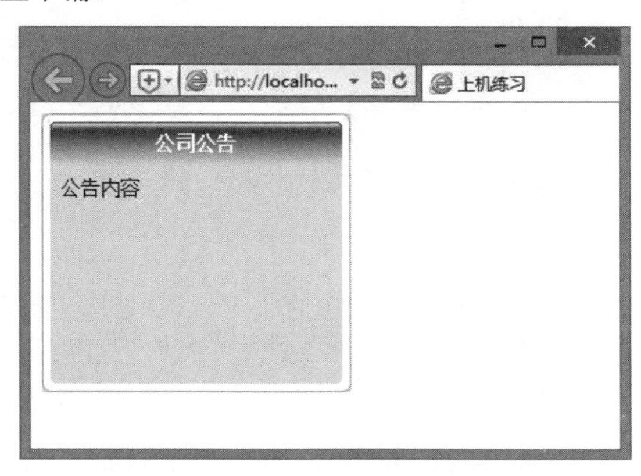

图 4.9　背景图像平铺应用效果

提示：

如果要设置两个方向上的平铺，就不需要设置属性值，CSS 会采用默认的横向和纵向两个方向重复显示。如果手动设置 repeat-x 和 repeat-y 两个值，那么系统会自动让后设的那种平铺方式有效，只会向一个方向平铺。

4.1.5 背景定位

CSS 使用 background-position 属性定位背景图像的显示位置，用法如下。

```
background-position: percentage | length
background-position: left | center | right | top | bottom
```

取值可以是百分数，如 background-position:40% 60%，表示背景图片的中心点在水平方向上处于 40%的位置，在垂直方向上处于 60%的位置；也可以是具体的值，如 background-position:200px 40px，表示距离左侧 200px，距离顶部 40px。

关键字说明如下：

- center：背景图像横向和纵向居中。
- left：背景图像在横向上填充，从左边开始。
- right：背景图像在横向上填充，从右边开始。
- top：背景图像在纵向上填充，从顶部开始。
- bottom：背景图像在纵向上填充，从底部开始。

提示：

默认情况下，背景图像位于对象左上角的位置。

【示例 1】 下面的示例定位网页背景图像在页面右下角的位置。

第 1 步：启动 Dreamweaver，新建一个网页，保存为 test.html。

第 2 步：在<head>标签内添加<style type="text/css">标签，定义一个内部样式表。

第 3 步：输入以下样式，定义网页基本属性和段落样式。

```
body { /*页面基本属性*/
    padding: 0px;
    margin: 0px;
    background-image: url(images/bg.jpg);        /* 背景图片 */
    background-repeat: no-repeat;                /* 不重复 */
    background-position: bottom right;           /* 背景位置，右下 */
}
p {  /*段落样式*/
    line-height: 1.6em; font-size: 14px;
    margin: 0px;
    padding-top: 10px; padding-left: 6px; padding-right: 300px;
}
```

第 4 步：在<body>标签中输入如下代码：

```
<h1>可爱的企鹅</h1>
<p>去南极，第一个想到的就是企鹅，那毛茸茸的肉嘟嘟的样子非常可爱。我们第一次登陆就是去看它，兴奋的心情和期待的心情交织在一起，但是，真正踏上南极半岛的一瞬间不是因为看到企鹅而兴奋，而是因为企鹅在自己的脚边而惊讶。</p>
<p>看惯在围栏里的动物，第一次如此近距离的接触的如此可爱的温柔的动物，心底的柔情会不由的升起来。这和在美国看到野牛和鹿还不一样，那些大家伙给你一些恐惧感：自己不敢过于亲近。而企鹅却让人想抱抱。但是，这样的想法是不能实现的，在南极，投放食物都是违法的。</p>
......
```

第 5 步：在浏览器中预览，显示结果如图 4.10 所示。从图中可以看出，图片位于页面右下方。

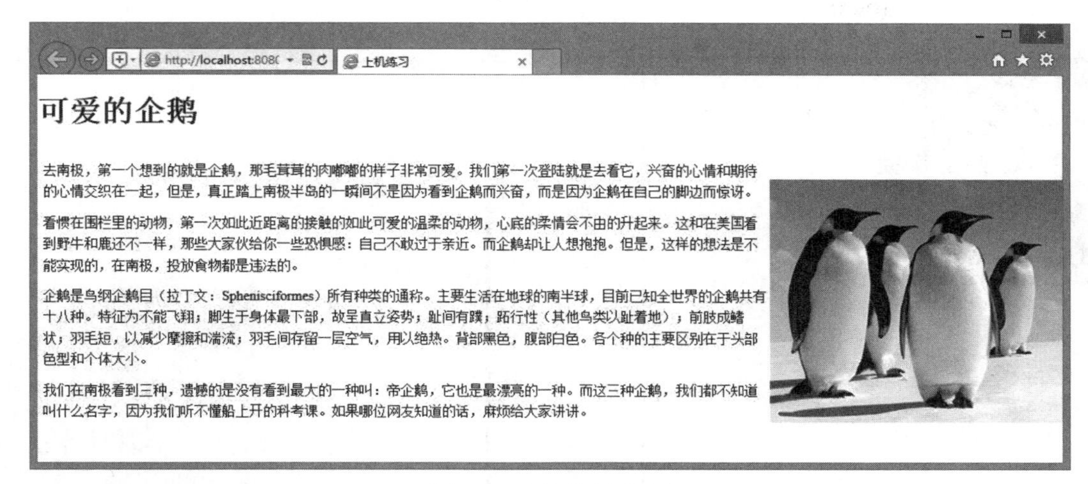

图 4.10　设置图片位置

【示例 2】　百分比用法比较灵活，为了能更直观地理解百分比的使用，下面结合示例进行说明。

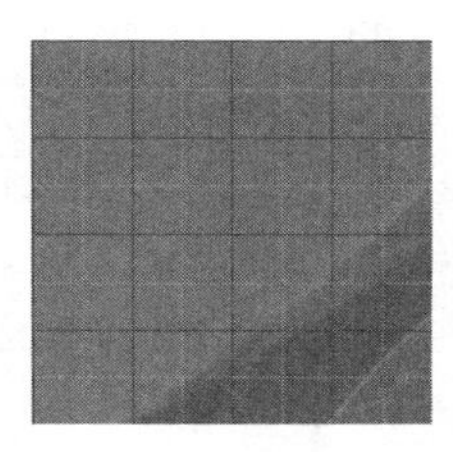

图 4.11　设计背景图像

第 1 步：使用 Photoshop 设计一个 100px×100px 的背景图像，如图 4.11 所示。

第 2 步：新建网页，保存为 test.html，在<body>内使用<div>标记定义一个盒子。

```
<div id="box"></div>
```

第 3 步：在<head>标记内添加<style type="text/css">标记，定义一个内部样式表，然后输入以下样式。设计在一个 400px*400px 的方形盒子中定位一个 100px*100px 的背景图像，默认显示如图 4.12 所示。

在默认状态下，定位位置为(0% 0%)，定位点是背景图像的左上顶点，定位距离是该点到包含框左上角顶点的距离。

```
body {/* 清除页边距 */
    margin:0;                                   /* 边界为 0 */
    padding:0;                                  /* 补白为 0 */
}
div {/* 盒子的样式 */
    background-image:url(images/grid.gif);      /* 背景图像 */
    background-repeat:no-repeat;                /* 禁止背景图像平铺 */
    width:400px;                                /* 盒子宽度 */
    height:400px;                               /* 盒子高度 */
    border:solid 1px red;                       /* 盒子边框 */
}
```

第 4 步：修改背景图像的定位位置，定位背景图像为(100% 100%)，则显示如图 4.13 所示。定位点是背景图像的右下角，定位距离是该点到包含框左上角的距离。

```
#box { background-position:100% 100%;}
```

第 5 步：定位背景图像为(50% 50%)，显示效果如图 4.14 所示。定位点是背景图像的中点，定位距离是该点到包含框左上角顶点的距离。

```
#box { background-position:50% 50%;}
```

第 6 步：定位背景图像为(75% 25%)，则显示如图 4.15 所示。定位点是以背景图像的左上顶点为参考点的位置，定位距离是该点到包含框左上角顶点的距离，这个距离等于包含框宽度的 75%和高度的 25%。

```
#box {background-position:75% 25%;}
```

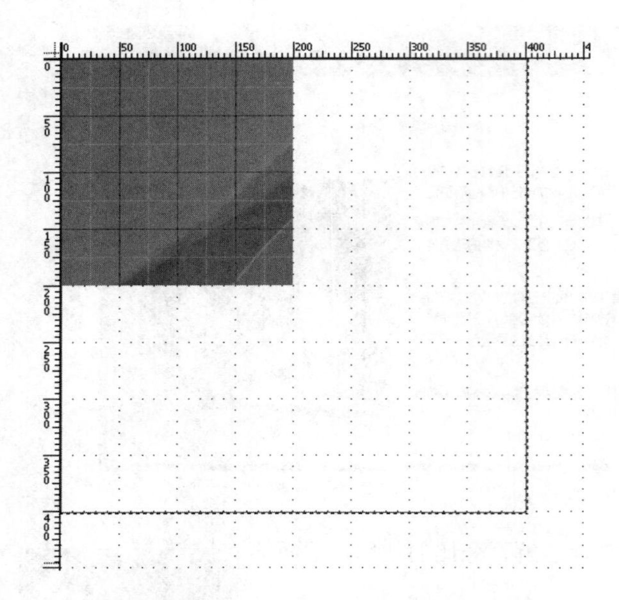

图 4.12 (0% 0%)定位效果

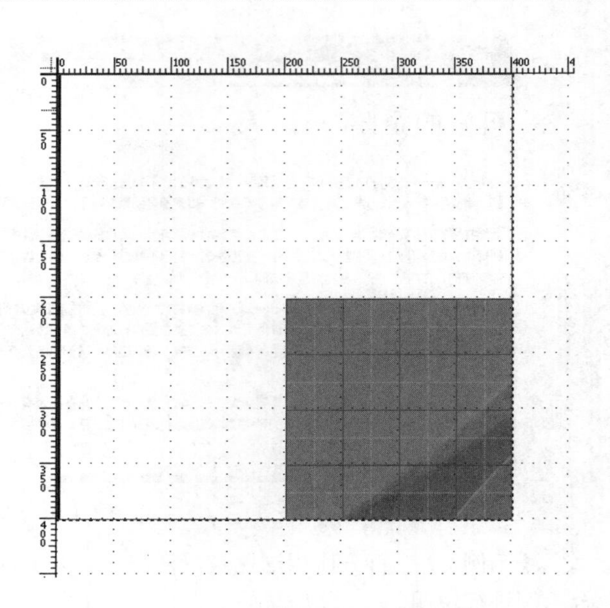

图 4.13 (100% 100%)定位效果

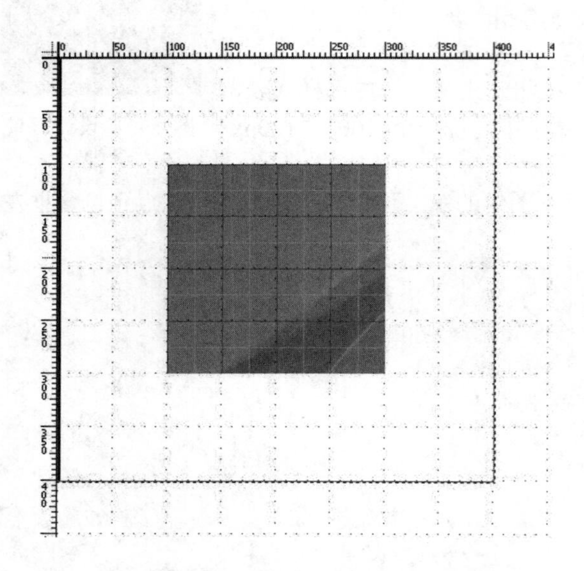

图 4.14 (50% 50%)定位效果

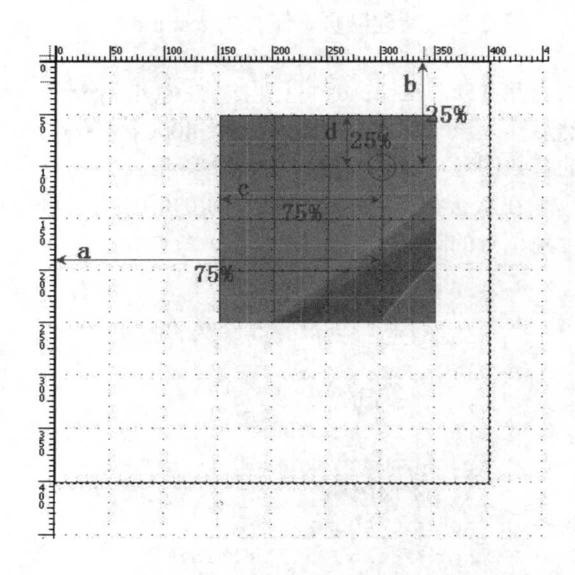

图 4.15 (75% 25%)定位效果

第 7 步：百分比也可以取负值，负值的定位点是包含框的左上顶点，而定位距离则由图像自身的宽和高来决定。例如，如果定位背景图像为(-75% -25%)，则显示如图 4.16 所示。其中背景图像在宽度上向左边框隐藏了自身宽度的 75%，在高度上向顶边框隐藏了自身高度的 25%。

```
#box {background-position:-75% -25%;}
```

第 8 步：如果定位背景图像为(-25% -25%)，则显示如图 4.17 所示。其中背景图像在宽度上向左边框隐藏了自身宽度的 25%，在高度上向顶边框隐藏了自身高度的 25%。

```
#box {background-position:-25% -25%;}
```

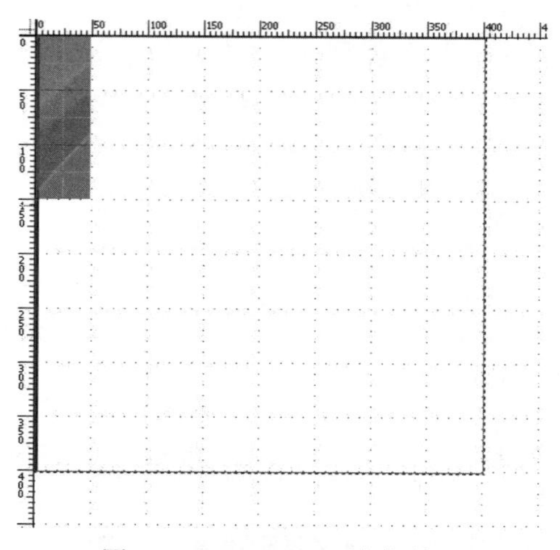

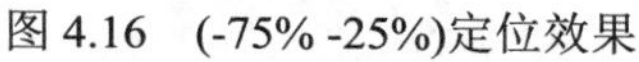

图 4.16 (-75% -25%)定位效果

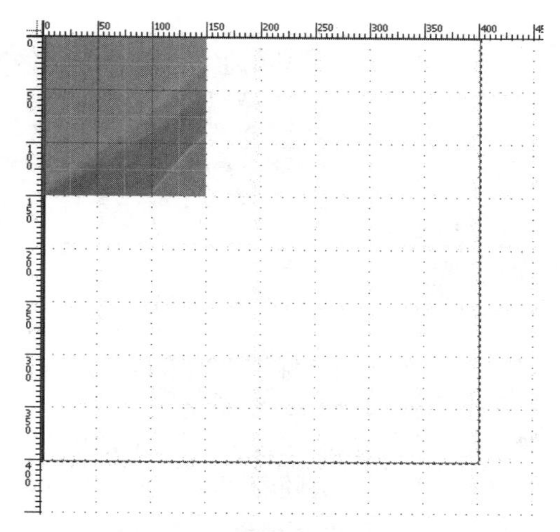

图 4.17 (-25% -25%)定位效果

提示：

left、right、center、top 和 bottom 关键字与百分比取值的比较说明如下：

```
/* 普通用法 */
top left、left top                          = 0% 0%
right top、top right                        = 100% 0%
bottom left、left bottom                    = 0% 100%
bottom right、right bottom                  = 100% 100%
/* 居中用法 */
center、center center                       = 50% 50%
/* 特殊用法 */
top、top center、center top                 = 50% 0%
left、left center、center left              = 0% 50%
right、right center、center right           = 100% 50%
bottom、bottom center、center bottom        = 50% 100%
```

4.1.6 固定背景

扫一扫，看视频

CSS 使用 background-attachment 属性定义背景图像在浏览器窗口中的固定位置，用法如下：

```
background-attachment: fixed | scroll | local
```

取值说明如下：

- fixed：背景图像相对于窗体固定。
- scroll：背景图像相对于元素固定，也就是说当元素内容滚动时背景图像不会跟着滚动，因为背景图像总是要跟着元素本身，但会随元素的祖先元素或窗体一起滚动。
- local：背景图像相对于元素内容固定，也就是说当元素内容随元素滚动时背景图像也会跟着滚动，因为背景图像总是要跟着内容。

【示例】 下面的示例演示如何把一张背景图像固定显示在窗口顶部居中位置。

第 1 步：启动 Dreamweaver，新建一个网页，保存为 test.html。

第 2 步：在<head>标签内添加<style type="text/css">标签，定义一个内部样式表。

第 3 步：输入以下样式，为网页定义背景图像，并固定在窗口顶部。

```
body {
    padding: 0;
```

```
    margin: 0;
    background-image: url(images/top.png);
    background-repeat: no-repeat;
    background-attachment: fixed;
    background-position: top center;
}
#content {
    height: 2000px;
    border: solid 1px red;
}
```

第 4 步：在<body>标签中输入以下内容，并应用上面定义的样式。

```
<div id="content"></div>
```

第 5 步：在浏览器中预览，如图 4.18 所示。从其显示效果可以看出，当拖动浏览器的滚动条时，背景图片是固定的，不会随着滚动条的移动而改变。

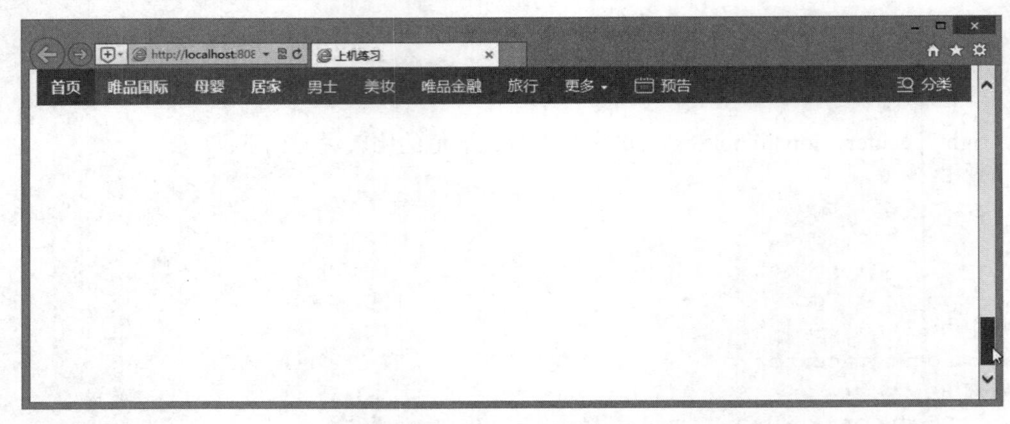

图 4.18　固定背景图像显示

拓展：

background 是一个复合属性，可以将各种关于背景的设置集中在一起，这样可以减少代码量。例如，针对上面示例中的背景样式，可以简写为：

```
body {
    padding: 0; margin: 0;
    background: url(images/top.png) no-repeat fixed top center;
}
```

两种属性声明的方法在显示效果上完全一样，上面示例中的代码长，但是可读性好，而这段代码简洁，读者可以根据自己的喜好进行选择。

扫一扫，看视频

4.1.7　定位参考

CSS3 使用 background-origin 属性可以改变背景图像定位的参考方式，用法如下。

```
background-origin:border-box | padding-box | content-box;
```

初始值是 padding-box，取值简单说明如下：

- border-box：从边框区域开始显示背景。
- padding-box：从补白区域开始显示背景。
- content-box：仅在内容区域显示背景。

【示例】　background-origin 属性改善了背景图像定位的方式，更灵活地决定背景图像应该显示的位置。下面的示例利用 background-origin 属性重设背景图像的定位坐标，以便更好地控制背景图像的显示，演示效果如图 4.19 所示。

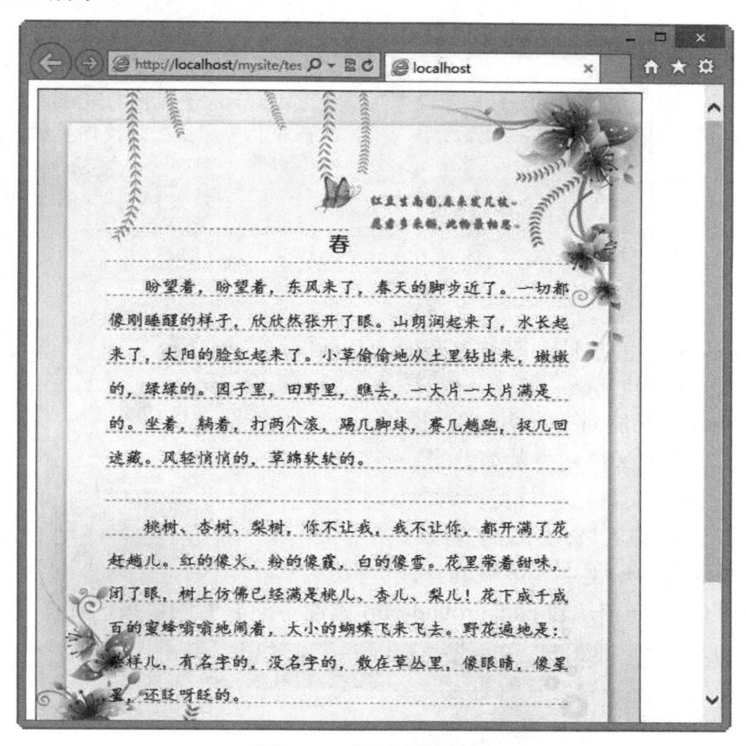

图 4.19　设计书信效果

实现本案例的代码如下所示。

```
<!doctype html>
<html>
<head>
<meta charset="utf-8">
<style type="text/css">
div {
    height:600px; width:416px;
    border:solid 1px red; padding:120px 4em 0;
    /*为了避免背景图像重复平铺到边框区域，应禁止它平铺*/
    background:url(images/p3.jpg) no-repeat;
    /*设计背景图像的定位坐标点为元素边框的左上角*/
    background-origin:border-box;
    background-size:cover;
    overflow:hidden;
}
div h1 {font-size:18px; font-family:"幼圆"; text-align:center;}
div p {text-indent:2em; line-height:2em; font-family:"楷体"; margin-bottom:2em;}
</style>
</head>
<body>
<div>
    <h1>春</h1>
```

```
    <p>盼望着，盼望着，东风来了，春天的脚步近了。一切都像刚睡醒的样子，欣欣然张开了眼。山朗润起来了，水长起来了，太阳的脸红起来了。小草偷偷地从土里钻出来，嫩嫩的，绿绿的。园子里，田野里，瞧去，一大片一大片满是的。坐着，躺着，打两个滚，踢几脚球，赛几趟跑，捉几回迷藏。风轻悄悄的，草绵软软的。</p>
    <p>桃树、杏树、梨树，你不让我，我不让你，都开满了花赶趟儿。红的像火，粉的像霞，白的像雪。花里带着甜味，闭了眼，树上仿佛已经满是桃儿、杏儿、梨儿！花下成千成百的蜜蜂嗡嗡地闹着，大小的蝴蝶飞来飞去。野花遍地是：杂样儿，有名字的，没名字的，散在草丛里，像眼睛，像星星，还眨呀眨的。</p>
</div>
</body>
</html>
```

扫一扫，看视频

4.1.8 背景裁剪

CSS3 使用 background-clip 属性定义背景图像的裁剪区域，用法如下。

```
background-clip:border-box | padding-box | content-box | text;
```

初始值是 border-box，取值简单说明如下：

- border-box：从边框区域向外裁剪背景。
- padding-box：从补白区域向外裁剪背景。
- content-box：从内容区域向外裁剪背景。
- text：从前景内容（如文字）区域向外裁剪背景。

【示例】 下面的示例简单比较 background-clip 属性不同取值的效果，如图 4.20 所示。

图 4.20 背景图像裁切效果比较

实现本案例的代码如下所示。

```
<!DOCTYPE html>
<html>
<head>
<meta charset="utf-8" />
<style>
```

```
h1 { font-size: 20px; }
h2 { font-size: 16px; }
p {
    width: 400px; height: 50px;
    margin: 0; padding: 20px; border: 10px dashed #666;
    background: #aaa url(images/bg.jpg) no-repeat;
}
.border-box p { background-clip: border-box; }
.padding-box p { background-clip: padding-box; }
.content-box p { background-clip: content-box; }
.text p {
    width: auto; height: auto;
    background-repeat: repeat;
    -webkit-background-clip: text;
    -webkit-text-fill-color: transparent;
    font-weight: bold; font-size: 120px;
}
</style>
</head>
<body>
<h1>background-clip</h1>
<ul class="test">
    <li class="border-box">
        <h2>border-box</h2>
        <p>从 border 区域（不含 border）开始向外裁剪背景</p>
    </li>
    <li class="padding-box">
        <h2>padding-box</h2>
        <p>从 padding 区域（不含 padding）开始向外裁剪背景</p>
    </li>
    <li class="content-box">
        <h2>content-box</h2>
        <p>从 content 区域开始向外裁剪背景</p>
    </li>
    <li class="text">
        <h2>text</h2>
        <p>以前景内容的形状作为裁剪区域向外裁剪背景</p>
    </li>
</ul>
</body>
</html>
```

4.1.9　背景大小

扫一扫，看视频

CSS3 使用 background-size 属性定义背景图像的显示大小，用法如下。

```
background-size: length | percentage | auto
background-size: cover | contain
```

初始值为 auto，取值简单说明如下：

- length：由浮点数字和单位标识符组成的长度值，不可为负值。
- percentage：取值为 0%到 100%之间的值，不可为负值。

- cover：保持背景图像本身的宽高比例，将图片缩放到正好完全覆盖所定义背景的区域。
- contain：保持图像本身的宽高比例，将图片缩放到宽度或高度正好适应所定义背景的区域。

提示：

background-size 属性可以设置 1 个或 2 个值，1 个为必填，1 个为可选。其中第 1 个值用于指定背景图像的 width，第 2 个值用于指定背景图像的 height，如果只设置 1 个值，则第 2 个值默认为 auto。

【示例】 设计自适应模块大小的背景图像。借助 image-size 属性自由定制背景图像大小的功能，让背景图像自适应盒子的大小，从而可以设计与模块大小完全适应的背景图像，本示例效果如图 4.21 所示。

图 4.21 设计背景图像自适应显示

实现本案例的代码如下所示。

```
<!doctype html>
<html>
<head>
<meta charset="utf-8">
<style type="text/css">
div {
   margin:2px; float:left; border:solid 1px red;
   background:url(images/bg.jpg) no-repeat center;
   /*设计背景图像完全覆盖元素区域*/
   background-size:cover;
}
/*设计元素大小*/
.h1 { height:120px; width:192px; }
.h2 { height:240px; width:384px; }
</style>
</head>
<body>
<div class="h1"></div>
<div class="h2"></div>
</body>
</html>
```

4.1.10　多背景图

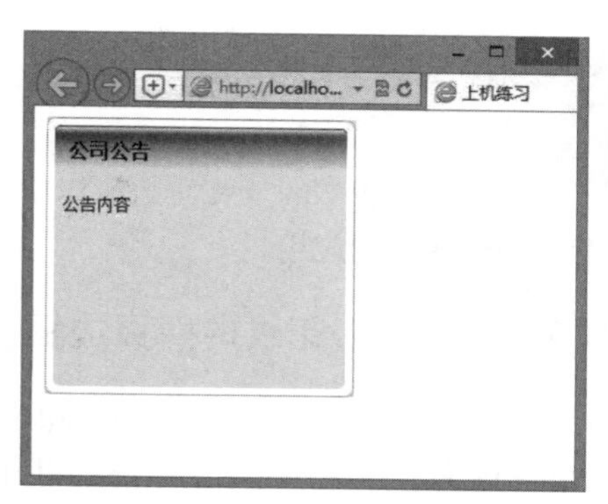

图 4.22　定义多背景图像

CSS3 允许在一个元素里显示多个背景图像，还可以将多个背景图像进行重叠显示，这让设计师可以更灵活地设计复杂背景效果，如多图圆角效果。

【示例】 在下面的示例中使用 CSS3 多背景图特性重新设计了 4.1.4 节的案例，直接在公告栏包含框中定义标题行、底部行和内容框背景图，在浏览器中预览的显示效果相同，如图 4.22 所示。

实现本案例的代码如下所示。

```
<!doctype html>
<html>
<head>
<meta charset="utf-8">
<style type="text/css">
#call {
    width: 218px; height: 200px;
    padding: 1px;
    /* 定义多图背景 */
    background-image: url(images/call_top.gif), url(images/call_btm.gif), url
(images/ call_mid.gif);
    /* 按顺序定义每幅背景图像的平铺方式 */
    background-repeat: no-repeat, no-repeat, repeat-y;
    /* 按顺序定义每幅背景图像的定位 */
    background-position: top center, bottom center, top center;
}
h1 {margin-top: 16px; margin-left: 16px; font-size: 14px;}
p { font-size: 12px; padding: 12px;}
</style>
</head>
<body>
<div id="call">
    <h1>公司公告</h1>
    <p>公告内容</p>
</div>
</body>
</html>
```

在 div 样式代码中，上面的示例用到了几个关于背景的属性：background-image、background-repeat 和 background-position 属性。在 CSS3 中，利用逗号作为分隔符来同时指定多个属性的方法，可以指定多个背景图像，并且实现了在一个元素中显示多个背景图像的功能。

注意：

在使用 background-image 属性来指定图像文件的时候，是按在浏览器中显示时图像叠放的顺序从上往下指定的，第一个图像文件是放在最上面的，最后指定的文件是放在最下面的。另外，通过多个 background-repeat 属性与 background-position 属性的指定，可以单独指定背景图像中某个图像文件的平铺方式与放置位置。

4.2 实战案例

本节将以实例的形式演示如何使用 CSS 设计背景图像的样式，以提高实战技法，在实战中理解 CSS 背景图像属性的应用。

扫一扫，看视频

4.2.1 设计带花纹的网页边框

为页面添加边框，只要使用 border 属性就可以做到，但是，如果想要给页面添加一个带花纹的边框，使用 border 属性是无法完成的。本例利用图片背景，来实现为页面添加带花纹的边框，示例效果如图 4.23 所示。

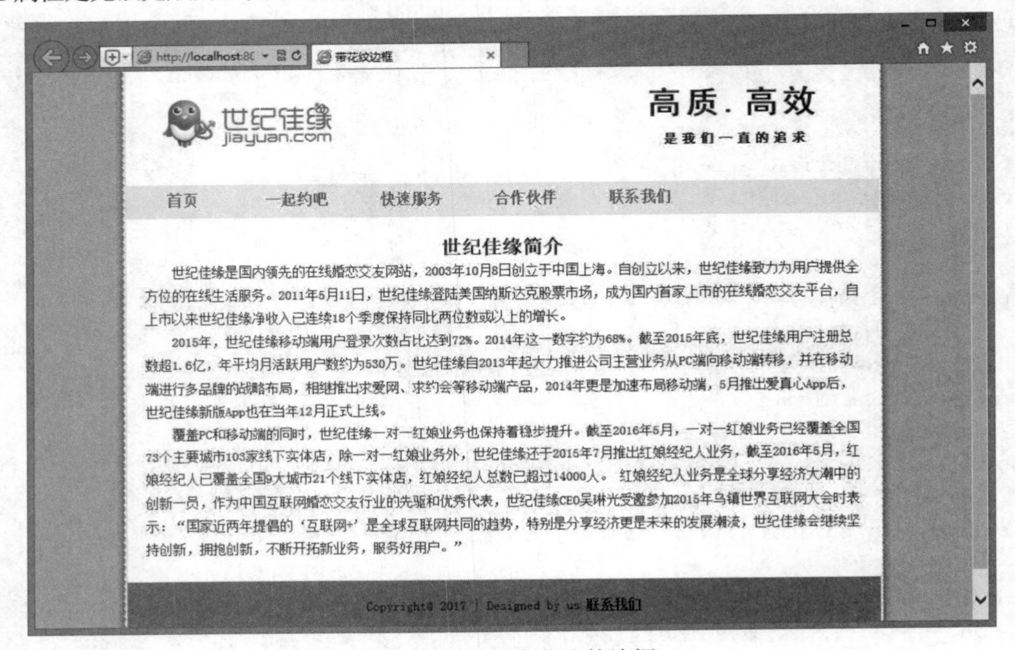

图 4.23　设置带花纹的边框

本例中，在 container 容器中包含了 header、menu、content 和 footer 四部分，设计带花纹边框的原理：container 的宽度设置得比 header、menu、content 和 footer 的宽度多，并让这四部分居中显示，那么 container 中的背景图片就会在左右各露出一部分，示意图如图 4.24 所示。

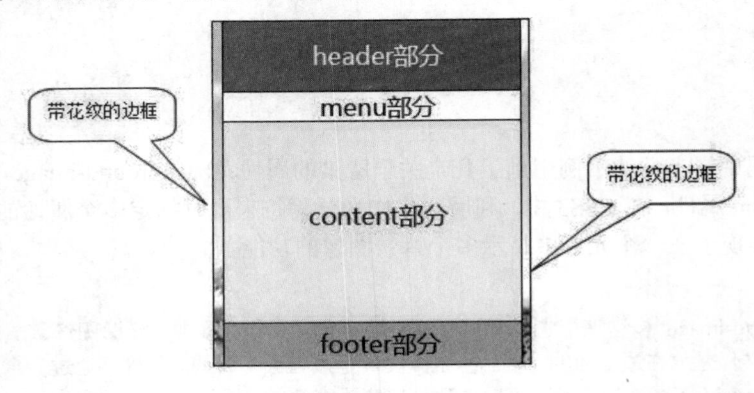

图 4.24　网页结构示意图

【操作步骤】

第 1 步：构建网页结构。在本示例中首先用<div>标记设置 container 容器，在此页面中，所有内容分为四部分，分别用<div>定义为 header、menu、content 和 footer。

```
<div id="container">
    <div id="header">
        <div class="logo"><img src="images/logo.jpg"></div>
        <div id="title">高质.高效 <span>是我们一直的追求</span> </div>
    </div>
    <div id="menu_container">
        <div id="menu">
            <ul>
                <li><a href="#" class="current"><span></span>首页</a></li>
                <li><a href="#" target="_parent"><span></span>一起约吧</a></li>
                <li><a href="#" target="_blank"><span></span>快速服务</a></li>
                <li><a href="#"><span></span>合作伙伴</a></li>
                <li><a href="#"><span></span>联系我们</a></li>
            </ul>
        </div>
    </div>
    <div id="content_container">
        <div id="content">
            <h2>世纪佳缘简介</h2>
            <p>世纪佳缘是国内领先的在线婚恋交友网站，2003 年 10 月 8 日创立于中国上海。自创立以
来，世纪佳缘致力为用户提供全方位的在线生活服务。2011 年 5 月 11 日，世纪佳缘登陆美国纳斯达克股票
市场，成为国内首家上市的在线婚恋交友平台，自上市以来世纪佳缘净收入已连续 18 个季度保持同比两位数
或以上的增长。</p>
            ......
        </div>
    </div>
    <div id="footer_container">
        <div   id="footer">Copyright@   2017   |   Designed   by   us   <a   href="#"
target="_parent">联系我们</a> </div>
    </div>
</div>
```

此时的显示效果如图 4.25 所示，可以看到，网页的基本结构已经搭建好了，但是由于没有进行 CSS 样式设置，界面中只是把图片和文字内容罗列起来，没有任何修饰。

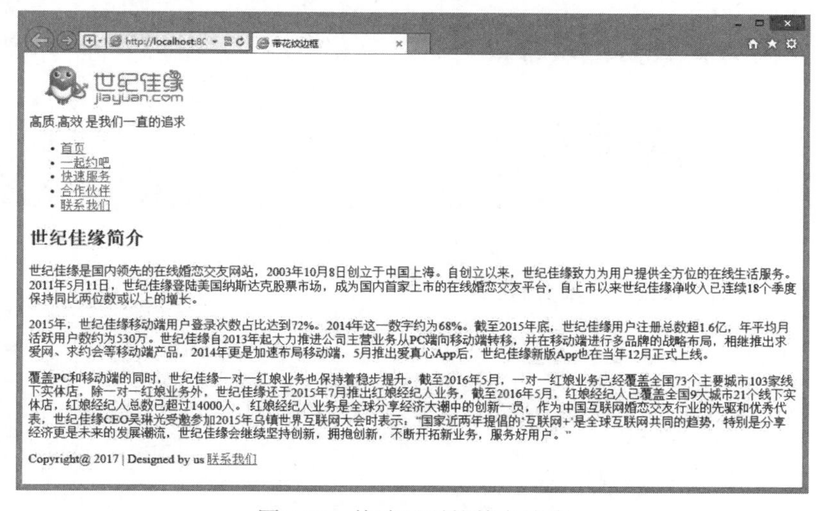

图 4.25　构建网页的基本结构

第 2 步：定义网页基本属性、container 容器的样式以及所有段落的共有样式。

```
* {padding : 0; margin : 0;}
body {  /*网页基本样式*/
    font-family : 宋体, Arial, Helvetica, sans-serif;
    color : #024977; font-size : 14px; text-align: center;
    background: #dfbfc0;
}
p {  /*段落文本样式*/
    margin: 0px;
    padding: 0 20px;                            /*段落之间的间距*/
    line-height: 1.6em;
    text-align: justify;                        /*两端对齐*/
    text-indent: 2em;                           /*首行缩进*/
}
#container {
    width: 810px;                               /*容器宽度*/
    margin: 0 auto;                             /*居中*/
    background: url(images/bg1.jpg) repeat-y;   /*网页背景图片*/
}
```

以上代码中，* {margin:0px;padding:0px;} 将网页中所有标签的 padding 和 margin 都设定为 0px，在 body 中定义了页面的背景颜色，在 container 中设置了容器宽度为 810px，并为其添加了图片背景。此时的显示效果如图 4.26 所示。

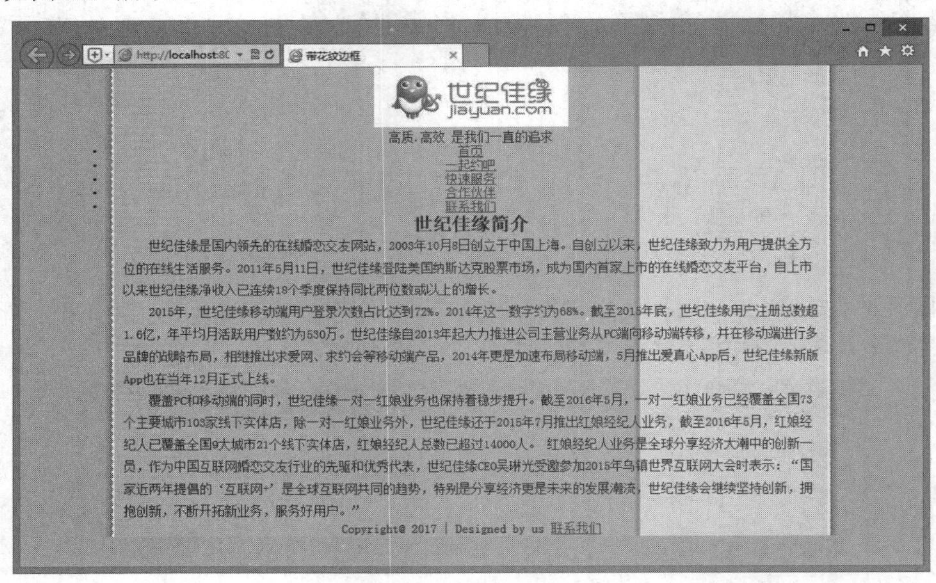

图 4.26　设置网页基本属性

第 3 步：定义网页“header”部分样式。

```
#header {
    width: 790px;                    /*header 部分 div 块的宽度*/
    height: 120px;                   /*高度*/
    margin: 0 auto;                  /*header 居中*/
    background: #ffffff;             /*背景颜色*/
    border-top: #FFFFFF 2px solid;   /*header 上边框*/
}
```

```
#header .logo {                     /*logo 图片样式*/
    float: left;                    /*左对齐*/
    margin-top: 20px;               /*顶端补白*/
    margin-left: 20px;              /* 左侧补白*/
}
#header #title {
    float: right;
    color: #fff;
    font-size: 34px;
    font-weight: bold;              /*文字粗细*/
    letter-spacing: 5px;            /*字间距*/
    font-family: 黑体;
    margin-top: 20px;
    margin-right: 60px;
}
#header #title span {
    display: block;                 /*定义为块级元素*/
    margin: 10px 0 0 5px;
    font-size: 14px;
    color: #fff;
    font-weight: bold;
    letter-spacing: 5px;
}
```

以上代码中，首先定义了 header 样式，其宽度为 790px，这样设置正是实现页面两侧带花纹边框的关键，因为图片背景（container）的宽度是 810px，也就是说在 header 的左右两侧会各显示 10px 的背景图片，这就是带花纹边框；在 logo 中设置了 logo 图片的样式；在 title 中定义了文字“高质.高效”的样式；在 span 中定义了文字“是我们一直的追求”的样式，由于<span>标记是行内元素，但在这里需要按块级元素来设置其样式，所以 display: block 表示将<.span>标记中的内容定义为块级元素。块级元素的特点：

- 总是在新行上开始。
- 行间距以及顶和底边距都可控制。
- 如果不设置宽度，则其宽度会默认为整个容器的 100%；如果设置了宽度，则其宽度为设置的值。

此时网页的显示效果如图 4.27 所示。

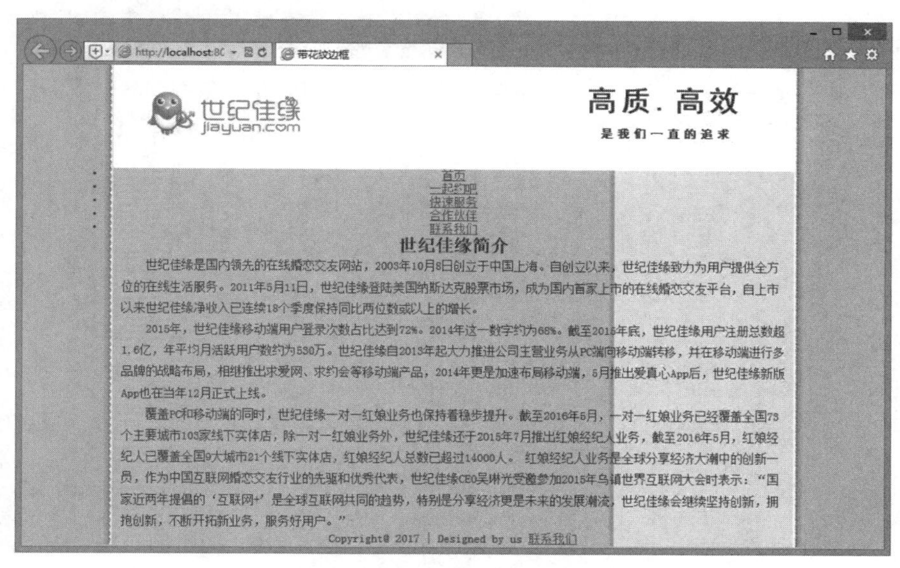

图 4.27　head 部分的 CSS 设置

第 4 步：接下来为 menu 部分添加 CSS 样式。

```
#menu {  /*menu 容器样式*/
   clear: both;                  /*清除左浮动和右浮动*/
   width: 790px;                 /*menu 容器的宽度*/
   margin: 0 auto;               /*menu 容器居中*/
   height: 36px;                 /*menu 容器的高度*/
}
#menu ul { /*ul 样式*/
   float: left;
   width: 790px;                                /*ul 宽度*/
   height: 36px;
   list-style: none;                            /*不显示项目符号*/
   border-top: #FFFFFF 2px solid;               /*设置菜单的上边框*/
   border-bottom: #FFFFFF 2px solid;            /*设置菜单的下边框*/
   background: #f7f392;                         /*ul 的背景颜色*/
}
#menu ul li a {                                 /*设置链接样式*/
   float: left;                                 /*左浮动*/
   height: 28px;
   width: 100px;
   padding: 10px 0 0 10px;
   font-size: 16px;
   font-weight: bold;
   text-decoration: none;
   color: #f54f06;                              /*字体颜色*/
}
```

以上代码中，首先设置了 menu 的宽度为 790px，同样比 container 容器的宽度左右两侧各少 10px，目的也是为了显示出 container 的背景图片，clear:float 语句是为了清除浮动，由于前面的代码中使用了浮动，所以为了消除左右浮动的影响使用此语句；在 ul 样式中定义了菜单的样式，其中用 border 语句定义了 ul 的上下边框；在 a 中定义了菜单的链接样式，其中 float:left 语句的作用是使列表项目横向显示。此时的显示效果如图 4.28 所示。

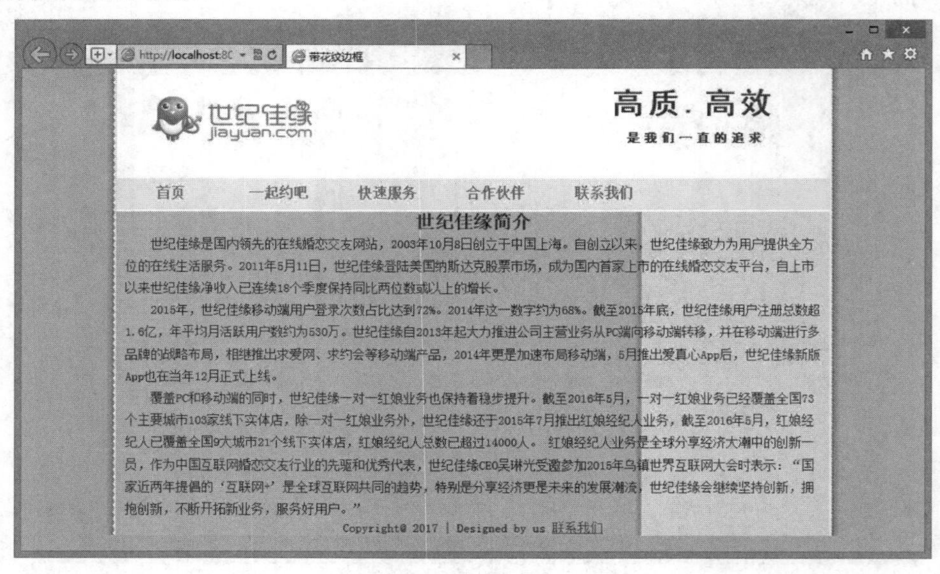

图 4.28　menu 部分的 CSS 设置

第 5 步：从图中可以看出，网页已初见效果，接下来定义 content 样式和<h2>标题样式。

```
#content {/*正文样式*/
    clear: both;                    /*清除浮动*/
    width: 790px;
    margin: 0 auto;
    padding-bottom: 20px;
    padding-top: 20px;              /*顶端内边距*/
    background: #FFFFFF;            /*正文部分背景颜色*/
}
h2 {  padding: 40px auto;  }        /*标题样式*/
```

在 content 中定义了正文容器的样式，用 clear:both 语句清除了左右浮动，然后设置正文容器的宽度为 790px。在 h2 中定义了标题样式。

第 6 步：设置网页的 footer 部分的样式。

```
#footer {                                   /*footer 部分样式*/
    margin: 0 auto;                         /*居中*/
    width: 790px;                           /*footer 部分的宽度*/
    height: 50px;
    color: #033a5d;                         /*字体颜色 */
    font-size: 14px;
    background: #999999;                    /*footer 部分的背景颜色*/
    border-bottom: 2px #FFFFFF solid;       /*footer 部分的下边框*/
    border-top: 2px #FFFFFF solid;          /*footer 部分的上边框*/
    padding-top: 20px;                      /*内边距*/
}
```

4.2.2 设计圆边页面

扫一扫，看视频

在网页中经常可以看到整个页面或者某些模块呈圆边效果，本节介绍如何使用背景图像模拟页面圆角化，再运用<div>块的圆角化，实现使模块看起来更圆润的方法。示例演示效果如图 4.29 所示。

图 4.29 模块更圆润

【操作步骤】

第 1 步：构建网页基本结构。在本示例中首先用<div>标记设置 container 容器，在此容器中，分别用<div>定义了 header、menu、content 和 footer 四部分。

```
<div class="container">
    <div class="header"></div>
    <div class="menu">
        <ul>
            <li>首页</li>
            <li>热门推荐</li>
            <li>精华帖</li>
            <li>交流区</li>
            <li>经典收藏</li>
            <li>历史记录</li>
            <li>通讯录</li>
            <li>关于我们</li>
        </ul>
    </div>
    <div class="content"></div>
    <div class="footer">@2017 版权所有|关于我们|联系我们|</div>
</div>
```

在没有设置 CSS 样式时的显示效果如图 4.30 所示。

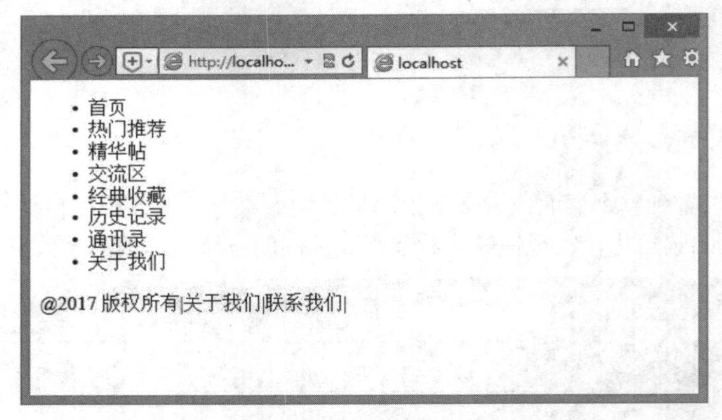

图 4.30　网页基本结构

第 2 步：定义网页基本属性和 container 容器的样式。

```
body{                                  /*网页基本属性*/
    text-align:center;                 /*居中对齐*/
    background-color:#CCCCCC;          /*背景颜色*/
    font-family:黑体;
}
.container{                            /*container 容器样式*/
    width:800px;
    margin:0 auto;                     /*居中*/
}
```

以上代码中，首先设置了 body 的背景颜色，在 container 中设置了容器宽度为 800px。此时的显示效果如图 4.31 所示。

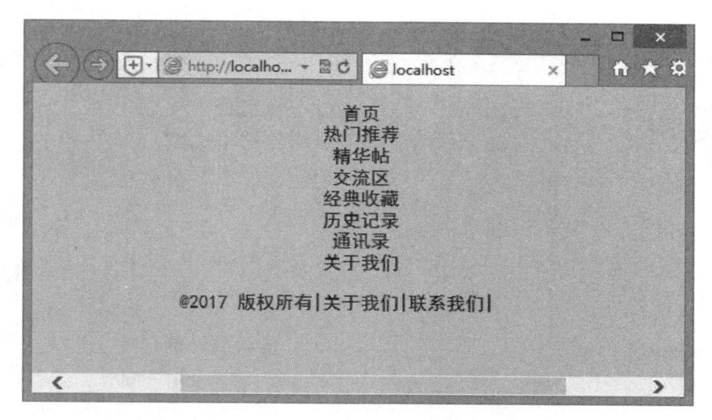

图 4.31 设置网页基本属性

第 3 步：定义网页 header 部分样式。

```
.header{   /*header 样式*/
  width:100%;                                  /* 相对宽度*/
   height:200px;
   background-image:url(images/bg.jpg);        /*定义背景图片 */
   border-top-left-radius:10px;                /* 左上角圆角化*/
   border-top-right-radius:10px;               /*右上角圆角化 */
   border:green 2px solid;                     /* 给 header 加边框*/
}
```

以上代码中，首先定义了 header 样式，其宽度为相对宽度，父标记的 100%，border-top-left-radius:10px 和 border-top-right-radius:10px 定义了 header 模块的左上角和右上角显示为圆角。虽然这种方法比其他实现圆角的方法简单，但是由于此方法的兼容性差，需要慎重使用。此时网页的显示效果如图 4.32 所示。从图中可以看到，header 部分的左上角和右上角变为圆角。

图 4.32 head 部分的 CSS 设置

第 4 步：上一步实现了 header 部分的设置，接下来为 menu 部分添加 CSS 样式。

```
.menu{ /*menu 样式*/
  width:800px;                       /*宽度*/
  height:35px;
```

```
    padding-top:5px;
    text-align:center;
    border-left:green 2px solid;          /*左侧边框*/
    border-right:green 2px solid;         /*右侧边框*/
    background-color:#f0d835;             /*背景颜色*/
}
ul{
    margin:0px;
    padding:0px;
    list-style-type:none;                 /*不显示项目标记*/
}
li{
     float:left;                          /*左浮动*/
     padding:0px 20px;                    /*内边距*/
}
```

在以上代码中，首先设置了 menu 的宽度为 800px；在 ul 中定义了菜单的样式，其中用 list-style-type:none 语句定义列表不显示项目符号；在 li 中定义了标签<li>的样式，其中 float 语句的作用是使项目列表中的各项左浮动，使用此语句可以使原本纵向排列的列表各项横向排列。此时的显示效果如图 4.33 所示。

图 4.33　menu 部分的 CSS 设置

第 5 步：从图中可以看出，网页的菜单部分已经设置完毕，接下来定义 content 样式。

```
.content{ /*正文样式*/
    width:800px;
    height:300px;
     background-color:#FFFFFF;         /*正文部分背景颜色*/
     border-left:green 2px solid;     /*左侧边框*/
     border-right:green 2px solid;    /*右侧边框*/
     border-top:green 2px solid;      /*顶部边框*/
}
```

在 content 中定义了正文容器的样式。此时的显示效果如图 4.34 所示。

图 4.34　设置正文部分样式

第 6 步：设置网页的 footer 部分的样式。

```
.footer{ /*footer 部分样式*/
   width:800px;
    height:80px;
    background:url(images/footer_bg.jpg);     /*footer 部分的背景图片*/
    border-bottom-left-radius:10px;           /*设置左下边框的圆角化*/
    border-bottom-right-radius:10px;          /*设置右下边框的圆角化*/
    border:green 2px solid;                   /*边框*/
   padding-top:20px;
}
```

4.2.3　设计分栏版式

分栏版式的网页简洁、清晰，易于阅读，是很多网页设计者十分青睐的一种网页结构。在本例中，每一个栏目的图片放置在左边，所配文字放置在右边，并运用背景图片做分栏和视觉上的引导，使整体效果看起来清新、简洁。本例的演示效果如图 4.35 所示。

图 4.35　设置分栏版式

【操作步骤】

第 1 步：首先构建网页结构。

```
<div class="container">
    <div class="header"><img src="images/banner.jpg"></div>
    <div class="content">
        <table  cellspacing="0" cellpadding="0">
            <tr>
                <td class="l1"></td>
                <td class="r1"></td>
            </tr>
            <tr>
                <td class="l2"></td>
                <td class="r2"></td>
            </tr>
        </table>
    </div>
</div>
```

在本示例中仍然是先用<div>标记设置 container 容器，在此容器中，分别用<div>定义了 header 和 content 两部分，在 content 中又用表格进行排版，定义了四部分，分别是 l1、l2、r1 和 r2。

第 2 步：接下来定义网页的基本属性和 container 容器的样式。

```
body{ /*网页基本属性*/
    background-image:url(images/bg.jpg);   /*添加背景图片*/
    background-repeat: repeat-x;          /*背景图片横向重复*/
    text-align:center;
}
.container{ /*网页 container 样式*/
    background-color:#d3eeeb;              /*container 容器的背景颜色*/
    width:800px; height:720px;
    margin:0 auto;                         /*居中*/
}
```

在以上的代码中设置了网页的背景图片，用 background-repeat 属性设置背景图片的横向居中。在 container 容器中设置容器的宽度、高度和居中等样式。显示效果如图 4.36 所示。

图 4.36　设置网页属性

第 3 步：设置 header 和 content 样式，以及通过设置 content 容器下的 table 样式来实现分栏。

```
.header,.content{ /*header 和 content 样式*/
    width:800px;
}
.content table{ /*content 容器下的表格样式*/
    text-align:center;  /*居中*/
    width:790px;        /*表格宽度*/
    margin:5px;         /*四周补白*/
}
```

在以上代码中，首先定义了 header 和 content 的宽度，接着通过设置 content 下的 table 表格样式实现分栏效果。

第 4 步：最后分别设置分栏类样式，使用 l1、l2、r1 和 r2 类分别控制四个单元格的样式。

```
.l1{ /*第一行左列单元格样式*/
    width:270px;        /*宽度*/
    height:210px;       /*高度*/
    background-image:url(images/left1.jpg);   /*背景图片*/
}
.l2{ /*第一行右列单元格样式*/
    width:270px;
    height:270px;
    background-image:url(images/left2.jpg);
}
.r1{ /*第二行左列单元格样式*/
    width:520px;
    height:210px;
    background-image:url(images/right1.gif);
}
.r2{/*第二行右列单元格样式*/
    width:520px;
    height:270px;
    background-image:url(images/right2.gif);
}
```

在以上代码中，分别对表格中的四个单元格进行了样式设置，在每个单元格中添加了背景图片，从而实现了分栏的目的。

4.2.4　设计滑动门菜单

扫一扫，看视频

在 CSS 中，可以让背景图像层叠显示，并允许它们进行滑动，以创造一些特殊的效果，这就是滑动门技术。本例就是应用了这种技术，设计了滑动门菜单，效果如图 4.37 所示。

所谓滑动门，可以这样理解，菜单的背景图会根据文字的多少而自动变长或变短，就好像一个可滑动的门一样，可以根据文本自适应大小，进行滑动。我们可以用背景图片来营造这样的现象，一个在左，一个在右，把这两张图片想像成可以滑动的门，当文本较少的时候，两个图片重叠得就多些，当文本较多的时候就滑动开，重叠的部分就少一些，也就是两张图片中间部分重叠，两端不重叠，滑动门实现的思路如图 4.38 所示。

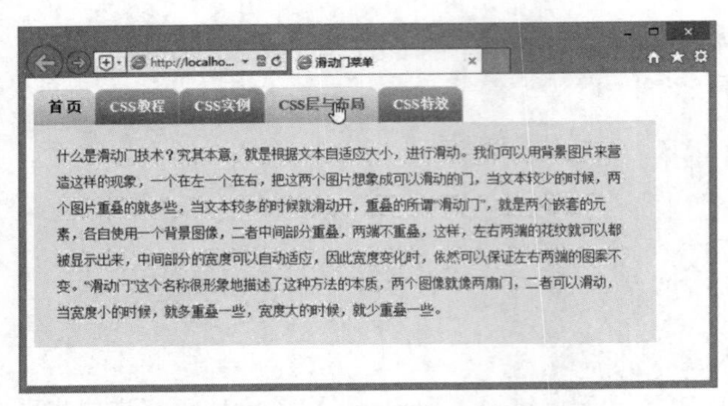

图 4.37　滑动门菜单

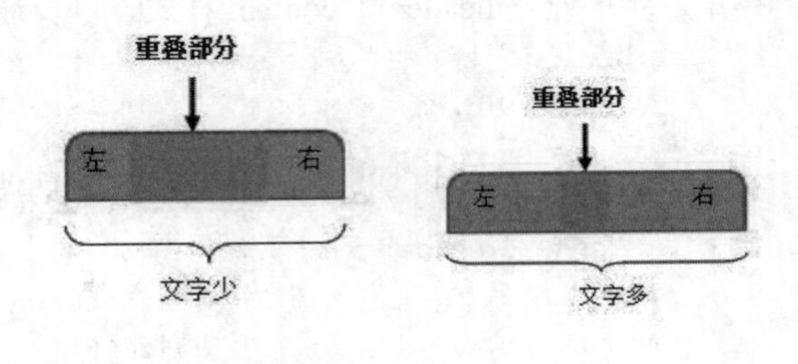

图 4.38　滑动门实现原理

【操作步骤】

第 1 步：构建网页结构。本例中首先用<div>标记设置 menu 容器，然后通过<ul>标记创建网页菜单。

```
<div class="container">
    <div class="menu">
        <ul>
            <li class="first"><a href="#">首 页</a></li>
            <li><a href="#">CSS 教程</a></li>
            <li><a href="#">CSS 实例</a></li>
            <li><a href="#">CSS 层与布局</a></li>
            <li><a href="#">CSS 特效</a></li>
        </ul>
    </div>
    <div class="content">
        <p> ……</p>
    </div>
</div>
```

在整个 menu 框架下，菜单分为五个项目，分别用<li>标记定义。注意，在每个<li>标记中，又嵌套了<a>标记，这是为了能添加两张背景图片。

第 2 步：定义网页中 menu 的样式和菜单样式。

```
body {
    font-size: 13px;
    line-height: 38px;
}
.menu ul {
    padding: 0;
    list-style-type: none;
    background: #fff;
}
.menu li {
    float: left;
    margin: 0;
    padding: 0;
    background: url(images/4.gif) no-repeat right top;
}
```

在以上代码中，首先定义了网页基本属性；由于<li>中默认项目是竖直排列的，所以用 float:left 语句使其在一行中显示，此时的显示效果如图 4.39 所示。

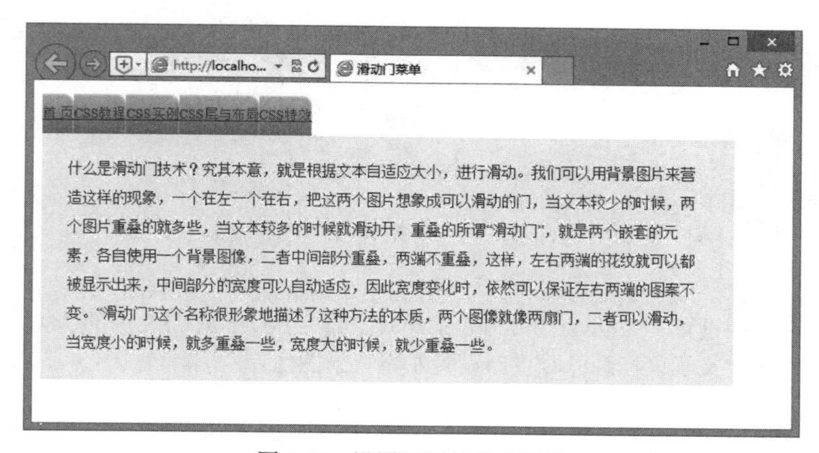

图 4.39　设置网页的基本属性

第 3 步：为菜单项目定义背景图像，实现滑动门，这里的关键是<a>标记的样式设置。

```
.menu li a {
    display: block;
    background: url(images/3.gif) no-repeat left top;
    padding: 0 15px;
    font-size: 15px;
    color: #fff;
    font-weight: bold;
    text-decoration: none;
}
```

在上面的代码中，定义了 a 标记的样式，由于 a 默认是行内元素，但这里需要添加背景图，所以用 display:block 语句将其设置为块级元素，用 background:url(images/3.gif) no-repeat left top 语句设置了背景图片的样式，显示效果如图 4.40 所示。

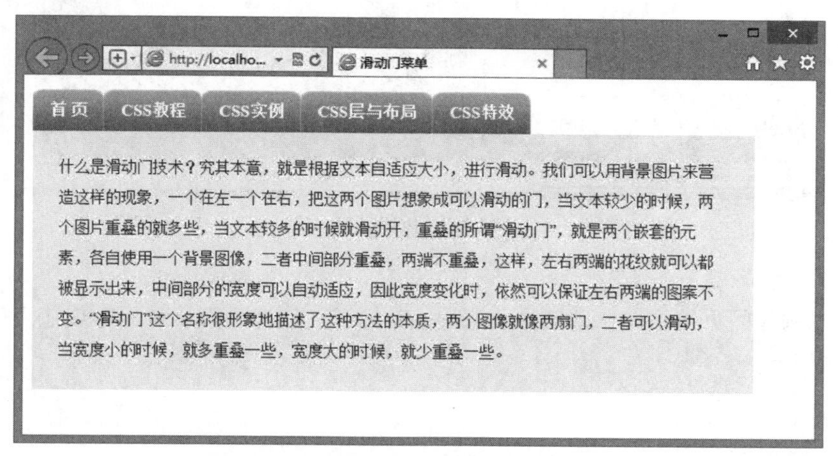

图 4.40　定义菜单项目样式

从图 4.40 可以看出，滑动门菜单已经完成。但我们希望在鼠标悬停时，菜单的样式能有所区别，下面设置鼠标悬停效果。

第 4 步：设置鼠标悬停时的菜单效果。

```
.menu li a:hover { color: #c00; }
.menu li.first { background: url(images/2.gif) no-repeat right top; }
.menu li.first a {
```

```
    background: url(images/1.gif) no-repeat left top;
    color: #000;
}
.menu li.first a:hover { color: #f00; }
.menu li:hover { background: url(images/2.gif) no-repeat right top; }
.menu li:hover a {
    background: url(images/1.gif) no-repeat left top;
    color: #f00;
}
```

在以上代码中，分别设置了 a:hover 和 li:hover 样式，其中 hover 是 CSS 中的伪类，表示鼠标悬停时的样式属性，这里主要定义了鼠标悬停时重新设置左右背景图像。

扫一扫，看视频

4.2.5　设计焦点图

焦点图就是把多张图片叠加在一起，通过 CSS 或 JavaScript 技术让它们交互显示。本例介绍了用 CSS 设置最简单的焦点图方法，演示效果如图 4.41 所示。

图 4.41　焦点广告

【操作步骤】

第 1 步：首先构建网页结构。在本例中，应用<dl>标记，创建列表，从而实现焦点广告效果。

```
<dl id="menu">
    <dt>
        <a href="#img1">1</a>
        <a href="#img2">2</a>
        <a href="#img3">3</a>
        <a href="#img4">4</a>
    </dt>
    <dd>
        <img src="images/1.jpg" id="img1"/>
        <img src="images/2.jpg" id="img2"/>
        <img src="images/3.jpg" id="img3"/>
        <img src="images/4.jpg" id="img4"/>
```

```
    </dd>
</dl>
```

在本示例中应用<dl>< /dl>标记来创建列表，并创建 menu 类来声明其样式，在列表中添加四幅图片，从而实现焦点广告。

第 2 步：接下来定义网页的基本属性和 menu 类样式。

```
* { margin: 0; padding: 0;}
#menu {                                /*dl 标记类样式*/
    position: relative;                /*相对定位*/
    height: 454px;                     /*高度*/
    width: 730px;                      /*宽度*/
    background: #ccc;                  /*dl 标记的背景颜色*/
    text-align: center;
    margin: 6px auto;
}
```

在以上的代码中用*{ margin:0; padding:0;}语句设置了网页中所有标签的 margin 和 padding 属性。在 menu 类样式中，首先设置其定位为 relative，即相对定位，关于定位的内容在后面的章节中会详细介绍，读者在这里可以不用深究。此时的显示效果如图 4.42 所示。

图 4.42　设置网页属性

从图中可以看到，由于没有设置<dl>中<dt>和<dd>的样式，使得四幅图片以及数字 1、2、3、4 的位置错乱，接下来对 dt 样式进行设置。

第 3 步：设置 dt 类样式和 dt 标记中的 a 类样式，从而实现<dl>列表中的项目标题 1、2、3 和 4。

```
#menu dt {    /*dt 样式类*/
    position: absolute;             /*绝对定位*/
    right: 5px;                     /*右边框离父级元素的距离*/
    bottom: 5px;                    /*下边框离父级元素的距离*/
}
#menu dt a { /*a 样式类*/
    float: left;                    /*左对齐*/
    display: block;                 /*定义为块级元素*/
    padding: 1px 4px;
```

```
    border: 1px solid #ccc;              /*为列表项加边框*/
    margin-left: 2px;
    text-decoration: none;               /*不显示下划线*/
    color: #309;                         /*字体颜色*/
    background: #999;
    font-size: 12px;
}
#menu dt a:hover {  /*鼠标悬停时的 a 样式类*/
    background: #fff;
    color: #FF0000;
}
```

以上代码实现了如图 4.43 所示的样式。首先定义了 dt 类样式，其中 position: absolute 语句表示绝对定位，也就是其定位参照父级元素的原点，进行上、下、左、右的移动。在 dt 样式类的 a 标记下，首先利用 float:left 语句使列表项横向显示，由于 a 标记默认是行内元素，所以用 display:block 语句将其定义为块级元素，在 a:hover 中定义了鼠标悬停时的背景颜色和字体颜色。此时显示效果如图 4.44 所示。

图 4.43　dt 类样式

图 4.44　设置 dt 样式

第 4 步：设置 dd 类样式。

```
#menu dd {                  /*dd 类样式*/
    width: 730px;           /*宽度*/
    height: 454px;          /*高度*/
    overflow: hidden;       /*隐藏溢出*/
}
```

在 dd 类样式中，应用 overflow:hidden 语句实现图片的溢出隐藏，其作用就是把超过其设置的高度和宽度部分隐藏起来。在本例中，设置图片的宽度为 210px，高度为 144px，但由于在 dd 中添加了四张图片，而只需要显示一张，不能让四张图片同时显示，所以设置了 overflow:hidden 语句，让其他三张图片隐藏起来。

第 5 章　使用 CSS 定义链接样式

在网页中能够定义链接的对象，可以是一段文本、一幅图片等，当浏览者单击链接文字或图片后，在浏览器中显示或执行链接目标。根据链接路径的不同，网页链接一般分为三种类型：内部链接、锚点链接和外部链接。根据链接目标的不同，又可以分为：网页链接、Email 链接、锚点链接、下载链接、脚本链接和空链接等。

【学习重点】

- 定义链接的基本样式。
- 设计链接下划线样式。
- 设计链接按钮样式。
- 根据页面风格设计网页链接样式。

5.1　链接样式基础

在默认状态下，未访问过的网页链接样式为蓝色、下划线，访问过的网页链接样式为深紫色、下划线，鼠标经过时光标变为手形。本节介绍如何使用 CSS 重新定义链接的样式。

扫一扫，看视频

5.1.1　设置链接样式

使用类型选择器 a 可以很容易设置链接样式。例如，下面的样式可以使所有链接显示为红色。

```
a{ color: red;}
```

但是这种方法也会影响锚点的样式。一般情况下锚点是不显示出来的，为了避免这个问题，CSS 为 a 元素提供了 4 个状态伪类选择器来定义链接样式。

- a:link：链接默认的样式。
- a:visited：链接已被访问过的样式。
- a:hover：鼠标在链接上的样式。
- a:active：点击链接时的样式。

【示例 1】　在下面的示例中定义了两个样式，设置所有没有被访问过的链接文字显示为蓝色，所有被访问过的链接文字显示为绿色，当鼠标停留在链接上或单击链接时链接文字变为红色。

```
a:link{
   color:blue;
}
a:visited{
   color:green;
}
a:hover,a:active {
   color:red;
}
```

【示例 2】　也可以先去掉链接的下划线，然后当鼠标停留在链接上或单击链接时显示下划线。实现的方法是将未访问和已访问的链接的 text-decoration 属性设置为 none，将鼠标停留和激活的链接的 text-decoration 属性设置为 underline。

```
a:link,a:visited {
   text-decoration:none;
}
a:hover,a:active {
   text-decoration:underline;
}
```

【示例 3】 在上面的示例中，4 个状态伪类选择器的排序很重要。如果位置的顺序不对，鼠标停留和激活样式就不起作用。

```
a:hover,a:active {
   text-decoration:underline;
}
a:link,a:visited {
   text-decoration:none;
}
```

这是由于 CSS 的层叠性造成的，当两个规则具有相同的优先级时，后定义的样式会覆盖掉前面的样式。在这个示例中，两个规则具有相同的优先级，所以:link 和:visited 样式将覆盖:hover 和:active 样式。为了确保不会发生这种情况，最好按照以下顺序定义链接样式。

```
a:hover {
   text-decoration:none;
}
a:visited {
   text-decoration:none;
}
a:hover,a:active {
   text-decoration:underline;
}
a:active {
   text-decoration:underline;
}
```

扫一扫，看视频

5.1.2 定义下划线样式

从用户体验角度分析，使用颜色之外的其他效果让链接文本区别于其他文本是很重要的。这是因为有视觉障碍的人很难区分弱对比的颜色，尤其是在文字很小的情况下。因此，使用下划线定义链接样式就是一种比较好的选择。

很多设计师不喜欢链接的下划线，因为下划线让页面看上去比较乱。如果去掉链接的下划线，可以让链接文字显示为粗体，这样链接文本看起来会很醒目。

```
a:link, a:visited{
   text-decoration:none;
   font-weight:bold;
}
```

当鼠标停留在链接上或激活链接时，可以重新应用下划线，从而增强交互性。

```
a:hover, a:active{
   text-decoration:underline;
}
```

【示例 1】 定义下划线样式的方法有多种。在下面的示例中，取消了默认的 text-decoration:underline 下划线，使用 border-bottom: 1px dotted #000 底部边框点线来模拟下划线样式。当鼠标停留在链接上或激活链接时，这条线变成实线，从而为用户提供更强的视觉反馈。

```
a:link, a:visited{
   text-decoration: none;
   border-bottom: 1px dotted #000;
}
a:hover,a:active{
   border-bottom-style:solid;
}
```

【示例 2】　通过使用背景图像定义链接下划线，可以产生非常有意思的效果。例如，创建了一个非常简单的下划线图像，它由点线组成，可以使用以下代码将这个图像应用于链接，显示效果如图 5.1 所示。

```
a:link, a:visited(
    color:#f00;
    font-weight:bold;
   text-decoration: none;
   background:url(images/dashed1.gif) left bottom repeat-x;
}
```

图 5.1　定义下划线样式

【示例 3】　在下面的示例中，为 hover 和 active 状态创建了一个动画 GIF，然后使用以下 CSS 应用它。

```
a {
   text-decoration: none;
   font-size:24px; color:#666;
}
a:hover {
   background: url(images/line.gif) center 14px repeat-x;
}
```

当鼠标停留在链接上时，下划线的色彩不断变化，这就产生了一种有意思的效果，如图 5.2 所示。

图 5.2　定义动感下划线样式

扫一扫，看视频

5.1.3　定义类型标识样式

链接可包含多种类型。为了提升用户体验，方便用户识别文本的链接类型，本节借助属性选择器为链接定义类型标识符。

【示例】　下面的示例在所有外部链接旁边加一个箭头指示标识符，为所有邮件链接定义一个邮箱标识符，实现这种效果最容易的方法是在所有外部链接上加一个类，然后将图标作为背景图像应用。

第 1 步：新建文档，保存为 test.html。

第 2 步：在<body>标签内输入下面的内容，定义多个链接。

```
<p><a href="http://www.google.com/">谷歌</a></p>
<p><a href="http://www.baidu.com/index.php">百度</a></p>
<p><a href="http://www.yahoo.com/">雅虎</a></p>
<p><a href="css-button.htm">本地链接</a></p>
<p><a href="mailto:zhangsan@163.com">zhangsan@163.com</a></p>
```

第 3 步：在<head>标签内添加<style type="text/css">标签，定义一个内部样式表。

第 4 步：输入以下样式，定义页面基本属性，以及链接的基本演示，让链接文本显示为灰色。

```
body {
    font: 120%/1.6 "Gill Sans", Futura, "Lucida Grande", Geneva, sans-serif;
    color: #666;
    background: #fff;
}
a:link,a:visited { color: #666; }
```

第 5 步：使用属性选择器找到页面中所有外部链接的<a>标签，为其添加一个标识图标。

```
a[href^="http:"] {
    background: url(images/externalLink.gif) no-repeat right top;
    padding-right: 10px;
}
```

给 a 设置少量的右补白，从而给图标留出空间，然后将图标作为背景图像应用于链接的右上角。

属性选择器允许通过对属性值的一部分和指定的文本进行匹配来寻找元素，这里使用[att^=val]属性选择器寻找以文本 http:开头的所有链接。

第 6 步：对邮件链接也进行突出显示。定义在所有 mailto 链接上添加一个小的邮件图标。

```
a[href^="mailto:"] {
    background: url(images/email.png) no-repeat right top;
    padding-right: 10px;
}
```

第 7 步：保存文档，在浏览器中预览，则显示效果如图 5.3 所示。大多数符合标准的浏览器都支持这种效果，而老式浏览器会忽略它。

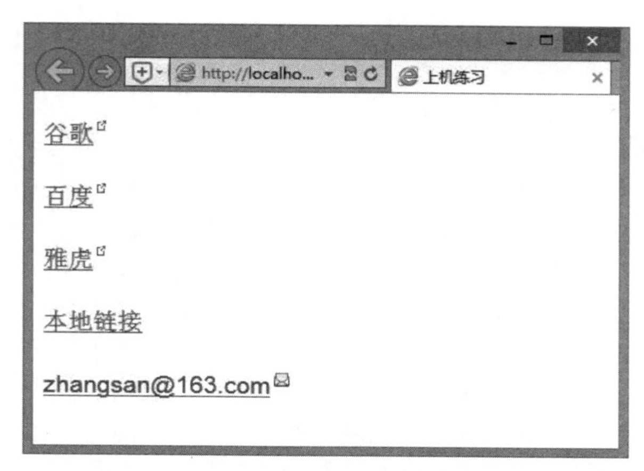

图 5.3　设置类型链接样式

拓展：

针对不同的链接文档类型，可以使用[att$=val]属性选择器，寻找以特定值（如.pdf 或.doc）结尾的属性。

```
a[href$=".pdf"] {
    background: url(images/PdfLink.gif) no-repeat right top;
    padding-right: 10px;
}
a[href$=".doc"]{
    background: url(images/wordLink.gif) no-repeat right top;
    padding-right: 10px;
}
```

采用与前面示例相似的方式，可以用不同的图标突出显示 Word 和 PDF 文档。这样访问者就知道它们是文档下载，而不是链接到另一个页面的超链接。为了避免可能发生的混淆，读者还可以通过类似的方法用 RSS 图标突出显示链接的 RSS 提要。

```
a[href$=".rss"], a[href$=".rdf"] {
    background: url(images/feedLink.gif) no-repeat right top;
    padding-right: 10px;
}
```

5.1.4　定义按钮样式

a 是行内元素，只有在单击链接的内容时才会激活超链接。但是，有时候希望它显示为按钮样式，因此可以将 a 的 display 属性设置为 block，然后修改 width、height 和其他属性来创建需要的样式和单击区域。

【示例 1】　在页面中为所有链接定义按钮样式效果，由于链接现在显示为块级元素，单击块中的任何地方都会激活链接。

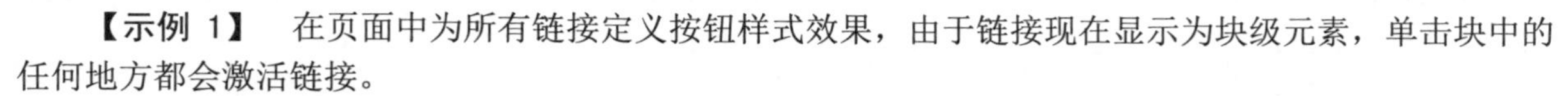

第 1 步：新建文档，保存为 test.html。

第 2 步：在<body>标签内输入下面的内容，定义链接。

```
<p><a href="#">按钮样式</a></p>
```

第 3 步：在<head>标签内添加<style type="text/css">标签，定义一个内部样式表。

第 4 步：输入以下样式，定义 a 块状显示，设置字体相关样式。

```
a{
    display: block;
    width: 6em;
```

```
    padding:0.2em;
    line-height: 1.4:
    background-color: #g488E9;
    border: lpx solid black;
    color: #000;
    text-decoration: none;
    text-align: center;
}
```

在上面的代码中，宽度是以 em 为单位显式设置的。由于块级元素会扩展，填满可用的宽度，所以如果父元素的宽度大于链接所需的宽度，那么需要将希望的宽度应用于链接。如果希望在页面的主内容区域中使用这种样式的链接，就很可能出现这种情况。但是，如果这种样式的链接出现在宽度比较窄的地方（如边栏），那么可能只需设置父元素的宽度，而不需为链接的宽度担心。

为什么使用 line-height 属性定义按钮的高度，而不是使用 height 属性?

这实际上是一个小技巧，能够使按钮中的文本垂直居中。如果设置 height，就必须使用填充将文本压低，模拟出垂直居中的效果。但是，文本在行框中总是垂直居中的，所以如果使用 line-height 属性，文本就会出现在框的中间。但是，有一个缺点：如果按钮中的文本占据两行，按钮的高度就是需要的高度的两倍。避免出现这个问题的唯一方法是调整按钮和文本的尺寸，让文本不换行，至少在文本字号超过合理值之前不会换行。

第 5 步：输入下面的样式，使用:hover 伪类创建翻转效果，在鼠标停留时设置链接的背景和文本颜色，从而实现非常简单的动态效果。

```
a:hover {
    background-color:#369;
    color:#fff;
}
```

第 6 步：保存文档，在浏览器中预览，则显示效果如图 5.4 所示。

图 5.4　定义按钮样式

【示例 2】　修改背景颜色对于简单的按钮很合适，但是对于比较复杂的按钮，最好使用背景图像。在下面的示例中，创建了两个按钮图像，一个用于正常状态，一个用于鼠标停留状态，也可以添加激活状态，即使用:active 动态伪类触发。预览效果如图 5.5 所示。

```
a:link, a:visited {
    display:block;
    width:200px;
    height:40px;
    line-height:40px;
    color:#000;
    text-decoration:none;
    background:#9488E9 url(images/button.gif) no-repeat left top;
    text-indent:50px;
```

```
}
a:hover{
    background:#369 url(images/butten_over.gif) no-repeat left top;
    color:#fff;
}
```

上面的代码与前面的示例相似。主要的差异是使用背景图像而不是背景颜色，同时使用固定宽度和高度的按钮，所以在 CSS 中设置显式的像素尺寸。但是，也可以创建特大的按钮图像，或者结合使用背景颜色和背景图像创建流体的或弹性的按钮。

图 5.5　设置按钮样式

【示例 3】　多图像方法的主要缺点是在浏览器第一次装载鼠标停留图像时有短暂的延迟，这会造成闪烁效果，感觉按钮有点儿反应迟钝。可以将鼠标停留图像作为背景应用于父元素，从而预先装载它们。但是，另一种方法并不切换多个背景图像，而是使用一个图像并切换它的背景位置。使用单个图像的好处是减少了服务器请求的数量，而且可以将所有按钮状态放在一个地方。

第 1 步：创建组合的按钮图像，如图 5.6 所示。

第 2 步：本例只使用正常状态和鼠标停留状态，也可以使用激活状态和已访问状态。代码几乎与前面的示例相同。设计在正常状态下，将翻转图像对准左边，而在鼠标停留状态下对准右边。

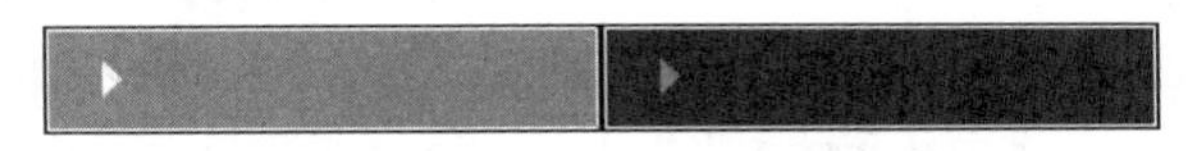

图 5.6　设计背景图像

```
a:link,a:visited{
    display:block;
    width:200px;
    height:40px;
    line-height:40px;
    color:#000;
    text-decoration:none;
    background:#9488E9 url(images/pixy-rollover.gif) no-repeat left top;
    text-indent:50px;
}
a:hover{
    background-color:#369;
    background-position: right top;
    color:#fff;
}
```

第 3 步：使用这种方式，由于 IE 仍然会向服务器请求新的图像，这会产生轻微的闪烁。为了避免闪烁，需要将翻转状态应用于链接的父元素，如包含它的段落。

```
p {
    background:#g488Eg url(images/pixy-rollover.gif) ;
    no-repeat right top;
}
```

在图像重新装载时，它仍然会消失一段时间。但是，由于提前加载，现在会露出相同的图像，消除了闪烁。

扫一扫，看视频

5.1.5 案例：基本链接样式应用

本节以示例形式汇总各种基本链接样式的设计效果，如图 5.7 所示。

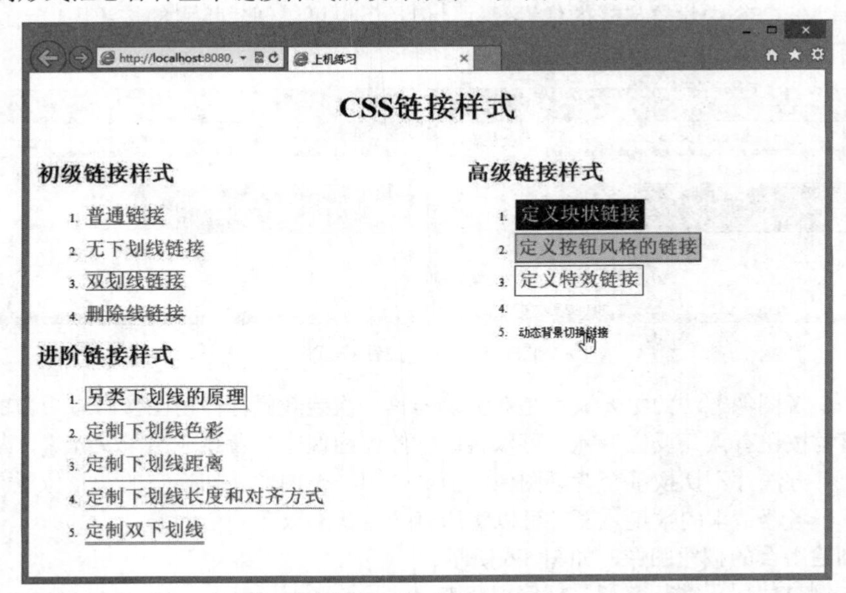

图 5.7 设置按钮样式

【操作步骤】

第 1 步：新建文档，保存为 test.html。

第 2 步：在<body>标签内输入下面的内容，定义链接列表。

```
<h1>CSS 链接样式</h1>
<div class="left">
    <h2>初级链接样式</h2>
    <ol>
        <li><a href="#" class="t1">普通链接</a></li>
        <li><a href="#" class="t2">无下划线链接</a></li>
        <li><a href="#" class="t3">双划线链接</a></li>
        <li><a href="#" class="t4">删除线链接</a></li>
    </ol>
    <h2>进阶链接样式</h2>
    <ol>
        <li><a href="#" class="t5">另类下划线的原理</a></li>
        <li><a href="#" class="t6">定制下划线色彩</a></li>
        <li><a href="#" class="t7">定制下划线距离</a></li>
        <li><a href="#" class="t8">定制下划线长度和对齐方式</a></li>
        <li><a href="#" class="t9">定制双下划线</a></li>
    </ol>
</div>
<div class="right">
    <h2>高级链接样式</h2>
    <ol>
```

```
        <li><a href="#" class="t10">定义块状链接</a></li>
        <li><a href="#" class="t11">定义按钮风格的链接</a></li>
        <li><a href="#" class="t12">定义特效链接</a></li>
        <li><a href="#" class="t13">静态背景切换链接</a></li>
        <li><a href="#" class="t14">动态背景切换链接</a></li>
    </ol>
</div>
```

第 3 步：在<head>标签内添加<style type="text/css">标签，定义一个内部样式表。

第 4 步：输入下面的样式，定义页面基本设置，同时清除链接默认的下划线，此时页面效果如图 5.7 所示。

```
.left {float: left; width: 45%;}                        /*左半栏*/
.right { float: right;width: 45%;}                      /*右半栏*/
h1 { text-align: center; }                             /*标题居中显示*/
li {margin: 1em; font-size: 12px;}                      /*列表项*/
a { /*超链接默认样式*/
    font-family: "宋体";font-size: 16pt;
    text-decoration: none;                              /*清除下划线*/
}
```

第 5 步：定义初级样式，使用 4 个样式类进行设计，主要用到字体颜色 color 和装饰线 text-decoration。

```
.t1 {color: #CC0000; text-decoration: underline}                /*1.普通链接 */
.t2 {text-decoration : none; color: #006699;}                   /*2.无下划线链接 */
.t3 {color: #006600; text-decoration: underline overline}       /*3.双划线链接 */
.t4 {color: #0066FF;text-decoration: line-through}              /*4.删除线链接 */
.t1:hover { /* 鼠标经过显示蓝色*/
    color: #0000FF;
    text-decoration: underline
}
.t2:hover { /*鼠标经过显示下划线*/
    text-decoration : underline;
    color: #339900;
}
.t3:hover { /*鼠标经过显示清除装饰线*/
    color: #9900CC;
    text-decoration: none
}
.t4:hover { /*鼠标经过显示清除删除线*/
    color: #FF0099;
    text-decoration: none
}
```

第 6 步：定义中级链接样式，主要用到边框 border 属性来设计链接边框变化效果。

```
.t5 { /* 1.另类下划线的原理*/
    border: 1px #FF0000 solid;
    height: 20px;
    color: #000099
}
.t6 { /* 2.定制下划线色彩*/
    border: #FF0000 solid;
    height: 0px;
    color: #0066FF;
    border-width: 0px 0px 1px
```

```
}
.t7 { /* 3.定制下划线距离*/
    border: #FF0000 solid;
    height: 0px;
    color: #0066FF;
    border-width: 0px 0px 1px;
    padding-bottom: 5px
}
.t8 { /* 4.定制下划线长度和对齐方式*/
    border: #FF0000 solid;
    height: 0px;
    color: #0066FF;
    border-width: 0px 0px 1px;
    width: 200px;
    text-align: center
}
.t9 { /* 5.定制双下划线*/
    border: #FF0000 double;
    height: 0px;
    color: #0066FF;
    border-width: 0px 0px 3px
}
.t5:hover { /*鼠标经过显示变色 */
    border: 1px #0000FF solid;
    height: 20px;
    color: #CCCC00
}
.t6:hover { /*鼠标经过显示改变下划线的颜色*/
    border: solid;
    height: 0px;
    color: #0066FF;
    border-width: 0px 0px 1px;
    border-color: #00FF00 #00FF00 #00FF33 #00FF33
}
.t7:hover { /*鼠标经过改变下划线远近 */
    border: #FF0000 solid;
    height: 0px;
    color: #990000;
    border-width: 0px 0px 1px;
    padding-bottom: 2px
}
.t8:hover { /*鼠标经过改变字体颜色 */
    border: #FF0000 solid;
    height: 0px;
    color: #336600;
    border-width: 0px 0px 1px;
    width: 170px;
    text-align: center
}
.t9:hover { /*鼠标经过显示改变下划线粗细*/
    border: #FF0000 double;
    height: 0px;
```

```
    color: #0066FF;
    border-width: 0px 0px 5px
}
```

第 7 步：定义高级链接样式，主要用到背景 background 属性，以及 padding、width、height、color 等来配合设计复杂的链接效果。

```
.t10 { /*1.定义块状链接 */
    border: 1px #FFFF00 solid;
    color: #FFFF00;
    clip: height;
    background-color: #990000;
    height: 20px; width: 130px;
    padding: 5px;
}
.t11 { /* 2.定义按钮风格的链接*/
    padding: 2px;
    background-color: #D9DEE8;
    height: 25px;width: 150px;
    text-align: center;
    border: #D9DEE8 outset 2px;
}
.t12 { /*3.定义特效链接 */
    text-decoration : none;
    color: #006699;
    height: 25px; width: 130px;
    padding: 4px;
    border: 1px #0000CC solid;
    filter: Blur(Add=1, Direction=45, Strength=2);
    text-align: center;
}
.t13 { /*4.静态背景切换链接 */
    color: #FFFF00;
    text-decoration: none;
    height: 25px; width: 120px;
    font-family: "宋体"; font-size: 12px;
    background-image: url(bk3.gif);
    padding-top: 6px;
    padding-left: 5px;
    text-align: center
}
.t10:hover { /*5.动态背景切换链接 */
    border: 1px #0000FF solid;
    color: #333333;
    clip: height;
    background-color: #C8D8F0;
    height: 20px;
    padding: 5px;
    width: 130px;
}
.t11:hover { /*鼠标经过改变边框色和背景色*/
    border: #99ccff 1px outset;
    padding: 2px;
```

```
    background-color: #c8d8f0;
    height: 25px; width: 150px;
    text-align: center;
}
.t12:hover { /*鼠标经过实现凸凹变化*/
    text-decoration : none;
    color: #006699;
    height: 25px; width: 130px;
    padding: 4px;
    border: 1px #0000CC solid;
    filter: Blur(Add=1, Direction=45, Strength=1);
    text-align: center
}
.t13:hover { /*鼠标经过无变化*/
    color: #FFFFFF;
    text-decoration: none;
    background-image: url(bk4.gif);
    height: 25px;width: 120px;
    padding-top: 6px; padding-left: 5px;
    text-align: center
}
.t14 { /*鼠标经过消失*/
    color: #FFFF00;
    text-decoration: none;
    height: 25px;width: 120px;
    font-family: "宋体";
    font-size: 12px;
    background-image: url(bk1.gif);
    padding-top: 5px; padding-left: 5px
}
.t14:hover { /*鼠标经过动态切换背景*/
    color: #000000;
    text-decoration: none;
    background-image: url(bk2.gif);
    height: 25px;width: 120px;
    padding-top: 5px; padding-left: 5px
}
```

5.2 实 战 案 例

本节将通过实例的形式介绍如何结合网页效果设计不同的链接样式，理解CSS链接样式的具体应用，提高实战技术水平。

扫一扫，看视频

5.2.1 鼠标光标样式

与链接相关联的还有鼠标光标样式，在网页设计中经常需要为不同超链接定制个性化的光标样式。在默认状态下，鼠标移过超链接时，光标显示为手形样式。本例介绍如何个性化设计光标样式，以改善用户体验，演示效果如图 5.8 所示。

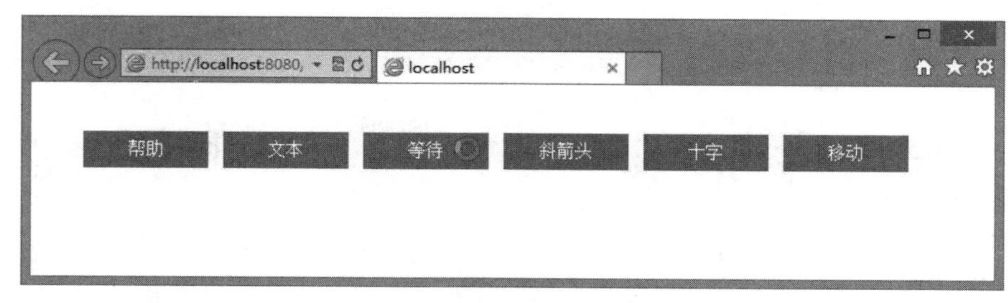

图 5.8　鼠标样式

【操作步骤】

第 1 步：新建文档，保存为 test.html。

第 2 步：构建网页结构，在<body>标签中输入以下内容。

```
<ul>
    <li> <a href="#">帮助</a></li>
    <li> <a href="#">文本</a></li>
    <li> <a href="#" >等待</a></li>
    <li> <a href="#">斜箭头</a></li>
    <li> <a href="#">十字</a></li>
    <li> <a href="#">移动</a></li>
</ul>
```

第 3 步：规划整个页面的基本显示属性，以及统一所有元素的默认样式。

```
* {
    margin:10px 0 0 10px;
    padding:0px;
}
body {
    font-size:14px;
    font-family:"宋体";
}
```

第 4 步：定义水平显示的导航菜单样式。

```
ul { list-style-type:none;}
li {
    float:left;
    margin-left:2px;
}
a {
    display:block;
    background-color:red;
    width:100px;
    height:30px;
    line-height:30px;
    text-align:center;
    color:#FFFFFF;
    text-decoration:none;
}
```

在 ul 中清除列表项目符号，通过 li 让所有列表项并列显示，通过添加左侧边界 2 像素，实现列表项目之间留有一点距离。定义 a 元素为块显示，设计背景色为亮蓝色，通过固定高、宽设置方形样式，利用 line-height 属性实现文本垂直居中，清除默认的下划线样式，设置字体为白色。显示效果如图 5.9 所示。

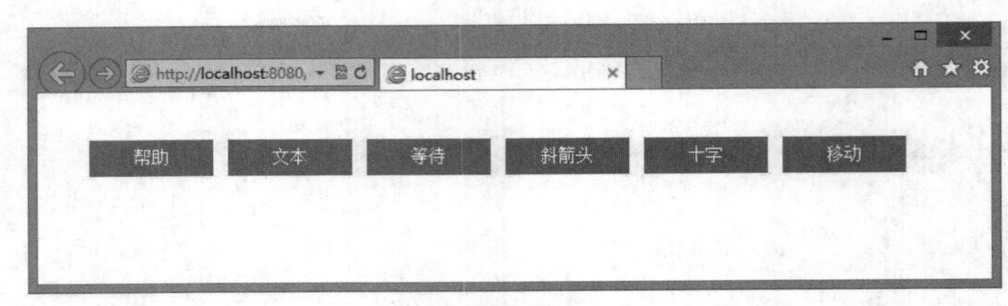

图 5.9　设置水平导航样式

第 5 步：接下来定义光标样式类，利用 CSS 的 cursor 属性定义多个光标样式类。

```
.help { cursor: help; }
.text { cursor: text; }
.wait { cursor: wait; }
.sw-resize { cursor: sw-resize; }
.crosshair { cursor: crosshair; }
.move { cursor: move; }
```

提示：

cursor 是 CSS 2.0 定义的一个属性，具体用法如下：

```
cursor : auto | all-scroll | col-resize| crosshair | default | hand | move | help
| no-drop | not-allowed | pointer | progress | row-resize | text | vertical-text
| wait | *-resize | url ( url )
```

该属性的取值说明如表 5.1 所示。

表 5.1　cursor 取值说明

属 性 值	说　明
auto	默认值。浏览器根据当前情况自动确定鼠标光标类型
all-scroll	IE6.0 有一个上下左右四个箭头、中间有一个圆点的光标，用于标示页面可以向上下左右任何方向滚动
col-resize	IE6.0 有一个左右两个箭头、中间由竖线分隔开的光标，用于标示项目或标题栏可以被水平改变尺寸
crosshair	简单的十字线光标
default	客户端平台的默认光标，通常是一个箭头
hand	竖起一只手指的手形光标，就像通常用户将光标移到超链接上时那样
move	十字箭头光标，用于标示对象可被移动
help	带有问号标记的箭头，用于标示有帮助信息存在
no-drop	IE6.0 有一个被斜线贯穿的圆圈的手形光标，用于标示被拖起的对象不允许在光标的当前位置被放下
not-allowed	IE6.0 禁止标记（一个被斜线贯穿的圆圈）光标，用于标示请求的操作不允许被执行
pointer	和手形光标一样，竖起一只手指的手形光标，就像通常用户将光标移到超链接上时那样
progress	IE6.0 有一个带有沙漏标记的箭头光标，用于标示一个进程正在后台运行
row-resize	IE6.0 有一个上下两个箭头、中间由横线分隔开的光标，用于标示项目或标题栏可以被垂直改变尺寸
text	用于标示可编辑的水平文本的光标，通常是大写字母 I 的形状
vertical-text	用于标示可编辑的垂直文本的光标，通常是大写字母 I 旋转 90 度的形状
wait	用于标示程序忙用户需要等待的光标，通常是沙漏或手表的形状
*-resize	用于标示对象可被改变尺寸方向的箭头光标，如 w-resize | s-resize | n-resize | e-resize | ne-resize | sw-resize | se-resize | nw-resize
url (url)	IE6.0 用户自定义光标。使用绝对或相对 url 地址指定光标文件（后缀为.cur 或者.ani）

第 6 步：把这些样式类绑定到列表项目中包含的链接 a 元素上即可。

```
<ul>
    <li> <a href="#" class="help">帮助</a></li>
    <li> <a href="#" class="text">文本</a></li>
    <li> <a href="#" class="wait">等待</a></li>
    <li> <a href="#" class="sw-resize">斜箭头</a></li>
    <li> <a href="#" class="crosshair">十字</a></li>
    <li> <a href="#" class="move">移动</a></li>
</ul>
```

5.2.2 文档类型提示

扫一扫，看视频

由于链接文档的类型不同，链接文件的扩展名也会不同。根据扩展名不同，分别为不同链接文件类型的超链接增加不同的图标显示，这样能方便浏览者知道自己所选择的超链类型。使用属性选择器匹配 a 元素中 href 属性值的最后几个字符，即可为不同类型的链接添加不同的显示图标。

【示例】 在下面的示例中，将模拟百度文库的“相关文档推荐”模块样式设计效果，演示如何利用属性选择器快速并准确匹配文档类型，为不同类型文档超链接定义不同的显示图标，以便浏览者准确识别文档类型。示例演示效果如图 5.10 所示。

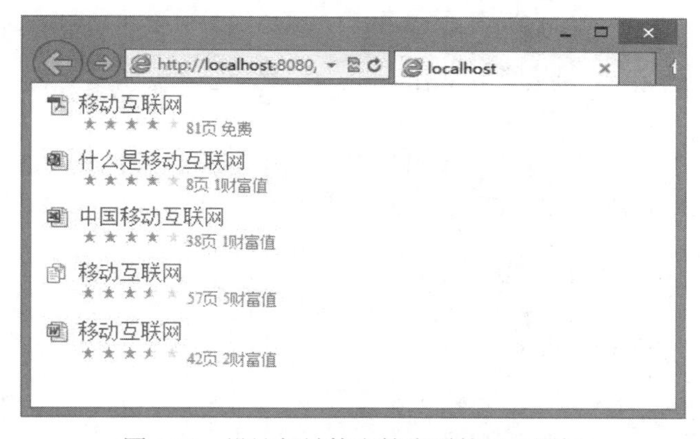

图 5.10 设计超链接文档类型的显示图标

【操作步骤】

第 1 步：构建一个简单的模块结构。在这个模块结构中，为了能够突出重点，忽略了其他细节信息。代码如下：

```
<div id="wrap">
    <p><a href="http://www.baidu.com/name.pdf">移动互联网</a><span><img src=
"images/star1.jpg" /> 81 页 免费</span> </p>
    <p><a href="http://www.baidu.com/name.ppt">什么是移动互联网</a><span><img src=
"images/star1.jpg" /> 8 页 1 财富值</span> </p>
    <p><a href="http://www.baidu.com/name.xls">中国移动互联网</a><span><img src=
"images/star1.jpg" /> 38 页 1 财富值 </span> </p>
    <p><a href="http://www.baidu.com/name.txt">移动互联网</a> <span><img src=
"images/star3.jpg" /> 57 页 5 财富值</span></p>
    <p><a href="http://www.baidu.com/name.doc">移动互联网</a><span><img src=
"images/star3.jpg" /> 42 页 2 财富值</span> </p>
</div>
```

第 2 步：新建一个内部样式表，在样式表中对案例文档进行样式初始化，涉及到百度文库页面简单模拟、快读定位布局和标签样式初始化。代码如下：

```
/*模拟百度文库的页面效果*/
body { background: url(images/bg3.jpg) no-repeat; width: 995px; height: 1401px; }
/*以绝对定位方式快速进行布局*/
#wrap { position: absolute; width: 242px; height: 232px; z-index: 1; left: 737px;
top: 395px; }
/*初始化超链接、span 元素和 p 元素基本样式*/
a { padding-left: 24px; text-decoration: none; }
span { color: #999; font-size: 12px; display: block; padding-left: 24px; padding-
bottom: 6px; }
p { margin: 4px; }
```

第 3 步：利用属性选择器为不同类型文档超链接定义显示图标。

```
a[href$="pdf"] { /*匹配 PDF 文件*/
   background: url(images/pdf.jpg) no-repeat left center;}
a[href$="ppt"] { /*匹配演示文稿*/
   background: url(images/ppt.jpg) no-repeat left center;}
a[href$="txt"] { /*匹配记事本文件*/
   background: url(images/txt.jpg) no-repeat left center;}
a[href$="doc"] { /*匹配 Word 文件*/
   background: url(images/doc.jpg) no-repeat left center;}
a[href$="xls"] { /*匹配 Excel 文件*/
   background: url(images/xls.jpg) no-repeat left center;}
```

拓展：

超链接的类型和形式是多样的，如锚链接、下载链接、图片链接、空链接、脚本链接等，都可以利用属性选择器来标识这些超链接的不同样式。代码如下：

```
a[href^="http:"] { /*匹配所有有效超链接*/
   background: url(images/window.gif) no-repeat left center;}
a[href$="xls"] { /*匹配 XML 样式表文件*/
   background: url(images/icon_xls.gif) no-repeat left center;
   padding-left: 18px;}
a[href$="rar"] { /*匹配压缩文件*/
   background: url(images/icon_rar.gif) no-repeat left center;
   padding-left: 18px;}
a[href$="gif"] { /*匹配 GIF 图像文件*/
   background: url(images/icon_img.gif) no-repeat left center;
   padding-left: 18px;}
a[href$="jpg"] { /*匹配 JPG 图像文件*/
   background: url(images/icon_img.gif) no-repeat left center;
   padding-left: 18px;}
a[href$="png"] { /*匹配 PNG 图像文件*/
   background: url(images/icon_img.gif) no-repeat left center;
   padding-left: 18px;}
```

扫一扫，看视频

5.2.3 工具提示样式

Tooltip（工具提示）是网页链接的一个交互组件，一般使用 JavaScript 实现，它设计当鼠标停留在链接文本上时，会动态显示 title 属性的值。本例使用 CSS 设计一个工具提示效果。

【操作步骤】

第 1 步：新建文档，保存为 test.html。

第 2 步：在<body>标签内输入下面的内容，定义链接。

```
<p>
<a href="http://www.baidu.com/" class="tooltip">百度<span>（百度一下，你就知道）
</span></a>
</p>
```

这个链接设置类名为 tooltip，以便从其他链接中区分出来。在这个链接中，添加希望显示为链接文本的文本，然后是包围在 span 中的链接提示文本。将链接提示包围在圆括号中，这样在 CSS 样式关闭时这个句子仍然是有意义的。此时，显示效果如图 5.11 所示。

第 3 步：在<head>标签内添加<style type="text/css">标签，定义一个内部样式表。

第 4 步：输入以下样式，将 a 的 position 属性设置为 relative，这样就可以相对于父元素的位置对 span 的内容进行绝对定位。

```
a.tooltip{
    position:relative;
}
a.tooltip span{
    display:none;
}
```

我们不希望链接提示在最初就显示出来，所以应该将它的 display 属性设置为 none。此时，显示效果如图 5.12 所示。

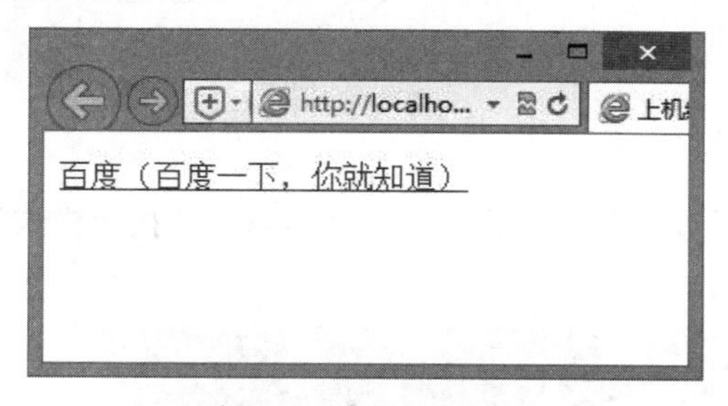

图 5.11　默认显示效果

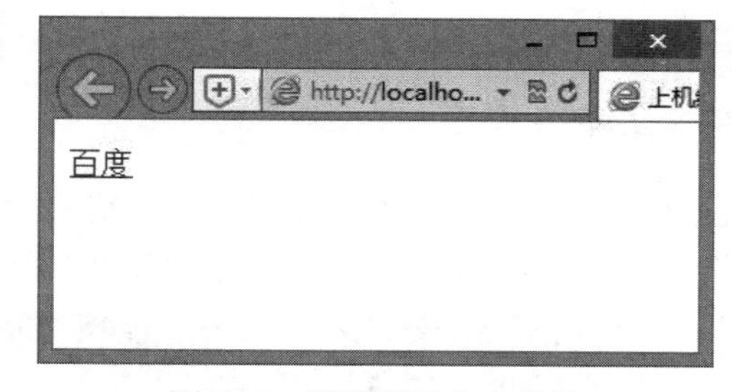

图 5.12　隐藏提示文本显示

第 5 步：当鼠标停留在这个锚上时，希望显示 span 的内容。方法是将 span 的 display 属性设置为 block，但是只在鼠标停留在这个链接上时这样做。如果现在测试此代码，当鼠标停留在这个链接上时，链接的旁边就会出现 span 文本，如图 5.13 所示。

```
a.tooltip:hover span {
    display: block;
}
```

第 6 步：为了让 span 的内容出现在锚的右下方，需要将 span 的 position 属性设置为 absolute，并且将它定位到距离锚顶部 lem、距离左边 2em 的位置。

```
a.tooltip:hover span {
    display:block;
    position:absolute;
    top:lem;
    left:2em;
}
```

第 7 步：添加一些修饰性样式，让 span 看起来更像链接提示。可以给 span 加一些填充、一个边框和背景颜色。最后演示效果如图 5.14 所示。

```
a.tooltip:hover span{
    display:block;
    position:absolute;
    top:1em;
    left:2em;
    padding: 0.4em 0.6em;
    border:1px solid #996633;
    background-color:#FFFF66;
    color:#000;
    white-space:nowrap;/*强迫在一行内显示*/
}
```

图 5.13　鼠标经过时显示提示文本

图 5.14　链接提示样式

注意：

绝对定位元素的定位是相对于最近的已定位祖先元素，如果没有，就相对于 body 元素。在这个示例中，因为已经定义 a 相对定位，所以 span 就会相对于 a 进行绝对定位。

扫一扫，看视频

5.2.4　立体菜单栏

在每个页面中，都能够看到菜单栏。菜单栏的样式千变万化、风格不一。本节以立体按钮样式为基础，设计一个水平显示的菜单栏，示例效果如图 5.15 所示。

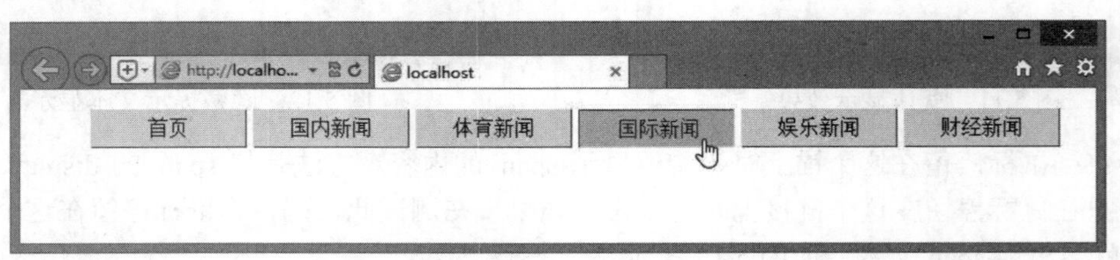

图 5.15　设计菜单样式

【操作步骤】

第 1 步：新建文档，保存为 index.html。

第 2 步：构建网页结构，在<body>标签中输入以下内容。

```
<div>
    <ul>
        <li><a href="#">首页</a></li>
        <li><a href="#">国内新闻</a></li>
        <li><a href="#">体育新闻</a></li>
        <li><a href="#">国际新闻</a></li>
        <li><a href="#">娱乐新闻</a></li>
        <li><a href="#">财经新闻</a></li>
    </ul>
```

```
</div>
```

整个菜单结构以无序列表为基础，配合使用<ul>和<li>标签来设计每个菜单项，在每个菜单项中包含一个链接，此时的显示效果如图 5.16 所示。可以看到，无序列表结构呈现垂直显示并带有项目符号，每个项目以缩进呈现。

第 3 步：定义网页基本属性，设置列表默认样式，清除项目符号，并让菜单文本居中显示。

```
body {
    margin: 0px;
    padding: 0px;
    font-size: 16px;
    font-family: "宋体";
}
div { margin: 10px auto auto 10px; }
ul {
    list-style-type: none;
    text-align: center;
}
li {
    float: left;
    margin-left: 5px;
}
```

在以上代码中，首先定义了页面边界为 0，清除页边距，统一字体大小为 16 像素，字体类型为宋体，为 div 元素定义左右 margin 为 auto，上下为 10 像素。此时的显示效果如图 5.17 所示。

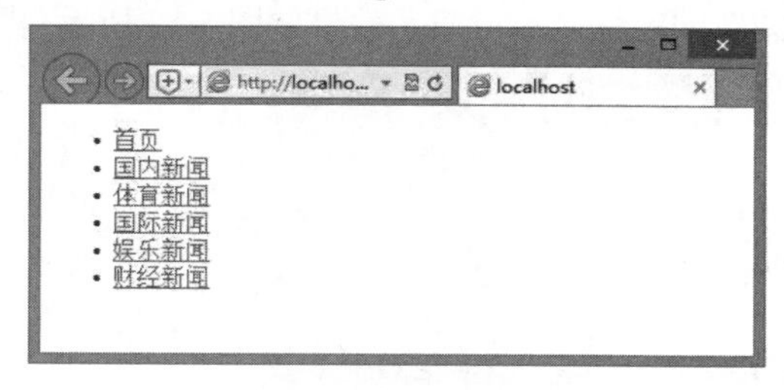

图 5.16　构建列表结构

图 5.17　设置列表基本属性

第 4 步：定义按钮样式。

```
a:link, a:visited {                    /* 超链接正常状态、被访问过的样式 */
    color: #000;
    display:block;
    width:100px;
    height:20px;
    line-height:20px;
    padding:4px 10px 4px 10px;
    background-color: #ffd8db;
    text-decoration: none;
    border-top: 1px solid #ece0e0;   /* 边框实现阴影效果 */
    border-left: 1px solid #ece0e0;
    border-bottom: 1px solid #636060;
    border-right: 1px solid #636060;
}
a:hover {                              /* 鼠标经过时的超链接 */
    color:#821818;                     /* 改变文字颜色 */
    padding:5px 8px 3px 12px;          /* 改变文字位置 */
```

```
    background-color:#e2c4c9;          /* 改变背景色 */
    border-top: 1px solid #636060;  /* 边框变换，实现“按下去”的效果 */
    border-left: 1px solid #636060;
    border-bottom: 1px solid #ece0e0;
    border-right: 1px solid #ece0e0;
}
```

在上面的代码中定义超链接在默认状态下显示黑色，顶部边框线和左侧边框线为浅色效果，而右侧和底部边框线为深色效果。当鼠标经过时，则重新设置四边边框线颜色，把上下和左右边框线颜色调换，这样利用错觉就设计出了一个凸凹立体效果。

提示：

设计立体样式的技巧就是借助边框样式的变化（主要是颜色的深浅变化）来模拟一种凸凹变化的过程，即营造一种立体变化效果。使用 CSS 设计立体效果的三种技巧：

- 利用边框线的颜色变化来制造视觉错觉。可以把右边框和底部边框结合，把顶部边框和左边框结合，利用明暗色彩的搭配来设计立体变化效果。
- 利用超链接背景色的变化来营造凸凹变化的效果。超链接的背景色可以设置为相对深色效果，以营造凸起效果，当鼠标经过时，再定义浅色背景来营造凹下效果。
- 利用环境色、字体颜色（前景色）来烘托这种立体变化过程。

扫一扫，看视频

5.2.5　设计 CSS Sprites 导航栏

本例使用 CSS Sprites 技术模仿苹果界面风格：简洁、优雅、圆润，设计一个导航菜单，示例主要用到背景图像滑动技术，演示如何使用 CSS 精确控制背景图像的定位显示，演示效果如图 5.18 所示。

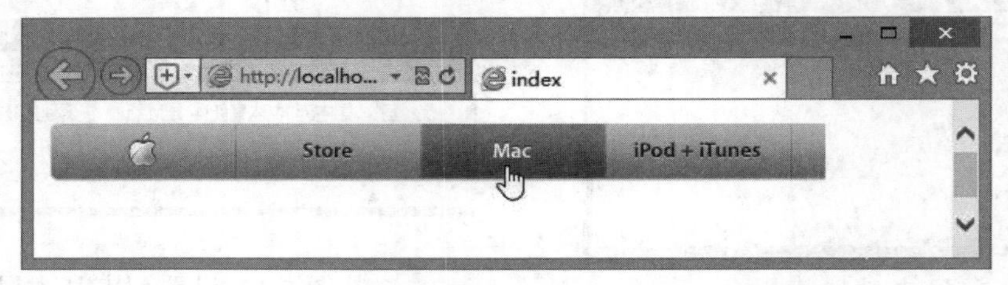

图 5.18　设计苹果导航菜单

【操作步骤】

第 1 步：新建文档，保存为 index.html。

第 2 步：构建网页基本结构。在本示例中构建了一个无序列表结构。

```
<div id="nav">
    <ul>
        <li class="n01"><a href="#">index</a></li>
        <li class="n02"><a href="#">Store</a></li>
        <li class="n03"><a href="#">Mac</a></li>
        <li class="n04"><a href="#">iPod + iTunes</a></li>
        <li class="n05"><a href="#">iPhone</a></li>
        <li class="n06"><a href="#">Downloads</a></li>
    </ul>
</div>
```

此时在没有 CSS 样式设置时的显示效果如图 5.19 所示。

第 3 步：设置标签默认样式。

```
html, body {
    height:100%;
```

```
    background:#fff;
}
body {
    font:12px "宋体", Arial, sans-serif;
    color:#333;
}
body, form, menu, dir, fieldset, blockquote, p, pre, ul, ol, dl, dd, h1, h2, h3,
h4, h5, h6 {
    padding:0;
    margin:0;
}
ul, ol, dl { list-style:none;}
```

以上代码中，首先设置了 html 和 body 样式，然后统一常用标签的样式，设置它们的边界都为 0，并清除列表结构的项目符号。此时的显示效果如图 5.20 所示。

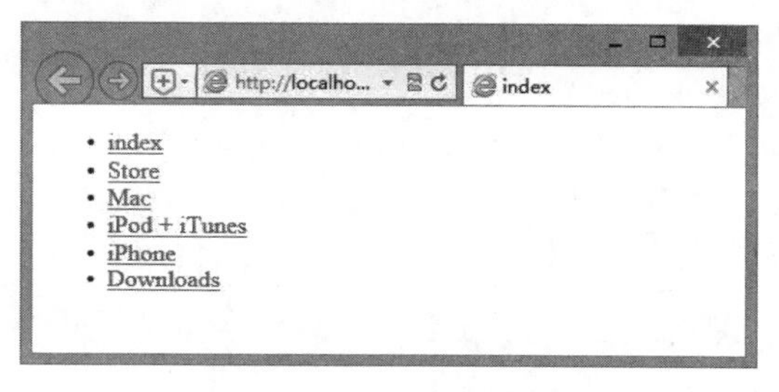

图 5.19　构建列表结构

图 5.20　设置标签默认样式

第 4 步：定义导航菜单样式。

```
#nav {
    width:490px;
    height:38px;
    margin:15px 0 0 10px;
    overflow:hidden;
    background:url(images/globalnavbg.png) no-repeat;
}
#nav li, #nav li a {
    float:left;
    display:block;
    width:117px;
    height:38px;
    background:#fff;
}
#nav li a {
    width:100%;
    text-indent:-9999px;
    background:url(images/globalnavbg.png) no-repeat 0 0;
}
```

以上代码中，首先定义了导航菜单包含框样式，定义固定宽度和高度，设置背景图，通过 overflow: hidden 声明隐藏超出区域的内容。然后设置列表项目和锚点浮动显示，实现并列显示，设置 display 为块显示，同时为锚点设置背景图像，通过 text-indent 属性隐藏文字。此时的显示效果如图 5.21 所示。

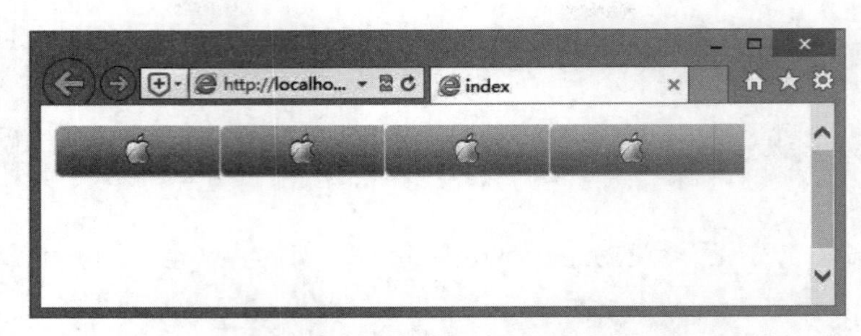

图 5.21　设置导航菜单项目样式

第 5 步：为每个列表项目定位背景图像的显示位置。

```
#nav .n01 { width:118px; }
#nav .n01 a:visited { background-position:0 -114px; }
#nav .n01 a:hover { background-position:0 -38px; }
#nav .n01 a:active { background-position:0 -76px; }
#nav .n02 a:link { background-position:-118px 0; }
#nav .n02 a:visited { background-position:-118px -114px; }
#nav .n02 a:hover { background-position:-118px -38px; }
#nav .n02 a:active { background-position:-118px -76px; }
#nav .n03 a:link { background-position:-235px 0; }
#nav .n03 a:visited { background-position:-235px -114px; }
#nav .n03 a:hover { background-position:-235px -38px; }
#nav .n03 a:active { background-position:-235px -76px; }
#nav .n04 a:link { background-position:-352px 0; }
#nav .n04 a:visited { background-position:-352px -114px; }
#nav .n04 a:hover { background-position:-352px -38px; }
#nav .n04 a:active { background-position:-352px -76px; }
#nav .n05 a:link { background-position:-469px 0; }
#nav .n05 a:visited { background-position:-469px -114px; }
#nav .n05 a:hover { background-position:-469px -38px; }
#nav .n05 a:active { background-position:-469px -76px; }
#nav .n06 a:link { background-position:-586px 0; }
#nav .n06 a:visited { background-position:-586px -114px; }
#nav .n06 a:hover { background-position:-586px -38px; }
#nav .n06 a:active { background-position:-586px -76px; }
```

从以上代码可以看到，定义了 6 个样式类，利用包含选择器为每个锚点定义不同伪类状态下的样式。最终效果如图 5.22 所示。

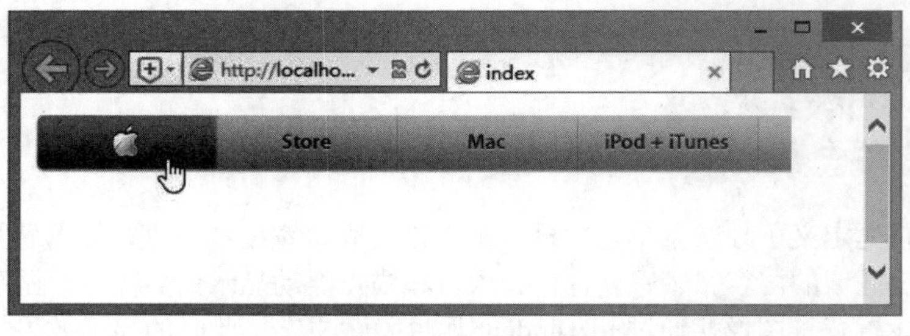

图 5.22　定位背景图像效果

拓展：

在以用户体验为核心的网页设计时代，网页响应速度是必须要关注的技术话题。网页提速有很多种方法，其中一种就是减少 HTTP 请求。每一个网站都会用到图片，当一个网站有 10 张单独的图片，就意味着在浏览网站时会向服务器提出 10 次 http 请求来加载图片。在 CSS 设计中，我们一般使用 CSS Sprites 技巧来减少图片请求，该方法也称之为 CSS 精灵。

简单描述就是，将多张小图片合成为一张大图片，减少 HTTP 请求次数而达到网页提速。下面以淘宝网为例，为大家讲解下 CSS Sprites 是如何实现的。比如要在网页上显示“今日淘宝活动”这个图片，如图 5.23 所示。

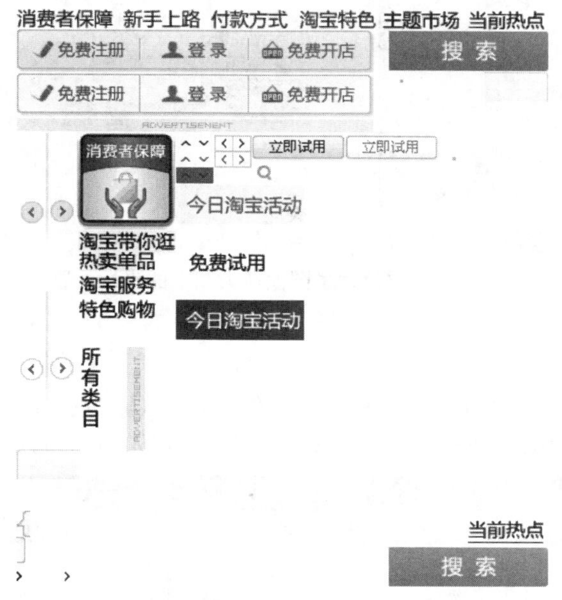

图 5.23　拼合的背景图像

实现代码如下：

```
<div  style="width:107px;  height:134px;  background:url(sprites.gif)  no-repeat
-133px -153px"></div>
```

- width：要定位图片的宽度。
- height：要定位图片的高度。CSS Sprites 要求必须定义容器的大小，不然会显示出错。
- background:url(sprites.gif)：定义背景图片的路径，no-repeat 定义背景不重复，-133px 定义 X 坐标的位置，-153px 定义 y 坐标的位置。

可能有人会不明白这个-133px 和-153px 是怎么来的，其实这个坐标是小图片在大图片中的 x 坐标和 y 坐标，如图 5.24 所示。红色点的坐标在大图上是 x 坐标为 133px，y 坐标为 153px。坐标也可以用百分比表示，如 50% 50%。有人又会提出，为什么坐标是正数，这里却写成了负数呢?

因为用 background 定义背景图片，默认 x、y 坐标是 0、0。如图 5.24 所示“今日淘宝活动”图片的坐标是 133px、153px，所以要用-133px、-153px 才能正确地显示图片。

- CSS Sprites 的优点：可以减少 HTTP 的请求数，如 10 张单独的图片就会发出 10 次 HTTP 请求，合成为一张大图片，只会发出一次 HTTP 请求，从而提高了网页加载速度。
- CSS Sprites 的缺点：由于每次图片改动都要往这张图片添加内容，图片的坐标定位要很准确，稍显繁琐。但坐标定位要固定为某个绝对值，因此会失去一些灵活性。

CSS Sprites 有优点也有缺点。要不要使用，具体要看网页以加载速度为主，还是以维护方便为主。

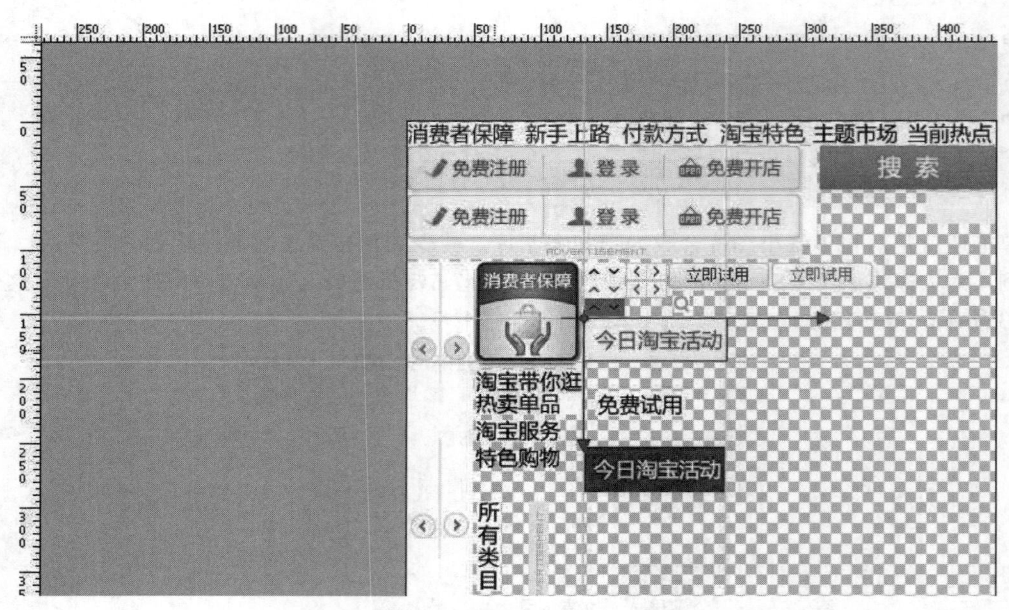

图 5.24　定位背景图像在大图中的坐标位置

扫一扫，看视频

5.2.6　选项卡

选项卡也称为标签页，通过点击相应的标签，将在固定的区域显示对应的内容，一般使用 JavaScript 来设计选项卡组件。本例使用纯 CSS 来设计选项卡效果，预览如图 5.25 所示。

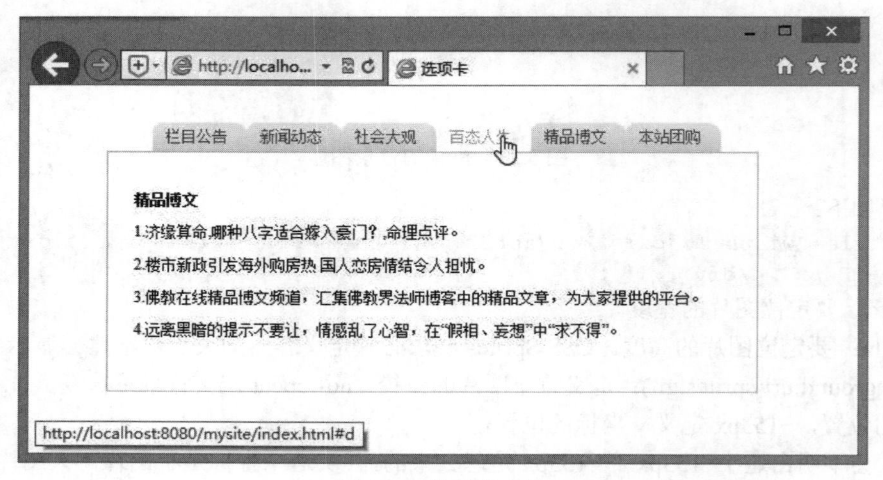

图 5.25　块状选项卡

设计思路：

这类选项卡主要由选项卡标题及其内容区域组成，并且是由多个性质类似的内容组成一个选项卡群体，通过鼠标单击选项卡标题的事件或者鼠标经过选项卡标题的事件触发选项卡标题相对应的内容区域显示。下面以效果示意图为例来分析一下选项卡是怎么通过 CSS 样式实现最终效果图中的布局方式的，如图 5.26 所示。

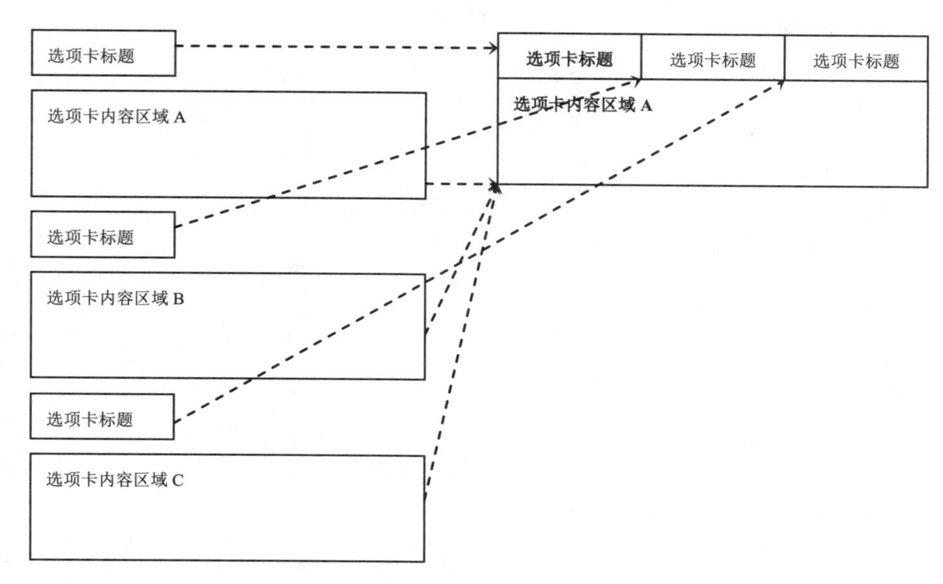

图 5.26　选项卡示意图

从上面的示意图可以看到，选项卡主要是由多个“选项卡标题”和“选项卡内容区域”组成。通过 CSS 样式中的浮动（float）属性或者定位（position）属性将“选项卡标题”和“选项卡内容区域”分别控制在某个区域，例如，可以通过浮动（float）的方式将“选项卡标题”横向排列在一排，再通过定位（position）的方式将“选项卡内容区域”定位在“选项卡标题”的下面。

【操作步骤】

第 1 步：新建文档，保存为 index.html。

第 2 步：设计选项卡结构。首先利用一个 div 标签将所有的内容包含在一个容器中，再根据示意图所展示的效果书写“选项卡标题”和“选项卡内容区域”的代码结构。在“选项卡标题”（<div class="tab_1">包含框）区域包含一个列表结构，在“选项卡内容区域”（<div class="content">）中包含多个内容框。

```
<div class="tab">
    <div class="tab_1">
        <ul>
            <li><a href="#a"><span>栏目公告</span></a></li>
            <li><a href="#b"><span>新闻动态</span></a></li>
            <li><a href="#c"><span>社会大观</span></a></li>
            <li><a href="#d"><span>百态人生</span></a></li>
            <li><a href="#e"><span>精品博文</span></a></li>
            <li><a href="#f"><span>本站团购</span></a></li>
        </ul>
    </div>
    <div class="content">
        <div class="tab_2"  id="a">
            <h3>栏目公告</h3>
            <p>1.2017 年第一季度优秀作者 06-10 •《来稿精选》第四期推出。</p>
            <p>2.动画片,动画梦工场...文集信息 标题:栏目公告 简介: 创建: 2008-01-09。</p>
            <p>3.栏目旨在为广大河南网友提供一个发表建议、反映社会各层面问题的公共网络平台。</p>
            <p>4.VIP 用户资费即日开始调整[gongxm][2017-07-23] 即日开始 VIP 栏目实现限制访
问。</p>
        </div>
        <div class="tab_2" id="b">
            ......
```

```
        </div>
        <div class="tab_2" id="c">
            ......
        </div>
        <div class="tab_2" id="d">
            ......
        </div>
        <div class="tab_2" id="e">
            ......
        </div>
        <div class="tab_2" id="f">
            ......
        </div>
    </div>
</div>
</body>
```

第 3 步：定义网页基本属性和外层包含框样式。

```
* {font-size:12px;}
html, body {
    margin:0;
    text-align:center;
    overflow:hidden;
    height:100%;
    width:100%;
    padding-left:30px;
}
ul {list-style-type:none; margin:0px;}
.tab {
    width:500px;
    clear:both;
    height: 200px;
    margin: 20px 0 2px 0;
}
```

在以上代码中，首先定义了网页基本属性，统一网页字体大小为 12 像素，清除列表结构的项目符号，清除列表缩进，设置选项卡包含框宽度为 500 像素，固定高度。显示效果如图 5.27 所示。

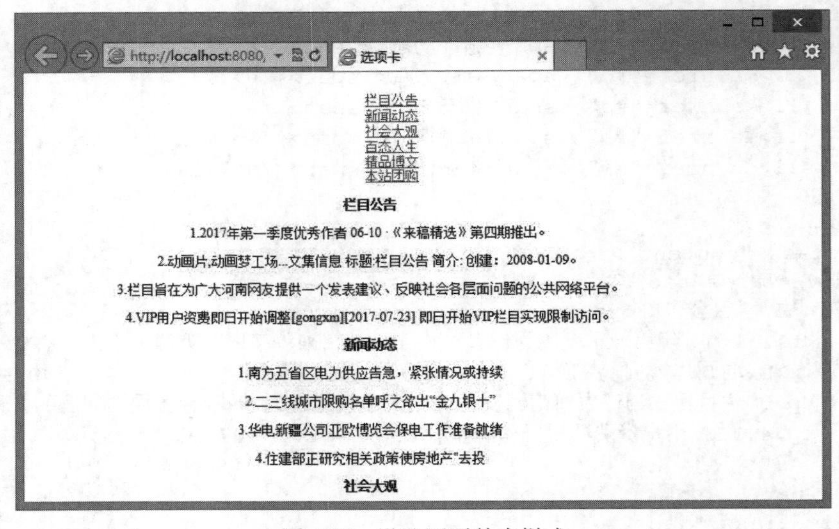

图 5.27　设计网页基本样式

第 4 步：设置内层包含框和内容样式。

```
.tab_1 {
   width:100%;
   background:#f1b1de;
   font-size:93%;line-height:normal;
}
.tab_1 ul {
   margin:0; padding:10px 10px 0 35px;
   list-style:none;
   float:left;
}
.tab_1 li {
   display:inline;
   margin:0; padding:0;
   cursor: pointer;
}
.tab_1 a {
   float:left;
   background:url("images/1.gif") no-repeat left top;
   margin:0; padding:0 0 0 4px;
   text-decoration:none;
}
.tab_1 a span {
   float:left; display:block; padding:5px 15px 4px 6px;
   background:url("images/2.gif") no-repeat right top;
   color:#666;
}
div.content{
   margin:0px;
   width:500px; height:190px; overflow:hidden;
   border: 1px solid #CCCCCC;
}
.tab_1 a:hover span {
   color:#FF9834;
   display:block;
   background-position:100% -42px;
}
.tab_1 a:hover { background-position:0% -42px;}
.tab_2 {
   height:auto;
   padding:20px;
   clear:both; text-align:left;
}
```

以上代码包括三部分：第一部分是前 5 个样式，逐层定义选项卡标题包含框样式，从外到内逐层设置；第二部分是定制内容包含框样式；第三部分定义鼠标经过标题栏时选项卡的样式，显示效果如图 5.28 所示。

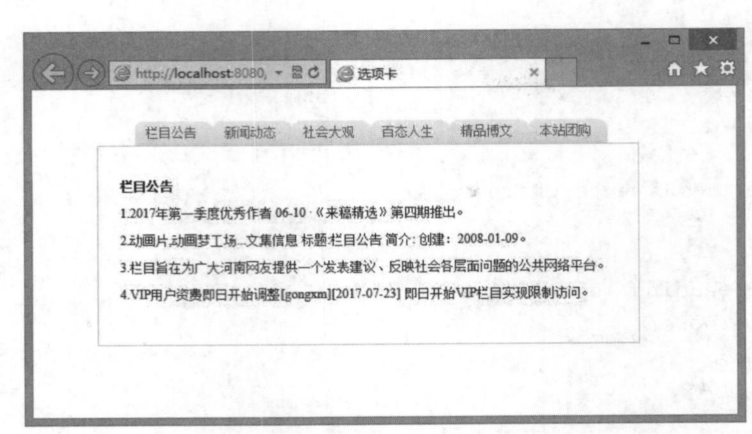

图 5.28　设置完毕的选项卡效果图

扫一扫，看视频

5.2.7　浏览大图

图片浏览的功能主要是展示图片，让图片以特定的方式显示在浏览者面前。本例利用纯 CSS 样式进行设计，功能简单，演示效果如图 5.29 所示。如此简单的相册，但其中包含很多 CSS 技巧，希望读者能够借此进一步理解 CSS 样式的灵活应用能力。

图 5.29　图片浏览

设计思路：

图片在默认状态下以缩略图的形式展现给浏览者，并且不压缩图片的原有宽度和高度属性，而是取图片的某个部分作为缩略图形式。

当鼠标悬停于某张缩略图上时，相册列表中的缩略图恢复为原始图片的宽度和高度，展现在相册的某个固定区域。当鼠标移出缩略图区域时，缩略图列表恢复原始形态。鼠标悬停效果在 CSS 中主要利用:hover 伪类实现。

【操作步骤】

第 1 步：新建文档，保存为 test.html。

第 2 步：设计选项卡结构。使用 a 元素包含一个缩略图和一个大图，通过<span>标签包含动态显示的大图和提示文本，此时页面显示效果如图 5.30 所示。

```
<div class="container">
    <a class="picture" href="#"><img class="small-pic" src="images/small-1.jpg"
```

```
/><span><img src="images/1.jpg" /><br />卤煮火烧 北京的传统小吃</span></a>
   <a class="picture" href="#"><img class="small-pic" src="images/small-2.jpg"
/><span><img src="images/2.jpg" /><br />台湾菜式 药材米酒香气的烧酒鸡</span></a> <br />
   <a class="picture" href="#"><img class="small-pic" src="images/small-3.jpg"
/><span><img src="images/3.jpg" /><br />福建菜 十香醉排骨</span></a>
   <a class="picture" href="#"><img class="small-pic" src="images/small-4.jpg"
/><span><img src="images/4.jpg" /><br /> 家常菜 宫保鸡丁</span></a> <br />
   <a class="picture" href="#"><img class="small-pic" src="images/small-6.jpg"
/><span><img src="images/6.jpg" /><br />中华美食 东坡肘子</span></a>
   <a class="picture" href="#"><img class="small-pic" src="images/small-5.jpg"
/><span><img src="images/5.jpg" /><br />毛主席爱吃的毛氏红烧肉 </span></a>
</div>
```

图 5.30　设计结构效果图

第 3 步：定义图片浏览样式。

```
.container {
   position: relative;
   margin-left:50px; margin-top:50px;
}
.picture img { border: 1px solid white; margin: 0 5px 5px 0;}
.picture:hover {background-color: transparent;}
.picture:hover img { border: 2px solid blue;}
.picture .small-pic {
   width:100px; height:60px;
   border:#FF6600 2px solid;
}
.picture span {
   position: absolute; left: -1000px;
   background-color:#FFCC33;
   padding: 5px; border: 1px dashed gray;
   visibility: hidden;
   color: black; font-weight:800;
   text-decoration:none; text-align:center;
```

```
}
.picture span img {
   border-width: 0; padding: 2px;
   width:400px; height:300px;
}
.picture:hover span {
   visibility: visible;
   top: 0; left: 230px;
}
```

在以上代码中，首先定义了包含框样式，设置包含框定位为相对定位 position: relative;，这样其中包含的各个绝对定位元素都是以当前包含框为参照物进行定位。默认设置 a 元素中包含的 span 元素为绝对定位显示并隐藏起来，而当鼠标经过时，重新恢复显示 span 元素及其包含的大图，鼠标移出之后再重新隐藏起来。由于 span 元素是绝对定位，可以把所有大图都固定到一个位置并统一大小，默认它们都是重叠在一起并隐藏显示的。

第 6 章　使用 CSS 设计列表样式

网页中经常会用到列表，它方便使用户管理内容。大多数网页都包含各种形式的列表，比如分类列表、导航列表、新闻列表、链接列表等。HTML 提供了三种列表结构，包括定义有序列表的<ol>标签、定义无序列表的<ul>标签、定义列表的<dl>标签。本章主要围绕列表的 CSS 基本属性进行介绍，同时结合网页中常用的列表栏目，介绍如何使用 CSS 进行多样化设计。

【学习重点】

- CSS 设置项目符号的方法。
- CSS 控制列表项目布局的方式。
- 综合运用项目列表样式美化网页设计。

6.1　列表样式基础

CSS 可定义的列表样式包括：项目符号类型、项目符号位置、列表项目缩进格式等。本节将通过实例介绍 CSS 设置列表样式的基本方法。

扫一扫，看视频

6.1.1　设置项目符号

CSS 使用 list-style-type 属性定义项目符号的样式，用法如下：

```
list-style-type: none
list-style-type: disc | circle | square
list-style-type: decimal | lower-roman | upper-roman | lower-alpha | upper-alpha
list-style-type: armenian | cjk-ideographic | georgian | lower-greek | hebrew |
hiragana | hiragana-iroha | katakana | katakana-iroha | lower-latin | upper-la
```

默认值为 disc（实心圆），取值为 none 时可以取消项目符号。常用参数值说明如表 6.1 所示。第 4 行中为不常用项目符号，具体说明可以参考 CSS 参考手册。

表 6.1　list-style-type 属性的常用参数值及其显示效果

列表类型	参　数	显示效果
无序列表	disc	实心圆
无序列表	circle	空心圆
无序列表	square	正方形
有序列表	decimal	阿拉伯数字 1，2，3，4，…
有序列表	upper-alpha	A，B，C，D，E，…
有序列表	lower-alpha	a，b，c，d，e，…
有序列表	upper-roman	I，II，III，IV，V，VI，VII，…
有序列表	lower-roman	i，ii，iii，iv，v，vi，vii，…
无序列表、有序列表	none	不显示任何符号

【示例 1】　启动 Dreamweaver，新建网页，保存为 test1.html，在<body>标签内输入如下代码。

```
<h2>北京最吸引人的地方</h2>
<ul>
    <li>什刹海</li>
    <li>故宫</li>
    <li>长城</li>
    <li>北海公园泛舟</li>
    <li>香山公园赏红叶</li>
</ul>>
```

在<head>标签内添加<style type="text/css">标签，定义一个内部样式表，然后输入以下样式，用来定义网页属性和列表样式。

```
body {background-color: #CCCCCC;}          /* 设置页面背景颜色 */
ul {/*列表样式*/
    color: #CC0000;
    list-style-type: square;               /*项目符号*/
}
```

显示效果如图 6.1 所示，网页背景颜色为#CCCCCC，list-style-type:square 一句样式设置了项目符号为正方形。

提示：

在 CSS 中，无论是<ol>标签，还是<ul>标签，都可以使用相同的属性值，而且效果是完全相同的。例如，本示例中修改<ul>标签的样式为项目编号。

```
ul {/*列表样式*/
    color: #CC0000;
    list-style-type: decimal;              /*项目编号*/
}
```

显示效果如图 6.2 所示。可以看到，项目列表按阿拉伯数字显示编号，这本身是有序列表<ol>的属性值，但是在 CSS 中<ul>和<ol>的样式并不分界，只要利用 list-style-type 属性，二者就可以通用。

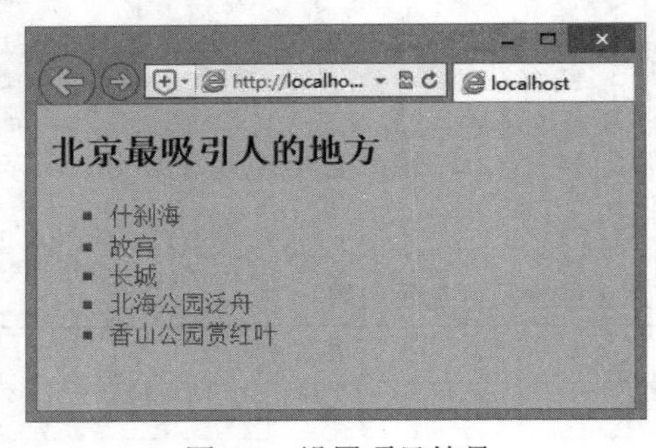

图 6.1　设置项目符号

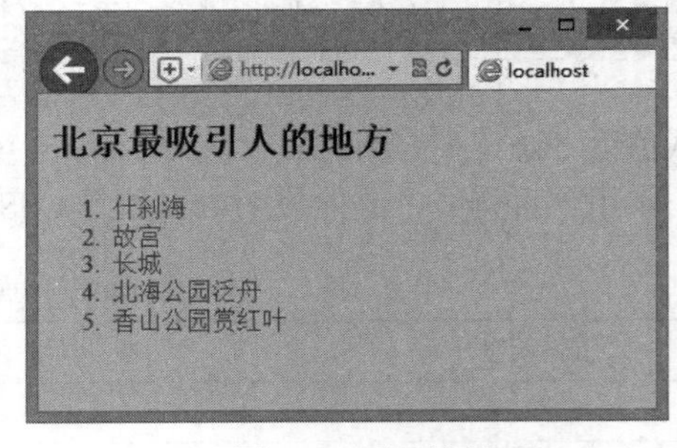

图 6.2　项目编号

【示例 2】　当给<ul>或<ol>标签设置 list-style-type 属性时，在它们中间的所有<li>标签都默认设置为该属性，但是如果单独为某个<li>标签设置 list-style-type 属性，则仅仅作用在该条项目上。

第 1 步：启动 Dreamweaver，新建一个网页，保存为 test2.html，在<body>标签内输入如下代码：

```
<h2>网站导航</h2>
<ul>
    <li>财经</li>
    <li>体育</li>
    <li>互联网</li>
    <li>时尚</li>
    <li>更多</li>
</ul>
```

第 2 步：在<head>标签内添加<style type="text/css">标签，定义一个内部样式表，然后输入以下样式，用来定义网页属性和列表样式。

```
body { background-color: #CCCCCC; }              /*设置页面背景颜色*/
ul {/*列表样式*/
    color: #CC0000;
    list-style-type: disc;                        /*项目符号为实心圆*/
}
.special { list-style-type: square;              /*单独设置项目符号为正方形*/ }
```

第 3 步：为最后一个<li>标签应用 special 类样式。

```
<li class="special">更多</li>
```

第 4 步：在浏览器中预览，显示效果如图 6.3 所示。可以看到，单独设置的<li>标签和其他标签的符号是不同的。

图 6.3　单独设置项目列表符号

提示：

list-style-type 属性在<ul>标签中默认值为 disc，如果没有设置 list-style-type 属性，列表的项目符号将显示为实心圆；<ol>标签的项目编号默认显示为阿拉伯数字，如果希望列表不显示任何符号或编号，需要添加一行 list-style-type:none;样式。

拓展：

HTML 定义了多个列表标签，简单说明如表 6.2 所示。

表 6.2　HTML 列表标签

标　签	说　明
<ul>	定义无序列表
<ol>	定义有序列表
<li>	定义列表的项目
<dir>	定义目录列表（不赞成使用）
<dl>	定义列表
<dt>	定义列表中的项目
<dd>	定义列表中项目的描述
<menu>	定义命令的菜单/列表
<menuitem>	定义用户可以从弹出菜单调用的命令/菜单项目
<command>	HTML5 新增标签，定义命令按钮

扫一扫，看视频

6.1.2 自定义项目图标

CSS 使用 list-style-image 属性定义项目的图标样式，用法如下：

```
list-style-image : none | url
```

该属性可以为列表项目指定图片作为项目符号，其中 url 是图片的路径，可以是绝对路径，也可以是相对路径。

【示例 1】 启动 Dreamweaver，新建一个网页，保存为 test1.html，输入以下内容。

```
<h1>热歌榜</h1>
<ul>
    <li>微微一笑很倾城<span class="author">杨洋</span></li>
    <li>演员<span class="author">薛之谦</span></li>
    <li>你在终点等我<span class="author">王菲</span></li>
    <li>夜空中最亮的星<span class="author">G.E.M.邓紫棋</span></li>
    <li>寂寞的人伤心的歌<span class="author">龙梅子</span></li>
    <li>来日方长<span class="author"> 薛之谦</span></li>
</ul>
```

在<head>标签内添加<style type="text/css">标签，定义一个内部样式表，然后输入以下样式，用来定义列表项目图片样式。

```
ul {/*列表样式*/
    color: #CC0000;
    list-style-image: url(images/open.png);          /*项目符号图片*/
}
.author {/*作者类样式*/
    color: #666;
    float: right;                                    /*靠右显示*/
}
```

以上代码定义了项目图片，显示效果如图 6.4 所示。

【示例 2】 list-style-image 属性对符号图像的位置控制能力不强，如果要灵活设置图标位置，可以使用背景图像替代项目符号。

第 1 步：以示例 1 为基础，另存为 test2.html。

第 2 步：重新设计内部样式表。先为列表框清除列表项目的缩进，方法是设置 margin 和 padding 为 0；再去掉默认的项目符号，方法是设置 list-style-type:none;样式。

```
ul {/*重置列表框样式*/
    margin: 0;
    padding: 0;
    list-style-type: none;
}
```

第 3 步：在列表项左边添加填充，为符号留出所需的空间。

第 4 步：将符号图像以背景图像的形式应用于列表项。

```
li{/*重设列表项目图标*/
    background: url(images/open.png) no-repeat 0 20%;
    padding-left:30px;
    line-height:28px;
}
```

使用 line-height:28px;样式增大行距，避免图标挤在一起，使用 background-position: 0 20%;样式调整背景图标的显示位置，使用 padding-left:30px;样式把文本向右挤，留出空白显示背景图标。

第 5 步：在浏览器中预览，显示效果如图 6.5 所示。

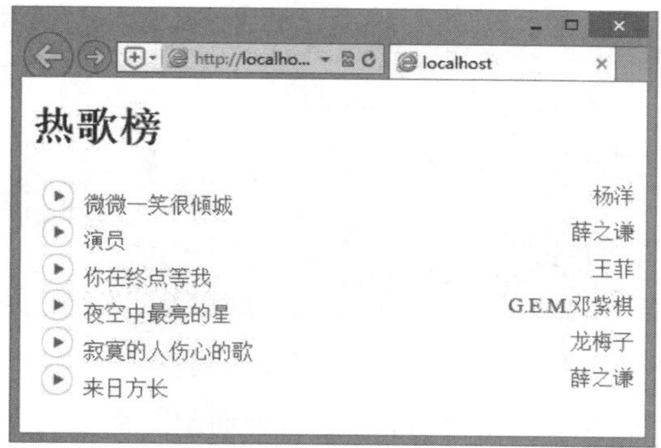
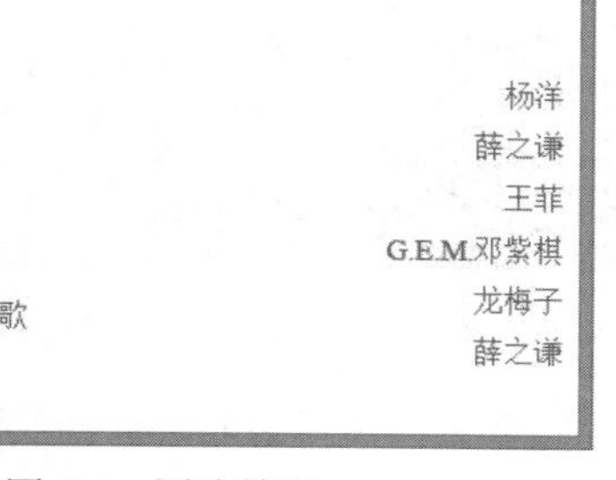

图 6.4　图片符号

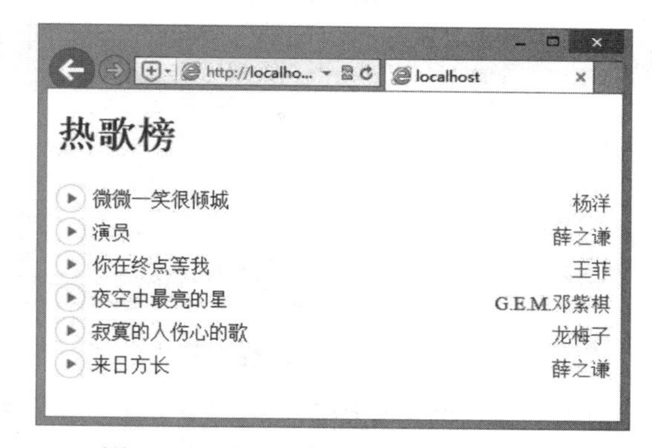

图 6.5　以背景图像的方式定义项目图标

6.1.3　定义列表项目的版式

扫一扫，看视频

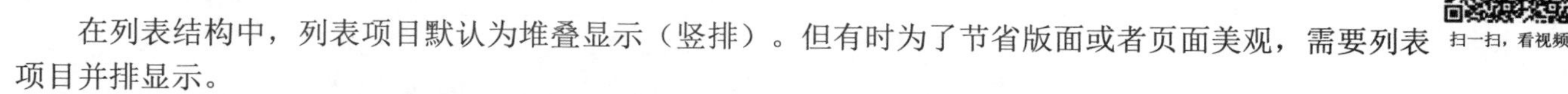

在列表结构中，列表项目默认为堆叠显示（竖排）。但有时为了节省版面或者页面美观，需要列表项目并排显示。

【示例 1】　下面介绍如何使用 CSS 实现列表项目并排显示的版式效果。

第 1 步：启动 Dreamweaver，新建一个网页，保存为 test1.html，输入以下内容。

```
<div class="content">
    <h1>百度随心听</h1>
    <p>不用找歌直接听!</p>
    <ul>
        <li>随便听听</li>
        <li>在家</li>
        <li>上网</li>
        <li>轻松</li>
        <li>舒缓</li>
    </ul>
</div>
```

第 2 步：在<head>标签内添加<style type="text/css">标签，定义一个内部样式表，然后输入以下样式，用来定义列表样式。

```
body { background-color: #CCCCCC; }/*页面背景色*/
ul,h1,p {/*重置标签样式，清除边距或缩进*/
    margin: 0px;
    padding: 0px;
}
.content {/*定义栏目框样式*/
    background-color: #F8F8F8;
    padding: 4px;
    border: solid 1px #666;
}
.content ul { list-style-type: none; }/*不显示项目符号*/
```

以上代码定义了项目列表样式，显示效果如图 6.6 所示。

第 3 步：为了让列表项目横向显示，在<li>标签里添加 float:left 语句可使各个列表项都水平显示，代码如下。

```
.content ul li { float: left; }
```

上面的代码定义列表项目左浮动，实现列表项的横向显示，效果如图 6.7 所示。

图 6.6　列表项目堆叠效果

图 6.7　横向显示列表

第 4 步：进一步美化版面，由于余下样式与本节主题无关，不再说明，详细代码可以参考本书资源包示例，最后美化完的版面效果如图 6.8 所示。

图 6.8　美化横排的列表效果

【示例 2】　定义列表项目并排显示的方式有多种。除了使用 float: left;方法实现外，也可以让列表项目在行内显示。以示例 1 为基础，另存为 test2.html，修改下面的样式同样可以实现相同效果。

```
.content ul li { display:inline-block;}
```

6.2　实 战 案 例

本节将通过实例的形式帮助读者设计 CSS 列表样式，以提高实战技能和技巧，快速理解 CSS 列表属性的应用。

扫一扫，看视频

6.2.1　设计新闻栏目

上面详细介绍了 CSS 可设置的列表样式，本节将通过新闻栏目案例帮助读者进一步认识 CSS 设置列表的方法，以及列表在网页中的应用，示例效果如图 6.9 所示。

【操作步骤】

第 1 步：构建网页结构。在本示例中首先用 3 个<div>标签设置了新闻栏目的容器，在每一个<div>块中分别用<ul>标签和<li>标签定义了新闻栏目和新闻标题。

```
<div class="junshi">
    <p>军事新闻<span>more...</span></p>
    <ul>
        <li><a href="#">英高官称世界面临冷战威胁 不重视中俄将吃亏</a> </li>
        <li><a href="#">中没与俄一起否决涉叙提案 不想驳一国面子</a> </li>
        <li><a href="#">战斗群配置太差:俄航母编队还不如中国辽宁舰</a> </li>
        <li><a href="#">日将赋予自卫队新任务 海外用兵锁链再放松</a> </li>
    </ul>
</div>
<div class="caijing">
```

```
    <p>财经资讯<span>more...</span></p>
    <ol>
        <li><a href="#">东方资管公司正式挂牌 银监会杨家才建议改制不改向</a></li>
        <li><a href="#">发改委再对新能源标杆电价征意见 下调或是必然趋势</a></li>
        <li><a href="#">我国劳务税标准 36 年未作调整 起征点仍为 800 元</a></li>
        <li><a href="#">美财政部唱多人民币：中长期稳定 汇率应更透明</a></li>
    </ol>
</div>
<div class="yule">
    <p>娱乐资讯<span>more...</span></p>
    <ul>
        <li><a href="#">回家办证？范冰冰李晨现身烟台甜蜜牵手</a> </li>
        <li><a href="#">艾玛·斯通被曝与"蜘蛛侠"分手 粉丝惊叹：太可惜</a> </li>
        <li><a href="#">郑爽陪生病外婆散步 真是个孝顺的女孩子</a> </li>
        <li><a href="#">追星要理智！张继科呼吁：跟机追车得不偿失</a> </li>
    </ul>
</div>
```

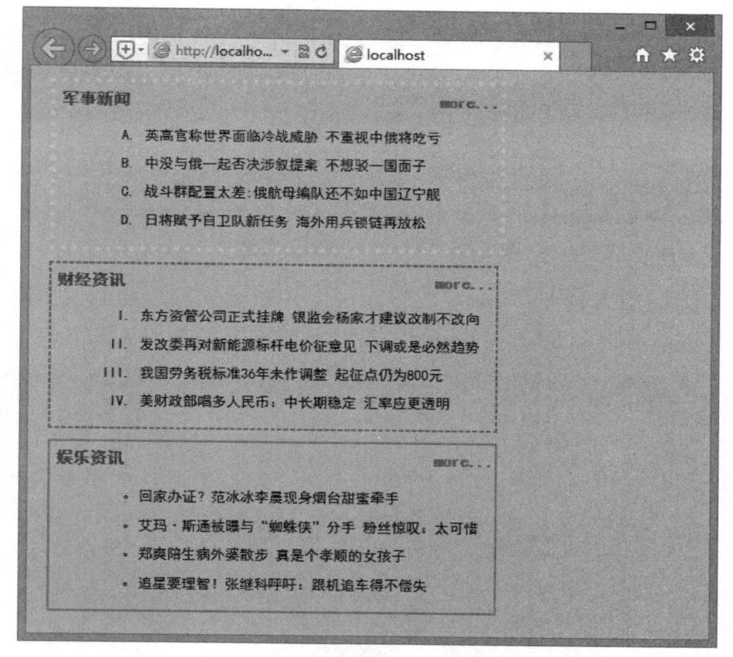

图 6.9　新闻栏目

此时页面显示效果如图 6.10 所示，可以看到，网页的基本结构已经搭建好了，但由于没有使用 CSS 修饰，界面略显简陋。

第 2 步：定义网页基本属性、新闻标题的样式以及文字“more...”的样式。

```
body {                                      /*网页基本属性*/
    font: 13px "黑体";                       /*字体样式*/
    background-color: #99CCFF;
}
p {                                         /*新闻标题的文本样式*/
    margin: 5px 0 0 5px;                    /*新闻标题文字上下补白*/
    color: #3333FF;
    font-size: 15px;
```

```
    font-weight: bold;
}
p span {                                          /*文字"more…"的显示样式*/
    color: #FF0000;
    float: right;                                 /*右对齐*/
}
```

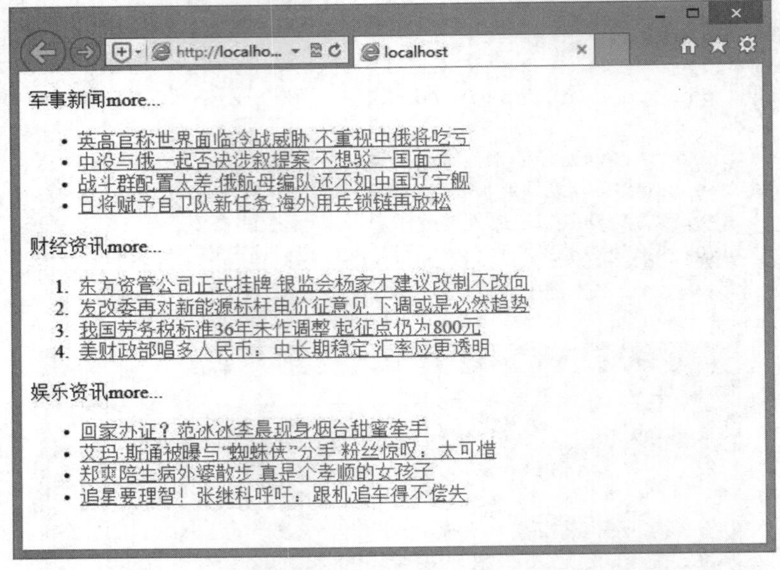

图 6.10　构建网页的基本结构

以上代码设置了页面的基本属性，<p>标签包含内容是新闻栏目的标题，设置其字体颜色、大小、加粗等属性；<span>标签包含内容是文字“more…”，此时的显示效果如图 6.11 所示。

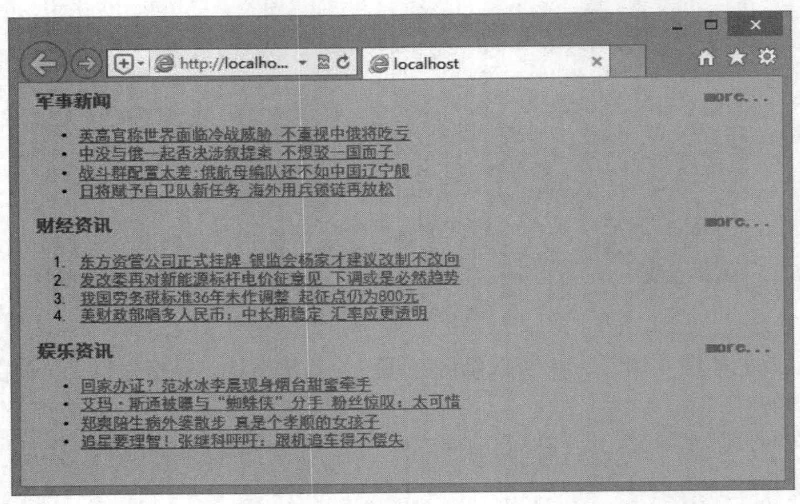

图 6.11　设置网页基本属性

第 3 步：定义<div>块样式，也就是新闻栏目块的共有属性和三个栏目各自的特有样式。

```
div {/*每一个新闻栏目块的样式*/
    line-height: 16pt;                            /*行间距*/
    width: 400px;                                 /*块的宽度*/
    margin: 10px 0 0 10px;                        /*各个新闻块之间的距离*/
```

```
}
.junshi {/*第一个栏目的样式*/
    border: 5px #FFcc00 dotted;                  /*边框样式*/
}
.caijing {/*第二个栏目的样式*/
    border: 2px #FF0000 dashed;
}
.yule {/*第三个栏目的样式*/
    border: 2px #ff33FF solid;
}
```

此时网页显示效果如图 6.12 所示。从效果图可以看到，每个新闻栏目都添加了边框。由于<ol>的项目编号默认是阿拉伯数字，虽然没有设置项目符号和编号，这里也会显示列表默认的效果。

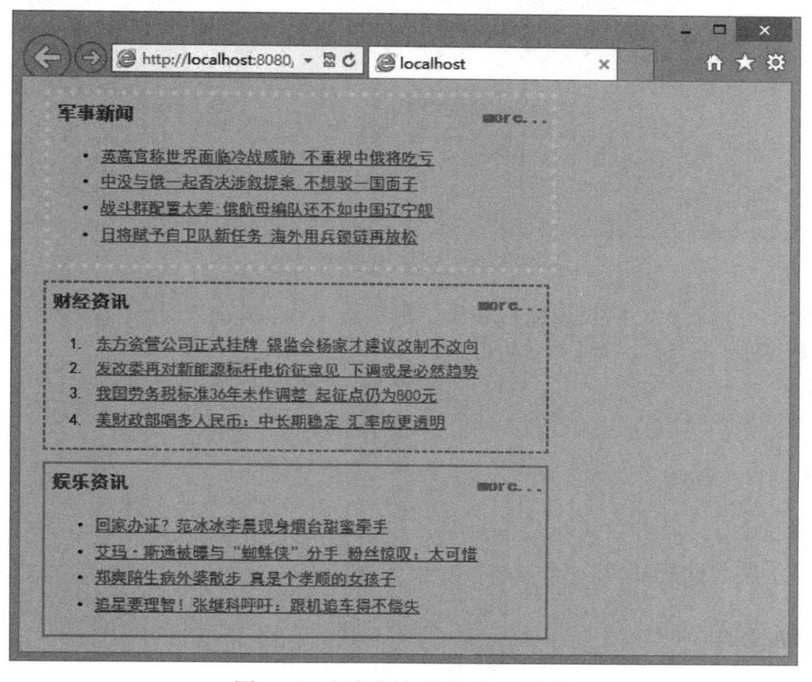

图 6.12　新闻栏目块的 CSS 设置

第 4 步：接下来为列表框<ul>和<ol>标签添加 CSS 样式。

```
.junshi ul {/*第一个新闻块的列表样式*/
    margin-left: 40px;                       /*文字左侧离边框的距离*/
    list-style-type: upper-alpha;            /*项目符号是大写字母*/
}
.caijing ol {/*第二个新闻块的列表样式*/
    margin-left: 40px;
    list-style-type: upper-roman;            /*项目符号是大写罗马字母*/
}
.yule ul {/*第三个新闻块的列表样式*/
    margin-left: 40px;
    list-style-type: circle;                 /*项目符号是空心圆*/
}
```

以上代码分别设置了三个新闻栏目的列表样式，此时显示效果如图 6.13 所示，可以看到项目符号和编号按设置的样式进行显示。

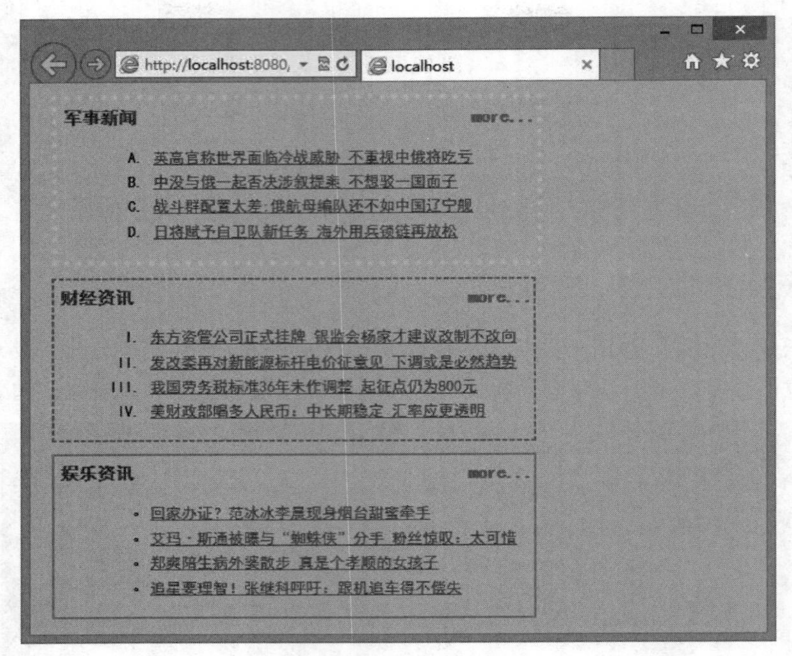

图 6.13　列表的 CSS 设置

第 5 步：从图中可以看出，网页已初现效果，最后定义<li>标签和<a>标签的样式。

```
li { /*li 标签样式，也就是新闻标题样式*/
    margin: 5px 0 5px 0;              /*每条新闻标题之间的间隔*/
}
a { /*链接样式*/
    text-decoration: none;             /*不显示下划线*/
    color: #000;
}
```

此时新闻栏目示例设计完成。

扫一扫，看视频

6.2.2　设计导航菜单

在网页中，导航菜单多使用列表结构构建，然后通过 CSS 列表样式进行美化。本例将介绍网页中常见的 Tab 导航菜单及其制作方法，案例设计效果如图 6.14 所示。

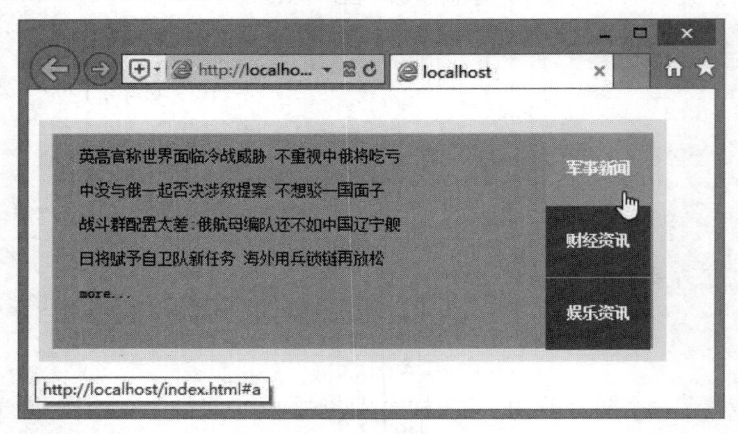

图 6.14　网站导航菜单

【操作步骤】

第 1 步：构建网页结构，在<body>标签中输入以下内容。

```
<dl>
    <dt><a href="#a">军事新闻</a><a href="#b">财经资讯</a><a href="#c">娱乐资讯</a>
</dt>
    <dd>
        <ul id="a">
            <li><a href="#">英高官称世界面临冷战威胁 不重视中俄将吃亏</a> </li>
            <li><a href="#">中没与俄一起否决涉叙提案 不想驳一国面子</a> </li>
            <li><a href="#">战斗群配置太差:俄航母编队还不如中国辽宁舰</a> </li>
            <li><a href="#">日将赋予自卫队新任务 海外用兵锁链再放松</a> </li>
            <li><a href="#">more...</a> </li>
        </ul>
        <ul id="b">
            <li><a href="#">东方资管公司正式挂牌 银监会杨家才建议改制不改向</a></li>
            <li><a href="#">发改委再对新能源标杆电价征意见 下调或是必然趋势</a></li>
            <li><a href="#">我国劳务税标准 36 年未作调整 起征点仍为 800 元</a></li>
            <li><a href="#">美财政部唱多人民币：中长期稳定 汇率应更透明</a></li>
            <li><a href="#">more...</a> </li>
        </ul>
        <ul id="c">
            <li><a href="#">回家办证？范冰冰李晨现身烟台甜蜜牵手</a> </li>
            <li><a href="#">艾玛·斯通被曝与"蜘蛛侠"分手 粉丝惊叹：太可惜</a> </li>
            <li><a href="#">郑爽陪生病外婆散步 真是个孝顺的女孩子</a> </li>
            <li><a href="#">追星要理智！张继科呼吁：跟机追车得不偿失</a> </li>
            <li><a href="#">more...</a> </li>
        </ul>
    </dd>
</dl>
```

在上面的代码中，首先用<dl>标签创建了一个自定义列表，在<dt>标签中，定义了三个栏目，分别是“军事新闻”“财经资讯”和“娱乐资讯”，在<dd>标签中包含了三个<ul>标签，用于创建<ul>无序列表，分别对应上面三个栏目“军事新闻”“财经资讯”和“娱乐资讯”的内容。此时没有任何 CSS 样式，显示效果如图 6.15 所示。

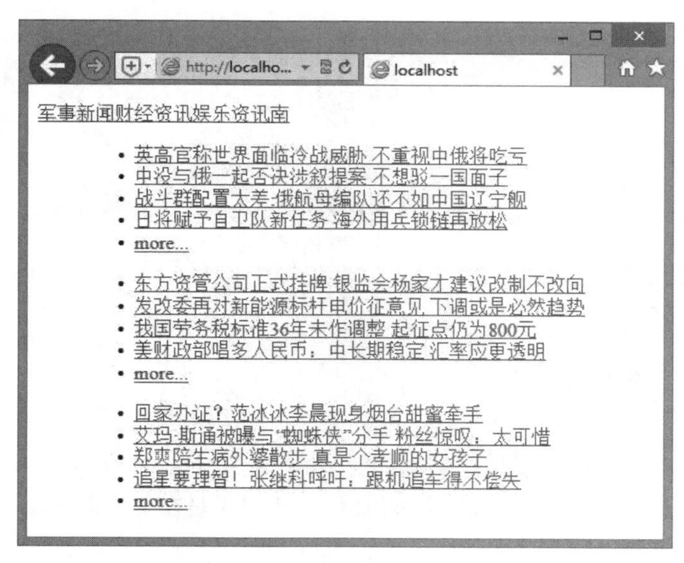

图 6.15　网页基本结构

第 2 步：规划整个页面的基本显示属性：字体颜色、背景颜色等。

```
dl { /*定义列表样式*/
    position: absolute;                     /*定义元素的绝对定位*/
    width: 460px;
    height: 170px;
    border: 10px solid #eee;                /*定义元素的边框样式*/
}
dt { /*定义 dt 标签（菜单）的样式*/
    position: absolute;                     /*定义元素的绝对定位，以父元素的原点为原点*/
    right: 1px;                             /*右边框离父标签 1px*/
}
dd { /*定义 dd 标签（菜单内容）的样式*/
    margin: 0;
    width: 460px;
    height: 170px;
    overflow: hidden;                       /*溢出隐藏*/
}
```

以上代码定义了<dl>列表的样式，效果如图 6.16 所示。在<dd>样式中，overflow:hidden;的作用是将超出指定高度和宽度的内容隐藏起来，如果没有这一句，那么三个<ul>标签中的内容将全部显示出来。

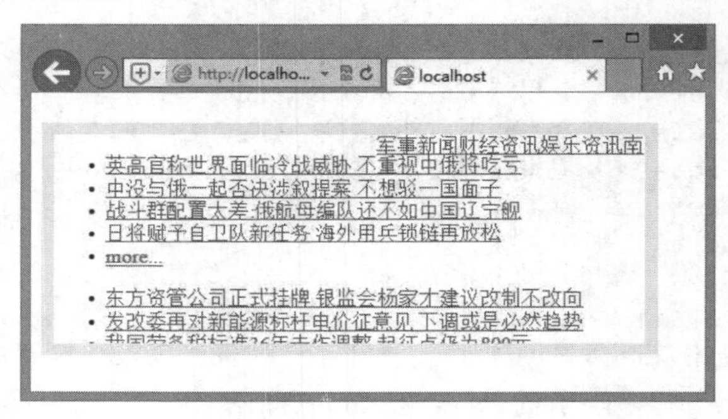

图 6.16　设置 dl 列表属性

第 3 步：设置菜单项的链接样式。

```
dt a { /*dt（菜单项）的链接样式*/
    display: block;              /*设置为块级元素*/
    margin: 1px;                 /*设置四周补白为 1px，这样可使菜单项有 1px 间隔*/
    width: 80px;                 /*菜单项的宽度*/
    height: 56px;                /*菜单项的高度*/
    text-align: center;
    font: 700 12px/55px "宋体";  /* 用 font 属性综合设置字体样式*/
    color: #fff;                 /* 字体颜色*/
    text-decoration: none;       /*不显示项目符号*/
    background: #666;            /*背景颜色*/
}
dt a:hover { /*鼠标悬停时菜单项的样式*/
    background: orange;          /*鼠标悬停时背景色改为橙色*/
}
```

以上代码设置了菜单项<dt>标签内的链接样式，其中 display:block 将本是行内元素的 a 标签改为了块元素，当鼠标进入到该块的任何部分时都会被激活，而不仅仅是在文字上方时才被激活，效果如图 6.17 所示，鼠标进入菜单区域时，变为橙色。

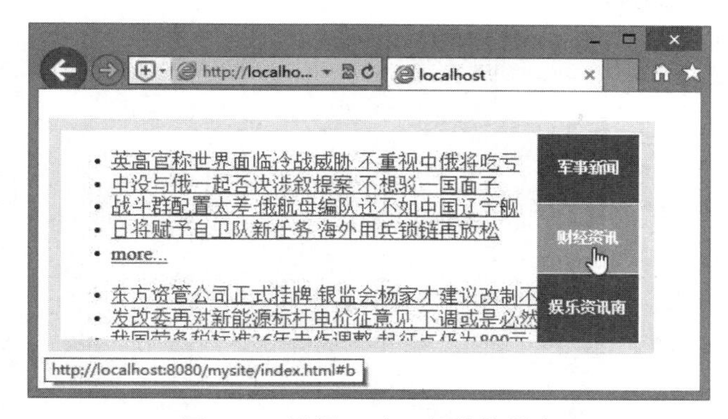

图 6.17　设置 dt 中 a 标签的样式

第 4 步：接下来设置<ul>列表和<li>标签的样式。

```
ul {/*设置列表 ul 样式*/
    margin: 0;                          /*使列表内容紧靠父标签*/
    padding: 0;
    width: 460px;
    height: 170px;
    list-style-type: none;              /*不显示列表项目*/
    background: #FF9999;                /*背景颜色*/
}
li { /* li 标签的样式*/
    width: 405px;                       /*li 标签的宽度*/
    height: 27px;
    padding-left: 20px;                 /*文字左侧距离边框有 20px 距离*/
    font: 12px/27px "宋体";             /*用 font 属性综合设置字体样式*/
}
```

以上代码定义了<ul>和<li>标签的样式。在 font:12px/27px "宋体"样式中，12px/27px 表示字体大小为 12px，行间距为 27px，相当于 font-size:12px;line-height:27px。此时，导航菜单效果设计完成。

扫一扫，看视频

6.2.3　设计多级菜单

多级下拉菜单在企业网站中应用比较广泛，其优点是在导航结构繁多的网站中使用会很方便，可节省版面。本节将介绍横版二级菜单的制作方法，进一步介绍列表在页面设计中的应用。本例演示效果如图 6.18 所示。

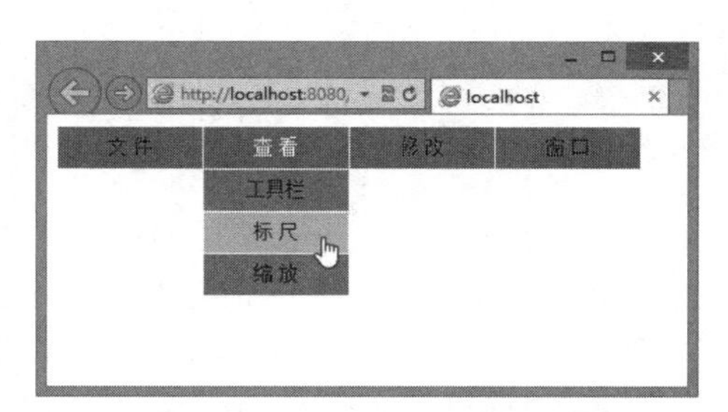

图 6.18　多级菜单

【操作步骤】

第 1 步：构建网页的基本结构。本例中将由两层嵌套的<ul>标签定义二级菜单的结构。

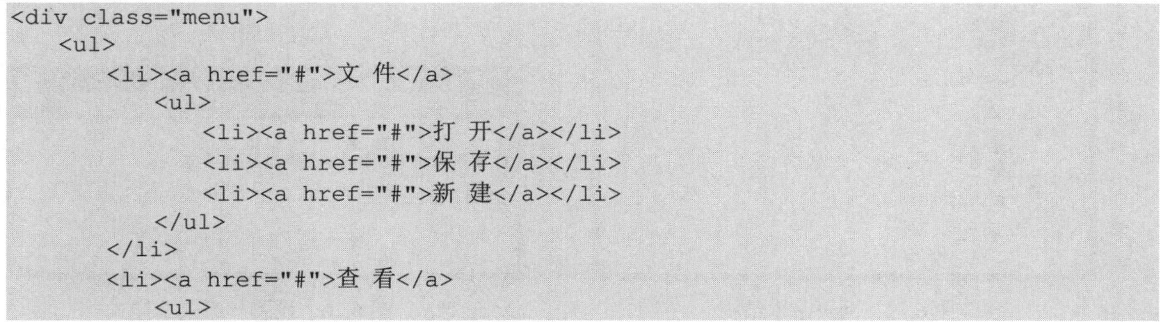

```
<div class="menu">
    <ul>
        <li><a href="#">文 件</a>
            <ul>
                <li><a href="#">打 开</a></li>
                <li><a href="#">保 存</a></li>
                <li><a href="#">新 建</a></li>
            </ul>
        </li>
        <li><a href="#">查 看</a>
            <ul>
```

```
                <li><a href="#">工具栏</a></li>
                <li><a href="#">标 尺</a></li>
                <li><a href="#">缩 放</a></li>
            </ul>
        </li>
        <li><a href="#">修 改</a>
            <ul>
                <li><a href="#">属 性</a></li>
                <li><a href="#">样 式</a></li>
            </ul>
        </li>
        <li><a href="#"> 窗 口</a>
            <ul>
                <li><a href="#">历史记录</a></li>
                <li><a href="#">颜 色</a></li>
                <li><a href="#">时间轴</a></li>
            </ul>
        </li>
    </ul>
    <div class="clear"> </div>
</div>
```

此时的网页显示效果如图 6.19 所示。

第 2 步：定义网页的 menu 容器样式，并定义一级菜单中的列表样式。

```
.menu { /*menu 样式类*/
    font-family: "黑体";              /*定义整个 menu 容器中的字体为黑体*/
    width: 440px;                    /*menu 容器宽度*/
    margin: 0;                       /*定义四周补白为 0*/
}
.menu ul { /*定义一级菜单中的列表样式*/
    padding: 0;                      /*一级菜单中列表的内边距为 0*/
    list-style-type: none;           /*不显示项目符号*/
}
.menu ul li {
    float: left;                     /*使菜单项横向显示*/
    position: relative;              /*定义一级菜单中列表的定位方式为相对定位*/
}
```

以上代码定义了一级菜单的样式，其中<li>标签通过 float: left;语句使原本竖向显示的列表项横向显示，并用 position: relative;语句设置相对定位，定义定位包含框，这样包含的二级列表结构可以以当前列表项目作为参照进行定位。此时效果如图 6.20 所示。

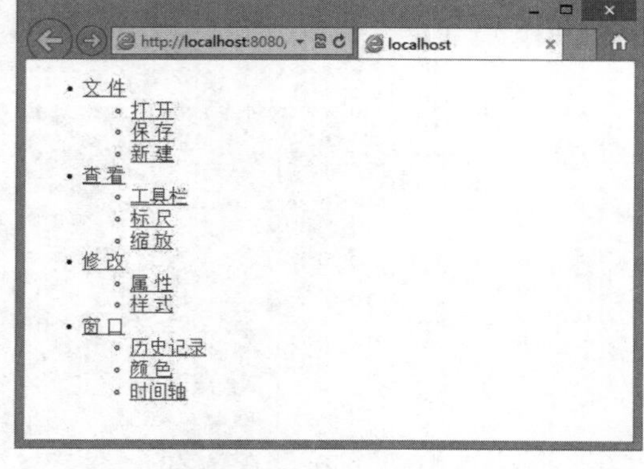

图 6.19　网页基本结构

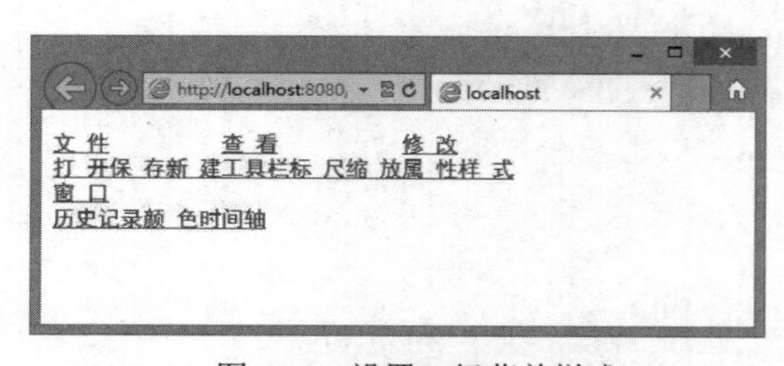

图 6.20　设置一级菜单样式

第 3 步：设置一级菜单中的<a>标签的样式和<a>标签在已访问过时和鼠标悬停时的样式。

```
.menu ul li a, .menu ul li a:visited {/*定义一级菜单中 a 对象样式及 a 对象在已访问过时的样式*/
    display: block;                          /*定义为块级元素*/
    text-align: center;                      /*居中对齐*/
    text-decoration: none;                   /*不显示下划线*/
    width: 104px;                            /*定义菜单的宽度*/
    height: 30px;                            /*高度*/
    color: #000;                             /*字体颜色*/
    border: 1px solid #fff;                  /*定义边框*/
    border-width: 1px 1px 0 0;               /*边框线条宽度，顶端为 1px，右边框为 1px*/
    background: #5678ee;                     /*背景颜色*/
    line-height: 30px;                       /*行间距*/
    font-size: 14px;                         /*字体大小*/
}
.menu ul li:hover a {/*鼠标悬停时 a 标签样式*/
    color: #fff;                             /*鼠标悬停时改变字体颜色为#fff*/
}
```

在以上代码中，首先定义 a 为块级元素，border: 1px solid #fff;语句虽然定义了菜单项的边框样式，但由于 border-width:1px 1px 0 0;语句的作用，所以在这里只显示上边框和右边框，下边框和左边框由于宽度为 0，所以不显示任何效果。

注意，当同时定义了 height: 30px;和 line-height: 30px;，两者的区别在于 height 定义的是整个 a 块的高度，而 line-height 定义的是文本的行高；另外，line-height 还有一个作用就是设计单行垂直居中，当行高为 30px、高度也为 30px，则文字会相对于 30px 垂直居中显示。

此时，页面显示效果如图 6.21 所示。

第 4 步：设置二级菜单样式。

```
.menu ul li ul {/*二级菜单中 ul 样式*/
    display: none;                           /*将二级菜单设置为不显示*/
}
.menu ul li:hover ul {/*鼠标划过一级菜单的 ul 时，二级菜单才显示*/
    display: block;                          /*定义为块级元素 */
    position: absolute;                      /*绝对定位*/
    top: 31px;                               /*相对其父标签的位置*/
    left: 0px;                               /*相对其父标签的位置*/
    width: 105px;                            /*宽度*/
}
```

在以上代码中，首先定义了二级菜单的 ul 标签样式，display: none;的作用是将其所有内容隐藏，并且使其不再占用文档中的空间；然后定义了一级菜单中 li 标签的伪类，当鼠标经过一级菜单时，二级菜单开始显示。在.menu ul li:hover ul 选择器中设置了 position: absolute;，实现二级菜单绝对定位，这样它将脱离文档流，以当前包含框<li>标签的左上角为定位原点，其定位为 top:31px; left: 0px;。

为什么是 top:31px;呢？因为其父标签<li>的 height 为 30px，所以，如果想要在一级菜单下显示，就应该定位 y 轴偏移位置为 31px；width: 105px;是由于一级菜单的 width 为 104px，加上右边框的 1px，正好是 105px。此时的显示效果如图 6.22 所示。

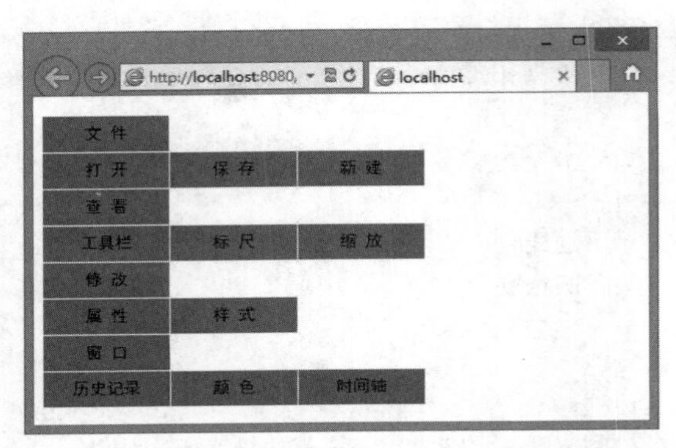

图 6.21 设置 a 对象的链接样式和鼠标悬停、已访问过的样式

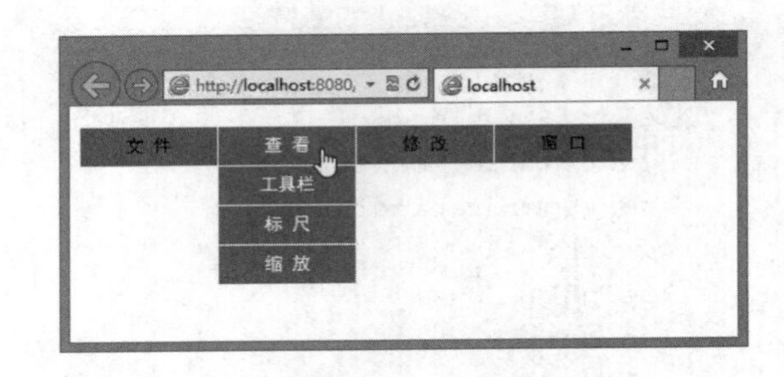

图 6.22 设置二级菜单样式

第 5 步：设置二级菜单的链接样式和鼠标悬停时的效果。

```
.menu ul li:hover ul li a {/*二级菜单链接样式*/
    display: block;
    background: #ff4321;                        /*二级菜单背景色*/
    color: #000;                                /*二级菜单字体颜色*/
}
.menu ul li:hover ul li a:hover {/*二级菜单的鼠标悬停样式*/
    background: #dfc184;                        /*二级菜单的鼠标悬停时的背景色*/
    color: #000;                                /*二级菜单的鼠标悬停时的字体颜色*/
}
```

在以上代码中，设置了二级菜单的背景色、字体颜色，以及鼠标悬停时的背景色、字体颜色。至此，完成整个示例效果。

扫一扫，看视频

6.2.4 设计列表版式

上面几节案例分别展示了使用列表制作新闻栏目、菜单等网页对象。实际上，列表还能设计各种版式，尤其适用于图文版式。本例以名为“世界十大名车欣赏”的网页模块介绍列表版式的应用，演示效果如图 6.23 所示。

【操作步骤】

第 1 步：构建网页结构。本例使用<ul>标签创建列表，在每个<li>标签中添加图片，具体代码如下。

```
<h3><a href="#/">世界十大名车欣赏</a></h3>
<ul>
    <li> <a href="#"><img src="images/1.jpg" alt="1"><span>世界十大名车之一：恩佐.法拉利</span></a></li>
    <li> <a href="#"> <img src="images/2.jpg" alt="2"> <span>世界十大名车之二：兰博基尼</span></a></li>
    <li> <a href="#"> <img src="images/3.jpg" alt="3"> <span>世界十大名车之三：奔驰 SLR</span></a></li>
    <li> <a href="#"> <img src="images/4.jpg" alt="4"> <span>世界十大名车之四： 布加迪.威龙</span></a></li>
    <li> <a href="#"> <img src="images/5.jpg" alt="5"> <span>世界十大名车之五：福特 GT</span></a></li>
    <li> <a href="#"> <img src="images/6.jpg" alt="6"> <span>世界十大名车之六：克莱斯勒 ME-Four-Twelve</span> </a></li>
    <li> <a href="#"> <img src="images/7.jpg" alt="6"> <span>世界十大名车之七：阿斯顿.马丁 DB9</span> </a></li>
```

```
    <li> <a href="#"> <img src="images/8.jpg" alt="6"> <span>世界十大名车之八：保时捷CarreraGT</span> </a></li>
    <li> <a href="#"> <img src="images/9.jpg" alt="6"> <span>世界十大名车之九：宾利欧陆 GT</span> </a></li>
    <li> <a href="#"> <img src="images/10.jpg" alt="6"> <span>世界十大名车之十：帕格尼-风之子</span> </a></li>
    <div style="clear:both;"></div>
</ul>
```

图 6.23　列表排版的应用

此时，网页的基本结构已经创建完成，由于没有应用 CSS 样式，页面效果如图 6.24 所示。

第 2 步：定义网页的基本属性和标题样式。

```
body, h3, ul { /*设置页面、h3 标签、ul 标签的四周补白和内边距都为 0*/
    margin: 0;
    padding: 0;
}
h3 { /*h3 标题样式*/
    width: 800px;                   /*宽度*/
    height: 30px;                   /*高度*/
    margin: 20px auto 0 auto;       /*设置顶部补白为 20px，左右距离为 auto，实现居中显示*/
    font-size: 20px;                /*字体大小*/
    text-indent: 10px;              /*首行缩进*/
    line-height: 30px;              /*行间距，可实现文字的垂直居中*/
    background: #E4E1D3;            /*背景颜色*/
    text-align: center;             /*h3 标签中文字的居中*/
}
h3 a {                              /*标题的链接样式*/
    color: #c00;                    /*字体颜色*/
    text-decoration: none;          /*不显示下划线*/
```

```
}
h3 a:hover {                          /*鼠标悬停时标题的样式*/
    color: #000;                      /*字体颜色*/
}
```

图 6.24　构建网页基本结构

在以上代码中，使用 body,h3,ul{ margin:0; padding:0;}样式清除 body、h3 和 ul 标签的边距；在 a 样式类和 a:hover 样式中，分别定义了标题的链接样式和鼠标经过时的样式。此时显示效果如图 6.25 所示。

图 6.25　设置网页属性和标题样式

从上图可以看到，由于没有设置<ul>的样式，图片位置错乱，接下来要对列表样式进行设置。

第 3 步：设置 ul 和 li 标签的样式，从而实现图文版式。

```
ul { /*ul 列表样式*/
    width: 774px;                    /*ul 列表宽度*/
    margin: 0 auto;                  /*ul 中所有内容居中显示*/
    padding-left: 20px;              /*左侧内边距*/
    border: 3px solid #E4E1D3;       /*边框样式*/
}
ul li {/*li 标签样式*/
    float: left;                     /*li 标签中的内容横向显示*/
    margin: 5px 10px 3px 0px;        /*四周的外边距*/
    list-style-type: none;           /*不显示项目标签*/
}
ul li a {/*设置 li 中的 a 标签样式*/
    display: block;                  /*定义为块级元素，使鼠标进入该区域链接就被激活*/
    width: 370px;                    /*宽度*/
    height: 175px;                   /*高度*/
    text-decoration: none;           /*不显示下划线*/
}
```

以上代码中定义了 ul 的宽度为 774px，边框样式为宽 3px 的实线，774px 加上两条 3px 的边框恰好和前面定义的 h3 宽度 800px 一致。

第 4 步：设置 li 标签下的<img>标签样式和<span>标签样式。

```
ul li a img { /*设置 li 中图片样式*/
    width: 370px;                    /*图片宽度*/
    height: 150px;                   /*图片高度*/
    border: 1px #000099 solid;       /*1px 宽的边框*/
}
ul li a span { /*每个图片标题的样式*/
    display: block;
    width: 370px;                    /*宽度是 370px*/
    height: 23px;                    /*高度*/
    line-height: 20px;               /*行间距*/
    font-size: 14px;                 /*字体大小*/
    text-align: center;              /*文字居中*/
    color: #333;                     /*文字颜色*/
}
```

以上代码实现的列表效果如图 6.26 所示。设置图片高度是 150px，图片的上下边框各 1px，图片标题高度是 23px，三者相加正好是前面设置的 li 的高度 175px。

6.2.5　使用列表设计图文混排页面

扫一扫，看视频

本例将使用列表结构实现图文混排的页面，演示效果如图 6.27 所示。

【操作步骤】

第 1 步：构建网页结构。本例使用<div>标签定义网页容器，然后通过<div>标签创建网页的 title 和 content 两部分，再通过<ul>标签分别创建这两部分的列表。

图 6.26　实现列表排版效果

图 6.27　列表实现图文混排的效果

```
<div id="container">
    <div class="title">
        <h3>最新最快的财经资讯</h3>
        <ul>
            <li><a href="#">最新资讯</a></li>
            <li><a href="#">国际财经</a></li>
```

```
            <li><a href="#">汽车房产</a></li>
        </ul>
    </div>
    <div class="content">
        <p><a href="#"><img src="images/1.jpg"/></a> <span><a href="#">最新资讯
</a></span> </p>
        <ul>
            <li><a href="#">A 股恐慌式跳水重挫 3.68% 大盘跌回</a></li>
            <li><a href="#">股指缓慢企稳 黄金板块逆市上涨</a></li>
            <li><a href="#">港股后市堪忧 韩国股市暂停交易</a></li>
            <li><a href="#">中国万亿美债或面临缩水</a></li>
            <li><a href="#">日经指数收低</a></li>
            <li><a href="#">七国集团发联合声明称将保证金融</a></li>
            <li><a href="#">标普或再降美信用评级</a></li>
        </ul>
    </div>
    <div class="content">
        <p> <a href="#"><img src="images/2.jpg"/></a> <span><a href="#">国际财经
</a></span> </p>
        <ul>
            <li><a href="#">埃及股市跌至两年来最低点 </a></li>
            <li><a href="#">默多克传媒帝国经济根基稳固</a></li>
            <li><a href="#">G7 将商讨美国国债降级问题</a></li>
            <li><a href="#">贸易保护剑指"中国制造"</a></li>
            <li><a href="#">欧洲央行出手购入意西两国国债</a></li>
            <li><a href="#">以色列股市 7 日暴跌</a></li>
        </ul>
    </div>
    <div class="content">
        <p> <a href="#"><img src="images/3.jpg"/></a> <span><a href="#">汽车房产
</a></span> </p>
        <ul>
            <li><a href="#">发改委称成品油价暂不具备下调条件</a></li>
            <li><a href="#">一汽-大众取缔二级经销商</a></li>
            <li><a href="#">英菲尼迪首款车 M 系</a></li>
            <li><a href="#">前 7 月北京豪宅成交逆市增两成</a></li>
            <li><a href="#">李嘉诚称继续看好内地楼市</a></li>
            <li><a href="#">调查显示 50 未限购城市外地人购房</a></li>
            <li><a href="#">首套房贷利率北京外资银行能打折</a></li>
        </ul>
    </div>
    <div class="clear"></div>
</div>
```

在 container 容器中，包括 title 和 content 两块内容。在 title 块下，又包含了 h3 和 ul 两部分；在 content 块下，定义了<p>标签和<ul>标签。此时页面效果如图 6.28 所示。

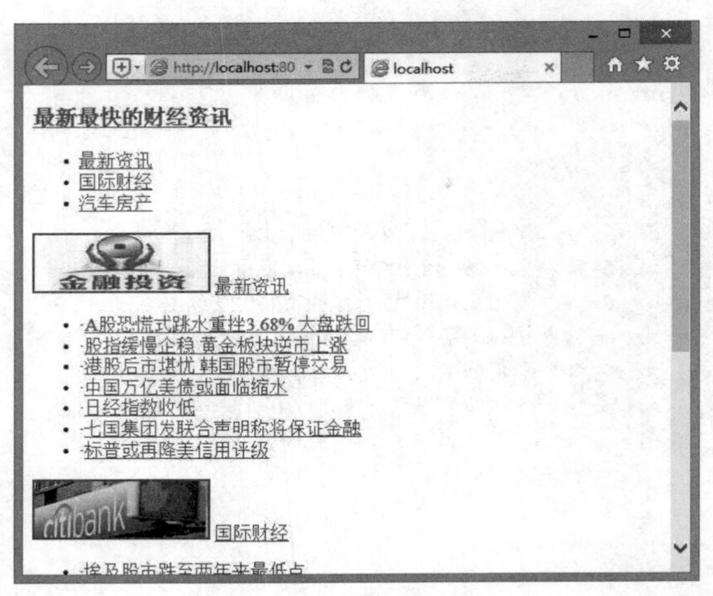

图 6.28　网页基本结构

从上图可以看出，由于没有进行 CSS 设置，网页中的各个元素就是简单地堆叠在一起，页面内容稍显杂乱。

第 2 步：定义网页基本属性和 container 样式。

```
* { /*网页中所有标签的共同样式*/
    margin: 0;                          /*外边框为 0*/
    padding: 0;                         /*内边框为 0*/
    font-size: 12px;                    /*字体大小*/
    color: #000;                        /*字体颜色*/
    list-style: none;                   /*不显示项目符号*/
}
a {/*定义网页中所有的 a 标签样式*/
    color: #03c;
    text-decoration: none;              /*不显示下划线*/
}
a:hover {
    text-decoration: underline;         /*当鼠标经过时，显示下划线*/
}
#container { /*container 容器样式*/
    width: 418px;                       /*宽度*/
    margin: 30px auto;                  /*上下补白是 30px，左右为 auto，显示为居中效果*/
    border: 1px solid #999;             /*边框样式*/
}
```

在以上代码中，先定义了网页基本属性；container 容器样式类中定义了容器宽度和居中对齐等属性。此时页面效果如图 6.29 所示。

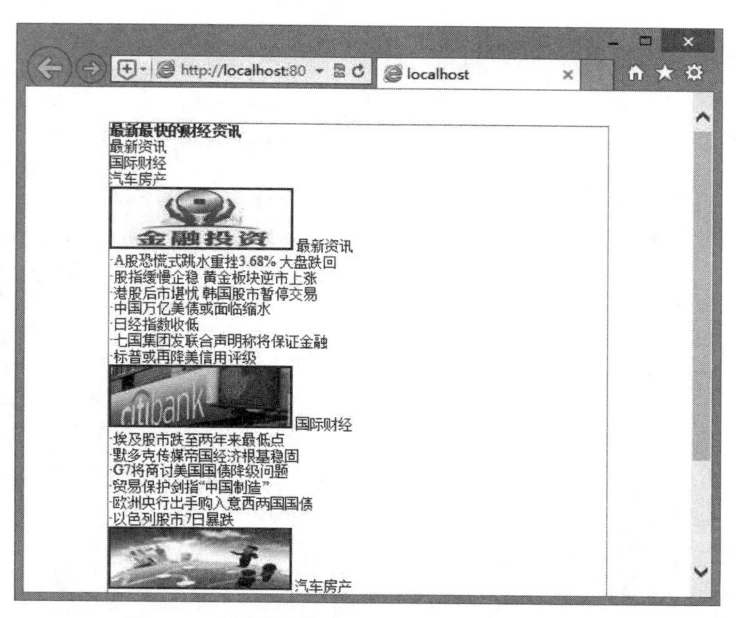

图 6.29　设置网首 container 部分和 a 标签样式

第 3 步：设置 title 部分样式。

```
.title { /*定义 title 样式*/
    width: 418px;                          /*title 块的宽度*/
    height: 32px;                          /*title 块的高度*/
    border-bottom: 1px solid #999;         /*添加底部边框*/
    background: #f2f9fd;                   /*背景颜色*/
}
.title h3 { /*定义 title 部分*/
    float: left;                           /*左浮动*/
    line-height: 32px;                     /*行间距，实现文字垂直居中*/
    padding-left: 20px;                    /*左侧内间距*/
}
.title ul { /*title 中列表样式*/
    float: right;                          /*右浮动*/
    width: 230px;                          /*列表宽度*/
}
.title ul li { /*li 标签样式*/
    float: left;
    line-height: 32px;                     /*行间距*/
    padding: 0 5px;                        /*左右补白 5px*/
}
.title ul li a { /*a 标签样式*/
    color: #333;                           /*字体颜色*/
}
```

以上代码完成如图 6.30 所示的样式设置。

最新最快的财经资讯　　最新资讯　国际财经　汽车房产

图 6.30　title 部分样式

第 4 步：设置 content 部分样式。

```
.content {/*content 块样式*/
    height: 100px;                          /*块高度*/
    margin-left: 15px;                      /*左侧补白*/
    padding: 15px 0 8px 0;                  /*顶部内边距 15px 底部内边距 8px*/
    border-bottom: 1px dotted #9AC4E9;      /*底部边框*/
}
```

第 5 步：完成 content 块中 p 标签样式的设置，在 p 标签中，包含了 a 标签、img 标签和 span 标签，分别定义了新闻栏目的图片和栏目标题。完成效果如图 6.31 所示。

图 6.31　content 中 p 标签样式

```
.content p {/*content 块中 p 标签样式*/
    float: left;                    /*左浮动，使 p 标签下的图片和标题靠左*/
    width: 156px;                   /* p 标签的宽度*/
}
.content p a { /*a 标签样式*/
    display: block;                 /*定义 a 标签为块级元素*/
}
.content p a:hover {
    border: 1px dashed #00f;        /*当鼠标经过时显示边框*/
}
.content span a {/*content 块下的 span 标签样式也就是标题样式*/
    height: 22px;                   /*高度*/
    line-height: 22px;              /*文字实现垂直居中*/
    text-align: center;             /*水平居中*/
}
.content span a:hover { /*鼠标经过时的 span 标签样式*/
    border: 0;                      /*清除边框*/
    color: #c00;                    /*字体颜色*/
}
```

在以上代码中，定义了 content 中的 p 标签样式，在 p 标签中分别包含了一幅图片和一个标题，这里的关键是<a>标签和<span>标签的样式设置。a 和 a:hover 的样式是针对图片的设置，span a 和 span a:hover 是针对标题的样式，border:0 是清除边框，因为在语句 content p a:hover{ border:1px dashed #00f;}样式类中定义了 p 标签下所有的 a 标签显示边框，所以在这里需要清除边框。此时网页的显示效果如图 6.32 所示。

图 6.32　对 p 标签样式的设置

第 6 步：从上图可以看到，网页效果基本完成，最后再对 content 中的 ul 标签进行设置。

```
.content ul { /*content 中 ul 样式*/
    float: right;          /*右浮动*/
    width: 216px;          /*ul 宽度*/
    margin: 5px 0px;       /*设置上下补白*/
}
.content ul li a:hover {   /*鼠标经过时的 li 效果*/
    color: red;
}
.clear { /*清除左右浮动*/
    clear: both;
}
```

以上代码设置了 content 中 ul 列表的样式，此时网页创建完成。

6.2.6　设计水平滑动菜单

扫一扫，看视频

在 CSS 中，一个经常被讨论的设计技巧就是背景图的可层叠性，并允许在彼此之上进行滑动，以创造一些特殊的效果，这就是滑动门特效。滑动门的形式有两种：水平滑动和垂直滑动。在列表结构中，不需要单独添加辅助标签，配合<li>和<a>标签，即可设计滑动菜单效果。本节示例重点介绍水平滑动设计技巧。

【操作步骤】

第 1 步：设计“门”。这个门实际上就是背景图，滑动门一般至少需要 2 张背景图，以实现闭合成门的设计效果，当然完全采用 1 张背景图像也一样能够设计出滑动门效果，如图 6.33 所示。

考虑到门能够适应不同尺寸的菜单，所以背景图像的宽度和高度应该尽量大，这样就可以保证比较大的灵活性。

图 6.33　设计滑动门背景图

第 2 步：设计“门轴”。至少需要 2 个元素配合使用才能使门实现自由推拉。背景图需要安装在对应的门轴之上才能够自由推拉，从而产生滑动效果。一般在列表结构中，可以利用<li>和<a>标签配合实现。

新建网页，保存为 test.html，在<body>标签内编写如下列表结构，由于每个菜单项字数不尽相同，使用滑动门来设计效果会更好。

```
<ul id="menu">
    <li><a href="#" title="">首页</a></li>
    <li><a href="#" title="">微博圈</a></li>
    <li><a href="#" title="">移动开发</a></li>
    <li><a href="#" title="">编程与设计</a></li>
    <li><a href="#" title="">程序员与语言</a></li>
    <li><a href="#" title="">编程语言排行榜</a></li>
</ul>
```

第 3 步：在<head>标签内添加<style type="text/css">标签，定义一个内部样式表，然后准备编写样式。

第 4 步：理清设计思路。把<li>和<a>标签看作两个重叠对象，类似于 Photoshop 中上下重叠的图层。

- 在下面叠放的标签（<li>）中定义如图 6.33 所示的背景图，并定位左对齐，使其左侧与<li>标签左侧对齐。
- 在上面叠放的标签（<a>）设置背景图，使其右侧与<a>标签的右侧对齐，这样两个背景图像就可以重叠在一起。

这样当菜单项包含的字数在有限的范围内变化时，菜单项左右两侧都能以圆角效果显示。

第5步：为了避免上下重叠元素的背景图相互挤压，导致菜单项两端的圆角背景图被覆盖，可以为<li>标签左侧和<a>标签右侧增加补白（padding），以此限制两个元素不能覆盖两端圆角背景图。

第6步：根据上两步的设计思路，动手编写如下CSS样式代码。

```
#menu {/* 定义列表样式 */
    background: url(images/bg1.gif) #fff;          /* 定义导航菜单的背景图像 */
    padding-left: 32px;                            /* 定义左侧的补白 */
    margin: 0px;                                   /* 清除边界 */
    list-style-type: none;                         /* 清除项目符号 */
    height:35px;                                   /* 固定高度，否则会自动收缩为 0 */
}
#menu li {/* 定义列表项样式 */
    float: left;                                   /* 向左浮动 */
    margin:0 4px;                                  /* 增加菜单项之间的距离 */
    padding-left:18px;                             /* 定义左侧补白，避免左侧圆角被覆盖 */
    background:url(images/menu4.gif) left center repeat-x; /* 定义背景图像，并左中对
齐 */
}
#menu li a {/* 定义超链接默认样式 */
    padding-right: 18px;                           /* 定义右侧补白，与左侧形成对称空白区域
*/
    float: left;                                   /* 向左浮动 */
    height: 35px;                                  /* 固定高度 */
    color: #bbb;                                   /* 定义字体颜色 */
    line-height: 35px;                             /* 定义行高，间接实现垂直对齐 */
    text-align: center;                            /* 定义文本水平居中 */
    text-decoration: none;                         /* 清除下划线效果 */
    background:url(images/menu4.gif) right center repeat-x; /* 定义背景图像 */
}
#menu li a:hover {/* 定义鼠标经过超链接的样式 */
    text-decoration:underline;                     /* 定义下划线 */
    color: #fff                                    /* 白色字体 */
}
```

第7步，保存页面之后，在浏览器中预览，则演示效果如图6.34所示。

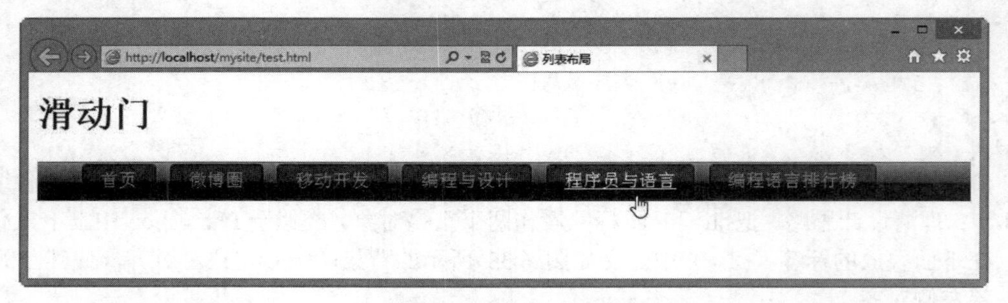

图6.34　水平滑动菜单

6.2.7 设计垂直滑动菜单

上一节介绍了水平滑动的滑动门菜单效果，本节继续介绍垂直滑动的滑动门菜单样式。

【操作步骤】

第 1 步：使用 Photoshop 设计几个大小相同但效果略有变化的图片，然后把它们在垂直方向上拼合在一起，如图 6.35 所示。

bg2.gif　　bg3.gif　　bg4.gif

图 6.35　滑动门背景图

第 2 步：单纯的垂直滑动存在一个弱点：如果菜单项字数不同（菜单项宽度不同），那么就需要考虑为不同宽度的菜单项单独设计背景图，当然就比较麻烦。解决方法：将水平滑动和垂直滑动融合在一起，设计菜单项能自由适应高度和宽度的变化。

第 3 步：根据思路，设计另一种效果的背景图，如图 6.36 所示。然后将两幅背景图拼合在一起，形成滑动的门，如图 6.37 所示。

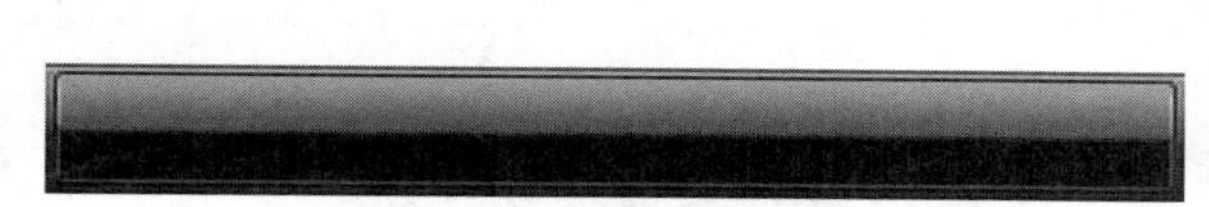

图 6.36　设计滑动背景图

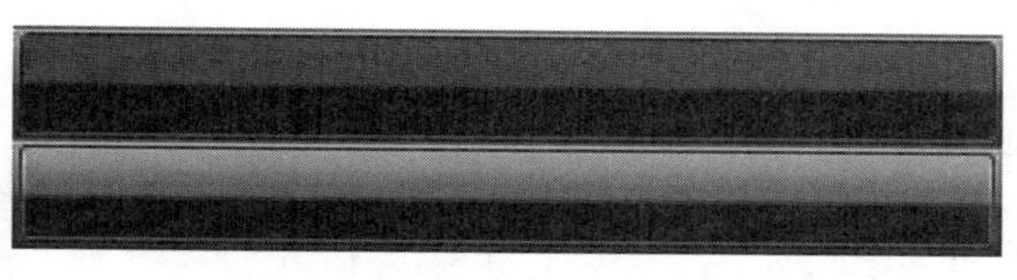

图 6.37　拼合滑动背景图

第 4 步：为了适应水平滑动和垂直滑动，仅有两层嵌套的列表结构无法实现双向滑动的效果。需完善 HTML 结构，在超链接（<a>）内再包裹一层标签（<span>）。新建网页，保存为 test.html，在<body>标签内编写如下列表结构。

```
<h1>滑动门</h1>
<ul id="menu">
    <li><a href="#" title=""><span>首页</span></a></li>
    <li><a href="#" title=""><span>微博圈</span></a></li>
    <li><a href="#" title=""><span>移动开发</span></a></li>
    <li><a href="#" title=""><span>编程与设计</span></a></li>
    <li><a href="#" title=""><span>程序员与语言</span></a></li>
    <li><a href="#" title=""><span>编程语言排行榜</span></a></li>
</ul>
```

第 5 步：在<head>标签内添加<style type="text/css">标签，定义一个内部样式表，准备编写样式。

第 6 步：设计 CSS 样式代码，可根据上节示例样式代码，把<li>标签的背景样式转给<span>标签即可，详细代码如下：

```
#menu {/* 定义列表样式 */
    background: url(images/bg1.gif) #fff;    /* 定义导航菜单的背景图像 */
    padding-left: 32px;                      /* 定义左侧的补白 */
    margin: 0px;                             /* 清除边界 */
    list-style-type: none;                   /* 清除项目符号 */
    height:35px;                             /* 固定高度，否则会自动收缩为 0 */
}
#menu li {/* 定义列表项样式 */
```

```
    float: left;                                /* 向左浮动 */
    margin:0 4px;                               /* 增加菜单项之间的距离 */
}
#menu span {/* 定义超链接内包含元素 span 的样式 */
    float:left;                                 /* 向左浮动 */
    padding-left:18px;                          /* 定义左侧补白，避免左侧圆角被覆盖 */
    background:url(images/menu4.gif) left center repeat-x; /* 定义背景图像，并左中对
齐 */
}
#menu li a {/* 定义超链接默认样式 */
    padding-right: 18px;                        /* 定义右侧补白，与左侧形成对称空白区域 */
    float: left;                                /* 向左浮动 */
    height: 35px;                               /* 固定高度 */
    color: #bbb;                                /* 定义字体颜色 */
    line-height: 35px;                          /* 定义行高，间接实现垂直对齐 */
    text-align: center;                         /* 定义文本水平居中 */
    text-decoration: none;                      /* 清除下划线效果 */
    background:url(images/menu4.gif) right center repeat-x; /* 定义背景图像 */
}
#menu li a:hover {/* 定义鼠标经过超链接的样式 */
    text-decoration:underline;                  /* 定义下划线 */
    color: #fff                                 /* 白色字体 */
}
```

第 7 步：上面的样式代码仅完成了上节示例的滑动效果，下面需修改部分样式，设计鼠标经过时的滑动效果，把如下样式：

```
#menu li a:hover {/* 定义鼠标经过超链接的样式 */
    text-decoration:underline;          /* 定义下划线 */
    color: #fff                         /* 白色字体 */
}
```

修改为：

```
#menu a:hover {/* 定义鼠标经过超链接的样式 */
    color: #fff;                        /* 白色字体 */
    background:url(images/menu5.gif) right center repeat-x; /* 定义滑动后的背景图像 */
}
#menu a:hover span {/* 定义鼠标经过超链接的样式 */
   background:url(images/menu5.gif) left center repeat-x;   /* 定义滑动后的背景图像 */
    cursor:pointer;                     /* 定义鼠标经过时显示手形指针 */
    cursor:hand;                        /* 早期 IE 版本下显示为手形指针 */
}
```

第 8 步：保存页面之后，在浏览器中预览，则演示效果如图 6.38 所示。

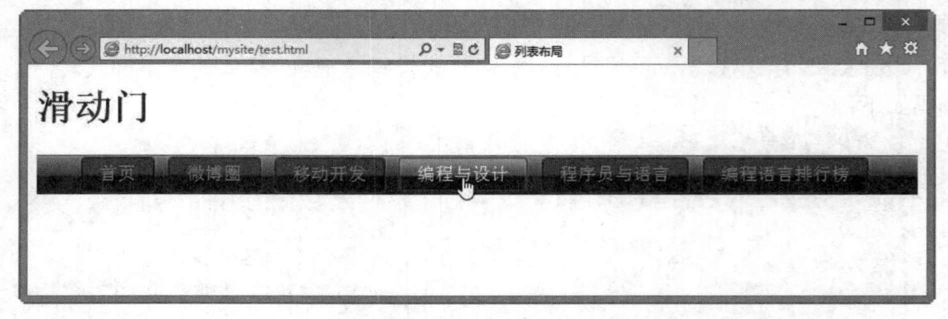

图 6.38　水平与垂直滑动菜单

6.2.8 设计 Tab 面板

扫一扫，看视频

Tab 面板在栏目中比较常用，因为它能够在有限的空间内包含更多的分类信息，适合商业网站的版面集成设计，如图 6.39 所示。

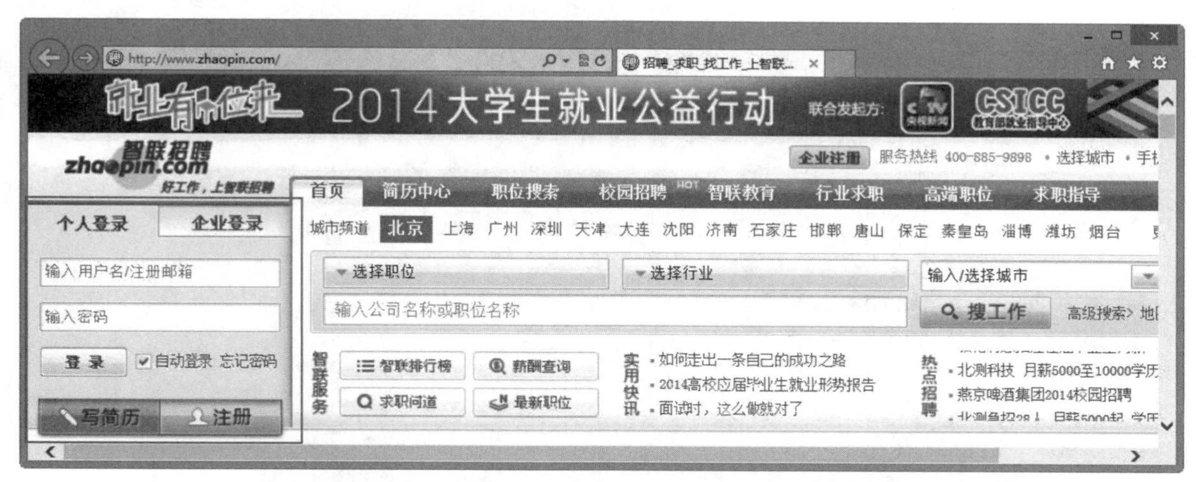

图 6.39 Tab 面板菜单

Tab 面板菜单设计思路：利用 CSS 隐藏或显示栏目的部分内容，实际 Tab 面板所包含的全部内容都已经下载到客户端浏览器中。一般 Tab 面板仅显示一个 Tab 菜单项，当用户点击对应的菜单项之后，才会显示对应的内容。下面的示例详细讲解 Tab 面板菜单的设计方法。

【操作步骤】

第 1 步：新建网页，保存为 test.html，在<body>标签内编写如下结构，构建 HTML 文档。

```
<div id="tab">
    <div class="Menubox">
        <ul>
            <li id="tab_1" class="hover" onclick="setTab(1,4)">明星</li>
            <li id="tab_2" onclick="setTab(2,4)">搞笑</li>
            <li id="tab_3" onclick="setTab(3,4)">美女</li>
            <li id="tab_4" onclick="setTab(4,4)">摄影</li>
        </ul>
    </div>
    <div class="Contentbox">
        <div id="con_1" class="hover" ><img src="images/1.png" /></div>
        <div id="con_2" class="hide"><img src="images/2.png" /></div>
        <div id="con_3" class="hide"><img src="images/3.png" /></div>
        <div id="con_4" class="hide"><img src="images/4.png" /></div>
    </div>
</div>
```

在 Tab 面板中，<div class="Menubox">框包含的内容是菜单栏，<div class="Contentbox">框包含的是面板内容。

第 2 步：在<head>标签内添加<style type="text/css">标签，定义一个内部样式表，准备编写样式。

第 3 步：定义 Tab 菜单的 CSS 样式。这里包含三部分 CSS 代码：第一部分重置列表框、列表项和超链接默认样式，第二部分定义 Tab 选项卡基本结构，第三部分定义与 Tab 菜单相关的几个类样式。详细代码如下：

```
/* 页面元素的默认样式*/
a {/* 超链接的默认样式 */
    color:#00F;                          /* 定义超链接的默认颜色 */
    text-decoration:none;                /* 清除超链接的下划线样式 */
}
a:hover { color: #c00; }/* 鼠标经过超链接的默认样式 */
ul {/* 定义列表结构基本样式 */
    list-style:none;                     /* 清除默认的项目符号 */
    padding:0;                           /* 清除补白 */
    margin:0px;                          /* 清除边界 */
    text-align:center;                   /* 定义包含文本居中显示 */
}
/* 选项卡结构*/
#tab {/* 定义选项卡的包含框样式 */
    width:920px;                         /* 定义 Tab 面板的宽度 */
    margin:0 auto;                       /* 定义 Tab 面板居中显示 */
    font-size:12px;                      /* 定义 Tab 面板的字体大小 */
    overflow:hidden;                     /* 隐藏超出区域的内容 */
}
/* 菜单样式类*/
.Menubox {/* Tab 菜单栏的类样式 */
    width:100%;                          /* 定义宽度，满包含框宽度显示 */
    background:url(images/tab1.gif);     /* 定义 Tab 菜单栏的背景图像 */
    height:28px;                         /* 固定高度 */
    line-height:28px;                    /* 定义行高，间接实现垂直文本居中显示 */
}
.Menubox ul {margin:0px; padding:0px; }/* 清除列表缩进样式 */
.Menubox li {/* Tab 菜单栏包含的列表项基本样式 */
    float:left;                          /* 向左浮动，实现并列显示 */
    display:block;                       /* 块状显示 */
    cursor:pointer;                      /* 定义手形指针样式 */
    width:114px;                         /* 固定宽度 */
    text-align:center;                   /* 定义文本居中显示 */
    color:#949694;                       /* 字体颜色 */
    font-weight:bold;                    /* 加粗字体 */
}
.Menubox li img{ width:100%;}
.Menubox li.hover {/* 鼠标经过列表项的样式类 */
    padding:0px;                         /* 清除补白 */
    background:#fff;                     /* 加亮背景色 */
    width:116px;                         /* 固定宽度显示 */
    border:1px solid #A8C29F;            /* 定义边框线 */
    border-bottom:none;                  /* 清除底边框线样式 */
    background:url(images/tab2.gif);     /* 定义背景图像 */
    color:#739242;                       /* 定义字体颜色 */
    height:27px;                         /* 固定高度 */
```

```
    line-height:27px;                          /* 定义行高，实现文本垂直居中 */
}
.Contentbox {/* 定义 Tab 面板中内容包含框基本样式类 */
    clear:both;                                /* 清除左右浮动元素 */
    margin-top:0px;                            /* 清除顶边界 */
    border:1px solid #A8C29F;                  /* 定义边框线样式 */
    border-top:none;                           /* 清除顶部边框线样式 */
    padding-top:8px;                           /* 定义顶部补白，增加与 Tab 菜单距离 */
}
.hide {display:none; /* 隐藏元素显示 */}/* 隐藏样式类 */
```

第 4 步：使用 JavaScript 设计 Tab 交互效果。下面的 JavaScript 函数定义了两个参数，第一个参数定义要隐藏或显示的面板，第二个参数定义当前 Tab 面板包含了几个 Tab 选项卡。然后定义当前选项卡包含的列表项的类样式为 hover，最后为每个 Tab 菜单中的 li 元素调用该函数，从而实现单击对应的菜单项，即可自动激活该脚本函数，并把当前列表项的类样式设置为 hover，同时显示该菜单对应的面板内容，而隐藏其他面板内容。

```
<script>
function setTab(cursel,n){
    for(i=1;i<=n;i++){
        var menu=document.getElementById("tab_"+i);
        var con=document.getElementById("con_"+i);
        menu.className=i==cursel?"hover":"";
        con.style.display=i==cursel?"block":"none";
    }
}
</script>
```

第 5 步：保存页面之后，在浏览器中预览，则演示效果如图 6.40 所示。

图 6.40　Tab 面板菜单效果

6.2.9　设计下拉式面板

扫一扫，看视频

下拉式面板比较特殊，当鼠标移到菜单项目上时将自动弹出一个下拉的大面板，在该面板中显示各种分类信息。这种版式在电商类型网站中应用比较多，如图 6.41 所示。

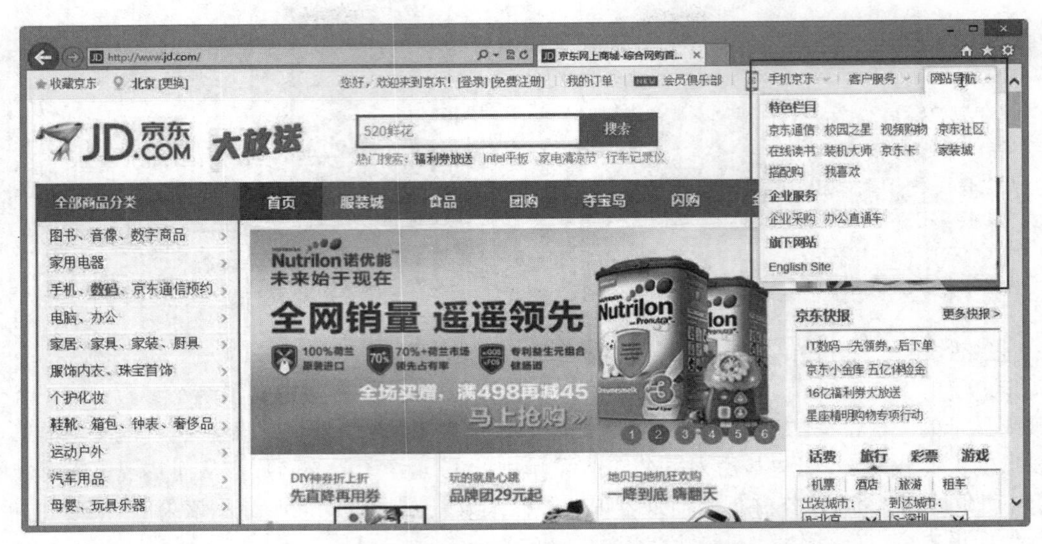

图 6.41　京东商城网站的置顶导航下拉面板效果

下拉式导航面板设计思路：在超链接（<a>标签）内包含面板结构，当鼠标移过超链接时，自动显示这个面板，而在默认状态隐藏其显示。由于早期 IE 浏览器对<a>标签包含其他结构的解析存在问题，设计时应适当考虑这个兼容缺陷。

【操作步骤】

第 1 步：新建网页，保存为 test.html，在<body>标签内编写如下结构，构建 HTML 文档。

```
<ul id="lists">
    <li><a href="#" class="tl">商品导购
        <!--[if IE 7]><!--></a><!--<![endif]-->
        <!--[if lte IE 6]><table><tr><td><![endif]-->
        <div class="pos1">
            <dl id="menu">
            <dt>产品大类</dt>
                <dd><a href="#" title="">图书、音像、数字商品</a></dd>
                <dd><a href="#" title="">家用电器</a></dd>
                <dd><a href="#" title="">手机、数码、京东通信预约</a></dd>
                <dd><a href="#" title="">电脑、办公</a></dd>
                <dd><a href="#" title="">家居、家具、家装、厨具</a></dd>
                <dd><a href="#" title="">服饰内衣、珠宝首饰</a></dd>
                <dd><a href="#" title="">个护化妆</a></dd>
                <dd><a href="#" title="">鞋靴、箱包、钟表、奢侈品</a></dd>
                <dd><a href="#" title="">运动户外</a></dd>
            </dl>
        </div>
        <!--[if lte IE 6]></td></tr></table></a><![endif]-->
    </li>
</ul>
```

提示：

在超链接中包含一个面板结构，为了让超链接在 IE 浏览器中能够正常响应，代码中使用了 if 条件语句（后面章节会详细讲解）。if 条件语句是一个条件结构，用来判断当前 IE 浏览器的版本号，以便执行不同的 CSS 样式或解析不同的 HTML 结构。

第 2 步：在<head>标签内添加<style type="text/css">标签，定义一个内部样式表，准备编写样式。

第 3 步：编写下拉式导航面板的 CSS 样式如下。

```
#lists {/* 定义总包含框基本结构 */
    background: url(images/bg1.gif) #fff;   /* 背景图像 */
    padding-left: 32px;                     /* 左侧补白 */
    margin: 0px;                            /* 清除边界 */
    height:35px;                            /* 固定高度 */
    font-size:12px;                         /* 字体大小 */
}
#lists li {/* 定义列表项目基本样式 */
    display:inline;                         /* 行内显示 */
    float:left;                             /* 向左浮动 */
    height:35px;                            /* 固定高度 */
    background:url(images/menu5.gif) no-repeat left center; /* 背景图像 */
    padding-left:12px;                      /* 左侧补白 */
    position:relative; /* 相对定位，为下拉导航面板绝对定位指定一个参考框 */
}
#lists li a.tl {/* 定义超链接基本样式 */
    display:block;                          /* 块状显示 */
    width:80px;                             /* 固定宽度 */
    height:35px;                            /* 固定高度 */
    text-decoration:none;                   /* 清除下划线 */
    text-align:center;                      /* 文本水平居中 */
    line-height:35px;                       /* 行高，实现垂直居中 */
    font-weight:bold;                       /* 加粗显示 */
    color:#fff;                             /* 白色字体颜色 */
    background:url(images/menu5.gif) no-repeat right center; /* 定义导航背景图像 */
    padding-right:12px;                     /* 定义右侧补白大小 */
}
#lists div {display:none; }/* 定义超链接包含的导航面板的隐藏显示 */
#lists :hover div {/* 显示并定义超链接包含的导航面板 */
    display:block;                          /* 块状显示 */
    width:598px;                            /* 固定宽度 */
    background:#faebd7;                     /* 定义背景色 */
    position:absolute;                      /* 绝对定位，以便自由显示 */
    left:1px;                               /* 距离包含框左侧（li 元素）的距离 */
    top:34px;                               /* 距离包含框顶部（li 元素）的距离*/
    border:1px solid #888;                  /* 定义边框线 */
    padding-bottom:10px;                    /* 顶部底部补白 */
}
```

第 4 步：保存页面之后，在浏览器中预览，则演示效果如图 6.42 所示。

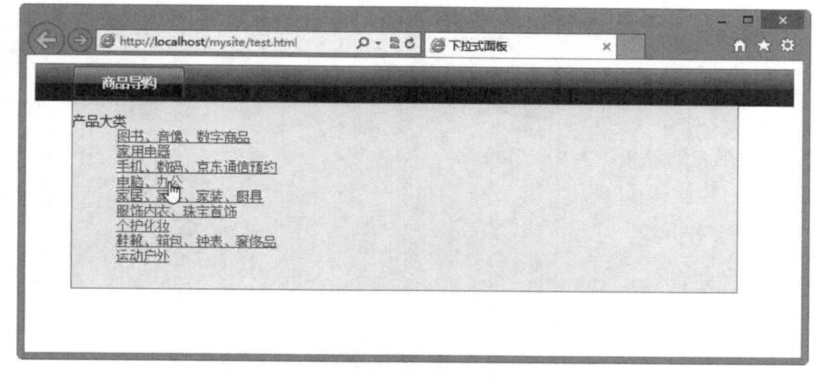

图 6.42　下拉式导航面板效果

第 7 章　使用 CSS 设计表格样式

表格可以用来组织、显示数据，也可以用来排版。在传统网页设计中用户主要使用表格作为工具进行页面布局，现在已很少有人再用表格来设计网页了，但是表格在数据的网页化显示中仍然是不可取代的载体。本章重点介绍 CSS 表格样式的设置和应用。

【学习重点】

- CSS 控制表格的基本属性。
- 使用 CSS 美化表格的技法。

7.1　表格样式基础

CSS 表格样式包括边框宽度、边框颜色、边框样式，表格、单元格背景等效果，以及如何使用 CSS 控制表格显示特性等。

7.1.1　设置表格背景色和前景色

扫一扫，看视频

CSS 使用 color 属性设置表格文本的颜色，使用 background-color 属性设置表格、行、列或单元格的背景颜色。

【示例】　启动 Dreamweaver，新建一个网页，保存为 test.html，在<body>标签内输入如下代码。

```
<h3>表格标签</h3>
<table width="400" border="1">
    <tr>
        <th>标签</th>
        <th>描述</th>
    </tr>
    <tr>
        <td>&lt;table&gt;</td>
        <td>定义表格</td>
    </tr>
    <tr>
        <td>&lt;caption&gt;</td>
        <td>定义表格标题。</td>
    </tr>
    <tr>
        <td>&lt;th&gt;</td>
        <td>定义表格中的表头单元格。</td>
    </tr>
    <tr>
        <td>&lt;tr&gt;</td>
        <td>定义表格中的行。</td>
    </tr>
    <tr>
        <td>&lt;td&gt;</td>
        <td>定义表格中的单元。</td>
```

```
    </tr>
    <tr>
        <td>&lt;thead&gt;</td>
        <td>定义表格中的表头内容。</td>
    </tr>
    <tr>
        <td>&lt;tbody&gt;</td>
        <td>定义表格中的主体内容。</td>
    </tr>
    <tr>
        <td>&lt;tfoot&gt;</td>
        <td>定义表格中的表注内容（脚注）。</td>
    </tr>
    <tr>
        <td>&lt;col&gt;</td>
        <td>定义表格中一个或多个列的属性值。</td>
    </tr>
    <tr>
        <td>&lt;colgroup&gt;</td>
        <td>定义表格中供格式化的列组。</td>
    </tr>
</table>
```

在<head>标签内添加<style type="text/css">标签，定义一个内部样式表，然后输入以下样式，用来定义网页字体的类型。

```
table {  /*设置表格框的 CSS 样式*/
    background-color: #00CCFF;              /*表格的背景颜色*/
    color: #FF0000;                         /*表格的字体颜色*/
}
```

上面的代码中，用<table>标签创建了一个表格，设置表格的宽度为 400，表格的边框宽度为 1，这里没有设置单位，默认为 px。使用<tr>和<td>标签创建了 11 行 2 列的表格。使用 CSS 设置的表格背景颜色和字体颜色效果如图 7.1 所示。 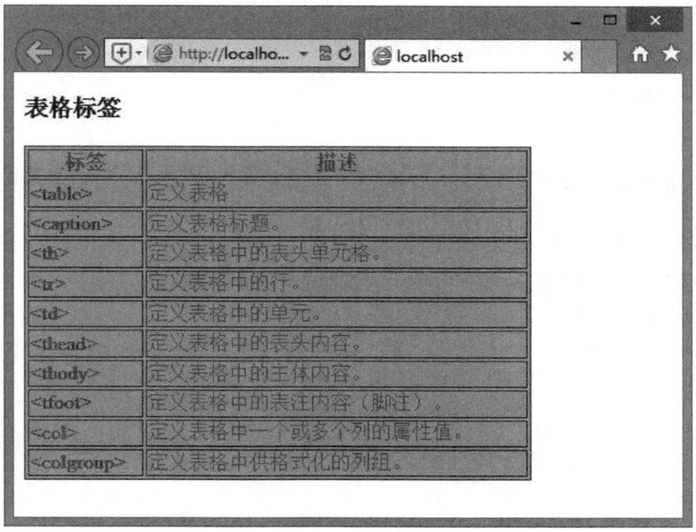

表格标签

标签	描述
<table>	定义表格
<caption>	定义表格标题。
<th>	定义表格中的表头单元格。
<tr>	定义表格中的行。
<td>	定义表格中的单元。
<thead>	定义表格中的表头内容。
<tbody>	定义表格中的主体内容。
<tfoot>	定义表格中的表注内容（脚注）。
<col>	定义表格中一个或多个列的属性值。
<colgroup>	定义表格中供格式化的列组。

图 7.1　设置表格颜色

扫一扫，看视频

7.1.2 设置表格边框

CSS 使用 border 属性设置表格边框，包括表格外框、单元格边框，用法与图像边框相同，但要注意单元格边框的特殊性。

【示例 1】 启动 Dreamweaver，以上一节示例中的表格范例为基础，另存为 test1.html。清除<table width="400" border="1">标签中的 border="1"属性，重写内部样式表，输入以下样式。

```
table {
    border: red solid 2px;                    /* 表格外框 */
}
th, td {
    border: blue solid 1px;                   /* 单元格边框 */
}
```

在以上代码中，设置了表格外框为 2px 粗的红色实线，单元格边框为 1px 的蓝色实线，显示效果如图 7.2 所示。

从上图可以看到，表格外框和单元格边框的样式是不同的，如果仅为 table 设置边框样式，那么单元格之间不会显示边线，如图 7.3 所示。

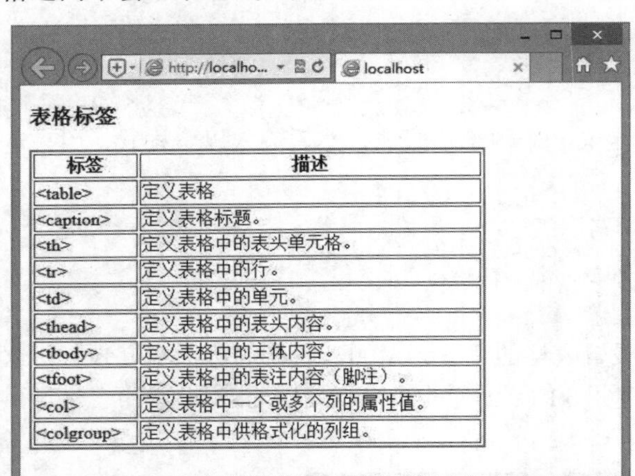

标签	描述
<table>	定义表格
<caption>	定义表格标题。
<th>	定义表格中的表头单元格。
<tr>	定义表格中的行。
<td>	定义表格中的单元。
<thead>	定义表格中的表头内容。
<tbody>	定义表格中的主体内容。
<tfoot>	定义表格中的表注内容（脚注）。
<col>	定义表格中一个或多个列的属性值。
<colgroup>	定义表格中供格式化的列组。

图 7.2 表格边框

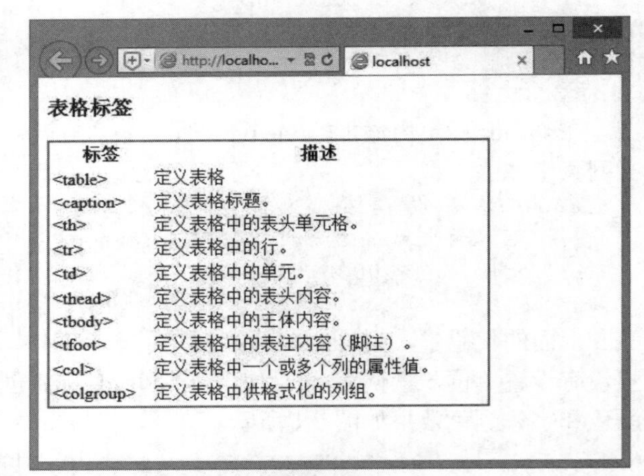

标签	描述
<table>	定义表格
<caption>	定义表格标题。
<th>	定义表格中的表头单元格。
<tr>	定义表格中的行。
<td>	定义表格中的单元。
<thead>	定义表格中的表头内容。
<tbody>	定义表格中的主体内容。
<tfoot>	定义表格中的表注内容（脚注）。
<col>	定义表格中一个或多个列的属性值。
<colgroup>	定义表格中供格式化的列组。

图 7.3 表格外框

注意，在设置表格边框时，应给单元格单独设置边框样式。

拓展：

在默认情况下，单元格边框之间会有空隙，使用 CSS 的 border-collapse 属性可以清除这个空隙，用法如下。

```
border-collapse:separate | collapse
```

其中 separate 属性值表示边框独立，collapse 属性值表示相邻边被合并。

注意，该属性作用于 table 标签，而不是 td 或 th 标签。

【示例 2】 在示例 1 基础上，另存为 test2.html。然后为 table 添加如下样式。

```
table {
    border: red solid 2px;                    /* 表格外框 */
    border-collapse:collapse;                 /* 边框重叠*/
}
```

显示效果如图 7.4 所示。

7.1.3　设置单元格边距

扫一扫，看视频

CSS 使用 border-spacing 属性设置单元格之间的间距，包括横向和纵向上的间距，不支持使用 margin 来设置单元格间距。border-spacing 属性用法如下。

```
border-spacing:length
```

取值可以为一个或两个长度值。如果提供两个值，第一个作用于横向间距，第二个作用于纵向间距；如果只提供一个值，这个值将作用于横向和纵向上的间距。

注意，只有当表格的 border-collapse 属性为 separate 时才起作用。

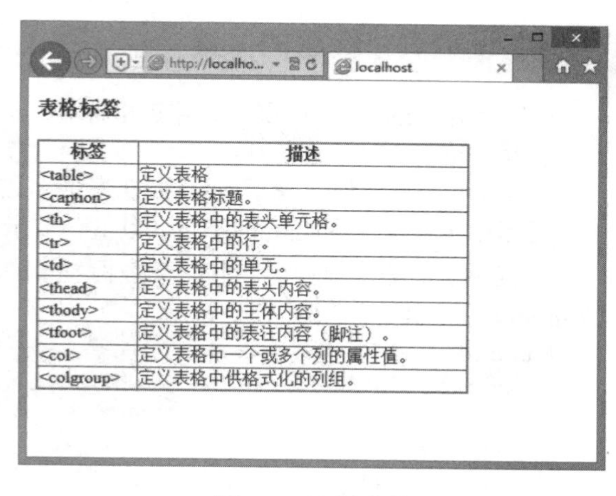
表格标签

标签	描述
<table>	定义表格
<caption>	定义表格标题。
<th>	定义表格中的表头单元格。
<tr>	定义表格中的行。
<td>	定义表格中的单元。
<thead>	定义表格中的表头内容。
<tbody>	定义表格中的主体内容。
<tfoot>	定义表格中的表注内容（脚注）。
<col>	定义表格中一个或多个列的属性值。
<colgroup>	定义表格中供格式化的列组。

图 7.4　边框重叠

【示例 1】　启动 Dreamweaver，以上一节示例中的表格范例为基础，另存为 test1.html。重设样式表，设置单元格横向间距为 5px，纵向间距为 10px，样式代码如下，效果如图 7.5 所示。

```
table {
    border: red solid 2px;                    /* 表格外框 */
    border-spacing:5px 10px;                  /* 单元格横向间距为 5px，纵向间距为 10px */
}
th, td {
    border: blue solid 1px;                   /* 单元格边框 */
}
```

【示例 2】　CSS 支持使用 padding 属性设置单元格内边距。以示例 1 为基础，另存为 test2.html，重新编写内部样式表，CSS 代码如下。

```
table {
    border-collapse:collapse;                 /* 边框重叠*/
}
th, td {
    border: blue solid 1px;                   /* 单元格边框 */
    padding:5px 10px;
}
```

设置单元格边框合并，同时使用 padding:5px 10px;定义单元格内左右边距为 10px，上下边距为 5px，显示效果如图 7.6 所示。

表格标签

标签	描述
<table>	定义表格
<caption>	定义表格标题。
<th>	定义表格中的表头单元格。
<tr>	定义表格中的行。
<td>	定义表格中的单元。
<thead>	定义表格中的表头内容。
<tbody>	定义表格中的主体内容。
<tfoot>	定义表格中的表注内容（脚注）。
<col>	定义表格中一个或多个列的属性值。
<colgroup>	定义表格中供格式化的列组。

图 7.5　设置单元格之间的间距

表格标签

标签	描述
<table>	定义表格
<caption>	定义表格标题。
<th>	定义表格中的表头单元格。
<tr>	定义表格中的行。
<td>	定义表格中的单元。
<thead>	定义表格中的表头内容。
<tbody>	定义表格中的主体内容。
<tfoot>	定义表格中的表注内容（脚注）。
<col>	定义表格中一个或多个列的属性值。
<colgroup>	定义表格中供格式化的列组。

图 7.6　设置单元格内边距

扫一扫，看视频

7.1.4 设置表格标题的位置

CSS 使用 caption-side 属性设置表格标题（<caption>标签）的显示位置，用法如下。

```
caption-side:top | bottom
```

其中 top 为默认值，表示 caption 在表格上边显示，bottom 表示 caption 在表格下边显示。

【示例】 启动 Dreamweaver，以上一节示例中的表格范例为基础，另存为 test1.html。

重构网页结构，删除“<h3>表格标签</h3>”，在<table>标签内首行嵌入“<caption>表格标签</caption>”，其他结构保持不变。

```
<table width="400">
    <caption>表格标签</caption>
    <tr>
        <th>标签</th>
        <th>描述</th>
    </tr>
    ......
</table>
```

重设样式表，设置单元格横向间距为 5px，纵向间距为 10px，样式代码如下，效果如图 7.7 所示。

```
table {
    border: red solid 2px;                    /* 表格外框 */
    border-collapse: collapse;                /* 边框重叠*/
}
caption {/* 表格标题样式 */
    padding: 6px;
    font-size: 24px;
    color: red;
    caption-side: bottom;                     /* 定义标题在表格底部显示 */
}
th, td {
    border: blue solid 1px;                   /* 单元格边框 */
}
```

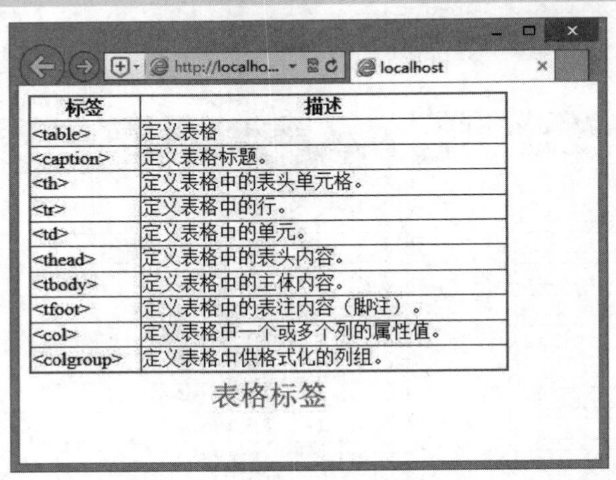

标签	描述
<table>	定义表格
<caption>	定义表格标题。
<th>	定义表格中的表头单元格。
<tr>	定义表格中的行。
<td>	定义表格中的单元。
<thead>	定义表格中的表头内容。
<tbody>	定义表格中的主体内容。
<tfoot>	定义表格中的表注内容（脚注）。
<col>	定义表格中一个或多个列的属性值。
<colgroup>	定义表格中供格式化的列组。

表格标签

图 7.7 设置表格标题位置

提示：

caption-side 属性也可以作用于 tabe 选择器，例如：

```
table { caption-side:bottom;}
```

注意，Firefox 还额外支持 right 和 left 两个非标准值，分别表示表格的右侧和左侧。

7.1.5　隐藏空单元格

CSS 使用 empty-cells 属性设置空单元格的显示方式，用法如下。

```
empty-cells: hide | show
```

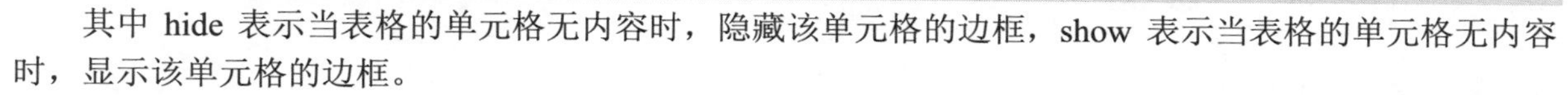

其中 hide 表示当表格的单元格无内容时，隐藏该单元格的边框，show 表示当表格的单元格无内容时，显示该单元格的边框。

【示例】　启动 Dreamweaver，以上一节示例中的表格范例为基础，另存为 test.html。

在<table>标签内尾部嵌入如下代码，其他结构保持不变。

```
<table width="400">
     ……
     <tr>
        <td></td>
        <td align="right"><a href="#">更多标签</a></td>
    </tr>
</table>
```

重设样式表，设置表格中空单元格隐藏显示，样式代码如下，效果如图 7.8 所示。

```
table {
   border: red solid 2px;                     /* 表格外框 */
   empty-cells:hide;                          /* 隐藏空单元格 */
   border-spacing:5px;                        /* 增大单元格间距，以便观察 */
}
caption {/* 表格标题样式 */
   padding: 6px;
   font-size: 24px;
   color: red;
}
th, td {
   border: blue solid 1px;                    /* 单元格边框 */
}
```

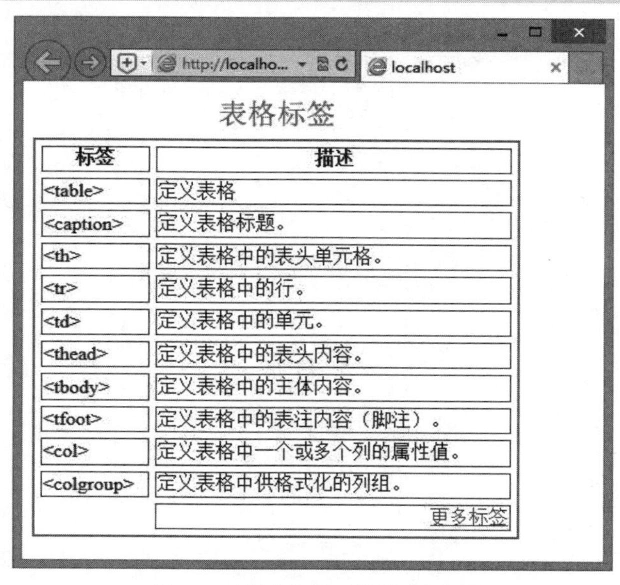

表格标签

标签	描述
<table>	定义表格
<caption>	定义表格标题。
<th>	定义表格中的表头单元格。
<tr>	定义表格中的行。
<td>	定义表格中的单元。
<thead>	定义表格中的表头内容。
<tbody>	定义表格中的主体内容。
<tfoot>	定义表格中的表注内容（脚注）。
<col>	定义表格中一个或多个列的属性值。
<colgroup>	定义表格中供格式化的列组。
	更多标签

图 7.8　设置空单元格隐藏显示

注意，只有当表格边框独立，即 border-collapse 属性值为 separate 时才起作用。

7.2 实 战 案 例

本节将以实例的形式介绍如何设计 CSS 表格样式，帮助读者提高实战技巧，理解 CSS 在表格页面中的应用。

扫一扫，看视频

7.2.1 设计课程表

课程表一般多使用表格进行设计，本例介绍如何使用 CSS 美化课程表，以此理解 CSS 控制表格的方法，案例效果如图 7.9 所示。

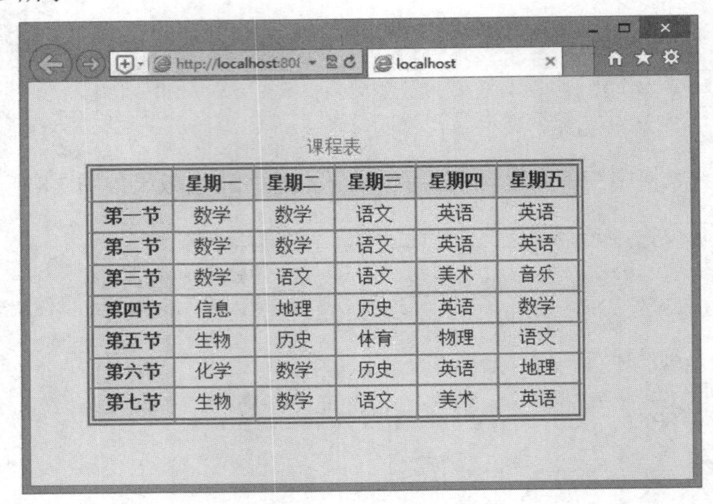

	星期一	星期二	星期三	星期四	星期五
第一节	数学	数学	语文	英语	英语
第二节	数学	数学	语文	英语	英语
第三节	数学	语文	语文	美术	音乐
第四节	信息	地理	历史	英语	数学
第五节	生物	历史	体育	物理	语文
第六节	化学	数学	历史	英语	地理
第七节	生物	数学	语文	美术	英语

图 7.9　美化表格

【操作步骤】

第 1 步：构建网页结构，在<body>标签中输入以下内容。

```
<table>
    <caption class="cap" >课程表</caption>
    <tr>
        <th></th>
        <th scope="col">星期一</th>
        <th scope="col">星期二</th>
        <th scope="col">星期三</th>
        <th scope="col">星期四</th>
        <th scope="col">星期五</th>
    </tr>
    <tr>
        <th scope="row">第一节</th>
        <td>数学</td>
        <td>数学</td>
        <td>语文</td>
        <td>英语</td>
        <td>英语</td>
    </tr>
```

```
    ……         <!--为了节省版面，完整代码参考本书资源包示例-->
</table>
```

第 2 步：规划整个页面的基本显示属性以及设置表格样式。

```
body { /*网页基本样式类*/
    background-color: #f8e6e6;              /*网页背景颜色*/
    margin: 50px;                           /*表格四周补白*/
}
table {/*表格样式*/
    border: 6px double #3186dd;             /*表格边框*/
    font-family: Arial;
    text-align: center;                     /*表格中文字水平居中对齐*/
    border-collapse: collapse;              /*边框重叠*/
}
```

此时显示效果如图 7.10 所示。可以看到，网页背景颜色发生了改变，且表格显示了边框。

第 3 步：设置表格标题的样式，显示效果如图 7.11 所示。

```
.cap {                                  /*设置表格标题 */
    padding-top: 3px;                   /*设置表格标题的顶部边距 */
    padding-bottom: 4px;                /*设置表格标题的底部边距 */
    font-size: 30px;                    /*表格标题字体大小 */
    color: red;                         /*表格标题字体颜色 */
}
```

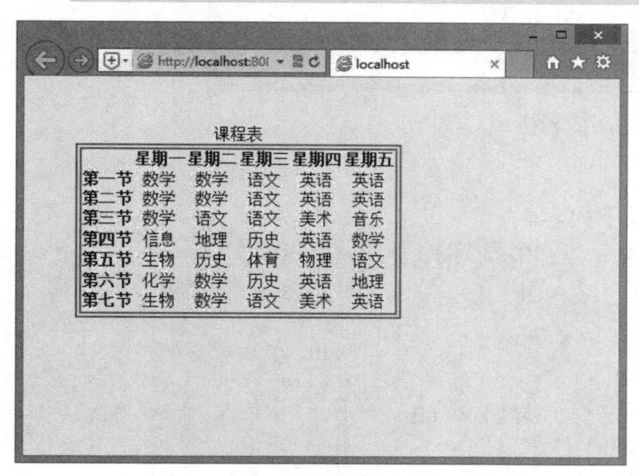

图 7.10　设置网页基本属性及表格样式

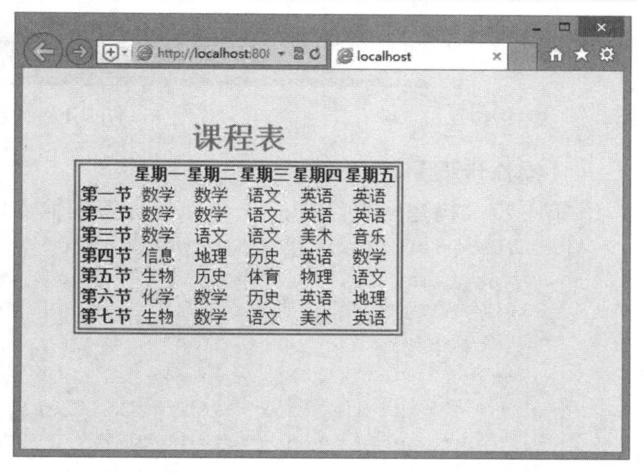

图 7.11　设置表格标题

第 4 步：接下来设置表格中的单元格样式。

```
table th {/* 表格的行、列名称单元格的样式 */
    border: 2px solid #429fff;  /* 行、列名称边框 */
    background-color: #d2e8ff;  /* 行、列名称单元格的背景颜色 */
    font-weight: bold;          /* 行、列名称字体加粗 */
    padding-top: 4px;           /* 设置行、列名称单元格的上、下、左、右边距 */
    padding-bottom: 4px;
    padding-left: 10px;
    padding-right: 10px;
}
table td {/* 表格单元格样式 */
    border: 2px solid #429fff;  /* 单元格边框 */
}
```

以上代码中，分别设置了<th>和<td>标签的样式，对表格的单元格进行了背景颜色、边框样式的设置，从而达到美化表格的目的。至此，整个示例设计完成。

扫一扫，看视频

7.2.2 设计通讯录

本例页面为一个同学通讯录，使用表格进行设计，示例设置表格隔行变色效果，奇数行和偶数行背景颜色不同，让通讯录看起来清晰、明了，示例效果如图 7.12 所示。

http://localhost:8080/mysite/index　localhost

财经2014级毕业生通讯录

姓名	出生日期	电话	单位
王明	1978.1.4	137563443	中国铁道部
李丽	1977.5.7	13893212	北京市朝阳区街道办事处
刘丽敏	1978.4.23	13345678	北京市11中学
李松	1977.11.31	139432567	北京东城区防汛办
赵艳	1978.7.3	1355613234	北京深华新股份有限公司
杜征	1978.6.19	1368395322	酷6网
王朋	1978.9.22	13567890	adobe公司
杨小东	1978.1.3	1354983611	朝阳区将台东路乐天玛特
杨秀燕	1977.12.3	1354353623	朝阳区教委
张小光	1978.10.24	134567831	铁路第二中学

图 7.12　设计高效表格

【操作步骤】

第 1 步：构建网页结构，在<body>标签中输入以下内容。

```
<table id="mytable" cellspacing="0" summary="财经 2014 级毕业生通讯录">
    <caption>
    财经 2014 级毕业生通讯录
    </caption>
    <tr>
        <th scope="col" abbr="Configurations" >姓名</th>
        <th scope="col" abbr="Dual 1.8">出生日期</th>
        <th scope="col" abbr="Dual 2">电话</th>
        <th scope="col" abbr="Dual 2.5">单位</th>
    </tr>
    <tr>
        <th scope="row" abbr="Model" class="spec">王明</th>
        <td>1978.1.4</td>
        <td>137563443</td>
        <td>中国铁道部</td>
    </tr>
    <tr>
        <th scope="row" abbr="G5 Processor" class="specalt">李丽</th>
        <td class="alt">1977.5.7</td>
        <td class="alt">13893212</td>
        <td class="alt">北京市朝阳区街道办事处</td>
    </tr>
    ......          <!--为了节省版面，完整代码参考本书资源包示例-->
```

```
</table>
```

以上代码中，将奇数行名称定义为 spec 类，偶数行名称定义为 specalt 类，并通过<td class="alt">定义了偶数行中的单元格，此时的显示效果如图 7.13 所示。可以看到，表格的基本结构已经搭建好了，但是由于没有进行 CSS 样式设置，界面中只把数据罗列了出来。

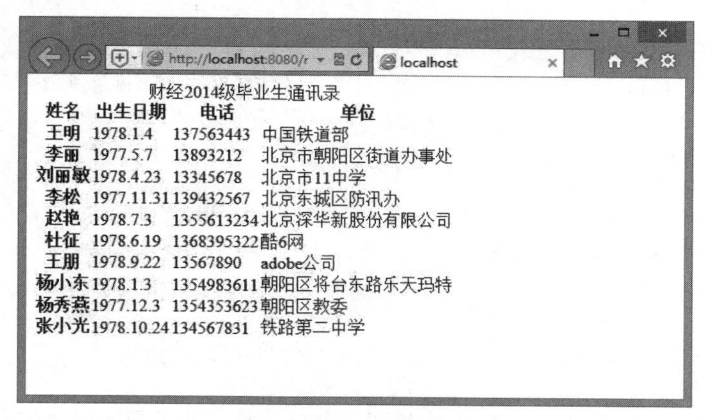

财经2014级毕业生通讯录

姓名	出生日期	电话	单位
王明	1978.1.4	137563443	中国铁道部
李丽	1977.5.7	13893212	北京市朝阳区街道办事处
刘丽敏	1978.4.23	13345678	北京市11中学
李松	1977.11.31	139432567	北京东城区防汛办
赵艳	1978.7.3	1355613234	北京深华新股份有限公司
杜征	1978.6.19	1368395322	酷6网
王朋	1978.9.22	13567890	adobe公司
杨小东	1978.1.3	1354983611	朝阳区将台东路乐天玛特
杨秀燕	1977.12.3	1354353623	朝阳区教委
张小光	1978.10.24	134567831	铁路第二中学

图 7.13　构建表格结构

第 2 步：定义网页基本属性、表格<table id="mytable">的样式，以及表格标题样式。

```
body { /*网页基本样式*/
    background: #E6EAE9;
}
#mytable { /*表格样式*/
    width: 700px;                              /*表格宽度*/
    padding: 0;
    margin: 0;
    border: 1px solid #C1DAD7;                 /*表格边框*/
}
caption { /*设置表格标题 */
    padding: 0 0 5px 0;
    text-align: center;                        /*水平居中*/
    font-size: 30px;                           /*字体大小*/
    font-weight: bold;                         /*字体加粗*/
}
```

在以上代码中，首先定义了页面的背景颜色，在#mytable 中设置了表格的宽度为 700px，并为其添加了表格边框。此时的显示效果如图 7.14 所示。

财经2014级毕业生通讯录

姓名	出生日期	电话	单位
王明	1978.1.4	137563443	中国铁道部
李丽	1977.5.7	13893212	北京市朝阳区街道办事处
刘丽敏	1978.4.23	13345678	北京市11中学
李松	1977.11.31	139432567	北京东城区防汛办
赵艳	1978.7.3	1355613234	北京深华新股份有限公司
杜征	1978.6.19	1368395322	酷6网
王朋	1978.9.22	13567890	adobe公司
杨小东	1978.1.3	1354983611	朝阳区将台东路乐天玛特
杨秀燕	1977.12.3	1354353623	朝阳区教委
张小光	1978.10.24	134567831	铁路第二中学

图 7.14　设置表格基本属性

第 3 步：定义单元格的共有属性。

```
th { /*表格名称样式*/
   color: #4f6b72;                         /*表格名称的字体颜色*/
   letter-spacing: 2px;                    /*字间距*/
   text-align: center;                     /*水平居中*/
   padding: 6px 6px 6px 12px;              /*名称单元格的内边距*/
   background: #CAE8EA;                    /*名称单元格的背景颜色*/
   border: 1px solid #C1DAD7;              /*名称单元格的边框*/
}
td { /*表格单元格样式*/
   background: #fff;                       /*单元格背景色*/
   padding: 6px 6px 6px 12px;
   color: #4f6b72;
   text-align: center;
   border: 1px solid #C1DAD7;              /*单元格边框*/
}
```

以上代码定义了表格中所有单元格的共有样式，此时表格基本效果已经呈现出来，但是还没有实现隔行变色，显示效果如图 7.15 所示。

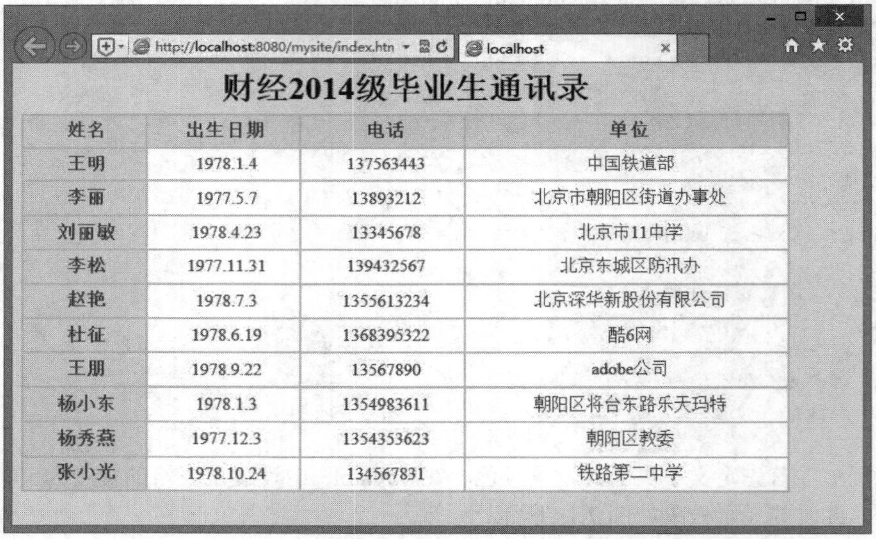

http://localhost:8080/mysite/index.htm localhost

财经2014级毕业生通讯录

姓名	出生日期	电话	单位
王明	1978.1.4	137563443	中国铁道部
李丽	1977.5.7	13893212	北京市朝阳区街道办事处
刘丽敏	1978.4.23	13345678	北京市11中学
李松	1977.11.31	139432567	北京东城区防汛办
赵艳	1978.7.3	1355613234	北京深华新股份有限公司
杜征	1978.6.19	1368395322	酷6网
王朋	1978.9.22	13567890	adobe公司
杨小东	1978.1.3	1354983611	朝阳区将台东路乐天玛特
杨秀燕	1977.12.3	1354353623	朝阳区教委
张小光	1978.10.24	134567831	铁路第二中学

图 7.15　定义单元格的 CSS 样式

第 4 步：接下来实现表格的隔行变色。

```
.spec {/*奇数行名称样式*/
   background: #fff;             /*背景颜色*/
}
.specalt {/*偶数行名称样式*/
   background: #f5fafa;
   color: #797268;               /*字体颜色*/
}
.alt { /*偶数行单元格样式*/
   background: #F5FAFA;
   color: #797268;
}
```

以上代码中，先通过 spec 类样式设置奇数行中<th>标签的样式，再通过 specalt 类样式设置偶数行中<th>标签的样式，最后使用 alt 类样式设置偶数行中<td>标签的样式。

拓展：

上面的示例使用了大量样式类，为每个单元格都定义了 class，这种方法主要沿用了 CSS2 设计思维，过多考虑老版本浏览器的兼容性，如 IE 6、7、8 等。如果表格的数据行很多，成百上千，上述设计方法就会很繁琐，易产生大量冗余代码。下面的示例对上面的示例进行结构重构和样式优化，实现效果完全相同（参考 index2.html）。

【操作步骤】

第 1 步：重构表格结构。主要使用<thead>和<tbody>标签对表格进行分区，让<thead>标签包含第一行列表标题，让<tbody>标签包含后面所有数据行。

```
<table id="mytable" summary="财经 2014 级毕业生通讯录">
    <caption>财经 2014 级毕业生通讯录</caption>
    <thead>
        <tr>
            <th>姓名</th>
            <th>出生日期</th>
            <th>电话</th>
            <th>单位</th>
        </tr>
    </thead>
    <tbody>
        <tr>
            <th>王明</th>
            <td>1978.1.4</td>
            <td>137563443</td>
            <td>中国铁道部</td>
        </tr>
        ……
    </tbody>
</table>
```

表格分区的好处：一方面使表格结构更符合语义，方便 JavaScript 脚本控制，标题区和数据区可以各自独立处理，这对于动态生成表格非常有用；另一方面也有利于 CSS 控制，不需要使用大量的 class。

经过重构之后，表格标签中包含的所有 class 都可以丢弃掉，结构代码变得简洁、明了。同时，丢弃了<table>标签的 cellspacing="0"属性，下面将使用 CSS 解决单元格分离问题。

第 2 步：重构样式。本例效果基本沿用上面示例（index1.html）的样式。为 table 添加 border-collapse: collapse;声明，解决单元格边框分离问题。

```
table {
    width: 700px;
    border-collapse: collapse;
}
```

第 3 步：使用 thead th 选择器单独为列标题行定义样式，使用 tbody 选择器定义数据区域背景色。

```
thead th {
    color: #4f6b72;
    border: 1px solid #C1DAD7;
    letter-spacing: 2px;
    text-align: left;
```

```
    padding: 6px 6px 6px 12px;
    background: #CAE8EA;
}
tbody { background: #fff;}
```

第 4 步：使用 tbody th, tbody td 组合选择器，为数据区单元格定义样式，这样就避免了为每个单元格引用类样式。

```
tbody th, tbody td {
    border: 1px solid #C1DAD7;
    font-size: 14px;
    padding: 6px 6px 6px 12px;
    color: #4f6b72;
}
```

第 5 步：使用 CSS3 的结构伪类选择器 tbody tr:nth-child(2n)专门为数据区域内所有偶数行定义特殊样式，实现隔行换色效果，这样避免了再单独为偶数行单元格应用特殊类样式。

```
tbody tr:nth-child(2n) {
    background: #F5FAFA;
    color: #797268;
}
```

扫一扫，看视频

7.2.3 设计月历

月历结构紧密，往往需要在一个很小的区域内显示多个独立的日期或时间信息，因此常用表格进行设计。本例设计一个简单的月历页面效果，其中有当天日期状态、当天日期文字说明，以及双休日以红色文字浅灰色背景显示，并且将周日到周一的标题加粗显示，效果如图 7.16 所示。

【操作步骤】

第 1 步：启动 Dreamweaver，新建网页，保存为 index.html，在<body>标签内输入以下代码。

```
<table>
    <caption>2017 年 7 月 1 日</caption>
    <thead>
        <tr>
            <th>日</th>
            <th>一</th>
            <th>二</th>
            <th>三</th>
            <th>四</th>
            <th>五</th>
            <th>六</th>
        </tr>
    </thead>
    <tbody>

<tr><td>29</td><td>30</td><td>1</td><td>2</td><td>3</td><td>4</td><td>5</td></t
r>

<tr><td>6</td><td>7</td><td>8</td><td>9</td><td>10</td><td>11</td><td>12</td></
tr>
```

```
<tr><td>13</td><td>14</td><td>15</td><td>16</td><td>17</td><td>18</td><td>19</td></tr>

<tr><td>20</td><td>21</td><td>22</td><td>23</td><td>24</td><td>25</td><td>26</td></tr>

<tr><td>27</td><td>28</td><td>29</td><td>30</td><td>31</td><td>1</td><td>2</td></tr>

<tr><td>3</td><td>4</td><td>5</td><td>6</td><td>7</td><td>8</td><td>9</td></tr>
    </tbody>
</table>
```

本月历以表格结构构建，在无 CSS 作用下，效果如图 7.17 所示。

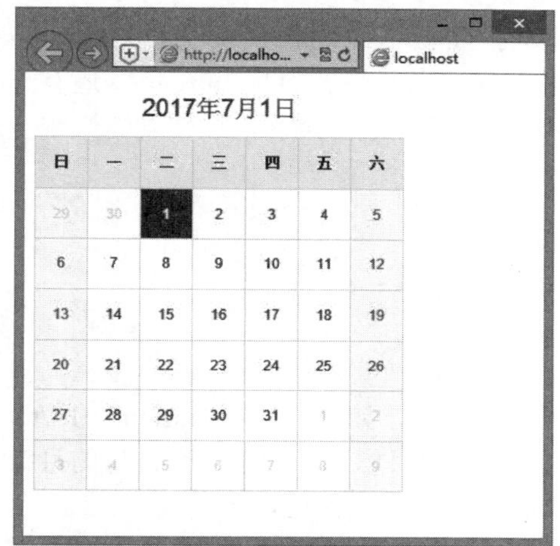

图 7.16　设计月历表格

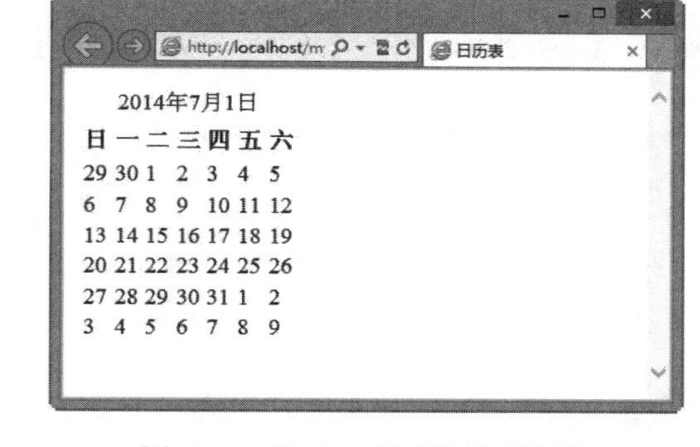

图 7.17　无 CSS 样式的月历表格

第 2 步：在<head>标签内添加<style type="text/css">标签，定义一个内部样式表，然后输入以下样式，设计表格框样式。

```
table {/* 定义表格文字样式 */
    border-collapse:collapse; /* 合并单元格之间的边 */
    border:1px solid #DCDCDC;
    font:normal 12px/1.5em Arial, Verdana, Lucida, Helvetica, sans-serif;
}
```

合并表格单元格之间的边框，设计表格内对象的继承样式。例如，单元格之间的边框合并和文字样式。考虑月历表中显示的内容以数字居多，因此文字主要采用了英文字体。

第 3 步：设计表格标题样式。设置表头的高度属性以及文字颜色。

```
caption { /* 定义表头的样式，文字居中等 */
    text-align:center;
    line-height:46px;
    font-size:20px;
    color: blue;
}
```

第 4 步：设计单元格基本样式。

```
td, th {/* 将单元格内容和单元格标题的共同点归为一组样式定义 */
    width: 40px;
    height: 40px;
    text-align: center;
    border: 1px solid #DCDCDC;
}
th {/* 针对单元格标题定义样式，使其与单元格内容产生区别 */
    color: #000000;
    background-color: #EEEEEE;
}
```

单元格内容 td 标签和单元格标题 th 标签所需要的样式只有背景颜色和文字颜色不同，因此可以将这两个元素归为一个组定义样式，然后再单独针对单元格标题定义背景颜色和文字颜色。这样的处理方式不仅减少了 CSS 样式的代码，而且能使 CSS 样式代码更加直观，对后期维护也会带来不少的帮助。此时，表格效果如图 7.18 所示。

第 5 步：单元格<td>标签中所显示的时间是当前系统显示的时间，添加一个名为 current 的 class 类名，并将其 CSS 样式定义的与其他单元格内容不同，突出显示当前日期。而且.current 类还有一个作用是为程序开发人员提供一个接口，方便他们在程序开发的过程中调用这个类名，以使判断系统当前日期后为页面实现相应效果。

```
td.current {/* 定义当前日期的单元格内容样式 */
    font-weight:bold;
    color:#FFFFFF;
    background-color: blue;
}
```

第 6 步：设计.current 类之后，把该类绑定到表格当日单元格中，如<td class="current">1</td>。

第 7 步：月历表中为了能更好地体现某个月份的上一个月份的月尾几天和下一个月份的月头几天在当前月份中的位置，可以在页面中添加该内容，并通过 CSS 样式弱化其视觉效果。

```
/* 定义上个月以及下个月在当前月中的文字颜色 */
td.last_month, td.next_month {color:#DFDFDF;}
```

第 8 步：设计.last_month 和.next_month 类之后，把这两个类绑定到表格非当月单元格中，代码示例如下。

```
<tr>
    <td class="last_month">29</td>
    <td class="last_month">30</td>
    <td class="current">1</td>
    <td>2</td>
    <td>3</td>
    <td>4</td>
    <td>5</td>
</tr>
……
<tr>
    <td class="next_month">3</td>
    <td class="next_month">4</td>
    <td class="next_month">5</td>
    <td class="next_month">6</td>
    <td class="next_month">7</td>
    <td class="next_month">8</td>
    <td class="next_month">9</td>
</tr>
```

此时表格效果如图 7.19 所示。

图 7.18　表格基本样式

图 7.19　设计当月和非当月单元格样式

第 9 步：设计表格列组样式。在表格框<table>内部前面添加如下代码。

```
<table>
    <caption>2017 年 7 月 1 日</caption>
    <colgroup span="7">
    <col span="1" class="day_off">
    <col span="5">
    <col span="1" class="day_off">
    </colgroup>
    <thead>
......
```

第 10 步：使用<colgroup>标签为表格的前后两列（即双休日）的日期定义一种样式，以与其他单元格内容中的日期形成落差。

```
tr>td, tr>td+td+td+td+td+td+td { /* 定义第一列以及最后一列的单元格内容（即双休日）的样式 */
    color:#B3222B;
    background-color:#F8F8F8;
}
tr>td+td {/* 定义中间五列单元格内容的样式 */
        color:#333333;
        background-color:#FFFFFF;
}
col.day_off { /* 针对 IE 浏览器定义双休日的单元格样式 */
        color:#B3222B;
        background-color:#F8F8F8;
}
```

其中 tr>td 这个子选择符是为所有的单元格内容 td 标签设置文字颜色和背景颜色；tr>td+td+td+td+td+td+td 是子选择符与相邻选择符的结合，定义最后一列单元格内容 td 标签的文字颜色和背景颜色；再次定义 tr>td+td 是为除了第一列以外的所有单元格内容 td 标签定义样式，但因为 CSS 存在优先级的关系，无法覆盖最后一列单元格 td 标签的样式。最终形成的是前后两列的样式与中间五列的样式不同。

col.day_off 是针对 IE 浏览器定义样式，主要是第一列与最后一列的文字颜色和背景颜色。该选择符的定义方式需要 XHTML 结构的支持，读者可以查看 XHTML 结构中<col>标签选择控制列的方式。

第 12 步，设计完毕，保存页面，在浏览器中预览，则可以看到最终显示效果。

扫一扫，看视频

7.2.4 设计分组表格

本例借助结构重组和 CSS 优化，设计表格数据的分组效果，如图 7.20 所示。本例使用立体样式定义列标题，借助<col>标签定义分列效果，借助:hover 状态伪类设计鼠标经过行时高亮显示，通过 HTML 的合并单元格功能设计数据行分组，以树形结构设计层次清晰的分类数据效果。

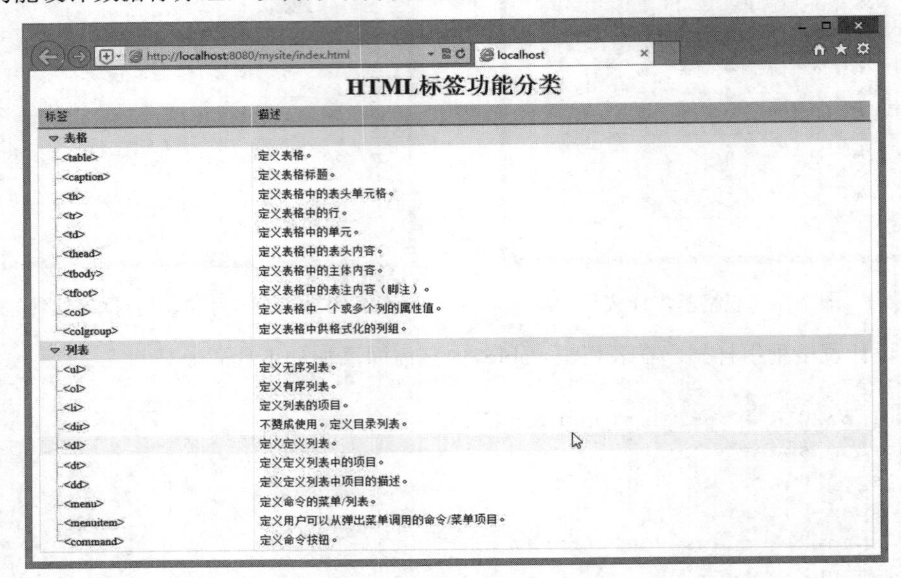

标签	描述
表格	
<table>	定义表格。
<caption>	定义表格标题。
<th>	定义表格中的表头单元格。
<tr>	定义表格中的行。
<td>	定义表格中的单元。
<thead>	定义表格中的表头内容。
<tbody>	定义表格中的主体内容。
<tfoot>	定义表格中的表注内容（脚注）。
<col>	定义表格中一个或多个列的属性值。
<colgroup>	定义表格中供格式化的列组。
列表	
<ul>	定义无序列表。
<ol>	定义有序列表。
<li>	定义列表的项目。
<dir>	不赞成使用。定义目录列表。
<dl>	定义定义列表。
<dt>	定义定义列表中的项目。
<dd>	定义定义列表中项目的描述。
<menu>	定义命令的菜单/列表。
<menuitem>	定义用户可以从弹出菜单调用的命令/菜单项目。
<command>	定义命令按钮。

图 7.20　设计表格数据分组样式

【操作步骤】

第 1 步：启动 Dreamweaver，新建网页，保存为 index.html，在<body>标签内输入以下代码。

```
<table>
    <caption>HTML 标签功能分类</caption>
    <col></col>
    <col></col>
    <thead>
        <tr>
            <th>标签</th>
            <th>描述</th>
        </tr>
    </thead>
    <tbody>
        <tr>
            <td class="arrow" colspan="2">表格</td>
        </tr>
        <tr>
            <th>&lt;table&gt;</th>
            <td>定义表格。</td>
        </tr>
        <tr>
            <th>&lt;caption&gt;</th>
            <td>定义表格标题。</td>
```

```
    </tr>
    ……         <!--完整代码可参考 7.1.1 节结构代码或本书资源包示例-->
    <tr>
        <th class="end">&lt;colgroup&gt;</th>
        <td>定义表格中供格式化的列组。</td>
    </tr>
    <tr>
        <td class="arrow" colspan="2">列表</td>
    </tr>
    <tr>
        <th>&lt;ul&gt;</th>
        <td>定义无序列表。</td>
    </tr>
    <tr>
        <th>&lt;ol&gt;</th>
        <td>定义有序列表。</td>
    </tr>
    <tr>
        <th>&lt;li&gt;</th>
        <td>定义列表的项目。</td>
    </tr>
    <tr>
        <th>&lt;dir&gt;</th>
        <td>不赞成使用。定义目录列表。</td>
    </tr>
    <tr>
        <th>&lt;dl&gt;</th>
        <td>定义定义列表。</td>
    </tr>
    <tr>
        <th>&lt;dt&gt;</th>
        <td>定义定义列表中的项目。</td>
    </tr>
    <tr>
        <th>&lt;dd&gt;</th>
        <td>定义定义列表中项目的描述。</td>
    </tr>
    <tr>
        <th>&lt;menu&gt;</th>
        <td>定义命令的菜单/列表。</td>
    </tr>
    <tr>
        <th>&lt;menuitem&gt;</th>
        <td>定义用户可以从弹出菜单调用的命令/菜单项目。</td>
    </tr>
    <tr>
        <th class="end">&lt;command&gt;</th>
        <td>定义命令按钮。</td>
```

```
        </tr>
    </tbody>
</table>
```

使用 thead、tbody 定义表格行分区，把标题分为一组（标题区域），把主要数据分为一组（数据区域）。根据数据分组的需要，增加两个合并行，该行仅包含了一个单元格<td class="arrow" colspan="2">，使用 colspan="2"合并单元格。为了更好地控制树形结构样式，在分组行尾第一个单元格中设置 class="end"。此时，没有 CSS 的表格显示效果如图 7.21 所示。

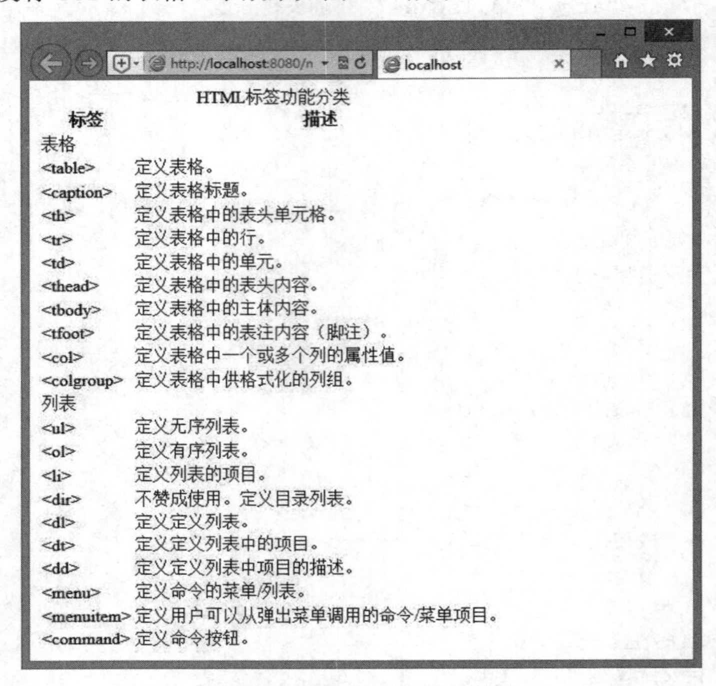

HTML标签功能分类

标签	描述
表格	
<table>	定义表格。
<caption>	定义表格标题。
<th>	定义表格中的表头单元格。
<tr>	定义表格中的行。
<td>	定义表格中的单元。
<thead>	定义表格中的表头内容。
<tbody>	定义表格中的主体内容。
<tfoot>	定义表格中的表注内容（脚注）。
<col>	定义表格中一个或多个列的属性值。
<colgroup>	定义表格中供格式化的列组。
列表	
<ul>	定义无序列表。
<ol>	定义有序列表。
<li>	定义列表的项目。
<dir>	不赞成使用。定义目录列表。
<dl>	定义定义列表。
<dt>	定义定义列表中的项目。
<dd>	定义定义列表中项目的描述。
<menu>	定义命令的菜单/列表。
<menuitem>	定义用户可以从弹出菜单调用的命令/菜单项目。
<command>	定义命令按钮。

图 7.21　设计表格的默认效果

第 2 步：重置基本表格对象的默认样式。在 body 中定义页面字体类型，通过 table 定义表格的基本属性，及其包含文本的基本显示样式，同时统一标题单元格和普通单元格的基本样式。

```
body {/* 页面基本属性 */
    font-family:"宋体" arial, helvetica, sans-serif;     /* 页面字体类型 */
}
table {/* 表格基本样式 */
    border-collapse: collapse;                           /* 合并单元格边框 */
    font-size: 75%;                                      /* 字体大小，约为 12 像素 */
    line-height: 1.1;                                    /* 行高，使数据显得更紧凑 */
    width:100%;                                          /* 定义表格宽度 */
}
th {/* 列标题基本样式 */
    font-weight: normal;                                 /* 普通字体，不加粗显示 */
    text-align: left;                                    /* 标题左对齐 */
    padding-left: 15px;                                  /* 定义左侧补白 */
}
th, td {/* 单元格基本样式 */
    padding: .3em .5em; /* 增加补白效果，避免数据拥挤在一起 */
}
```

此时显示效果如图 7.22 所示。

图 7.22 设计表格基本样式

第 3 步：定义列标题的立体效果。列标题的立体效果主要借助边框样式实现，设计顶部、左侧和右侧边框样式为 1 像素宽的白色实线，而底部边框则设计为 2 像素宽的浅灰色实线，这样就可以营造出一种淡淡的立体凸起效果。

```
thead th {/* 列标题样式，立体效果 */
    background: #c6ceda;                    /* 背景色 */
    border-color: #fff #fff #888 #fff;      /* 配置立体边框效果 */
    border-style: solid;                    /* 实线边框样式 */
    border-width: 1px 1px 2px 1px;          /* 定义边框大小 */
    padding-left: .5em;                     /* 增加左侧的补白 */
}
```

效果如图 7.23 所示。

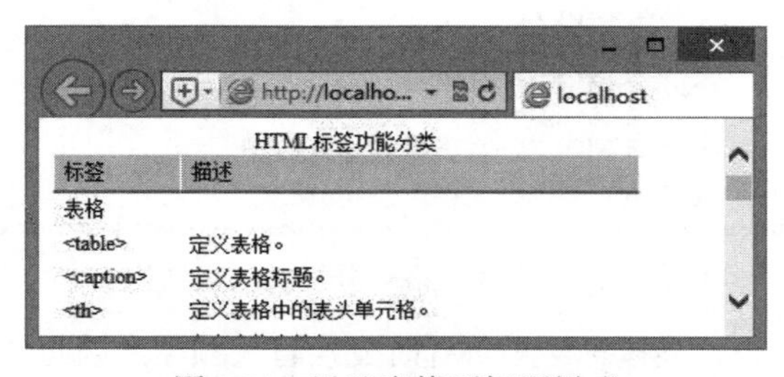

图 7.23 设计表格列标题样式

第 4 步：定义树形结构效果。树形结构主要利用虚线背景图像（ ├ 和 └ ）来模拟，借助背景图像的灵活定位特性，可以精确设计出树形结构样式。然后把这个样式设计为两个样式类，就可以分别应用到每行的第一个单元格中。

```
tbody th.start {/* 树形结构非末行图标样式 */
    background: url(images/dots.gif) 18px 54% no-repeat; /* 背景图像，定义树形结构非末行图标 */
    padding-left: 26px;                          /* 增加左侧的补白 */
}
tbody th.end {/* 树形结构末行图标样式 */
    background: url(images/dots2.gif) 18px 54% no-repeat; /* 背景图像，定义树形结构末行图标 */
    padding-left: 26px;                          /* 增加左侧的补白 */
}
```

第 5 步：为分类标题行定义一个样式类。通过为该行增加一个提示图标，以及行背景色，来区分不同分类行之间的视觉分类效果。最后把这个分类标题行样式类应用到分类行中即可。

```
.arrow {/* 数据分类标题行的样式 */
    background:#eee url(images/arrow.gif) no-repeat 12px 50%; /* 背景图像，定义提示图标 */
    padding-left: 28px;                      /* 增加左侧的补白 */
    font-weight:bold;                        /* 字体加粗显示 */
    color:#444;                              /* 字体颜色 */
}
```

此时效果如图 7.24 所示。

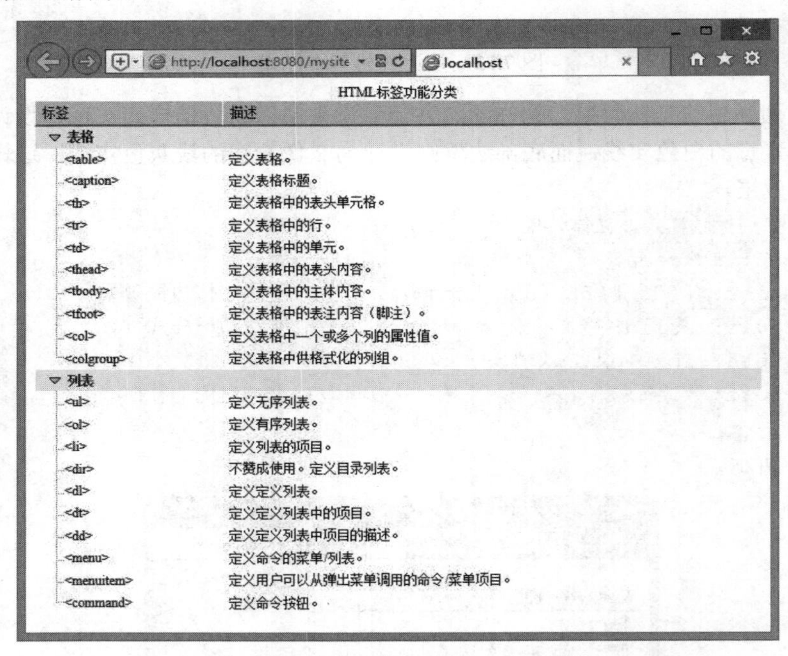

图 7.24　设计表格行分组及层级结构

第 6 步：定义伪样式类，设计当鼠标经过每行时变换背景颜色，以此显示当前行效果。

```
tr:hover, td.start:hover, td.end:hover {/* 鼠标经过行、单元格上时的样式 */
    background: #FF9;                        /* 变换背景色 */
}
```

第 7 步：设计每列的边框样式和表格标题样式。

```
caption { /*设置表格标题 */
   padding: 0 0 5px 0;
   text-align: center;
   font-size: 26px;
   font-weight: bold;
}
col {/*设置每列边框样式 */
   border: solid 1px #eee;
}
```

至此，完成本例设计。

第 8 章　使用 CSS 设计表单样式

与表格一样，表单也是网页中比较常见的对象，它主要负责界面交互，实现客户端与服务器端的信息传递。表单设计的主要目的是让表单更美观、更好用，提升用户的交互体验。本章将介绍如何使用 CSS 设计表单外观样式，完善用户体验。

【学习重点】

- CSS 控制表单样式的方法。
- 在实际应用中用 CSS 美化表单页面。

8.1　表单样式基础

CSS 没有定义专用的表单属性，用户可以使用字体、背景、颜色、边框、边距等基本属性来设计表单样式。

注意，由于部分表单对象是相对复杂的控件，如下拉菜单、文件域、复选框、单选按钮等，使用 CSS 可能无法完美控制其外观，因此必要时需要配合 JavaScript 脚本辅助实现。

扫一扫，看视频

8.1.1　定义表单字体样式

适当变换一下表单对象的显示值或提示文本样式，能够让表单显得更好看。CSS 字体和文本属性都可以被应用到所有表单对象上。

【示例】　启动 Dreamweaver，新建一个网页，保存为 test.html，在<body>标签内输入如下代码，创建表单结构。

```
<form name="form1" action="#" method="post" id="form1">
    <input maxlength="10" size="10" value="加粗" name="bold" id="bold">
    <input type="password" maxlength="12" size="8" name="blue" id="blue"><br>
    <select size="1" name="select">
        <option value="2" selected>sina.com</option>
        <option value="1">sohu.com</option>
    </select><br>
    <textarea name="txtarea" rows="5" cols="30" align="right">下划线样式</textarea>
<br>
    <input type="submit" value="提交" name="submit" id="submit">
    <input type="reset" value="清除" name="reset">
</form>
```

在网页头部区域添加<style type="text/css">标签，输入下面的 CSS 代码。

```
#form1 #bold {/*加粗字体表单样式*/
    font-weight: bold;
    font-size: 14px; font-family:"宋体";
}
#form1 #blue {/*蓝色字体表单样式*/
    font-size: 14px;
    color: #0000ff;
```

```
}
#form1 select {/*定义下拉菜单字体红色显示*/
    font-size: 13px;
    color: #ff0000;
    font-family: verdana,arial;
 }
#form1 textarea {/*定义文本区域内显示字符为蓝色下划线样式*/
    font-size: 14px;
    color: #000099;
    text-decoration: underline;
    font-family: verdana, arial;
}
#form1 #submit {/*定义提交按钮字体颜色为绿色*/
    font-size: 16px;
    color:green;
    font-family:"方正姚体";
}
```

在浏览器中预览，则演示效果如图 8.1 所示。

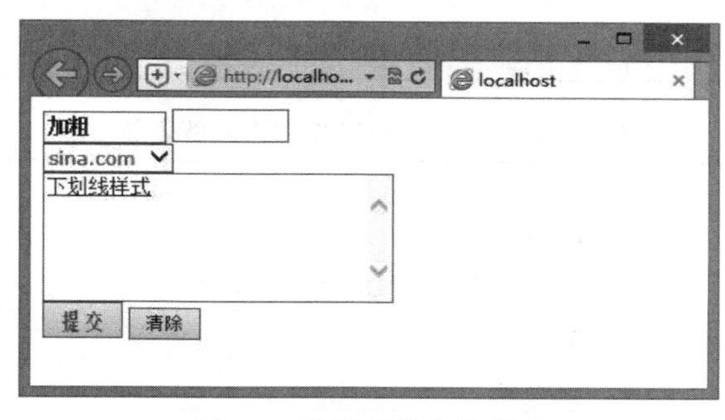

图 8.1　设置表单字体样式

提示：

为表单对象定义样式时，要注意以下问题：

- 输入型表单对象大部分都是使用<input>标签定义，如果仅为部分表单对象应用 CSS 样式，建议使用类样式，或者使用属性选择器进行精确控制。
- 为列表框定义样式时，可以使用 select 或者 option 作为选择器，二者实现效果相同。但是如果显示为下拉菜单，则 select 和 option 选择符作用的对象是不同的，option 选择符只定义下拉菜单项中的样式，而 select 只定义下拉框及其显示选项的样式。

拓展：

HTML 定义了多个表单标签，简单说明如表 8.1 所示。

一般来说，表单结构可分为三部分：

- 表单框：使用<form>标签定义，主要功能是定义提交表单的处理方法、URL 和字符编码等。
- 表单对象：包括文本框、密码框、隐藏域、多行文本框、复选框、单选按钮、下拉选择框、文件上传框、提交按钮、复位按钮和一般按钮等。
- 辅助对象：包括提示性标签<label>、表单对象分组标签<fieldset>，用于表单结构的辅助设计。

<input>标签是通用输入型表单对象，使用它可以定义多种类型的表单对象，另外 HTML5 又扩展了很多输入型表单对象，简单说明如表 8.2 所示。

表 8.1　HTML 表单标签

标　　签	说　　明
<form>	定义供用户输入的 HTML 表单
<input>	定义输入控件
<textarea>	定义多行的文本输入控件
<button>	定义按钮
<select>	定义选择列表（下拉列表）
<optgroup>	定义选择列表中相关选项的组合
<option>	定义选择列表中的选项
<label>	定义 input 元素的标签注
<fieldset>	定义围绕表单中元素的边框
<legend>	定义 fieldset 元素的标题
<isindex>	不赞成使用。定义与文档相关的可搜索索引
<datalist>	HTML5 新增标签，定义下拉列表
<keygen>	HTML5 新增标签，定义生成密钥
<output>	HTML5 新增标签，定义输出的一些类型

表 8.2　<input>标签可定义的输入型表单对象

表单对象	说　　明
<input type="text">	单行文本输入框
<input type="password">	密码输入框（输入的文字用点号表示）
<input type="checkbox">	复选框
<input type="radio">	单选按钮
<input type="file">	文件域
<input type="submit">	将表单（form）里的信息提交给表单属性 action 所指向的文件
<input type="reset">	将表单（form）里的信息清空，重新填写
<input type="color">	HTML5 新增对象，颜色选择器
<input type="date">	HTML5 新增对象，日期选择器
<input type="time">	HTML5 新增对象，时间选择器
<input type="datetime">	HTML5 新增对象，UTC 日期时间选择器
<input type="datetime-local">	HTML5 新增对象，本地日期时间选择器
<input type="week">	HTML5 新增对象，选择第几周的文本框
<input type="month">	HTML5 新增对象，月份选择器
<input type="email">	HTML5 新增对象，Email 输入框
<input type="tel">	HTML5 新增对象，电话号码输入框
<input type="url">	HTML5 新增对象，URL 输入框
<input type="number">	HTML5 新增对象，只能输入数字的文本框
<input type="range">	HTML5 新增对象，拖动条或滑块
<input type="search">	HTML5 新增对象，搜索文本框，与 type="text";的文本框没有太大区别

8.1.2　定义表单边框和边距样式

在表单设计中，很多用户喜欢重置表单对象的边框或边距效果，以便让表单与页面更融合，使表单对象操作起来更容易。使用 CSS 的 border 属性可以定义表单对象的边框样式，使用 CSS 的 padding 属性可以调整表单对象的边距大小。

【示例】 启动 Dreamweaver，新建一个网页，保存为 test.html，在<body>标签内输入如下代码，创建表单结构。

```
<form  id="form1" action="#public" method="post">
    <h2>个人信息注册</h2>
    <ul>
        <li class="label">姓名</li>
        <li><input name="name" id="name" size="20"></li>
        <li class="label">职业</li>
        <li><input name="work" id="work" size="25"></li>
        <li class="label">详细地址</li>
        <li><input name="address" id="address" size="50"></li>
        <li class="label">邮编</li>
        <li><input name="code" id="code" size="12" maxlength="12"></li>
        <li class="label">省市</li>
        <li><input id="city" name="city"> </li>
        <li class="label">国家</li>
        <li><select id="country" name="country">
                <option value="china">china</option>
                <option value="armenia">armenia</option>
                <option value="australia">australia</option>
                <option value="italy">italy</option>
                <option value="japan">japan</option>
        </select></li>
        <li class="label">Email</li>
        <li><input id="email" name="email" maxlength="255"></li>
        <li class="label">电话</li>
        <li><input name="tel1" id="tel1" maxlength="3" size="6">
            -
            <input name="tel2" id="tel2" maxlength="8" size="16"></li>
        <li class="label">
            <input name="save" id="save"  type="submit" value="提 交">
        </li>
    </ul>
</form>
```

在网页头部区域添加<style type="text/css">标签，输入以下 CSS 样式代码。

```
body {/*定义网页背景色，并居中显示*/
    background: #ffff99;
    margin: 0;
    padding: 0;
    text-align: center;
}
#form1 {/*定义表单框样式：固定宽度、白色背景、恢复左对齐，调整边距、统一字体大小*/
    width: 450px;
    background: #fff;
    text-align: left;
```

```
    padding: 12px 32px;
    margin: 0 auto;
    font-size: 13px;
}
#form1 h2 {/*定义表单标题样式，并居中显示*/
    border-bottom: dotted 1px #ddd;
    text-align: center;
    font-weight: normal;
}
ul {/*定义表单对象的列表框样式，清除默认的缩进和项目符号*/
    padding: 0;
    margin: 0;
    list-style-type: none;
}
input, select {/*定义表单对象的样式：加上立体边框效果，增大边距，让表单对象更大气，蓝色字体*/
    border: groove #ccc 1px;
    padding: 4px;
    color:blue;
}
.label {/*定义标签文本样式*/
    font-size: 13px;
    font-weight: bold;
    margin-top: 0.7em;
}
#save {/*定义提交按钮样式*/
    padding:8px 16px;
    border:solid 1px #666;
    color:red;
}
```

在浏览器中预览，表单效果如图 8.2 所示。

图 8.2　设置表单边框样式

提示：

边框样式有多种，有关 border 属性的详细说明请参考下章内容。

8.1.3　定义表单背景样式

扫一扫，看视频

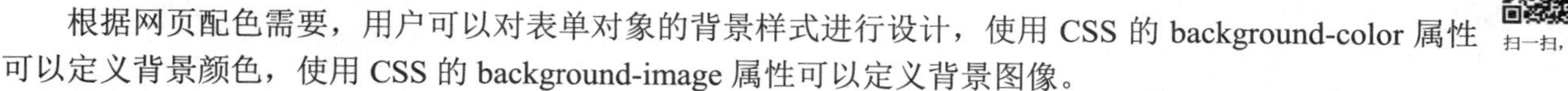

根据网页配色需要，用户可以对表单对象的背景样式进行设计，使用 CSS 的 background-color 属性可以定义背景颜色，使用 CSS 的 background-image 属性可以定义背景图像。

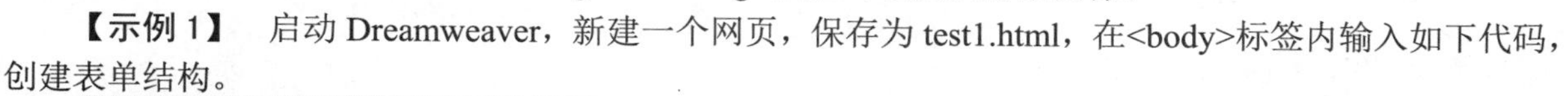

【示例 1】　启动 Dreamweaver，新建一个网页，保存为 test1.html，在<body>标签内输入如下代码，创建表单结构。

```
<form id="fieldset" action="#" method="post">
    <h2>联系表单</h2>
    <label for="name">姓名</label>
    <input class="textfield" id="name" name="name"><br>
    <label for="email">Email</label>
    <input class="textfield" id="email" name="email"><br>
    <label for="website">网址</label>
    <input class="textfield" id="website" value="http://" name="website"><br>
    <label for="comment">反馈</label>
    <textarea class="textarea" id="comment" name="comment" rows="15" cols="30">
</textarea><br>
    <label for="submit"> </label>
    <input class="submit" id="submit" type="submit" value="提交" name="submit">
</form>
```

在网页头部区域添加<style type="text/css">标签，输入以下 CSS 样式代码。

```
body {/*设计网页背景色、字体大小和字体默认颜色*/
    color: #666;
    background-color: #CCCCCC;
    font-size: 14px;
}
#fieldset h2 {/*设计表单标题样式：字体大小放大一倍显示、字体白色、居中显示*/
    font-size: 2em;
    color: #fff;
    text-align: center;
}
#fieldset label {/*定义标签文本样式：向左浮动、文本右对齐*/
    padding: 0.2em;
    margin: 0.4em 0px 0px;
    float: left;
    width: 70px;
    text-align: right;
}
.textfield {/*定义文本框样式*/
    border: #fff 0px solid;
    padding: 4px 8px;
    margin: 3px;
    width: 240px;
    height: 20px;
    background: url(images/textfield_bg.gif) no-repeat;     /*定义圆角背景图像*/
    background-size: cover;                                 /*让背景图像填充文本框*/
    color: #FF00FF;
```

```
    font-size: 1.1em;
}
textarea {/*定义文本区域样式*/
    border: #fff 0px solid;
    padding: 8px;
    margin: 3px;
    height: 200px;
    width: 400px;
    background: url(images/textarea_bg.gif) no-repeat;  /*定义圆角背景图像*/
    background-size: cover;                              /*让背景图像填充文本区域*/
    color: #FF00FF;
    font-size: 1.1em;
}
.submit {/*定义提交按钮样式*/
    border: #fff 0px solid;
    margin: 6px;
    width: 120px;
    height: 30px;
    background: url(images/submit.gif) no-repeat;        /*定义圆角背景图像*/
    background-size: cover;                              /*让背景图像填充按钮*/
    color: #666;
    font-size: 1.1em;
}
```

在浏览器中预览，则效果如图 8.3 所示。

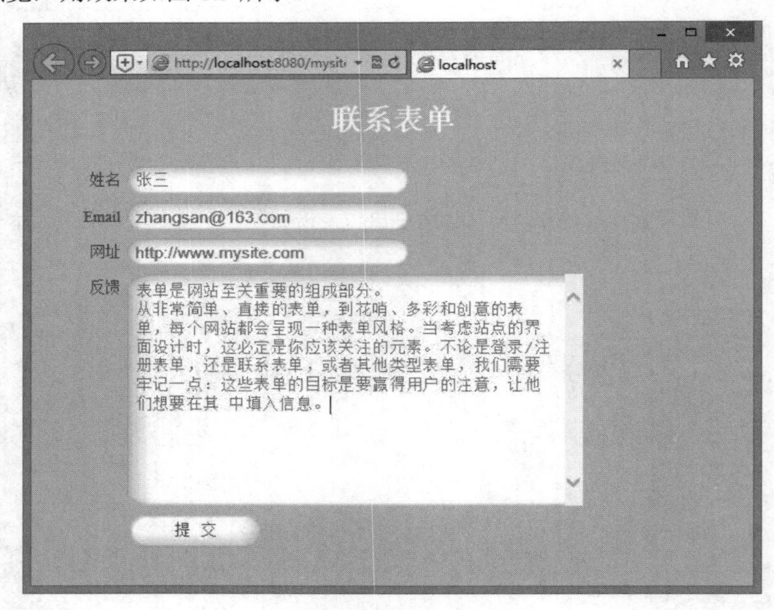

图 8.3　设置表单背景样式

【示例 2】　下面的示例使用动态 GIF 图像设计特效表单，让提交按钮中的小灯不断闪动。启动 Dreamweaver，新建一个网页，保存为 test1.html，在<body>标签内输入如下代码，创建表单结构。

```
<form id="fieldset" action="default.asp" method="post">
    <dl>
    <dt>注册表单</dt>
    <dd> 姓名
```

```
        <input id="name" name="name">
        <input id="submit" type="submit" value="提交" name="submit">
    <dd> 密码
        <input id="password" name="password">
        <input id="reset" type="reset" value="取消" name="reset">
    </dd>
    </dl>
</form>
```

在网页头部区域添加<style type="text/css">标签，输入以下 CSS 样式代码。

```
#fieldset {/* <定义表单基本属性> */
    color:#6D8B1E;
    font-size:12px;
}
#fieldset input {/* <定义输入表单控件基本属性> */
    border:solid 1px #339900;
    width:12em;
    margin:4px;
}
#fieldset dt {/* <定义标题属性> */
    font-size:16px;
    color:#333;
    }
#fieldset dd {/* <定义输入控件行高> */
    line-height:1em;
}
#fieldset #submit {/* <定义提交按钮属性> */
    text-indent:999px;                          /* 隐藏显示的 value 属性 */
    border:0;                                   /* 清除边框 */
    width:53px;                                 /* 定义宽，与背景图像要一致 */
    height:19px;                                /* 定义高，与背景图像要一致 */
    background:url(submit1.gif) no-repeat;      /* 定义背景图像 */
}
#fieldset #reset {/* <定义取消按钮属性，具体说明与上面提交按钮相同> */
    text-indent:999px;
    border:0;
    width:53px;
    height:19px;
    background:url(reset.gif) no-repeat;
}
```

在浏览器中预览，则效果如图 8.4 所示。

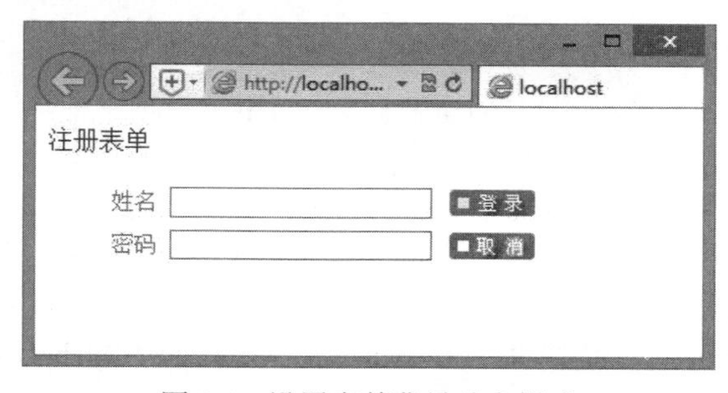

图 8.4　设置表单背景动态样式

8.2 实 战 案 例

本节将以实例的形式展示如何使用 CSS 设计表单的样式，帮助读者提高实战技巧，把握设计表单页面的基本方法。

扫一扫，看视频

8.2.1 定义表单样式

【示例 1】 启动 Dreamweaver，新建一个网页，保存为 test1.html，在<body>标签内输入如下代码，构建一个完整的表单结构。

```
<form id="form1" name="form1" method="post" action="">
    <p>文本框：
        <input type="text" name="textfield" id="textfield" />
    </p>
    <p>文本区域：
        <textarea name="textarea" id="textarea" cols="45" rows="5"></textarea>
    </p>
    <p>复选框：
        a<input type="checkbox" name="checkbox" id="checkbox" />
        b<input type="checkbox" name="checkbox2" id="checkbox2" />
        c<input type="checkbox" name="checkbox3" id="checkbox3" />
    </p>
    <p>单选按钮：
        a<input type="radio" name="radio" id="radio" value="radio" />
        b<input type="radio" name="radio2" id="radio2" value="radio2" />
        c<input type="radio" name="radio3" id="radio3" value="radio3" />
    </p>
    <p>下载菜单：
        <select name="select" id="select">
            <option value="1">a</option>
            <option value="2">b</option>
            <option value="3">c</option>
        </select>
    </p>
    <p>
        <input type="submit" name="button" id="button" value="提交" />
        <input type="reset" name="button2" id="button2" value="重置" />
    </p>
</form>
```

表单结构不仅要严谨，还要考虑用户的使用习惯，当用户想选中并填写表单选项时，可以有三种选择：

- 单击文本框等对象本身。
- 单击文本框前的提示文本。
- 利用 Tab 功能键快速切换文本框。

【示例 2】 使用 HTML 提供的辅助标签<fieldset>、<legend>和<label>可以提高表单的易用性。对于示例 1 的表单结构可以进一步地优化。

另存 test1.html 为 test2.html，在<body>标签内修改表单结构。

```
<form id="form1" name="form1" method="post" action="">
    <fieldset>
    <legend>表单结构</legend>
    <p>
        <label for="textfield">文本框：</label>
        <input type="text" name="textfield" id="textfield" />
    </p>
    <p>
        <label for="textarea">文本区域：</label>
        <textarea name="textarea" id="textarea" cols="45" rows="5"></textarea>
    </p>
    <p>复选框：
        <label for="checkbox">a</label>
        <input type="checkbox" name="checkbox" id="checkbox" />
        <label for="checkbox2">b</label>
        <input type="checkbox" name="checkbox2" id="checkbox2" />
        <label for="checkbox3">c</label>
        <input type="checkbox" name="checkbox3" id="checkbox3" />
    </p>
    <p>单选按钮：
        <label for="radio">a</label>
        <input type="radio" name="radio" id="radio" value="radio" />
        <label for="radio2">b</label>
        <input type="radio" name="radio2" id="radio2" value="radio2" />
        <label for="radio3">c</label>
        <input type="radio" name="radio3" id="radio3" value="radio3" />
    </p>
    <p>
        <label for="select">下载菜单：</label>
        <select name="select" id="select">
            <option value="1">a</option>
            <option value="2">b</option>
            <option value="3">c</option>
        </select>
    </p>
    <p>
        <input type="submit" name="button" id="button" value="提交" />
        <input type="reset" name="button2" id="button2" value="重置" />
    </p>
    </fieldset>
</form>
```

在上面的代码中，使用<fieldset>和<legend>标签来组织表单，以方便管理；使用<label>标签设置每个表单元素的提示信息，能够保证提示信息与对应的表单对象紧密联系在一起，在使用<label>标签时可以使用 for 属性与对应的表单对象进行绑定，这样当用户操作时就可以快速实现。在浏览器中的演示效果如图 8.5 所示。

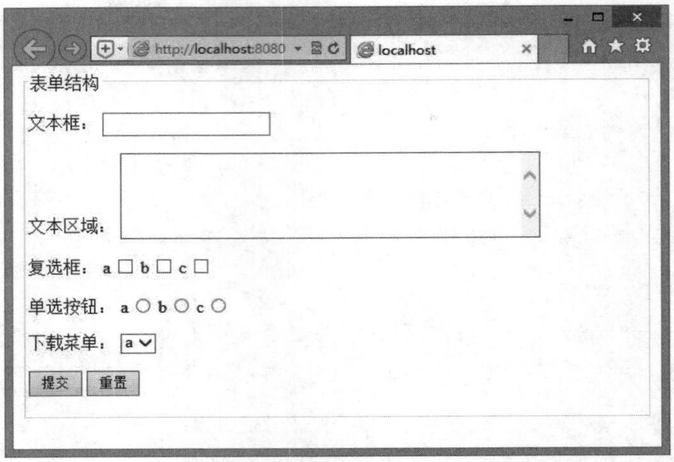

图 8.5　优化表单结构

【示例 3】　从图 8.5 的效果可以看到：整个表单既不美观，也不方便操作。下面使用 CSS 来控制表单的显示样式。

第 1 步：另存 test2.html 为 test3.html，在头部区域添加<style type="text/css">标签，定义内部样式表。

第 2 步：输入下面的 CSS 样式代码，对左侧的提示信息进行对齐处理。页面中长短不一的提示文本，文本框、单选按钮和其他表单对象的不同尺寸，使整个表单看起来很难阅读。可以为<label>标签定义一个类样式，统一提示文本的长度并自动右对齐。

```
.title {
    width:100px;                            /* 宽度 */
    float:left;                             /* 向左浮动 */
    text-align:right;                       /* 文本右对齐 */
    font-weight:bold;                       /* 加粗提示文本 */
}
```

第 3 步：定义一个文本居中类，设计按钮居中显示。

```
.center { text-align:center;  }
```

第 4 步：定义表单元素 form 居中显示，并定义该表单包含的 fieldset 元素居中对齐，宽度和文本左对齐，此时表单效果如图 8.6 所示。

```
#form1 {
    text-align:center;                      /* 定义表单内对象居中显示 */
}
#form1 fieldset {
    width:500px;                            /* 定义表单区域宽度 */
    margin:0 auto;                          /* 文本对象居中显示 */
    text-align:left;                        /* 文本左对齐 */
}
```

第 5 步：定义表单中包含的各个元素对象的基本样式。用户可以根据具体页面的整体效果来设计所需要的表单效果。此时页面显示效果如图 8.7 所示。

```
#form1 #textfield {/* 文本框样式 */
    width:16em;                             /* 文本框的宽度 */
    border:solid 1px #aaa;                  /* 文本框的边框样式 */
    font-size:14px;                         /* 字体大小 */
    color:#666;                             /* 字体颜色 */
    position:relative;                      /* 相对定位 */
    top:-3px;                               /* 向上移动位置 */
}
```

```
#form1 #textarea {/* 文本区域样式 */
    width:30em;                                /* 文本区域宽度 */
    height:8em;                                /* 高度 */
    border:solid 1px #aaa;                     /* 边框样式 */
    font-size:12px;                            /* 字体大小 */
    color:#666;                                /* 字体颜色 */
}
.checkbox {/* 复选框样式类 */
    border:solid 1px #fff;                     /* 边框样式 */
    position:relative;                         /* 相对定位 */
    top:3px;                                   /* 向下轻微偏移显示 */
    left:-2px;                                 /* 向左移动位置 */
}
#radio {/* 单选按钮样式 */
    border:solid 1px #fff;                     /* 边框样式 */
    position:relative;                         /* 相对定位 */
    top:3px;                                   /* 向下移动位置 */
    left:-1px;                                 /* 向左移动位置 */
}
```

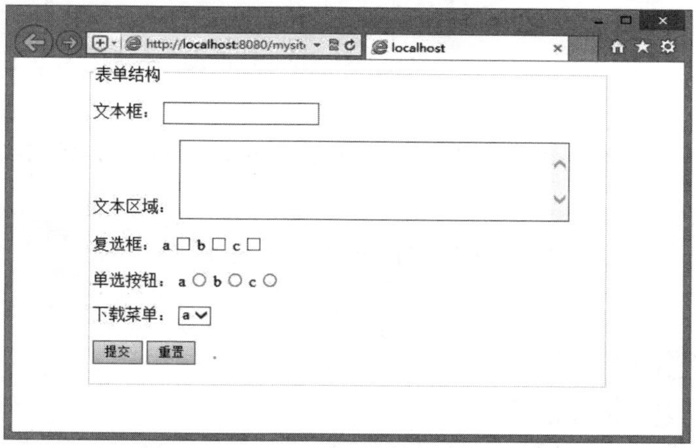

图 8.6　设计表单整体效果

图 8.7　最后设计效果

提示：

在设计表单样式时，提示以下几个制作技巧。

- 定义文本框或文本区域的宽度使用 em 作为单位，这样能够准确计算一行能够接纳的字符数。
- 使用相对定位偏移表单对象的位置，这样可以在一行内对齐表单对象，因为表单对象大小不一，同行显示时会参差不齐、影响美观。

扫一扫，看视频

8.2.2 设计下拉菜单样式

使用 CSS 可以设置表单背景颜色和表单边框样式。本节通过一个简单的实例介绍如何通过 CSS 美化下拉菜单，设计效果如图 8.8 所示。

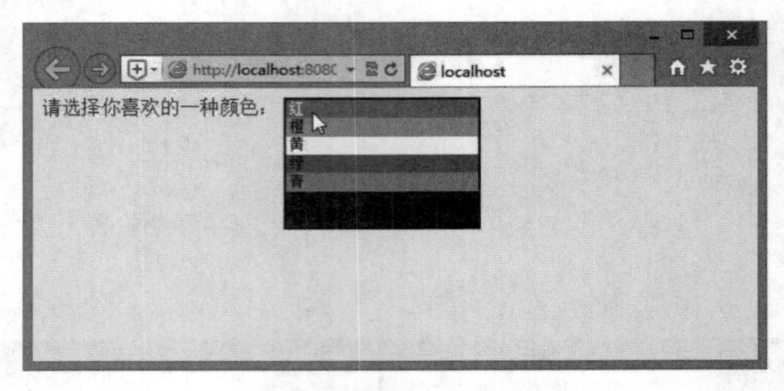

图 8.8　设计多彩下拉菜单样式

【操作步骤】

第 1 步：启动 Dreamweaver，新建一个网页，保存为 index.html。构建表单结构，在<body>标签中输入以下代码。

```
<form>
    <label for="color"> 请选择你喜欢的一种颜色：</label>
    <select name="" id="clolr">
        <option>红</option>
        <option>橙</option>
        <option>黄</option>
        <option>绿</option>
        <option>青</option>
        <option>蓝</option>
        <option>紫</option>
    </select>
</form>
```

第 2 步：在网页头部区域添加<style type="text/css">标签，定义内部样式表。规划整个页面的基本显示属性以及设置表单样式。

```
body { background-color:#f5f0c2;}
select { width:160px;}
form {
    color:#0c12f5;
    font-size:16px;
}
```

此时的显示效果如图 8.9 所示。可以看到，网页背景颜色发生了改变，并且表单包含字体颜色、字体样式也发生了变化，同时定义下拉列表框宽度为 160 像素的固定宽度。

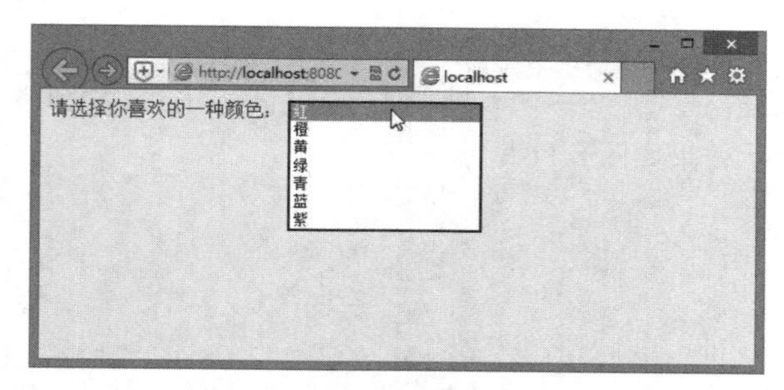

图 8.9　设置网页基本属性及表单样式

第 3 步：定义 7 种背景颜色样式类。

```
.r { background-color:#FF0000; color:#000; }
.o { background-color:#FF9900; color:#000; }
.y { background-color:#FFFF00; color:#000; }
.g { background-color:#009900; color:#000; }
.q { background-color:#21b9b4; color:#000; }
.b { background-color:#0000FF; color:#000; }
.z { background-color:#7c176a; color:#000; }
```

第 4 步：把这 7 种背景颜色样式类绑定到下拉列表项中即可。

```
<form>
    <label for="color"> 请选择你喜欢的一种颜色：</label>
    <select name="" id="clolr">
        <option class="r">红</option>
        <option class="o">橙</option>
        <option class="y">黄</option>
        <option class="g">绿</option>
        <option class="q">青</option>
        <option class="b">蓝</option>
        <option class="z">紫</option>
    </select>
</form>
```

8.2.3　设计注册表

注册表是用户管理系统的入口，也是一个网站的基本构成页面。本例将借助 CSS3 技术设计一个带有阴影的表单样式，效果如图 8.10 所示。

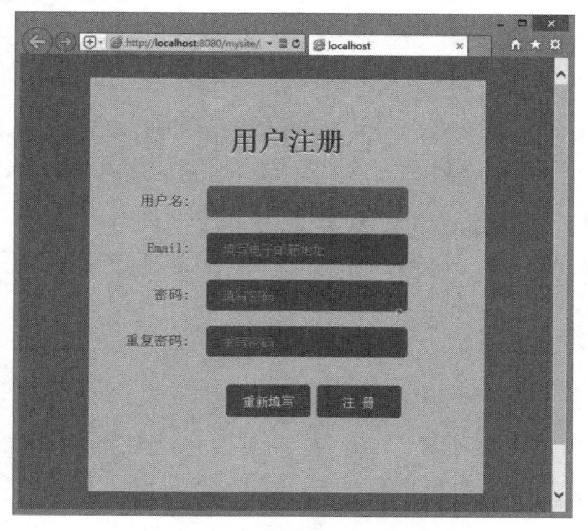

图 8.10　设计注册表单

【操作步骤】

第 1 步：启动 Dreamweaver，新建一个网页，保存为 index.html。构建表单结构，在<body>标签中输入以下内容，此时页面显示效果如图 8.11 所示。

```
<div id="container">
    <h1>用户注册</h1>
    <form >
        <fieldset>
            <label for="name">用户名:</label>
            <input type="text" id="name" placeholder="填写姓名">
            <label for="email">Email:</label>
            <input type="email" id="email" placeholder="填写电子邮箱地址">
            <label for="password">密码:</label>
            <input type="password" id="password" placeholder="填写密码">
            <label for="password">重复密码:</label>
            <input type="password" id="password" placeholder="重写密码">
            <p>
                <input type="submit" value="重新填写">
                <input type="submit" value="注 册">
            </p>
        </fieldset>
    </form>
</div>
```

在上面的表单结构代码中，使用<fieldset>标签对表单对象进行分组，使用<labe>标签为每个表单对象定义提示文字，然后通过 for 属性绑定到对应的表单域上，for 的属性值为对应表单域的 id 属性值。

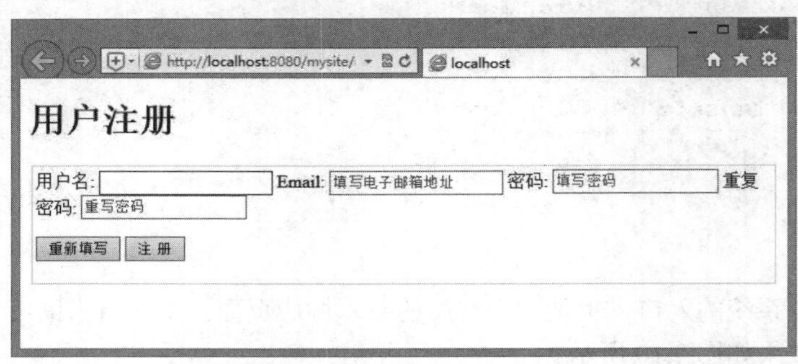

图 8.11　构建表单结构

提示：

placeholder 属性是 HTML5 新增的表单属性，用来设置输入框的提示占位符，可以给用户一些友好的提示，告之如何进行操作。这种效果在 HTML5 之前一般都需要使用 JavaScript 来实现。

第 2 步：定义网页基本属性、表单样式以及表单标题样式。

```
body, div, h1, form, fieldset, input, textarea {/* 清除标签默认的样式 */
    margin: 0;
    padding: 0;
    border: 0;
    outline: none;
}
html { height: 100%;}
body {/* 定义页面基本属性*/
    background: #728eaa;
```

```
    font-family: 宋体;
    margin-bottom:20px;
    padding-bottom:40px;
}
#container {/* 定义表单外框样式 */
    width: 430px;
    margin: 30px auto;
    padding: 60px 30px;
    background: #c9d0de;
    border: 1px solid #e1e1e1;
}
h1 {/* 定义表单标题样式 */
    font-size: 35px;
    color: #445668;
    text-align: center;
    margin: 0 0 35px 0;
    text-shadow: 0px 2px 0px #f2f2f2;
}
```

在以上代码中，首先定义了页面的背景颜色，在#container 中设置了表单的宽度为 430px，并为其添加了边框和背景色。此时的显示效果如图 8.12 所示。

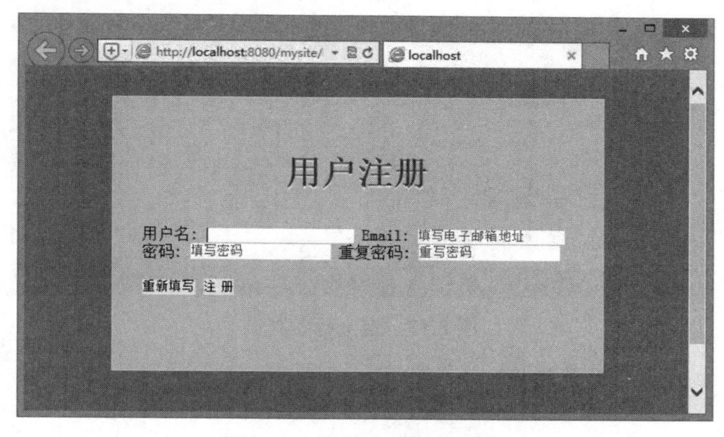

图 8.12　设置表单基本属性

提示：

text-shadow 是 CSS3 新增的属性，用来定义文本阴影。用法如下：

```
text-shadow : none | <length> none | [<shadow>, ] * <shadow>
text-shadow : none | <color> [, <color> ]*
```

取值简单说明如下：

- <color>表示颜色。
- <length>表示由浮点数字和单位标识符组成的长度值，可为负值，指定阴影的水平延伸距离。
- <opacity>表示由浮点数字和单位标识符组成的长度值，不可为负值，指定模糊效果的作用距离。如果仅仅需要模糊效果，将前两个 length 全部设定为 0 即可。

text-shadow 属性的阴影偏移由两个<length>值指定到文本的距离。第一个长度值指定距离文本右边的水平距离，负值将会把阴影放置在文本的左边；第二个长度值指定距离文本下边的垂直距离，负值将会把阴影放置在文本上方。在阴影偏移之后，可以指定一个模糊半径。模糊半径是个长度值，指出模糊效果的范围，如何计算模糊效果的具体算法并没有指定。在阴影效果的长度值之前或之后还可以选择指定一个颜色值，颜色值会被用作阴影效果的基础。如果没有指定颜色，那么将使用 color 属性值来替代。

第 3 步：定义标签浮动显示，并清除左侧浮动，避免上下标签显示在一行内，同时设置标签宽度为 95 像素，并定义文本右对齐，定义文本显示为阴影特效。此时网页的显示效果如图 8.13 所示。

```
label {
    float: left;
    clear: left;
    margin: 11px 20px 0 0;
    width: 95px;
    text-align: right;
    font-size: 18px;
    font-family:宋体;
    color: #445668;
    text-shadow: 0px 1px 0px #f2f2f2;
}
```

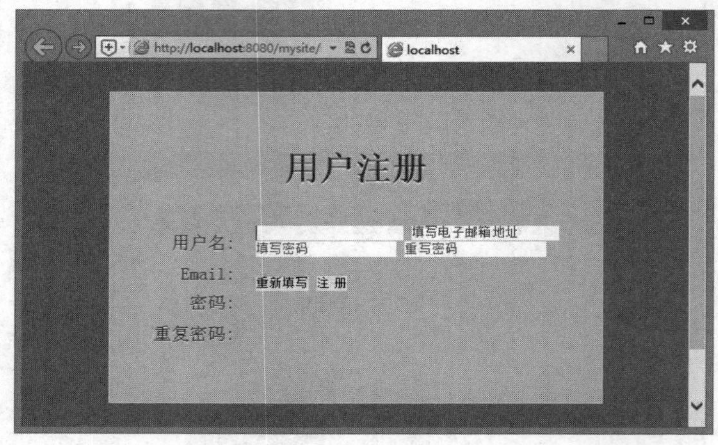

图 8.13　定义标签样式

第 4 步：接下来实现表单对象样式。

```
input {
    width: 210px;
    height: 35px;
    padding: 5px 20px 0px 20px;
    margin: 0 0 20px 0;
    background: #5E768D;
    border-radius: 5px;
    font-family: 宋体, sans-serif;
    font-size: 16px;
    color: #a1b2c3;
    text-shadow: 0px -1px 0px #38506b;
}
textarea {
    width: 210px;
    height: 170px;
    padding: 12px 20px 0px 20px;
    margin: 0 0 20px 0;
    background: #5E768D;
```

```
    font-family: 宋体, sans-serif;
    font-size: 16px;
    color: #f2f2f2;
    text-shadow: 0px -1px 0px #334f71;
}
textarea {
    color: #a1b2c3;
    text-shadow: 0px -1px 0px #38506b;
}
input:focus, textarea:focus { background: #728eaa;}
p {margin-left:140px;}
input[type=submit] {
    width: 105px;
    height: 42px;
    border: 1px solid #556f8c;
    cursor: pointer;
    color:#FFFFFF;
}
```

以上代码中，首先统一 input 和 textarea 元素的默认样式，设置文本框固定宽和高，增加补白，定义背景色，并设置圆角和阴影效果。然后，再分别使用伪类选择器 input:focus、textarea:focus 为激活表单定义样式，以及使用属性选择器 input[type=submit]为提交按钮定义样式。

8.2.4　设计调查表

扫一扫，看视频

网站调查表设计的好坏直接影响到网友参与调查的热情，一般网上调查表单设计都比较简洁、明了，为避免给被调查人员带来负面情绪，调查的问题也尽量简单，方便用户回答。当然，调查内容的设计需要与设计目标一致，否则调查就失去意义。本例介绍了简单的调查表单设计，演示效果如图 8.14 所示。

图 8.14　设计调查表

【操作步骤】

第 1 步：启动 Dreamweaver，新建一个网页，保存为 index.html。在<body>标签中输入以下代码，构建网页基本结构。设计一个表单，包含 2 个单行文本框和 1 个多行文本框，分别用来接收年龄、喜欢的明星，以及理由。

```
<form id="myform" class="rounded" method="post" action="">
    <h3>娱乐大调查</h3>
    <div class="field">
        <label for="name">您的年龄是:</label>
```

```
        <input type="text" class="input" name="name" id="name" />
    </div>
    <div class="field">
        <label for="email">喜欢的娱乐明星:</label>
        <input type="text" class="input" name="email" id="email" />
    </div>
    <div class="field">
        <label for="message">喜欢的理由:</label>
        <textarea class="input textarea" name="message" id="message"></textarea>
    </div>
    <input type="submit" name="Submit"  class="button" value="提交" />
</form>
```

此时在没有进行 CSS 样式设置时的显示效果如图 8.15 所示。

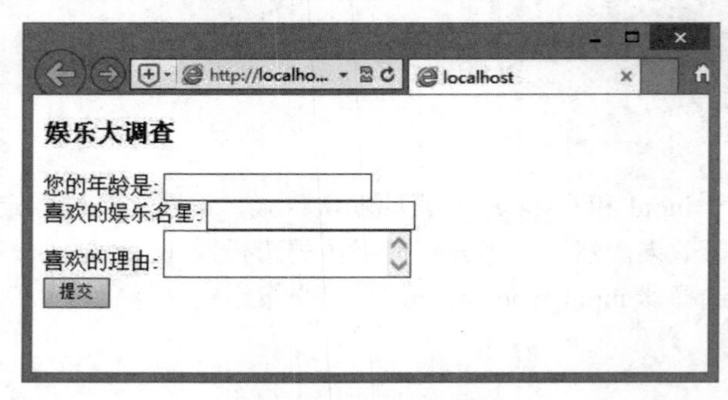

图 8.15　构建表单结构

第 2 步：定义表单框样式。

```
#myform {
   width: 500px;
   padding: 20px;
   background: #f0f0f0;
   overflow:auto;
   border: 1px solid #cccccc;
   border-radius: 7px;
   box-shadow: 2px 2px 2px #cccccc;              /*边框阴影 */
}
div { margin-bottom:5px;}
```

以上代码中，首先设置了表单宽度，设置宽度为 500 像素，定义背景色、补白，并添加深色边框线，为表单框定义阴影效果。此时的显示效果如图 8.16 所示。

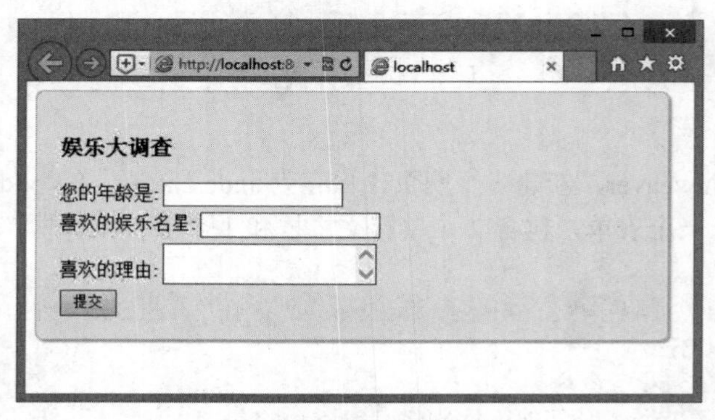

图 8.16　设置表单样式

第 3 步：定义表单的标签和文本框样式。

```
label {
    font-family: Arial, Verdana;
    text-shadow: 2px 2px 2px #ccc;
    display: block;
    float: left;
    font-weight: bold;
    margin-right:10px;
    text-align: right;
    width: 160px;
    line-height: 25px;
    font-size: 15px;
}
.input {
    font-family: Arial, Verdana;
    font-size: 15px;
    padding: 5px;
    border: 1px solid #b9bdc1;
    width: 260px;
    color: #797979;
}
```

在上面的代码中，首先定义了<label>标签样式和<input>标签样式，主要设置标签浮动显示，以便与右侧的文本框在同行显示，使用 line-height 属性定义文本垂直居中，使用 text-shadow 属性添加文本阴影效果。此时网页的显示效果如图 8.17 所示。

图 8.17　设置文本框样式

第 4 步：设计圆角按钮样式。

```
.button {
    float: right;
    margin:10px 55px 10px 0;
    font-weight: bold;
    line-height: 1;
    padding: 6px 10px;
    cursor:pointer;
    color: #fff;
    text-align: center;
    text-shadow: 0 -1px 1px #64799e;
    background: #a5b8da;
    background: -moz-linear-gradient(top, #a5b8da 0%, #7089b3 100%);
```

```
    background:  -webkit-gradient(linear,  0%  0%,  0%  100%,  from(#a5b8da),
to(#7089b3));
    border: 1px solid #5c6f91;
    border-radius: 10px;
    box-shadow: inset 0 1px 0 0 #aec3e5;                    /* 阴影 */
}
```

在上面的代码中，使用 text-shadow 属性定义文本阴影，使用 border-radius 属性定义圆角效果，同时使用 background 属性定义渐变背景色，以上三个属性都是 CSS3 新添加的功能。至此，本案例最终效果完成。

拓展：

CSS3 渐变与背景图像渐变相比，最大的优点是便于修改，同时支持无级缩放，过渡更加自然。Webkit（如 Chrome、Safari 浏览器）和 Gecko（如 Firefox 浏览器）引擎的浏览器对于 CSS3 渐变支持不同的语法。

Webkit 是第一个支持渐变的浏览器引擎（Safari 4 及其以上版本支持），用法如下：

```
-webkit-gradient(<type>, <point> [, <radius>]?, <point> [, <radius>]? [,<stop>]*)
```

该函数的参数说明如下：

- <type>：定义渐变类型，包括线性渐变（linear）和径向渐变（radial）。
- <point>：定义渐变起始点和结束点坐标，即开始应用渐变的 x 轴和 y 轴坐标，以及结束渐变的坐标。该参数支持数值、百分比和关键字，如(0 0)或者(left top)等；关键字包括 top、bottom、left 和 right。
- <radius>：当定义径向渐变时，用来设置径向渐变的长度，该参数为一个数值。
- <stop>：定义渐变色和步长。包括三个类型值，即开始的颜色，使用 from(colorvalue)函数定义；结束的颜色，使用 to(colorvalue)函数定义；颜色步长，使用 colorstop(value, colorvalue)函数定义。colorstop()函数包含两个参数值，第一个参数值为一个数值或者百分比值，取值范围在 0 到 1.0 之间（或者 0%到 100%之间），第二个参数值表示任意颜色值。

【示例 1】 下面的示例演示 Webkit 引擎的直线渐变实现方法，演示效果如图 8.18 所示（test1.html）。

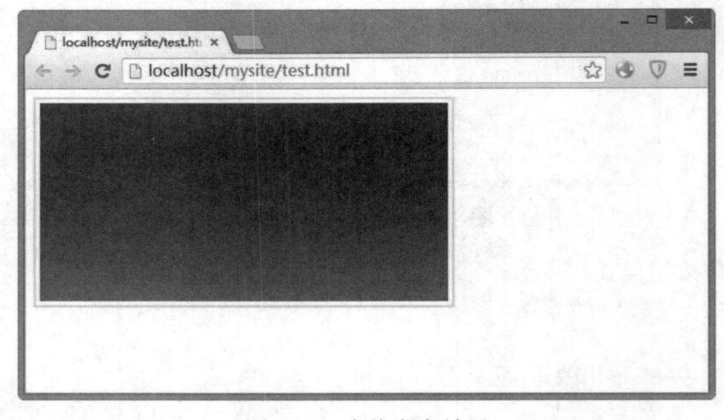

图 8.18　直线渐变效果

```
<style type="text/css">
div {
    width: 400px;
    height: 200px;
    border: 2px solid #FCF;
    padding: 4px;
    background: -webkit-gradient(linear, left top, left bottom, from(blue), to(red));
```

```
    -webkit-background-origin: padding-box;
    -webkit-background-clip: content-box;
}
</style>
<div></div>
```

Firefox 浏览器从 3.6 版本开始支持渐变设计，Gecko 引擎定义了两个私有函数，分别用来设计直线渐变和径向渐变。基本语法说明如下。

```
-moz-linear-gradient( [<point> || <angle>,]? <stop>, <stop> [, <stop>]* )
```

该函数的参数说明如下：

- <point>：定义渐变起始点，取值支持数值、百分比，也可以使用关键字，其中 left、center 和 right 关键字定义 x 轴坐标，top、center 和 bottom 关键字定义 y 轴坐标。用法与 background-position 和-moz-transform-origin 属性中的定位方式相同。当指定一个值时，则另一个值默认为 center。
- <angle>：定义直线渐变的角度。单位包括 deg（度，一圈等于 360deg）、grad（梯度、90 度等于 100grad）、rad（弧度，一圈等于 2×PI rad）。
- <stop>：定义步长，用法与 Webkit 引擎的 colorstop()函数相似，但是该参数不需要调用函数，直接传递参数即可。其中第一个参数值设置颜色值，可以为任何合法的颜色值，第二个参数值设置颜色的位置，取值为百分比（0～100%）或者数值，也可以省略步长位置。

【示例 2】 最简单的线性渐变，只需要指定开始颜色和结束颜色，则默认为从上到下实施线性渐变。下面的示例演示 Gecko 引擎的直线渐变实现方法，代码如下所示，演示效果如图 8.19 所示（test2.html）。

```
<style type="text/css">
div {
    width:400px;
    height:200px;
    border:2px solid #FCF;
    padding: 4px;
    background: -moz-linear-gradient(red, blue);
}
</style>
<div></div>
```

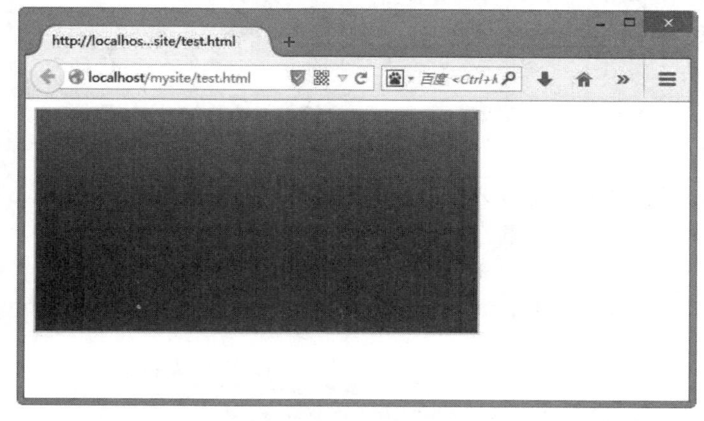

图 8.19　简单的线性渐变

Gecko 引擎定义的径向渐变基本语法说明如下。

```
-moz-radial-gradient( [<position> || <angle>,]? [<shape> || <size>,]? <stop>,<stop>
[, <stop>]* )
```

该函数的参数说明如下：

<point>：定义渐变起始点，取值支持数值、百分比，也可以使用关键字，其中 left、center 和 right 关键字定义 x 轴坐标，top、center 和 bottom 关键字定义 y 轴坐标。用法与 background-position 和-moz-transform-origin 属性中的定位方式相同。当指定一个值时，则另一个值默认为 center。
<angle>：定义渐变的角度。单位包括 deg（度，一圈等于 360deg）、grad（梯度、90 度等于 100grad）、rad（弧度，一圈等于 2*PI rad），默认值为 0deg。
<shape>：定义径向渐变的形状，包括 circle（圆）和 ellipse（椭圆），默认值为 ellipse。
<size>：定义圆半径，或者椭圆的轴长度。
<stop>：定义步长，用法与 Webkit 引擎的 colorstop()函数相似，但是该参数不需要调用函数，直接传递参数即可。其中第一个参数值设置颜色值，可以为任何合法的颜色值，第二个参数值设置颜色的位置，取值为百分比（0～100%）或者数值，也可以省略步长位置。

【示例 3】 设计简单的径向渐变，从中间向外由红色、黄色到蓝色渐变显示，代码如下所示，演示效果如图 8.20 所示（test3.html）。

```
<style type="text/css">
div {
    width:400px;
    height:200px;
    border:2px solid #FCF;
    padding: 4px;
    background: -moz-radial-gradient(red, yellow, blue);
}
</style>
<div></div>
```

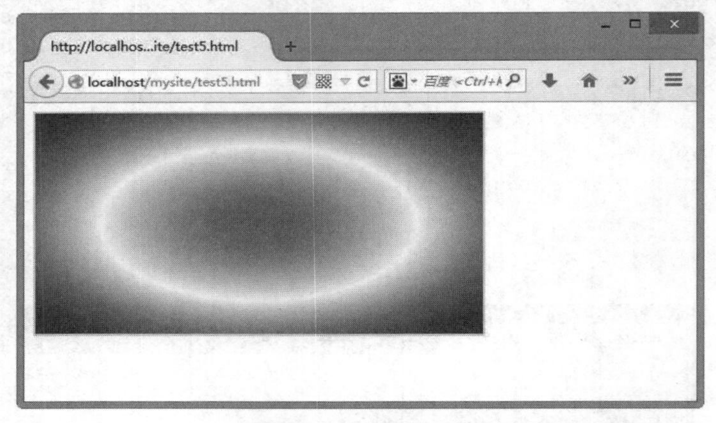

图 8.20 设计径向渐变

W3C 于 2010 年 11 月正式发布支持渐变设计的工作草案，标准草案沿袭 Gecko 引擎的渐变设计方法，语法和用法也基本相同，简单比较如下。

- 线性渐变

```
linear-gradient([ [ <angle> | to <side-or-corner> ] ,]? <color-stop>[, <color-stop>]+)
```

- 径向渐变

```
radial-gradient([ [ <shape> || <size> ] [ at <position> ]? , | at <position>, ]?
<color-stop>[ , <color-stop> ]+)
```

【示例 4】 下面的示例演示了如何使用标准方法设计一个直线渐变，从左上角开始显示从黄色到蓝色的过渡效果，演示效果如图 8.21 所示（test4.html）。

```
<style type="text/css">
div {
    width:400px;
```

```
    height:200px;
    border:2px solid #FCF;
    padding: 4px;
    background: linear-gradient(135deg, yellow, blue);
}
</style>
<div></div>
```

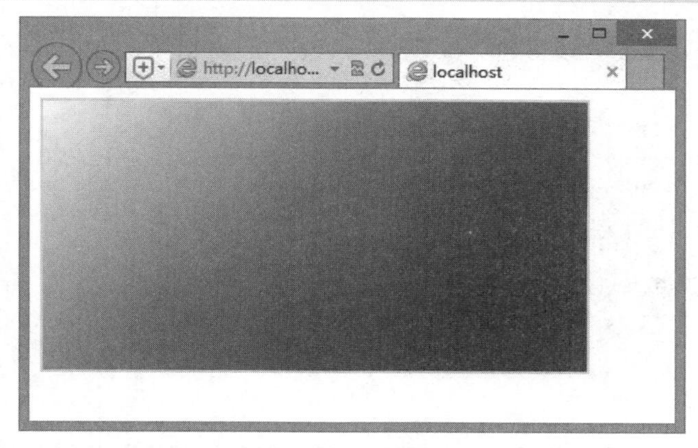

图 8.21　设计径向渐变

8.2.5　设计反馈表

反馈表与调查表一样也是一种比较常见的表单形式，特别是在网站建设初期，经常需要与用户进行沟通，以便了解用户的意见和建议。本例以个性化的方式来设计表单，并灵活使用背景图像艺术化表单样式，演示效果如图 8.22 所示。

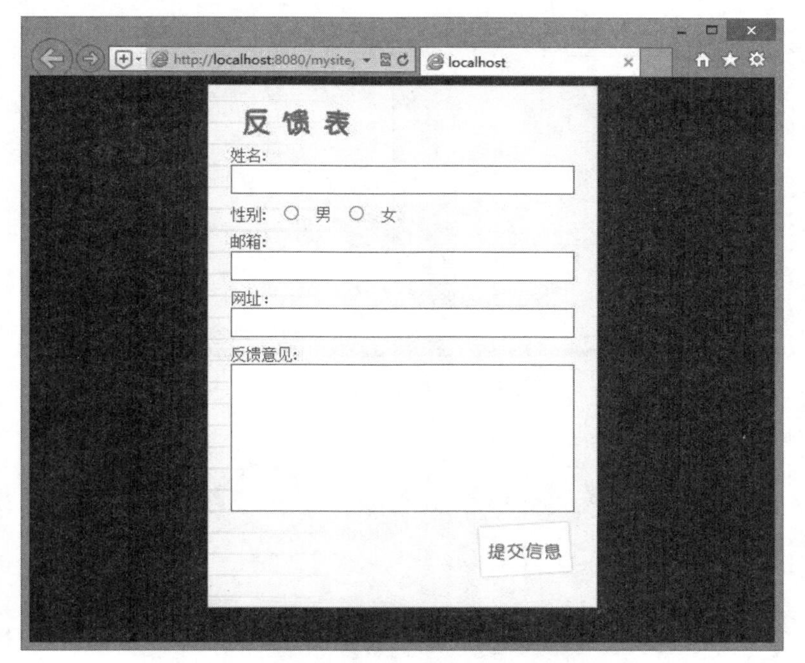

图 8.22　设计反馈表

【操作步骤】

第 1 步：启动 Dreamweaver，新建一个网页，保存为 index.html。在<body>标签中输入以下代码，构建网页结构。本例中应用了结构嵌套，设置了外层 div 元素的 id 值为“container”，以及内层表单 form 元素的 id 值为“myform”进行布局，结构示意图如图 8.23 所示。

```
<form id="myform">
    <h3>反馈表</h3>
    <fieldset>
        <p>姓名：<input class="special" type="text" name="name"></p>
        <p>性别：
            <input class="radio" type="radio"  name="" value="">男
            <input class="radio" type="radio"  name="" value="">女 </p>
        <p>邮箱：<input  class="special" type="text" name="email"></p>
        <p>网址：<input   class="special"type="text" name="web"></p>
        <p>反馈意见：<textarea name="message" cols="30" rows="10"></textarea> </p>
        <p class="submit">
            <button type="submit"></button>
        </p>
    </fieldset>
</form>
```

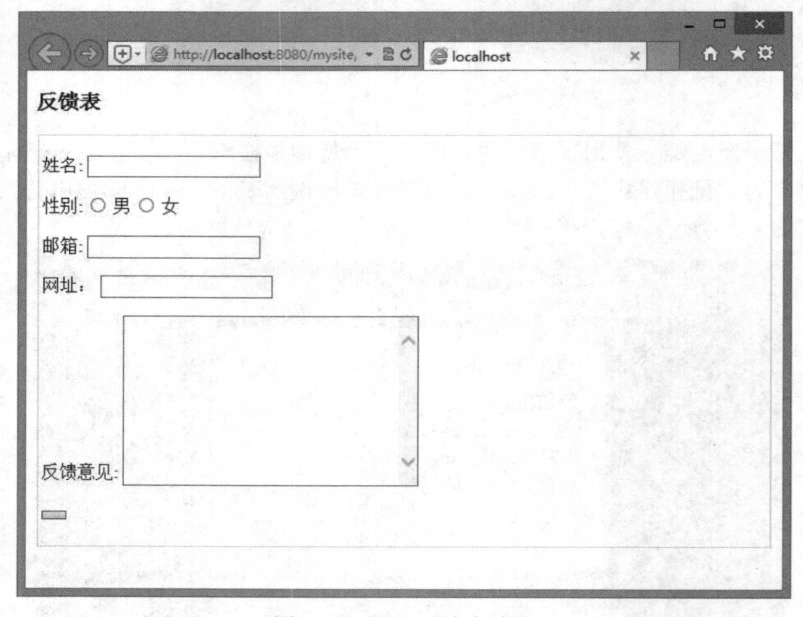

图 8.23　设计反馈表结构

第 2 步：定义网页基本属性和表单框样式。

```
body {
    font: 14px Trebuchet MS, Arial, Helvetica, Sans-Serif;
    text-align: center;
    background-color: #000;
}
#myform {
    margin: 0 auto;
    text-align: left;
    padding-top: 1.5em;
```

```
    color: #246878;
    width: 350px;
    border: solid 1px #ddd;
    background: #fbfaf4 url(images/bg.gif) repeat-y;
}
```

在以上代码中，首先定义了网页基本属性；在#myform 选择器中首先定义了反馈表居中显示，固定宽度和背景色，并导入一张背景图，让它垂直平铺，显示效果如图 8.24 所示。

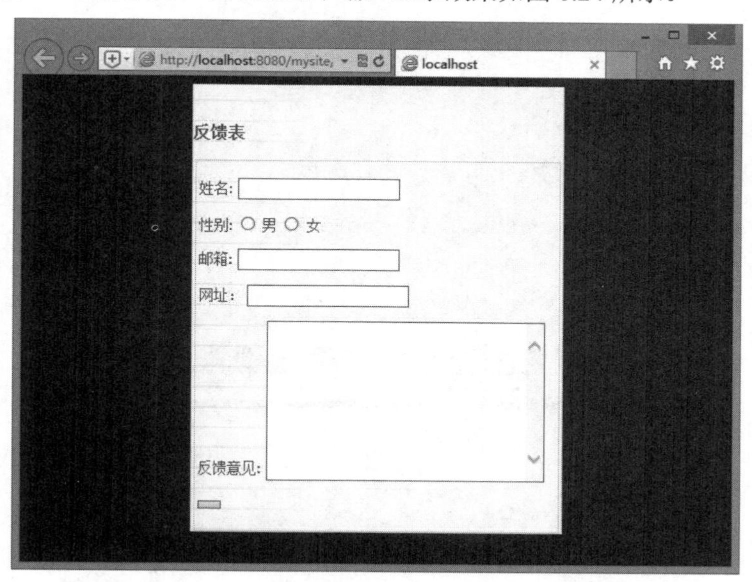

图 8.24　网页基本属性及外层结构样式设置

第 3 步：设置标题和表单域内的分组框样式。

```
#myform h3 {
    margin: 0 20px;
    height: 28px;
    text-indent: -8000px;
    background: url(images/heading.gif) no-repeat;
}
#myform fieldset {
    margin: 0;
    padding: 0;
    border: none;
    padding-bottom: 1em;
}
```

以上代码完成了表单标题的设置，这里主要通过背景图像来替换标题文本，通过 text-indent 属性把标题文本隐藏在元素框之外，同时隐藏 fieldset 默认的边框效果，显示效果如图 8.25 所示。

第 4 步：设置表单域对象样式。

```
#myform p {margin: 0.6em 20px;}
.special, #myform textarea {
    width: 302px;
    border: 1px solid #246878;
    background: #fff;
    padding: 5px 3px;
}
```

```
.radio {width: 30px;}
#myform textarea {
    height: 125px;
    overflow: auto;
}
#myform p.submit { text-align: right;}
#myform button {
    margin: 0;
    padding: 0;
    text-indent: -8000px;
    overflow: hidden;
    width: 88px;
    height: 56px;
    border: none;
    background: url(images/button.gif) no-repeat 0 0;
    cursor: pointer;
    text-align: left;
}
```

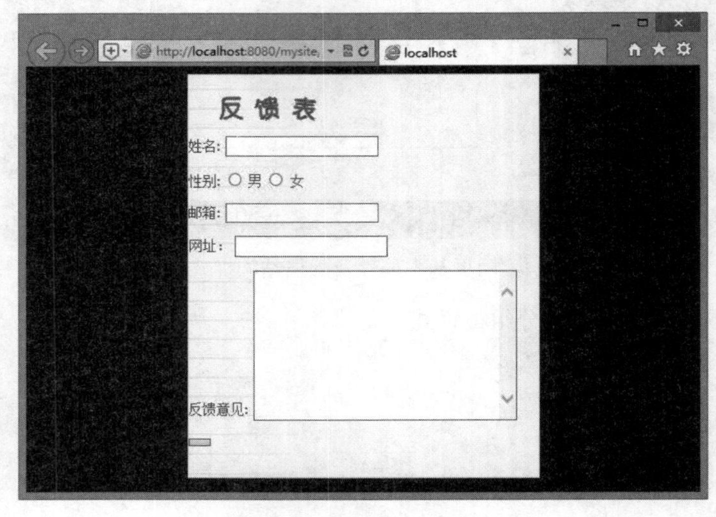

图 8.25　设置表单标题样式

上面的代码实现了文本框和按钮的样式设置，其中按钮样式主要通过背景图像替换而成，实现方法与标题样式类似，其中使用 text-indent 属性隐藏按钮文本，使用 overflow 属性隐藏超出按钮区域的内容，使用 cursor 属性改变按钮指针样式。

第 9 章　使用 DIV+CSS 布局网页

在设计网页时，能否控制好各个模块在页面中的位置是非常关键的。在前面各章中，我们详细介绍了使用 CSS 控制网页基本对象的方法。本章将在此基础上对 CSS 布局作详细的介绍，并讲解如何使用 DIV+CSS 设计完整网页。

【学习重点】

- 理解 CSS 盒模型原理和用法。
- 能够合理重构网页结构。
- 了解网页布局的基本方法。
- 使用 CSS 控制网页中各个版面的位置。

9.1　CSS 盒模型

CSS 盒模型是网页布局的基础，它定义了页面元素如何显示，以及相邻元素之间如何相互影响。在页面中每个元素都是以一个矩形空间存在的，这个矩形空间由内容区域（content）、补白区域（padding，内边距）、边框区域（border）和边界区域（margin，外边距）组成，如图 9.1 所示。

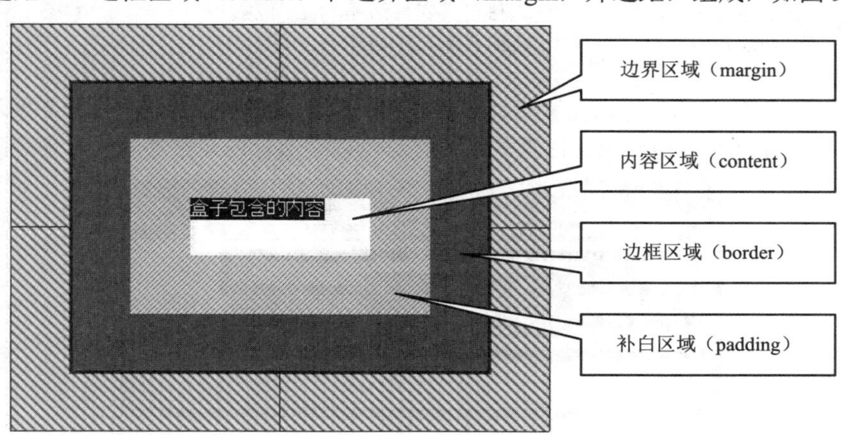

图 9.1　盒模型结构

9.1.1　定义边界

扫一扫，看视频

CSS 使用 margin 属性定义边界大小，语法如下。

```
Margin:length | percentage | auto
```

取值说明如下：

- auto：默认值，自动计算。在默认书写模式下，margin-top/margin-bottom 计算值为 0，margin-left/margin-right 的值取决于可用空间。
- length：用长度值定义外边距，可以为负值。
- percentage：用百分比定义外边距，默认参照其定位包含框的 width 进行计算，其他情况参照 height，可以为负值。

margin 主要作用是分开各种元素，调节元素之间的距离。没有 margin 的网页，所有网页对象会堆放在一起，无法进行布局。

1. margin 属性值设置技巧

- 如果提供全部四个参数值，将按上、右、下、左的顺序作用于元素的四边。
- 如果只提供一个，将用于全部的四边。
- 如果提供两个，第一个用于上、下边界，第二个用于左、右边界。
- 如果提供三个，第一个用于上边界，第二个用于左、右边界，第三个用于下边界。
- 如果是行内元素，可以使用 margin 属性设置左、右两边的外边距；如果要设置上、下两边的外边距，必须先定义该元素为块状或内联块状显示。

【示例 1】 定义盒模型的外边距有多种方法，概括起来有如下 7 种，用户可以任意选择其中一种来定义元素的外边距。当混合定义时，要注意取值的先后顺序，一般是从顶部外边距开始，按顺时针分别定义：

```
<style type="text/css">
margin:10px;                /* 快速定义盒模型的外边距都为 10 像素 */
margin:5px 10px;            /* 定义上下、左右外边距分别为 5 像素和 10 像素 */
margin:5px 10px 15px;       /* 定义上为 5 像素，左右为 10 像素，底为 15 像素*/
/* 定义上为 5 像素，右为 10 像素，下为 15 像素，左为 20 像素*/
margin:5px 10px 15px 20px;
margin-top:5px;             /* 单独定义上外边距为 5 像素 */
margin-right:10px;          /* 单独定义右外边距为 10 像素 */
margin-bottom:15px;         /* 单独定义底外边距为 15 像素 */
margin-left:20px;           /* 单独定义左外边距为 20 像素 */
</style>
```

【示例 2】 下面的示例为行内元素设计边界，在不同浏览器中预览，如图 9.2 所示。因此不能使用外边距来调节行内元素与其他对象的位置关系，但是可以调节行内元素之间的水平距离。

图 9.2 行内元素的边界

```
<!doctype html>
<html>
<head>
<meta charset="utf-8">
<style type="text/css">
.box1 { /* 行内元素样式 */
    margin: 50px;                /* 外边距为 50 像素 */
    border: solid 20px red;      /* 20 像素宽的红色边框 */
}
.box2 { /* 块状元素样式 */
    width: 400px;                /* 宽度 */
```

```
    height: 20px;                /* 高度 */
    border: solid 10px blue;     /* 10 像素宽的蓝边框 */
}
</style>
</head>
<body>
<div class="box2">相邻块状元素</div>
<div>外部文本<span class="box1">行内元素包含的文本</span>外部文本</div>
<div class="box2">相邻块状元素</div>
</body>
</html>
```

2．margin 特性

- 外边距始终透明。
- 某些相邻的 margin 会发生重叠。

margin 重叠说明：

- margin 重叠只发生在上下相邻的块元素上。
- 浮动元素的 margin 不与任何 margin 发生重叠。
- 设置了 overflow 属性，且取值不为 visible 的块级元素，将不与它的子元素发生 margin 重叠。
- 绝对定位元素的 margin 不与任何 margin 发生折叠。
- 根元素的 margin 不与其他任何 margin 发生折叠。

【示例 3】 定义如下结构和样式，然后在 IE 怪异模式和标准模式下预览，则显示效果如图 9.3、图 9.4 所示。

```
<!doctype html>
<html>
<head>
<meta charset="utf-8">
<style type="text/css">
.box1 {
    float: left;                 /* 向左浮动显示 */
    margin: 50px;                /* 外边距 */
    border: solid 20px red;      /* 红色实线边框 */
}
.box2 {
    width: 400px;                /* 块状元素宽度 */
    height: 20px;                /* 块状元素高度 */
    border: solid 10px blue;     /* 块状元素边框 */
}
</style>
</head>
<body>
<div class="box2">相邻块状元素</div>
<div>外部文本<span class="box1">浮动元素</span>外部文本</div>
<div class="box2">相邻块状元素</div>
</body>
</html>
```

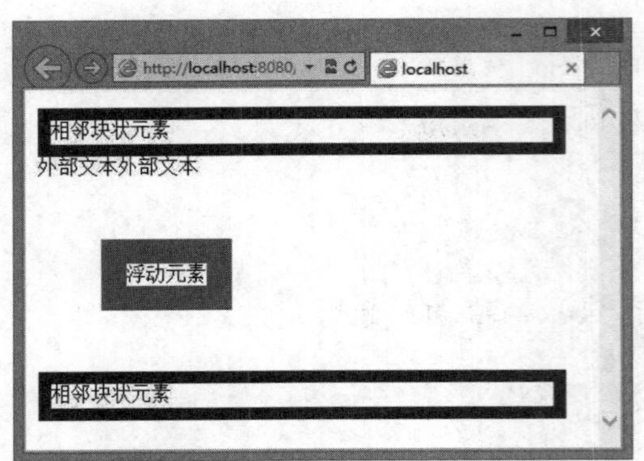

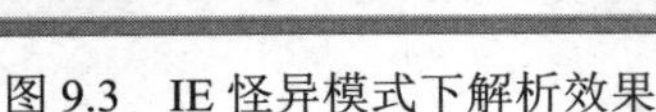
图 9.3　IE 怪异模式下解析效果

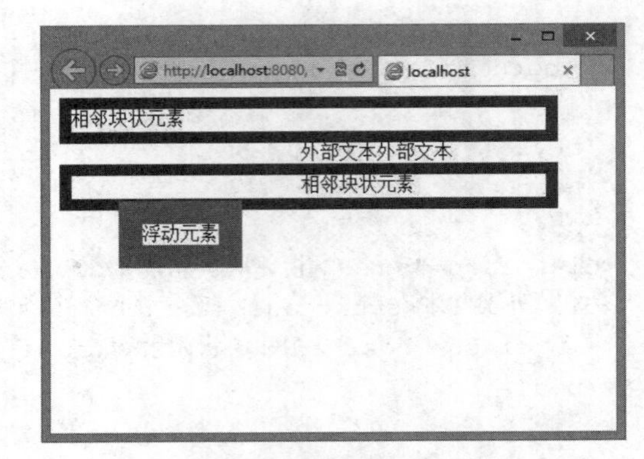

图 9.4　IE 标准模式下解析效果

因此，对于浮动元素来说，可以自由地使用外边距来调节浮动元素与其他元素之间的距离。

3．margin 子属性

margin 是一个复合属性，CSS 为其定义了 4 个子属性，简单说明如下：

- margin-top：设置对象顶边的外边距。
- margin-right：设置对象右边的外边距。
- margin-bottom：设置对象底边的外边距。
- margin-left：设置对象左边的外边距。

扫一扫，看视频

9.1.2　定义补白

CSS 使用 padding 属性定义补白大小，语法如下。

```
Padding:length | percentage
```

取值说明如下：

- length：用长度值定义内边距，不允许负值。
- percentage：用百分比定义内边距。在默认书写模式下，参照其定位包含框 width 进行计算，其他情况参照 height，不允许负值。

padding 主要作用是分开内容与边框，调节元素边框与包含内容之间的距离。没有 padding 的网页，所有网页对象会紧紧包裹内容，丧失空间感，让浏览者感觉很压抑。

1. padding 属性值设置技巧

- 如果提供全部四个参数值，将按上、右、下、左的顺序作用于四边。
- 如果只提供一个，将用于全部的四边。
- 如果提供两个，第一个用于上、下补白，第二个用于左、右补白。
- 如果提供三个，第一个用于上补白，第二个用于左、右补白，第三个用于下补白。
- 行内元素可以使用该属性设置左、右两边的内边距；如果要设置上、下两边的内边距，必须先使该对象表现为块状或内联块状态。

2. padding 使用技巧

padding 与 margin 用法相同，但作用不同，在使用时应了解几个技巧。

第一，当元素没有定义边框时，可以使用内边距代替外边距来使用，用来调节元素与其他元素之间的距离。由于外边距存在重叠现象，使用内边距来调节元素之间的距离会比较容易。

【示例 1】　在下面的示例中，上下元素之间的距离实为 50 像素，而不是 100 像素，如图 9.5 所示，因为上下相邻元素的 margin 发生了重叠。

```
<!doctype html>
<html>
<head>
<meta charset="utf-8">
<style type="text/css">
.box1 { margin-bottom:50px; }         /* 底部外边距 */
.box2 { margin-top:50px;}             /* 顶部外边距 */
</style>
</head>
<body>
<div class="box1">第一个元素</div>
<div class="box2">第二个元素</div>
</body>
</html>
```

如果使用 padding 来定义距离则效果截然不同，如图 9.6 所示。可以看到使用内边距调节元素之间的距离时，不会出现重叠问题。

```
.box1 { padding-bottom:50px; }        /* 底部内边距 */
.box2 { margin-top:50px;}             /* 顶部外边距 */
```

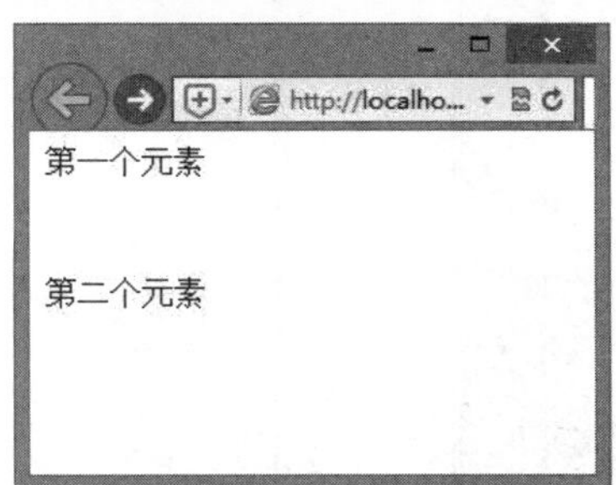

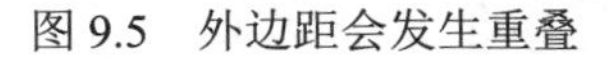
图 9.5　外边距会发生重叠

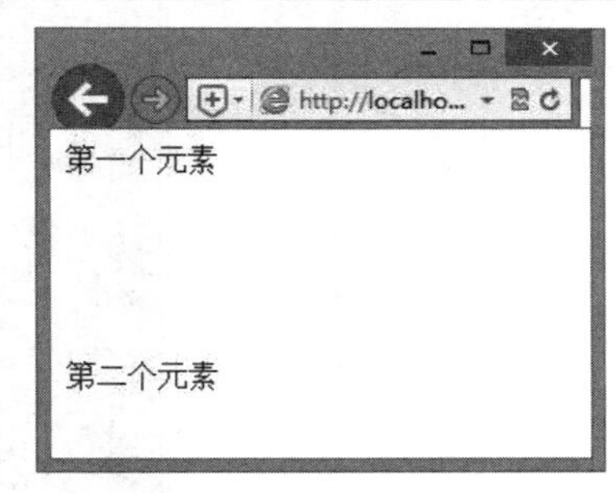

图 9.6　内边距不会重叠

第二，当为元素定义背景图像时，补白区域内可以显示背景图像。而对于边界区域来说，背景图像是达不到的，它永远表现为透明状态。

【示例 2】　在下面的示例中，利用内边距的这个特性，为元素增加各种修饰性背景图像，设计图文并茂的版面，效果如图 9.7 所示。

```
<!doctype html>
<head>
<meta charset="utf-8">
<style type="text/css">
body, p { margin: 0; padding: 0; } /* 清除标签默认边距*/
.box1 {
   background: url(images/bg1.jpg) no-repeat left top;/* 设置背景图片 */
   width: 360px;                    /* 盒子宽度与图片宽度一致 */
   height: 340px;                   /* 盒子高度与图片高度一致 */
   margin: 0 auto;                  /* 设置居中对齐方式 */
   margin-top: 30px;                /* 设置盒子与浏览器上方间距为 30 像素 */
   border: 6px double #533F1C;      /* 设置边框线为 6 像素的实线*/
}
.box1 p {
```

```
    font-size: 42px;                    /* 设置字体大小，太小则在图片上不明显 */
    color: #000;                        /* 设置字体颜色 */
    font-family: "黑体";                /* 设置字体类型 */
    line-height: 1.2em;                 /* 设置行高，根据字体大小计算行高大小 */
    padding-left: 60px;                 /* 单独使用左间距 */
    padding-top: 10px;                  /* 单独使用上间距，并观察与外层盒子上外间距的不同 */
}
</style>
</head>
<body>
<div class="box1">
    <p>横看成岭侧成峰远近高低各不同</p>
</div>
</body>
</html>
```

图 9.7　使用 padding 调节包含文本显示位置

第三，对于内联元素来说，padding 能够影响元素的大小，而 margin 没有这个功能。

【示例 3】　在下面的示例中使用 padding 定义 a 标签包含区域的大小，但是如果使用 width 和 height 属性定义就会达不到预期效果，演示效果如图 9.8 所示。

```
<!doctype html>
<html>
<head>
<meta charset="utf-8">
<style type="text/css">
body{/* 居中显示，并让顶部留出 40px 的边距 */
    text-align:center;
    padding-top:40px;
}
a {/* 定义超链接样式，a 是内联元素 */
    border: solid 1px #666;             /* 加边框以方便观察 */
    text-decoration: none;              /* 取消下划线 */
    text-indent: -9999px;               /* 隐藏文本，在块元素中有效，本例无效 */
```

```
    font-size: 0;                        /* 隐藏文本，本例有效，IE 不支持 */
    line-height: 0;                      /* 隐藏文本，本例有效，兼容 IE */
    background: url(images/baidu.png) no-repeat;    /* 使用背景图像代替文本显示 */
}
a.bd1 {/* 使用 width 和 height 定义 a 的大小，本例无效，它们适用块级元素，本例显示为一个小黑点
*/
    width: 216px;
    height: 69px
}
a.bd2 {使用 padding 定义 a 的大小，本例有效，注意上下、左右之和等于宽度、高度 */
    padding: 34px 108px 35px;
}
</style>
</head>
<body>
<a href="#" class="bd1">百度一下，你就知道</a> <a href="#" class="bd2">百度一下，你
就知道</a>
</body>
</html>
```

图 9.8　使用 padding 定义内联元素的大小

3. padding 子属性

padding 是一个复合属性，CSS 为其定义了 4 个子属性，简单说明如下：

- padding-top：设置对象顶边的内边距。
- padding-right：设置对象右边的内边距。
- padding-bottom：设置对象底边的内边距。
- padding-left：设置对象左边的内边距。

9.1.3　定义边框

扫一扫，看视频

CSS 使用 border 属性定义边框样式，语法如下。

```
Border:line-width || line-style || color
```

取值说明如下：

- line-width：设置对象边框宽度。
- line-style：设置对象边框样式。
- color：设置对象边框颜色。

由 border 属性又派生出 3 个分类子属性：

- 样式（border-style）
- 颜色（border-color）

- 宽度（border-width）

与 margin 和 padding 一样，CSS 为 border 派生了四边的边框子属性：

- border-top：设置对象顶边的边框样式。
- border-right：设置对象右边的边框样式。
- border-bottom：设置对象底边的边框样式。
- border-left：设置对象左边的边框样式。

每个边又分别派生出 3 个子属性，以 border-top 为例，其他边以此类推。

- 样式（border-top-style）
- 颜色（border-top-color）
- 宽度（border-top-width）

这些边框属性中，border-style 是基础，语法如下：

```
border-style:none | hidden | dotted | dashed | solid | double | groove | ridge
| inset | outset
```

取值说明如下：

- none：无轮廓。border-color 将被忽略，border-width 计算值为 0，除非边框轮廓为图像，即 border-image。
- hidden：隐藏边框。
- dotted：点状轮廓。
- dashed：虚线轮廓。
- solid：实线轮廓。
- double：双线轮廓。两条单线与其间隔的和等于指定的 border-width 值。
- groove：3D 凹槽轮廓。
- ridge：3D 凸槽轮廓。
- inset：3D 凹边轮廓。
- outset：3D 凸边轮廓。

与 margin、padding 属性相同，border 及其分类子属性设置值说明如下：

- 如果提供全部四个参数值，将按上、右、下、左的顺序作用于四边。
- 如果只提供一个，将用于全部的四边。
- 如果提供两个，第一个用于上、下边框，第二个用于左、右边框。
- 如果提供三个，第一个用于上边框，第二个用于左、右边框，第三个用于下边框。
- 如果 border-width 等于 0，本属性将失去作用。

【示例】 可以为元素的边框指定样式、颜色或宽度，其中颜色和宽度可以省略，这时浏览器就会根据默认值来解析。注意，当元素各边边框定义为不同的颜色时，边角会以平分来划分颜色的分布。例如，输入下面的 CSS 样式，可以看到如图 9.9 所示的显示效果。

```
<!doctype html>
<html>
<head>
<meta charset="utf-8">
<style type="text/css">
.box {
   border:solid 100px;                    /* 边框样式和宽度 */
   border-color:red blue green;           /* 定义不同边框显示为不同颜色 */
   line-height:0;  /* 定义行内文本高度为 0，这样就避免元素内出现空隙 */
}
```

```
</style>
</head>
<body>
<div class="box"></div>
</body>
</html>
```

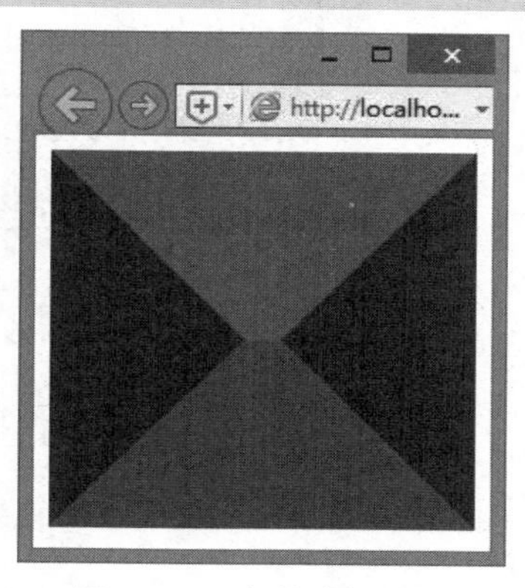

图 9.9　元素的边框效果

提示：

CSS3 为边框新增了 border-radius、box-shadow 和 border-image 属性，其中 border-radius 和 box-shadow 属性已在第 3 章中介绍过，读者可以返回参考；border-image 属性目前获得浏览器的支持度不是很高，本书就不再说明，感兴趣的读者可以参考 CSS3 参考手册。

9.1.4　定义尺寸

CSS 使用 width 和 height 属性定义内容区域的大小，语法如下。

```
Width:length | percentage | auto
Height:length | percentage | auto
```

取值说明如下：

- auto：默认值，无特定宽度或高度值，取决于其他属性值。
- length：用长度值来定义宽度或高度，不允许负值。
- percentage：用百分比定义宽度或高度，不允许负值。

注意：

在网页布局中，元素所占用的空间，不仅仅包括内容区域，还要考虑边界、边框和补白区域。因此，我们要区分下面三个概念：

- 元素的总高度和总宽度：包括边界、边框、补白、内容区域。
- 元素的实际高度和实际宽度：包括边框、补白、内容区域。
- 元素的高度和宽度：仅包括内容区域。

【示例】　新建文档，保存为 test.html，输入下面的 HTML 代码和 CSS 样式，预览效果如图 9.10 所示。

```
<!doctype html>
<html>
<head>
<meta charset="utf-8">
<style type="text/css">
body {/* 清除页边距 */
```

```
    margin: 0;
    padding: 0;
}
div {
    float: left;                    /* 向左浮动 */
    height: 100px;                  /* 元素高度 */
    width: 160px;                   /* 元素宽度 */
    border: 10px solid red;         /* 边框 */
    margin: 10px;                   /* 外边距 */
    padding: 10px;                  /* 内边距 */
}
</style>
</head>
<body>
<div class="left">左侧栏目</div>
<div class="mid">中间栏目</div>
<div class="right">右侧栏目</div>
</body>
</html>
```

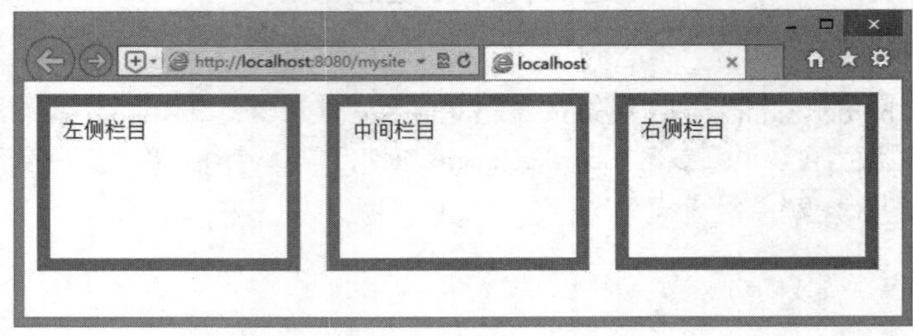

图 9.10　元素实际宽度和高度

在上面的示例中，左侧栏目的宽度是多少？你可能不假思索地说是 160 像素。实际它的宽度是 200 像素。计算方法：(边框宽度+内边距宽度)*2+元素的宽度=(10px+10px)*2+160px = 200px。在计算元素总宽度时，应该包括它的值，如图 9.11 所示。

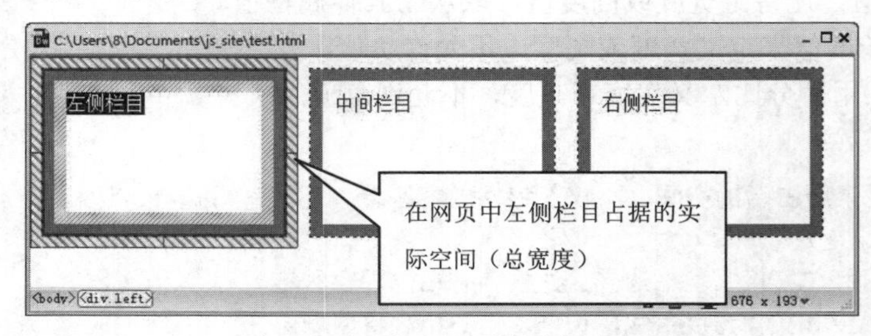

图 9.11　元素在网页中占据空间

提示：

CSS 还提供了 4 个与尺寸相关的辅助属性，用于定义内容区域的可限定性显示。这些属性在弹性页面设计中具有重要的应用价值。

它们的用法与 width 和 height 属性相同，但是取值不包括 auto 值，其中 min-width 和 min-height 的默认值为 0，max-width 和 max-height 的默认值为 none。

- min-width：设置对象的最小宽度。

- min-height：设置对象的最小高度。
- max-width：设置对象的最大宽度。
- max-height：设置对象的最大高度。

9.2　CSS 布局基础

网页布局与 CSS 盒模型密切相关，有关 CSS 盒模型的概念在上一节中已经详细介绍，本节将重点介绍网页布局中需要掌握的基础知识。

扫一扫，看视频

9.2.1　定义显示类型

CSS 使用 display 属性定义对象的显示类型，语法如下。

```
Display:none | inline | block | inline-block
Display:list-item | table | inline-table | table-caption | table-cell | table-row | table-row-group | table-column | table-column-group | table-footer-group | table-header-group
Display:run-in | box | inline-box | flexbox | inline-flexbox | flex | inline-flex
```

其中常用属性值说明如下：

- none：隐藏对象。visibility:hidden;声明也可以隐藏对象，但会保留对象的物理空间；而 display: none;声明不再保留对象的原有位置。
- inline：指定对象为内联元素。
- block：指定对象为块元素。
- inline-block：指定对象为内联块元素。

上面语法中第 2 行取值定义对象为列表项目或者表格类对象显示，由于在网页设计中不常用，本书不再细说，感兴趣的读者可以参考 CSS 参考手册。

上面语法中第 3 行取值是 CSS3 新增的显示类型，详细说明请参考后面章节内容。

扫一扫，看视频

9.2.2　定义显示模式

我们在第 1 章中曾介绍过浏览器的显示模式，在 CSS 中可以使用 box-sizing 属性定义显示模式，语法如下。

```
box-sizing:content-box | border-box
```

取值说明如下：

- content-box：以标准模式解析盒模型，padding 和 border 不被包含在定义的 width 和 height 之内。对象的实际宽度等于设置的 width 值和 border、padding 之和，即元素的实际宽度等于 width + border + padding。
- border-box：以怪异模式解析盒模型，padding 和 border 被包含在定义的 width 和 height 之内。对象的实际宽度就等于设置的 width 值，即使定义有 border 和 padding 也不会改变对象的实际宽度，即元素的实际宽度等于 width 属性值。

【示例】　新建网页，保存为 test.html，输入下面的网页代码，在 IE 中预览，则显示效果如图 9.12 所示。

```
<!doctype html>
<html>
```

```
<head>
<meta charset="utf-8">
<style type="text/css">
div {
    float: left;                    /* 并列显示 */
    height: 100px;                  /* 元素的高度 */
    width: 100px;                   /* 元素的宽度 */
    border: 50px solid red;         /* 边框 */
    margin: 10px;                   /* 外边距 */
    padding: 50px;                  /* 内边距 */
}
.border-box { box-sizing: border-box;} /* 怪异模式解析 */
</style>
</head>
<body>
<div>标准模式</div>
<div class="border-box">怪异模式</div>
</body>
</html>
```

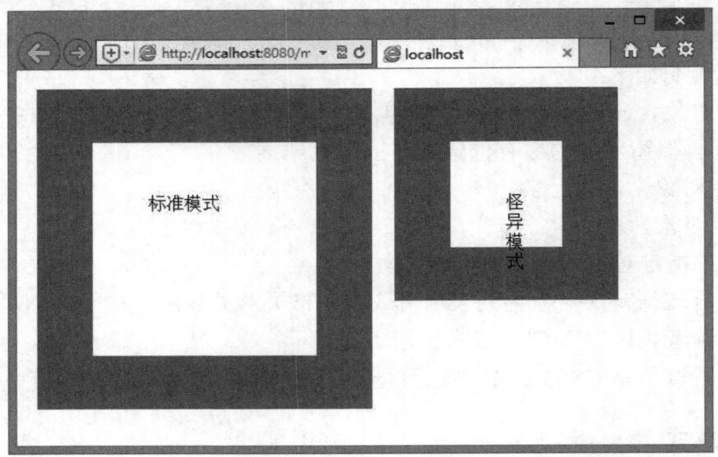

图 9.12 标准模式和怪异模式解析比较

从图 9.12 可以看到，在怪异模式下 width 属性值就是指元素的实际宽度，即 width 属性值中包含 padding 和 border 属性值。

9.2.3 网页布局样式

根据网页宽度的定义方式，网页布局样式包括固定宽度（px）、弹性宽度（%）、液态宽度（em）和混合宽度 4 种类型。

根据网页版面结构，网页布局样式包括一行一列、两行两列、两行三列、三行两列、三行三列等不同结构块。

根据网页版面实现方法，网页布局样式包括流动布局、浮动布局和定位布局等。

但是不管怎么划分网页版式，用户都需要考虑网页的易用性和可读性。怎么能够让网页适应不同大小的屏幕显示器，以及不同的设备，如手机屏幕（240×320、320×480、360×640、800×480、480×854、960×640 等）、传统电脑显示屏（640×480）、液晶显示屏（1024×768、1280×1024、1280×

1024、1440×900、1600×1200 等）、平板电脑等。

扫一扫，看视频

9.2.4　设置浮动显示

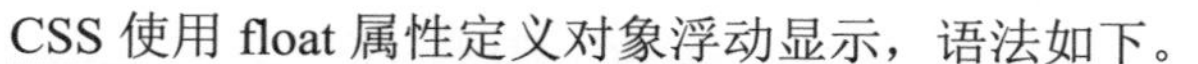

CSS 使用 float 属性定义对象浮动显示，语法如下。

```
Float:none | left | right
```

取值说明如下：

- none：默认值，设置对象不浮动显示，以流动形式显示。
- left：设置对象浮在左边显示。
- right：设置对象浮在右边显示。

注意，float 在绝对定位和 display 为 none 时不生效。

1. 浮动空间

当对象被定义为浮动显示时，就会自动收缩，以最小化尺寸显示。

- 如果对象被定义了高度或宽度，则以该高度或宽度所设置的大小进行显示。
- 如果对象包含了其他对象，则会紧紧包裹对象或者内容区域。
- 如果没有设置大小或者没有包含对象，就会缩为一个点，为不可见状态。

因此，当定义对象浮动显示时，应该显式定义大小。如果元素包含对象，则可以考虑不定义大小，让浮动元素紧紧包裹对象。

2. 浮动位置

当对象浮动显示时，它会在包含元素内向左或者向右浮动，并停靠在包含元素内壁的左右两侧，或者紧邻前一个浮动对象并列显示。

【示例 1】 新建文档，保存为 test1.html。然后输入下面的样式和结构代码。

```
<!doctype html>
<html>
<head>
<meta charset="utf-8">
<style type="text/css">
p {
    width: 90%;                              /* 宽度 */
    border: solid 2px red;                   /* 增加边框 */
}
</style>
</head>
<body>
<p class="p2"><span><acronym title="cascading style sheets">CSS</acronym><span
class="class1">具有强大的功能，可以自由控制 HTML 结构。</span>当然你需要拥有驾驭 CSS 技术的
能力和创意的灵感，同时亲自动手，用具体的实例展示 CSS 的魅力，展示个人的才华。<span
class="class2">截至目前为止，</span>很多 Web 设计师和程序员已经介绍过许多关于 CSS 应用技巧
和兼容技术的各种技巧和案例。而平面设计师还没有足够重视 CSS 的潜力。你是不是需要从现在开始呢？
</span></p>
</body>
</html>
```

在上面这个文本段中，p 元素以 90%的宽度显示，为了方便观察还被定义了粗线边框。当定义 acronym 元素向右浮动时，它会一直浮动到 p 右边框内侧，如图 9.13 所示。

```
acronym {
    float:right;                             /* 向右浮动 */
```

```
    background:#FF33FF;                    /* 增加背景色以方便观看 */
}
```

现在，再定义 acronym 元素后面的<span>也向右浮动，则此时它就不是停靠在 p 元素的内侧边框上，而是停靠在 acronym 元素左侧的外壁上，如图 9.14 所示。

```
.class1 {
    float:right;                    /* 向右浮动 */
    border:solid 2px blue;          /* 增加边框以方便观看*/
    height:50px;                    /* 高度 */
    width:120px;                    /* 宽度 */
}
```

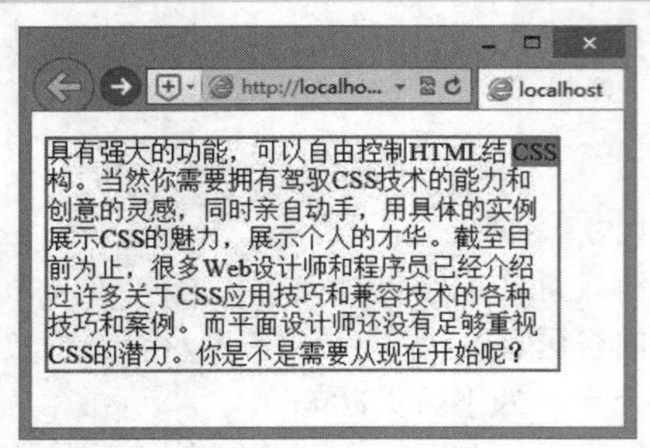

图 9.13　左右浮动显示效果

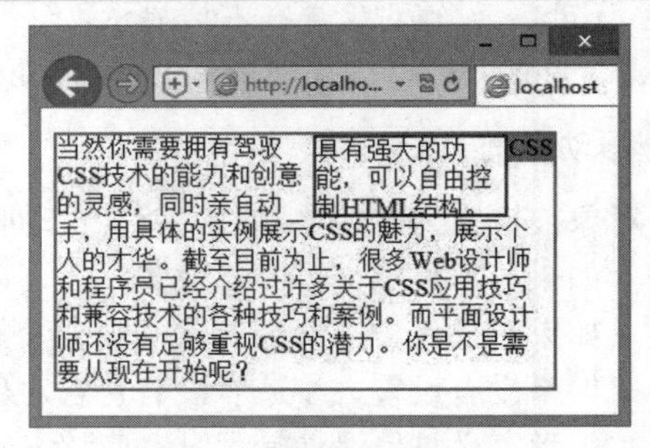

图 9.14　相邻浮动显示效果

浮动元素在浮动时会遵循向左右平行浮动，或者向左右下错平行浮动的规则。决不会在当前位置基础上向上错移到左右边。

例如，针对上面的文本段，定义<span class="class2">元素所包含的文本向左浮动。

```
.class2 {
    float:left;                     /* 向左浮动 */
    background:#FF33FF;             /* 加背景色以方便观看 */
}
```

如果<span class="class2">元素左侧没有任何文本，则它会直接平移到左侧，如图 9.15 所示。

如果想让浮动元素上移，则可以使用 margin 取负值的方法实现。例如，针对上面的示例，为<span class="class2">元素定义一个负外边距值。

```
.class2 {
    margin-top:-90px;           /* 通过取负外边距值，来强迫浮动元素向上移动 */
}
```

这时可以看到浮动元素跑到上面去了，如图 9.16 所示。

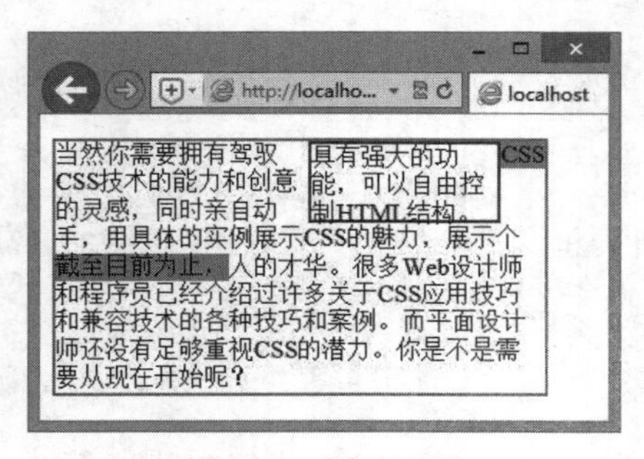

图 9.15　浮动平移

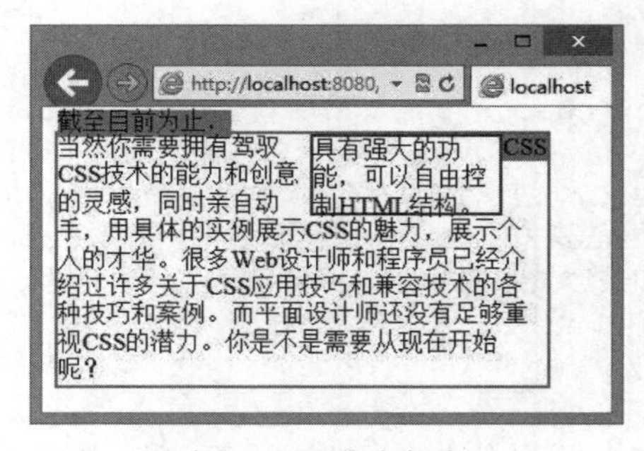

图 9.16　浮动上移

3. 浮动环绕

当元素浮动显示时，它原来的位置就会被下面的对象上移填充掉。这时上移对象会自动围绕在浮动元素周围，形成一种环绕关系。

【示例 2】 新建文档，保存为 test5.html。然后输入下面的样式和结构代码。这时段落文本会自动环绕在浮动元素的右侧，如图 9.17 所示。

```
<!doctype html>
<html>
<head>
<meta charset="utf-8">
<style type="text/css">
#box1 {
   width:100px;                    /* 宽度 */
   height:100px;                   /* 高度 */
   border:solid 4px blue;          /* 边框 */
   float:left;                     /* 向左浮动 */
}
p { border:solid 2px red;}         /* 段落边框 */
</style>
</head>
<body>
<div id="box1">浮动元素</div>
<p class="p2"><span><acronym title="cascading style sheets">CSS</acronym><span class="class1">具有强大的功能，可以自由控制 HTML 结构。</span>当然你需要拥有驾驭 CSS 技术的能力和创意的灵感，同时亲自动手，用具体的实例展示 CSS 的魅力，展示个人的才华。<span class="class2">截至目前为止，</span>很多 Web 设计师和程序员已经介绍过许多关于 CSS 应用技巧和兼容技术的各种技巧和案例。而平面设计师还没有足够重视 CSS 的潜力。你是不是需要从现在开始呢？
</span></p>
</body>
</html>
```

通过调整浮动元素的外边距来调整它与周围环绕对象的间距，如输入以下样式，则可以得到如图 9.18 所示的效果。

```
#box1 {
   margin:16px;           /* 调整浮动元素的外边距 */
}
```

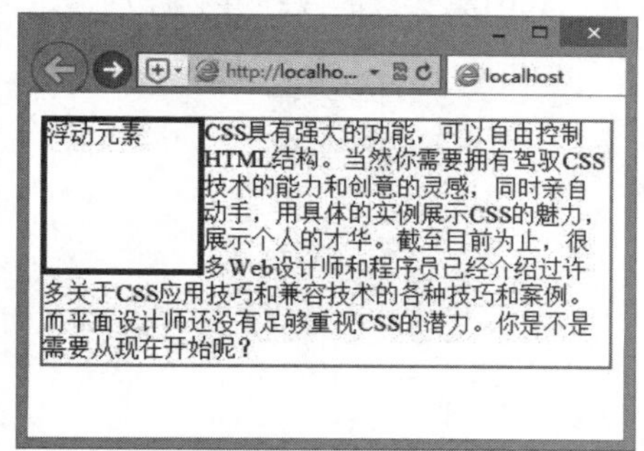

图 9.17 浮动环绕

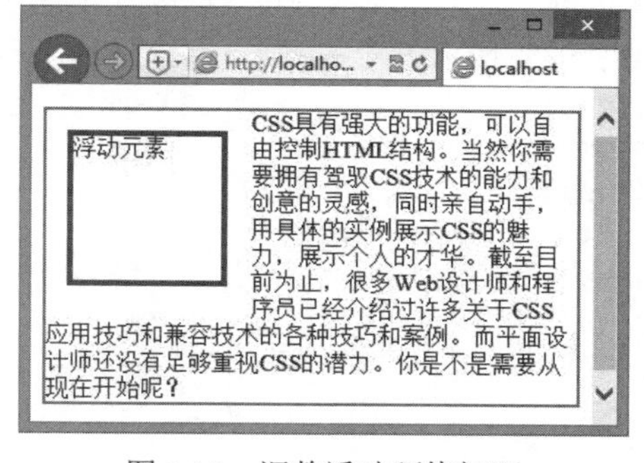

图 9.18 调整浮动环绕间距

注意：

如果通过设置 p 元素（环绕对象）的内边距或者外边距来调整环绕对象与浮动元素之间的间距，则要确保外

> 边距或内边距的宽度大于或等于浮动元素的总宽度。这种设计虽然效果相同，但是如果环绕对象包含有边框或者背景，所产生的效果就截然不同了。

针对上面的示例，为浮动对象 p 元素定义一个左内边距和背景图像，则会显示如图 9.19 所示的效果。但是如果把左内边距改为左外边距，则所得效果如图 9.20 所示。一个小小改动可能会对网页布局产生无法预测的影响，读者务必小心对待。

```
p {
    padding-left:120px;                  /* 调整环绕对象左内边距 */
    border:solid 2px red;                /* 环绕对象的边框 */
    background:url(images/bg1.jpg);      /* 背景图像 */
}
```

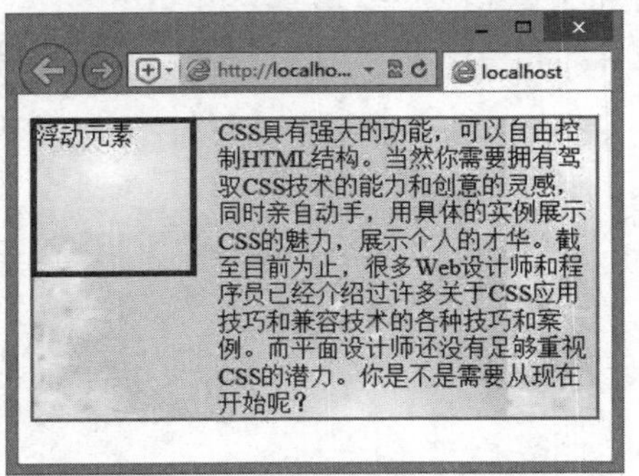

图 9.19　调整环绕对象左内边距

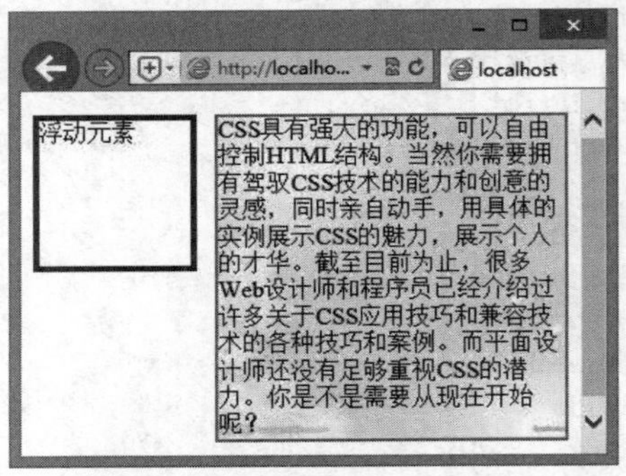

图 9.20　调整环绕对象左外边距

扫一扫，看视频

9.2.5　清除浮动

CSS 使用 clear 属性定义浮动对象向下错行显示，语法如下。

```
Clear:none | left | right | both
```

取值说明如下：

- none：允许对象左右两边有浮动对象。
- both：不允许对象左右两边有浮动对象。
- left：不允许对象左边有浮动对象。
- right：不允许对象右边有浮动对象。

【示例】　下面的示例设计一个简单的 3 行 3 列版面效果，其中第 2 行的 3 栏并列浮动显示，显示效果如图 9.21 所示。

```
<!doctype html>
<html>
<head>
<meta charset="utf-8">
<style type="text/css">
div {
    border: solid 1px red;              /* 增加边框，以方便观察 */
    height: 50px;                       /* 固定高度，以方便比较 */
}
#left, #middle, #right {
    float: left;                        /* 定义中间 3 栏向左浮动 */
    width: 33%;                         /* 定义中间 3 栏等宽 */
}
```

```
</style>
</head>
<body>
<div id="header">头部信息</div>
<div id="left">左栏信息</div>
<div id="middle">中栏信息</div>
<div id="right">右栏信息</div>
<div id="footer">脚部信息</div>
</body>
</html>
```

如果设置左栏高度大于中栏和右栏高度，读者会发现脚部的信息栏上移并环绕在左栏右侧，如图 9.22 所示。

```
#left {height:100px; }                  /* 定义左栏高出中栏和右栏 */
```

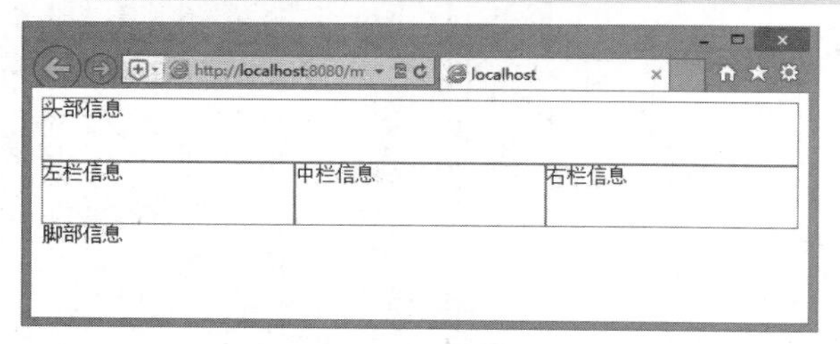

图 9.21　浮动布局效果

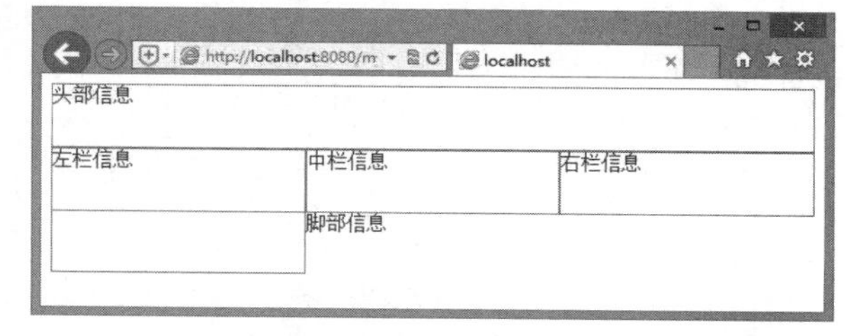

图 9.22　浮动环绕问题

这种现象当然不是我们所希望的，浮动布局所带来的影响由此可见一斑。这时可以为<div id="footer">元素定义一个清除样式：

```
#footer {
    clear:left;                    /* 为脚部栏目元素定义清除属性 */
}
```

在浏览器中预览，如图 9.23 所示，又恢复到预期的 3 行 3 列布局效果。

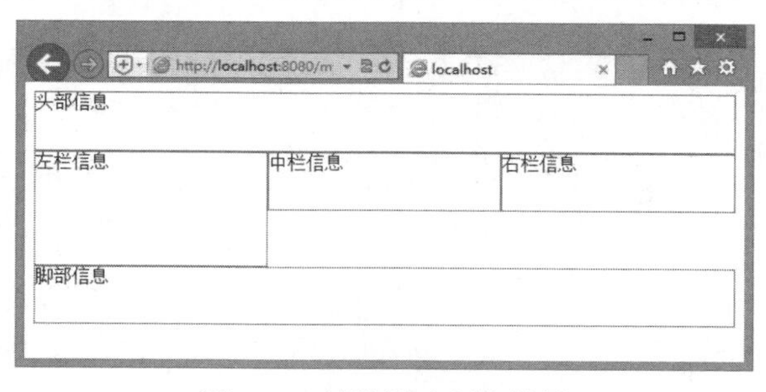

图 9.23　清除浮动环绕效果

注意：

清除不是清除别的浮动元素，而是清除自身。如果左右两侧存在浮动元素，则当前元素就把自己清除到下一行显示，而不是把前面的浮动元素清除走，或者清除到上一行显示。根据 HTML 解析规则，当前元素前面的对象不会再受后面元素的影响，但是当前元素能够根据前面对象的 float 属性，来决定自身的显示位置，这就是 clear 属性的作用。同样的道理，不管当前元素设置怎样的清除属性，相邻后面的对象都不会受到影响。

例如，针对上面的示例定义左栏、中栏和右栏包含如下的样式。

```
#left,#middle,#right {
    clear:right;                   /* 清除右侧浮动元素 */
}
```

虽然说左栏栏目右侧有浮动元素，中间栏目右侧也有浮动元素，但是这些浮动都是在当前元素的后面，所以 clear:right;规则就不会对它们产生影响。

扫一扫，看视频

9.2.6 浮动嵌套

HTML 结构关系可以概括为两种情况：包含关系（父子关系）和并列关系（相邻关系）。

1. 浮动包含框

浮动元素能够很好地包含任何行内元素、块状元素或者其他浮动元素，这种包含关系在不同浏览器中都能够很好地被解析和显示，且解析效果基本相同。

【示例 1】 在下面的示例中，浮动的 p 元素包含了一个 span 元素，但是 span 元素包含的文本超出了 p 元素的大小，则它会超出包含框，显示效果如图 9.24 所示。

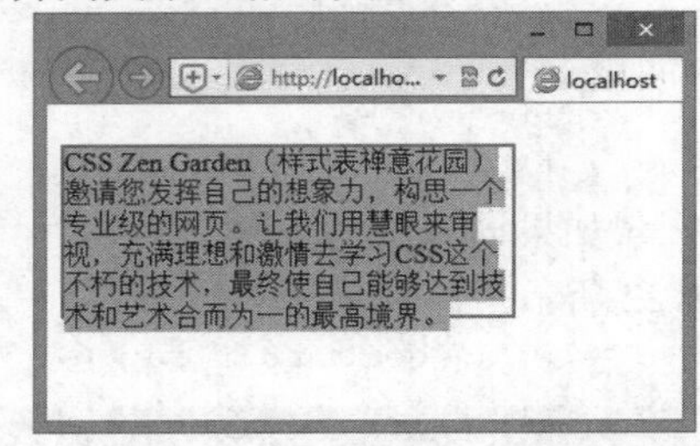

图 9.24 内容溢出包含框

```
<!doctype html>
<html>
<head>
<meta charset="utf-8">
<style type="text/css">
p {
    border: solid 2px red;              /* 边框 */
    float: left;                        /* 浮动显示 */
    width: 260px;                       /* 固定宽度 */
    height: 100px;                      /* 固定高度 */
}
span { background: #FF99FF;}            /* 行内元素背景色 */
</style>
</head>
<body>
<p class="p3"><span>CSS Zen Garden（样式表禅意花园）邀请您发挥自己的想象力，构思一个专业级的网页。让我们用慧眼来审视，充满理想和激情去学习 CSS 这个不朽的技术，最终使自己能够达到技术和艺术合而为一的最高境界。</span></p>
</body>
</html>
```

提示：

在 IE 6 版本浏览器中，超出内容会撑开包含框，让包含元素重新调整大小，以便能够完整包裹内容。

2. 包含浮动对象

反过来，如果浮动元素被其他对象包含时会出现什么情况呢？

【示例 2】 在上面示例的基础上，让 span 元素浮动显示，而禁止 p 元素浮动显示，代码如下。

```
<!doctype html>
<html>
<head>
<meta charset="utf-8">
<style type="text/css">
p { border: solid 2px red; }                /* 定义包含框的边框 */
span {
    float: left;                            /* 子元素浮动显示 */
```

```
    width: 80%;                             /* 显示宽度 */
    background: #FF99FF;                    /* 背景色 */
}
</style>
</head>
<body>
<p class="p3"><span>CSS Zen Garden（样式表禅意花园）邀请您发挥自己的想象力，构思一个专业级的网页。让我们用慧眼来审视，充满理想和激情去学习 CSS 这个不朽的技术，最终使自己能够达到技术和艺术合而为一的最高境界。</span></p>
</body>
</html>
```

在浏览器中预览，则显示如图 9.25 所示的效果，包含框自动收缩为一条直线，这条直线为它的边框线。

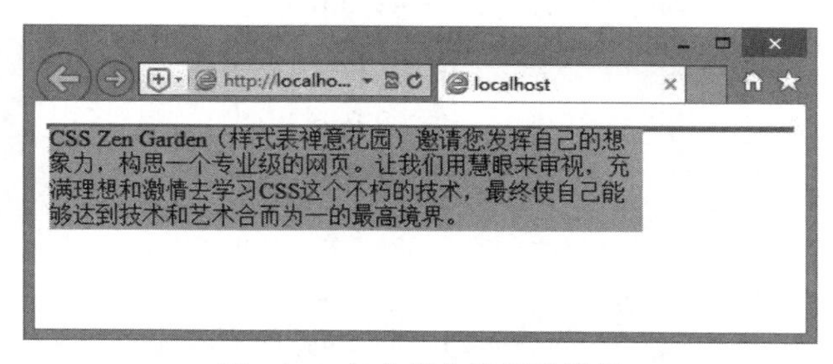

图 9.25　包含框收缩显示效果

这种情况在网页布局中经常会遇到，用户为包含框定义的样式无法在浏览器中显示，会让不少初学者迷惑。

解决方法：可以在包含框的末尾增加一个清除元素。样式和结构如下：

```
.clear {/* 定义清除类 */
    clear:both;                     /* 清除浮动 */
    }

<div class="p3"><span>CSS Zen Garden（样式表禅意花园）邀请您发挥自己的想象力，构思一个专业级的网页。让我们用慧眼来审视，充满理想和激情去学习 CSS 这个不朽的技术，最终使自己能够达到技术和艺术合而为一的最高境界。</span>
<div class="clear"></div>
</div>
```

提示：

如果不想破坏文档结构，可以定义包含框浮动显示。这样包含框会自动调整大小，撑开自身包裹内部对象。这种方法比较简单，但是它改变了包含框的显示方式，在特定情况会影响到其他版块布局，因此使用时要慎重。

9.2.7　网页布局方法

在网页布局中，一般多使用 float 实现，下面结合示例介绍网页布局中常规版式的实现途径。

【操作步骤】

第 1 步：新建网页，保存为 test1.html。在<body>标签中输入以下结构代码。

```
<div id="box1">第 1 栏（①）</div>
<div id="box2">第 2 栏（②）</div>
<div id="box3">第 3 栏（③）</div>
```

第 2 步：在<head>标签中输入<style type="text/css">标签，定义一个内部样式表。

第 3 步：在 CSS 样式表中设置这 3 个 div 盒子的形式和样式。

```
div {
    height:100px;                          /* 栏目高度 */
    color:white;                           /* 包含文本的字体颜色 */
    text-align:center;                     /* 包含文本水平居中 */
    line-height:100px;                     /* 包含文本垂直居中 */
}
#box1 { background:red; }                  /* 红色背景 */
#box2 { background:blue; }                 /* 蓝色背景 */
#box3 { background:green; }                /* 绿色背景 */
```

第 4 步：在默认情况下，这三个栏目按垂直顺序堆叠显示（test1.html）。如果想让它们按着①②③的顺序水平并列显示，则可以设计如下浮动样式（test2.html）。

```
div {
    float:left;                        /* 全部向左浮动 */
    height:300px;                      /* 调整栏目高度 */
    width:150px;                       /* 调整栏目宽度 */
}
```

第 5 步：改变它们的水平排列顺序，按②③①的顺序水平并列显示，效果如图 9.26 所示，则在示例 2 基础上，设计栏目 1 向右浮动，增加样式如下（test3.html）。

```
#box1 {float:right; }                  /* 调整栏目 1 向右浮动 */
```

提示：

可以看到在这种布局下，栏目之间容易出现缝隙。解决方法：使用弹性布局，具体示例参考后面章节介绍。

第 6 步：设计按③②①的顺序水平并列显示，如图 9.27 所示，则可以定义三个栏目都向右浮动，再定义栏目 3 向左浮动，重新设计的样式如下（test4.html）。

```
div {
    float:right;                           /* 调整三个栏目向右浮动 */
    width:150px;                           /* 调整所有栏目宽度 */
    height:300px;                          /* 调整所有栏目高度 */
}
#box3 {float:left; }                       /* 调整栏目 3 向左浮动 */
```

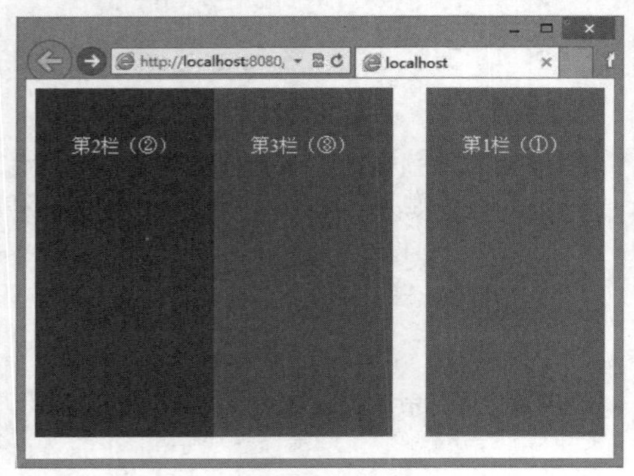

图 9.26　②③①水平布局

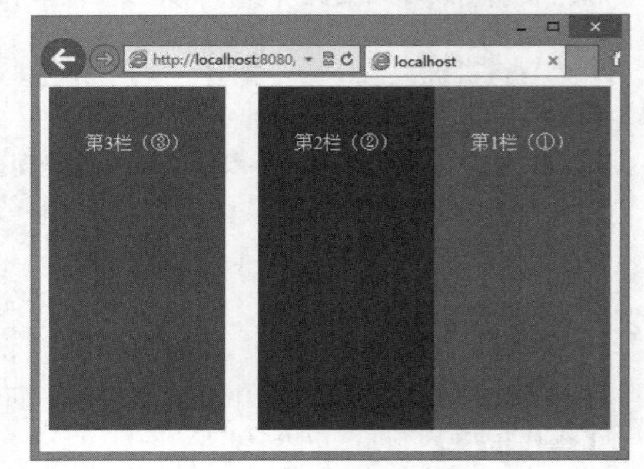

图 9.27　③②①水平布局

第 7 步：设计按①③②的顺序水平并列显示，如图 9.28 所示，设计的样式如下（test5.html）。

```
div { float:left; }                        /* 调整三个栏目向左浮动 */
#box2 {float:right; }                      /* 调整栏目 2 向右浮动 */
```

拓展 1：

设计②①③顺序的水平并列显示比较麻烦。设想让栏目 2 向左浮动，然后让栏目 1 和栏目 3 向右浮动。但由于栏目 1 在栏目 3 的前面，它们在网页中的位置是固定的，如果都向右浮动，则栏目 1 先贴近最右侧，栏目 3 跟在栏目 1 的左侧浮动。

解决方法：利用 margin 取负值的方法调整栏目的排列顺序。

【操作步骤】

第 1 步：保存上例中的 test5.html 文档为 test6.html。

第 2 步：让所有栏目都向左浮动，再让栏目 3 向右浮动，形成①②③顺序的水平布局效果，如图 9.29 所示。

```
div {float:left; }                    /* 调整三个栏目向左浮动 */
#box3 {float:right; }                 /* 调整栏目 3 向右浮动 */
```

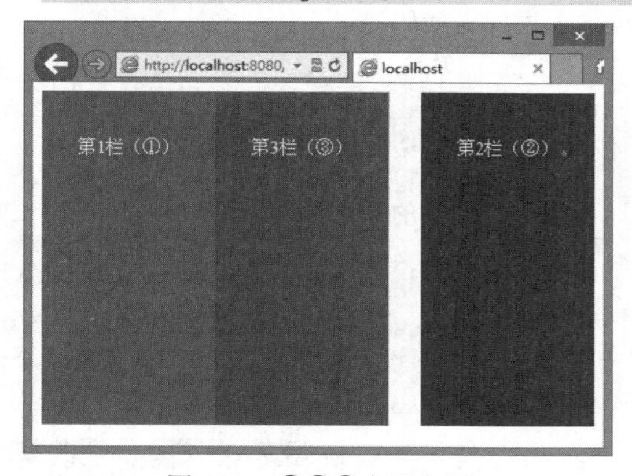

图 9.28　①③②水平布局

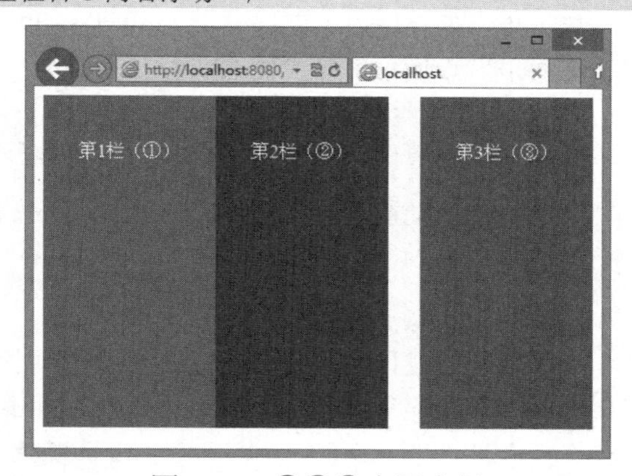

图 9.29　①②③水平布局

第 3 步：设置栏目 1 的左外边距值等于栏目 1 的宽度值，使其向右移到栏目 2 的位置。这时栏目 2 被迫移到栏目 3 的位置，如图 9.30 所示。

```
#box1 { margin-left:150px; }                /* 调整栏目 1 左外边距 */
```

第 4 步：设置栏目 2 的左外边距为-300px，即其取值等于栏目 2 被挤到栏目 3 位置之后原来栏目 1 和栏目 2 的总宽度。

```
#box2 { margin-left:-300px; }               /* 调整栏目 2 左外边距 */
```

则达到了最初设想效果，如图 9.31 所示。

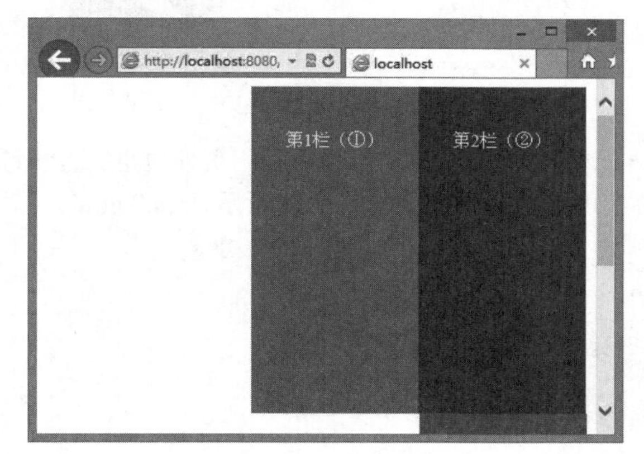

图 9.30　让栏目 1 右移

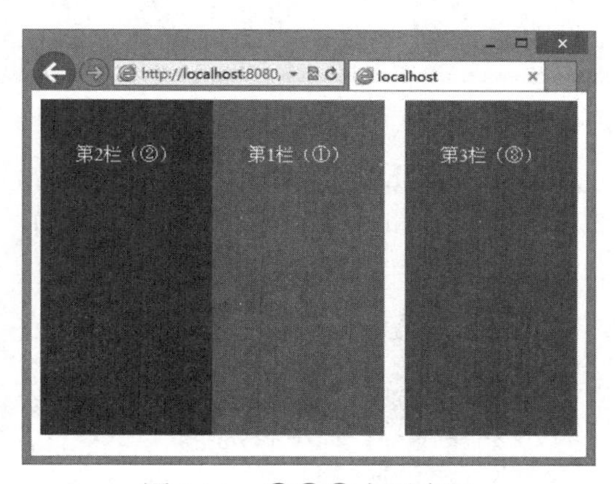

图 9.31　②①③水平布局

提示：

IE 6 在解析 margin 取负值时还存在 Bug，解决的方法是在栏目 1 中添加如下声明。

```
#box1 {
    margin-left:150px;
    display:inline;                     /* 声明栏目 1 为行内元素显示，就可以清除这个 Bug */
}
```

拓展 2：

如何设计③①②顺序的水平并列显示？

尝试方法：让栏目 3 向左浮动，然后让栏目 1 和栏目 2 向右浮动。但是由于栏目 1 在栏目 2 的前面，如果都向右浮动，则栏目 1 先贴近最右侧，栏目 2 跟在栏目 1 的左侧浮动。

解决方法：可以采取与②①③顺序相反的操作方法。

【操作步骤】

第 1 步：保存拓展 1 文档 test6.html 为 test7.html。清除布局样式代码。

第 2 步：添加布局样式如下：

```
div { float:right; }                    /* 全部右浮动 */
#box1 {margin-left:-300px; }            /* 栏目 1 取负 2 倍宽度的左外边距 */
#box2 {
    margin-left:184px;                  /* 栏目 2 增加 1 倍宽度的左外边距 */
    display:inline;                     /* 声明行内显示 */
}
#box3 {float:left; }                    /* 栏目 3 向左浮动 */
```

上面代码的设计思路完全是根据②①③顺序的水平布局取反操作，设计的效果在 IE 怪异模式下能够正确显示，如图 9.32 所示，但是无法在标准模式中正常预览，如图 9.33 所示。

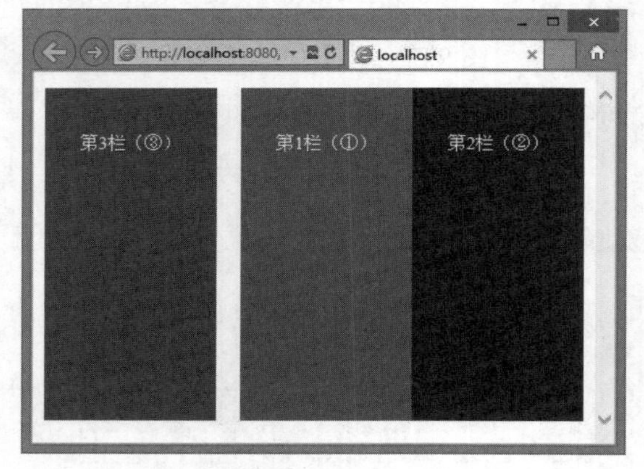

图 9.32　在 IE 怪异模式下②①③水平布局效果

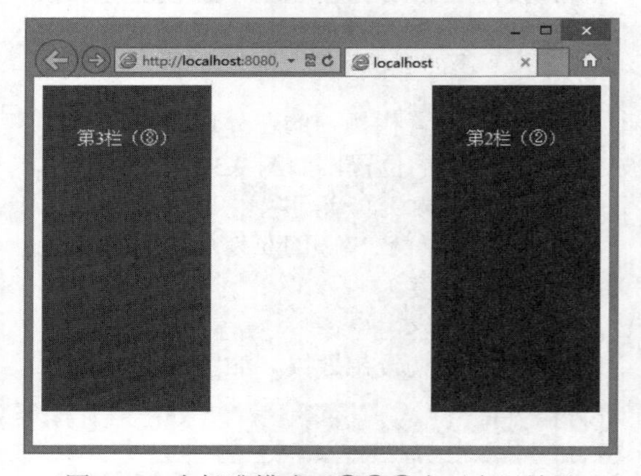

图 9.33　在标准模式下②①③水平布局效果

第 3 步：改正设计思路：让所有元素向左浮动，再让栏目 2 向右浮动，然后利用负外边距的方法调换栏目 1 与栏目 3 的位置。核心 CSS 样式表如下，最终实现设想的目标，如图 9.34 所示（test8.html）。

```
div {float: left; }                     /* 全部左浮动 */
#box1 {
    margin-left: 150px;                 /* 栏目 1 增加 1 倍宽度的左外边距 */
    display: inline;                    /* 声明行内显示 */
}
#box2 {float: right; }                  /* 栏目 2 向右浮动 */
#box3 {margin-left: -300px; }           /* 栏目 3 取负 2 倍宽度的左外边距 */
```

拓展 3：

以上示例的布局思路都是针对 1 行内栏目的布局模式进行尝试，下面探索如何实现多行布局。设想栏目 1 在第 1 行满栏显示，栏目 2 和栏目 3 在第 2 行显示，如图 9.35 所示。

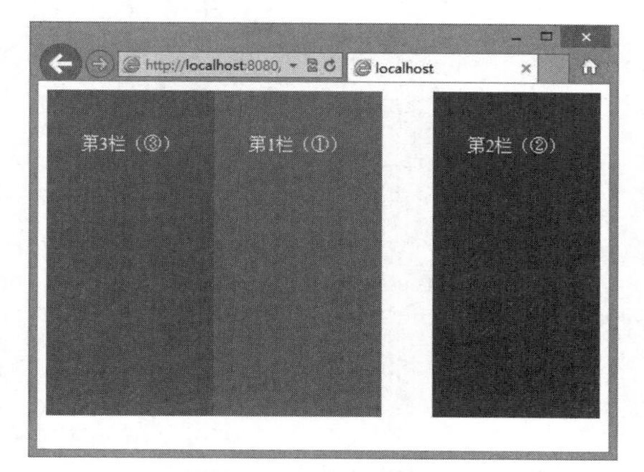

图 9.34　②①③水平布局效果

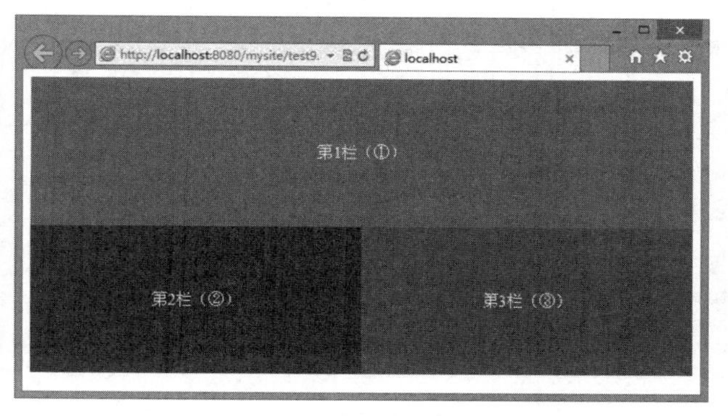

图 9.35　①-②③水平布局效果

实现这样的想法不妨让栏目 1 自然流动显示，让栏目 2 和栏目 3 浮动显示，设计样式如下（test9.html）。

```
div {height:150px;}                      /* 统一栏目的高度 */
#box2 {
    width:50%;                           /* 栏目 2 宽度 */
    float:left;                          /* 栏目 2 向左浮动 */
}
#box3 {
    width:50%;                           /* 栏目 3 宽度 */
    float:left;                          /* 栏目 3 向左浮动 */
}
```

进一步探索：让栏目 2 和栏目 3 调换位置，形成①-③②结构布局样式，或者让三个栏目都浮动显示，然后在中间增加一个清除标签，把它们强制切分为 2 行显示。

试一试：让栏目 1 和栏目 2 浮动，栏目 3 自然显示，则会得到①②-③结构的布局效果。

9.3 实战案例

本节将通过禅意花园这个典型案例讲解 CSS 网页布局的实战方法，希望读者通过模拟练习能够把握网页布局的设计思路和实现技巧。

9.3.1 网站重构

扫一扫，看视频

CSS Zen Garden（http://www.csszengarden.com/）是 Dave Shea 于 2003 年创建的 CSS 标准推广小站，它是网页设计师入门的一个经典范例，也是初学者练手、试验 CSS 的好示例，早年为全球设计师所推崇。早期版本整个页面通过左上、右下对顶角定义背景图像，荷花、梅花以及汉字形体修饰配合右上顶角的宗教建筑，完全把人带入禅意的后花园之中，效果如图 9.36 所示（http://www. csszengarden.com/001/）。

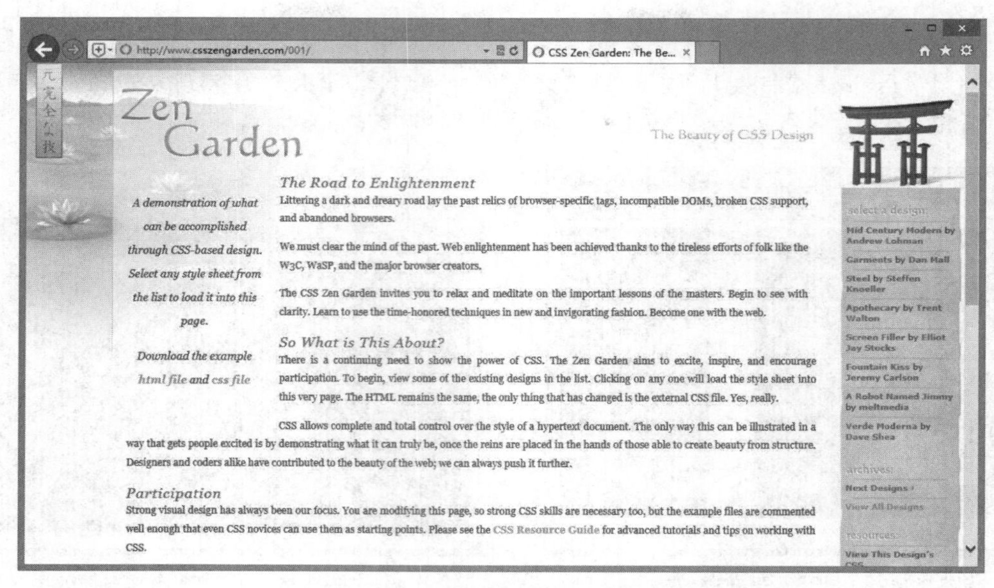

图 9.36　CSS 禅意花园官网首页早期效果

CSS 禅意花园整个页面的信息简洁，结构层次清晰。信息从上到下，按着网页标题、网页菜单、主体栏目信息、次要导航和页脚信息有顺序地排列在一起。所有导航菜单等功能信息全部放在结构的后面，以方便搜索引擎快速检索正文内容。

一般网站都会存在很多共同的信息模块，如标题（Logo）、广告（Banner）、导航（Mneu）、功能（Serve）、内容（Content）和版权（Copyright）等。而不同类型的网站有不同的页面需求，对于各种公共信息模块的取舍和强弱，多少会略有不同，这时就应该具体情况具体分析。在设计网页基本结构时，应该根据信息需求的简单分析和信息的重要性来对页面各个模块进行适当排序，然后列出基本的结构。

```
<div id="c-xms"> <!-- 网页结构外套 -->
    <div id="header"></div> <!-- 网页标题模块 -->
    <div id="nav"></div> <!-- 网页菜单模块 -->
    <div id="content"></div> <!-- 网页信息模块 -->
    <div id="cnav"></div> <!-- 次要导航模块 -->
    <div id="footer"></div> <!-- 版权信息模块 -->
</div>
```

构建基本结构应该注意以下几个问题。

- 在设计基本结构时，可以不考虑标签的语义性，统一使用 div 元素来构建。
- 应该为基本结构的每一个 div 元素进行命名（设置 ID 属性），以便后期控制。
- 可以考虑为整个页面结构设计一个外套（即定义一个结构根元素），以方便控制。

在设计结构时，不要考虑后期如何显示，也不要顾虑结构的顺序是不是会影响页面的显示效果，应该完全抛弃页面效果和 CSS 样式等概念对结构的影响。

有了基本的框架结构，可以继续深入，这时不妨去完善主体区域的结构（即网页内容模块），这部分是整个页面的核心，也是工作的重点。应该说，在编辑网页结构的全部过程中，不必去考虑页面显示效果问题，而是静下心来单纯考虑结构。但是在实际操作中，会不可避免地联想到页面的显示问题，例如，分几行几列显示（这里的行和列是指网页基本结构的走向）。不同的行列结构肯定都有适合自己的结构，所以当设计师进入到这一步时，适当考虑页面显示问题也无可厚非，但是不要考虑得过多。

恰当的嵌套结构需要结合具体的信息来说，这里先暂不详细分析。抽象地说，模块的结构关系可以分为三种基本模型。

- 平行结构

```
<div id="A"></div>
<div id="B"></div>
<div id="C"></div>
```

- 包含结构

```
<div id="A">
    <div id="B"></div>
    <div id="C"></div>
</div>
```

- 嵌套结构

```
<div id="A"></div>
<div>
    <div id="B"></div>
    <div id="C"></div>
</div>
```

具体采用哪种结构并不重要，可以根据信息的结构关系来进行设计。如果<div id="latest">和<div id="m2">两个信息模块内容比较接近，而<div id="subcol">模块与它们在内容上相差很远，不妨采用嵌套结构。如果这些栏目的信息类型雷同，则使用并列式会更经济。

禅意花园的整个网页结构包含三部分，站点介绍、支持文本和链接信息。简单说明如下。

- 站点介绍。站点介绍部分犹如抒情散文，召唤你赶紧加入到 CSS 标准设计中来，该部分包含三段，即网页标题信息（包括主副标题）、内容简介（呼唤网友赶紧加入进来）、启蒙之路（回忆和总结当前标准之路的艰巨性和紧迫性）。
- 支持文本。支持文本部分犹如叙事散文，娓娓道来，详细介绍活动的内容，用户参与的条件、支持、好处等。该部分包含四段，即这是什么、邀您参与、参与好处、参与要求。另外末尾还包含了相关验证信息。
- 链接信息。第三部分很简洁地列出了所有超链接信息。该部分也包含三小块链接信息。

整个页面包含在<body id="css-zen-garden">和<div id="container">嵌套框中。

```
<body id="css-zen-garden">
    <div id="container"> </div>                        <!-- 网页包含框 -->
</body>
```

包含框内包含了 3 个二级模块，分别是：介绍、支持文本、链接列表。介绍模块内容主要包括网页标题信息、网页内容概括和引言内容；支持文本模块是整个网页内容的主体，详细说明如何参与禅意花园活动、要求和参与的好处，以及页脚信息；链接列表主要包括各种链接信息。

```
<body id="css-zen-garden">
    <div id="container">                          <!-- 网页包含框 -->
        <div id="intro"></div>                    <!-- 介绍 -->
        <div id="supportingText"></div>           <!-- 支持文本 -->
        <div id="linkList"></div>                 <!-- 链接列表-->
    </div>
</body>
```

介绍模块中又包含页标题、简明概括和导言 3 个三级模块。

```
<body id="css-zen-garden">
    <div id="container">                          <!-- 网页包含框 -->
        <div id="intro"></div>                    <!-- 介绍 -->
            <div id="pageHeader"></div>           <!-- 网页标题 -->
            <div id="quickSummary"></div>         <!-- 简明概括 -->
            <div id="preamble"></div>             <!-- 导言 -->
        </div>
    </div>
```

```
</body>
```

支持文本模块中又包含说明、参与、益处、要求和页脚 5 个三级模块。它主要包括活动的说明、邀请您参与、参与带来的好处，以及对参与者的要求和页脚信息。

```
<body id="css-zen-garden">
    <div id="container">                        <!-- 网页包含框 -->
        <div id="supportingText">               <!-- 支持文本 -->
            <div id="explanation"></div>        <!-- 说明 -->
            <div id="participation"></div>      <!-- 参与 -->
            <div id="benefits"></div>           <!-- 益处 -->
            <div id="requirements"></div>       <!-- 要求 -->
            <div id="footer"></div>             <!-- 页脚 -->
        </div>
    </div>
</body>
```

链接列表模块中嵌套了一个包含框，主要是方便 CSS 控制而设计的。然后在其下面包含了 3 个子模块：作品选择列表、作品档案列表和资源列表。在这些列表模块中又利用 ul 项目列表元素来组织链接列表。

```
<body id="css-zen-garden">
    <div id="container">                        <!-- 网页包含框 -->
        <div id="linkList">                     <!-- 链接列表-->
            <div id="linkList2">                <!-- 链接列表 2-->
                <div id="lselect"></div>        <!-- 作品选择列表-->
                <div id="larchives"></div>      <!-- 作品档案列表-->
                <div id="lresources"></div>     <!-- 资源列表-->
            </div>
        </div>
    </div>
</body>
```

在所有三级或者四级模块中都包含了一个或多个标题行和段落行。标题行都遵循页标题为一级标题，页副标题为二级标题，模块内标题为三级标题的思路来设计。

在网页结构中，标题级别越大，它的影响力就越大，搜索引擎也是按着一级标题、二级标题、三级标题的顺序来搜索的。

在整个网页的最后又增加了 6 个额外的结构标签，这些结构默认为隐藏显示，主要是为了方便设计师扩展网页的设计效果而增加的。

```
<div id="extraDiv1"><span></span></div>
<div id="extraDiv2"><span></span></div>
<div id="extraDiv3"><span></span></div>
<div id="extraDiv4"><span></span></div>
<div id="extraDiv5"><span></span></div>
<div id="extraDiv6"><span></span></div>
```

整个网页的结构用示意图演示如图 9.37 所示。

由于 CSS 对于大小写是敏感的，当我们使用大小写字母来命名 id 或 class 属性值时，必须注意 CSS 大小写问题，否则样式表将无效。

通过禅意花园的网页结构，我们也可以看到，在构建网页主体框架时，一般使用 id 属性来区分不同的结构标签。这是因为网页的结构一般都是唯一的。例如，一个网页只能包含一个页头信息块，也只能包含一个页脚信息块等。而 id 属性值一般也要求是唯一的，在一个页面内不能够同时定义两个相同名称的 id 属性。

而类样式就不同了，读者可以定义一个类样式，然后在页面中多次应用。所以，当对结构体内的对象定义样式时，建议多采用类样式来实现。例如，在下面的“网页简明概括”模块子结构中就是定义 p1、p2 类样式来控制段落格式，而这两个类样式还可以在其他模块中应用。

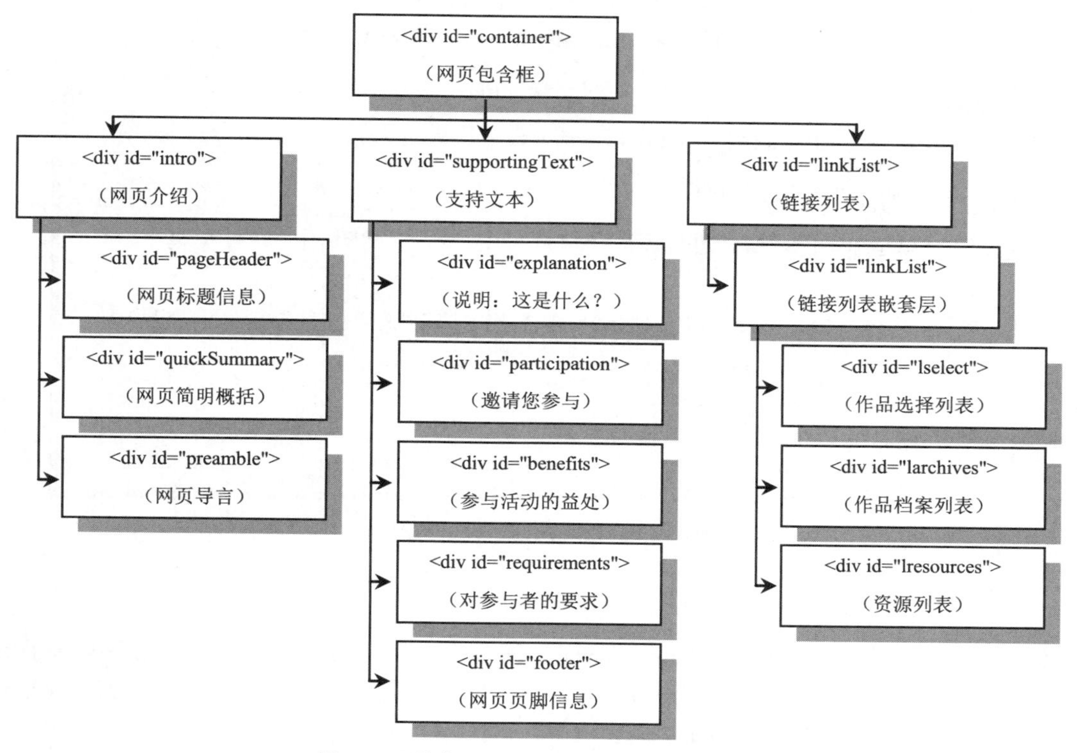

图 9.37　禅意花园网站 HTML 结构示意图

```
<div id="quickSummary">
    <p class="p1"><span>展示以<acronym
title="cascading style sheets">CSS</acronym>技术为基础，并提供超强的视觉冲击力。只要选择列表中任意一个样式表，就可以将它加载到本页面中，并呈现不同的设计效果。</span></p>
    <p class="p2"><span>下载<a title="这个页面的 HTML 源代码不能够被改动。"
href="http://www.csszengarden.com/zengarden-sample.html">HTML 文档</a> 和 <a
title="这个页面的 CSS 样式表文件，你可以更改它。"
href="http://www.csszengarden.com/zengarden-sample.css">CSS 文件</a>。</span></p>
</div>
```

类样式帮助设计师节省了大量的 CSS 代码编写工作，加快了开发速度。同时学会利用子选择符，你就不需要为每个标签定义 id 属性值或者类名。只要知道它位于的模块，利用模块的 id 值加包含标签即可准确定义该模块下对应标签的样式。例如，如果要控制<div id="quickSummary">模块下的段落样式，你可以使用如下子选择符：

```
# quickSummary p {    }
```

如果要控制第 1 段中 span 标签的样式，则可以使用如下子选择符：

```
# quickSummary p1 span {    }
```

如此等等。总之，这样设计的最终目的是用最简洁明了的结构，实现更完整精确的样式控制。整个页面效果如图 9.38 所示（注意，页面显示信息经过作者汉化）。

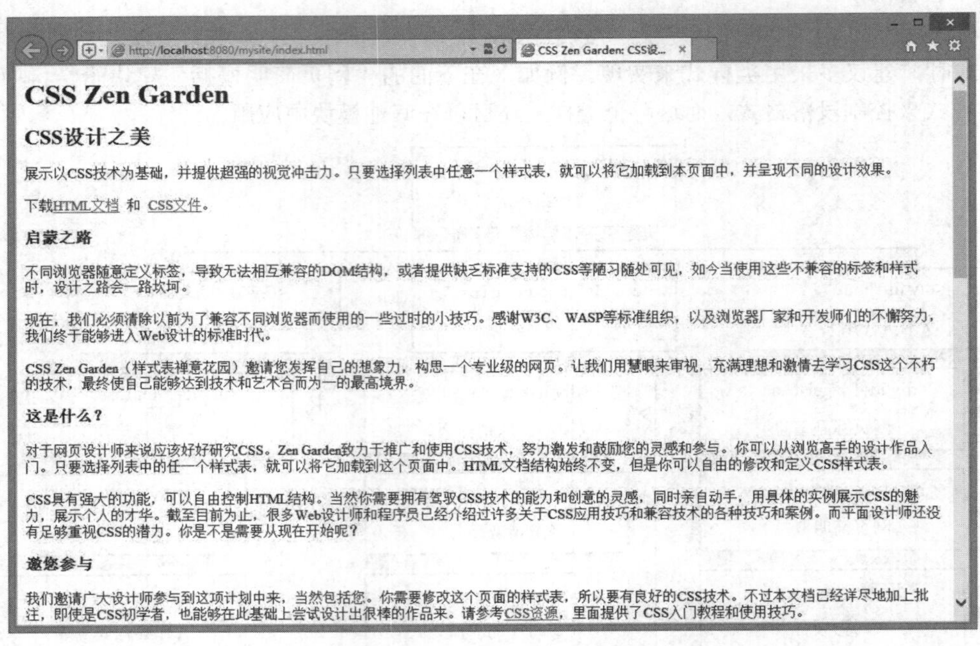
http://localhost:8080/mysite/index.html
CSS Zen Garden: CSS设...
CSS Zen Garden
CSS设计之美
展示以CSS技术为基础，并提供超强的视觉冲击力。只要选择列表中任意一个样式表，就可以将它加载到本页面中，并呈现不同的设计效果。
下载HTML文档 和 CSS文件。
启蒙之路
不同浏览器随意定义标签，导致无法相互兼容的DOM结构，或者提供缺乏标准支持的CSS等陋习随处可见，如今当使用这些不兼容的标签和样式时，设计之路会一路坎坷。
现在，我们必须清除以前为了兼容不同浏览器而使用的一些过时的小技巧。感谢W3C、WASP等标准组织，以及浏览器厂家和开发师们的不懈努力，我们终于能够进入Web设计的标准时代。
CSS Zen Garden（样式表禅意花园）邀请您发挥自己的想象力，构思一个专业级的网页。让我们用慧眼来审视，充满理想和激情去学习CSS这个不朽的技术，最终使自己能够达到技术和艺术合而为一的最高境界。
这是什么？
对于网页设计师来说应该好好研究CSS。Zen Garden致力于推广和使用CSS技术，努力激发和鼓励您的灵感和参与。你可以从浏览高手的设计作品入门。只要选择列表中的任一个样式表，就可以将它加载到这个页面中。HTML文档结构始终不变，但是你可以自由的修改和定义CSS样式表。
CSS具有强大的功能，可以自由控制HTML结构。当然你需要拥有驾驭CSS技术的能力和创意的灵感，同时亲自动手，用具体的实例展示CSS的魅力，展示个人的才华。截至目前为止，很多Web设计师和程序员已经介绍过许多关于CSS应用技巧和兼容技术的各种技巧和案例。而平面设计师还没有足够重视CSS的潜力。你是不是需要从现在开始呢？
邀您参与
我们邀请广大设计师参与到这项计划中来，当然包括您。你需要修改这个页面的样式表，所以要有良好的CSS技术。不过本文档已经详尽地加上批注，即使是CSS初学者，也能够在此基础上尝试设计出很棒的作品来。请参考CSS资源，里面提供了CSS入门教程和使用技巧。

图 9.38　禅意花园网页结构效果

扫一扫，看视频

9.3.2　设计两列网页

本例是禅意花园第 179 号作品（http://www.csszengarden.com/179/），设计效果如图 9.39 所示。页面以深红色为主色调，使用主辅两栏式进行设计。左栏显示主要信息，右栏显示链接信息。画面以背景图像特写和圆滑的模块为网格分别显示不同模块信息。

http://localhost:8080/mysite/index.html
CSS Zen Garden: CSS设...
The Beauty of CSS Design
下载HTML文档 和 CSS文件
The Road to Enlightenment
不同浏览器随意定义标签，导致无法相互兼容的DOM结构，或者提供缺乏标准支持的CSS等陋习随处可见，如今当使用这些不兼容的标签和样式时，设计之路会一路坎坷。
现在，我们必须清除以前为了兼容不同浏览器而使用的一些过时的小技巧。感谢W3C、WASP等标准组织，以及浏览器厂家和开发师们的不懈努力，我们终于能够进入Web设计的标准时代。
CSS Zen Garden（样式表禅意花园）邀请您发挥自己的想象力，构思一个专业级的网页。让我们用慧眼来审视，充满理想和激情去学习CSS这个不朽的技术，最终使自己能够达到技术和艺术合而为一的最高境界。
So What is This About?
对于网页设计师来说应该好好研究CSS。Zen Garden致力于推广和使用CSS技术，努力激发和鼓励您的灵感和参与。你可以从浏览高手的设计作品入门。只要选择列表中的任一个样式表，就可以将
Select a Design
作品 #1
作者1
作品 #2
作者2
作品 #3
作者3
作品 #4
作者4
作品 #5
作者5
作品 #6
作者6
作品 #7

图 9.39　深红咖啡馆页面效果图

该页面原来设计时采用了流动布局+绝对定位的方法。下面我们将演示如何采用完全浮动布局的方法来设计这个效果。

在上一节中我们曾经详细解析了禅意花园的页面结构。整个页面包含在一个包含框中（<div id="container">），在包含框中从上到下自然排列了 3 个模块：第 1 个模块为活动介绍，第 2 个模块为支持文本，第 3 个模块为超链接列表。页面结构的直观示意图如图 9.40 所示。

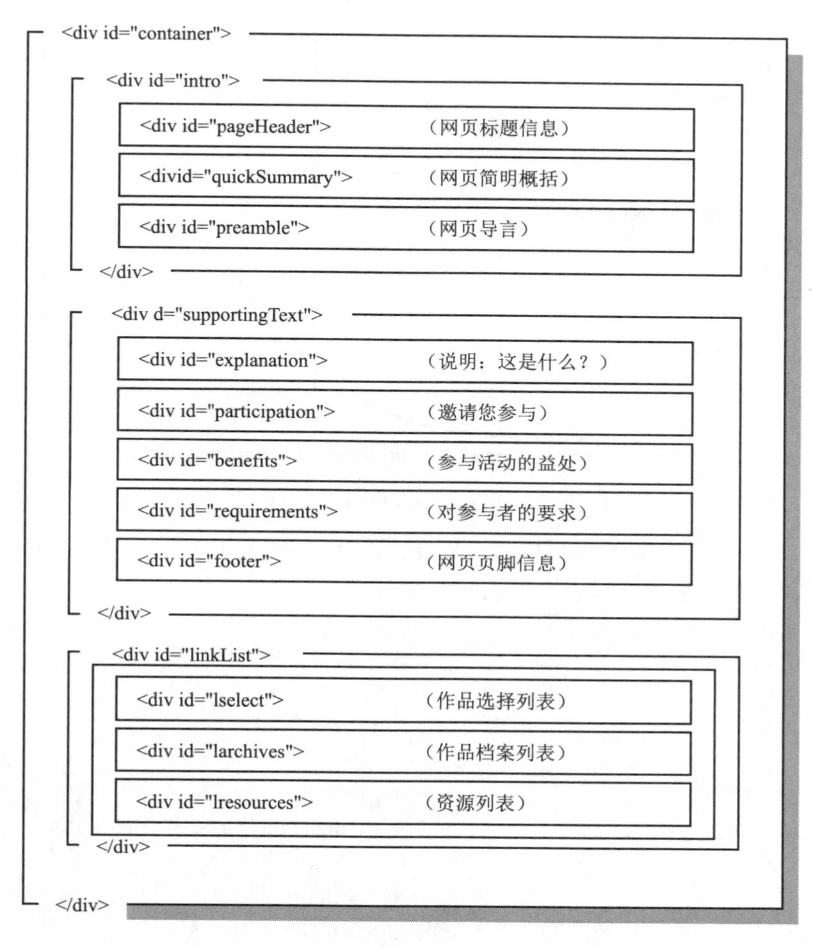

图 9.40　禅意花园的 HTML 结构

根据禅意花园的 HTML 结构，我们所要设计的结构布局是让第 1 个模块和第 2 个模块向左浮动，而定义第 3 个模块向右浮动，设想的示意图如图 9.41 所示。

【操作步骤】

第 1 步：定义包含框为固定宽度。固定宽度包含框对于浮动布局来说是非常重要的。想一想这个道理也是可以理解的，对于多列并列浮动的布局，如果允许包含框的宽度为百分比，那么内部浮动的模块就会很容易出现错位现象，因为你无法保证所有浏览器窗口的大小都是固定的。

```
div#container { /* 包含框 */
    width: 760px;                /* 固定包含框宽度 */
    margin-left: auto;           /* 实现水平居中 */
    margin-right: auto;          /* 实现水平居中 */
    margin-top: 0;               /* 顶部外边距 */
```

```
    padding: 0;                         /* 内边距 */
    text-align: left;                   /* 文本左对齐 */
}
```

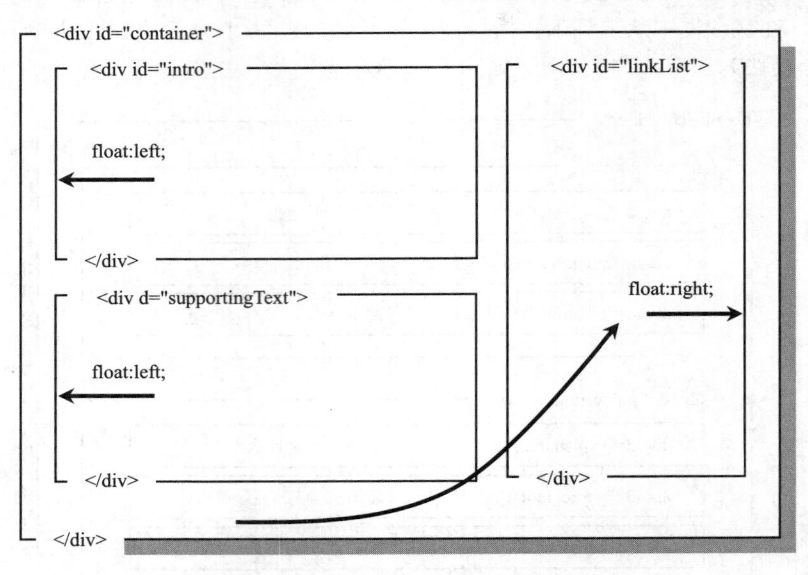

图 9.41　深红咖啡馆 CSS 布局示意图

第 2 步：让第 1 个模块和第 2 个模块向左浮动，第 3 个模块向右浮动，同时设置好 3 个模块的宽度。注意，模块的总宽度不能够超过包含框的宽度。

```
div#intro { /* 第 1 个模块 */
    width: 580px;                           /* 第 1 个模块的宽度 */
    margin: 0;                              /* 清除外边距 */
    padding: 0;                             /* 清除内边距 */
}
div#supportingText { /* 第 2 个模块 */
    width: 580px;                           /* 第 2 个模块的宽度 */
    margin: 0;                              /* 清除外边距 */
    padding: 0;                             /* 清除内边距 */
    float: left;                            /* 向左浮动 */
}
div#linkList { /* 第 3 个模块 */
    width: 155px;                           /* 第 3 个模块的宽度 */
    padding: 0;                             /* 清除内边距 */
    float: right;                           /* 向右浮动 */
}
```

这时页面布局呈现如图 9.42 所示的效果。第 3 个模块向右浮动之后，它只能保持与第 2 个模块的平行显示，而不能向上浮动到与第 1 个模块保持平行。

提示：

解决这个问题有两种方法：

方法 1：设置第 3 个模块的顶部外边距为负值。把第 3 个模块强拉到顶部，保持与第 1 个模块的平行对齐。

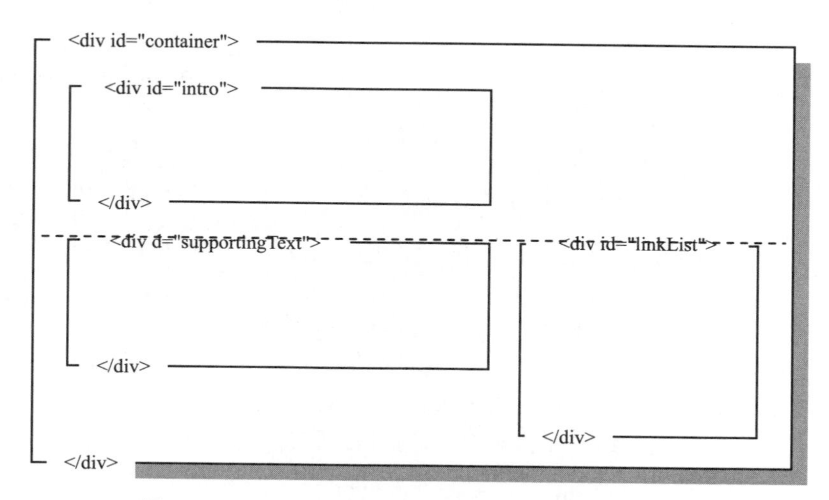

图 9.42　深红咖啡馆 CSS 浮动布局存在的问题示意图

```
div#linkList { /* 第 3 个模块 */
    margin-top: -320px;                          /* 取负值向上移动模块 */
    margin-right:5px;                            /* 增加右外边距，调整模块显示位置 */
}
```

方法 2：为第 2 个模块增加清除左侧浮动属性。这样就阻断了第 1 个模块与第 2 个模块可能并列显示的关系，这时第 3 个模块就可以长驱直入，向上浮动并保持与第 1 个模块的对齐显示。这时可以利用外边距来调节第 3 个模块的显示位置。当调节左右外边距时，注意模块的总宽度不能够超过包含框所设置的固定宽度。

```
div#supportingText { /* 第 2 个模块 */
    clear:left;                              /* 清除左侧浮动 */
}
div#linkList { /* 第 3 个模块 */
    margin-right:5px;                        /* 增加右侧外边距 */
    margin-top:290px;                        /* 增加顶部外边距 */
}
```

页面主体框架布局完成之后，下面再来研究如何设计二级模块和局部版块效果。

第 3 步：设计页面整体色调和默认样式。这个可以在 body 元素中实现。实际上设计师都有这样的设计习惯，在 body 元素中定义页面字体样式、段落样式、网页背景色、页边距和页面对齐问题。

```
body { /* 定义页面基本属性 */
    background: #371212 url(background.gif) top repeat-x;     /* 水平平铺背景图像 */
    font-family: Tahoma, Arial, Helvetica, sans-serif;        /* 字体 */
    color: #F7F5D9;                                           /* 字体颜色 */
    font-size: 0.75em;                                        /* 字体大小 */
    line-height: 1.6em;                                       /* 行高 */
    padding: 0;                                               /* 清除页边距 */
    margin: 0;                                                /* 清除页边距*/
    text-align: center;                                       /* 页面居中 */
}
```

设置网页背景时，建议背景色和背景图像配合使用，如果背景图像无法显示，可以使用风格类似颜色来代替，避免出现页面以白色背景显示时所遇到的尴尬。使用背景图像可以设计渐变背景效果，一般采用水平平铺来实现。

第 4 步：在页面包含框中再定义一个背景图像，该图像如图 9.43 所示。设计师把网页标题和头部主要信息都封装在背景图像中。

```
div#container { /* 包含框 */
   background: #000000 url(background_header.gif) top center no-repeat;   /* 背景图像 */
   text-align: left;                  /* 页面居中 */
}
```

这种把网页信息部分封装在背景图像中的设计思路有两大优势：

- 简化了 CSS 设计的难度。
- 增加页面的艺术设计效果，毕竟使用图像更能够设计出 CSS 所无法实现的效果。

当然这种做法也在一定程度上给页面传输增加了负担，因为图像一般都比较大，特别是大幅图像所占用的带宽更是明显。

图 9.43　顶部背景图像

第 5 步：如果把页面部分信息封装在背景图像中，就必须使用 CSS 隐藏 HTML 部分结构和信息。

```
div#pageHeader {/* 第 1 个模块的第 1 个子模块——网页标题信息 */
   display: none;                     /* 隐藏结构和信息 */
}
div#quickSummary p.p1 {/*第 1 个模块的第 2 个子模块第 1 段——网页概括信息 */
   display: none;                     /* 隐藏结构和信息 */
}
```

第 6 步：对于第 1 个模块的第 2 个子模块第 2 段链接信息，则通过内边距和外边距来调节它在页面中的位置，如图 9.44 所示。

```
div#quickSummary {/* 第 1 个模块的第 2 个子模块 */
   width: 260px;                            /* 固定宽度 */
   height: 20px;                            /* 固定高度 */
   padding: 220px 0 0 0;                    /* 增加顶部内边距 */
   margin: 0 0 30px 310px;                  /* 增加左侧和底部外边距 */
}
```

图 9.44　使用外边距调整未隐藏信息的显示位置

第 7 步：设计其他模块的效果，如图 9.45 所示。这种设计效果主要通过 3 幅背景图像来完成，与我们前面讲解的圆角设计方法是相同的，这里就不再详细分析。

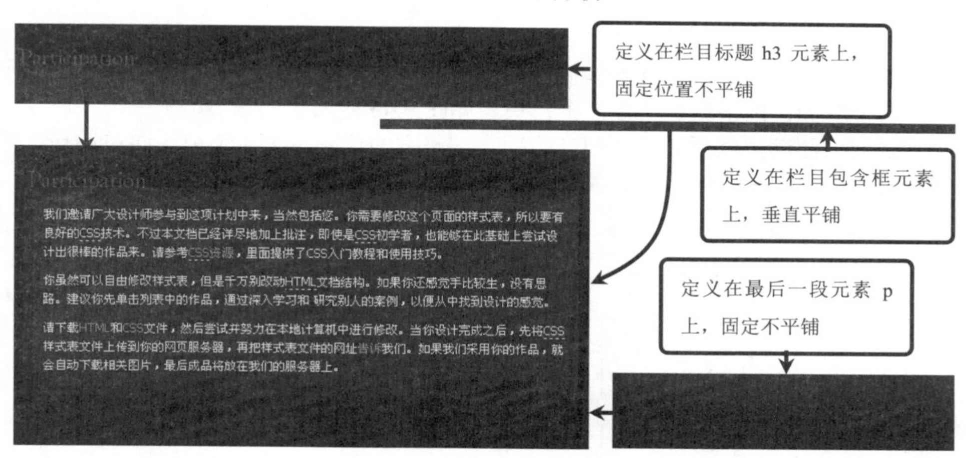

图 9.45　网页模块设计效果

9.3.3　设计三列网页

扫一扫，看视频

本例是禅意花园第 181 号作品（http://www.csszengarden.com/181/），设计效果如图 9.46 所示。页面以灿烂的大红色为主色调，以固定宽度的三列进行设计。左右两侧栏目以大红色为背景色衬托喜庆的氛围，中间窄条栏目以白色为背景，通过明暗、色度的反差来吸引人的注意力。

左栏显示标题和页面概括信息，右栏显示主体信息，中栏显示链接信息。画面左上角以灿烂的光线来暗示页面的情绪。所有二级模块都以深色背景标题栏进行简单分隔，避免过分破坏页面的三栏条线型主体结构效果。

原页面采用绝对定位的布局方法来完成作品的设计。下面我们采用浮动布局的方法来设计这个效果。

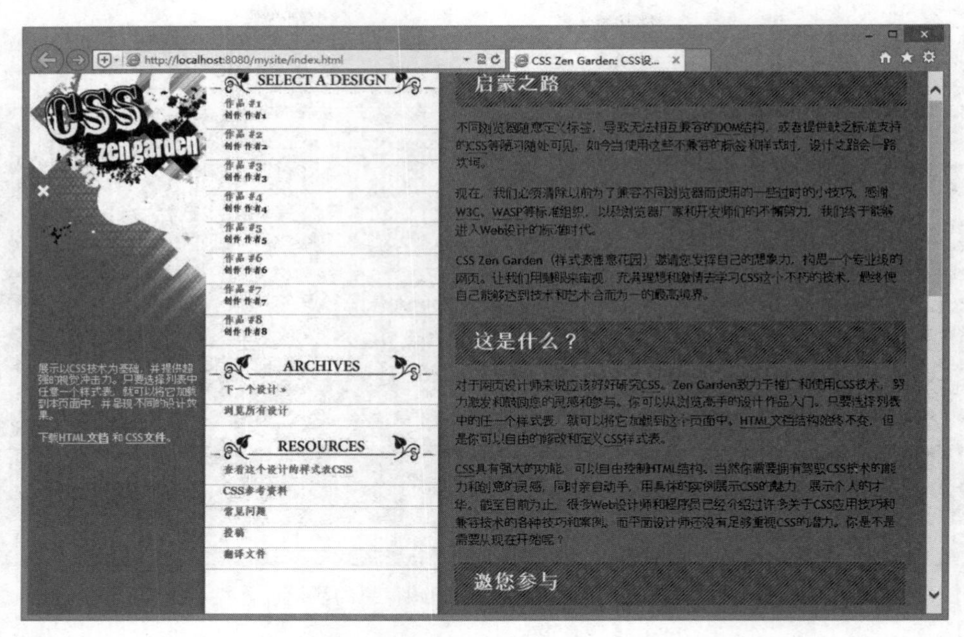

图 9.46　阳光灿烂喜洋洋页面效果图

【操作步骤】

第 1 步：设计思路。

让第 1 个模块的第 3 个子模块浮动到右侧，而其他两个子模块则顺势自然流动到左侧显示，并在这些模块之间拉出一个空当，准备预留给第 3 个模块，如图 9.46 中白色的区域。

让第 2 个模块向右浮动，然后通过顶部外边距来调整它的位置。第 3 个模块向左浮动，然后再通过负外边距来强迫其位于中间白色区域内。整个设计思路和结构如图 9.47 所示。

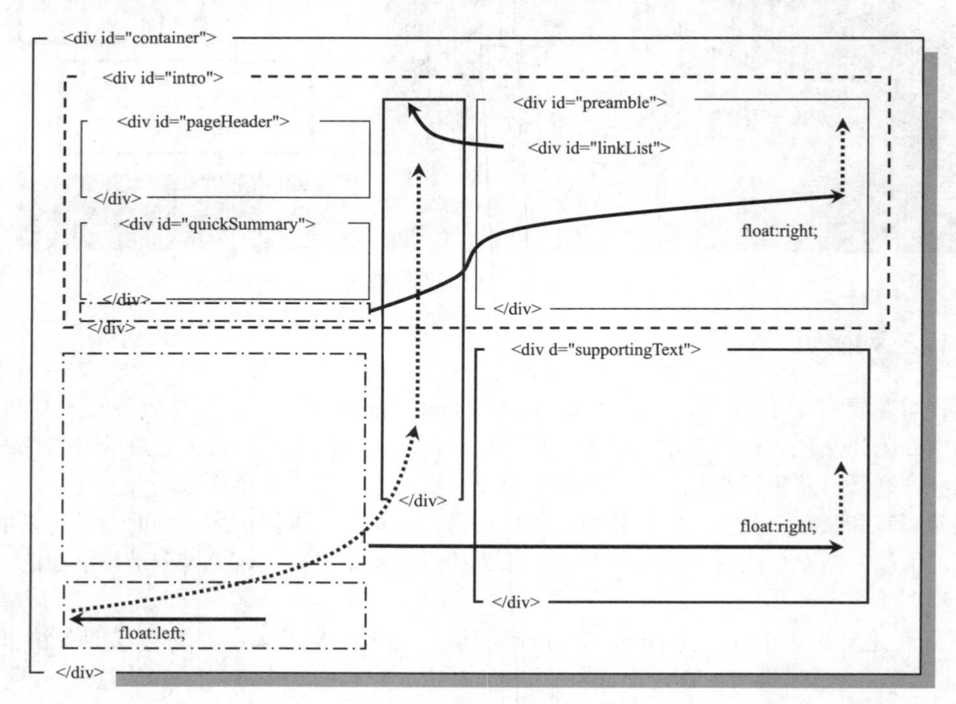

图 9.47　阳光灿烂喜洋洋 CSS 布局示意图

其中虚线箭头表示通过外边距取负值来实现的强制位置移动效果，实线箭头表示模块从原来应该排列的位置浮动到页面新的位置，虚线框表示第一个模块的包含框，虚点线框表示浮动前模块的位置。

第 2 步：设计的第一步先固定页面包含框的宽度。这一步很重要，否则后面的操作都将受到威胁。宽度的大小可以根据情况而定，这里以 1024px×768px 屏幕分辨率作为基础，扣除 20 像素宽度的滚动条。

```
div#container {/* 页面包含框 */
    width:1002px;                        /* 固定宽度 */
}
```

第 3 步：第 1 个模块（<div id="intro">）可以不进行设置，直接设置其包含的 3 个子模块。

```
div#pageHeader {/* 第 1 个子模块 */
    width: 200px;                        /* 固定宽度 */
    height: 320px;                       /* 固定高度 */
}
div#quickSummary {/* 第 2 个子模块 */
    width: 185px;                        /* 固定宽度 */
}
div#preamble {/* 第 3 个子模块 */
    float: right;                        /* 向右浮动 */
    width: 510px;                        /* 固定宽度 */
    clear: right;                        /* 清除右侧浮动元素 */
}
```

第 4 步：第 3 个子模块向右浮动，但是第 1、2 个子模块默认显示为块状元素，占据一行的空间，所以在默认的状态下浮动元素显示在第 2 个子模块的右下侧方向上。为了使其向上与第 1 个子模块水平显示，可以通过负外边框来实现。所设计的简单效果如图 9.48 所示。

```
div#preamble {
    margin-top:-440px;                   /* 负外边框，强制模块向上移动 */
}
```

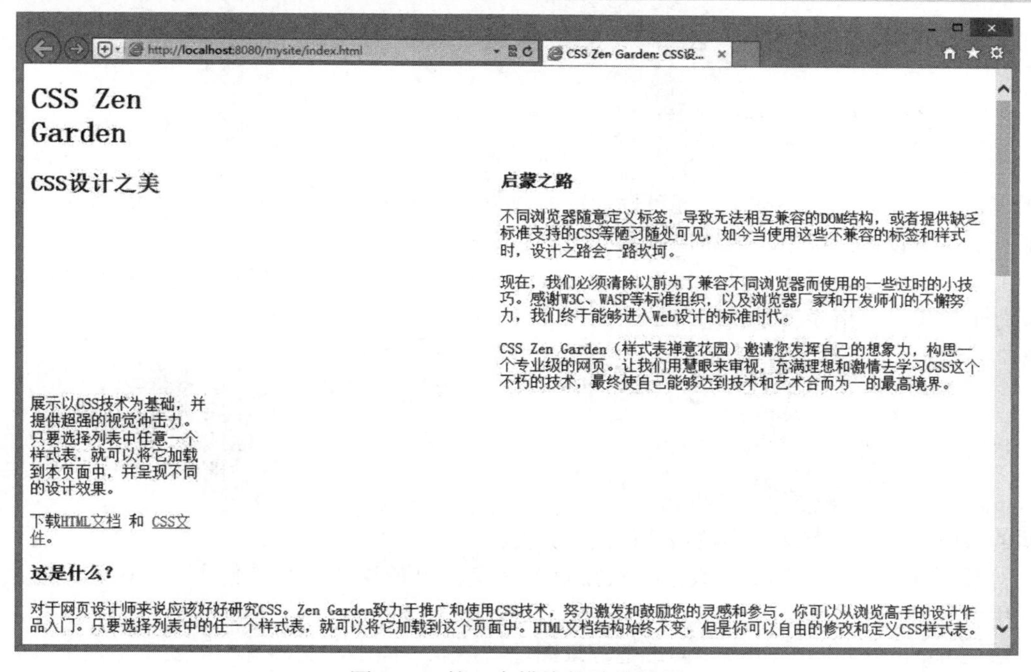
http://localhost:8080/mysite/index.html
CSS Zen Garden: CSS设...
CSS Zen Garden
CSS设计之美
启蒙之路
不同浏览器随意定义标签，导致无法相互兼容的DOM结构，或者提供缺乏标准支持的CSS等陋习随处可见，如今当使用这些不兼容的标签和样式时，设计之路会一路坎坷。
现在，我们必须清除以前为了兼容不同浏览器而使用的一些过时的小技巧。感谢W3C、WASP等标准组织，以及浏览器厂家和开发师们的不懈努力，我们终于能够进入Web设计的标准时代。
CSS Zen Garden（样式表禅意花园）邀请您发挥自己的想象力，构思一个专业级的网页。让我们用慧眼来审视，充满理想和激情去学习CSS这个不朽的技术，最终使自己能够达到技术和艺术合而为一的最高境界。
展示以CSS技术为基础，并提供超强的视觉冲击力。只要选择列表中任意一个样式表，就可以将它加载到本页面中，并呈现不同的设计效果。
下载HTML文档 和 CSS文件。
这是什么？
对于网页设计师来说应该好好研究CSS。Zen Garden致力于推广和使用CSS技术，努力激发和鼓励您的灵感和参与。你可以从浏览高手的设计作品入门。只要选择列表中的任一个样式表，就可以将它加载到这个页面中。HTML文档结构始终不变，但是你可以自由的修改和定义CSS样式表。

图 9.48　第 1 个模块的结构效果

第 5 步：设置第 2 个模块（<div id="supportingText">）向右浮动，并固定宽度。

```
div#supportingText {/* 第 2 个模块 */
    float: right;                              /* 向右浮动 */
    width: 510px;                              /* 固定宽度 */
    clear: right;                              /* 清除右侧浮动 */
}
```

第 6 步：把第 2 个模块浮动到右侧之后，再通过负外边距向上移动该模块。

```
div#supportingText {
    margin-top:-120px;                         /* 向上移动模块 */
}
```

第 7 步：设计第 3 个模块（<div id="linkList">）向左浮动，并定义固定宽度。

```
div#linkList {/* 第 3 个模块 */
    width: 263px;                              /* 固定宽度 */
    float: left;                               /* 向左浮动 */
}
```

第 8 步：通过外边距来定位第 3 个模块的位置。

```
div#linkList {
    margin-left:200px;                         /* 增加左侧外边距，向右移动 */
    margin-top:-1670px;                        /* 取负外边距，向上移动 */
    display:inline;                            /* 解决 IE 下浮动显示时的双倍边距问题*/
}
```

第 9 步：由于负外边距取值在 IE 和非 IE 浏览器下解析存在一定的误差。我们还需要单独为非 IE 浏览器设置一个负外边距值。这些样式应该放在对应样式的后面，它们只能够被非 IE 浏览器识别并解析。其中“html>/**/body”前缀只能够被符合标准的浏览器所解析。

```
html>/**/body div#preamble {/* 第 1 个模块的第 3 个子模块 */
    margin-top:-470px;
}
html>/**/body div#supportingText {/* 第 2 个模块 */
    margin-top:-170px;
}
html>/**/body div#linkList {/* 第 3 个模块 */
    margin-top:-1570px;
}
```

如果模块内容显示位置不准确，还可以通过内边距进行调整，详细代码就不再列出。主体布局完成之后，下一步是来设计二级模块的布局以及页面显示样式。

第 10 步：定义页面基本属性。本案例的页面背景设计得比较巧妙，它模仿伪列布局的设计思路来设计网页背景效果，通俗说就是使用背景图像来设计分栏效果。

```
html, body { /* 网页属性 */
    background: url(bg.gif) left top repeat-y #F06;    /* 网页背景图像 */
    background-attachment: fixed;                      /* 固定背景图像位置 */
    margin: 0;                                         /* 清除页边距 */
    padding: 0;                                        /* 清除页边距*/
}
```

上面的代码在设计时有两个小技巧值得读者借鉴：

- 背景图像不必设计为满屏大小，只需要把渐变、阴影效果处用图像设计，其他部分则可以使用背景颜色来代替。
- 通过 background-attachment 属性把背景图像固定在页面中，这样就不需要平铺整个页面，因为只固定为显示窗口大小，当滚动条滚动时背景图像不动，避免滚动条滚动时系统不断平铺背景图像。

第 11 步：隐藏不需要的页面结构和信息。如果感觉使用背景图像来设计页面结构和信息会更方便、设计效果更好，则不妨采用这种方法。

```
div#pageHeader h1, div#pageHeader h2, div#linkList h3 {
   display: none;                            /* 隐藏页面结构 */
}
```

第 12 步：设计页面标题。页面标题以背景的形式来实现，这样会更容易设计个性化标题效果。

```
div#pageHeader {
   width: 200px;                                        /* 固定宽度 */
   height: 320px;                                       /* 固定高度 */
   background: url(logo.gif) left top no-repeat;        /* 背景图像 */
}
```

第 13 步：第 2 个模块的子栏目标题显示为麻点区域效果，如图 9.49 所示，它是通过背景图像平铺来实现的。

```
div#preamble h3, div#supportingText h3 {
   display: block;                                      /* 块状显示 */
   background: url(hbg.gif) left top repeat #000;       /* 背景图像平铺显示 */
   margin: 0;                                           /* 清除默认边距 */
   padding: 0;                                          /* 清除默认边距*/
   padding-left: 20px;                                  /* 增加左侧边距 */
}
```

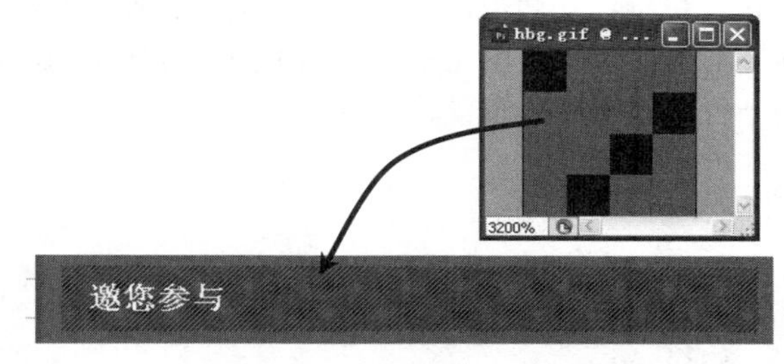

图 9.49　第 2 个模块子栏目背景图像

第 14 步：第 3 个模块的子栏目标题，显示效果如图 9.50 所示，它是先把标题文本隐藏，再使用一个背景图像来代替整个标题信息。

```
div#linkList  div#lselect  h3  span,  div#linkList  div#larchives  h3  span,
div#linkList div#lresources h3 span {
   display: none;
}
div#linkList div#lselect h3 {
   background: url(ll_selectadesign.gif) left top no-repeat;
}
div#linkList div#larchives h3 {
   background: url(ll_archives.gif) left top no-repeat;
}
div#linkList div#lresources h3 {
   background: url(ll_resources.gif) left top no-repeat;
}
```

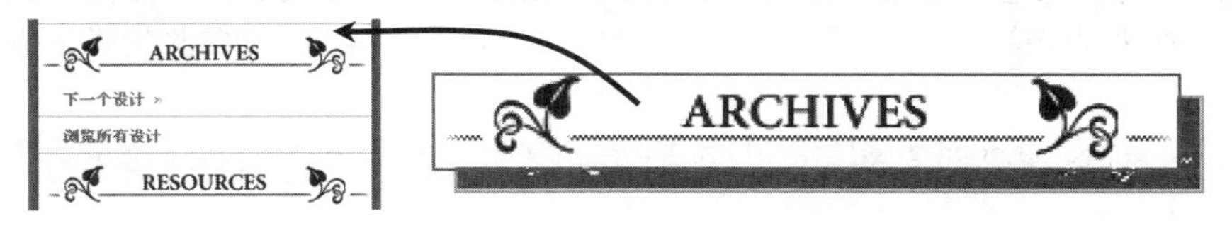

图 9.50　第 3 个模块子栏目背景图像

第 10 章　使用 CSS 定位

上一章重点介绍了 float 布局，本章将详细讲解 position 布局，CSS 为浮动布局和定位布局都提供了很多属性，利用这些属性，可以设计各种复杂的网页版式，将布局的一部分与另一部分重叠，还可以完成传统网页设计中的 Photoshop 切图效果。

【学习重点】

- 掌握 CSS 定位法。
- 使用 CSS 定位属性精确控制对象显示。
- 把握定位参照物，以及定位层叠的使用。
- 能够灵活混用各种 CSS 布局技术，完成设计任务。

10.1　CSS 定位基础

CSS 提供了三种基本的定位机制：文档流、浮动和绝对定位。除非专门定义，否则所有对象都在文档流中定位，也就是说，流动元素的位置是由元素在文档中的位置决定的，块状元素从上到下一个接一个地堆叠排列，内联元素在一行中水平并列布置。

扫一扫，看视频

10.1.1 设置定位显示

CSS 使用 position 属性定义对象定位显示，语法如下。

```
Position:static | relative | absolute | fixed
Position:center | page | sticky
```

取值说明如下：

- static：默认值，对象遵循常规的文档流，此时 4 个定位偏移属性无效。
- relative：对象遵循常规的文档流，并且参照自身在文档流中的位置通过 top、right、bottom、left 4 个定位偏移属性进行偏移，偏移时不会影响文档流中的任何元素。
- absolute：对象脱离文档流，此时偏移属性参照的是离自身最近的定位祖先元素，如果没有定位的祖先元素，则参照 body 元素。盒子的偏移位置不影响常规流中的任何元素，其 margin 也不与其他任何 margin 重叠。
- fixed：与 absolute 一致，但偏移定位是以窗口为参考。当出现滚动条时，对象不会随之滚动。
- center：与 absolute 一致，但偏移定位是以定位元素的中心点为参考。盒子在其包含容器垂直水平居中。
- page：与 absolute 一致。元素在分页媒体或者区域块内，元素的定位包含框始终是初始定位包含框，否则取决于每个 absolute 模式。
- sticky：对象在常态时遵循文档流。它就像是 relative 和 fixed 的合体，当在屏幕中时按常规流排版，当卷动到屏幕外时则表现如 fixed。该属性的表现是网页设计常见的吸附效果。

注意：

center、page 和 sticky 是 CSS3 新增属性，目前浏览器对其支持度不是很高，应该慎重使用。

10.1.2　静态定位

扫一扫，看视频

当 position 属性值为 static 时，可以实现静态定位。所谓静态定位就是各个元素在 HTML 文档流中的位置是固定的。每个元素在文档结构中的位置决定了它们被解析和显示的顺序。

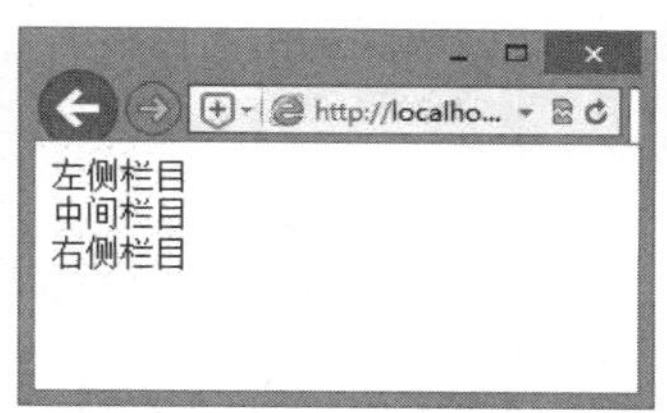

图 10.1　静态显示

【示例】　在下面的示例代码中，如果没有特殊声明，都以静态方式确定显示位置。<div id="left">、<<div id ="middle">和<div id ="right">三个栏目自上而下堆叠显示，如图 10.1 所示。

```
<!doctype html>
<html>
<head>
<meta charset="utf-8">
</head>
<body>
<div id="left">左侧栏目</div>
<div id ="middle">中间栏目</div>
<div id ="right">右侧栏目</div>
</body>
</html>
```

提示：

任何元素在默认状态下都会以静态方式来确定自己的显示位置，使用 float 属性可以改变它们的堆叠样式，实现并列显示效果，但无法改变它们在垂直方向的先后显示顺序，如图 10.2 所示。

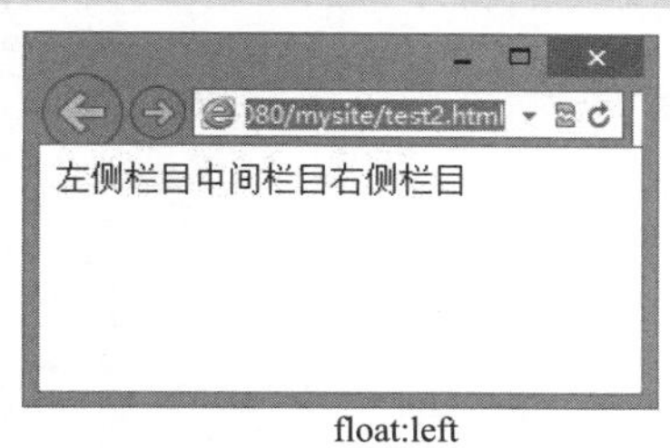

float:left

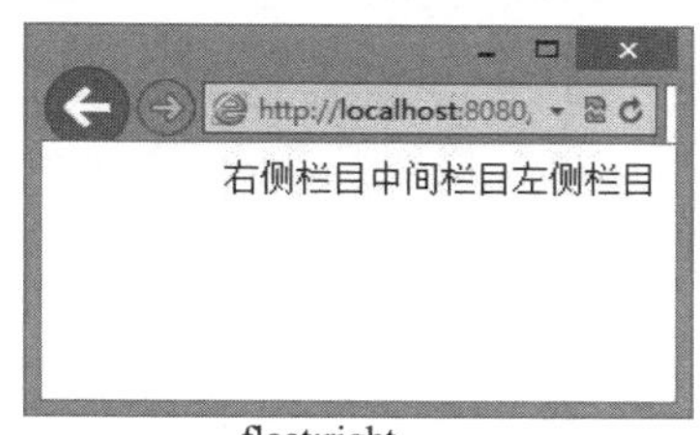

float:right

图 10.2　浮动显示

注意：

使用 margin 负值可以改变静态对象在垂直方向的先后显示顺序。

10.1.3　绝对定位

扫一扫，看视频

当 position 属性值为 absolute 时，可以实现绝对定位。绝对定位是一种特殊的网页排版方式，定位对象脱离文档流，根据定位包含框来确定自己的显示位置。绝对定位对象不会影响文档流中其他网页对象，也不会受文档流中其他网页对象的影响。

【示例】　在下面的示例中，使用绝对定位方式让三个栏目在网页中自由分布，如图 10.3 所示。

```
<!doctype html>
<html>
<head>
<meta charset="utf-8">
<style type="text/css">
div {/* 定义三个栏目都绝对定位显示。固定大小，添加边框以便观察 */
    position: absolute;
```

```
    border: solid 2px red;
    height: 100px;
    width: 200px;
}
#left {/* 固定在左上角显示 */
    left: 0px; top: 0px;
}
#middle {/* 固定在33%的偏中间位置显示 */
    left: 33%; top: 33%;
}
#right {/* 固定在右下角显示 */
    bottom: 0px; right: 0px;
}
</style>
</head>
<body>
<div id="left">左侧栏目</div>
<div id ="middle">中间栏目</div>
<div id ="right">右侧栏目</div>
</body>
</html>
```

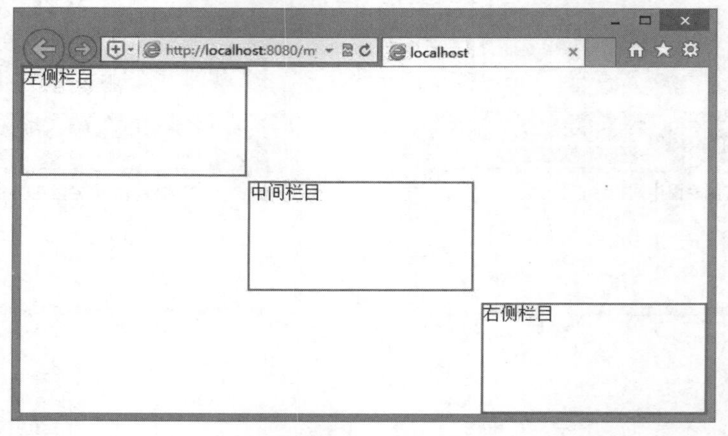

图 10.3　绝对定位显示

从图 10.3 可以看到，<div id="left">不再受文档流的影响，始终显示在窗口左上角的位置，<div id = "right">始终显示在窗口右下角的位置。由于<div id ="middle">的定位取值为百分比，它会弹性显示在偏中央的位置。

扫一扫，看视频

10.1.4　相对定位

当 position 属性值为 relative 时，可以实现相对定位。相对定位是在静态定位和绝对定位之间取一个平衡点，让定位对象不脱离文档流，但又能偏移原始位置。

【示例】　在下面这个示例中，通过相对定位，让二级标题紧邻在一级标题下面的中间位置，效果如图 10.4 所示。

```
<!doctype html>
<html>
<head>
```

```
<meta charset="utf-8">
<style type="text/css">
h2 {
    position: relative;                             /* 相对定位 */
    left: 74px;                                     /* x 轴坐标 */
    top: -15px;                                     /* y 轴坐标 */
}
</style>
</head>
<body>
<h1>《水调歌头》</h1>
<h2>苏轼</h2>
<p>明月几时有，把酒问青天。不知天上宫阙，今夕是何年？我欲乘风归去，又恐琼楼玉宇，高处不胜寒。</p>
<p>起舞弄清影，何似在人间！转朱阁，低绮户，照无眠。不应有恨，何事长向别时圆？人有悲欢离合，月有阴晴圆缺，此事古难全。但愿人长久，千里共婵娟。 </p>
</body>
</html>
```

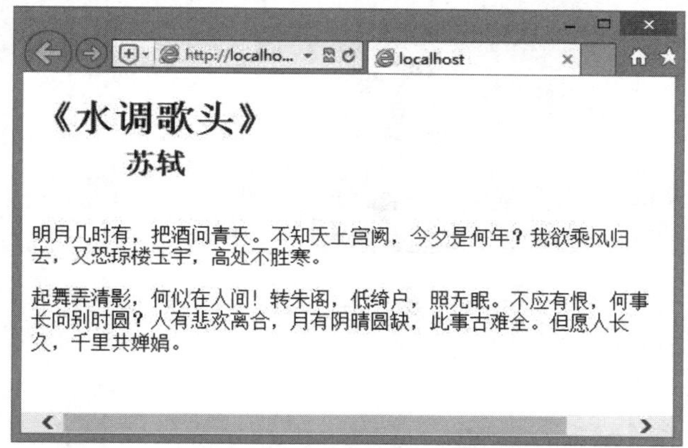

图 10.4　相对定位

从图 10.4 可以看到，相对定位元素虽然偏移了原始位置，但是它的原始位置所占据的空间还保留着，并没有被其他元素挤占。

10.1.5　固定定位

当 position 属性值为 fixed 时，可以实现固定定位。固定定位是绝对定位的一种特殊形式，它是以浏览器窗口为参照来定位对象的。

提示：

绝对定位不受文档流的影响，而受滚动条的影响，而固定定位既不受文档流的影响，也不受滚动条的影响。

【示例】　在下面的示例中，定义图片 p1 绝对定位，显示在窗口左下角，定义图片 p2 固定定位，显示在窗口右下角。当滚动滚动条时，则会发现 p2 始终显示在窗口右下角，而 p1 会跟随滚动条上下移动，如图 10.5 所示。

```
<!doctype html>
<html>
<head>
<meta charset="utf-8">
```

```
<style type="text/css">
.p1 {    /* 绝对定位在左下角 */
    position: absolute;
    left: 0;
    bottom: 0;
}
.p2 {    /* 固定定位在右下角 */
    position: fixed;
    right: 0;
    bottom: 0;
}
.h2000 { height: 2000px;}
</style>
</head>
<body>
<img src="images/1.png" class="p1" />
<img src="images/2.png" class="p2" />
<div class="h2000"></div>
</body>
</html>
```

图 10.5　比较绝对定位和固定定位

扫一扫，看视频

10.1.6　定位包含框

当包含框设置了 position 属性值为 absolute、relative 或 fixed 时，则该包含框就具有了定位参照功能，我们把它简称为定位包含框。当一个定位对象被多层定位包含框包裹，则以最近的（内层）定位包含框作为参照进行定位。没有包裹的定位包含框，默认以 body 为定位包含框。

【示例 1】　在下面的示例中，采用双重定位的方法实现让一个定位对象永远位于窗口的中央位置，包括水平居中和垂直居中，显示效果如图 10.6 所示。

```
<!doctype html>
<html>
<head>
<meta charset="utf-8">
<style type="text/css">
```

```
#wrap {/* 定位定位包含框 */
    position: absolute;                     /* 绝对定位 */
    left: 50%;                              /* x 轴坐标 */
    top: 50%;                               /* y 轴坐标 */
    width: 200px;                           /* 宽度 */
    height: 100px;                          /* 高度 */
    border: dashed 1px blue;                /* 虚线框 */
}
#box {/* 定位对象 */
    position: absolute;                     /* 绝对定位 */
    left: -50%;                             /* x 轴坐标 */
    top: -50%;                              /* y 轴坐标 */
    width: 200px;                           /* 宽度 */
    height: 100px;                          /* 高度 */
    background: red;                        /* 背景色 */
    text-align:center;                      /* 文本水平居中 */
    line-height:100px;                      /* 文本垂直居中 */
    color:#fff;                             /* 白色高亮显示 */
}
</style>
</head>
<body>
<div id="wrap">
    <div id="box">定位对象居中显示</div>
</div>
</body>
</html>
```

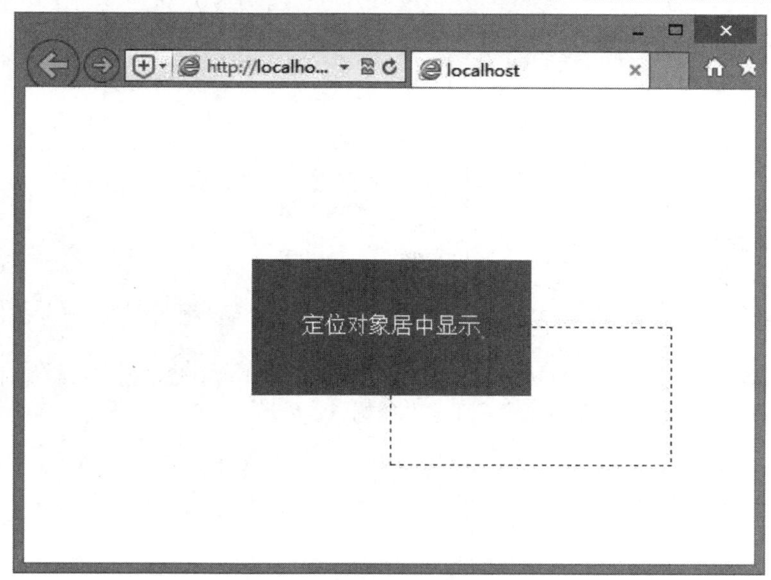

图 10.6　定位居中显示

定位对象一般都脱离文档流，要实现其直接居中对齐比较困难，本例采用间接方式来解决这个技术难题。设计思路如下：

第 1 步，为定位对象包裹一个辅助元素（虚线框）。

第 2 步，设置辅助元素绝对定位，设置 left: 50%，即定义 x 轴偏移坐标为定位包含框宽度的一半；设置 top: 50% ，即定义 y 轴偏移坐标为定位包含框高度的一半。这样可以看到虚线框的左上角位于浏览器窗口的中央位置，但是虚线框偏向右下方。

第 3 步，以虚线框为定位包含框，同时设置它的宽度和高度与定位对象的大小相同。

第 4 步，定义定位对象为绝对定位，设置 left: -50%，即定义 x 轴偏移坐标取值为虚线框宽度的一半，并加上负号；设置 top: -50%，即定义 y 轴偏移坐标取值为虚线框高度的一半，并加上负号。最终实现定位对象居中显示效果。

提示：

在实际开发中，常常使用相对定位元素作为定位包含框，这样做能够让定位对象适应文档流的影响。

【示例 2】 在下面的示例中，绝对定位的二级标题就是根据相对定位包含框来确定自己的位置的，如果我们在定位包含框<div id="box">前面增加多个换行标签，<h2>也会跟随文档流向下移动，这说明它始终跟随定位包含框<div id="box">的位置变化而变化，如图 10.7 所示。

```
<!doctype html>
<html>
<head>
<meta charset="utf-8">
<style type="text/css">
#box {/* 定位定位包含框 */
    position: relative;
}
h2 {
    position:absolute;                    /* 绝对定位 */
    left: 190px;                          /* x 轴坐标 */
    top: 6px;                             /* y 轴坐标 */
}
</style>
</head>
<body>
<div id="box">
    <h1>《水调歌头》</h1>
    <h2>苏轼</h2>
    <p>明月几时有，把酒问青天。不知天上宫阙，今夕是何年？我欲乘风归去，又恐琼楼玉宇，高处不胜寒。
</p>
    <p>起舞弄清影，何似在人间！转朱阁，低绮户，照无眠。不应有恨，何事长向别时圆？人有悲欢离合，
月有阴晴圆缺，此事古难全。但愿人长久，千里共婵娟。 </p>
</div>
</body>
</html>
```

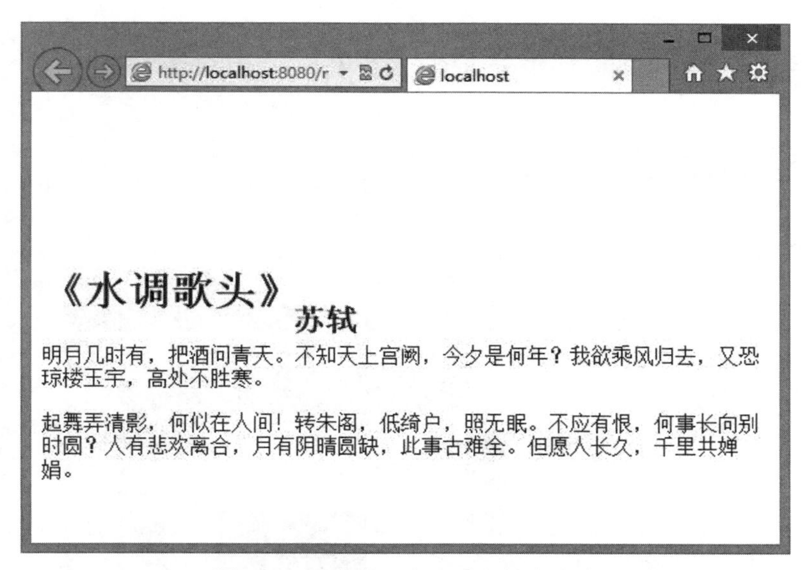

图 10.7　让定位对象跟随文档流流动

扫一扫，看视频

10.1.7　设置定位偏移

CSS 使用 top、right、bottom 和 left 定义定位对象的位置偏移，简单说明如下。

- top：设置对象参照定位包含框顶边向下偏移位置。
- right：设置对象参照定位包含框右边向左偏移位置。
- bottom：设置对象参照定位包含框底边向上偏移位置。
- left：设置对象参照定位包含框左边向右偏移位置。

注意 1：

这里的定位边是指包含框内壁，即内边距的内沿，同时定位对象以边框外边的左上角为定位中心。

【示例 1】　在下面的示例中，这个相对定位包含框中包含着一个绝对定位的元素，可以很直观地看到坐标参照系，如图 10.8 所示。

```
<!doctype html>
<html>
<head>
<meta charset="utf-8">
<style type="text/css">
#wrap {
    position: relative;                              /* 相对定位 */
    border: solid 50px red;                          /* 边框 */
    padding: 50px;                                   /* 内边距 */
    width: 200px;                                    /* 宽度 */
    height: 100px;                                   /* 高度 */
}
#box {
    position: absolute;                              /* 绝对定位 */
    border: solid 50px blue;                         /* 边框 */
    margin: 50px;                                    /* 外边距 */
    left: 50px;                                      /* x 轴坐标 */
    top: 50px;                                       /* y 轴坐标 */
}
```

```
</style>
</head>
<body>
<div id="wrap">定位包含框
    <div id="box">定位对象</div>
</div>
</body>
</html>
```

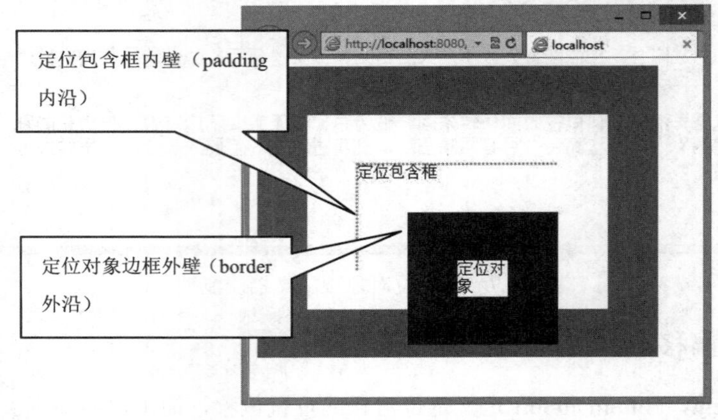

图 10.8　定位边和定位点示意图

对于其他各边和定位点类似，分别对应定位包含框四边内壁，以及定位对象四个顶点。

注意 2：

对于绝对定位或固定定位来说，如果没有明确水平偏移，即没有显式定义 left 或 right 属性值，则定位对象在水平方向继续受文档流的影响；如果没有明确垂直偏移，即没有显式定义 top 或 bottom 属性值，则定位对象在垂直方向继续受文档流的影响。

【示例 2】　在下面的示例中，定义图片 p1 绝对定位，只设置 bottom 属性，定义图片 p2 固定定位，只设置 right 属性。这样当在图片前添加文本时，则会发现 p1 在水平方向上随文本左右移动，但始终显示在窗口底部，而 p2 在垂直方向上随文本上下移动，但始终显示在窗口右侧，如图 10.9 所示。

```
<!doctype html>
<html>
<head>
<meta charset="utf-8">
<style type="text/css">
.p1 {    /*定义图片 p1 绝对定位，只设置 bottom 属性*/
    position: absolute;
    bottom: 0;
}
.p2 {/*定义图片 p2 固定定位，只设置 right 属性*/
    position: fixed;
    right: 0;
}
</style>
</head>
<body>
```

```
<p>
明月几时有，把酒问青天。不知天上宫阙，今夕是何年？我欲乘风归去，又恐琼楼玉宇，高处不胜寒。起舞弄清影，何似在人间！转朱阁，低绮户，照无眠。不应有恨，何事长向别时圆？人有悲欢离合，月有阴晴圆缺，此事古难全。但愿人长久，千里共婵娟。
<img src="images/1.png" class="p1" />
<img src="images/2.png" class="p2" />
</p>
</body>
</html>
```

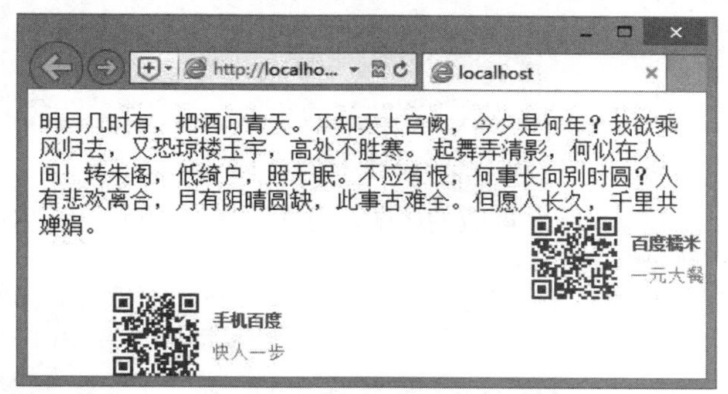

图 10.9　没有设置偏移值绝对定位和固定定位受文档流影响

提示：

在没有明确定位对象的宽度或高度时，可以通过 left、top、right 和 bottom 属性配合使用来定义对象的大小。例如，在没有定义宽度的情况下，如果同时定义了 left 和 right 属性，则可以在水平方向上定义元素的宽度和位置；在没有定义高度的情况下，如果同时定义了 top 和 bottom 属性，则可以在垂直方向上定义元素的高度和位置。

【示例 3】　在下面这个示例中，设计<div id="box">容器铺满窗口，并留下 5px 的白色边框，效果如图 10.10 所示。

```
<!doctype html>
<html>
<head>
<meta charset="utf-8">
<style type="text/css">
#box {
    background:#FF99FF;                     /* 背景色 */
    position:fixed;                         /* 固定定位 */
    top:5px;                                /* 顶边距离 */
    left:5px;                               /* 左边距离 */
    bottom:5px;                             /* 底边距离 */
    right:5px;                              /* 右边距离 */
}
</style>
</head>
<body>
<div id="box"></div>
</body>
</html>
```

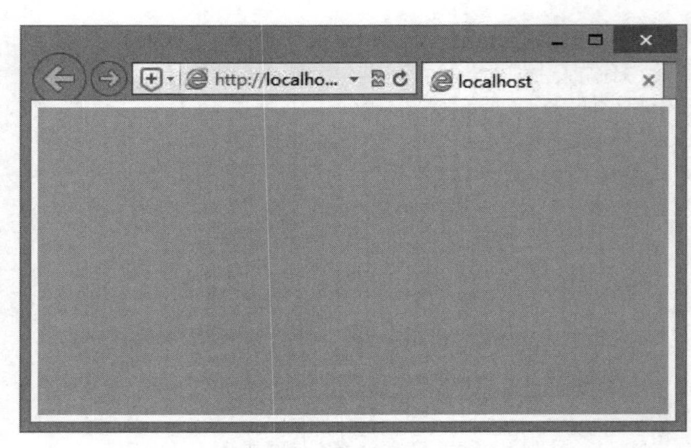

图 10.10　使用偏移属性定义对象大小

对于行内定位来说，定位对象易受文档流的影响，当文档流变动时，定位对象的位置也会随之变化，因为定位包含框的坐标原点在不断变化。

【示例 4】　在下面的示例中，将<span class="relative">包含框设置为相对定位，并进行偏移，当文档流不断变化时，<span class="relative">框的位置也在不断移动，如图 10.11 所示。

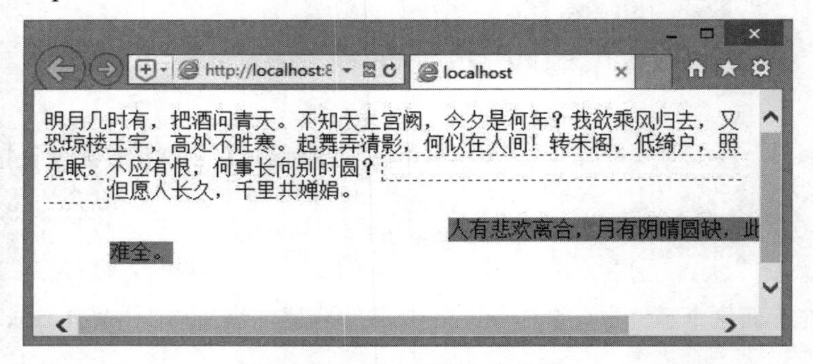

图 10.11　行内元素定位偏移

```
<!doctype html>
<html>
<head>
<meta charset="utf-8">
<style type="text/css">
span.origin {border: dashed 1px blue; }/*包含元素的虚线框，描绘相对定位元素的原始位置 */
span.relative {
    position: relative;                         /* 相对定位 */
    left: 50px;                                 /* x 轴坐标 */
    top: 50px;                                  /* y 轴坐标 */
    background: #FF66CC;                        /* 相对定位元素的背景色 */
}
</style>
</head>
<body>
<p><span>明月几时有，把酒问青天。不知天上宫阙，今夕是何年？我欲乘风归去，又恐琼楼玉宇，高处不胜寒。起舞弄清影，何似在人间！转朱阁，低绮户，照无眠。不应有恨，何事长向别时圆？<span class="origin"><span class="relative">人有悲欢离合，月有阴晴圆缺，此事古难全。</span></span>但愿人长久，千里共婵娟。</span></p>
</body>
</html>
```

10.1.8　设置层叠顺序

扫一扫，看视频

CSS 使用 z-index 属性设置定位对象的层叠顺序，语法如下。

```
Z-index: auto | integer
```

取值说明如下：

- auto：默认值，定位对象在当前层叠上下文中的层叠级别是 0。
- integer：用整数值来定义堆叠级别。可以为负值。

【示例 1】　设计三个定位的盒子：红盒子、蓝盒子和绿盒子。在默认状态下，它们按先后顺序确定自己的层叠顺序，排在后面，就显示在上面。下面使用 z-index 属性改变它们的层叠顺序，这时可以看到三个盒子的层叠顺序发生了变化，如图 10.12 所示。

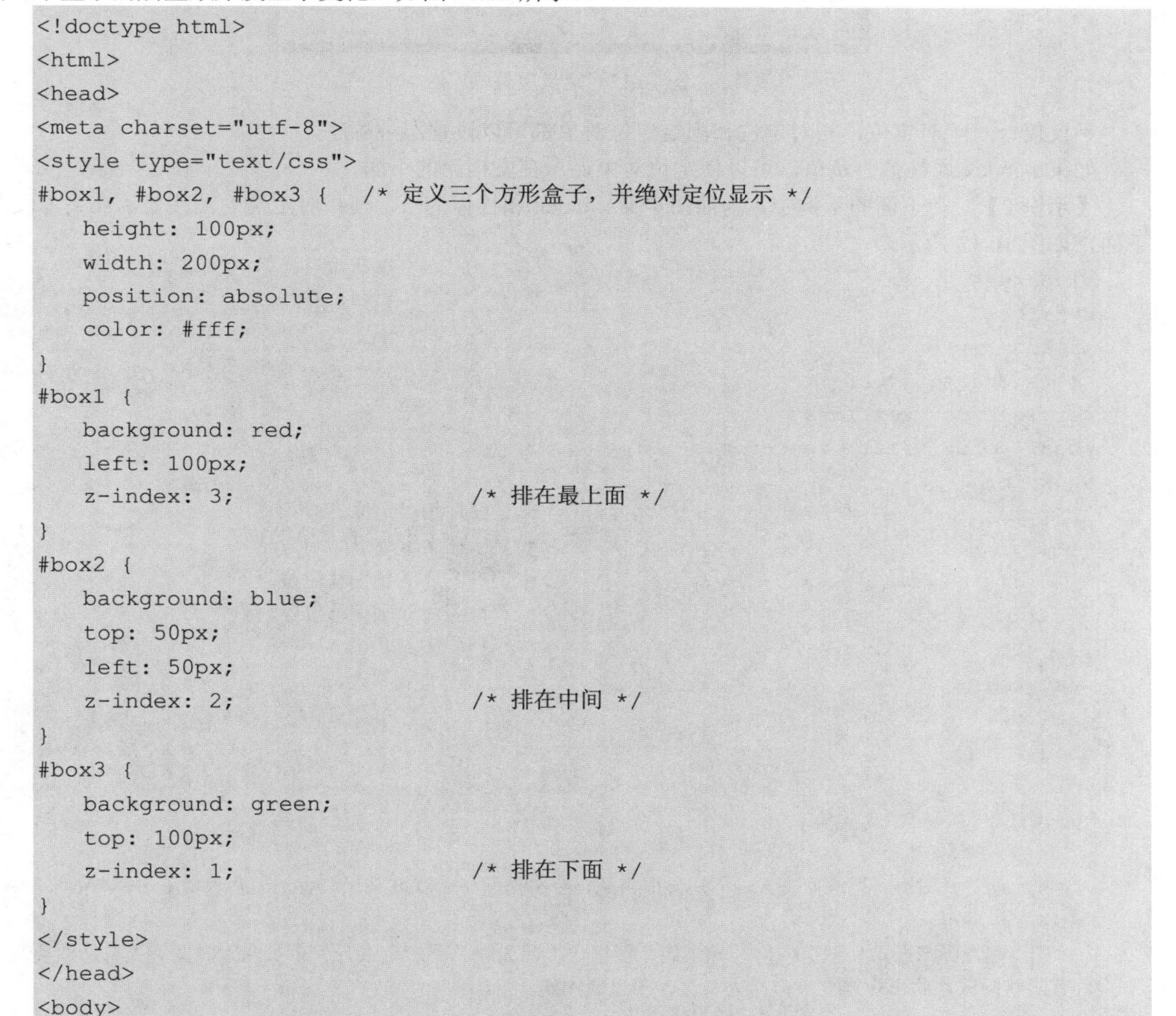

```
<!doctype html>
<html>
<head>
<meta charset="utf-8">
<style type="text/css">
#box1, #box2, #box3 {   /* 定义三个方形盒子，并绝对定位显示 */
   height: 100px;
   width: 200px;
   position: absolute;
   color: #fff;
}
#box1 {
   background: red;
   left: 100px;
   z-index: 3;                    /* 排在最上面 */
}
#box2 {
   background: blue;
   top: 50px;
   left: 50px;
   z-index: 2;                    /* 排在中间 */
}
#box3 {
   background: green;
   top: 100px;
   z-index: 1;                    /* 排在下面 */
}
</style>
</head>
<body>
<div id="box1">红盒子</div>
<div id="box2">蓝盒子</div>
<div id="box3">绿盒子</div>
</body>
</html>
```

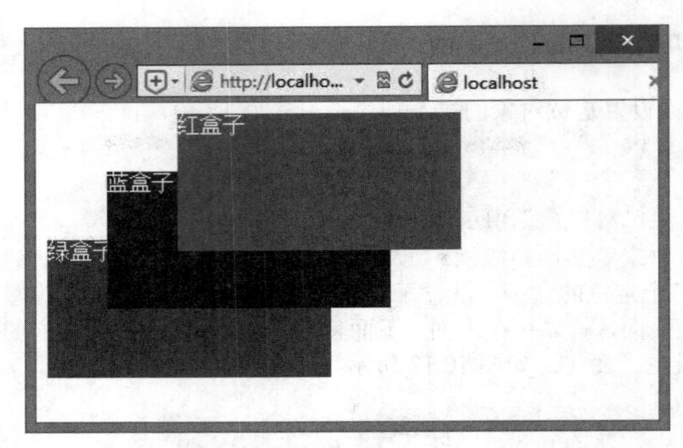

图 10.12　定义层叠顺序

不仅仅针对绝对定位，相对定位和固定定位对象都可以设置层叠顺序。

如果 z-index 属性值为负值，可以使定位对象显示在文档流的下面。

【示例 2】 在下面的示例中，为插图定义 z-index 属性值为-1，使相对定位的图片显示在文本段的下面，如图 10.13 所示。

```
<!doctype html>
<html>
<head>
<meta charset="utf-8">
<style type="text/css">
#box {color: #fff; font-size: 1.5;}
#box img {
    position: relative;                     /* 让图片相对定位 */
    z-index: -1;                            /* 显示在文本段下面 */
    left: -20px;                            /* 调整图片 x 轴偏移位置 */
    top: -214px;                            /* 调整图片 y 轴偏移位置 */
}
</style>
</head>
<body>
<div id="box">
    <h1>《水调歌头》</h1>
    <h2>苏轼</h2>
    <p>明月几时有，把酒问青天。不知天上宫阙，今夕是何年？我欲乘风归去，又恐琼楼玉宇，高处不胜寒。
</p>
    <p>起舞弄清影，何似在人间！转朱阁，低绮户，照无眠。不应有恨，何事长向别时圆？人有悲欢离合，
月有阴晴圆缺，此事古难全。但愿人长久，千里共婵娟。 </p>
    <img src="images/1.jpg" /> </div>
</body>
</html>
```

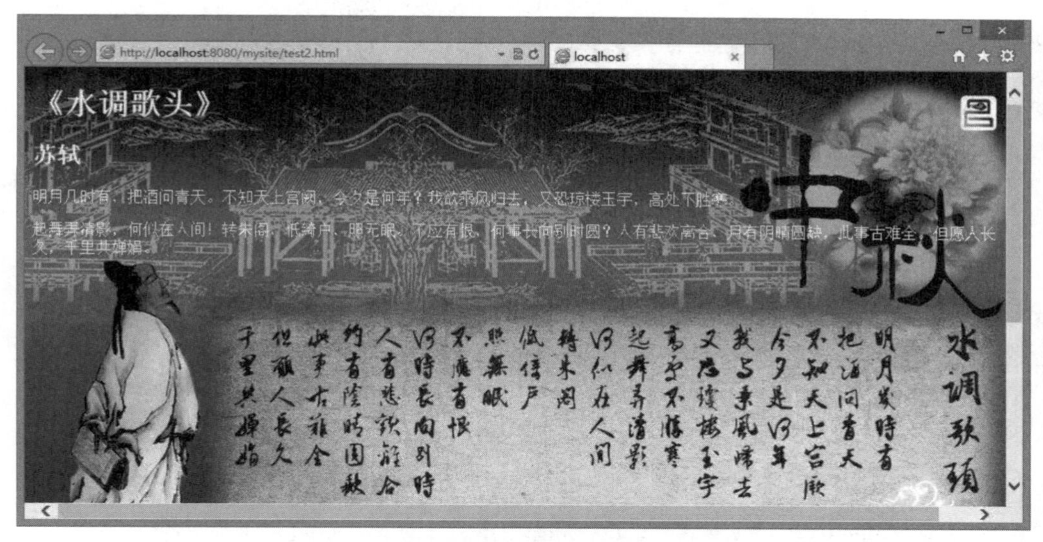

图 10.13　让定位对象显示在文档流下面

10.1.9　层叠上下文

扫一扫，看视频

层叠上下文就是能够为所包含的定位对象提供层叠排序参照的定位包含框。创建新的局部层叠上下文，就是以定位对象自己作为层叠上下文，为内部的定位对象提供层叠排序参考。

使用 z-index 时，应该深入理解以下几点：

- z-index 用于确定元素在当前层叠上下文中的层叠级别，并确定该元素是否创建新的局部层叠上下文。
- 每个元素的层叠顺序由所属的层叠上下文和元素本身的层叠级别决定（每个元素仅属于一个层叠上下文）。
- 同一个层叠上下文中，层叠级别大的显示在上面，反之则显示在下面。
- 同一个层叠上下文中，层叠级别相同的两个元素，依据它们在 HTML 文档流中的顺序，写在后面的将会覆盖前面的。
- 不同层叠上下文中，元素的显示顺序依据祖先的层叠级别来决定，与自身的层叠级别无关。
- 当 z-index 未定义或者值为 auto 时，在 IE 怪异模式下会创建新的局部层叠上下文，而在现代标准浏览器中，按照规范不产生新的局部层叠上下文。

【示例】　在下面的示例中，<div id="wrap">包含两个相对定位元素：<div id="header">和<div id="main">，它们又各自包含一个绝对定位对象：<div id="logo">和<div id="banner">。

```
<!doctype html>
<html>
<head>
<meta charset="utf-8">
<style type="text/css">
body {
    padding: 0; margin: 0;                              /* 清除页边距 */
    background: #000;
}
#header, #main { position: relative; }                /* 定义相对定位元素 */
#main {top: 35px; }                                    /* 层叠错位*/
```

```
#logo {
    position: absolute;                              /* 绝对定位 */
    z-index: 1000;                                   /* 层叠值 */
}
#banner {
    position: absolute;                              /* 绝对定位 */
}
</style>
</head>
<body>
<div id="wrap">
    <div id="header">
        <div id="logo"><img src="images/logo.png" /></div>
    </div>
    <div id="main">
        <div id="banner"><img src="images/banner.png" /></div>
    </div>
</div>
</body>
</html>
```

<div id="logo">>和<div id="banner">虽然属于不同的定位包含框，但是它们的定位包含框都没有设置 z-index，导致它们都位于同一个层叠上下文中，即都以 body 为层叠顺序参照。

所以我们会看到，在标准浏览器中，层叠级别高的<div id="logo">会覆盖<div id="banner">，如图 10.14 所示。而在 IE 怪异模式下，由于两个定位包含框会自动创建新的局部层叠上下文，<div id="logo">和<div id="banner">就无法直接相互层叠，它们必须根据父级元素的层叠顺序决定覆盖关系，所以会看到后面的<div id="banner">覆盖<div id="logo">，如图 10.15 所示。

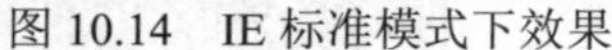

图 10.14　IE 标准模式下效果

图 10.15　IE 怪异模式下效果

要解决 IE 怪异模式的问题，只需要提升<div id="header">的层叠级别，例如，在样式表中增加如下样式。

```
#header {
    z-index:1;                                       /* 增加层叠顺序 */
}
```

10.2　实战案例

本节将通过三个综合案例帮助读者练习 CSS 定位技巧，解决网页布局中精确定位的难题。

扫一扫，看视频

10.2.1　画册式网页定位

本例是禅意花园第 099 号作品（http://www.csszengarden.com/099/），设计效果如图 10.16 所示。页面以漫画的形式展示，如果不是浏览器窗口提示，读者会想象不到它是用 CSS 设计的。这种效果可能只会在桌面排版中才可以看到，现在能够用 CSS 来实现，确实令人很新鲜和兴奋。

http://localhost:8080/mysite/index.html
CSS Zen Garden: CSS设...
展示以CSS技术为基础，并提供超强的视觉冲击力。只要选择列表中任意一个样式表，就可以将它加载到本页面中，并呈现不同的设计效果。
CSS
THE BEAUTY OF CSS DESIGN

图 10.16　画册式网页效果图

实际上该页面的设计很简单，它主要应用 CSS 定位技术来布局页面，具体说就是页面中的漫画情景由背景图像来实现，而标注的语言通过 CSS 定位来精确控制。

【操作步骤】

第 1 步：梳理设计思路。在 CSS 定位布局中，一般遵循“外部相对定位、内部绝对定位”的设计思路和原则，即外围框架元素定义为相对定位元素，而子框架或子对象以绝对定位呈现。通过相对定位定义定位包含框，这样外包含框就能够适应文档流的移动和变化，内部结构和对象则以绝对定位的方式准确确定各自的位置。本例设计思路如图 10.17 所示。

从上面的结构定位示意图中，我们也可以清楚看到不同层次元素被定位的类型。<div id="container">对象作为页面的总包含框，被定义为相对定位元素之后，就可以实现让网页内所有绝对定位元素居中显示的效果。然后定义<div id="intro">、<div id="explanation">、<div id="participation">、<div id="benefits">、<div id="requirements">、<div id="footer">和<div id="linkList">这 7 个对象为相对定位元素，这样它们按照文档流的先后顺序排列在网页中。然后在这些相对定位元素内部再通过绝对定位的方式固定每个对象所包含的子元素或对象。

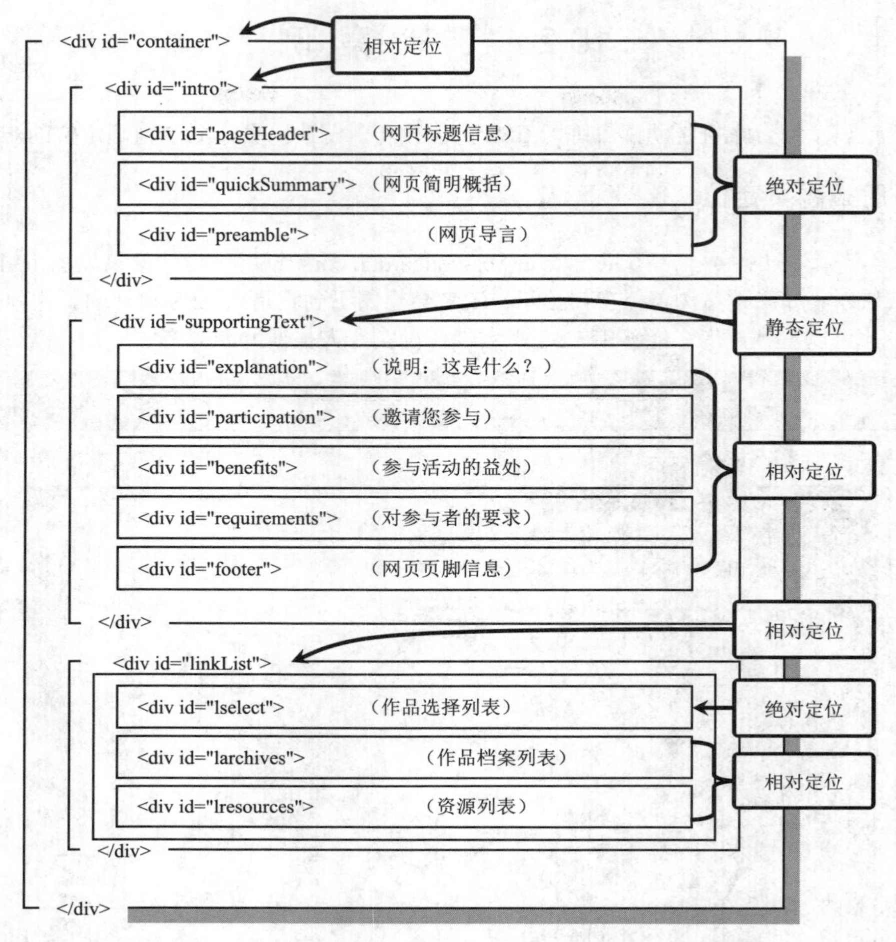

图 10.17　米老鼠卡通画册网页布局的结构定位思路

第 2 步：由于各模块设计方法相同，下面主要以第一个模块<div id="intro">对象为例进行讲解。定义网页页面属性，注意设置页面的宽度和背景。通过限制最低网页宽度以防止浏览器窗口缩小可能造成的布局重叠现象，这是 CSS 定位布局中经常遇到的问题。只要固定宽度和高度，这样的问题都可以避免。设计背景图像主要衬托一种卡通漫画的基本氛围，如图 10.18 所示。

```
body { /* 页面基础属性 */
    text-align:center;                              /* IE 下页面水平居中 */
    min-width:760px;                                /* 非 IE 下限制最低宽度 */
    line-height:100%;                               /* 固定行高 */
    background:url(images/paper.jpg) repeat-y #FFF center top;/* 垂直平铺背景图像 */
}
#container { /* 页面包含框基本属性 */
    text-align:left;                                /* 文本左对齐 */
    margin:0 auto;                                  /* 非 IE 下页面水平居中 */
    width:760px;                                    /* 固定页面宽度 */
    position:relative;                              /* 定义定位包含框 */
}
```

第 3 步：定义第一个模块的基本定位类型。以相对定位方式确定定位包含框的定位类型，由于在默认状态下 div 元素呈现为块状元素，它的宽度为 100%。固定第一个模块的高度，目的是在文档流中强迫第二个模块排在其后面（即距页面定位包含框顶部 1385 像素的位置），如果不显式定义该模块的高度，则模块高度为 0，这样第二个模块就会与第一个模块发生重叠。

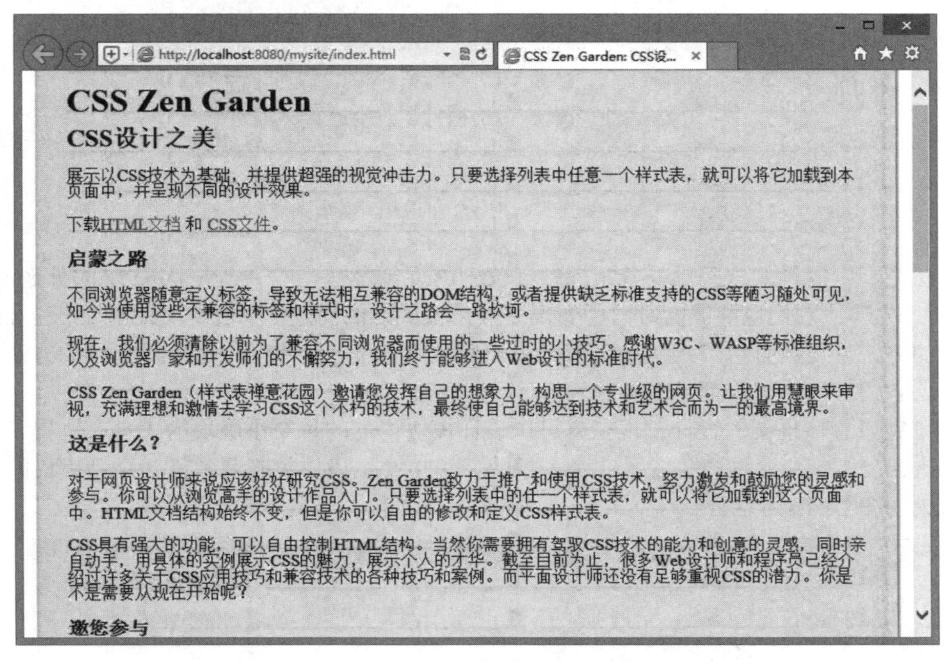
http://localhost:8080/mysite/index.html
CSS Zen Garden: CSS设...
CSS Zen Garden
CSS设计之美
展示以CSS技术为基础，并提供超强的视觉冲击力。只要选择列表中任意一个样式表，就可以将它加载到本页面中，并呈现不同的设计效果。
下载HTML文档 和 CSS文件。
启蒙之路
不同浏览器随意定义标签，导致无法相互兼容的DOM结构，或者提供缺乏标准支持的CSS等陋习随处可见，如今当使用这些不兼容的标签和样式时，设计之路会一路坎坷。
现在，我们必须清除以前为了兼容不同浏览器而使用的一些过时的小技巧。感谢W3C、WASP等标准组织，以及浏览器厂家和开发师们的不懈努力，我们终于能够进入Web设计的标准时代。
CSS Zen Garden（样式表禅意花园）邀请您发挥自己的想象力，构思一个专业级的网页。让我们用慧眼来审视，充满理想和激情去学习CSS这个不朽的技术，最终使自己能够达到技术和艺术合而为一的最高境界。
这是什么？
对于网页设计师来说应该好好研究CSS。Zen Garden致力于推广和使用CSS技术，努力激发和鼓励您的灵感和参与。你可以从浏览高手的设计作品入门。只要选择列表中的任一个样式表，就可以将它加载到这个页面中。HTML文档结构始终不变，但是你可以自由的修改和定义CSS样式表。
CSS具有强大的功能，可以自由控制HTML结构。当然你需要拥有驾驭CSS技术的能力和创意的灵感，同时亲自动手，用具体的实例展示CSS的魅力，展示个人的才华。截至目前为止，很多Web设计师和程序员已经介绍过许多关于CSS应用技巧和兼容技术的各种技巧和案例。而平面设计师还没有足够重视CSS的潜力。你是不是需要从现在开始呢？
邀您参与

图 10.18　设置卡通式网页属性

```
#intro { /* 漫画页定位包含框 */
    position:relative;                          /* 定义定位包含框 */
    height:1385px;                              /* 固定高度 */
    margin-top:40px;                          /* 增加顶部外边距 */
}
```

第 4 步：隐藏不需要的子栏目和内容（如网页标题<div id="pageHeader">部分），并利用禅意花园文档底部的备用标签来定义一个背景图像，为模块顶部增加一个挡板，如图 10.19 所示，这个设计技巧也是很值得学习的，希望读者能够借鉴此种设计方法。

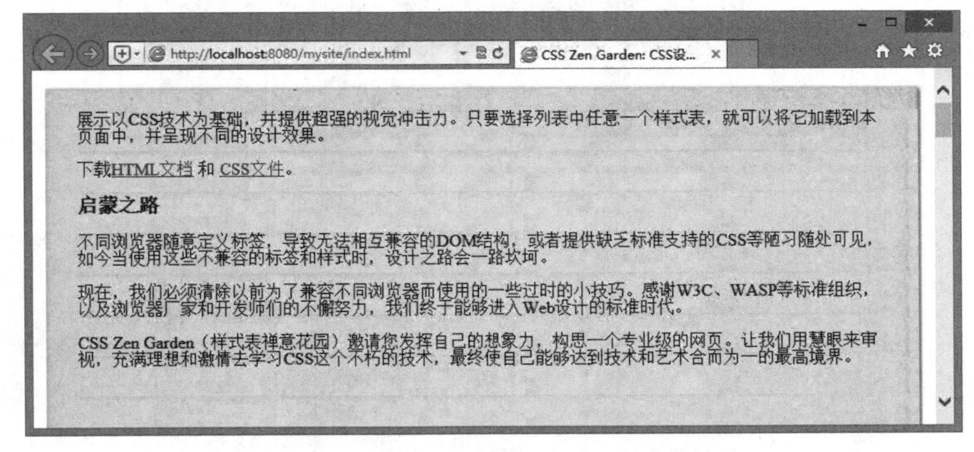
http://localhost:8080/mysite/index.html
CSS Zen Garden: CSS设...
展示以CSS技术为基础，并提供超强的视觉冲击力。只要选择列表中任意一个样式表，就可以将它加载到本页面中，并呈现不同的设计效果。
下载HTML文档 和 CSS文件。
启蒙之路
不同浏览器随意定义标签，导致无法相互兼容的DOM结构，或者提供缺乏标准支持的CSS等陋习随处可见，如今当使用这些不兼容的标签和样式时，设计之路会一路坎坷。
现在，我们必须清除以前为了兼容不同浏览器而使用的一些过时的小技巧。感谢W3C、WASP等标准组织，以及浏览器厂家和开发师们的不懈努力，我们终于能够进入Web设计的标准时代。
CSS Zen Garden（样式表禅意花园）邀请您发挥自己的想象力，构思一个专业级的网页。让我们用慧眼来审视，充满理想和激情去学习CSS这个不朽的技术，最终使自己能够达到技术和艺术合而为一的最高境界。

图 10.19　通过额外标签模拟页边距的立体效果

```
#pageHeader {
    display:none;                                          /* 定义定位包含框 */
}
#extraDiv1 { /* 额外的备用标签 1 */
    position:absolute;                                     /* 绝对定位 */
    height:40px;                                           /* 固定高度 */
    width:820px;                                           /* 固定宽度 */
    top:0;          /* 以浏览器窗口边框为参照物进行 x 轴定位 */
    background:url(images/paperedge.jpg) no-repeat bottom;     /* 定义背景图像 */
    left:50%;       /* 以浏览器窗口边框为参照物进行 y 轴定位 */
    margin-left:-410px; /* 与 left 属性配合实现该元素居中显示 */
}
```

由于禅意花园所提供的这些额外备用标签都位于网页包含框<div id="container">的外面（参阅 10.2.3 节详细分析），如何让它们也能够随时居中布局是一个很头疼的问题，不过这里使用 left 和 margin-left 属性配合设计的方法值得读者思考， 10.2.1 节中我们曾经讲解过一种完全使用绝对定位的方法来实现布局居中，实际上它们的设计思路都是相同的。

第 5 步：完成总体框架的设计，现在就可以设计模块内部的每个小版块的大小、位置和背景图像。在<div id="intro">定位包含框内包含了 3 个子模块。第 1 个子模块被隐藏，第 2 个子模块的定位方法如下，显示效果如图 10.20 所示。

http://localhost:8080/mysite/index.html
CSS Zen Garden: CSS设...
展示以CSS技术为基础，并提供超强的视觉冲
击力。只要选择列表中任意一个样式表，就可
以将它加载到本页面中，并呈现不同的设计效
果。
CSS
THE BEAUTY OF CSS DESIGN

图 10.20　定位第一个模块的第 2 个子模块布局效果

```
#quickSummary { /* 定位第 2 个子模块 */
    position:absolute;                           /* 绝对定位 */
    left:6px;                                    /* 距离定位包含框左侧距离 */
    top:9px;                                     /* 距离定位包含框顶部距离 */
    width:750px;                                 /* 固定宽度 */
    height:491px;                                /* 固定高度 */
    background:url(images/P1PANEL1.jpg) no-repeat black;        /* 附加背景图像 */
}
#quickSummary p.p1 span {/* 定位第 2 个子模块第 1 段内容 */
```

```
    position: absolute;                            /* 绝对定位 */
    left: 71px;                                    /*距离父级定位包含框左侧距离*/
    top: 28px;                                     /*距离父级定位包含框顶部距离*/
    width: 328px;                                  /* 固定宽度 */
    height: 80px;                                  /* 固定高度 */
    font-size: 16px;                               /* 字体大小 */
}
#quickSummary p.p2 span {/* 定位第 2 个子模块第 2 段内容 */
    position:absolute;                             /* 绝对定位 */
    left:551px;                                    /*距离父级定位包含框左侧距离*/
    top:0;                                         /*距离父级定位包含框顶部距离*/
    font: 9px Arial, Helvetica, sans serif;        /* 字体属性 */
}
```

第 6 步：定义第一个模块的第 3 个子模块，固定其大小、位置和需要的背景图像。并在其内部定位每个段落对象的显示大小、相对父定位包含框的位置和需要的背景图像，如图 10.21 所示。下面显示第 3 个子模块的定位样式，其所包含的每个段落的定位样式就不再列举。

```
#preamble p.p1 {
    position:absolute;                         /* 绝对定位 */
    left:5px;                                  /* 距离父定位包含框左侧距离 */
    top:506px;                                 /* 距离父定位包含框顶部距离*/
    width:366px;                               /* 固定宽度 */
    height:428px;                              /* 固定高度 */
    background:url(images/P1PANEL2.jpg) no-repeat black;    /* 定义背景图像 */
}
```

图 10.21　定位第一个模块的第 3 个子模块布局效果

上面仅就第一个大模块的定位布局进行简单的讲解。实际上，CSS 定位布局中的设计思路比较单纯，相互模块之间的直接影响比较弱，所以对于初学者来说可以很快速的入手。

10.2.2　展厅式网页定位

扫一扫，看视频

本例是禅意花园第 148 号作品（http://www.csszengarden.com/148/），设计如图 10.22 所示。纯粹 CSS 定位布局固然很简单，设计起来也很方便，但不是最佳布局选择。如果一味追求视觉艺术效果或创意，发挥以下 CSS 定位布局的优势也未尝不可，但是对于以文本信息为主体的网页设计，使用这种方法倒显得不太方便。往往设计师更钟情于以流动布局为主，恰当地应用定位布局来解决个别模块的特殊显示需求。本节就介绍一个以流动布局为主体，恰当使用定位布局进行补充的设计案例。

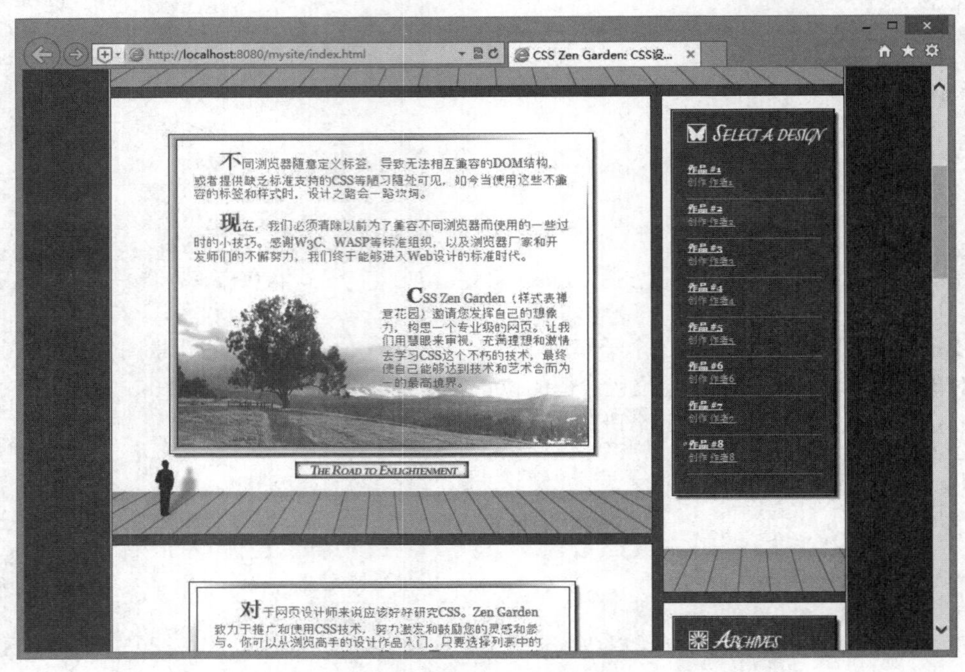

http://localhost:8080/mysite/index.html
CSS Zen Garden: CSS设...
不同浏览器随意定义标签，导致无法相互兼容的DOM结构，或者提供缺乏标准支持的CSS等随习随处可见，如今当使用这些不兼容的标签和样式时，设计之路会一路坎坷。
现在，我们必须清除以前为了兼容不同浏览器而使用的一些过时的小技巧。感谢W3C、WASP等标准组织，以及浏览器厂家和开发师们的不懈努力，我们终于能够进入Web设计的标准时代。
CSS Zen Garden（样式表禅意花园）邀请您发挥自己的想象力，构思一个专业级的网页。让我们用慧眼来审视，充满理想和激情去学习CSS这个不朽的技术，最终使自己能够达到技术和艺术合而为一的最高境界。
THE ROAD TO ENLIGHTENMENT
SELECT A DESIGN
ARCHIVES
对于网页设计师来说应该好好研究CSS。Zen Garden

图 10.22　展厅式网页效果图

【操作步骤】

第 1 步：梳理设计思路。整个页面的设计思路：隐藏第一大模块（<div id="intro">）主要内容，把其中第 2 个子模块的第 2 段文本定位到页面的左上顶角，第二大模块（<div id="supportingText">）以自然流动的方式进行布局，然后采用绝对定位的方式把第三大模块定位到页面右侧，显示为一个狭长的侧栏，各个模块的定位类型如图 10.23 所示，设计思路如图 10.24 所示。

在整体设计思路上也是遵循外部结构相对定位，内部结构和对象绝对定位的原则。把网页包含框<div id="container">定义为定位包含框，作为内部元素绝对定位的参照。所以设计的具体过程如下。

第 2 步：设置网页基本属性。这里主要设计背景色、清除页边距、设置网页居中，另外还可以设计网页的字体基本属性。

```
body {/* 页面基本属性 */
    background: #444444;                                /* 背景色 */
    padding: 0px;                                       /* 清除页边距 */
    margin: 0px;                                        /* 清除页边距*/
    font: 13px Georgia, Serif;                          /* 字体基本属性 */
    color: #7f7f7f;                                     /* 字体颜色 */
    text-align: center;                                 /* 网页居中 */
}
```

第 3 步：设计网页定位包含框的基本属性，为下面的模块布局奠定基础。

```
#container {/* 网页包含框基本样式 */
    background: #5d5d5d;                                /* 背景色 */
    position: relative;                                 /* 定义定位包含框 */
    padding: 0px;                                       /* 内边距 */
    margin: 0px auto;                                   /* 水平居中 */
    width: 760px;                                       /* 固定宽度 */
```

```
    text-align: left;                      /* 网页文本左对齐 */
    border-left: 1px solid #fff;           /* 设计页左侧修饰线 */
    border-right: 1px solid #fff;          /* 设计页右侧修饰线 */
}
```

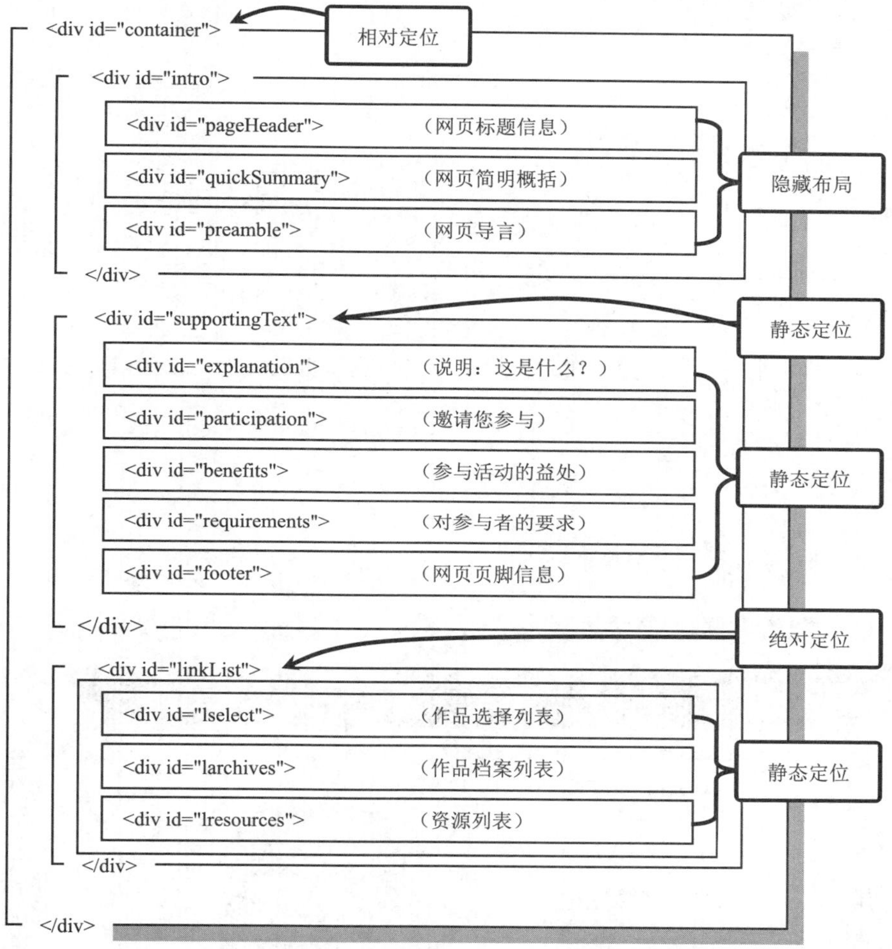

<div id="container">　相对定位
<div id="intro">
<div id="pageHeader">　（网页标题信息）
<div id="quickSummary">　（网页简明概括）
<div id="preamble">　（网页导言）
</div>
隐藏布局
<div id="supportingText">　静态定位
<div id="explanation">　（说明：这是什么？）
<div id="participation">　（邀请您参与）
<div id="benefits">　（参与活动的益处）
<div id="requirements">　（对参与者的要求）
<div id="footer">　（网页页脚信息）
静态定位
</div>
绝对定位
<div id="linkList">
<div id="lselect">　（作品选择列表）
<div id="larchives">　（作品档案列表）
<div id="lresources">　（资源列表）
静态定位
</div>
</div>

图 10.23　禅意花园展室网页布局的结构定位思路

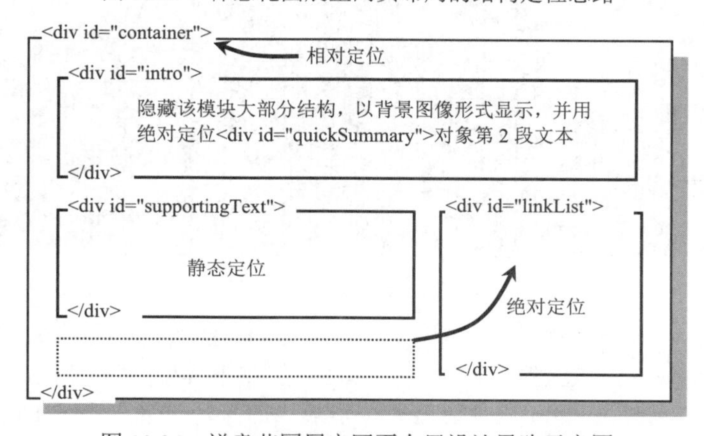

图 10.24　禅意花园展室网页布局设计思路示意图

第 4 步：设计展室封面。在第一个模块的<div id="pageHeader">子模块中定义一个大的背景图像。

```
#pageHeader {/* 网页封面设计效果 */
    background: url(images/header_bg.jpg) no-repeat;        /* 设计背景图像 */
    padding: 0px;                                           /* 内边距 */
    margin: 0px;                                            /* 外边距 */
    width: 760px;                                           /* 固定宽度 */
    height: 400px;                                          /* 固定高度 */
}
```

第 5 步：然后隐藏其他几个子模块。

```
#pageHeader h1, #pageHeader h2 {/* 第 1 个子模块的网页 1、2 级标题 */
    display: none;                                  /* 隐藏显示 */
}
#quickSummary p.p1 {/* 第 2 个子模块的第 1 段文本 */
    display: none;                                  /*隐藏显示*/
}
```

第 6 步：再把第 2 个子模块的第 2 段超链接文本定位到网页的左上角顶部，如图 10.25 所示。

```
#quickSummary p.p2 {
    font-size: 11px;                                /* 字体大小 */
    color: #ccc;                                    /* 字体颜色 */
    position: absolute;                             /* 绝对定位 */
    top: -1px;                                      /* 顶部距离，隐藏 1 像素 */
    left: 2px;                                      /* 左侧距离 */
}
```

图 10.25　设计展室封面的效果

第 7 步：设计第一大模块的第 3 个子模块以及第二大模块的布局。在这些模块中，完全采用静态定位的方法，即让模块内对象按照自然流动的形式从上到下排列显示。通过 width 和 height 属性来固定模块的显示大小，通过 margin 属性调整每个子模块的显示位置，通过 padding 属性调整模块内包含文本的显示位置。例如，针对第一大模块的第 3 个子模块可以把标题文本隐藏起来，利用背景图像的方式设计展板效果。

```
#preamble h3 {
    background: url(images/preamble.jpg) no-repeat;          /* 设计展板背景图像 */
    padding: 0px;                                             /* 内边距 */
    margin: 0px;                                              /* 外边距 */
    width: 560px;                                             /* 宽度 */
    height: 147px;                                            /* 高度 */
}
#preamble h3 span {
    display: none;                                            /* 隐藏显示标题文本 */
}
```

第 8 步：利用内边距来调整文本段在展板内显示的位置和区域大小。

```
#preamble p {/* 段落文本缩进 */
    text-indent: 2em;                                /* 缩进 2 个字符 */
}
#preamble p:first-letter {/* 段落首字样式 */
    font-size: 180%;                                 /* 放大字体 */
    font-weight: bold;                               /* 加粗 */
    color: #444444;                                  /* 字体颜色 */
}
#preamble p.p1 {/* 第一段文本 */
    padding: 10px 85px 10px 86px;                    /* 调整显示区域 */
    margin: -100px 0px 0px 0px;                      /* 调整显示位置 */
}
#preamble p.p2 {/* 第二段文本 */
    padding: 0px 85px 20px 86px;                     /*调整显示区域*/
    margin: 0px;                                     /*调整显示位置*/
}
#preamble p.p3 {/* 第三段文本 */
    background: url(images/preamble_img.jpg) no-repeat bottom;       /* 增加展板底部
背景 */
    padding: 0px 85px 60px 280px;                    /* 调整显示区域 */
    margin: 0px;                                     /* 调整显示位置 */
}
```

第二大模块的布局也遵循上一步的设计思路，具体就不再重复。

第 9 步：定位第三大模块的显示位置。按照正常的文档流顺序，第三大模块应该位于页面的最底部，为了能够使其显示在网页顶部右侧栏目中，使用绝对定位是一种最佳选择。由于上面已经把网页包含框<div id="container">定义为定位包含框，因此当我们定义<div id="linkList">模块绝对定位时，它就以<div id="container">为参照物来进行定位。

```
#linkList {/* 定位第三模块 */
    position: absolute;                              /* 绝对定位 */
    top: 400px;                                      /* 距离顶部距离 */
    left: 570px;                                     /* 距离左侧距离 */
    padding: 0px;                                    /* 清除内边距 */
    margin: 0px;                                     /* 清除外边距 */
    width: 190px;                                    /* 固定宽度 */
}
```

第三大模块内部包含的 3 个子模块将按照默认的静态定位方式自然流动在该绝对定位的层中，具体设计方法也是利用外边距、内边距和背景图像来调整显示位置和大小，详细代码可以参阅本书资源包示例代码，这里就不再详细讲解。

扫一扫，看视频

10.2.3　书签式网页定位

上面两个示例分别演示了如何设计纯 CSS 定位布局，以及在 CSS 流动布局中辅助配合绝对定位两种应用形式。本节再讲解一个 CSS 浮动布局与定位布局相互配合的案例，相信通过本示例能够使读者进一步体会到网页设计方案的多样性。在实际设计中采用浮动布局的案例比较多，因为它具备更大的灵活性和适应性。不过如果能够结合定位布局，你会发现网页设计工作更加自如和轻松。

本例是禅意花园第 003 号作品（http://www.csszengarden.com/003/），它是典型的 3 行 2 列式布局，以浮动布局为主，兼用 CSS 定位控制作品链接栏目显示在页面顶部，如图 10.26 所示。

图 10.26　蓝色的多瑙河页面设计效果

【操作步骤】

第 1 步：梳理设计思路。整个页面的设计思路如图 10.27 所示。

整个页面主要模块布局设计示意图如图 10.28 所示。页面主要文本信息以浮动的方式分列 2 栏，页面顶部显示为第一大模块的主要信息，同时通过绝对定位的方式把第三大模块的作品链接（<div id="lselect">）子模块定位到顶部显示。

第 2 步：设计页面基本属性和网页主体框架。

```
body {
    text-align: center;                                      /* 网页居中 */
    background: #748A9B url(images/bg2.gif) 0 0 repeat-y;      /* 网页背景 */
    margin: 0px;                                             /* 清除页边距 */
}
#container {
    background: #849AA9 url(images/bg1.gif) top left repeat-y; /* 网页背景 */
    text-align: left;                                        /* 文本左对齐 */
    width: 750px;                                            /* 固定宽度 */
```

```
    margin: 0px auto;                                           /* 网页居中 */
    position: relative;                                         /* 定义定位包含框 */
}
```

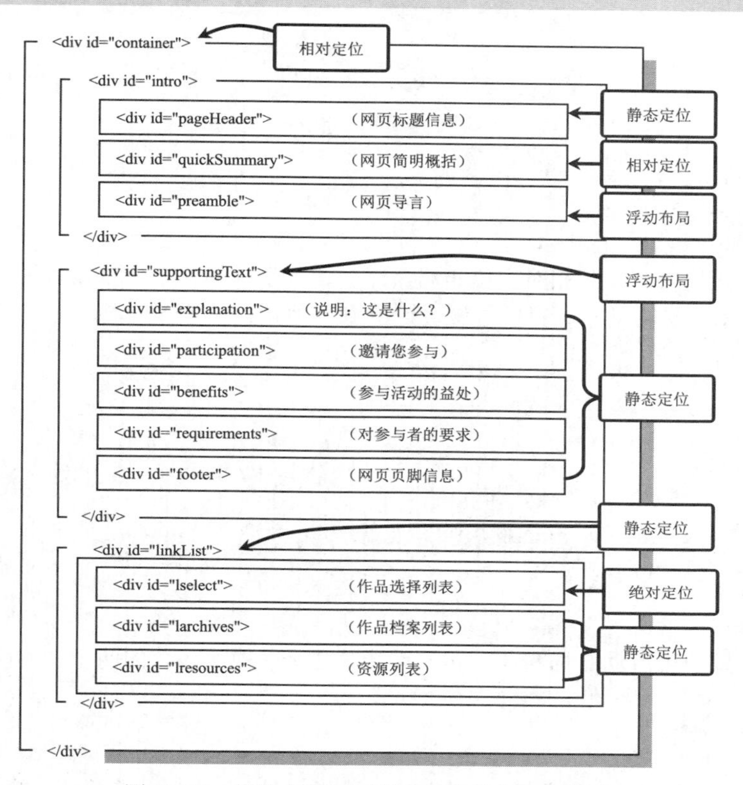

图 10.27　蓝色多瑙河网页布局的结构布局思路

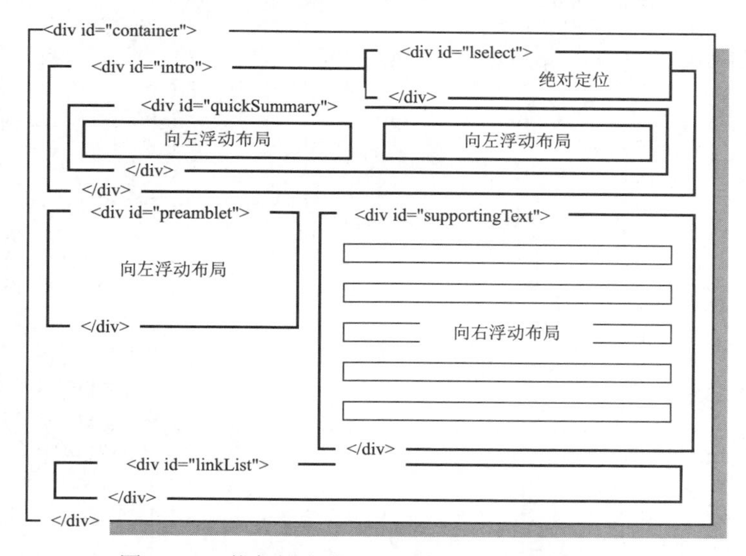

图 10.28　蓝色的多瑙河网页布局设计思路示意图

第 3 步：设计第一个模块布局。第一大模块主体结构（<div id="intro">）以默认的方式显示。它包含 3 个子模块，其中第 1 个子模块的标题和文本信息被隐藏起来，通过背景图像定义一个大的图片效果。

```
#pageHeader h1 {/* 1 级标题样式 */
```

```
    background: transparent url(images/h1.jpg) no-repeat top left; /* 定义背景图像 */
    width: 750px;                                               /* 固定宽度 */
    height: 152px;                                              /* 固定高度 */
    margin: 0px;                                                /* 清除外边距 */
}
#pageHeader h1 span {/* 隐藏 1 级标题内容 */
    display: none;
}
#pageHeader h2 span {/* 隐藏 2 级标题 */
    display: none;
}
```

第 4 步：第 2 个子模块定义为相对定位布局，然后通过坐标偏移来调整显示区域的位置，同时原位置保留不动，这样就避免了移动本栏目的位置会影响到其他栏目位置的问题。

```
#quickSummary {
    width: 685px;                           /* 固定宽度 */
    margin: 0px auto;                       /* 居中对齐 */
    position: relative;                     /* 相对定位 */
    top: -50px;                             /* 向上位移 50 像素 */
}
html>body #quickSummary {/* 兼容 FF 浏览器 */
    margin-top:-50px;                       /* 边距取负，向上移动 */
    top: 0;                                 /* 相对偏移为 0 */
}
```

第 5 步：然后分别使用流动布局和浮动布局设计第 2 个子模块包含的两个文本段。

```
#quickSummary .p1 {/* 第 1 段样式 */
    font-size: 1px;                             /* 字体大小 */
    color: white;                               /* 字体颜色 */
    background: transparent url(images/panel1-2.jpg) no-repeat top left; /* 背景图
像 */
    width: 449px;                               /* 宽度 */
    padding: 10px 0px 0px 5px;                  /* 内边距 */
    float: left;                                /* 向左浮动 */
    height: 268px;                              /* 固定高度 */
    voice-family: "\"}\"";                      /* 兼容 IE 6 以下版本浏览器 */
    voice-family:inherit;
    height: 258px;                              /* 固定高度 */
}
#quickSummary .p1 span {/* 隐藏文本 */
    display: none;
}
#quickSummary .p2 {/* 第 2 段样式 */
    color: #7593A7;                             /* 固定高度 */
    background: transparent url(images/panel3.jpg) no-repeat 0 0; /* 背景图像 */
    padding: 90px 45px 0px 45px;                /* 调整文本内边距 */
    float: right;                               /* 向右浮动 */
    width: 214px;                               /* 固定宽度 */
    height: 338px;                              /* 固定高度 */
    voice-family: "\"}\"";                      /* 兼容 IE 6 以下版本浏览器 */
    voice-family:inherit;
    width: 124px;                               /* 固定宽度 */
    height: 178px;                              /* 固定高度 */
}
```

第 6 步：布局第一大模块的第 3 个子模块。<div id="preamble">模块包含大量的文本，因此需要把它单独设计为一个模块，从父包含框<div id="intro">中脱离出来，与第二大模块并排显示为两列式浮动布局，如图 10.29 所示。

```
#preamble {
    padding: 0px 0px 70px 33px;        /* 通过内边距调整文本的显示位置 */
    margin: 0px 0 20px 0px;            /* 通过外边距调整模块的显示位置 */
    width: 210px;                                  /* 固定宽度 */
    float: left;                                   /* 向左浮动 */
    background: transparent url(images/tag.gif) 50% 100% no-repeat; /* 定义底部背景
图像 */
}
```

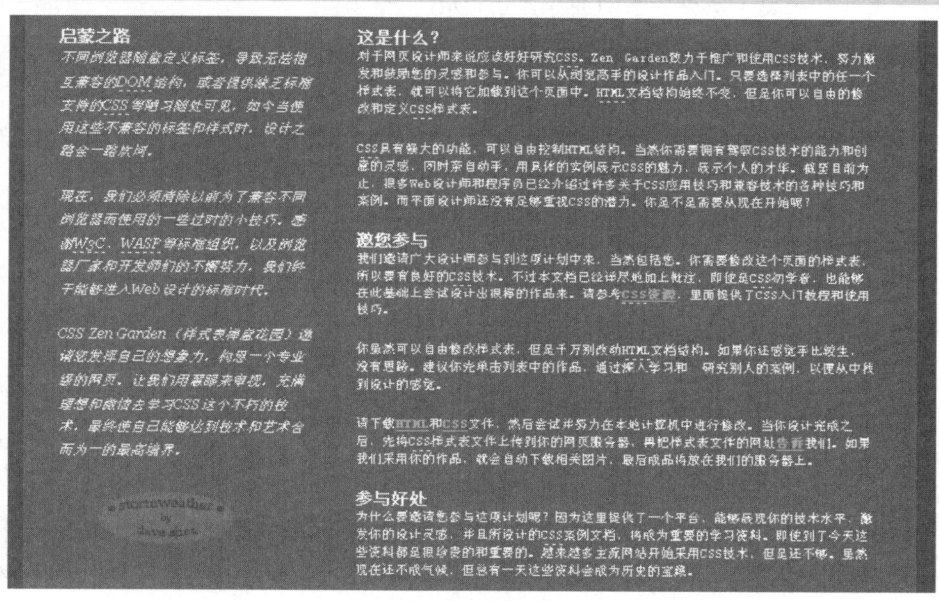

图 10.29　两列式浮动布局

第 7 步：第二大模块（<div id="supportingText">）与第一大模块的第 3 个子模块并列在一起，虽然它们从属不同的结构层次，但是通过浮动能够让它们从原有的结构中脱离出来实现并列布局。

```
#supportingText {
    padding: 0px 40px 0px 0;                       /* 调整文本显示位置 */
    float:right;                                   /* 向右浮动 */
    width:430px;                                   /* 固定宽度 */
}
```

第 8 步：至于第二大模块包含的 5 个子模块都遵循自然流动的方式进行布局，所以也就不再详细说明。当然在设计时如果父包含框是浮动显示的，则应该在最后一个子模块中增加清除属性，以强迫撑起浮动的包含框。

```
#footer {
    clear: both;                                   /* 清除浮动 */
}
```

第 9 步：设计第三大模块布局。第三大模块（<div id="linkList">）也是以自然流动的方式进行布局的，不过通过设置超大外边距，让人以为它是向右浮动布局的，如图 10.30 所示。

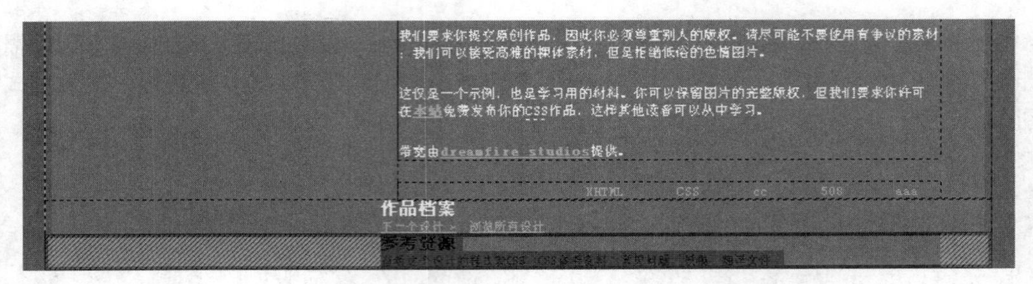

图 10.30　以外边距模拟浮动效果

第 10 步：作品链接子模块（<div id="lselect">）以绝对定位的方式被固定到页面的顶部，如图 10.31 所示。这时该子模块就脱离了原来的结构进行独立显示。

图 10.31　绝对定位作品链接子模块

```
#lselect {
    position: absolute;                          /* 绝对定位 */
    top: 15px;                                   /* y 轴坐标，顶部距离 */
    left: 0px;                                   /* x 轴坐标，左侧距离*/
    padding-left: 350px;                         /* 左内边距 */
    margin: 0px auto;                            /* 居中对齐 */
    width: 730px;                                /* 固定宽度 */
    voice-family: "\"}\"";/* 兼容 IE 6 以下版本浏览器 */
    voice-family:inherit;
    width: 380px;                                /* 固定宽度 */
}
```

第 11 章　网页版式设计与实战

确定网页的版式是网页设计的第一步。与传统的报纸杂志一样，设计者可以将网页当成一张白纸，然后将网页内容安排在这张纸上，这就出现了布局问题。网页的版式结构与平面设计一样，有着相同的美学原则，好的版式可以使网页结构清晰、平衡视觉，给用户以舒适、大方的感觉。网页采用什么样的版式，需要结合具体网站的风格进行权衡。本章将重点介绍如何使用 CSS 设计各种常规版式的思路和方法。

【学习重点】

- 学习网站重构的基本方法。
- 掌握两列版式的不同实现形式。
- 掌握三列版式的不同实现形式。

11.1　HTML 结构重构

网页设计的第一步是构建符合标准且科学、合理的结构，第二步则是考虑网页版式问题，要借助 CSS 的强大功能把网页内容固定到页面的不同显示区域。本节先介绍第一步操作，后面几节再介绍第二步操作。

11.1.1　设计基本结构

扫一扫，看视频

传统网页设计流程大概是构图、绘图，然后是切图，现在仍有很多网页设计师还保留着这样的设计习惯，不过设计理念和遵循标准应该变了：设计草图只是初步想法的展现，效果图也只是预设效果的参考。

当我们着手准备设计新的页面时，不该被效果图束缚，上机工作的第一步应该思考：这个页面结构该怎么重构？

网页设计讲究编排和布局，为了达到最佳的审美效果，要让浏览者有一种流畅的视觉体验。在标准化设计规范中，版式问题不是全部，而设计科学、合理的结构才是很重要的一步。

【示例】　准备构建一个包含标题、导航、正文、副栏和脚注五个主版块的页面，如图 11.1 所示，那么该如何规划 HTML 结构。

图 11.1　网页模板效果

【操作步骤】

第 1 步：先不管页面布局和效果，构建网页基本框架。新建网页，保存为 test.html，使用<div>标签在<body>内输入以下结构代码。

```
<div id="header">页眉区域</div>
<div id="navigation">导航栏</div>
<div id="content">主体内容区域</div>
<div id="extra">其他栏目</div>
<div id="footer">页脚区域</div>
```

上面的代码把整个页面分成 5 大部分，分别使用 5 个<div>标签进行定义，形成 5 个独立的包含框，为了区分，需要使用 id 为每个包含框标识一个名称。

不过这样平行的结构过于松散，不利于 CSS 设计，因为后期需要为每个部分重复编写大量相似的样式代码。对于一个大型网站，由于包含的内容丰富，使用相互独立的结构更有利于页面管理和扩展。不过对于一般页面来说，可以考虑对这个结构做进一步的优化。

第 2 步：如果主体内容的版式具有相似性或者聚合性，我们不妨把网页主体内容放在一个包含框中。重新优化结构如下。

```
<div id="header">页眉区域</div>
<div id="main">
    <div id="navigation">导航栏</div>
    <div id="content">主体内容区域</div>
    <div id="extra">其他栏目</div>
</div>
<div id="footer">页脚区域</div>
```

第 3 步：如果导航栏与网页标题结合紧密，也可以这样规划结构。

```
<div id="header">
    <h1>网页标题</h1>
    <div id="navigation">导航栏</div>
</div>
<div id="main">
    <div id="content">主体内容区域</div>
    <div id="extra">其他栏目</div>
</div>
<div id="footer">页脚区域</div>
```

或者按下面的方式规划结构。

```
<div id="header">
    <h1>网页标题</h1>
    <div id="navigation">导航栏</div>
</div>
<div id="main">
    <div id="content">主体内容区域</div>
</div>
<div id="extra">其他栏目</div>
<div id="footer">页脚区域</div>
```

第 4 步：如果页脚区域与主体区域关系紧密，还可以把页脚放入到主体结构中。

```
<div id="header">
    <h1>网页标题</h1>
    <div id="navigation">导航栏</div>
</div>
<div id="main">
    <div id="content">主体内容区域</div>
```

```
    <div id="extra">其他栏目</div>
    <div id="footer">页脚区域</div>
</div>
```

第 5 步：长期实践发现，如果为整个网页设计一个外套，对于使用 CSS 进行页面处理会非常方便。进一步优化结构如下。

```
<div id="container">
    <div id="header">页眉区域</div>
    <div id="navigation">导航栏</div>
    <div id="wrapper">
        <div id="content">主体内容区域</div>
    </div>
    <div id="extra">其他栏目</div>
    <div id="footer">页脚区域</div>
</div>
```

注意：

上面的示例仅是网页基本结构设计的一种思路。当然设计无定法，读者也不必被书中设计的结构束缚了思路。但在设计中一定要遵循：以内容来规划结构，而不是以版式来规划结构，同时结构的嵌套应更有利于内容组织，而不是更符合设计效果。

11.1.2　SEO 结构优化

扫一扫，看视频

SEO 是搜索引擎优化的英文缩写。SEO 优化通俗说就是如何让自己的网站在百度、谷歌等搜索引擎中获得较好的排名，从而获得更多访问量。

不少用户习惯根据网页内容的显示顺序来编排网页结构的顺序，根据网页内容的显示位置来决定网页结构的嵌套层次。实际上，这种习惯是不好的，我们要在设计中兼顾 SEO 优化。

【示例】　搜索引擎更喜欢友好的网页结构。为了简单解释这个问题，我们不妨对上节示例进行分析。如果根据科学性和合理性的设计原则，优化上节示例的网页基本结构如下。

```
<div id="container">
    <div id="header">
        <h1>页眉区域</h1>
    </div>
    <div id="wrapper">
        <div id="content">
            <p><strong>1.主体内容区域</strong></p>
        </div>
    </div>
    <div id="navigation">
        <p><strong>2.导航栏</strong></p>
    </div>
    <div id="extra">
        <p><strong>3.其他栏目</strong></p>
    </div>
    <div id="footer">
        <p>页脚区域</p>
    </div>
</div>
```

根据一般设计习惯，也就是按网页内容的显示顺序，则网页结构的编排顺序是：页眉区域→导航栏→主体内容区域→其他栏目→页脚区域。也可以理解为“功能→功能→核心内容→功能→功能”的设计结构。

但从 SEO 角度来分析，在网页内容很多的情况下，搜索引擎很难快速检索到核心内容，于是可能会在没有检索到核心内容的情况下，就放弃继续检索，这将导致搜索引擎所抓取的内容都是一些功能信息，如标题、导航、分类等。由于这些信息在其他页面中会反复出现，搜索引擎会认为它们是相似页面，于是就会降级处理本页索引。

为了避免这样的情况发生，我们不妨把核心内容放在前面，这样更有利于被搜索引擎抓取和收录。因此可以调整结构顺序：页眉区域→主体内容区域→导航栏→其他栏目→页脚区域。

新调整的结构顺序虽然与页面呈现的效果不同，但是它更有利于 SEO。至于呈现效果，我们可以利用 CSS 来调整它们的显示顺序。

提示：

完成网页基本结构的搭建后，可以考虑结构的语义化问题。例如，在上面结构的基础上，考虑网页标题使用 h1 元素，强调内容使用 strong 元素等，因为搜索引擎对这些标签的关注度更高。不过也要少使用一些搜索引擎疏远的元素，如 iframe、object 等。

扫一扫，看视频

11.2 单列版式

单列版式是网页布局中最简单的一种样式。所谓单列版式，就是网页内容呈现为一栏显示效果，如图 11.2 所示（test1.html）。

图 11.2 单列版式模板

单列版式设计简单，不需要过多的 CSS 代码即可实现。那么是不是单列版式的页面结构也很简单呢？不是。实际上对于任意结构的网页都可以使用 CSS 设计为单列效果显示。

【示例 1】 以上节示例结构为基础，对单列版式进行适当变化。

第 1 步：新建网页，保存为 test2.html，复制上节示例的 HTML 结构代码。

第 2 步：在<head>标签内添加<style type="text/css">标签，定义一个内部样式表，然后引入上节示例的模板样式。

第 3 步：在内部样式表中输入以下 CSS 代码，设计布局样式。

```
div#navigation {
    float:left;                          /* 向左浮动 */
```

```
    width:50%                            /* 百分比宽度 */
}
div#extra {
    float:left;                          /* 向左浮动 */
    width:49.9%                          /* 百分比宽度 */
}
div#footer {
    clear:both;                          /* 避免页脚区域环绕主体区域显示 */
}
```

通过浮动布局的方法，把<div id="navigation">和<div id="extra">模块并为一列显示。

第 4 步：在浏览器中预览，则显示效果如图 11.3 所示。

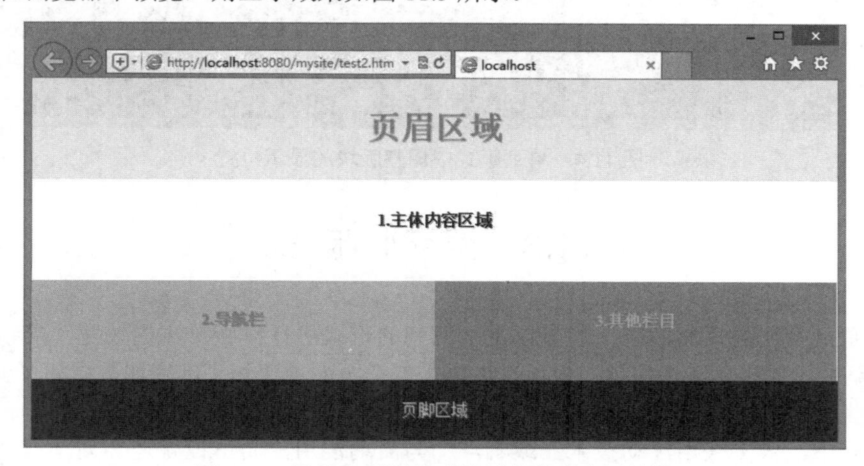

图 11.3　导航和副栏并列显示的单列布局效果

【示例 2】　借助 CSS 定位技术，调整示例 1 结构中不同版块的显示位置。例如，遵照一般的浏览习惯，很多设计师喜欢把导航条放置在主体内容的顶部，即放置在网页标题的下面。当然这样设计的前提是应该保证导航条高度是固定的，一般网页都设计为单行菜单条。

第 1 步：保存示例 test2.html 为 test3.html，清除其中的布局样式。

第 2 步：把<div id="container">定义为定位包含框。

```
div#container {
    position:relative;                   /* 声明相对定位，定义定位包含框 */
}
```

第 3 步：设置<div id="wrapper">包含框的顶部外边距，强迫预留出一块空间。该顶部外边距的高度应该与导航条的固定高度一致。

```
div#wrapper {
    margin-top:30px;                     /* 增加主体内容区域的顶部外边距 */
}
```

第 4 步：定义<div id="navigation">导航条包含框为绝对定位，并固定到距离网页顶部 100 像素的位置，该高度为网页标题栏的高度。

```
div#navigation {
    position:absolute;                   /* 绝对定位 */
    top:100px;                           /* 距离顶部的距离，该距离为标题栏高度 */
    height:30px;                         /* 导航条高度，与主体区域的顶部外边距保持一致 */
    width:100%;                          /* 宽度 */
    overflow:hidden;                     /* 隐藏超出的区域 */
}
```

第 5 步：在浏览器中预览，则显示效果如图 11.4 所示。

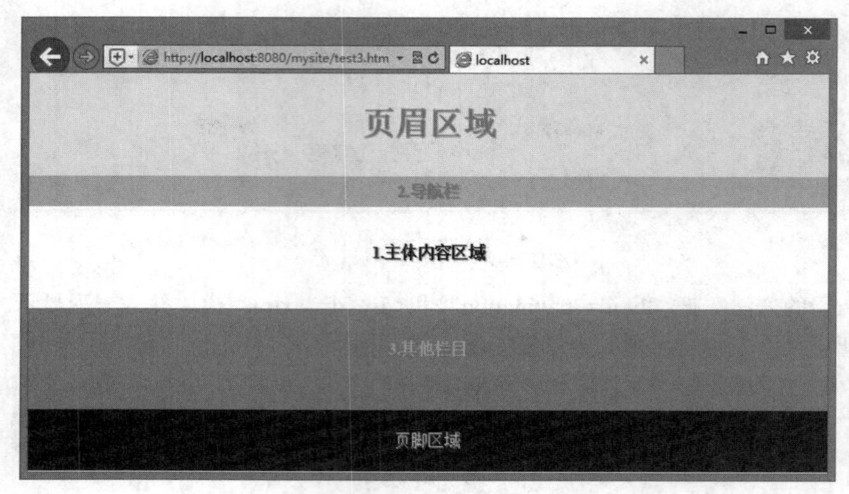

图 11.4　单列版式中调整版块的显示位置

11.3　两列版式

两列版式是最常用的页面效果，一般以主辅两列的形式进行排版。主栏较宽，显示主要信息，辅栏（或侧栏）略窄，提供功能性服务，也可以根据需要在页面顶部和底部增加页眉和页脚，或扩展其他栏目。

在两列版式中，大多采用浮动技术，或者浮动与流动混用，简单说就是一列浮动一列流动，或者两列都浮动。另外，也可以采用定位技术，定位主辅两列各自显示在页面两侧。

11.3.1　弹性版式

弹性版式就是网页宽度的取值为百分比，而不是像素。使用百分比定义网页宽度能让页面自适应不同的屏幕或设备，在移动网页布局中，这是一种广受欢迎的版式。

本节继续以上节示例的模板为基础，设计导航栏和其他栏目堆叠为一列，显示在页面左侧或右侧，主栏单独显示为一列，同时定义两列宽度为百分比，以自适应页面显示，版式设计示意图如图 11.5 所示。

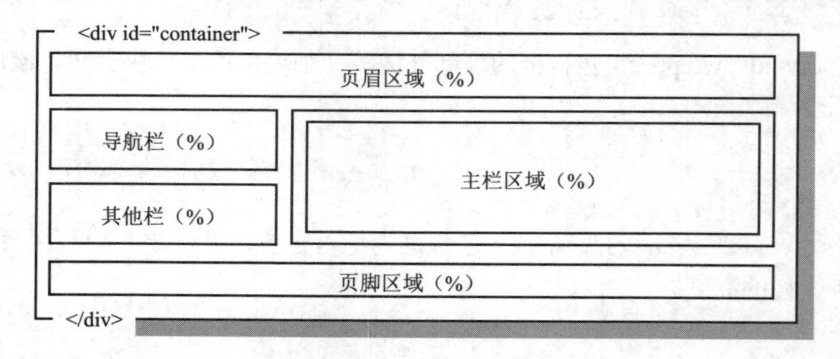

图 11.5　版式结构示意图

【操作步骤】

第 1 步：新建网页，保存为 test1.html。复制上节示例的 HTML 结构代码，以及内部样式表中 CSS 基本样式和修饰样式代码（非布局代码）。

第 2 步：设计主栏向左浮动，宽度为 70%，导航栏向右浮动，宽度为 29.9%。

```
div#wrapper {
    float:left;                          /* 向左浮动 */
    width:70%                            /* 百分比宽度 */
}
div#navigation {
    float:right;                         /* 向右浮动 */
    width:29.9%                          /* 百分比宽度 */
}
```

第 3 步：为了避免下面的<div id="extra">栏目环绕浮动栏目显示，为其他栏目定义 clear:both;样式，强制换行显示。

```
div#extra {
    clear:both;                          /* 清除左右浮动 */
    width:100%                           /* 满屏显示 */
}
```

第 4 步：保存文档，在浏览器中预览，则设计效果如图 11.6 所示。

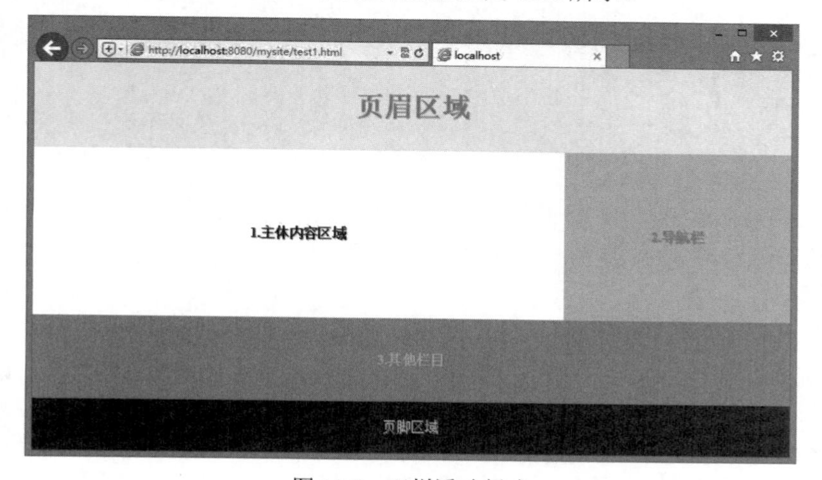

图 11.6　双栏浮动版式

上述设计方法存在一个问题：并列显示的两个栏目宽度之和不能为 100%，因为在 IE 低版本或者怪异模式下，容易出现错行显示，如图 11.7 所示。这样就容易在并列栏目之间产生一道缝隙，影响整个页面美观。

图 11.7　浮动错行显示问题

解决方法：要么使用上述步骤，设置两列宽度之和小于 100%，要么采用下面操作步骤的方法间接解决。

第 5 步：另存本节示例 test1.html 为 test2.html，清除内部样式表中 CSS 布局代码。

第 6 步：采用负 margin 进行设计，输入以下 CSS 布局代码。

```
div#wrapper {/* 主栏外框 */
    float:right;                    /* 向右浮动 */
    width:100%;                     /* 弹性宽度 */
    margin-right:-33%;              /* 右侧外边距，负值向右缩进 */
}
div#content {/* 主栏内框 */
    margin-right:33%;               /* 右侧外边距，正值填充缩进 */
}
div#navigation {/* 导航栏 */
    float:left;                     /* 向左浮动 */
    width:32.9%;                    /* 固定宽度 */
}
div#extra {/* 其他栏 */
    float:left;                     /* 向左浮动 */
    clear:left;                     /* 清除左侧浮动，避免同行显示 */
    width:32.9%                     /* 固定宽度 */
}
div#footer {/* 页眉区域 */
    clear:both;                     /* 清除两侧浮动，强迫外框撑起 */
    width:100%                      /* 宽度 */
}
```

在浏览器中预览，如图 11.8 所示，则会发现浏览器显示 x 轴滚动条。

第 7 步：添加如下样式，为 body 声明 overflow-x:hidden;样式，隐藏滚动条，最后设计效果如图 11.9 所示。

```
body { overflow-x:hidden;}
```

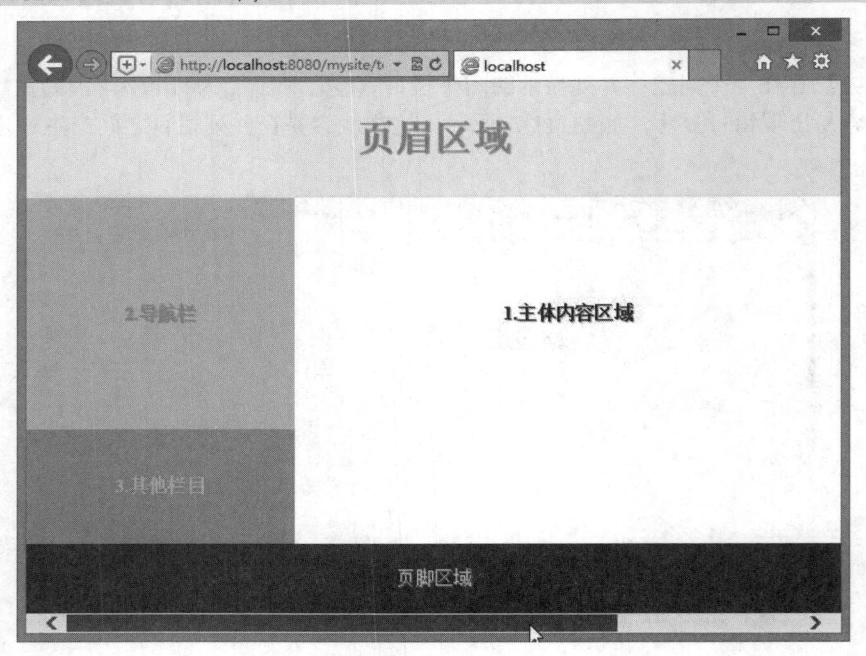

图 11.8　显示滚动条

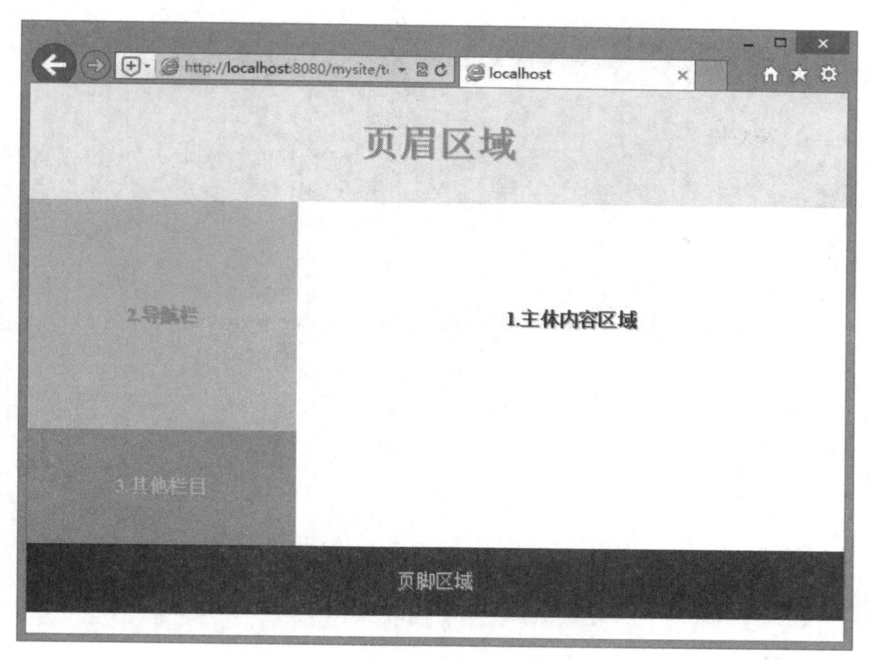

图 11.9　隐藏滚动条

11.3.2　固宽版式

扫一扫，看视频

固宽版式就是网页宽度设置为像素，这样在不同屏幕或设备下网页都呈现相同的宽度，其内各个栏目的宽度即使使用百分比或者 em，由于网页总宽度是固定的，故栏目宽度也是固定的。在固宽版式网页中，建议各个栏目宽度全部使用像素，这样设计会更精确。

本例设计两列均固定宽度显示，因为每列宽度固定，需要考虑的关系就简单得多。示例设计网页包含框（<div id="container">）宽度固定，栏目之间以固定宽度并列浮动显示，版式示意如图 11.10 所示。

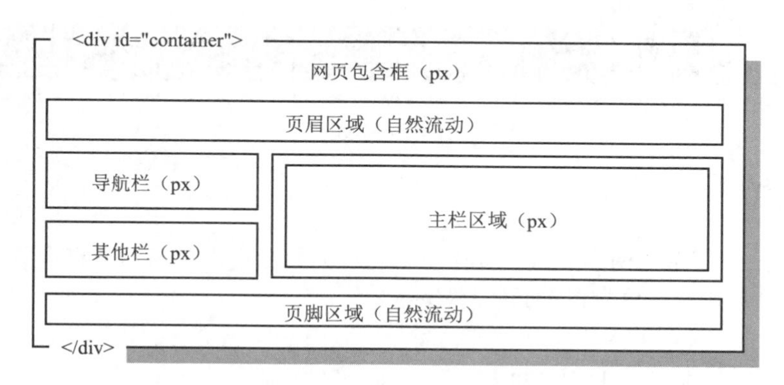

图 11.10　版式结构示意图

【操作步骤】

第 1 步：新建网页，保存为 test.html。复制上节示例的 HTML 结构代码，以及内部样式表中 CSS 基本样式和修饰样式代码（非布局代码）。

第 2 步：在内部样式表中输入以下 CSS 布局代码。

```
div#container {
```

```
    width:1024px;                                   /* 固定网页宽度 */
    margin:0 auto                                   /* 网页居中对齐 */
}
div#content {
    float:right;                                    /* 主栏向右浮动 */
    width:724px                                     /* 固定宽度 */
}
div#navigation {
    float:left;                                     /* 导航栏向左浮动 */
    width:300px                                     /* 固定宽度 */
}
div#extra {
    float:left;                                     /* 其他栏向左浮动 */
    clear:left;                                     /* 清除左侧浮动 */
    width:300px                                     /* 固定宽度 */
}
div#footer {
    clear:both;                                     /* 清除左右浮动 */
    width:100%                                      /* 固定宽度 */
}
```

第 3 步：在浏览器中预览，效果如图 11.11 所示。

图 11.11　版式设计效果

扫一扫，看视频

11.3.3　混合版式

本节示例设计一个简单的两列版式，其中主栏宽度为百分比，以自适应页面宽度显示，辅栏（导航栏和其他栏目）宽度固定，停靠在页面一侧显示。

【操作步骤】

第 1 步：新建网页，保存为 test1.html。

第 2 步：在<body>标签中输入下面的基本结构代码。

```
<div id="container">
    <div id="header">
        <h1>页眉区域</h1>
    </div>
    <div id="wrapper">
        <div id="content">
```

```
            <p><strong>1.主体内容区域</strong></p>
        </div>
    </div>
    <div id="navigation">
        <p><strong>2.导航栏</strong></p>
    </div>
    <div id="extra">
        <p><strong>3.其他栏目</strong></p>
    </div>
    <div id="footer">
        <p>页脚区域</p>
    </div>
</div>
```

第 3 步：梳理设计思路。设置导航栏<div id="navigation">与其他栏目<div id="extra">堆叠为一列，固定宽度显示在右侧；设置主栏目<div id="content">以自适应宽度显示在左侧，设计示意图如图 11.12 所示。

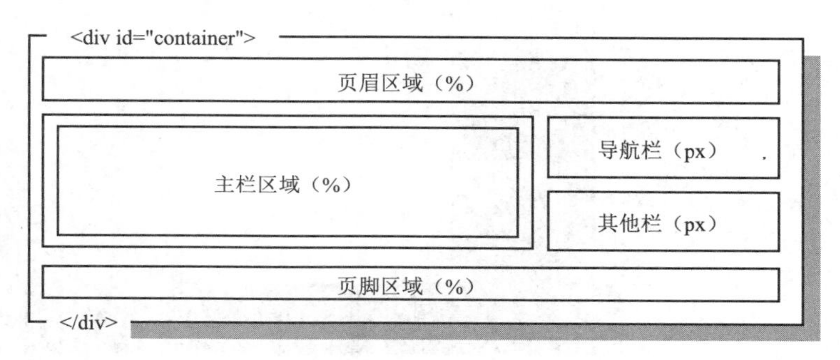

图 11.12　版式设计示意图

如果完全使用浮动技术来设计主栏自适应宽度、侧栏固定宽度的版式会存在很大难度，因为百分比宽度是弹性的，让一个不固定宽度的栏目与一个固定宽度的栏目同时显示在一行内，仅采用简单浮动方法是不行的。

第 4 步：设计主栏外框（<div id="wrapper">）宽度为 100%，则它的实际宽度为网页宽度，这样会把右侧栏目挤到下一行显示。因此，再为主栏外框（<div id="wrapper">）设置左外边距为负值强迫栏目偏移出一列的空间，然后把这个挤出的区域留给右侧浮动的固定宽度的侧栏，从而实现并列显示的目的。

第 5 步：当左外边距取负值时，会把主栏部分内容拉出窗口外显示，因此在子包含框（<div id="content">）中设置左外边距为父包含框（<div id="wrapper">）的左外边距的负值，这样就可以把主栏内容控制在浏览器的显示区域。如果我们临时定义 body 的 padding-left 为 240px，可以清楚看出挤出效果，如图 11.13 所示。

第 6 步：这种版式的 CSS 布局样式代码如下，演示效果如图 11.14 所示。

```
div#wrapper {/* 主栏外框 */
    float:left;                                  /* 向左浮动 */
    width:100%;                                  /* 弹性宽度 */
    margin-left:-200px                           /* 左侧外边距，负值向左缩进 */
}
div#content {/* 主栏内框 */
    margin-left:200px                            /* 左侧外边距，正值填充缩进 */
}
div#navigation {/* 导航栏 */
```

```
    float:right;                                    /* 向右浮动 */
    width:200px                                     /* 固定宽度 */
}
div#extra {/* 其他栏 */
    float:right;                                    /* 向右浮动 */
    clear:right;                                    /* 清除右侧浮动，避免同行显示 */
    width:200px                                     /* 固定宽度 */
}
div#footer {/* 页眉区域 */
    clear:both;                                     /* 清除两侧浮动，强迫外框撑起 */
    width:100%                                      /* 宽度 */
}
```

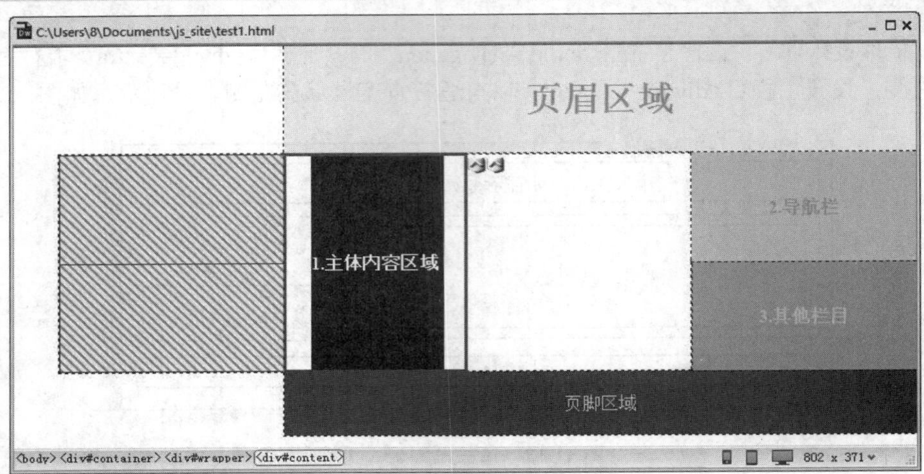

图 11.13　挤出内容被拉回显示示意图

图 11.14　主栏弹性+辅栏固宽的版式效果

拓展：

下面的示例设计导航栏以固定宽度显示在左侧，主栏以弹性方式显示在右侧，以实现主栏自适应页面宽度的变化，而其他栏目、页脚区域显示在页面底部，版式示意如图 11.15 所示。

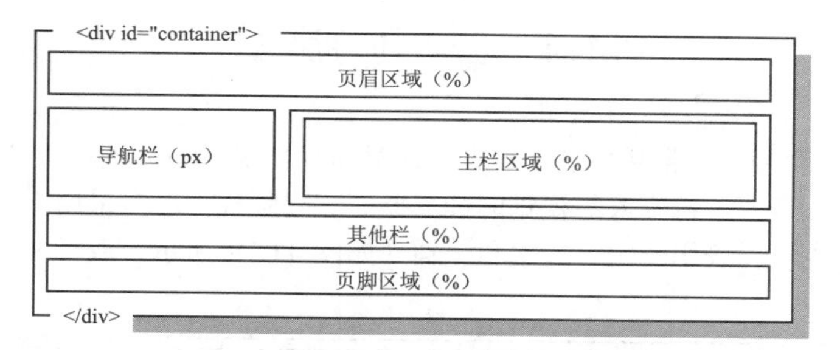

图 11.15　版式示意图

【操作步骤】

第 1 步：新建网页，保存为 test2.html。复制上面示例的 HTML 结构代码，以及内部样式表中 CSS 基本样式和修饰样式代码（非布局代码）。

第 2 步：设置主栏（<div id="wrapper">）宽度为 100%，让它满屏显示；设置子包含框（<div id="content">）左侧外边距为 200 像素，预留出一块区域。

```
div#wrapper {/* 主栏外包含框 */
    float:left;                                    /* 向左浮动 */
    width:100%                                     /* 满屏宽度 */
}
div#content {/* 主栏内包含框 */
    margin-left:200px                              /* 左侧外边距，预留空间 */
}
```

第 3 步：定义导航栏（<div id="navigation">）margin-left 为-100%，强制其从右侧（被挤到窗口外）移动到主栏左侧的预留区域内显示。

```
div#navigation {/* 导航栏 */
    float:left;                                    /* 向左浮动 */
    width:200px; /* 固定宽度，保持与主栏左侧的预留区域的宽度一致 */
    margin-left:-100% /* 通过左外边距取负值，向左强制移动到主栏左侧的预留区域 */
}
```

第 4 步：为其他栏目（<div id="extra">）定义 clear:left;，避免其环绕浮动栏目显示。

```
div#extra {/* 其他栏 */
    clear:left;                                    /* 清除左浮动 */
    width:100%                                     /* 固定宽度 */
}
```

第 5 步：在浏览器中预览，效果如图 11.16 所示。

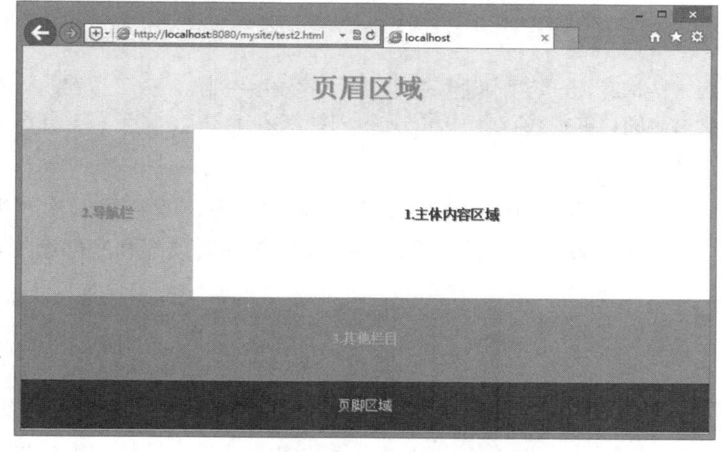

图 11.16　导航固宽+主栏弹性版式效果

11.4 三列版式

三列版式是企业、商业网站常用的布局方式，这类布局能够在有限的版面内呈现更多的信息量，网页整体结构显得大方、开阔，符合人的视觉阅读需要。三列版式一般多采用一主两辅的版式进行布局（如图 11.17 所示），也可以采用一主、一次和一辅（如图 11.18 所示）或者两主一辅（如图 11.19 所示）的形式排版网页内容。

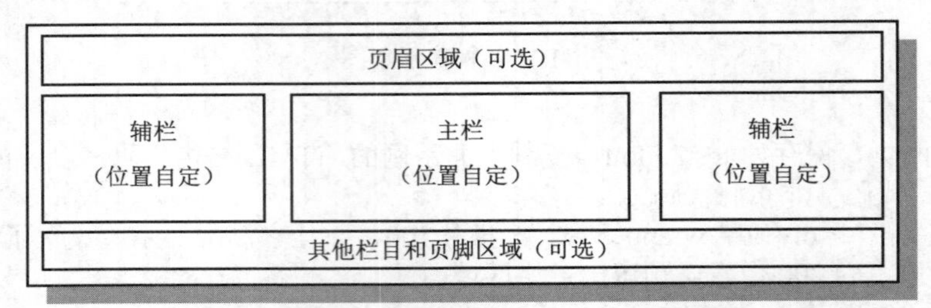

图 11.17　一主两辅的版式结构示意图

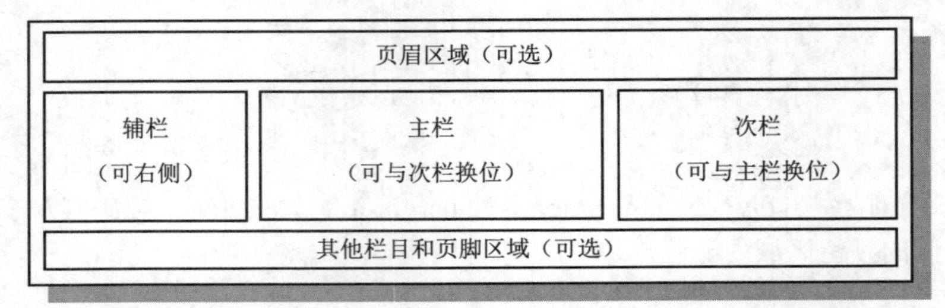

图 11.18　一主、一次和一辅的版式结构示意图

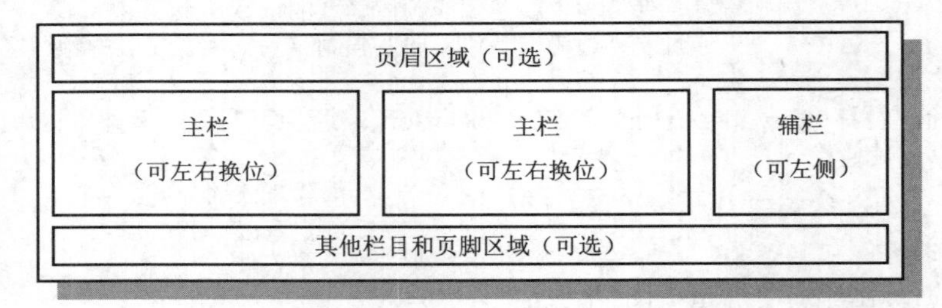

图 11.19　两主一辅的版式结构示意图

注意：

当选用两主一辅的版式结构时，一定要慎重，因为当两个主栏并列显示时，很容易让浏览者产生无所适从的感觉，在同一时刻会影响阅读的视线。此时不妨通过内容来区分主次，如一列是详细内容，另一列是信息列表等。

在一主、一次和一辅的版式结构中，主栏显示网页重要信息，次栏显示次要提示性信息，或者重要信息列表，辅栏提供功能性的服务，有时也可以根据需要在网页顶部和底部增加页眉和页脚，甚至还可以扩展其他栏目。

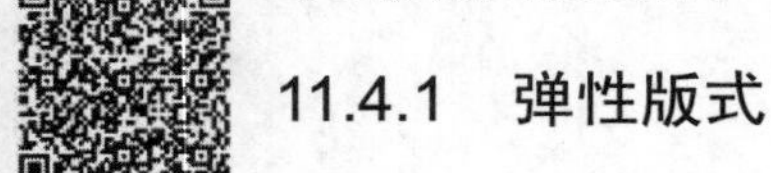

11.4.1 弹性版式

本例设计三栏宽度都为百分比，并能弹性适应网页宽度的变化。本例继续沿用上一节的模板结构，通过浮动布局的方法，以百分比为单位来设置栏目的宽度，版式结构示意如图 11.20 所示。

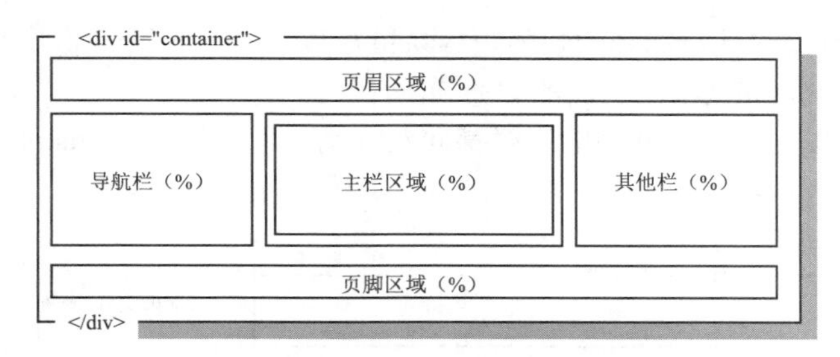

图 11.20 三列弹性版式结构示意图

【操作步骤】

第 1 步：新建网页，保存为 test1.html。复制上节示例的 HTML 结构代码，以及内部样式表中 CSS 基本样式和修饰样式代码（非布局代码）。

第 2 步：在内部样式表中输入以下 CSS 布局代码。设计<div id="wrapper">宽度为 50%，向左浮动；同时设置<div id="navigation">和<div id="extra">宽度为 25%，向左浮动，确保三列总宽度不超过 100%即可。详细 CSS 布局代码如下。

```
div#wrapper { /* 主栏基本样式 */
    float:left;                          /* 向左浮动 */
    width:50%                            /* 百分比宽度 */
}
div#navigation { /* 导航栏基本样式 */
    float:left;                          /* 向左浮动 */
    width:25%;                           /* 百分比宽度 */
}
div#extra { /* 其他栏基本样式 */
    float:left;                          /* 向左浮动 */
    width:25%;                           /* 百分比宽度 */
}
```

第 3 步：为了避免下面的<div id="footer">栏目环绕浮动栏目显示，为其定义 clear:both;样式，强制换行显示。

```
div#footer {
    clear:both;                          /* 清除左右浮动 */
    width:100%                           /* 满屏显示 */
}
```

第 4 步：保存文档，在浏览器中预览，则设计效果如图 11.21 所示。

图 11.21 三列弹性版式布局效果 1

第 5 步：前面曾经介绍过这种布局的缺陷是容易错行显示。下面我们采用负 margin 的方式进行设计，另存 test1.html 为 test2.html，清除上面的 CSS 布局代码。

第 6 步：梳理设计思路。设计并列的三栏都向左浮动，然后通过负 margin 来定位每列的显示位置，设计示意如图 11.22 所示。

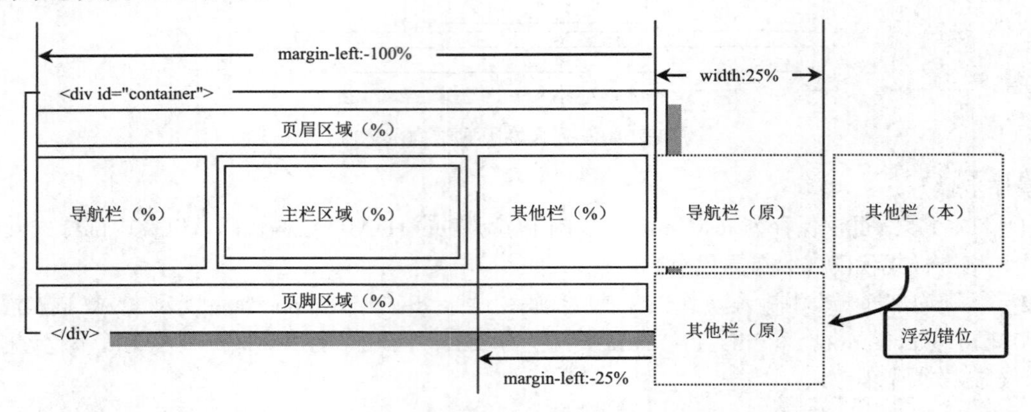

图 11.22　版式布局示意图

由于其他栏目（<div id="extra">）在不受外界影响的情况下会浮动在导航栏（<div id="navigation">）的右侧，但是由于并列浮动的总宽度超出了窗口宽度，就会发生错位现象。如果在没有负 margin 的作用，则会错行显示在下一行，所以通过外边距取负值，强迫它们显示在同一行内。

第 7 步：根据上面的设计思路，输入以下 CSS 布局代码。

```
div#wrapper { /* 主栏外包含框基本样式 */
   float:left;                          /* 向左浮动 */
   width:100%                           /* 百分比宽度 */
}
div#content {/* 主栏内包含框基本样式 */
   margin: 0 25%                        /* 在左右两侧预留侧栏空间 */
}
div#navigation {/* 导航栏基本样式 */
   float:left;                          /* 向左浮动 */
   width:25%;                           /* 百分比宽度 */
   margin-left:-100%                    /* 左外边距取负值进行定位 */
}
div#extra {/* 其他栏基本样式 */
   float:left;                          /* 向左浮动 */
   width:25%;                           /* 百分比宽度 */
   margin-left:-25%                     /* 左外边距取负值进行定位 */
}
div#footer {/* 页脚包含框样式 */
   clear:left;                          /* 清除左右浮动 */
   width:100%                           /* 百分比宽度 */
}
```

第 8 步：保存文档，在浏览器中预览，则显示效果如图 11.23 所示。

图 11.23　三列弹性版式布局效果 2

第 9 步：另存 test2.html 为 test3.html。套用上面的设计思路，设置侧栏负边距为其他值，则可以设置不同的版式效果。例如，设置主栏右侧外边距为 50%，定义导航栏左外边距为-50%，修改局部 CSS 布局代码如下。

```
div#content {/* 主栏内包含框基本样式 */
    margin-right: 50%                    /* 右侧外边距 */
}
div#navigation {/* 导航栏包含框样式 */
    float:left;                          /* 向左浮动 */
    width:25%;                           /* 百分比宽度 */
    margin-left:-50%                     /* 左侧负边距 */
}
```

第 10 步：保存文档，在浏览器中预览，则显示如图 11.24 所示效果。

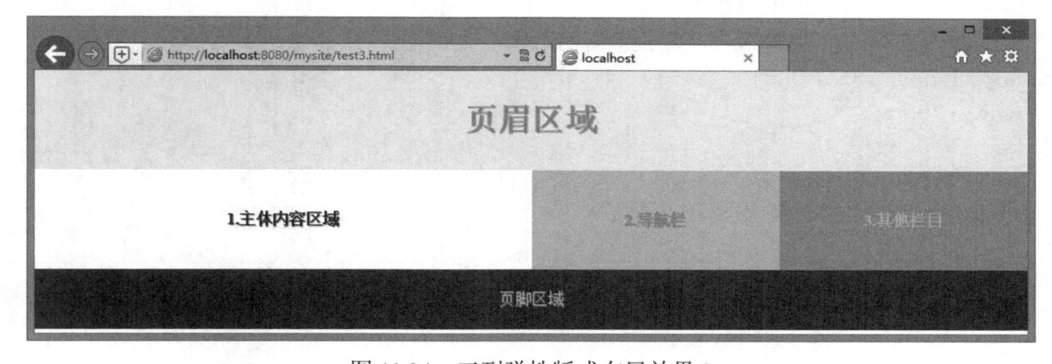

图 11.24　三列弹性版式布局效果 3

第 11 步：另存 test3.html 为 test4.html。修改 CSS 布局代码，把主栏包含框的左外边距设置为 50%，通过负 margin 让导航栏包含框向左移动 75%的距离，而让其他栏目移动 100%的距离。修改的 CSS 布局代码如下。

```
div#content {/* 主栏内包含框基本样式 */
    margin-left: 50%                            /* 左侧外边距 */
}
div#navigation {/* 导航栏包含框基本样式 */
    float:left;                                 /* 向左浮动 */
    width:25%;                                  /* 百分比宽度 */
    margin-left:-75%                            /* 左侧负边距 */
}
```

```
div#extra {/* 其他栏包含框的基本样式 */
    float:left;                                  /* 向左浮动 */
    width:25%;                                   /* 百分比宽度 */
    margin-left:-100%                            /* 左侧负边距 */
}
```

第 12 步：保存文档，在浏览器中预览，则显示如图 11.25 所示效果。

图 11.25　三列弹性版式布局效果 4

扫一扫，看视频

11.4.2　固宽版式

为每列设置一个固定宽度的布局比较简单，本节示例将介绍另一种新颖的设计方法。

【操作步骤】

第 1 步：新建网页，保存为 test1.html。复制上节示例的 HTML 结构代码，以及内部样式表中 CSS 基本样式和修饰样式代码（非布局代码）。

第 2 步：在内部样式表中输入以下 CSS 布局代码。

```
div#container {/* 固定网页宽度 */
    width:700px;
    margin:0 auto
}
div#wrapper {/* 主栏外包含框基本样式 */
    float:left;                                  /* 向左浮动 */
    width:100%                                   /* 百分比宽度 */
}
div#content {/* 主栏内包含框基本样式 */
    margin: 0 150px                              /* 通过外边距预留侧栏空间 */
}
div#navigation {/* 导航栏包含框基本样式 */
    float:left;                                  /* 向左浮动 */
    width:150px;                                 /* 固定宽度 */
    margin-left:-700px                           /* 负 margin 值向左移动 */
}
div#extra {/* 其他栏包含框基本样式 */
    float:left;                                  /* 向左浮动 */
    width:150px;                                 /* 固定宽度 */
    margin-left:-150px                           /* 负 margin 值向左移动*/
}
```

```
div#footer {/* 错行显示 */
    clear:left;
    width:100%
}
```

第 3 步：保存文档，在浏览器中预览，则显示如图 11.26 所示效果。

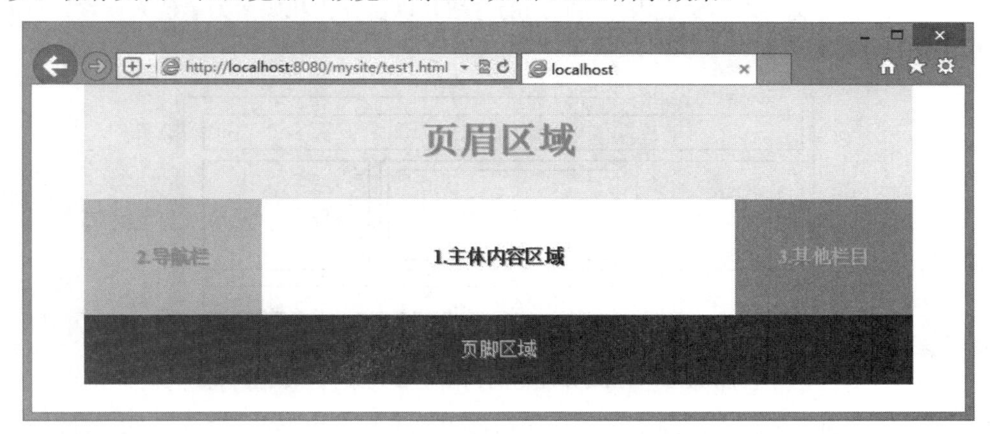

图 11.26　固定宽度版式布局效果 1

第 4 步：另存 test1.html 为 test2.html，分别改写如下 CSS 布局样式的属性值，可以看到另一种布局效果，如图 11.27 所示。

```
div#content {/* 主栏内包含框基本样式 */
    margin-left: 300px                      /* 通过外边距预留侧栏空间 */
}
div#navigation {/* 导航栏包含框基本样式 */
    margin-left:-700px                      /*负 margin 值向左移动*/
}
div#extra {/* 其他栏包含框基本样式 */
    margin-left:-550px                      /*负 margin 值向左移动*/
}
```

图 11.27　固定宽度版式布局效果 2

11.4.3　混合版式

扫一扫，看视频

单纯的弹性或者固定版式相对来说都比较好控制，但是如果要设计一列弹性、另两列固定的版式可能就比较麻烦。本节示例介绍如何使用负 margin 来实现这样的版式。

【操作步骤】

第 1 步：新建网页，保存为 test1.html。复制上节示例的 HTML 结构代码，以及内部样式表中 CSS 基本样式和修饰样式代码（非布局代码）。

第 2 步：梳理设计思路。本例使用浮动布局的方法，以百分比和像素为单位来设置栏目的宽度，版式结构示意图如图 11.28 所示。

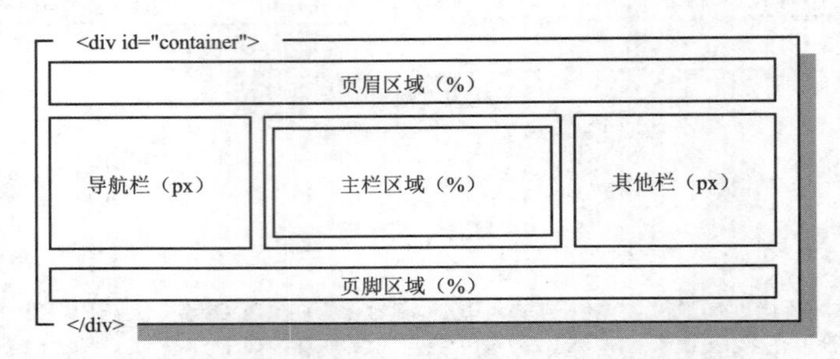

图 11.28　一列弹性、两列固定版式结构示意图

如果定义导航栏和其他栏宽度固定，不妨选用像素为单位，对于主栏则可以采用百分比为单位，然后通过负 margin 来定位每列的显示位置。布局示意图如图 11.29 所示。

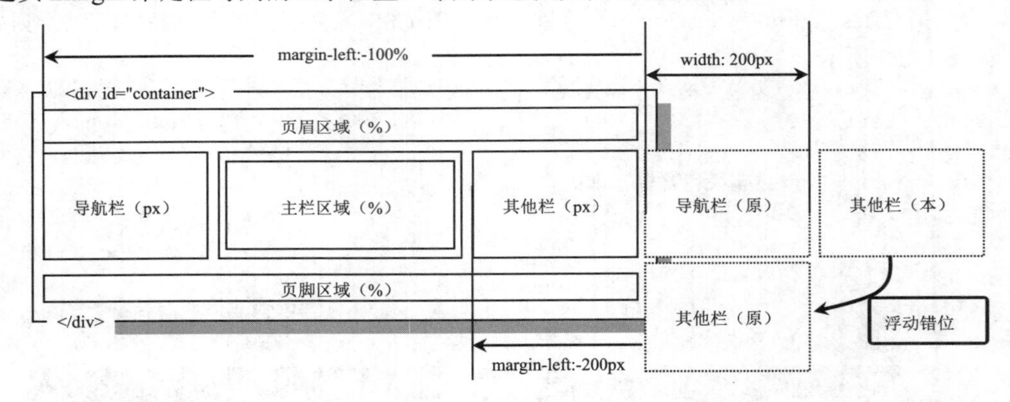

图 11.29　一列弹性、两列固定版式布局示意图

注意：

由于其他栏目在不受外界影响的情况下会浮动在导航栏的右侧，但由于并列浮动的总宽度超出了窗口宽度，就会发生错行现象。如果没有负 margin 的影响，则会显示在第 2 行的位置，通过将 margin 取负值，强迫它们显示在主栏区域两侧。

第 3 步：在内部样式表中输入以下 CSS 布局代码。

```
div#wrapper { /* 主栏外包含框基本样式 */
    float:left;                         /* 向左浮动 */
    width:100%                          /* 百分比宽度 */
}
div#content {/* 主栏内包含框基本样式 */
    margin: 0 200px                     /* 在左右两侧预留侧栏空间 */
}
div#navigation {/* 导航栏基本样式 */
    float:left;                         /* 向左浮动 */
```

```
    width:200px;                          /* 固定宽度 */
    margin-left:-100%                     /* 左外边距取负值进行定位 */
}
div#extra {/* 其他栏基本样式 */
    float:left;                           /* 向左浮动 */
    width:200px;                          /* 固定宽度 */
    margin-left:-200px                    /* 左外边距取负值进行定位 */
}
div#footer {
    clear:left;
    width:100%
}
```

第 4 步：保存文档，在浏览器中预览，则一列弹性两列固定宽度的版式布局效果如图 11.30 所示。

图 11.30　一列弹性、两列固宽布局效果 1

第 5 步：另存 test1.html 为 test2.html。修改 CSS 布局代码，分别调整侧栏和主栏的 margin 值，会得到如图 11.31 所示效果。

```
div#content { /* 主栏外包含框基本样式 */
    margin-right: 400px                          /* 通过左右外边距预留侧栏空间 */
}
div#navigation {/* 导航栏基本样式 */
    margin-left:-200px                           /*左外边距取负值进行精确定位*/
}
div#extra {/* 其他栏基本样式 */
    margin-left:-400px                           /*左外边距取负值进行精确定位*/
}
```

图 11.31　一列弹性、两列固宽布局效果 2

📖 拓展：

当设计双主题页面或者两列栏目都很重要的页面时，使用两列弹性一列固宽版式进行布局会让页面更具灵活性。下面通过示例介绍这种版式的实现方法。

☞ 设计思路：

首先，定义主栏外包含框宽度为 100％，占据整个窗口。然后，通过左右外边距来定义两侧空白区域，预留给侧栏使用。在设计外边距时，一侧采用百分比为单位，另一侧采用像素为单位，这样就可以设计出两列宽度是弹性的，另一列是固定的。最后，再通过负 margin 来定位侧栏的显示位置。

CSS 布局代码如下：

```
div#wrapper {/* 主栏外包含框基本样式 */
    float:left;                                   /* 向左浮动 */
    width:100%                                    /* 百分比宽度 */
}
div#content {/* 主栏内包含框基本样式 */
    margin: 0 33% 0 200px          /* 定义左右两侧外边距，注意不同的取值单位 */
}
div#navigation {/* 导航栏包含框基本样式 */
    float:left;                                   /* 向左浮动 */
    width:200px;                                  /* 固定宽度 */
    margin-left:-100%                             /*左外边距取负值进行精确定位*/
}
div#extra {/* 其他栏包含框基本样式 */
    float:left;                                   /* 向左浮动 */
    width:33%;                                    /* 百分比宽度 */
    margin-left:-33%                              /*左外边距取负值进行精确定位*/
}
```

设计的版式效果如图 11.32 所示（test3.html）。

图 11.32　两列弹性、一列固宽布局效果 1

也可以让主栏取负 margin 进行定位，其他栏目自然浮动。例如，修改其中的 CSS 布局代码，让主栏外包含框向左取负值偏移 25%的宽度，也就是隐藏主栏外框左侧 25%的宽度，然后通过内框来调整包含内容的显示位置，使其显示在窗口内，最后定义导航栏左外边距取负值覆盖在主栏的右侧外边距区域上，其他栏目自然浮动在主栏右侧即可。

CSS 布局代码如下：

```
div#wrapper {/* 主栏外包含框基本样式 */
    margin-left:-25%                              /*左外边距取负值进行精确定位*/
```

```
}
div#content {/* 主栏内包含框基本样式 */
    margin: 0 200px 0 25%    /* 定义左右两侧外边距，注意不同的取值单位 */
}
div#navigation {/* 导航栏包含框基本样式 */
    margin-left:-200px                              /*左外边距取负值进行精确定位*/
}
div#extra {/* 其他栏包含框基本样式 */
    width:25%                                       /* 百分比宽度 */
}
```

设计的版式效果如图 11.33 所示（test4.html）。

图 11.33　两列弹性、一列固宽布局效果 2

其中中间导航栏的宽度是固定的，主栏和其他栏为弹性宽度显示，如果调整每个栏目外边距的取值单位，还可以定义更多的版式效果。

11.4.4　多列等高

当网页内容依赖服务器或 JavaScript 脚本动态生成时，不管是两列版式，还是三列版式，多列之间都可能会出现高度不一、参差不齐的现象，这是无法预控的，因此也会影响网页的最终视觉效果。解决多列不等高问题的方法有多种，如伪列布局法、纯 CSS 技巧法、JavaScript 脚本控制等。本节示例将使用负 margin 技术来解决这个问题。

【操作步骤】

第 1 步：新建网页，保存为 test.html。在<body>标签内输入以下 HTML 代码，构建网页结构。

```
<div id="container">
    <div id="header">
        <h1>页眉区域</h1>
    </div>
    <div id="main">
        <div id="wrap">
            <div id="mid">
                <p><strong>1.主栏</strong></p>
            </div>
            <div id="left">
                <p><strong>2.左栏</strong></p>
            </div>
        </div>
        <div id="right">
```

```
        <p><strong>3.右栏</strong></p>
      </div>
    </div>
    <div id="footer">
      <p>页脚区域</p>
    </div>
</div>
```

整个页面被装在一个包含框中（<div id="container">），内部包含三部分，从上到下分别是页眉区域（<div id="header">）、主题区域（<div id="main">）和页脚区域（<div id="footer">）。为了能够实现主栏居中、左栏居左、右栏靠右的设计目的，这里使用了一个夹层（<div id="wrap">），目的是实现中栏与左栏的布局位置互换。

第 2 步：在<head>标签内添加<style type="text/css">标签，定义一个内部样式表，然后引入上节示例的模板样式。

第 3 步：在内部样式表中输入以下 CSS 代码，设计包含框（<div id="wrap">）向左浮动，再设计主栏向右浮动，左栏向左浮动，右栏靠右对齐，布局示意如图 11.34 所示。

```
#wrap {/*包含框样式 */
    float: left;                          /* 向左浮动 */
    width: 628px;                         /*包含框宽度 */
}
#left {/* 左栏样式 */
    float: left;                          /* 向左浮动 */
    margin: 0;                            /* 外边距为 0 */
    width: 140px;                         /* 左栏宽度 */
}
#mid {/* 中栏样式 */
    float: right;                         /* 向右浮动 */
    margin-left: 10px;                    /* 左侧外边距 */
    width: 478px;                         /* 中栏宽度 */
}
#right {/* 右栏样式 */
    float: right;                         /* 向右浮动 */
    margin-left: 10px;                    /* 栏目左侧外边距 */
    width: 140px;                         /* 右栏宽度 */
}
```

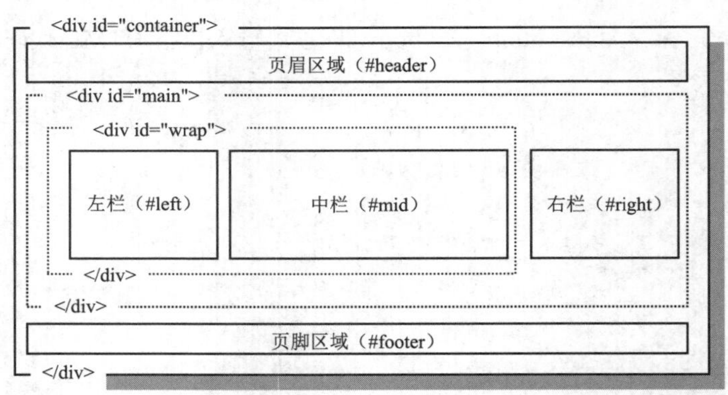

图 11.34　版式结构示意图

第 4 步：设置左栏、中栏和右栏的底部内边距为一个非常大的值，强迫每个栏目无限向下延伸，这样不管三列栏目的内容是否对齐，由于它们的内边距无限大，所以栏目的背景色都自动跟随到下面，在有限的屏幕内给人的错觉就是每个栏目都是等高的。但是当三列底部内边距变得无限大的时候，会把页脚区域推到无穷低的地方，相当于隐藏了页脚区域。这时如果要预览页脚区域，需要拖动滚动条很长时间，才能够看到底部区域，如图 11.35 所示。

```
#wrap, #left, #mid, #right {/* 核心样式，栏目的无穷大内边距和无穷大负外边距 */
    padding-bottom: 9999px;                    /* 底部无穷大正内边距 */
}
```

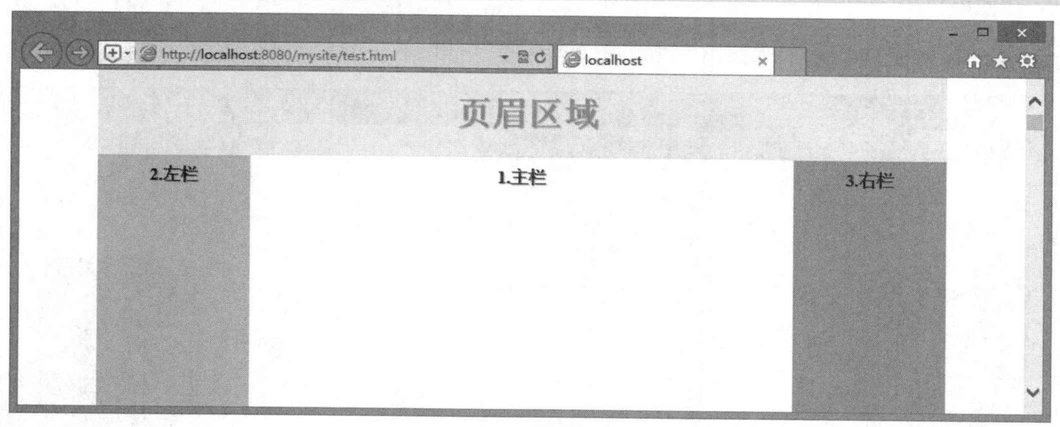

图 11.35　向底部撑开包含框

第 5 步：再设置左栏、中栏和右栏的底部外边距为一个无穷大的负值，该无穷大的负值与设置的无穷大的底部内边距正值相同，这样就等于把多出的内边距给隐藏起来了。

```
#wrap, #left, #mid, #right {/* 核心样式，栏目的无穷大内边距和无穷大负外边距 */
    margin-bottom: -9999px;                    /* 底部无穷大负外边距 */
}
```

第 6 步：定义包含框隐藏多出的内容（#main {overflow: hidden;}），这样当某个栏目的内容很多时，会自动撑开包含框（<div id="main">），而当包含框被撑开之后，其他两个栏目的高度也会随之伸展。

```
#main {/* 主体包含框样式 */
    overflow: hidden;                          /* 隐藏多余的空间 */
}
```

第 7 步：保存文档，在浏览器中预览，则显示效果如图 11.36 所示。

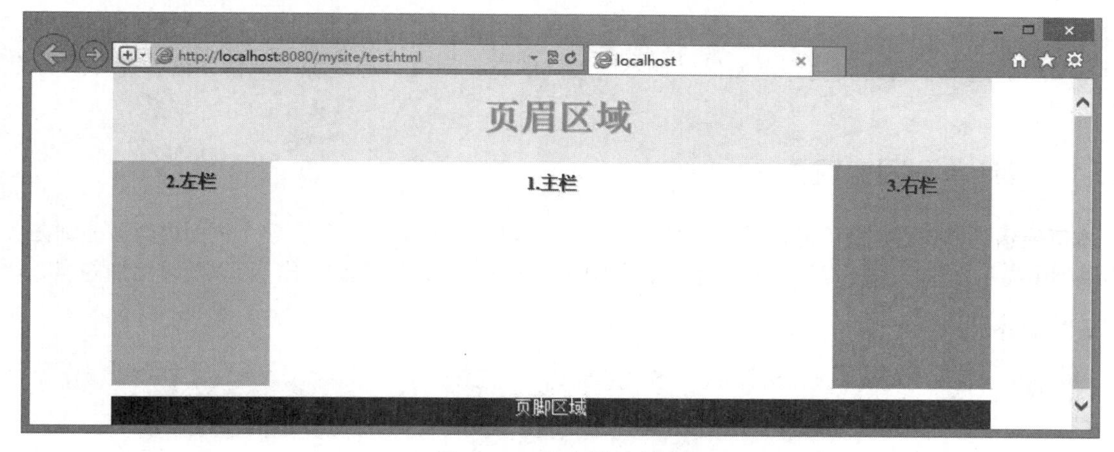

图 11.36　初步设计效果

图 11.36 显示页脚栏目与中间栏目之间产生一条缝隙，这是由于超大边距值所造成的。解决方法：设置页脚区域<div id="footer">的顶部外边距为一个负值，这样可以通过强迫上移页脚区域上边距来掩盖这条空隙。

第 8 步：设计在非 IE 怪异模式下，<div id="footer">上外边距的取值为负，以避免在 IE 怪异模式下出现上移而覆盖主要栏目内容的问题。

```
html>/**/body  div#footer {/* 支持非 IE 怪异模式*/
   margin-top:-10px;                              /* 底部负外边距 */
}
```

第 9 步：保存文档，在浏览器中预览，则显示效果如图 11.37 所示。

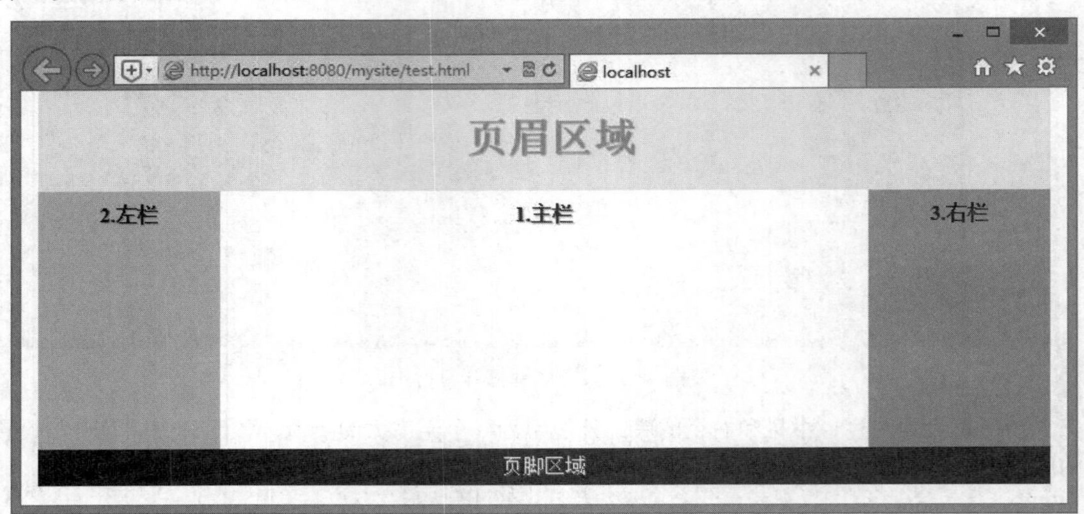

图 11.37　兼容标准模式下浏览器的显示效果

提示：

也可以设置<div id="main">包含框浮动显示，由于该元素浮动显示，则它自动收缩包含其内容，这样页脚元素<div id="footer">就能够自动贴近该浮动元素。

11.5　实战案例

本节将通过多个网站案例介绍如何设计不同版式的完整网页，通过练习，帮助读者提升网页版式设计的实战能力。

扫一扫，看视频

11.5.1　设计单列固宽网页

本例展示了单列固定宽度布局的设计过程和方法，效果如图 11.38 所示。整个页面内容被控制在一个狭长的单列中显示，这样的版式效果很适合开账单似的网页内容，其可扩张性强，可以随时增加内容。

设计思路：

禅意花园的基本结构由一个外包含框和三个内嵌结构模块组成，整个结构的设计思路如图 11.39 所示。

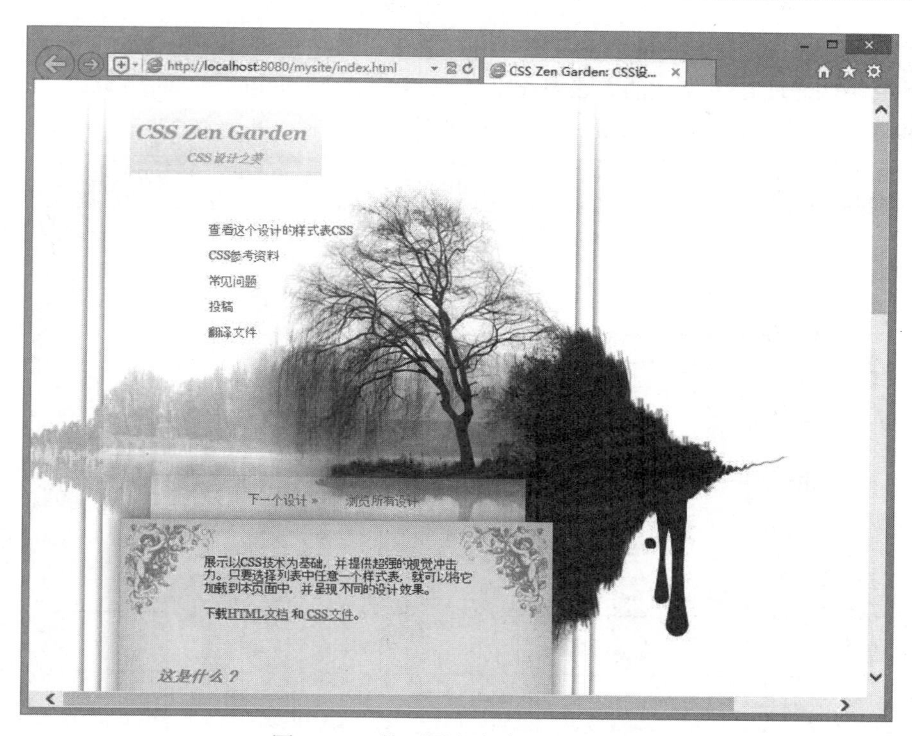

图 11.38　单列固定宽度网页效果图

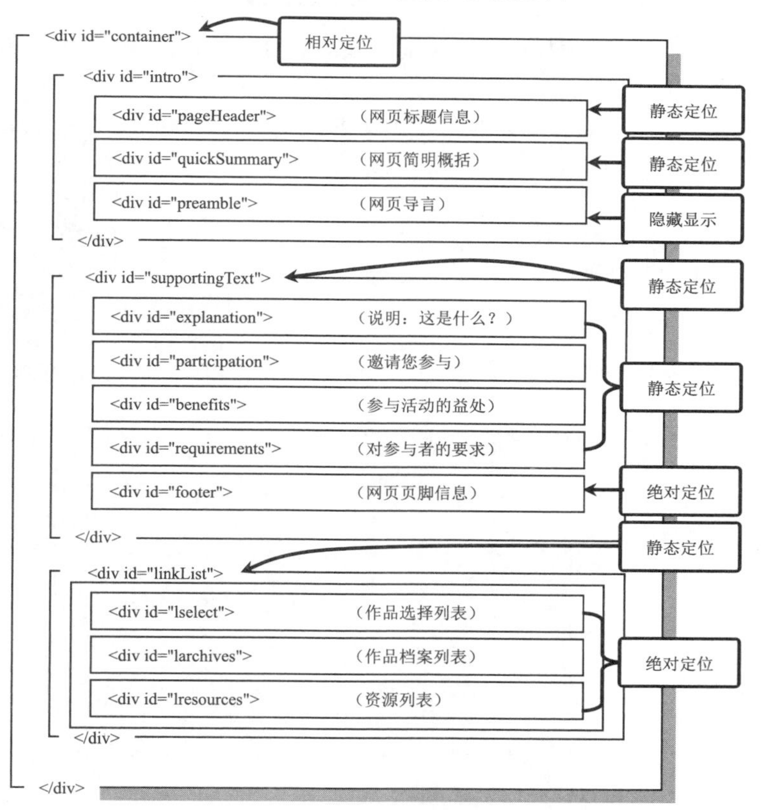

图 11.39　江南水乡意象画网页布局的结构定位思路

定义网页包含框（<div id="container">）为相对定位，并把它设计为定位包含框。然后隐藏<div id="preamble">模块，通过 CSS 定位的方法把<div id="lresources">和<div id="larchives">置于头部区域显示，如图 11.40 所示，其中蓝色粗线框为绝对定位的对象。

图 11.40　绝对定位到网页头部区域的页脚对象内容效果

使用绝对定位的方式把作品列表模块（<div id="lselect">）与网页页脚模块（<div id="footer">）交换位置，操作示意如图 11.41 所示。

理清基本设计思路之后，下面介绍如何具体实现本实例版式效果。本节将重点讲解基本框架的布局，详细细节就不再涉及，读者可以参考本书资源包实例。

【操作步骤】

第 1 步：定义网页定位包含框。这一步很重要，它为后期的绝对定位奠定了基础。

```
#container {/* 网页包含框 */
    position:relative;                          /* 相对定位，定义定位包含框 */
}
```

第 2 步：设计网页头部区域的样式。在这里把上一个案例中的前三个版块合并到这里，并分别应用到不同的结构中。

```
#pageHeader { /* 原案例中的第一版块样式 */
    height: 399px;                              /* 固定高度 */
    width: 741px;                               /* 固定宽度 */
    background-image: url(main.jpg);            /* 背景图像 */
    background-repeat: no-repeat;               /* 禁止背景图像平铺 */
}
#quickSummary { /* 原案例中的第三版块样式 */
    height: 135px;                              /* 固定高度 */
    width: 741px;                               /* 固定宽度 */
    background-image: url(top_content.jpg); /* 背景图像 */
    background-repeat: no-repeat;               /* 禁止背景图像平铺 */
}
```

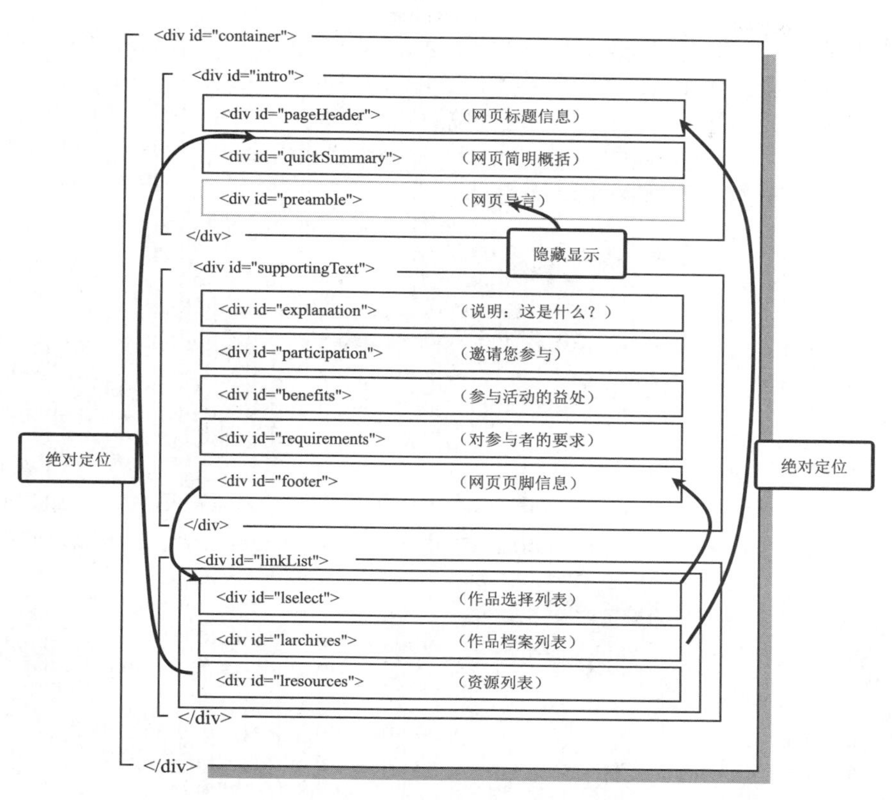

图 11.41　网页结构定位操作示意图

第 3 步：为了给页脚区域的对象内容绝对定位头部区域预留空间，这里通过增加外边距的方法来实现，如图 11.42 所示。

图 11.42　为绝对定位元素预留空间

```
#pageHeader { /* 为绝对定位元素预留空间 */
    margin-bottom:43px;                        /* 增加底部外边距 */
}
```

为什么不直接把绝对定位元素层叠在<div id="pageHeader">元素上面？这是因为绝对定位元素本身还需要负责定义网页的背景图像，也就是原案例中的第二版块的背景图像。

第 4 步：设置兼容不同浏览器的第三模块区域的显示文本。由于第三版本中的文本在不同浏览器中会出现显示位置差异，需要使用兼容技术来协调 IE 怪异模式和标准模式浏览器的显示样式。

```
#quickSummary p {     /* 兼容 IE 怪异模式 */
    margin-top:24px;                    /* 增加顶部外边距 */
    margin-left:170px;                  /* 增加左侧外边距*/
    margin-right:300px;                 /* 增加右侧外边距 */
}
html>/**/body #quickSummary p {         /* 兼容标准浏览器 */
    position:relative;                  /* 相对定位 */
    top:30px;                           /* 向下错移文本显示位置 */
    margin-top:0;                       /* 清除默认定义的顶部外边距*/
}
```

第 5 步：定义<div id="pageHeader">元素区域内的绝对定位元素。在第 3 步中通过底部外边距预留了一条空余的区域，下面就把<div id="linkList">模块内的<div id="larchives">元素绝对定位到该预留区域。

```
#larchives { /* 原案例中的第二版块样式 */
    background-image: url(linkbar.jpg);     /* 增加背景图像 */
    height: 43px;                           /* 固定高度 */
    width: 741px;                           /* 固定宽度 */
    padding-top:16px;                       /* 增加顶部内边距 */
    padding-left:200px;                     /* 增加左侧内边距 */
    background-repeat: no-repeat;           /* 禁止背景图像平铺 */
    position:absolute;                      /* 绝对定位 */
    top:399px;                              /* 距离顶部距离 */
    left:0;                                 /* 距离左侧距离 */
}
```

同时隐藏<div id="pageHeader">元素包含的区块标题。

```
#larchives h3 {/* 隐藏标题显示 */
    display:none;
}
```

第 6 步：绝对定位<div id="lresources">元素显示在<div id="pageHeader">区域内，如图 11.43 所示。

```
#lresources {
    width:200px;                        /* 固定宽度 */
    padding-top:16px;                   /* 增加顶部内边距 */
    padding-left:100px;                 /* 增加左侧内边距 */
    position:absolute;                  /* 绝对定位 */
    top:120px;                          /* 距离顶部距离 */
    left:60px;                          /* 距离左侧距离 */
}
#lresources ul li {
    float:left;                         /* 向左浮动显示项目列表 */
    clear:left;                         /* 清除左侧浮动，实现垂直显示 */
    width:100%;                         /* 定义宽度 */
    line-height:26px;                   /* 定义行高 */
}
#lresources h3 {
    display:none;                       /* 隐藏标题显示 */
}
```

图 11.43 绝对定位元素

第 7 步：定义<div id="supportingText">元素的样式，该样式继承上一案例中<div id="main_ content">元素的样式。

```
#supportingText { /* 第四版块的样式 */
    width: 356px;                              /* 固定宽度 */
    background-image: url(body_tile.jpg);      /* 背景图像 */
    background-repeat: repeat-y;               /* 禁止背景图像平铺 */
    padding-left: 125px;                       /* 左侧内边距 */
    padding-right: 260px;                      /* 右侧内边距 */
}
```

第 8 步：再定义<div id="supportingText">元素所包含的子对象<div id="footer">为绝对定位显示，以脱离其与父元素<div id="supportingText">的联系，并固定显示在页面的底部。

```
#footer {
    text-align:center;                         /* 文本居中对齐 */
    position:absolute;                         /* 绝对定位显示 */
    bottom:20px;                               /* 距离定位包含框底部的距离 */
    left:0;                                    /* 距离定位包含框左侧的距离 */
    width: 356px;                              /* 固定宽度 */
    padding-left: 125px;                       /* 左侧内边距 */
    padding-right: 260px;                      /* 右侧内边距 */
}
```

第 9 步：把<div id="linkList">元素包含的<div id="lselect">元素通过绝对定位的方式提升到<div id="footer">元素原来的位置，即与它交换显示位置。

```
#lselect {
    position:absolute;                         /* 绝对定位 */
    bottom:60px;                               /* 距离定位包含框底部距离 */
    left:0;                                    /* 距离定位包含框左侧距离 */
    width: 356px;                              /* 固定宽度 */
    padding-left: 125px;                       /* 左侧内边距 */
    padding-right: 260px;                      /* 右侧内边距 */
}
```

11.5.2 设计单列弹性框架网页

扫一扫，看视频

本例尝试使用 CSS 技术设计一个框架页面，如图 11.44 所示。整个页面分为上下两部分，上半部分固定在窗口顶部不动，下半部分则能够随滚动条上下移动。

图 11.44　单列弹性框架网页效果

【操作步骤】

第 1 步：新建网页，保存为 index.html。

第 2 步：输入以下基本结构代码，设计框架结构。

```
<div id="banner">
    <!-- 顶部框架-->
</div>
<div id="maincontent">
   <div class="maintext">
      <!-- 底部框架-->
   </div>
</div>
```

整个网页由两个独立的<div>标签定义两个包含框。

第 3 步：在<head>标签内添加<style type="text/css">标签，定义一个内部样式表。

第 4 步：在内部样式表中输入以下 CSS 代码，设计顶部包含框禁止随滚动条滚动，定义下面的包含框显示滚动条，以实现在一个屏幕中显示所有网页信息，如图 11.45 所示。

```
body {/* 网页基本属性 */
   margin: 0;                                          /* 清除页边距 */
   padding: 0;                                         /* 清除页边距 */
   border: 0;                                          /* 清除网页默认的边框 */
   overflow: hidden;                                   /* 隐藏超出的区域 */
   height: 100%;                                       /* 定义网页高度 */
   max-height: 100%;  /* 定义在 IE7 及其他标准浏览器中最大网页高度 */
   font: 85%/160% verdana, arial, helvetica, sans-serif;  /* 页面字体属性 */
   color: #333;                                        /* 页面字体颜色 */
}
#banner {/* 顶部框架样式 */
   position: absolute;                                 /* 绝对定位 */
   top: 0;                                             /* 距离网页顶部的距离 */
   left: 0;                                            /* 距离网页左侧的距离 */
```

```
    width: 100%;                                    /* 定义显示宽度 */
    height: 160px;                                  /* 固定顶部框架的高度 */
    overflow: hidden;                               /* 隐藏超出的区域 */
    background: #353374 url(bg_header.gif) repeat-x scroll 0% 0%;  /* 定义背景图像 */
}
#maincontent {/* 底部框架样式 */
    position: fixed;                                /* 固定定位 */
    top: 160px;                                     /* 距离网页顶部的距离 */
    left: 0;                                        /* 距离网页左侧的距离 */
    right: 0;                                       /* 距离浏览器右侧距离为 0 */
    bottom: 0;                                      /* 距离底部的距离为 0 */
    overflow: auto;                                 /* 自动显示滚动条 */
}
.maintext {/* 底部框架的内容框样式 */
    font-size: 0.85em;                              /* 定义字体大小 */
    margin: 15px;                                   /* 定义外边框 */
}
```

图 11.45　CSS 设计的上下结构框架效果

第 5 步：上述设计方法在 IE6 及其以下版本中还存在问题，需要使用兼容技术来专门为 IE6 及其以下版本浏览器专门设计兼容样式。

```
* html body {/* 在 IE6 及其以下版本浏览器中清除顶部框架的滚动条 */
    padding: 160px 0 0 0;                  /* 定义顶部内边距 */
}
* html #maincontent {/* 在 IE6 及其以下版本浏览器中显示底部框架的滚动条 */
    height: 100%;                          /* 定义显示高度 */
    width: 100%;                           /* 定义显示宽度 */
}
```

第 6 步：在页面源代码顶部增加一条 IE 专用命令，该命令在其他版本和浏览器中被认为是注释语句，但是 IE6 及其以下版本浏览器在怪异模式下会根据这条命令来解析页面信息，如果没有这条命令，IE 浏览器就会按照标准模式来解析页面，此时页面显示滚动条，如图 11.46 所示。

```
<!-- IE6 quirks mode -->
```

或者

```
<!--Force IE6 into quirks mode with this comment tag-->
```

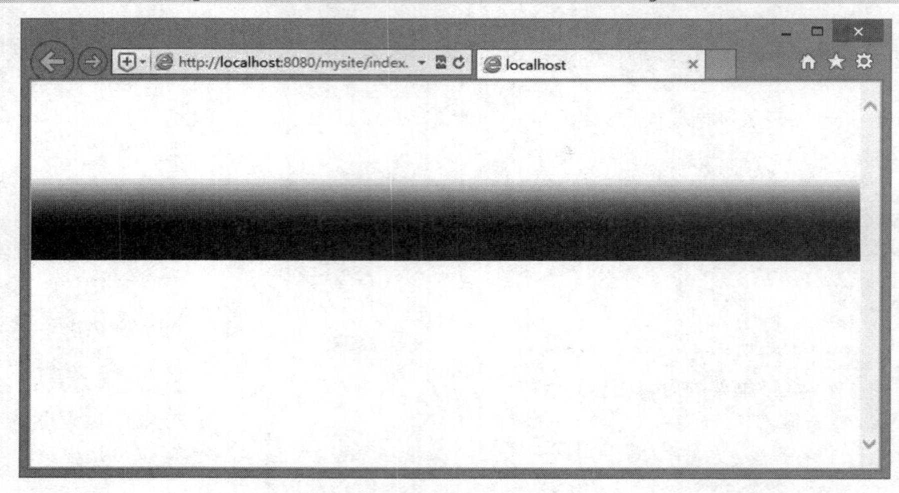

图 11.46　窗口出现滚动条

第 7 步：输入以下 HTML 结构代码，设计顶部框架包含三个子元素。

```
<div id="bannertext">
    <h1></h1>
    <h2></h2>
</div>
<div id="tabs">
    <ul>
        <li>导航菜单</li>
    </ul>
</div>
<div id="tabsline"> </div>
```

第 8 步：输入以下 CSS 样式代码，设计<div id="bannertext">负责控制网页标题的显示。这里通过背景图像的方式来定义，而把<h1>标签包含的网页文本隐藏，同时通过浮动的方式定位网页副标题的显示位置，并通过外边距来调整与窗口右侧边框的距离，如图 11.47 所示。

```
#bannertext {
    margin: 20px 10px 0 80px;                          /* 调整背景图像的显示位置 */
    padding-bottom: 20px;                              /* 增加底部内边距 */
    background:url(logo.gif) no-repeat left 10px;      /* 定义 Logo 背景图像 */
}
#bannertext h1 {
    display:none;                                      /* 隐藏网页标题 */
}
#bannertext h2 {
    float:right;                                       /* 浮动网页副标题到右侧 */
    font-size:16px;                                    /* 字体大小 */
    margin:60px 80px 0 0;                              /* 调整显示位置 */
}
```

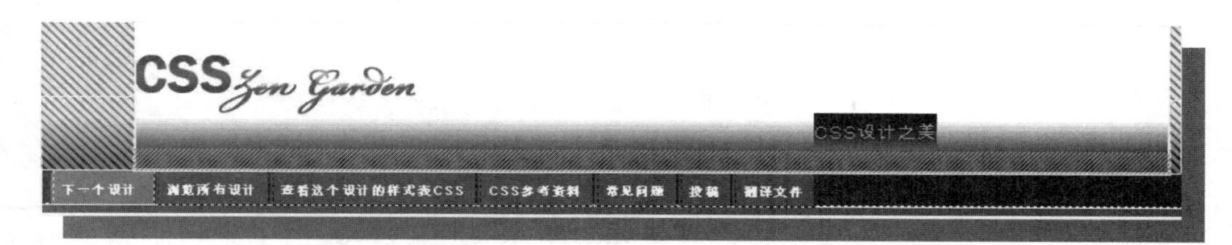

图 11.47　设计网页标题样式

第 9 步：导航条是使用滑动门技术来设计的，代码如下所示。

```
#tabs ul {
    margin:0;                                   /* 清除项目缩进 */
    padding:0;                                  /* 清除项目缩进 */
    list-style:none;                            /* 清除项目符号 */
}
#tabs li {
    display:inline;                             /* 行内显示 */
    margin:0 2px 0 0;                           /* 调整外边距 */
    padding:0;                                  /* 清除内边距 */
}
#tabs a {/* 滑动门 */
    float:left;                                 /* 向左浮动 */
    color: #fff;                                /* 字体颜色 */
    background: #6866a7 url(color_tabs_left.gif) no-repeat left top;
    margin:0 2px 0 0;                           /* 调整外边距 */
    padding:0 0 1px 3px;                        /* 增加门边 */
}
#tabs a span {/* 滑动门 */
    float:left;                                 /* 浮动显示 */
    display:block;                              /* 块状显示 */
    background: transparent url(color_tabs_right.gif) no-repeat right top;
    padding:4px 9px 2px 6px;                    /* 设置内边距，定义门边 */
}
```

底部框架也是按着自然流动的布局方式来显示页面内容的。

第 10 步：设计圆角显示。本例使用项目列表标签来设计，这样可以优化圆角结构，并简化了 CSS 的控制代码。通过一个图片的不同定位来设计四个顶角的圆角显示效果，这比调用四个顶角图像来设计圆角显得更为机敏和便捷，如图 11.48 所示。

```
<div class="roundedbox">
    <div class="top">
        <ul>
            <li> </li>
        </ul>
    </div>
    <div id="contentbox">
            <!-- 包含的内容 -->
    </div>
    <div class="bottom">
        <ul>
```

```
            <li> </li>
        </ul>
    </div>
</div>
```

启蒙之路
不同浏览器随意定义标签，导致无法相互兼容的DOM结构，或者提供缺乏标准支持的CSS等陋习随处可见，如今当使用这些不兼容的标签和样式时，设计之路会一路坎坷。
现在，我们必须清除以前为了兼容不同浏览器而使用的一些过时的小技巧。感谢W3C、WASP等标准组织，以及浏览器厂家和开发师们的不懈努力，我们终于能够进入Web设计的标准时代。
C
SS Zen Garden（样式表禅意花园）邀请您发挥自己的想象力，构思一个专业级的网页。让我们用慧眼来审视，充满理想和激情去学习CSS这个不朽的技术，最终使自己能够达到技术和艺术合而为一的最高境界。
这是什么?
对于网页设计师来说应该好好研究CSS。Zen Garden致力于推广和使用CSS技术，努力激发和鼓励您的灵感和参与。你可以从浏览高手的设计作品入门。只要选择列表中的任一个样式表，就可以将它加载到这个页面中。HTML文档结构始终不变，但是你可以自由的修改和定义CSS样

图 11.48　设计圆角样式效果

第 11 步：设计的 CSS 样式如下。

```
.roundedbox {
   float: right;                                                /* 浮动显示 */
   width: 220px;                                                /* 圆角区域宽度 */
   background-color: #9b99da;                                   /* 圆角区域的背景色 */
}
#contentbox {
   padding: 0 10px 0 10px;                                      /* 内容框的内边距 */
}
.roundedbox ul {
   height: 15px;                                                /* 高度 */
   list-style: none;                                            /* 清除项目符号 */
   margin: 0;                                                   /* 清除项目缩进 */
}
.roundedbox li {
   float: right;                                                /* 向右浮动 */
   width: 15px;                                                 /* 宽度 */
   line-height: 15px;                                           /* 行高 */
}
.top ul { background: url(box.gif) -15px -15px no-repeat;}   /* 左上顶角 */
.top ul li { background: url(box.gif) 0px -15px no-repeat;}  /* 右上顶角 */
.bottom ul {background: url(box.gif) -15px 0px no-repeat;}   /* 左下顶角 */
.bottom ul li {background: url(box.gif) 0px 0px no-repeat;}  /* 右下顶角 */
```

第 12 步：设计首字下沉。CSS 提供了一个首字下沉的伪对象 first-letter，这里使用 CSS 来直接设计，还需要配合一些属性：font-size、float、padding 等。所定义的首字下沉类样式的详细代码如下，设计效果如图 11.48 所示。

```
.cap {/* 首字下沉类样式 */
    margin-right:6px;                              /* 右侧外边距 */
    margin-top:5px;                                /* 顶部外边距 */
    float:left;                                    /* 向左浮动 */
    color:white;                                   /* 字体颜色 */
    background:#9b99da;                            /* 背景颜色 */
    font-size:80px;                                /* 字体大小 */
    line-height:60px;                              /* 行高 */
    padding: 2px 5px 0 5px;                        /* 内边距 */
    font-family: times new roman, times, serif;    /* 字体属性 */
}
```

11.5.3　设计两列弹性网页

扫一扫，看视频

本节示例将以禅意花园的结构为载体，尝试使用 CSS 设计两栏弹性版式。整个页面以黑色为主色调，页眉页脚通过天蓝色背景图像进行点缀，效果如图 11.49 所示。

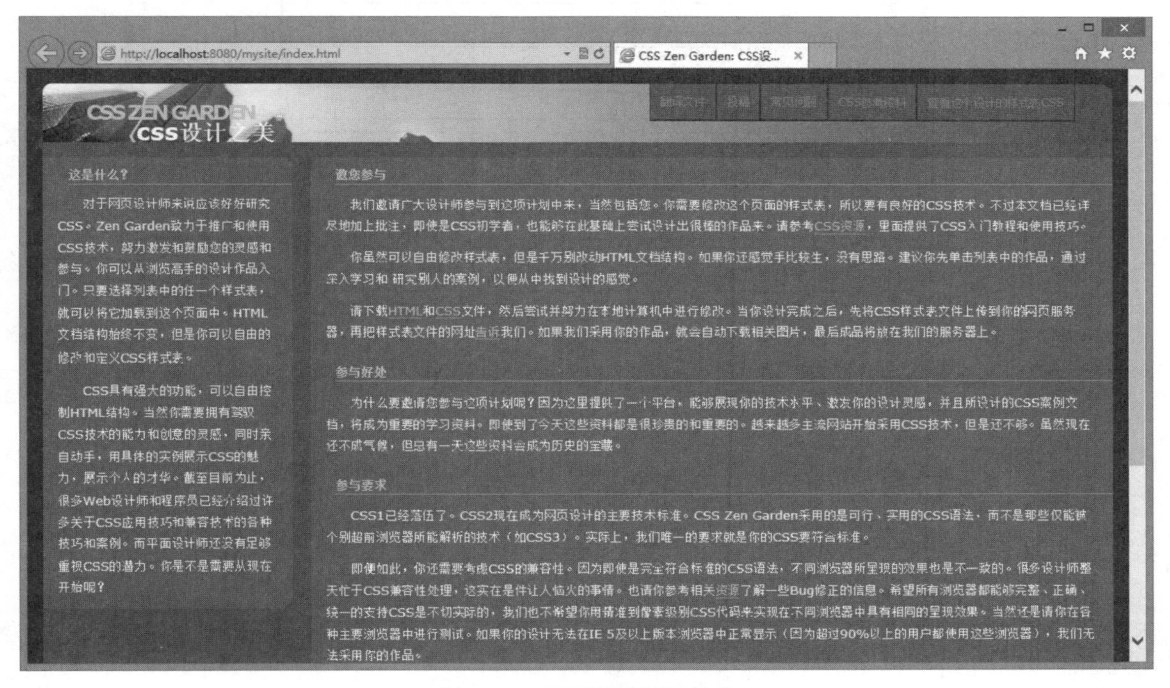

图 11.49　两列弹性网页效果

设计思路：

禅意花园结构包含 3 个模块，本例把这 3 个模块设计为在 1 行显示。其中主体模块（<div id="supportingText">）又以浮动的方式定义为两栏显示。考虑到第 1 行的包含框（<div id="intro">）作为网页标题，不适合显示大量的文本，因此隐藏其中的<div id="quickSummary">和<div id="preamble">，并把第 3 个模块的<div id="lresources">子模块定位到第 1 行右上角。整个结构的布局思路如图 11.50 所示。

结构的摆放位置以及具体操作示意图如图 11.51 所示。

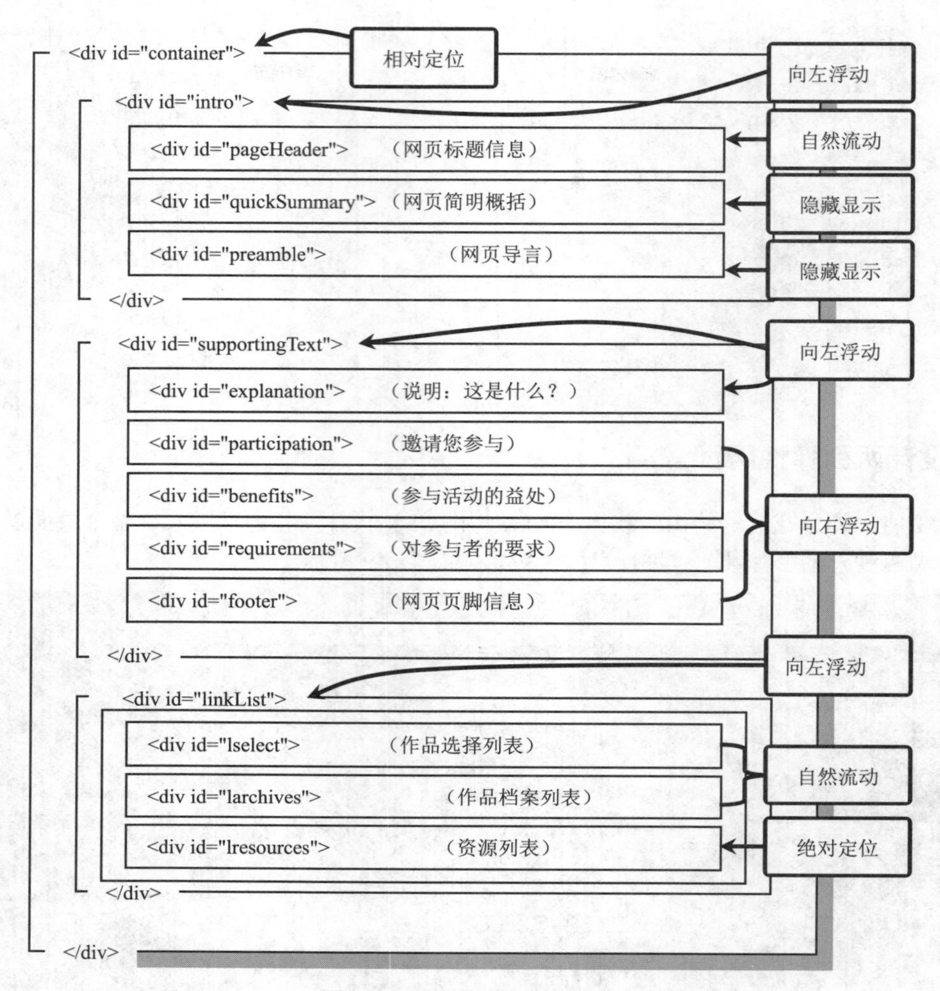

图 11.50　网页结构定位思路

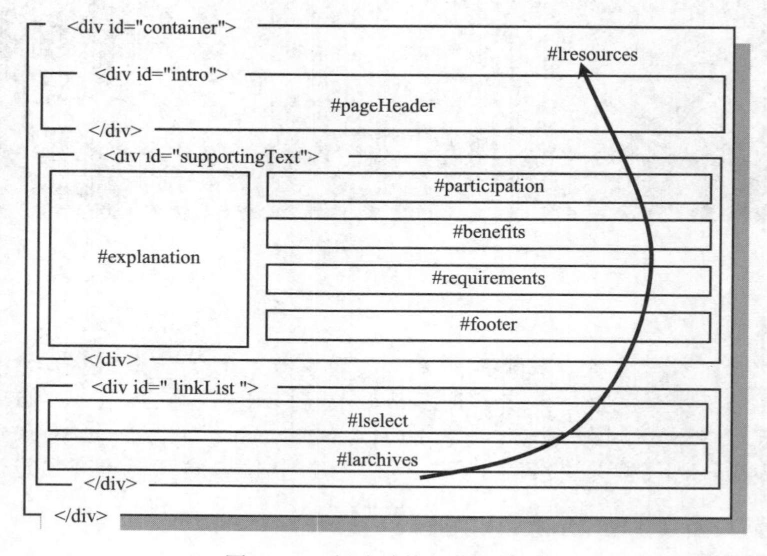

图 11.51　版式结构操作示意图

【操作步骤】

第 1 步：设置页面基本属性。定义页面以深灰色背景显示，通过调整页边距来营造页面与浏览器边框分离的感觉。

```
body {/* 页面基本属性 */
    margin: 1em 1em 1em 1em;                    /* 设置页边距 */
    padding: 0px;                               /* 清除内边距 */
    background-color: #333;                     /* 定义网页背景色 */
}
```

第 2 步：设置页面包含框（<div id="container">）为相对定位，形成一个定位包含框，这样就可以在页面内定义绝对定位元素了。为了让该定位包含框能够自动包含内部所有浮动元素，不妨让它浮动显示，然后定义宽度为 100%，这时与包含框自动流动显示效果没有差异。

```
#container {/* 页面包含框样式 */
    float: left;                                /* 向左浮动 */
    width: 100%;                                /* 100%宽度 */
    position:relative;                          /* 相对定位 */
}
```

第 3 步：设计头部标题栏样式。设置包含框以浮动显示，这样就不用担心流动和浮动混合布局中可能会出现的错版问题，再通过背景图像来区分栏目的界限。

```
#intro {/* 网页标题包含框样式 */
    float: left;                                              /* 向左浮动 */
    width: 100%;
    height: 4em;
    background: #25509F url(hdr.jpg) no-repeat bottom left;
}
```

通过<div id="intro">的子元素<div id="pageHeader">来定义标题栏目左上角的圆角。

```
#pageHeader {/* 第 1 子元素样式 */
    background:url(corner_tl.gif) no-repeat left top;       /* 标题栏左上角的圆角 */
}
```

再通过<div id="pageHeader">子元素的一级标题定义标题栏右上角的圆角：

```
#pageHeader h1 {
    background-image: url(corner_tr.gif) no-repeat top right;/* 标题栏右上角的圆角
*/
}
```

然后隐藏<div id="quickSummary">和<div id="preamble">子模块的内容：

```
#quickSummary, #preamble {
    display:none;                               /* 隐藏子元素内容 */
}
```

第 4 步：同样定义第 2 行包含框（<div id="supportingText">）浮动显示，并定义灰色背景。

```
#supportingText {/* 主栏包含框样式 */
    float: left;                                /* 向左浮动 */
    width: 100%;                                /* 100%宽度 */
    padding: 1em 0 1em 0;                       /* 增加左右两侧内边距 */
    background-color: #666;                     /* 设置主体栏目背景色 */
}
```

第 5 步：在<div id="supportingText">包含框中定义第 1 个子元素<div id="explanation">向左浮动。

利用该元素定义侧栏右下角的圆角背景图像，并定义模块的背景色，利用该元素所包含的标题 h3 定义右上角的圆角背景图像。

```
#explanation {/* 第 1 子元素样式 */
    float: left;                                          /* 向左浮动 */
    width: 23.3%;                                         /* 宽度 */
    margin-bottom: 1em;                                   /* 底部外边距 */
    background: #777 url(corner_sub_br.gif) no-repeat bottom right; /* 背景色和图
像 */
}
#explanation h3 {/* 第 1 子元素的标题样式 */
    background: #777 url(corner_sub_tr.gif) no-repeat top right;    /* 右上圆角 */
}
```

第 6 步：定义<div id="supportingText">包含框中其他几个子元素向右浮动，并设置圆角效果。

```
#participation, #benefits, #requirements, #footer {/* 公共样式 */
    float: right;                                         /* 向右浮动 */
    width: 75%;                                           /* 右栏宽度 */
}
#participation {/* 第 2 个子元素样式 */
    background: #777 url(corner_sub_tl.gif) no-repeat top left;/*右栏左上角圆角图像
*/
}
#benefits, #requirements {/* 第 3、4 个子元素样式 */
    background: #777;                                     /* 右栏背景色 */
}
#footer {/* 第 5 个子元素样式 */
    padding-bottom:12px;                                  /* 底部内边距 */
    background:#777 url(corner_sub_bl.gif) no-repeat left bottom; /* 右栏左下角圆
角 */
}
```

当为栏目同时定义背景图像和颜色时，应该在一个声明中完成，如果分开进行声明，则背景色就会被背景图像声明的规则所覆盖。例如，如果针对第 5 个子元素的样式进行如下定义，则只能够显示背景图像，而背景色将被覆盖。

```
#footer {/* 第 5 个子元素样式 */
    background: url(corner_sub_bl.gif) no-repeat left bottom;       /* 背景图像 */
    background:#777;                                                /* 背景色 */
}
```

第 7 步：定义页脚基本框架样式。通过外层包含框（<div id="linkList">）定义页脚区域的背景图像，通过内层包含框（<div id="linkList2">）和第 3 个子元素（<div id="lresources">）定义两个底角的圆角背景图像。

```
#linkList {/* 外包含框样式 */
    float: left;                                              /* 向左浮动 */
    width: 100%;                                              /* 宽度 */
    height: 6em;                                              /* 高度 */
    line-height: 3em;                                         /* 行高 */
    background: #25509F url(hdr.jpg) repeat-y top left;       /* 背景色和背景图像 */
}
```

```
#linkList2 {/* 内包含框样式 */
    float: left;                                            /* 向左浮动 */
    width:100%;                                             /* 宽度 */
    height: 100%;                                           /* 高度 */
    background: url(corner_bl.gif) no-repeat bottom left;   /* 左下圆角图像 */
}
#larchives {/* 第 3 个子元素样式 */
    width:100%;                                             /* 宽度 */
    background: url(corner_br.gif) no-repeat bottom right;  /* 右下圆角图像 */
}
```

隐藏每个子元素的标题：

```
#linkList h3 {/* 标题样式 */
    display:none;                                           /* 隐藏元素 */
}
```

最后定义页脚菜单项的显示样式：

```
#linkList ul {/* 列表样式 */
    list-style-type:none;                    /* 清除列表符号 */
    margin:0;                                /* 清除项目缩进 */
    padding:0;                               /* 清除项目缩进 */
    width:100%;                              /* 宽度 */
    clear:left;                              /* 清除浮动 */
}
#linkList li {/* 列表项目样式 */
    display:inline;                          /* 行内显示 */
    padding-left:6px;                        /* 增加左侧边距 */
}
```

第 8 步：设计导航栏。通过绝对定位的方式把<div id="lresources">子元素定位到页面标题栏的右上角，并定义超链接的样式以及显示效果。

```
#lresources { /* 定位导航条 */
    position:absolute;                       /* 绝对定位 */
    top:0;                                   /* 顶部距离 */
    right:4em;                               /* 右侧距离 */
}
#lresources a { /* 导航条超链接样式 */
    float: right;                            /* 向右浮动 */
    padding: 5px 10px 5px 10px;              /* 调整内边距 */
    text-decoration: none;                   /* 清除超链接下划线 */
    background-color: #666;                  /* 背景色 */
    border-bottom: 2px solid #333;           /* 底边框样式 */
    border-right: 1px solid #333;            /* 右边框样式 */
    border-left: 1px solid #333;             /* 左边框样式 */
}
#lresources a:hover, #larchives a.active { /* 鼠标经过超链接的样式 */
    padding-top: 10px;                       /* 增加顶部内边距 */
    background-color: #333; /* 加深背景色，产生鼠标移过时凹陷的错觉 */
}
```

页面基本框架设计完毕，其他细节问题就不再详细讲解，感兴趣的读者可以参考光盘示例。

扫一扫，看视频

11.5.4 设计三列弹性网页

本例继续以禅意花园的结构为基础设计三列弹性版式，页面效果如图 11.52 所示。

图 11.52　三列弹性网页效果

设计思路：

禅意花园是一个简单的三层嵌套结构，永远不会变化，只不过设计师在这个结构的基础上设计出无数精美的作品。借助这个网站用户可以锻炼自己的创意能力，提升 CSS 技术水平。本例基于禅意花园的结构进行设计，页面结构的布局思路如图 11.53 所示。

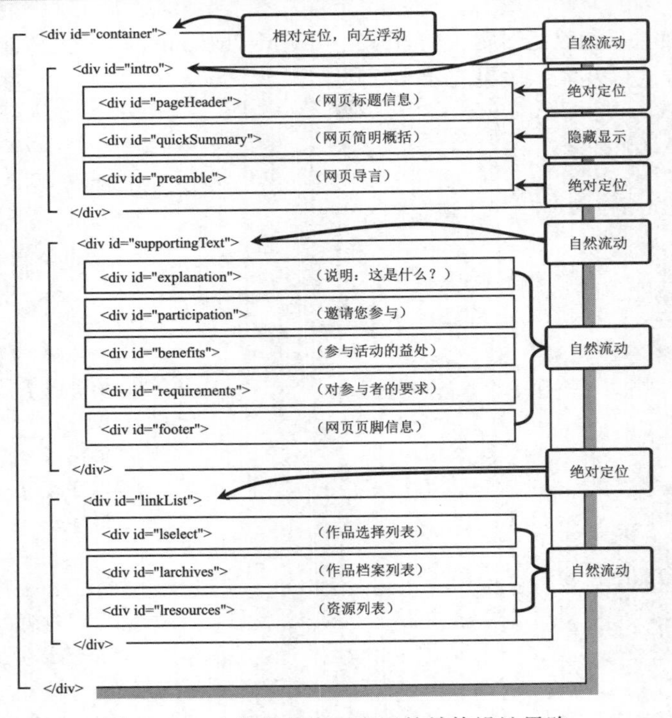

图 11.53　山鹰之美网页布局的结构设计思路

设计页面显示为三列弹性布局，通过绝对定位的方法设计中列和右侧栏目的定位，以及左侧头部版块的设计。整个页面的结构布局示意图如图 11.54 所示。

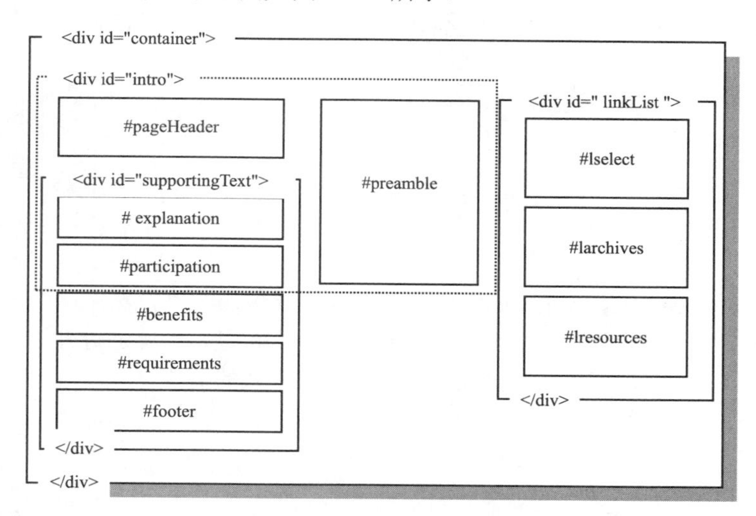

图 11.54　网页结构布局示意图

【操作步骤】

第 1 步：设置页面属性和重置元素基本样式，如清除超链接下划线、清除列表项目符号、设置段落间距定义标题样式等。

```
* {/* 定义所有元素公共样式 */
    margin: 0;                                          /* 清除所有元素的默认外边距 */
    padding: 0;                                         /* 清除所有元素的默认内边距*/
}
a { text-decoration: none;}                             /* 清除超链接下划线 */
body {/* 页面基本属性 */
    background: #FFF url(bg.gif) repeat-x;              /* 网页背景图像 */
    color: #444;                                        /* 网页字体颜色 */
    font: normal 62.5% "Lucida Sans Unicode", Verdana, sans-serif;      /* 网页字体
属性 */
    padding-top: 40px;                                  /* 顶部内边距 */
}
li { list-style: none;}                                 /* 清除列表项的项目符号 */
h1 { font-size: 1.4em;}                                 /* 一级标题的字体大小*/
h1, h2, h3, h4 {/* 定义标题基本样式 */
    font: normal 1.2em "Trebuchet MS", sans-serif;      /* 标题字体的属性 */
    color: #F06;                                        /* 标题字体的颜色 */
}
p {/* 定义段落首行缩进和行高 */
    text-indent:2em;                                    /* 段落文本首行缩进 */
    line-height:1.8em;                                  /* 段落文本的行高 */
}
```

第 2 步：在使用 CSS 进行布局时，当定义好网页基本属性和基本元素的默认样式之后，还可以根据需要定义一些常用样式类。例如，定义颜色样式类、功能类、字体样式类等。这里我们定义一个清除浮动类。

```
.clearer {/* 清除浮动类 */
    clear: both;                            /* 清除两侧浮动 */
}
```

这样在网页中如果需要清除某个元素的浮动，则直接引用该类即可，不再需要重复定义相同的样式。如此以来不但减轻了输入代码负担，而且优化了代码，方便对 CSS 样式的管理。

第 3 步：定义网页包含框基本样式。由于我们要在网页中定位元素，因此不妨定义<div id="container">网页包含框为相对定位，并把它转换为定位包含框。

```
#container {/* 定义网页定位包含框 */
    position:relative;                    /* 相对定位 */
    float:left;                           /* 向左浮动 */
}
```

为网页包含框声明向左浮动规则，目的是想让它能够自动包含所有元素，否则会收缩为一团，影响到其他元素的定位。

第 4 步：设计<div id="supportingText">模块的布局。该模块将以自然流动的方式呈现在页面的左侧，因此不需要你刻意去进行设计。考虑到页首需要显示网页标题，因此通过外边距的方式预留一定的区域供网页标题显示。该模块的宽度为百分比，以适应弹性版式的需要。

```
#supportingText {/* 左列布局 */
    margin: 180px 42% 20px 3%;           /* 调整外边距 */
}
```

第 5 步：定位<div id="pageHeader">元素到左侧顶部位置。如果让网页标题显示在左侧顶部（如图 11.68 所示），就必须使用绝对定位来实现。

首先，使用绝对定位的方法固定<div id="pageHeader">元素到页面左侧顶部，定义宽度和左侧距离为百分比，这样才能够自适应页面宽度的变化。

```
#pageHeader {/* 定位标题栏 */
    background: url(stripes.gif) no-repeat;       /* 定义网页标题的背景图像 */
    border-bottom: 1px solid #eee;                /* 底部边框线 */
    height: 160px;                                /* 网页栏目的高度 */
    margin-bottom: 24px;                          /* 底部外边距 */
    width:55%;                                    /* 百分比宽度 */
    position:absolute;                            /* 绝对定位 */
    left:3%;                                      /* 左侧距离 */
    top:0;                                        /* 顶部距离 */
}
```

然后，在绝对定位的网页标题栏中定位二级标题到右上角显示。其他具体的修饰性细节就不再详细讲解，读者可以参考光盘示例。

```
#pageHeader h2 {/* 定位网页二级标题 */
    border-top: 1px solid #eee;                   /* 顶部边框 */
    position:absolute;                            /* 绝对定位 */
    width:90%;                                    /* 百分比宽度 */
    top:0;                                        /* 顶部距离 */
    right:0;                                      /* 右侧距离 */
}
```

第 6 步：隐藏<div id="quickSummary">元素内容，绝对定位<div id="preamble">元素到网页中间列，绝对定位<div id="linkList">元素到网页右侧。在定义各列宽度和左右外边距时，为了能够适应页面自适应，宽度都以百分比进行设置。

```
#preamble, #linkList {/* 定位网页中列和右侧列栏目 */
    margin-bottom: 20px;                          /* 底部外边距 */
    position: absolute;                           /* 绝对定位 */
    top: 0;                                       /* 顶部距离 */
}
```

```
#quickSummary {/* 隐藏多余栏目 */
    display:none;                                    /* 隐藏显示 */
}
#preamble {/* 定义网页中列版式 */
    right: 23%;                                      /* 右侧距离 */
    width: 17%;                                      /* 百分比宽度 */
}
#preamble h3 span {/* 隐藏中列内容块的标题内容 */
    display:none;                                    /* 隐藏显示 */
}
#linkList {/* 定义网页右列版式 */
    background: #222 url(round_lt.gif) no-repeat left top; /* 定义圆角图像 */
    right: 3%;                                       /* 右侧距离 */
    width: 18%;                                      /* 百分比宽度 */
}
```

第 7 步：完成基本框架的搭建，读者可以继续细化网页内每个栏目的每个细节。例如，在隐藏中间列版块的标题之后，可以利用 h3 元素结合背景图像来定义网页的 Logo 图标。右列的圆角区域则可以使用圆角来定义。

注意，如果要利用多个嵌套元素来定义背景图像式的圆角，应保证外层元素不要定义边距，定义背景图像的元素也不要定义外边距，否则背景图像就不能够对齐到模块的四个顶角位置。

第 12 章　使用 CSS3 布局网页

CSS3 新增了一些布局功能，使用它们可以更灵活地设计网页版式。本章将重点介绍多列布局和弹性盒布局，多列布局适合排版很长的文字内容，让其多列显示；弹性盒布局适合设计自动伸缩的多列容器，如网页、栏目或模块，以适应移动页面设计的要求。

【学习重点】

- 设计多列布局。
- 设计弹性盒布局样式。
- 使用 CSS3 布局技术设计适用移动需求的网页。

12.1　多列流动布局

CSS3 使用 columns 属性定义多列布局，用法如下。

```
columns:column-width || column-count;
```

columns 属性初始值根据元素个别属性而定，它适用于不可替换的块元素、行内块元素、单元格，但是表格元素除外。取值简单说明如下：

- column-width：定义每列的宽度。
- column-count：定义列数。

提示：

Webkit 引擎支持-webkit-columns 私有属性，Mozilla Gecko 引擎支持-moz-columns 私有属性。其他目前大部分最新版本浏览器都支持 columns 属性。

扫一扫，看视频

12.1.1　设置列宽

CSS3 使用 column-width 属性可以定义单列显示的宽度，用法如下。

```
column-width: length | auto;
```

取值简单说明如下：

- length：长度值，不可为负值。
- auto：根据浏览器自动计算来设置。

column-width 可以与其他多列布局属性配合使用，设计指定固定列数、列宽的布局效果；也可以单独使用来限制单列宽度，当超出宽度时，则会自动以多列显示。

【示例】　本例设计网页文档的 body 元素的列宽为 300 像素，如果网页内容能够在单列内显示，则会以单列显示；如果窗口足够宽，且内容很多，则会在多列中显示。演示效果如图 12.1 所示，根据窗口宽度自动调整为两栏显示，列宽显示为 300 像素。

```
<style type="text/css" media="all">
/*定义网页列宽为 300 像素，则网页中每个栏目的最大宽度为 300 像素*/
body {
    -webkit-column-width:300px;
```

```
    -moz-column-width:300px;
    column-width:300px;
}
</style>
```

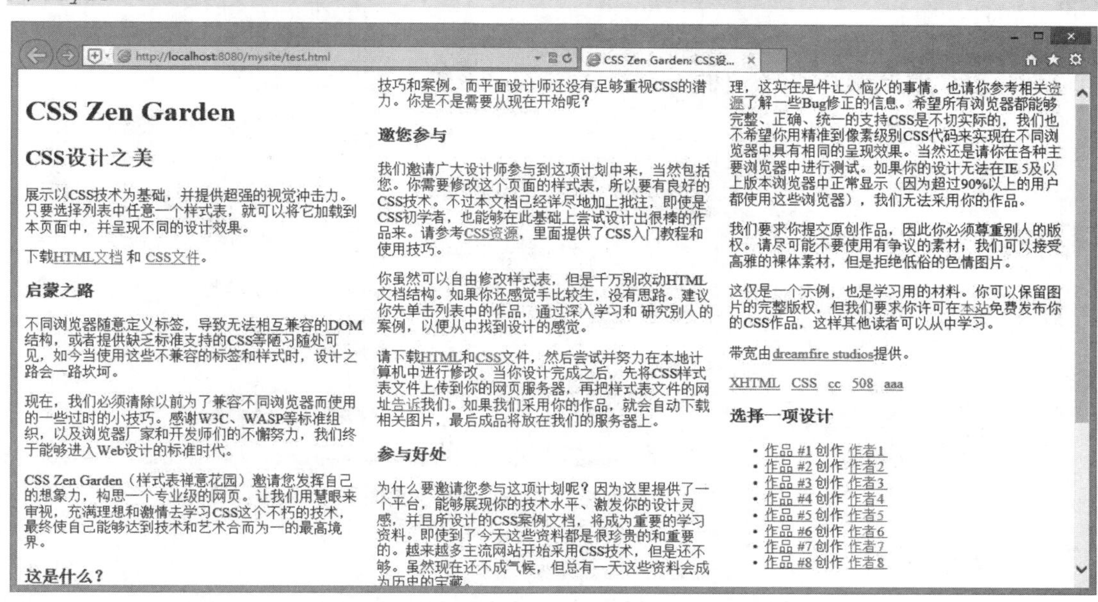

图 12.1 浏览器根据窗口宽度变化调整栏目的数量

提示：

本例以及后面几节示例继续以禅意花园的结构和内容为基础进行演示说明。

12.1.2 设置列数

扫一扫，看视频

CSS3 使用 column-count 属性定义列数，用法如下。

```
column-count:integer | auto;
```

取值简单说明如下：

- integer：定义栏目的列数，取值为大于 0 的整数。如果 column-width 和 column-count 属性没有明确值，则该值为最大列数。
- auto：根据浏览器计算值自动设置。

【示例】 下面的示例定义网页内容显示为三列，则不管浏览器窗口怎么调整，页面内容总是遵循三列布局，演示效果如图 12.2 所示。

```
<style type="text/css" media="all">
/*定义网页列数为 3，这样整个页面总是显示为三列*/
body {
    -webkit-column-count:3;
    -moz-column-count:3;
    column-count:3;
}
</style>
```

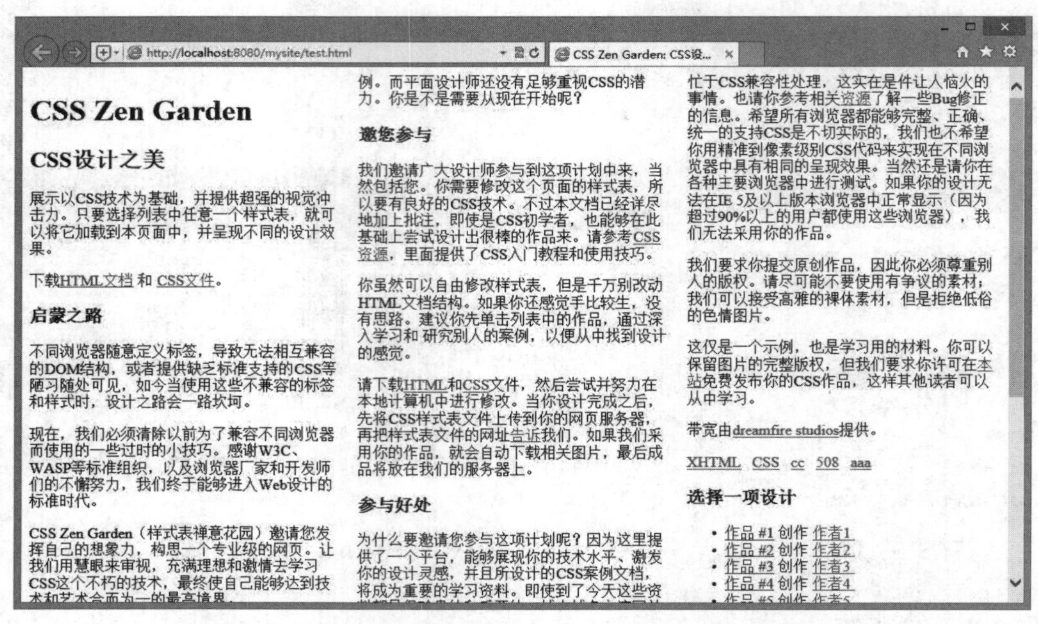

图 12.2　根据窗口宽度自动调整列宽，但是整个页面总是显示为三列

扫一扫，看视频

12.1.3　设置列间距

CSS3 使用 column-gap 属性定义两栏之间的间距，用法如下。

```
column-gap:normal | length;
```

取值简单说明如下：

- normal：根据浏览器默认设置进行解析，一般为 1em。
- length：长度值，不可为负值。

【示例】　在上面示例的基础上，通过 column-gap 和 line-height 属性配合使用，设置列间距为 3em，行高为 1.8em，页面内文字内容看起来明晰、轻松了许多，演示效果如图 12.3 所示。

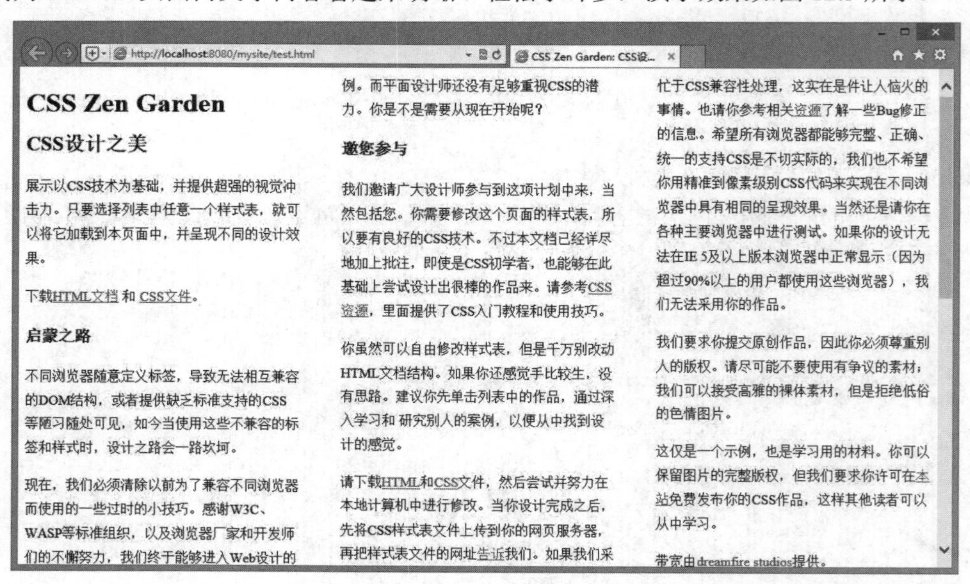

图 12.3　设计疏朗的页面布局

```
<style type="text/css" media="screen">
body {
    /*定义页面内容显示为三列*/
    -webkit-column-count: 3;
    -moz-column-count: 3;
    column-count: 3;
    /*定义列间距为 3em，默认为 1em*/
    -webkit-column-gap: 3em;
    -moz-column-gap: 3em;
    column-gap: 3em;
    line-height: 1.8em; /* 定义页面文本行高 */
}
</style>
```

12.1.4　设置列边框样式

扫一扫，看视频

CSS3 使用 column-rule 属性定义每列之间边框的宽度、样式和颜色，用法如下。

```
column-rule:length | style | color | transparent;
```

取值简单说明如下：

- length：长度值，不可为负值。功能与 column-rule-width 属性相同。
- style：定义列边框样式。功能与 column-rule-style 属性相同。
- color：定义列边框颜色。功能与 column-rule-color 属性相同。
- transparent：设置边框透明显示。
- CSS3 在 column-rule 属性基础上又派生了三个列边框属性。
- column-rule-color：定义列边框颜色。
- column-rule-width：定义列边框宽度。
- column-rule-style：定义列边框样式。

【示例】　在上面示例的基础上，为每列之间的边框定义一个虚线分割线，线宽为 2 像素，灰色显示，演示效果如图 12.4 所示。

图 12.4　设计列边框效果

```
<style type="text/css" media="screen">
body {
    /*定义页面内容显示为三列*/
    -webkit-column-count: 3;
    -moz-column-count: 3;
    column-count: 3;
    /*定义列间距为 3em，默认为 1em*/
    -webkit-column-gap: 3em;
    -moz-column-gap: 3em;
    column-gap: 3em;
    line-height: 2.5em;
    /*定义列边框为 2 像素宽的灰色虚线*/
    -webkit-column-rule: dashed 2px gray;
    -moz-column-rule: dashed 2px gray;
    column-rule: dashed 2px gray;
}
</style>
```

扫一扫，看视频

12.1.5 设置跨列显示

CSS3 使用 column-span 属性定义跨列显示，也可以设置单列显示，用法如下。

```
column-span:none | all;
```

取值简单说明如下：

- none：只在本列中显示。
- all：将横跨所有列。

【示例】 在上面示例的基础上，使用 column-span 属性定义一级和二级标题跨列显示，演示效果如图 12.5 所示。

```
<style type="text/css" media="screen">
body {
    /*定义页面内容显示为三列*/
    -webkit-column-count: 3;
    -moz-column-count: 3;
    column-count: 3;
    /*定义列间距为 3em，默认为 1em*/
    -webkit-column-gap: 3em;
    -moz-column-gap: 3em;
    column-gap: 3em;
    line-height: 2.5em;
    /*定义列边框为 2 像素宽的灰色虚线*/
    -webkit-column-rule: dashed 2px gray;
    -moz-column-rule: dashed 2px gray;
    column-rule: dashed 2px gray;}
/*设置一级标题跨越所有列显示*/
h1 {
    color: #333333;
    font-size: 20px;
    text-align: center;
    padding: 12px;
    -webkit-column-span: all;
    -moz-column-span: all;
    column-span: all;}
```

```
/*设置二级标题跨越所有列显示*/
h2 {
    font-size: 16px;
    text-align: center;
    -webkit-column-span: all;
    -moz-column-span: all;
    column-span: all;}
p {color: #333333; font-size: 14px; line-height: 180%; text-indent: 2em;}
</style>
```

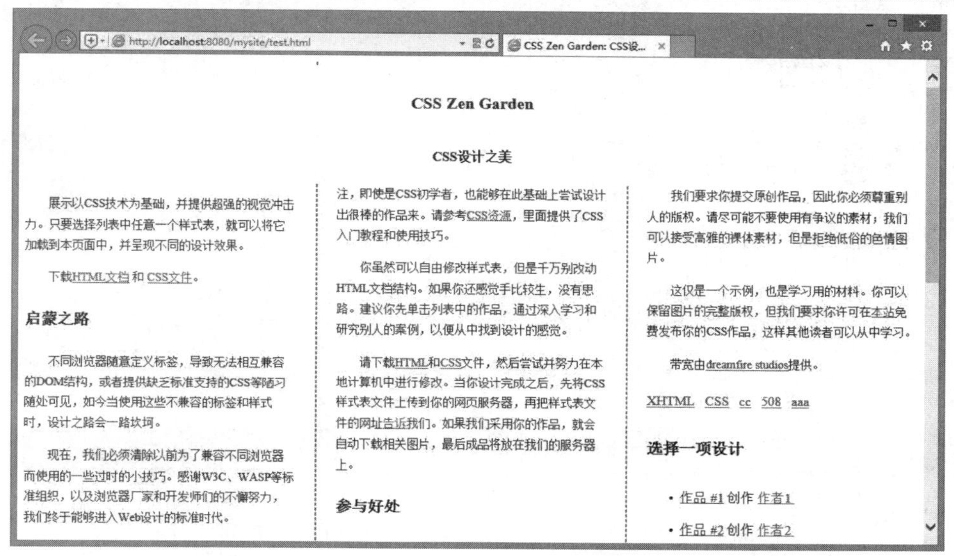

图 12.5　设计标题跨列显示效果

12.1.6　设置列高度

扫一扫，看视频

CSS3 使用 column-fill 属性定义列的高度是否统一，用法如下。

```
column-fill:auto | balance;
```

column-fill 属性初始值为 balance，适用于多列布局元素。取值简单说明如下：

- auto：各列的高度随其内容的变化而自动变化。
- balance：各列的高度将会根据内容最多的那一列的高度进行统一。

【示例】　在上面示例的基础上，使用 column-fill 属性定义每列高度一致，演示效果如图 12.6 所示。

```
<style type="text/css" media="screen">
body {
    /*定义页面内容显示为三列*/
    -webkit-column-count: 3;
    -moz-column-count: 3;
    column-count: 3;
    /*定义列间距为 3em，默认为 1em*/
    -webkit-column-gap: 3em;
    -moz-column-gap: 3em;
    column-gap: 3em;
    line-height: 2.5em;
    /*定义列边框为 2 像素宽的灰色虚线*/
    -webkit-column-rule: dashed 2px gray;
```

```
    -moz-column-rule: dashed 2px gray;
    column-rule: dashed 2px gray;
    /*设置各列高度自动调整*/
    -webkit-column-fill: auto;
    -moz-column-fill: auto;
    column-fill: auto;}
/*设置一级标题跨越所有列显示*/
h1 {
    color: #333333;
    font-size: 20px;
    text-align: center;
    padding: 12px;
    -webkit-column-span: all;
    -moz-column-span: all;
    column-span: all;}
/*设置二级标题跨越所有列显示*/
h2 {
    font-size: 16px;
    text-align: center;
    -webkit-column-span: all;
    -moz-column-span: all;
    column-span: all;}
p {color: #333333; font-size: 14px; line-height: 180%; text-indent: 2em;}
</style>
```

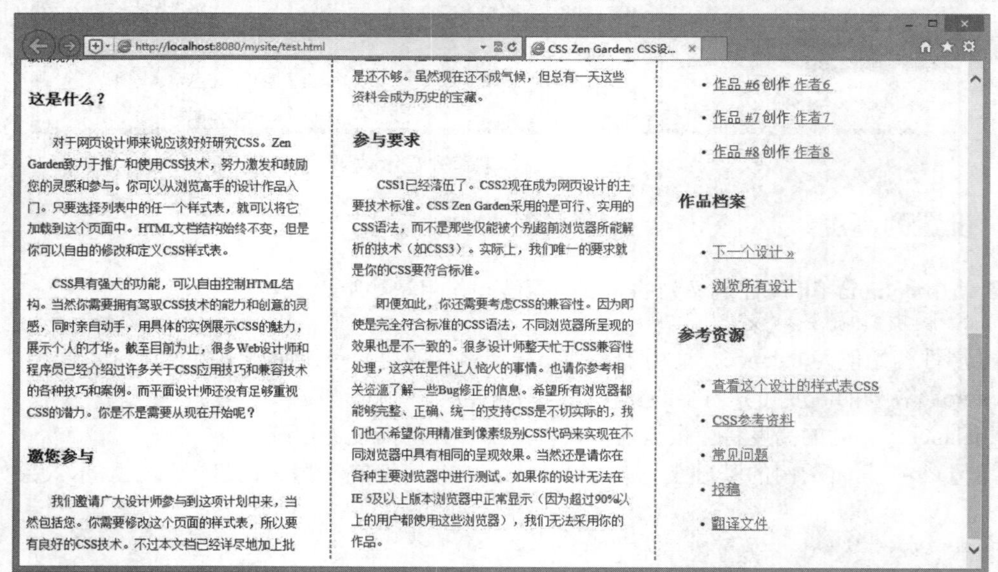

图 12.6　设计每列显示高度一致

12.2　弹性盒布局

CSS3 引入了新的盒模型——Box 模型，该模型定义一个盒子在其他盒子中的分布方式以及如何处理可用的空间。使用该模型可以很轻松地创建自适应浏览器窗口的流动布局或自适应字体大小的弹性布局。传统的盒模型基于 HTML 文档流在垂直方向上排列盒子，而弹性盒模型可以定义盒子的排列顺序，也可以反转之。

启动弹性盒模型，只需为包含有子对象的容器对象设置 display 属性即可，用法如下。

```
Display:box | inline-box | flexbox | inline-flexbox | flex | inline-flex
```

取值说明如下：

- box：将对象作为弹性伸缩盒显示。伸缩盒最老版本。
- inline-box：将对象作为内联块级弹性伸缩盒显示。伸缩盒最老版本。
- flexbox：将对象作为弹性伸缩盒显示。伸缩盒过渡版本。
- inline-flexbox：将对象作为内联块级弹性伸缩盒显示。伸缩盒过渡版本。
- flex：将对象作为弹性伸缩盒显示。伸缩盒最新版本。
- inline-flex：将对象作为内联块级弹性伸缩盒显示。伸缩盒最新版本。

注意：

CSS3 弹性盒布局仍在不断发展中，并不断升级，大致经历了三个阶段，未来可能还会变。

- 2009 年版本（老版本）：display:box;
- 2011 年版本（过渡版本）：display:flexbox;
- 2012 年版本（最新稳定版本）：display:flex;

各主流设备对其支持情况说明如下，其中新版本浏览器都能够延续支持老版本浏览器支持的功能。

IE 10+	支持最新版
Chrome 21+	支持 2011 版
Chrome 20-	支持 2009 版
Safari 3.1+	支持 2009 版
Firefox 22+	支持最新版
Firefox 2-21	支持 2009 版
Opera 12.1+	支持 2011 版
Android 2.1+	支持 2009 版
iOS 3.2+	支持 2009 版

如果把新语法、旧语法和中间过渡语法混合在一起使用，就可以让浏览器得到完美的展示。下面我们重点以最新稳定版本为例进行说明，老版本和过渡版本语法请读者参考 CSS3 参考手册。

12.2.1 定义 Flexbox

扫一扫，看视频

Flexbox（伸缩盒）是 CSS3 升级后的新布局模式，为了现代网络中更为复杂的网页需求而设计。Flexbox 布局的目的是允许容器有能力让其子项目改变其宽度、高度、顺序等，以最佳方式来填充可用空间，适应所有类型的显示设备和屏幕大小。Flex 容器会使子项目（伸缩项目）扩展来填满可用空间，或缩小它们以防止溢出容器。因此，Flexbox 布局最适合应用程序的组件和小规模的布局。

Flexbox 由伸缩容器和伸缩项目组成。通过设置元素的 display 属性为 flex 或 inline-flex 可以得到一个伸缩容器。设置为 flex 的容器被渲染为一个块级元素，而设置为 inline-flex 的容器则渲染为一个行内元素。具体语法如下：

```
display: flex | inline-flex;
```

上述语法定义伸缩容器，属性值决定容器是行内显示，还是块显示，它的所有子元素将变成 flex 文档流，被称为伸缩项目。

此时，CSS 的 columns 属性在伸缩容器上没有效果，同时 float、clear 和 vertical-align 属性在伸缩项目上也没有效果。

【示例】 下面的示例设计一个伸缩容器，其中包含 4 个伸缩项目，演示效果如图 12.7 所示。

```
<!doctype html>
<html>
```

```
<head>
<meta charset="utf-8">
<style type="text/css">
.flex-container {
    display: -webkit-flex;
    display: flex;
    width: 500px;
    height: 300px;
    border: solid 1px red;}
.flex-item {
    background-color: blue;
    width: 200px;
    height: 200px;
    margin: 10px;}
</style>
</head>
<body>
<div class="flex-container">
    <div class="flex-item">伸缩项目 1</div>
    <div class="flex-item">伸缩项目 2</div>
    <div class="flex-item">伸缩项目 3</div>
    <div class="flex-item">伸缩项目 4</div>
</div>
</body>
</html>
```

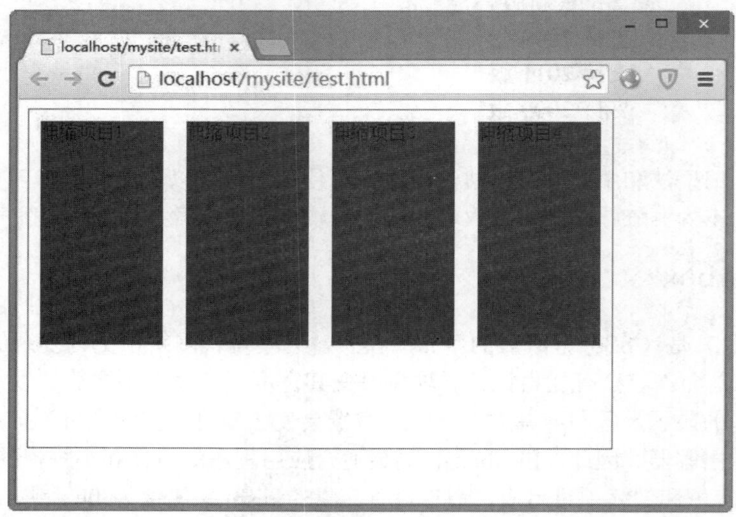

图 12.7　定义伸缩盒布局

拓展：

伸缩容器中的每一个子元素都是一个伸缩项目，伸缩项目可以是任意数量的，伸缩容器外和伸缩项目内的一切元素都不受影响。伸缩项目沿着伸缩容器内的一个伸缩行定位，通常每个伸缩容器只有一个伸缩行。在上面的示例中，可以看到 4 个项目沿着一个水平伸缩行从左至右显示。默认情况下，伸缩行和文本方向一致：从左至右，从上到下。

常规布局基于块和文本流方向，而 Flex 布局基于 flex-flow 流。如图 12.8 所示是 W3C 规范对 Flex 布局的解释。

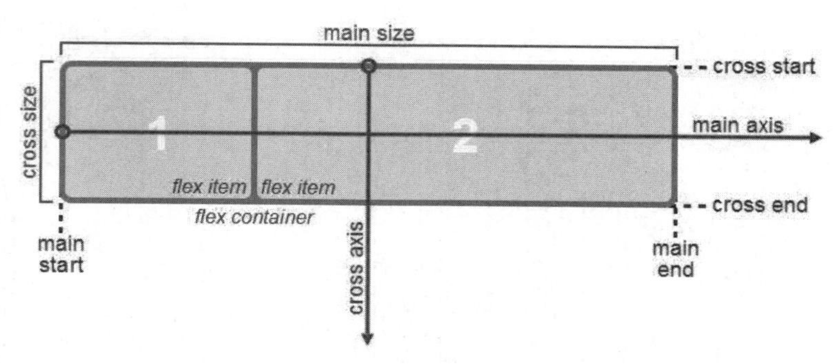

图 12.8 Flex 布局模式

基本上，伸缩项目是沿着主轴（main axis），从主轴起点（main-start）到主轴终点（main-end）或者沿着侧轴（cross axis），从侧轴起点（cross-start）到侧轴终点（cross-end）排列。

- 主轴（main axis）：伸缩容器的主轴，伸缩项目主要沿着这条轴进行排列布局。注意，它不一定是水平的，这主要取决于 justify-content 属性的设置。
- 主轴起点（main-start）和主轴终点（main-end）：伸缩项目放置在伸缩容器内从主轴起点（main-start）到主轴终点（main-end）方向。
- 主轴尺寸（main size）：伸缩项目在主轴方向的宽度或高度就是主轴的尺寸。伸缩项目主要的大小属性要么是宽度，要么是高度，由哪一个对着主轴方向决定。
- 侧轴（cross axis）：垂直于主轴故称为侧轴。它的方向主要取决于主轴方向。
- 侧轴起点（cross-start）和侧轴终点（cross-end）：伸缩行的配置从容器的侧轴起点边开始，到侧轴终点边结束。
- 侧轴尺寸（cross size）：伸缩项目在侧轴方向的宽度或高度就是项目的侧轴长度，伸缩项目的侧轴长度属性是 width 或 height，由哪一个对着侧轴方向决定。

12.2.2 定义伸缩方向

扫一扫，看视频

使用 flex-direction 属性可以定义伸缩方向，它适用于伸缩容器，也就是伸缩项目的父元素。flex-direction 属性主要用来创建主轴，从而定义伸缩项目在伸缩容器内的放置方向。具体语法如下：

```
flex-direction: row | row-reverse | column | column-reverse
```

取值说明如下：

- row：默认值，在 ltr 排版方式下从左向右排列；在 rtl 排版方式下从右向左排列。
- row-reverse：与 row 排列方向相反，在 ltr 排版方式下从右向左排列；在 rtl 排版方式下从左向右排列。
- column：类似于 row，不过是从上到下排列。
- column-reverse：类似于 row-reverse，不过是从下到上排列。

主轴起点与主轴终点方向分别等同于当前书写模式的始与终方向。其中 ltr 所指文本书写方式是 left-to-right，也就是从左向右书写；而 rtl 所指的刚好与 ltr 相反，其书写方式是 right-to-left，也就是从右向左书写。

【示例】 下面的示例设计一个伸缩容器，其中包含 4 个伸缩项目，然后定义伸缩项目从上往下排列，演示效果如图 12.9 所示。

```
<!doctype html>
<html>
<head>
<meta charset="utf-8">
```

```
<title></title>
<style type="text/css">
.flex-container {
    display: -webkit-flex;
    display: flex;
    -webkit-flex-direction: column;
    flex-direction: column;
    width: 500px;height: 300px;border: solid 1px red;}
.flex-item {
    background-color: blue; width: 200px; height: 200px; margin: 10px;}
</style>
</head>
<body>
<div class="flex-container">
    <div class="flex-item">伸缩项目 1</div>
    <div class="flex-item">伸缩项目 2</div>
    <div class="flex-item">伸缩项目 3</div>
    <div class="flex-item">伸缩项目 4</div>
</div>
</body>
</html>
```

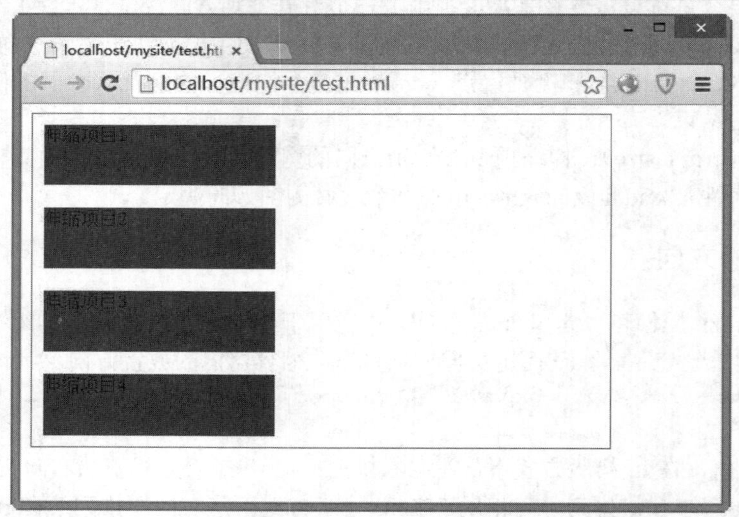

图 12.9　定义伸缩项目从上往下布局

扫一扫，看视频

12.2.3　定义行数

flex-wrap 主要用来定义伸缩容器里是单行显示还是多行显示，侧轴的方向决定了新行堆放的方向。该属性适用于伸缩容器，也就是伸缩项目的父元素。具体语法格式如下：

```
flex-wrap: nowrap | wrap | wrap-reverse
```

取值说明如下：

- nowrap：默认值，伸缩容器单行显示。在 ltr 排版方式下，伸缩项目从左到右排列；在 rtl 排版方式下，伸缩项目从右向左排列。
- wrap：伸缩容器多行显示。在 ltr 排版方式下，伸缩项目从左到右排列；在 rtl 排版方式下，伸缩项目从右向左排列。

- wrap-reverse：伸缩容器多行显示。与 wrap 相反，在 ltr 排版方式下，伸缩项目从右向左排列；在 rtl 排版方式下，伸缩项目从左到右排列。

【示例】 下面的示例设计一个伸缩容器，其中包含 4 个伸缩项目，然后定义伸缩项目多行排列，演示效果如图 12.10 所示。

```
<!doctype html>
<html>
<head>
<meta charset="utf-8">
<title></title>
<style type="text/css">
.flex-container {
   display: -webkit-flex;
   display: flex;
   -webkit-flex-wrap: wrap;
   flex-wrap: wrap;
   width: 500px; height: 300px;border: solid 1px red;}
.flex-item {
   background-color: blue; width: 200px; height: 200px; margin: 10px;}
</style>
</head>
<body>
<div class="flex-container">
   <div class="flex-item">伸缩项目 1</div>
   <div class="flex-item">伸缩项目 2</div>
   <div class="flex-item">伸缩项目 3</div>
   <div class="flex-item">伸缩项目 4</div>
</div>
</body>
</html>
```

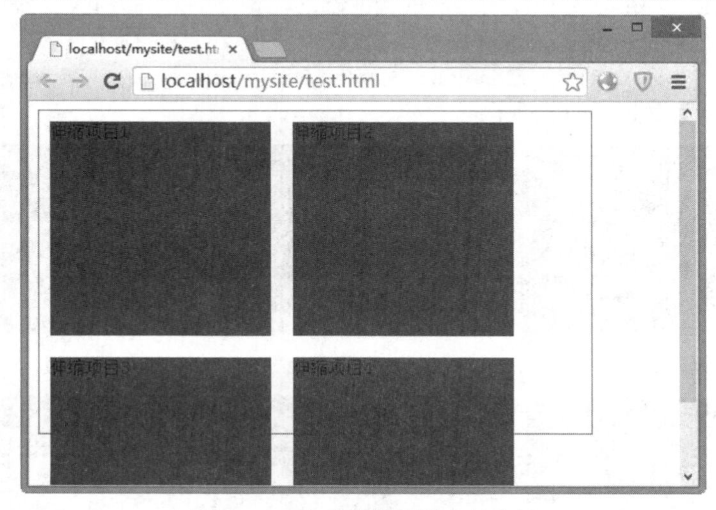

图 12.10　定义伸缩项目多行布局

提示：

flex-flow 属性是 flex-direction 和 flex-wrap 属性的复合属性，适用于伸缩容器。该属性可以同时定义伸缩容器的主轴和侧轴。其默认值为 row nowrap。具体语法如下：

```
flex-flow: <'flex-direction'> || <'flex-wrap'>
```

扫一扫，看视频

12.2.4 定义对齐方式

1. 主轴对齐

justify-content 用来定义伸缩项目沿主轴线的对齐方式，该属性适用于伸缩容器。当一行上的所有伸缩项目都不能伸缩或可伸缩但是已经达到其最大长度时，这一属性才会对多余的空间进行分配。当项目溢出某一行时，这一属性也会在项目的对齐上施加一些控制。具体语法如下：

```
justify-content: flex-start | flex-end | center | space-between | space-around
```

取值说明如下，示意如图 12.11 所示：

- flex-start：默认值，伸缩项目向一行的起始位置靠齐。
- flex-end：伸缩项目向一行的结束位置靠齐。
- center：伸缩项目向一行的中间位置靠齐。
- space-between：伸缩项目会平均地分布在行里。第一个伸缩项目在一行中的最开始位置，最后一个伸缩项目在一行中的最终点位置。
- space-around：伸缩项目会平均地分布在行里，两端保留一半的空间。

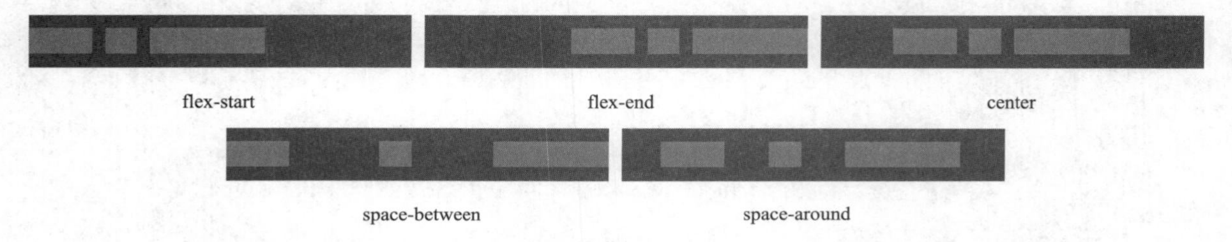

图 12.11 主轴对齐示意图

2. 侧轴对齐

align-items 用来定义伸缩项目在伸缩容器的当前行的侧轴上的对齐方式，该属性适用于伸缩容器。类似侧轴（垂直于主轴）的 justify-content 属性。具体语法如下：

```
align-items: flex-start | flex-end | center | baseline | stretch
```

取值说明如下，示意如图 12.12 所示：

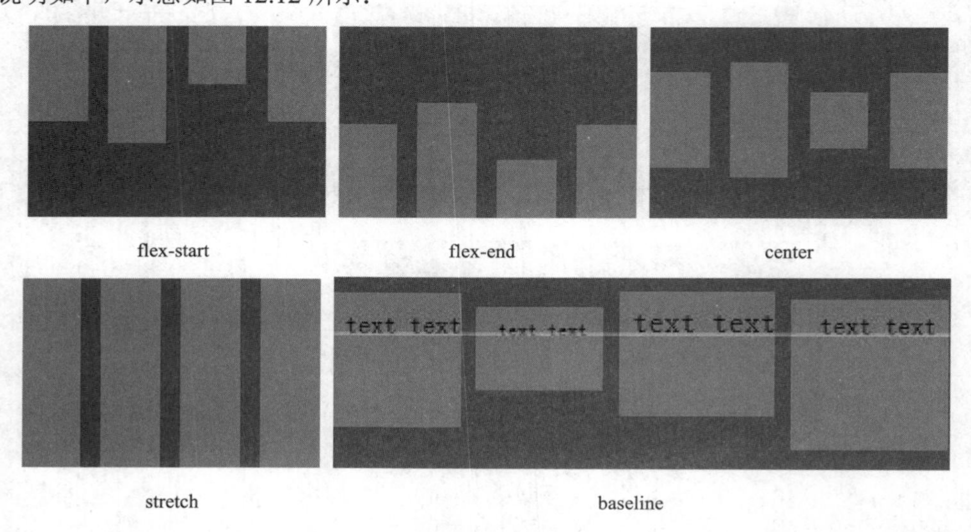

图 12.12 侧轴对齐示意图

- flex-start：伸缩项目在侧轴起点边的外边距紧靠住该行在侧轴起始的边。
- flex-end：伸缩项目在侧轴终点边的外边距紧靠住该行在侧轴终点的边。
- center：伸缩项目的外边距盒在该行的侧轴上居中放置。
- baseline：伸缩项目根据它们的基线对齐。
- stretch：默认值，伸缩项目拉伸填充满整个伸缩容器。此值会使项目的外边距盒的尺寸在遵照 min/max-width/height 属性的限制下尽可能接近所在行的尺寸。

3. 伸缩行对齐

align-content 主要用来调准伸缩行在伸缩容器里的对齐方式，该属性适用于伸缩容器。类似于伸缩项目在主轴上使用 justify-content 属性一样，但本属性在只有一行的伸缩容器上没有效果。具体语法如下：

```
align-content: flex-start | flex-end | center | space-between | space-around |
stretch
```

取值说明如下，示意如图 12.13 所示：

- flex-start：各行向伸缩容器的起点位置堆叠。
- flex-end：各行向伸缩容器的结束位置堆叠。
- center：各行向伸缩容器的中间位置堆叠。
- space-between：各行在伸缩容器中平均分布。
- space-around：各行在伸缩容器中平均分布，在两边各有一半的空间。
- stretch：默认值，各行将会伸展以占用剩余的空间。

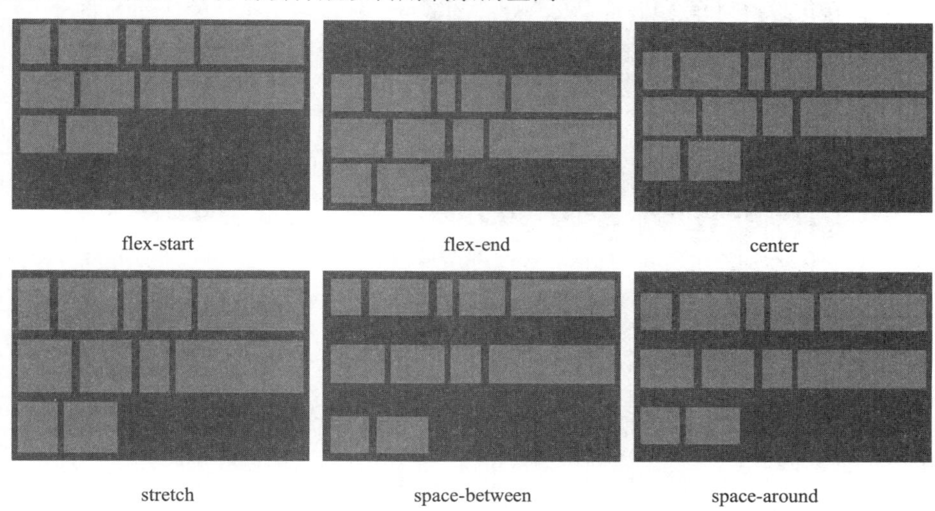

图 12.13　伸缩航对齐示意图

【示例】　下面的示例以上面的示例为基础，定义伸缩行在伸缩容器中居中显示，演示效果如图 12.14 所示。

```
<!doctype html>
<html>
<head>
<meta charset="utf-8">
<title></title>
<style type="text/css">
.flex-container {
```

```
    display: -webkit-flex;
    display: flex;
    -webkit-flex-wrap: wrap;
    flex-wrap: wrap;
    -webkit-align-content: center;
    align-content: center;
    width: 500px; height: 300px;border: solid 1px red;}
.flex-item {
    background-color: blue; width: 200px; height: 200px; margin: 10px;}
</style>
</head>
<body>
<div class="flex-container">
    <div class="flex-item">伸缩项目 1</div>
    <div class="flex-item">伸缩项目 2</div>
    <div class="flex-item">伸缩项目 3</div>
    <div class="flex-item">伸缩项目 4</div>
</div>
</body>
</html>
```

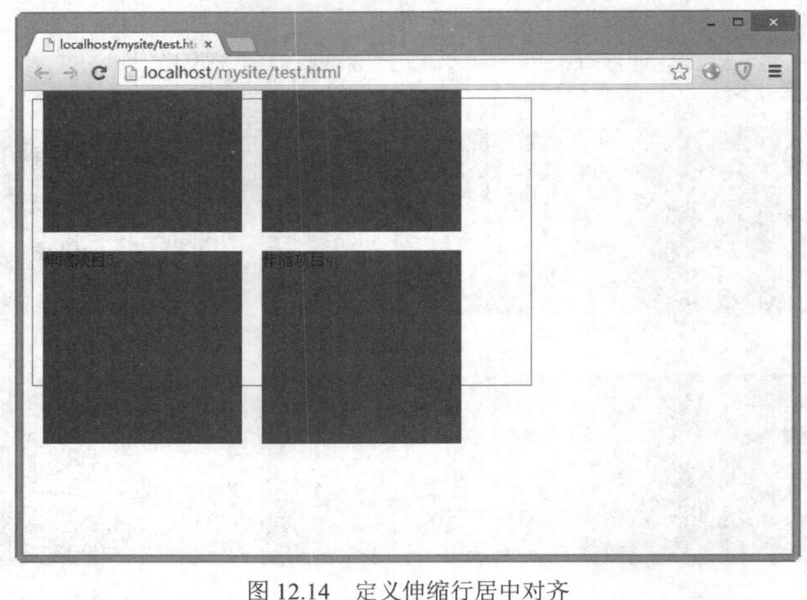

图 12.14　定义伸缩行居中对齐

扫一扫，看视频

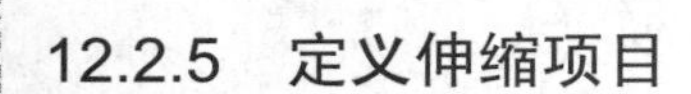

12.2.5　定义伸缩项目

一个伸缩项目就是一个伸缩容器的子元素，伸缩容器中的文本也被视为一个伸缩项目。伸缩项目中的内容与普通文档流一样。例如，一个伸缩项目被设置为浮动，用户依然可以在这个伸缩项目中放置一个浮动元素。

伸缩项目都有一个主轴长度（Main Size）和一个侧轴长度（Cross Size）。主轴长度是伸缩项目在主轴上的尺寸，侧轴长度是伸缩项目在侧轴上的尺寸。一个伸缩项目的宽或高取决于伸缩容器的轴，可能就是它的主轴长度或侧轴长度。

下面的属性可以调整伸缩项目的行为：

1. 显示位置

默认情况下，伸缩项目是按照文档流出现的先后顺序排列的。然而，order 属性可以控制伸缩项目在它们所在的伸缩容器中出现的顺序，该属性适用于伸缩项目。具体语法如下：

```
order: <integer>
```

2. 扩展空间

flex-grow 可以根据需要来定义伸缩项目的扩展能力，该属性适用于伸缩项目。它接受一个不带单位的值作为一个比例，主要决定伸缩容器剩余空间按比例应扩展多少空间。具体语法如下：

```
flex-grow: <number>
```

默认值为 0，负值同样生效。

如果所有伸缩项目的 flex-grow 均设置为 1，那么每个伸缩项目将设置为一个大小相等的剩余空间。如果给其中一个伸缩项目设置 flex-grow 值为 2，那么这个伸缩项目所占的剩余空间是其他伸缩项目所占剩余空间的两倍。

3. 收缩空间

flex-shrink 可以根据需要来定义伸缩项目收缩的能力，该属性适用于伸缩项目。与 flex-grow 功能相反，具体语法如下：

```
flex-shrink: <number>
```

默认值为 1，负值同样生效。

4. 伸缩比率

flex-basis 用来设置伸缩基准值，剩余的空间将按比率进行伸缩，该属性适用于伸缩项目。具体语法如下：

```
flex-basis: <length> | auto
```

默认值为 auto，负值不合法。

拓展：

flex 是 flex-grow、flex-shrink 和 flex-basis 三个属性的复合属性，该属性适用于伸缩项目。其中第二个和第三个参数（flex-shrink、flex-basis）是可选参数。默认值为“0 1 auto”。具体语法如下：

```
flex: none | [ <'flex-grow'> <'flex-shrink'>? || <'flex-basis'> ]
```

5. 对齐方式

align-self 用来在单独的伸缩项目上覆写默认的对齐方式。具体语法如下：

```
align-self: auto | flex-start | flex-end | center | baseline | stretch
```

属性值与 align-items 的属性值相同。

【示例 1】　下面的示例以上面的示例为基础，定义伸缩项目从当前位置向右错移一个位置，其中第一个项目位于第二个项目的位置，第二个项目位于第三个项目的位置，最后一个项目移到第一个项目的位置上，演示效果如图 12.15 所示。

```
<!doctype html>
<html>
<head>
<meta charset="utf-8">
<title></title>
<style type="text/css">
.flex-container {
    display: -webkit-flex;
```

```
    display: flex;
    width: 500px; height: 300px;border: solid 1px red;}
.flex-item {
    background-color: blue; width: 200px; height: 200px; margin: 10px;}
.flex-item:nth-child(0){
    -webkit-order: 4;
    order: 4; }
.flex-item:nth-child(1){
    -webkit-order: 1;
    order: 1; }
.flex-item:nth-child(2){
    -webkit-order: 2;
    order: 2; }
.flex-item:nth-child(3){
    -webkit-order: 3;
    order: 3; }
</style>
</head>
<body>
<div class="flex-container">
    <div class="flex-item">伸缩项目 1</div>
    <div class="flex-item">伸缩项目 2</div>
    <div class="flex-item">伸缩项目 3</div>
    <div class="flex-item">伸缩项目 4</div>
</div>
</body>
</html>
```

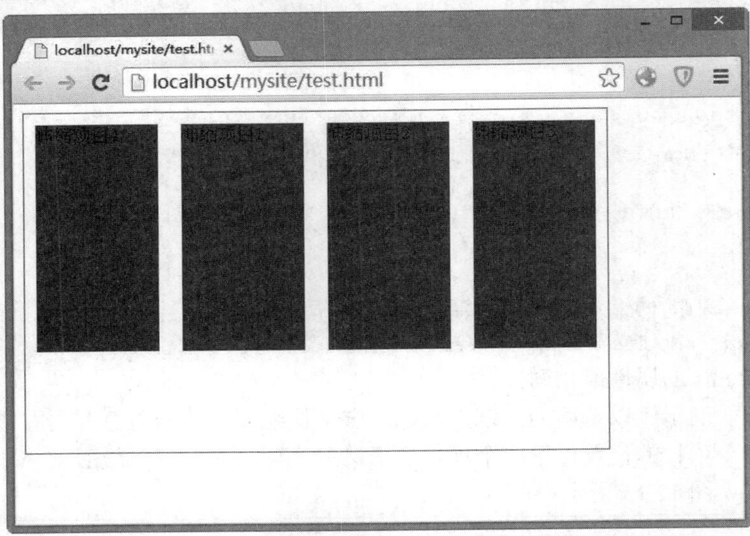

图 12.15　定义伸缩项目错位显示

拓展：

margin: auto;在伸缩盒中具有强大的功能，一个定义为"auto"的 margin 会合并剩余的空间，它可以用来把伸缩项目挤到其他位置。

【示例 2】　下面的示例利用 margin: auto;来定义包含的项目居中显示，效果如图 12.16 所示。

```
<!doctype html>
<html>
<head>
<meta charset="utf-8">
<title></title>
<style type="text/css">
.flex-container {
   display: -webkit-flex;
   display: flex;
   width: 500px; height: 300px; border: solid 1px red;}
.flex-item {
   background-color: blue; width: 200px; height: 200px;
   margin: auto;}
</style>
</head>
<body>
<div class="flex-container">
   <div class="flex-item">伸缩项目</div>
</div>
</body>
</html>
```

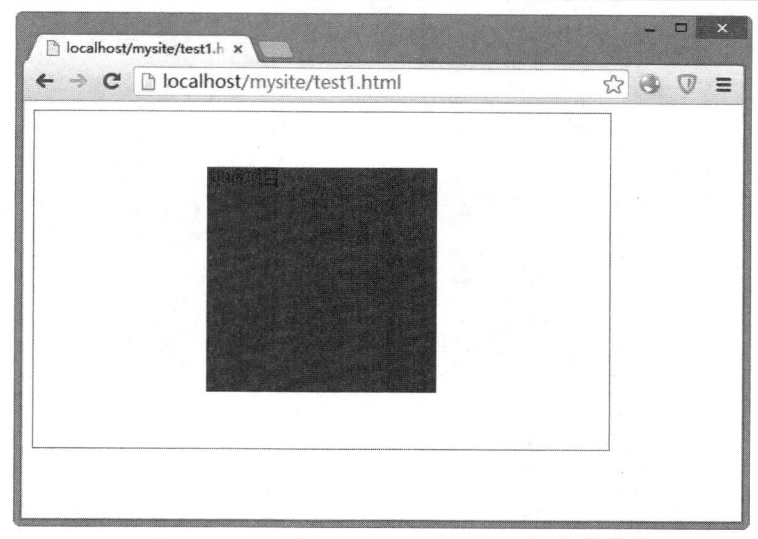

图 12.16　定义伸缩项目居中显示

12.3 实战案例

本节将通过多个案例演示 CSS3 布局的多样性和灵活性，通过实战提升用户使用新技术的能力。

扫一扫，看视频

12.3.1 比较三种布局方式

盒布局与多列布局的区别在于：使用多列布局时，各列宽度必须是相等的，在指定每列宽度时，也只能为所有列指定一个统一的宽度。列与列之间的宽度不可能是不一样的。另外，在使用多列布局时，也不可能具体指定什么列中显示什么内容，因此比较适合显示文章内容，而不适合用于安排整个网页中由各元素组成的网页结构。

下面以示例的形式比较传统的 float 布局、多列布局和盒布局的不同用法和效果。

【示例 1】 下面的示例使用 float 属性进行布局，该示例中有 3 个 div 元素，简单展示了网页中的左侧边栏、中间内容和右侧边栏，预览效果如图 12.17 所示。

```
<!doctype html>
<html>
<head>
<meta charset="utf-8">
<title></title>
<style type="text/css">
#left-sidebar {
    float: left;
    width: 160px;
    padding: 20px;
    background-color: orange;
}
#contents {
    float: left;
    width: 500px;
    padding: 20px;
    background-color: yellow;
}
#right-sidebar {
    float: left;
    width: 160px;
    padding: 20px;
    background-color: limegreen;
}
#left-sidebar, #contents, #right-sidebar {
    box-sizing: border-box;
    -moz-box-sizing: border-box;
    -webkit-box-sizing: border-box;
}
</style>
</head>
<body>
<div id="container">
    <div id="left-sidebar">
        <h2>站内导航</h2>
        <ul>
            <li><a href="">新闻</a></li>
            <li><a href="">博客</a></li>
            <li><a href="">微博</a></li>
            <li><a href="">社区</a></li>
            <li><a href="">关于</a></li>
        </ul>
    </div>
    <div id="contents">
        <h2>《春夜喜雨》</h2>
        <h1>杜甫</h1>
        <p>好雨知时节，当春乃发生。</p>
```

```
        <p>随风潜入夜，润物细无声。</p>
        <p>野径云俱黑，江船火独明。</p>
        <p>晓看红湿处，花重锦官城。</p>
    </div>
    <div id="right-sidebar">
        <h2>友情链接</h2>
        <ul>
            <li><a href="">百度</a></li>
            <li><a href="">谷歌</a></li>
            <li><a href="">360</a></li>
        </ul>
    </div>
</div>
</body>
</html>
```

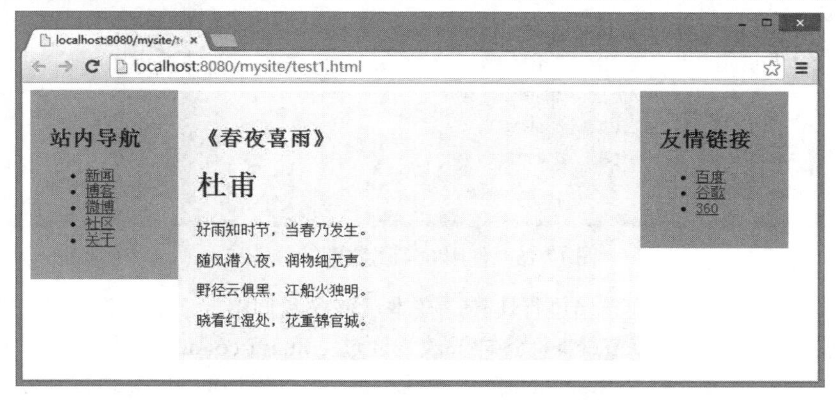

图 12.17　使用 float 属性进行布局

通过图 12.17 可以看出，使用 float 属性或 position 属性时，左右两栏或多栏中 div 元素的底部并没有对齐。如果使用盒布局，那么这个问题将很容易得到解决。

【示例 2】　以上面的示例为基础，为最外层的<div id="container">标签定义 box 属性，并去除了代表左侧边栏<div id="left-sidebar">、中间内容<div id="contents">、右侧边栏<div id="right-sidebar">中 div 元素样式的 float 属性，修改内部样式表代码如下，然后在浏览器中预览，则显示效果如图 12.18 所示。

```
/*定义包含框为盒子布局*/
#container {
    display: box;
    display: -moz-box;
    display: -webkit-box;
}
#left-sidebar {
    width: 160px;
    padding: 20px;
    background-color: orange;
}
#contents {
    width: 500px;
    padding: 20px;
    background-color: yellow;
}
#right-sidebar {
```

```
    width: 160px;
    padding: 20px;
    background-color: limegreen;
}
/*绑定三列栏目为一个盒子整体布局效果*/
#left-sidebar, #contents, #right-sidebar {
    box-sizing: border-box;
    -moz-box-sizing: border-box;
    -webkit-box-sizing: border-box;
}
```

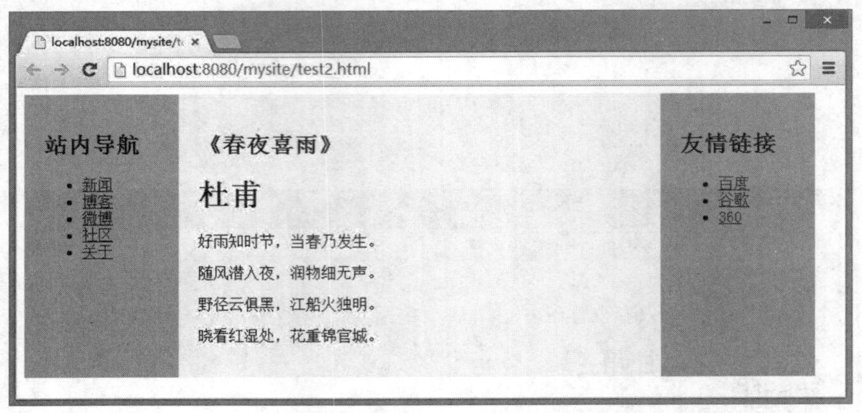

图 12.18　使用 box 属性进行布局

【示例 3】　为了方便与多列布局进行比较，在本示例中我们将上面的示例修改为多列布局格式。将代码清单最外层的<div id="container">标签样式改为通过 column-count 属性来控制，以便应用多栏布局，并去除代表左侧边栏<div id="left-sidebar">、中间内容<div id="contents">和右侧边栏<div id="right-sidebar">中 div 元素样式的 float 属性与 width 属性，修改代码如下，修改后重新运行该示例，则运行结果将如图 12.19 所示。

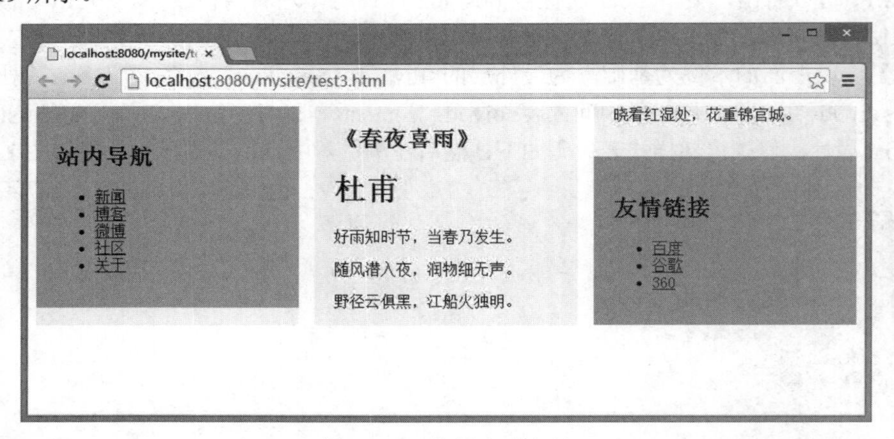

图 12.19　使用多列布局

```
#container {
    column-count: 3;
    -moz-column-count: 3;
    -webkit-column-count: 3;
}
#left-sidebar {
```

```
    padding: 20px;
    background-color: orange;
}
#contents {
    padding: 20px;
    background-color: yellow;
}
#right-sidebar {
    padding: 20px;
    background-color: limegreen;
}
```

通过图 12.19 可以看到，在多列布局中，三列栏目融合在一起，因此多列布局不适合应用于网页结构控制方面，它仅适合于文章多列排版。

12.3.2　设计可伸缩网页模板

下面的示例演示如何灵活使用新老版本的弹性盒布局，设计一个兼容不同设备和浏览器的可伸缩页面，演示效果如图 12.20 所示。

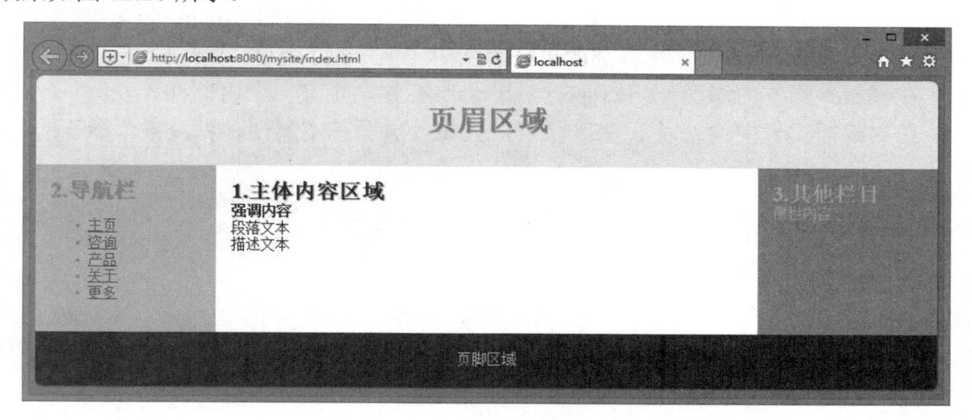

图 12.20　定义混合伸缩盒布局

【操作步骤】

第 1 步：新建 HTML5 文档，保存为 index.html。

第 2 步：在<body>标签内输入以下代码，设计文档模板结构。

```
<div id="container">
    <div id="header">
        <h1>页眉区域</h1>
    </div>
    <div id="main-wrap">
        <section id="main-content">
            <h1>1.主体内容区域</h1>
            <p><strong>强调内容</strong></p>
            <p>段落文本</p>
            <p>描述文本</p>
        </section>
        <nav id="main-nav">
            <h2>2.导航栏</h2>
            <ul>
```

```
                <li><a href="#">主页</a></li>
                <li><a href="#">咨询</a></li>
                <li><a href="#">产品</a></li>
                <li><a href="#">关于</a></li>
                <li><a href="#">更多</a></li>
            </ul>
        </nav>
        <aside id="main-sidebar">
            <h2>3.其他栏目</h2>
            <p>侧栏内容</p>
        </aside>
    </div>
    <div id="footer">
        <p>页脚区域</p>
    </div>
</div>
```

上面的结构为三层嵌套，网页包含框为<div id="container">，内部包含标题栏（<div id="header">）、主体框（<div id="main-wrap">）和页脚栏（<div id="footer">）三部分。主体框内包含三列，分别是主栏（<section id="main-content">）、导航栏（<nav id="main-nav">）和侧栏（<aside id="main-sidebar">）。整体构成了一个标准的 Web 应用模板结构。

第 3 步：在<head>标签内添加<style type="text/css">标签，定义一个内部样式表。

第 4 步：在内部样式表中输入以下 CSS 代码，先设计页面基本属性，以及各个标签的基本样式。

```
body {
    padding: 6px; margin:0;
    background: #79a693;
}
h1, h2 {
    margin: 0;
    text-shadow: 1px 1px 1px #A4A4A4;
}
p { margin: 0;}
```

第 5 步：设计各栏目修饰性样式，这些样式不是本节示例的核心，主要目的是为了美化页面效果。

```
#container { /*网页包含框样式：圆角、阴影、禁止溢出*/
    border-radius:8px;
    overflow:hidden;
    box-shadow:1px 1px 1px #666;
}
#header {/*可选的标题样式：美化模板，不作为实际应用样式*/
    background: #EEE;
    color: #79B30B;
    height:100px;
    text-align:center;
}
#header  h1{
    line-height:100px;
}
#footer {/*可选的页脚样式：美化模板，不作为实际应用样式*/
    background: #444;
    color: #ddd;
    height:60px;
```

```
    line-height:60px;
    text-align:center;
}
/*中间三列基本样式，美化模板，不作为实际应用样式*/
#main-content, #main-sidebar, #main-nav {
    padding: 1em;
}
#main-content {
    background: white;
}
#main-nav {
    background: #B9CAFF;
    color: #FF8539;
}
#main-sidebar {
    background: #FF8539;
    color: #B9CAFF;
}
```

第 6 步：为页面中所有元素启动弹性布局特性。

```
* {
    -webkit-box-sizing: border-box;
    -moz-box-sizing: border-box;
    box-sizing: border-box;
}
```

第 7 步：设计中间三列弹性盒布局。

```
.page-wrap {
    display: -webkit-box;              /* 2009版 - iOS 6-, Safari 3.1-6 */
    display: -moz-box;                 /* 2009版 - Firefox 19- (存在缺陷) */
    display: -ms-flexbox;              /* 2011版 - IE 10 */
    display: -webkit-flex;             /* 最新版 - Chrome */
    display: flex;                     /* 最新版 - Opera 12.1, Firefox 20+ */
}
.main-content {
    -webkit-box-ordinal-group: 2;      /* 2009版 - iOS 6-, Safari 3.1-6 */
    -moz-box-ordinal-group: 2;         /* 2009版 - Firefox 19- */
    -ms-flex-order: 2;                 /* 2011版 - IE 10 */
    -webkit-order: 2;                  /* 最新版 - Chrome */
    order: 2;                          /* 最新版 - Opera 12.1, Firefox 20+ */
    width: 60%;                        /* 不会自动伸缩，其他列将占据空间 */
    -moz-box-flex: 1;                  /* 如果没有该声明，主内容（60%）会伸展到和最宽的段落
                                          一样宽，就像是段落设置了white-space:nowrap */
}
.main-nav {
    -webkit-box-ordinal-group: 1;      /* 2009版 - iOS 6-, Safari 3.1-6 */
    -moz-box-ordinal-group: 1;         /* 2009版 - Firefox 19- */
    -ms-flex-order: 1;                 /* 2011版 - IE 10 */
    -webkit-order: 1;                  /* 最新版 - Chrome */
    order: 1;                          /* 最新版 - Opera 12.1, Firefox 20+ */
    -webkit-box-flex: 1;               /* 2009版 - iOS 6-, Safari 3.1-6 */
    -moz-box-flex: 1;                  /* 2009版 - Firefox 19- */
    width: 20%;                        /* 2009版语法，否则将崩溃 */
```

```
    -webkit-flex: 1;                  /* Chrome */
    -ms-flex: 1;                      /* IE 10 */
    flex: 1;                          /* 最新版 - Opera 12.1, Firefox 20+ */
}
.main-sidebar {
    -webkit-box-ordinal-group: 3;     /* 2009版 - iOS 6-, Safari 3.1-6 */
    -moz-box-ordinal-group: 3;        /* 2009版 - Firefox 19- */
    -ms-flex-order: 3;                /* 2011版 - IE 10 */
    -webkit-order: 3;                 /* 最新版 - Chrome */
    order: 3;                         /* 最新版 - Opera 12.1, Firefox 20+ */
    -webkit-box-flex: 1;              /* 2009版 - iOS 6-, Safari 3.1-6 */
    -moz-box-flex: 1;                 /* Firefox 19- */
    width: 20%;                       /* 2009版，否则将崩溃. */
    -ms-flex: 1;                      /* 2011版 - IE 10 */
    -webkit-flex: 1;                  /* 最新版 - Chrome */
    flex: 1;                          /* 最新版 - Opera 12.1, Firefox 20+ */
}
```

page-wrap 容器包含三个子模块，将其定义为伸缩容器，此时每个子模块自动变成了伸缩项目。本示例设计各列在一个伸缩容器中显示上下文，只有这样这些元素才能直接成为伸缩项目，它们之前是什么并没有关系，只要现在是伸缩项目即可。

上面把 Flexbox 旧的语法、中间过渡语法和最新的语法混在一起使用，记住它们的设置顺序很重要。display 属性本身并不添加任何浏览器前缀，用户需要确保老语法不会覆盖新语法，让浏览器同时支持。

```
.page-wrap {
    display: -webkit-box;             /* 2009版 - iOS 6-, Safari 3.1-6 */
    display: -moz-box;                /* 2009版 - Firefox 19- (存在缺陷) */
    display: -ms-flexbox;             /* 2011版 - IE 10 */
    display: -webkit-flex;            /* 最新版 - Chrome */
    display: flex;                    /* 最新版 - Opera 12.1, Firefox 20+ */
}
```

容器包含三列，设计一个 20%、60%、20%网格布局。第一步，设置主内容区域宽度为 60%；第二步，设置侧边栏来填补剩余的空间。同样把新旧语法混在一起使用。

```
.main-content {
    -webkit-box-ordinal-group: 2;     /* 2009版 - iOS 6-, Safari 3.1-6 */
    -moz-box-ordinal-group: 2;        /* 2009版 - Firefox 19- */
    -ms-flex-order: 2;                /* 2011版 - IE 10 */
    -webkit-order: 2;                 /* 最新版 - Chrome */
    order: 2;                         /* 最新版 - Opera 12.1, Firefox 20+ */
    width: 60%;                       /* 不会自动伸缩，其他列将占据空间 */
    -moz-box-flex: 1;                 /* 如果没有该声明，Firefox 19-将溢出h，覆盖宽度 */
    background: white;
}
```

在新语法中，没有必要给边栏设置宽度，因为它们同样会使用 20%的比例填充剩余的 40%空间。但是，如果不显式设置宽度，在老的语法下会直接崩溃。

完成初步布局之后，需要重新排列顺序。这里设计主内容排列在中间，但在源码中，它是排列在第一的位置。使用 Flexbox 可以非常容易实现，只是用户需要把 Flexbox 几种不同的语法混在一起使用。

本示例将 Flexbox 多版本混合在一起使用，可以得到以下浏览器的支持：

- Chrome
- Firefox
- Safari
- Opera 12.1+
- IE 10+
- iOS any
- Android

12.3.3　设计多列网页

扫一扫，看视频

本节利用本章第 1 节文档结构，对齐多列布局进行进一步美化，使用 CSS3 多列布局特性设计网页内容显示为多列效果，预览效果如图 12.21 所示。

图 12.21　设计多列网页显示效果

【操作步骤】

第 1 步：新建 HTML5 文档，保存为 index.html。

第 2 步：在<body>标签内输入禅意花园网站结构代码，读者可以参考本书资源包示例，或者复制前面示例中所用禅意花园结构。

第 3 步：在内部样式表中输入以下 CSS 代码，设计布局样式。

```
/*网页基本属性，并定义多列流动显示*/
body {
    /*设计多重网页背景，并设置其显示大小*/
    background:url(images/page1.gif) no-repeat right 20px,
    url(images/bg.jpg) no-repeat right bottom,
    url(images/page3.jpg) no-repeat left top;
    background-size:auto, 74% 79.5%, auto;
    color:#000;
```

```
    font-size:12px;
    font-family:"新宋体", Arial, Helvetica, sans-serif;
    /*定义页面内容显示为三列*/
    -webkit-column-count:3;
    -moz-column-count:3;
    column-count:3;
    /*定义列间距为 3em，默认为 1em*/
    -webkit-column-gap:3em;
    -moz-column-gap:3em;
    column-gap:3em;
    line-height:2em;
    /*定义列边框为 3 像素，宽的灰色虚线*/
    -webkit-column-rule:double 3px gray;
    -moz-column-rule:double 3px gray;
    column-rule:double 3px gray;}
/*设计跨列显示类*/
.allcols {
    -webkit-column-span:all;
    -moz-column-span:all;
    column-span:all;}
h1, h2, h3 {text-align:center; margin-bottom:1em;}
h2 { color:#666; text-decoration:underline;}
h3 {letter-spacing:0.4em;font-size:1.4em;}
p {margin:0;line-height:1.8em;}
#quickSummary .p2 { text-align:right; }
#quickSummary .p1 { color:#444; }
.p1, .p2, .p3 { text-indent:2em; }
#quickSummary { margin:4em; }
a { color:#222; }
a:hover {color:#000; text-decoration:underline;}
/*设计报刊杂志的首字下沉显示类*/
.first:first-letter {
    font-size:50px;
    float:left;
    margin-right:6px;
    padding:2px;
    font-weight:bold;
    line-height:1em;
    background:#000;
    color:#fff;
    text-indent:0;}
#preamble img {
    height:260px;
    /*设计插图跨列显示，但实际浏览无效果*/
    -webkit-column-span:all;
    -moz-column-span:all;
    column-span:all;}
/*设计栏目框半透明显示，从而实现网页背景半透明显示效果*/
#container {background:rgba(255, 255, 255, 0.8);padding:0 1em;}
```

提示：

由于 CSS3 的多列布局特性并未得到各大主流浏览器的支持，支持浏览器的解析效果也存在差异，所以在不同浏览器中预览时，看到的效果会存在一定的差异。

12.3.4 设计 HTML5 应用网页模板

扫一扫，看视频

本例使用 HTML5 标签设计一个规范的 Web 应用页面结构，并借助 Flexbox 定义伸缩盒布局，让页面呈现 3 行 3 列布局样式，同时能够根据窗口自适应调整各自空间以满屏显示，效果如图 12.22 所示。

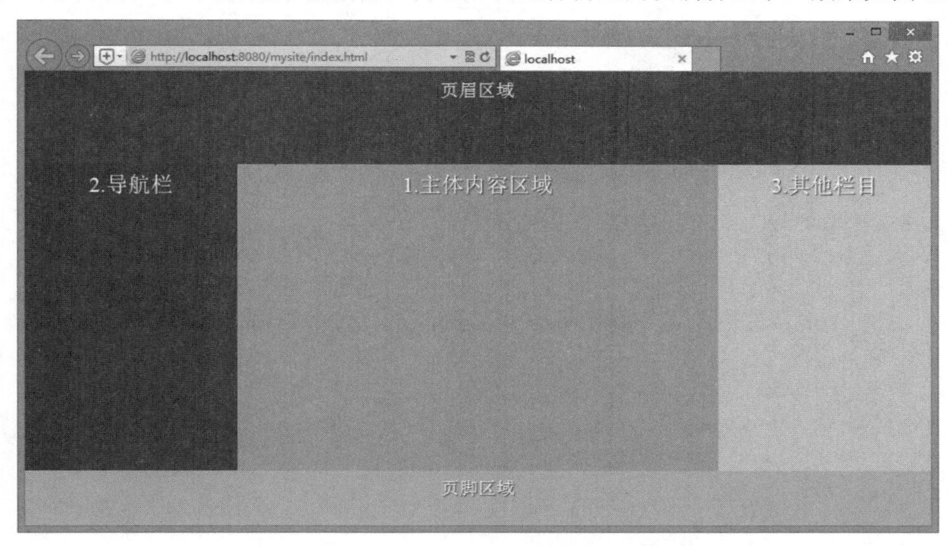

图 12.22 HTML5 应用文档

【操作步骤】

第 1 步：新建 HTML5 文档，保存为 index.html。

第 2 步：在<body>标签内输入以下代码，设计 Web 应用的模块结构。

```
<header>页眉区域</header>
<section>
   <article>1.主体内容区域</article>
   <nav>2.导航栏</nav>
   <aside>3.其他栏目</aside>
</section>
<footer>页脚区域</footer>
```

上面的结构使用 HTML5 标签进行定义，都拥有不同的语义，这样就不用为它们定义 id，也方便 CSS 选择。对上面几个结构标签说明如下：

- <header>：定义 section 或 page 的页眉。
- <section>：用于对网站或应用程序中页面上的内容进行分区。一个 section 通常由内容及其标题组成。div 元素也可以用来对页面进行分区，但 section 并非一个普通的容器，当一个容器需要被直接定义样式或通过脚本定义行为时，推荐使用 div，而非 section。
- <article>：定义文章。
- <nav>：定义导航条。
- <aside>：定义页面内容之外的内容，如侧边栏、服务栏等。
- <footer>：定义 section 或 page 的页脚。

第 3 步：在<head>标签内添加<style type="text/css">标签，定义一个内部样式表。

第 4 步：在内部样式表中输入以下 CSS 代码，设计布局样式。

```
/*基本样式*/
* {/*重置所有标签默认样式，清除缩进，启动标准模式解析 */
    margin: 0;
    padding: 0;
    -moz-box-sizing: border-box;
    -webkit-box-sizing: border-box;
    box-sizing: border-box;
}
html, body {/*强制页面撑开，满屏显示*/
    height: 100%;
    color: #fff;
}
body {/*强制页面撑开，满屏显示*/
    min-width: 100%;
}
header, section, article, nav, aside, footer {/*HTML5 标签默认没有显示类型，统一其基
本样式*/
    display: block;
    text-align: center;
    text-shadow: 1px 1px 1px #444;
    font-size:1.2em;
}
header {/*页眉框样式：限高、限宽*/
    background-color: hsla(200,10%,20%,.9);
    min-height: 100px;
    padding: 10px 20px;
    min-width: 100%;
}
section {/*主体区域框样式：满宽显示*/
    min-width: 100%;
}
nav {/*导航框样式：固定宽度*/
    background-color: hsla(300,60%,20%,.9);
    padding: 1%;
    width: 220px;
}
article {/*文档栏样式*/
    background-color: hsla(120,50%,50%,.9);
    padding: 1%;
}
aside {/*侧边栏样式：弹性宽度*/
    background-color: hsla(20,80%,80%,.9);
    padding: 1%;
    width: 220px;
}
```

```
footer {/*页脚样式：限高、限宽*/
    background-color: hsla(250,50%,80%,.9);
    min-height: 60px;
    padding: 1%;
    min-width: 100%;
}
/*flexbox 样式*/
body {
    /*设置 body 为伸缩容器*/
    display: -webkit-box;/*老版本：iOS 6-, Safari 3.1-6*/
    display: -moz-box;/*老版本：Firefox 19- */
    display: -ms-flexbox;/*混合版本：IE10*/
    display: -webkit-flex;/*新版本：Chrome*/
    display: flex;/*标准规范：Opera 12.1, Firefox 20+*/
    /*伸缩项目换行*/
    -moz-box-orient: vertical;
    -webkit-box-orient: vertical;
    -moz-box-direction: normal;
    -moz-box-direction: normal;
    -moz-box-lines: multiple;
    -webkit-box-lines: multiple;
    -webkit-flex-flow: column wrap;
    -ms-flex-flow: column wrap;
    flex-flow: column wrap;
}
/*实现 stick footer 效果*/
section {
    display: -moz-box;
    display: -webkit-box;
    display: -ms-flexbox;
    display: -webkit-flex;
    display: flex;
    -webkit-box-flex: 1;
    -moz-box-flex: 1;
    -ms-flex: 1;
    -webkit-flex: 1;
    flex: 1;
    -moz-box-orient: horizontal;
    -webkit-box-orient: horizontal;
    -moz-box-direction: normal;
    -webkit-box-direction: normal;
    -moz-box-lines: multiple;
    -webkit-box-lines: multiple;
    -ms-flex-flow: row wrap;
    -webkit-flex-flow: row wrap;
    flex-flow: row wrap;
    -moz-box-align: stretch;
    -webkit-box-align: stretch;
```

```
    -ms-flex-align: stretch;
    -webkit-align-items: stretch;
    align-items: stretch;
}
/*文章区域伸缩样式*/
article {
    -moz-box-flex: 1;
    -webkit-box-flex: 1;
    -ms-flex: 1;
    -webkit-flex: 1;
    flex: 1;
    -moz-box-ordinal-group: 2;
    -webkit-box-ordinal-group: 2;
    -ms-flex-order: 2;
    -webkit-order: 2;
    order: 2;
}
/*侧边栏伸缩样式*/
aside {
    -moz-box-ordinal-group: 3;
    -webkit-box-ordinal-group: 3;
    -ms-flex-order: 3;
    -webkit-order: 3;
    order: 3;
}
```

第 13 章　使用 CSS3 设计动画

CSS3 动画分 Transition 和 Animations 两种，它们都是通过持续改变 CSS 属性值产生动态样式效果。Transitions 功能支持属性从一个值平滑过渡到另一个值，由此产生渐变的动态效果；Animations 功能支持通过关键帧产生序列渐变动画，每个关键帧中可以包含多个动态属性，从而在页面上生成多帧复杂的动画效果。另外，CSS3 新增变换属性 transform，transform 功能支持改变对象的位移、缩放、旋转、倾斜等变换操作。本章详细介绍 CSS3 的 Transform、Transitions 和 Animations 动画功能及其应用。

【学习重点】

- 设计 2D 变换。
- 设计 3D 变换。
- 设计过渡动画。
- 设计关键帧动画。
- 能够使用 CSS3 动画功能设计页面特效样式。

13.1　设计 2D 变换

CSS 2D Transform 表示 2D 变换，目前获得了各主流浏览器的支持，但是对 CSS 3D Transform 的支持程度不是很完善，仅能够在部分浏览器中获得支持。transform 属性语法格式如下。

```
transform:none | <transform-function> [ <transform-function> ]*;
```

transform 属性的初始值是 none，适用于块元素和行内元素。取值简单说明如下：

- <transform-function>：设置变换函数。可以是一个或多个变换函数列表。transform-function 函数包括 matrix()、translate()、scale()、scaleX()、scaleY()、rotate()、skewX()、skewY()、skew()等。关于这些常用变换函数的功能简单说明如下：
  - matrix()：定义矩阵变换，即基于 X 和 Y 坐标重新定位元素的位置。
  - translate()：移动元素对象，即基于 X 和 Y 坐标重新定位元素。
  - scale()：缩放元素对象，可以使任意元素对象尺寸发生变化，取值包括正数和负数，以及小数。
  - rotate()：旋转元素对象，取值为一个度数值。
  - skew()：倾斜元素对象，取值为一个度数值。

提示：

对于早期版本浏览器，Webkit 引擎支持-webkit-transform 私有属性，Mozilla Gecko 引擎支持-moz-transform 私有属性，Presto 引擎支持-o-transform 私有属性，IE9 支持-ms-transform 私有属性，目前大部分最新浏览器都支持 transform 标准属性。

13.1.1　定义旋转

扫一扫，看视频

rotate()函数能够旋转指定的元素对象，它主要在二维空间内进行操作，接收一个角度参数值，用来指定旋转的幅度。语法格式如下：

```
rotate(<angle>)
```

【示例】 下面的示例设置 div 元素在鼠标经过时如何逆时针旋转 90 度，演示效果如图 13.1 所示。

```
<!doctype html>
<html>
<head>
<meta charset="utf-8">
<style type="text/css">
div {
   margin: 100px auto;
   width: 200px;
   height: 50px;
   background: #93FB40;
   border-radius: 12px;
}
div:hover {
   /*定义动画的状态 */
   -webkit-transform: rotate(-90deg);
   -moz-transform: rotate(-90deg);
   -o-transform: rotate(-90deg);
   transform: rotate(-90deg);
}
</style>
</head>
<body>
<div></div>
</body>
</html>
```

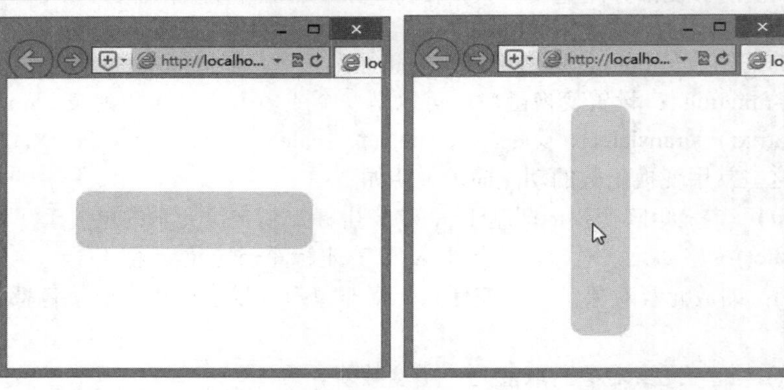

图 13.1　定义旋转动画效果

扫一扫，看视频

13.1.2　定义缩放

scale()函数能够缩放元素大小，该函数包含两个参数值，分别用来定义宽和高的缩放比例。语法格式如下：

```
scale(<number>[, <number>])
```

<number>参数值可以是正数、负数和小数。正数值将基于指定的宽度和高度放大元素。负数值不会缩小元素，而是翻转元素（如文字被反转），然后再缩放元素。使用小于 1 的小数（如 0.5）可以缩小

元素。如果第二个参数省略，则第二个参数等于第一个参数。

【示例】 在下面的示例中设置 div 元素在鼠标经过时放大 1.5 倍显示，演示效果如图 13.2 所示。

默认状态

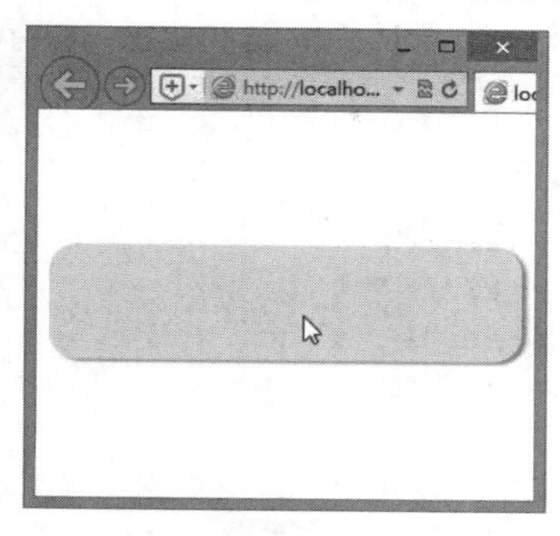
鼠标经过时被放大

图 13.2 定义缩放动画效果

```
<!doctype html>
<html>
<head>
<meta charset="utf-8">
<style type="text/css">
div {
    margin: 100px auto;
    width: 200px;
    height: 50px;
    background: #93FB40;
    border-radius: 12px;
    box-shadow:2px 2px 2px #999;
}
div:hover {
    /*定义动画的状态 */
    /*设置 a 元素在鼠标经过时放大 1.5 倍尺寸进行显示*/
    -webkit-transform: scale(1.5);
    -moz-transform: scale(1.5);
    -o-transform: scale(1.5);
    transform: scale(1.5);
}
</style>
</head>
<body>
<div></div>
</body>
</html>
```

13.1.3 定义移动

扫一扫，看视频

translate()函数能够重新定位元素的坐标，该函数包含两个参数值，分别用来定义 x 轴和 y 轴坐标。语法格式如下：

```
translate(<translation-value>[, <translation-value>])
```

<translation-value>参数表示坐标值，第一个参数表示相对于原位置的 x 轴偏移距离，第二个参数表

示相对于原位置的 y 轴偏移距离，如果省略了第二个参数，则第二个参数的默认值为 0。

【示例】 缩放对象是相当有意义的功能，使用它可以渐进增强:hover 可用性。在下面的示例中给导航菜单添加定位功能，让导航菜单更富动感，演示效果如图 13.3 所示。

```
<!doctype html>
<html>
<head>
<meta charset="utf-8">
<style type="text/css">
.test ul { list-style: none; }
.test li { float: left; width: 100px; background: #CCC; margin-left: 3px; line-height: 30px; }
.test a { display: block; text-align: center; height: 30px; }
.test a:link { color: #666; background: url(images/icon1.jpg) #CCC no-repeat 5px 12px; text-decoration: none; }
.test a:visited { color: #666; text-decoration: underline; }
.test a:hover {
   color:#FFF;
   font-weight:bold;
   text-decoration:none;
   background:url(images/icon2.jpg) #F00 no-repeat 5px 12px;
   /*设置 a 元素在鼠标经过时向右下角位置偏移 4 个像素 */
   -moz-transform: translate(4px, 4px);
   -webkit-transform: translate(4px, 4px);
   -o-transform: translate(4px, 4px);
   transform: translate(4px, 4px);
}
</style>
</head>
<body>
<div class="test">
   <ul>
      <li><a href="1">首页</a></li>
      <li><a href="2">新闻</a></li>
      <li><a href="3">论坛</a></li>
      <li><a href="4">博客</a></li>
      <li><a href="5">团购</a></li>
      <li><a href="6">微博</a></li>
   </ul>
</div>
</body>
</html>
```

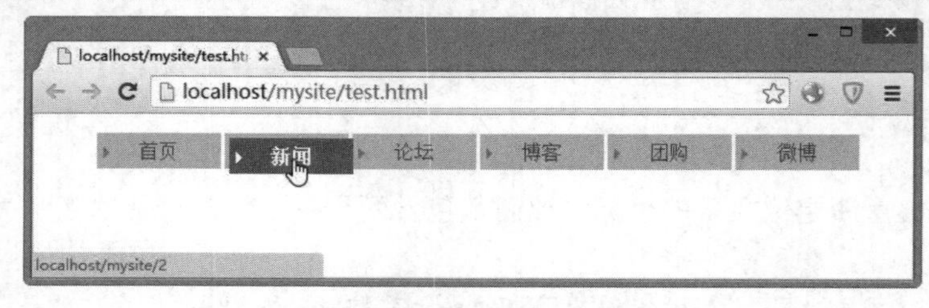

图 13.3　移动动画效果

提示：

当为 translate()函数传递一个参数值时，表示水平偏移，如果想要垂直偏移，则应设置第一个参数值为 0，第二个参数值为垂直偏移值。如果设置的负数，则表示反向偏移，但是参考距离不同。

13.1.4　定义倾斜

扫一扫，看视频

skew()函数能够让元素倾斜显示，该函数包含两个参数值，分别用来定义 x 轴和 y 轴坐标倾斜的角度。语法格式如下：

```
skew(<angle> [, <angle>])
```

<angle>参数表示角度值，第一个参数表示相对于 x 轴进行倾斜，第二个参数表示相对于 y 轴进行倾斜，如果省略了第二个参数，则第二个参数的默认值为 0。

skew()也是一个很有用的变换函数，它可以将一个对象围绕着 x 轴和 y 轴按照一定的角度倾斜。这与 rotate()函数的旋转不同，rotate()函数只是旋转，而不会改变元素的形状；skew()函数则会改变元素的形状。

【示例】　在下面的示例中给导航菜单添加倾斜变换功能，让导航菜单更富情趣，演示效果如图 13.4 所示。

```
<!doctype html>
<html>
<head>
<meta charset="utf-8">
<style type="text/css">
.test ul { list-style: none; }
.test li { float: left; width: 100px; background: #CCC; margin-left: 3px; line-height: 30px; }
.test a { display: block; text-align: center; height: 30px; }
.test a:link { color: #666; background: url(images/icon1.jpg) #CCC no-repeat 5px 12px; text-decoration: none; }
.test a:visited { color: #666; text-decoration: underline; }
.test a:hover {
    color:#FFF;
    font-weight:bold;
    text-decoration:none;
    background:url(images/icon2.jpg) #F00 no-repeat 5px 12px;
    /*设置 a 元素在鼠标经过时向左下角位置倾斜*/
    -moz-transform: skew(30deg, -10deg);
    -webkit-transform: skew(30deg, -10deg);
    -o-transform: skew(30deg, -10deg);
    transform: skew(30deg, -10deg);
}
</style>
</head>
<body>
<div class="test">
    <ul>
        <li><a href="1">首页</a></li>
        <li><a href="2">新闻</a></li>
        <li><a href="3">论坛</a></li>
        <li><a href="4">博客</a></li>
        <li><a href="5">团购</a></li>
```

```
        <li><a href="6">微博</a></li>
    </ul>
</div>
</body>
</html>
```

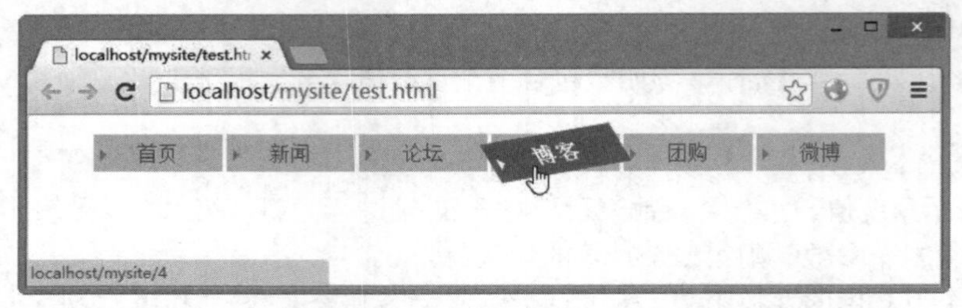

图 13.4　倾斜动画效果

扫一扫，看视频

13.1.5　定义矩阵

matrix()是矩阵函数，调用该函数可以非常灵活地实现各种变换效果，如倾斜（skew）、缩放（scale）、旋转（rotate）以及位移（translate）。matrix()函数的语法格式如下。

```
matrix(<number>, <number>, <number>, <number>, <number>, <number>)
```

其中，第 1 个参数控制 x 轴缩放，第 2 个参数控制 x 轴倾斜，第 3 个参数控制 y 轴倾斜，第 4 个参数控制 y 轴缩放，第 5 个参数控制 x 轴移动，第 6 个参数控制 y 轴移动。使用前四个参数配合，可以实现旋转效果。

【示例】　在下面的示例中利用 matrix()函数的矩阵变换设计特殊变换，给导航菜单添加动态变换效果，演示效果如图 13.5 所示。

```
<!doctype html>
<html>
<head>
<meta charset="utf-8">
<style type="text/css">
.test ul { list-style: none; }
.test li { float: left; width: 100px; background: #CCC; margin-left: 3px; line-height: 30px; }
.test a { display: block; text-align: center; height: 30px; }
.test a:link { color: #666; background: url(images/icon1.jpg) #CCC no-repeat 5px 12px; text-decoration: none; }
.test a:visited { color: #666; text-decoration: underline; }
.test a:hover {
    color:#FFF;
    font-weight:bold;
    text-decoration:none;
    background:url(images/icon2.jpg) #F00 no-repeat 5px 12px;
    /*设置 a 元素在鼠标经过时矩阵变换*/
    -moz-transform: matrix(1, 0.4, 0, 1, 0, 0);
    -webkit-transform: matrix(1, 0.4, 0, 1, 0, 0);
    -o-transform: matrix(1, 0.4, 0, 1, 0, 0);
    transform: matrix(1, 0.4, 0, 1, 0, 0);
}
```

```
</style>
</head>
<body>
<div class="test">
    <ul>
        <li><a href="1">首页</a></li>
        <li><a href="2">新闻</a></li>
        <li><a href="3">论坛</a></li>
        <li><a href="4">博客</a></li>
        <li><a href="5">团购</a></li>
        <li><a href="6">微博</a></li>
    </ul>
</div>
</body>
</html>
```

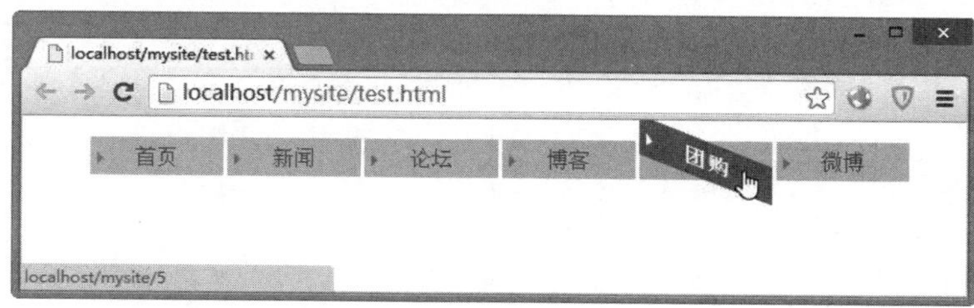

图 13.5　变换动画效果

提示：

transform 是一个复合属性，CSS3 支持缩写形式。例如：

```
transform: translate(80, 80);
transform: rotate(45deg);
transform: scale(1.5, 1.5);
```

对于上面的样式，可以缩写为：

```
transform: translate(80, 80) rotate(45deg) scale(1.5, 1.5);
```

13.1.6　定义变换原点

CSS 变换的原点默认为对象的中心点，如果要改变这个中心点，可以使用 transform-origin 属性进行定义。例如，rotate 变换的默认原点是对象的中心点，使用 transform-origin 属性可以将原点设置在对象左上角或者左下角，这样 rotate 变换的结果就不同了。transform-origin 属性的基本语法如下所示：

```
transform-origin:[ [ <percentage> | <length> | left | center | right ] [ <percentage>| <length> | top | center | bottom ]? ] | [ [ left | center | right ]|| [ top | center | bottom ] ]
```

transform-origin 属性的初始值为 50% 50%，它适用于块状元素和内联元素。transform-origin 接受两个参数，它们可以是百分比、em、px 等具体的值，也可以是 left、center、right 或者 top、middle、bottom 等描述性关键字。

【示例】　通过改变变换对象的原点，可以实现不同的变换效果。在下面的示例中让长方形盒子以左上角为中心点逆时针旋转 90 度，则演示效果如图 13.6 所示。

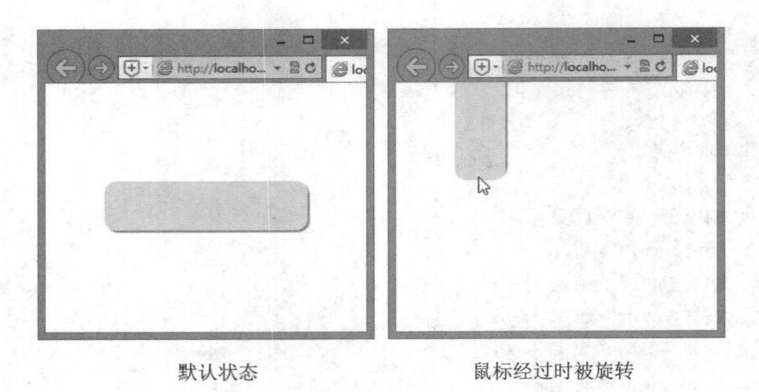

默认状态　　　　鼠标经过时被旋转

图 13.6　定义旋转动画中心点为左上角

```
<!doctype html>
<html>
<head>
<meta charset="utf-8">
<style type="text/css">
div {
    margin: 100px auto;
    width: 200px;
    height: 50px;
    background: #93FB40;
    border-radius: 12px;
    box-shadow: 2px 2px 2px #999;
}
div:hover {
    /*定义动画逆时针旋转 90 度 */
    -webkit-transform: rotate(-90deg);
    -moz-transform: rotate(-90deg);
    -o-transform: rotate(-90deg);
    transform: rotate(-90deg);
    /*以左上角为原点*/
    -moz-transform-origin: 0 0;
    -webkit-transform-origin: 0 0;
    -o-transform-origin: 0 0;
    transform-origin: 0 0;
}
</style>
</head>
<body>
<div></div>
</body>
</html>
```

13.2　设计 3D 变换

CSS3 的 3D 变换主要包括以下几种函数：

- 3D 位移：包括 translateZ()和 translate3d()函数。

- 3D 旋转：包括 rotateX()、rotateY()、rotateZ()和 rotate3d()函数。
- 3D 缩放：包括 scaleZ()和 scale3d()函数。
- 3D 矩阵：包含 matrix3d()函数。

考虑到浏览器兼容性，主流浏览器对 3D 变换的支持不是很好，在实际应用时应添加私有属性，简单说明如下：

- 在 IE10+中，3D 变换部分属性未得到很好的支持。
- Firefox10.0 至 Firefox15.0 版本的浏览器，在使用 3D 变换时需要添加私有属性-moz-，但从 Firefox16.0+版本开始无需添加浏览器私有属性。
- Chrome12.0+版本中使用 3D 变换时需要添加私有属性-webkit-。
- Safari4.0+版本中使用 3D 变换时需要添加私有属性-webkit-。
- Opera15.0+版本才开始支持 3D 变换，使用时需要添加私有属性-webkit-。
- 移动设备中 iOS Safari3.2+、Android Browser3.0+、Blackberry Browser7.0+、Opera Mobile13.0+、Chrome for Android 25.0+都支持 3D 变换，但在使用时需要添加私有属性-webkit-；Firefox for Android 19.0+支持 3D 变换，但无需添加浏览器私有属性。

13.2.1　定义位移

扫一扫，看视频

在 CSS3 中，3D 位移主要包括两种函数 translateZ()和 translate3d()。translate3d()函数使一个元素在三维空间移动。这种变换的特点是，使用三维向量的坐标定义元素在每个方向移动多少。基本语法如下：

```
translate3d(tx,ty,tz)
```

属性取值说明如下：

- tx：代表横向坐标位移向量的长度。
- ty：代表纵向坐标位移向量的长度。
- tz：代表 Z 轴位移向量的长度。此值不能是一个百分比值，如果取值为百分比值，将会认为是无效值。

【示例 1】　下面的示例通过原图和 3D 位移图，比较移动前后效果，演示效果如图 13.7 所示。

```
<!doctype html>
<html>
<head>
<meta charset="utf-8">
<style type="text/css">
.stage { /*设置舞台，定义观察者距离*/
   width: 600px; height: 200px;
   border: solid 1px red;
   -webkit-perspective: 1200px;
   -moz-perspective: 1200px;
   -ms-perspective: 1200px;
   -o-perspective: 1200px;
   perspective: 1200px;
}
.container { /*创建三维空间*/
   -webkit-transform-style: preserve-3d;
   -moz-transform-style: preserve-3d;
   -ms-transform-style: preserve-3d;
   -o-transform-style: preserve-3d;
```

```
    transform-style: preserve-3d;
}
img {width: 120px;}
img:nth-child(2) {/*在 3D 空间向前左下方位移 */
    -webkit-transform: translate3d(30px, 30px, 200px);
    -moz-transform: translate3d(30px, 30px, 200px);
    -ms-transform: translate3d(30px, 30px, 200px);
    -o-transform: translate3d(30px, 30px, 200px);
    transform: translate3d(30px, 30px, 200px);
}
</style>
</head>
<body>
<div class="stage">
    <div  class="container"><img  src="images/1.png"  /><img  src="images/1.png"
/></div>
</div>
</body>
</html>
```

图 13.7　定义 3D 位移效果

从图 13.7 效果可以看出，Z 轴值越大，元素离浏览者更近，从视觉上元素就变得更大；反之其值越小，元素也离浏览者更远，从视觉上元素就变得更小。

注意，舞台大小会对 3D 变换对象产生影响。

拓展：

translateZ()函数的功能是让元素在 3D 空间沿 Z 轴进行位移，其基本语法如下：

```
translateZ(t)
```

参数值 t 指的是 Z 轴的向量位移长度。

使用 translateZ()函数可以让元素在 Z 轴进行位移，当其值为负值时，元素在 Z 轴越移越远，导致元素变得较小；反之，当其值为正值时，元素在 Z 轴越移越近，导致元素变得较大。

【示例 2】　在上例的基础上，将 translate3d()函数换成 translateZ()函数，则效果如图 13.8 所示。其中修改的样式如下：

```
img:nth-child(2) {
    -webkit-transform: translateZ(200px);
    -moz-transform: translateZ(200px);
    -ms-transform: translateZ(200px);
    -o-transform: translateZ(200px);
```

```
    transform: translateZ(200px);
}
```

图 13.8　向浏览者面前位移效果

translateZ()函数仅让元素在 Z 轴进行位移，当其值越大时，元素离浏览者越近，视觉上元素放大，反之元素缩小。translateZ()函数在实际使用中等效于 translate3d(0,0,tz)。

扫一扫，看视频

13.2.2　定义缩放

CSS3 3D 缩放主要有 scaleZ()和 scale3d()两个函数，当 scale3d()中 X 轴和 Y 轴同时为 1，即 scale3d(1,1,sz)，其效果等同于 scaleZ(sz)。通过使用 3D 缩放函数，可以让元素在 Z 轴上按比例缩放。默认值为 1，当值大于 1 时，元素放大，反之小于 1 大于 0.01 时，元素缩小。其基本语法如下：

```
scale3d(sx,sy,sz)
```

取值说明如下：

- sx：横向缩放比例。
- sy：纵向缩放比例。
- sz：Z 轴缩放比例。

```
scaleZ(s)
```

参数值 s 指定元素每个点在 Z 轴的比例。

scaleZ(-1)定义了一个原点在 Z 轴的对称点（按照元素的变换原点）。

scaleZ()和 scale3d()函数单独使用时没有任何效果，需要配合其他变换函数一起使用才会有效果。

【示例】 下面的示例通过原图和 3D 缩放图，比较变换前后效果，为了能看到 scaleZ()函数的效果，添加了一个 rotateX(45deg)功能，演示效果如图 13.9 所示。

```
<!doctype html>
<html>
<head>
<meta charset="utf-8">
<style type="text/css">
.stage { /*设置舞台，定义观察者距离*/
    width: 600px; height: 200px;
    border: solid 1px red;
    -webkit-perspective: 1200px;
    -moz-perspective: 1200px;
    -ms-perspective: 1200px;
    -o-perspective: 1200px;
    perspective: 1200px;
```

```
}
.container { /*创建三维空间*/
    -webkit-transform-style: preserve-3d;
    -moz-transform-style: preserve-3d;
    -ms-transform-style: preserve-3d;
    -o-transform-style: preserve-3d;
    transform-style: preserve-3d;
}
img { width: 120px;}
img:nth-child(2) {/*3D 放大并在 X 轴上旋转 45 度*/
    -webkit-transform: scaleZ(5) rotateX(45deg);
    -moz-transform: scaleZ(5) rotateX(45deg);
    -ms-transform: scaleZ(5) rotateX(45deg);
    -o-transform: scaleZ(5) rotateX(45deg);
    transform: scaleZ(5) rotateX(45deg);
}
</style>
</head>
<body>
<div class="stage">
    <div  class="container"><img  src="images/1.png"  /><img  src="images/1.png"
/></div>
</div>
</body>
</html>
```

图 13.9　定义 3D 缩放效果

扫一扫，看视频

13.2.3　定义旋转

在 3D 变换中，可以让元素沿任何轴旋转。为此，CSS3 新增 3 个旋转函数：rotateX()、rotateY()和rotateZ()。简单说明如下：

- rotateX()函数指定一个元素围绕 X 轴旋转，旋转的量被定义为指定的角度；如果值为正值，元素围绕 X 轴顺时针旋转；反之，如果值为负值，元素围绕 X 轴逆时针旋转。其基本语法如下：

```
rotateX(a)
```

其中 a 指的是一个旋转角度值，其值可以是正值也可以是负值。

- rotateY()函数指定一个元素围绕 Y 轴旋转，旋转的量被定义为指定的角度；如果值为正值，元素围绕 Y 轴顺时针旋转；反之，如果值为负值，元素围绕 Y 轴逆时针旋转。其基本语法如下：

```
rotateY(a)
```

其中 a 指的是一个旋转角度值，其值可以是正值也可以是负值。

- rotateZ()函数和其他两个函数功能一样，区别在于 rotateZ()函数指定一个元素围绕 Z 轴旋转。其基本语法如下：

```
rotateZ(a)
```

rotateZ()函数指定一个元素围绕 Z 轴旋转，如果仅从视觉角度上看，rotateZ()函数让元素顺时针或逆时针旋转，并且效果和 rotate()函数效果等同，但不是在 2D 平面上旋转。

拓展：

在三维空间里，除了 rotateX()、rotateY()和 rotateZ()函数可以让一个元素在三维空间中旋转之外，还有一个 rotate3d()函数。在 3D 空间，旋转经过元素原点并由一个[x,y,z]向量定义。其基本语法如下：

```
rotate3d(x,y,z,a)
```

rotate3d()中取值说明：

- x：是一个 0 到 1 之间的数值，主要用来描述元素围绕 X 轴旋转的矢量值。
- y：是一个 0 到 1 之间的数值，主要用来描述元素围绕 Y 轴旋转的矢量值。
- z：是一个 0 到 1 之间的数值，主要用来描述元素围绕 Z 轴旋转的矢量值。
- a：是一个角度值，主要用来指定元素在 3D 空间旋转的角度，如果其值为正值，元素顺时针旋转，反之元素逆时针旋转。

rotate3d()函数可以与前面介绍的 3 个旋转函数等效，比较说明如下：

- rotateX(a)函数功能等同于 rotate3d(1,0,0,a)。
- rotateY(a)函数功能等同于 rotate3d(0,1,0,a)。
- rotateZ(a)函数功能等同于 rotate3d(0,0,1,a)。

【示例 1】　以上面的示例为基础，修改.s1 img:nth-child(2)选择器的样式，设计第 2 张图片沿 X 轴旋转 45 度，演示效果如图 13.10 所示（test1.html）。

```
img:nth-child(2){
    -webkit-transform:rotateX(45deg);
    -moz-transform:rotateX(45deg);
    -ms-transform:rotateX(45deg);
    -o-transform:rotateX(45deg);
    transform:rotateX(45deg);
}
```

【示例 2】　如果修改.s1 img:nth-child(2)选择器的样式，设计第 2 张图片沿 Y 轴旋转 45 度，演示效果如图 13.11 所示（test2.html）。

```
img:nth-child(2){
    -webkit-transform:rotateY(45deg);
    -moz-transform:rotateY(45deg);
    -ms-transform:rotateY(45deg);
    -o-transform:rotateY(45deg);
    transform:rotateY(45deg);
}
```

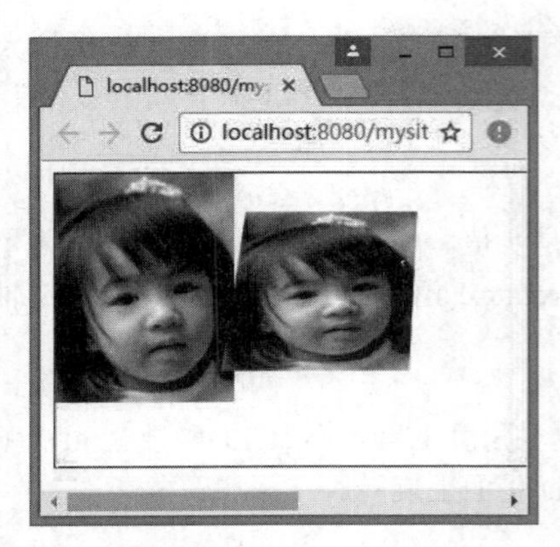

图 13.10　定义沿 X 轴旋转

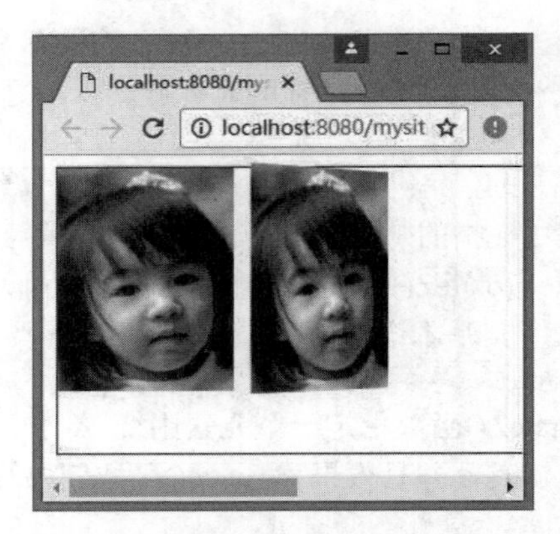

图 13.11　定义沿 Y 轴旋转

【示例 3】　如果修改.s1 img:nth-child(2)选择器的样式，设计第 2 张图片沿 Z 轴旋转 45 度，演示效果如图 13.12 所示（test3.html）。

```
img:nth-child(2){
   -webkit-transform:rotateZ(45deg);
   -moz-transform:rotateZ(45deg);
   -ms-transform:rotateZ(45deg);
   -o-transform:rotateZ(45deg);
   transform:rotateZ(45deg);
}
```

【示例 4】　如果修改.s1 img:nth-child(2)选择器的样式，设计第 2 张图片沿 X、Y 和 Z 轴同时旋转，演示效果如图 13.13 所示（test4.html）。

```
img:nth-child(2){
   -webkit-transform:rotate3d(.6,1,.6,45deg);
   -moz-transform:rotate3d(.6,1,.6,45deg);
   -ms-transform:rotate3d(.6,1,.6,45deg);
   -o-transform:rotate3d(.6,1,.6,45deg);
   transform:rotate3d(.6,1,.6,45deg);
}
```

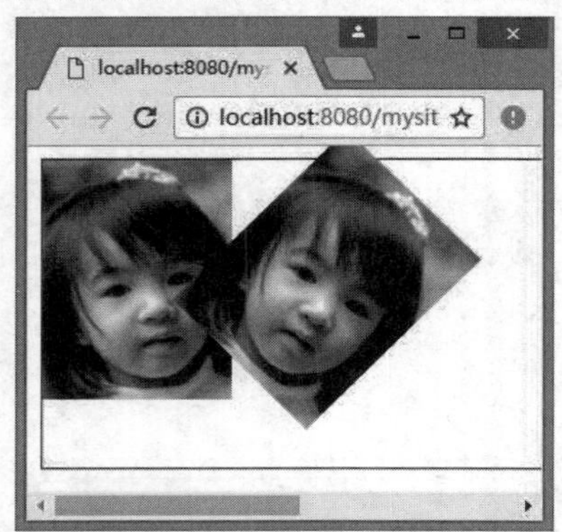

图 13.12　定义沿 Z 轴旋转

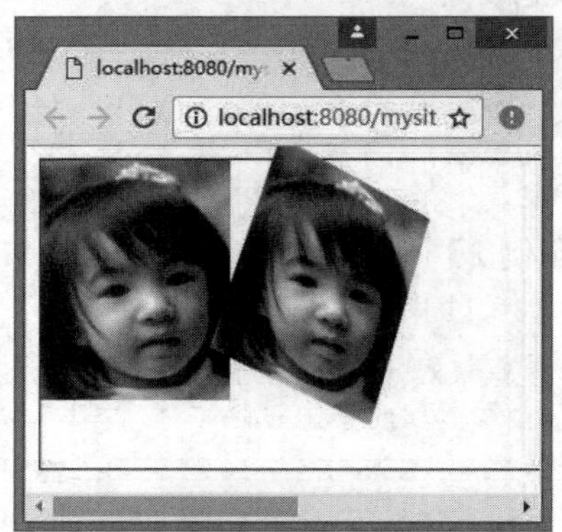

图 13.13　定义 3D 旋转

13.3　设计过渡动画

CSS3 使用 transition 属性定义过渡动画，目前获得所有浏览器的支持，包括支持带前缀（私有属性）或不带前缀的过渡（标准属性）。最新版本浏览器（IE 10+、Firefox 16+和 Opera 12.5+）均支持不带前缀的过渡，而旧版浏览器则支持带前缀的过渡，如 Webkit 引擎支持-webkit-transition 私有属性，Mozilla Gecko 引擎支持-moz-transition 私有属性，Presto 引擎支持-o-transition 私有属性，IE6～IE9 浏览器不支持 transition 属性，IE10 支持 transition 属性。

13.3.1　设置过渡属性

扫一扫，看视频

transition-property 属性用来定义过渡动画的 CSS 属性名称，基本语法如下所示：

```
transition-property:none | all | [ <IDENT> ] [',' <IDENT> ]*;
```

取值简单说明如下：

- none：表示没有元素。
- all：默认值，表示针对所有元素，包括:before 和:after 伪元素。
- IDENT：指定 CSS 属性列表。几乎所有与色彩、大小或位置等相关的 CSS 属性，包括许多新添加的 CSS3 属性，都可以应用过渡，如 CSS3 变换中的放大、缩小、旋转、斜切、渐变等。

【示例】　在下面的示例中，指定动画的属性为背景颜色。这样当鼠标经过盒子时，会自动从红色背景过渡到蓝色背景，演示效果如图 13.14 所示。

```
<!doctype html>
<html>
<head>
<meta charset="utf-8">
<style type="text/css">
div {
    margin: 10px auto; height: 80px;
    background: red;
    border-radius: 12px;
    box-shadow: 2px 2px 2px #999;
}
div:hover {
    background-color: blue;
    /*指定动画过渡的 CSS 属性*/
    -webkit-transition-property: background-color;
    -moz-transition-property: background-color;
    -o-transition-property: background-color;
    transition-property: background-color;
}
</style>
</head>
<body>
<div></div>
</body>
</html>
```

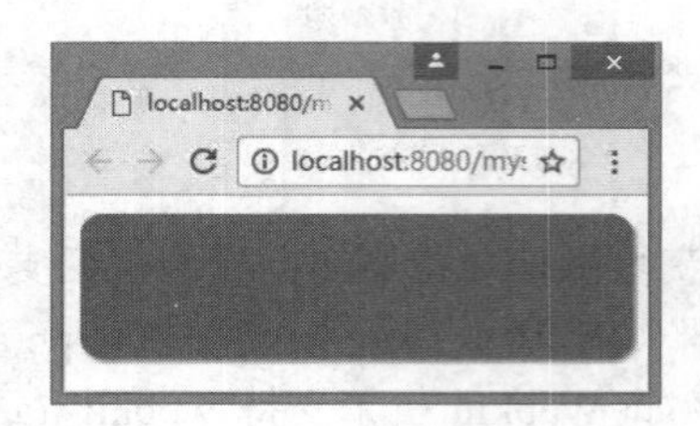

默认状态

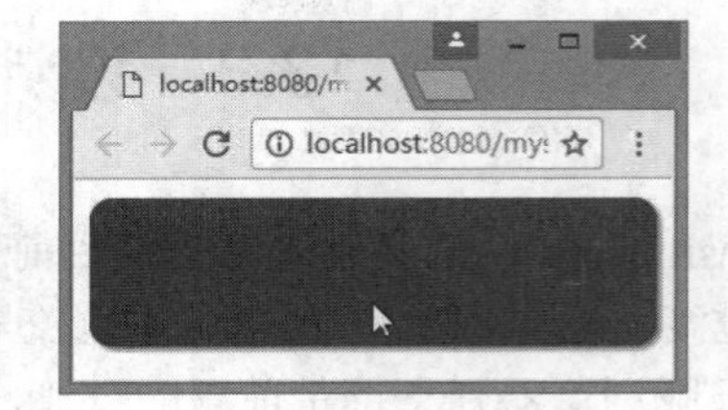

鼠标经过时被旋转

图 13.14 定义简单的背景色切换动画

扫一扫，看视频

13.3.2 设置过渡时间

transition-duration 属性用来定义转换动画的时间长度，基本语法如下所示：

```
transition-duration:<time> [, <time>]*;
```

初始值为 0，适用于所有元素，以及:before 和:after 伪元素。在默认情况下，动画过渡时间为 0 秒，所以当指定元素动画时，会看不到过渡的过程，而是直接看到结果。

【示例】 在上节示例基础上，本示例设置动画过渡时间为 2 秒，当鼠标移过对象时，会看到背景色从红色逐渐过渡到蓝色，演示效果如图 13.15 所示。

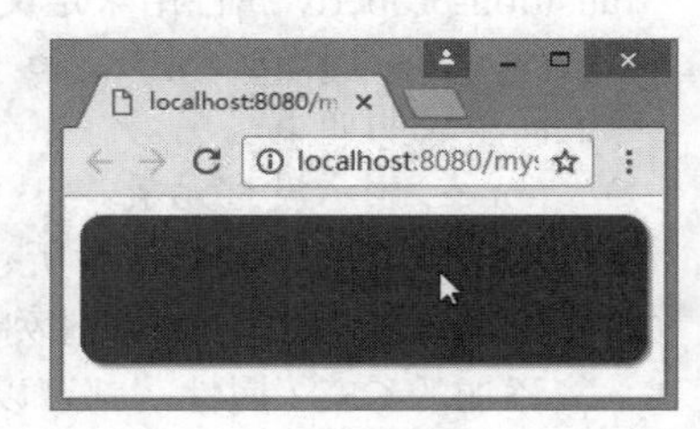

图 13.15 设置动画时间

```
div:hover {
    background-color: blue;
    /*指定动画过渡的 CSS 属性*/
    -webkit-transition-property: background-color;
    -moz-transition-property: background-color;
    -o-transition-property: background-color;
    transition-property: background-color;
    /*指定动画过渡的时间*/
    -webkit-transition-duration:2s;
    -moz-transition-duration:2s;
    -o-transition-duration:2s;
    transition-duration:2s;
}
```

扫一扫，看视频

13.3.3 设置延迟时间

transition-delay 属性用来定义开启过渡动画的延迟时间，基本语法如下所示：

```
transition-delay:<time> [, <time>]*;
```

初始值为 0，适用于所有元素，以及:before 和:after 伪元素。设置时间可以为正整数、负整数和零，非零的时候必须设置单位是 s（秒）或者 ms（毫秒）；为负数的时候，过渡的动作会从该时间点开始显示，之前的动作被截断；为正数的时候，过渡的动作会延迟触发。

【示例】 继续以上节示例为基础进行介绍，本示例设置过渡动画推迟 2 秒钟后执行，则当鼠标移过对象时，会看不到任何变化，过了 2 秒钟之后，才发现背景色从红色逐渐过渡到蓝色。

```
div:hover {
    background-color: blue;
    /*指定动画过渡的 CSS 属性*/
    -webkit-transition-property: background-color;
```

```
    -moz-transition-property: background-color;
    -o-transition-property: background-color;
    transition-property: background-color;
    /*指定动画过渡的时间*/
    -webkit-transition-duration: 2s;
    -moz-transition-duration: 2s;
    -o-transition-duration: 2s;
    transition-duration: 2s;
    /*指定动画延迟触发 */
    -webkit-transition-delay: 2s;
    -moz-transition-delay: 2s;
    -o-transition-delay: 2s;
    transition-delay: 2s;
}
```

13.3.4 设置过渡动画类型

扫一扫，看视频

transition-timing-function 属性用来定义过渡动画的类型，基本语法如下所示：

```
transition-timing-function:ease | linear | ease-in | ease-out | ease-in-out | cubicbezier(<number>, <number>, <number>, <number>) [, ease | linear | ease-in | ease-out | ease-in-out | cubic-bezier(<number>, <number>,<number>, <number>)]*
```

初始值为 ease，取值简单说明如下：

- ease：平滑过渡，等同于 cubic-bezier(0.25, 0.1, 0.25, 1.0)函数，即立方贝塞尔。
- linear：线性过渡，等同于 cubic-bezier(0.0, 0.0, 1.0, 1.0)函数。
- ease-in：由慢到快，等同于 cubic-bezier(0.42, 0, 1.0, 1.0)函数。
- ease-out：由快到慢，等同于 cubic-bezier(0, 0, 0.58, 1.0)函数。
- ease-in-out：由慢到快再到慢，等同于 cubic-bezier(0.42, 0, 0.58, 1.0)函数。
- cubic-bezier：特殊的立方贝塞尔曲线效果。

【示例】 继续以上节示例为基础进行介绍，本示例设置过渡类型为线性效果，代码如下所示：

```
div:hover {
    background-color: blue;
    /*指定动画过渡的 CSS 属性*/
    -webkit-transition-property: background-color;
    -moz-transition-property: background-color;
    -o-transition-property: background-color;
    transition-property: background-color;
    /*指定动画过渡的时间*/
    -webkit-transition-duration: 10s;
    -moz-transition-duration: 10s;
    -o-transition-duration: 10s;
    transition-duration: 10s;
    /*指定动画过渡为线性效果 */
    -webkit-transition-timing-function: linear;
    -moz-transition-timing-function: linear;
    -o-transition-timing-function: linear;
    transition-timing-function: linear;
}
```

13.3.5 设置触发方式

CSS3 动画一般通过鼠标事件或状态定义，如 CSS 伪类（如表 13.1 所示）和 JavaScript 事件。

表 13.1 CSS 动态伪类

动态伪类	作用元素	说 明
:link	只有链接	未访问的链接
:visited	只有链接	访问过的链接
:hover	所有元素	鼠标经过元素
:active	所有元素	鼠标点击元素
:focus	所有可被选中的元素	元素被选中

JavaScript 事件包括 click、focus、mousemove、mouseover、mouseout 等。

1. :hover

最常用的过渡触发方式是使用:hover 伪类。

【示例 1】 本示例设计当鼠标经过 div 元素上时，该元素的背景颜色会在经过 1 秒钟的初始延迟后，于 2 秒钟内动态地从绿色变为蓝色。

```
<!doctype html>
<html>
<head>
<meta charset="utf-8">
<style type="text/css">
div {
   margin: 10px auto;
   height: 80px;
   border-radius: 12px;
   box-shadow: 2px 2px 2px #999;
   background-color: red;
   transition: background-color 2s ease-in 1s;
}
div:hover {
   background-color: blue
}
</style>
</head>
<body>
<div></div>
</body>
</html>
```

2. :active

:active 伪类表示用户单击某个元素并按住鼠标按钮时显示的状态。

【示例 2】 本示例设计当用户单击 div 元素时，该元素被激活，这时会触发动画，高度属性从 200px 过渡到 400px。如果按住该元素，保持住活动状态，则 div 元素始终显示 400px 高度，松开鼠标之后，又会恢复原来的高度，如图 13.16 所示。

```
<!doctype html>
<html>
```

```
<head>
<meta charset="utf-8">
<style type="text/css">
div {
    margin: 10px auto;
    border-radius: 12px;
    box-shadow: 2px 2px 2px #999;
    background-color: #8AF435;
    height: 200px;
    transition: width 2s ease-in;
}
div:active {
    height: 400px;
}
</style>
</head>
<body>
<div></div>
</body>
</html>
```

默认状态

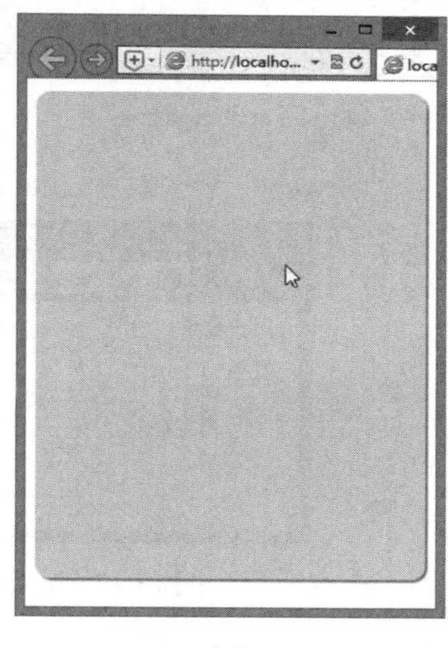

单击

图 13.16　定义激活触发动画

3. : focus

:focus 伪类通常会在表单对象接收键盘响应时出现。

【示例 3】　本示例设计当页面中的输入框获得焦点时，输入框的背景色逐步高亮显示，如图 13.17 所示。

```
<!doctype html>
<html>
<head>
<meta charset="utf-8">
<style type="text/css">
label {
    display: block;
    margin: 6px 2px;
```

```
}
input[type="text"], input[type="password"] {
   padding: 4px;
   border: solid 1px #ddd;
   transition: background-color 1s ease-in;
}
input:focus {
   background-color: #9FFC54;
}
</style>
</head>
<body>
<form id=fm-form action="" method=post>
   <fieldset>
      <legend>用户登录</legend>
      <label for="name">姓名
         <input type="text" id="name" name="name" >
      </label>
      <label for="pass">密码
         <input type="password" id="pass" name="pass" >
      </label>
   </fieldset>
</form>
</body>
</html>
```

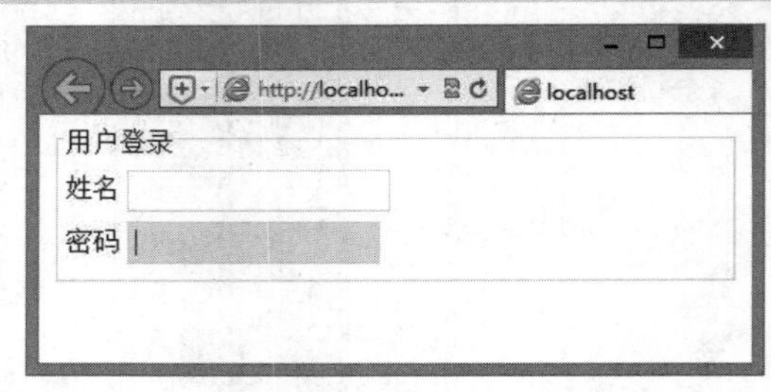

图 13.17　定义获取焦点触发动画

提示：

把:hover 伪类与:focus 配合使用，能够丰富鼠标用户和键盘用户的体验。

4. :checked

:checked 伪类在发生某种状况时触发过渡。

【示例 4】　本示例设计当复选框被选中时缓慢缩进 2 个字符，演示效果如图 13.18 所示。

```
<!doctype html>
<html>
<head>
<meta charset="utf-8">
<style type="text/css">
label.name {
   display: block;
   margin: 6px 2px;
}
```

```
input[type="text"], input[type="password"] {
    padding: 4px;
    border: solid 1px #ddd;
}
input[type="checkbox"] {
    transition: margin 1s ease;
}
input[type="checkbox"]:checked {
    margin-left: 2em;
}
</style>
</head>
<body>
<form id=fm-form action="" method=post>
    <fieldset>
        <legend>用户登录</legend>
        <label class="name" for="name">姓名
            <input type="text" id="name" name="name" >
        </label>
        <p>技术专长<br>
            <label>
                <input type="checkbox" name="web" value="html" id="web_0">
                HTML</label><br>
            <label>
                <input type="checkbox" name="web" value="css" id="web_1">
                CSS</label><br>
            <label>
                <input type="checkbox" name="web" value="javascript" id="web_2">
                JavaScript</label><br>
        </p>
    </fieldset>
</form>
</body>
</html>
```

图 13.18　定义被选中时触发动画

5. 媒体查询

触发元素状态变化的另一种方法是使用 CSS3 媒体查询。

【示例 5】　本示例设计 div 元素的宽度和高度为 49%×200px，如果用户将窗口大小调整到 420px 或以下，则该元素将过渡为 100%×100px。也就是说，当窗口宽度变化经过 420px 的阈值时，将会触发过渡动画，如图 13.19 所示。

```
<!doctype html>
<html>
<head>
<meta charset="utf-8">
<style type="text/css">
div {
    float: left;
    width: 49%;
    height: 200px;
    margin: 2px;
    background: #93FB40;
    border-radius: 12px;
    box-shadow: 2px 2px 2px #999;
    transition: width 1s ease, height 1s ease;
}

@media only screen and (max-width : 420px) {
    div {
        width: 100%;
        height: 100px;
    }
}
</style>
</head>
<body>
<div></div>
<div></div>
</body>
</html>
```

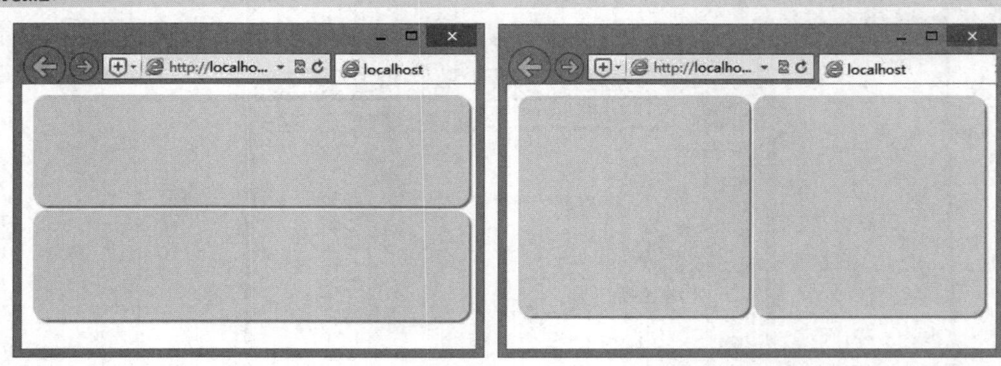

窗口小于等于 420px 宽度　　　　窗口大于 420px 宽度

图 13.19　设备类型触发动画

如果网页加载时用户的窗口大小是 420px 或以下，浏览器会在该部分应用这些样式，但是由于不会出现状态变化，因此不会发生过渡。

6. JavaScript 事件

【示例 6】　本示例可以使用纯粹的 CSS 伪类触发过渡，为了方便用户理解，这里通过 JavaScript 触发过渡（jQuery 脚本）。

```
<!doctype html>
<html>
<head>
<meta charset="utf-8">
<script type="text/javascript" src="images/jquery-1.10.2.js"></script>
<script type="text/javascript">
$(function() {
    $("#button").click(function() {
        $(".box").toggleClass("change");
    });
});
</script>
<style type="text/css">
.box {
    margin:4px;
    background: #93FB40;
    border-radius: 12px;
    box-shadow: 2px 2px 2px #999;
    width: 50%;
    height: 100px;
    transition: width 2s ease, height 2s ease;
}
.change {
    width: 100%;
    height: 120px;
}
</style>
</head>
<body>
<input type="button" id="button" value="触发过渡动画" />
<div class="box"></div>
</body>
</html>
```

在文档中包含一个 box 类的盒子和一个按钮，当单击按钮时，jQuery 脚本都会将盒子的类切换为 change，从而触发了过渡动画，演示效果如图 13.20 所示。

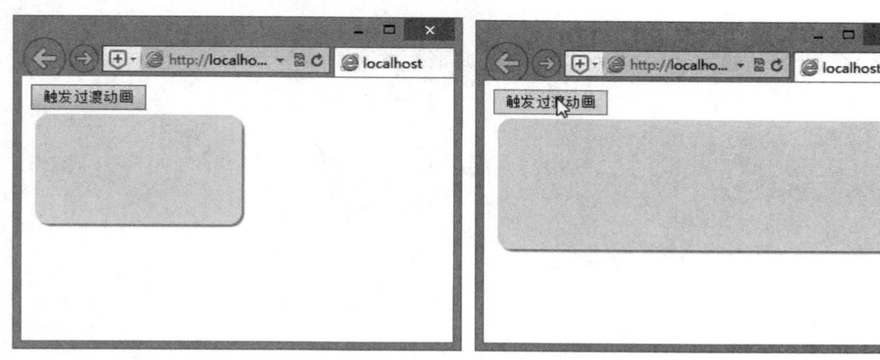

默认状态　　　　JavaScript 事件激活状态

图 13.20　使用 JavaScript 脚本触发动画

上面的示例演示了样式发生变化会导致过渡动画，也可以通过其他方法触发这些更改，包括通过 JavaScript 脚本动态更改。从执行效率来看，事件通常应当通过 JavaScript 触发，简单动画或过渡则应使用 CSS 触发。当然，这只是一般性的指导原则，不一定是最佳选择，应视具体条件而定。

13.4 设计帧动画

CSS 3 使用 animation 属性定义帧动画。目前最新版本的主流浏览器都支持 CSS 帧动画，如 IE 10+、Firefox 和 Opera 均支持不带前缀的动画，而旧版浏览器则支持带前缀的动画，如 Webkit 引擎支持 -webkit-animation 私有属性，Mozilla Gecko 引擎支持-moz-animation 私有属性，Presto 引擎支持-o-animation 私有属性，IE6～IE9 浏览器不支持 animation 属性。

提示：

Animations 功能与 Transition 功能相同，都是通过改变元素的属性值来实现动画效果的。它们的区别在于：使用 Transitions 功能只能通过指定属性的开始值与结束值，然后在这两个属性值之间进行平滑过渡的方式来实现动画效果，因此不能实现比较复杂的动画效果；而 Animations 则通过定义多个关键帧以及定义每个关键帧中元素的属性值来实现更为复杂的动画效果。

扫一扫，看视频

13.4.1 设置关键帧

CSS3 使用@keyframes 定义关键帧。具体用法如下所示：

```
@keyframes animationname {
    keyframes-selector {
        css-styles;
    }
}
```

其中参数说明如下：

- animationname：定义动画的名称。
- keyframes-selector：定义帧的时间未知，也就是动画时长的百分比，合法的值包括：0～100%、from（等价于 0%）、to（等价于 100%）。
- css-styles：表示一个或多个合法的 CSS 样式属性。

在动画过程中，用户能够多次改变这套 CSS 样式。以百分比来定义样式改变发生的时间，或者通过关键词 from 和 to。为了获得最佳浏览器支持，设计关键帧动画时，应该始终定义 0%和 100%位置帧。最后，为每帧定义动态样式，同时将动画与选择器绑定。

【示例】 本示例演示如何让一个小方盒沿着方形框内壁匀速运动，效果如图 13.21 所示。

```
<!DOCTYPE html>
<html lang="zh-cn">
<head>
<meta charset="utf-8" />
<style>
#wrap {/* 定义运动轨迹包含框*/
    position:relative;                /* 定义定位包含框，避免小盒子跑到外面*/
    border:solid 1px red;
    width:250px;
    height:250px;
}
#box {/* 定义运动小盒的样式*/
```

```
    position:absolute;
    left:0;
    top:0;
    width: 50px;
    height: 50px;
    background: #93FB40;
    border-radius: 8px;
    box-shadow: 2px 2px 2px #999;
    /*定义帧动画：动画名称为ball，动画时长5秒，动画类型为匀速渐变，动画无限播放*/
    animation: ball 5s linear infinite;
}
/*定义关键帧：共包括5帧，分别在总时长0%、25%、50%、75%、100%的位置*/
/*每帧中设置动画属性为left和top，让它们的值匀速渐变，产生运动动画*/
@keyframes ball {
    0% {left:0;top:0;}
    25% {left:200px;top:0;}
    50% {left:200px;top:200px;}
    75% {left:0;top:200px;}
    100% {left:0;top:0;}
}
</style>
</head>
<body>
<div id="wrap">
    <div id="box"></div>
</div>
</body>
</html>
```

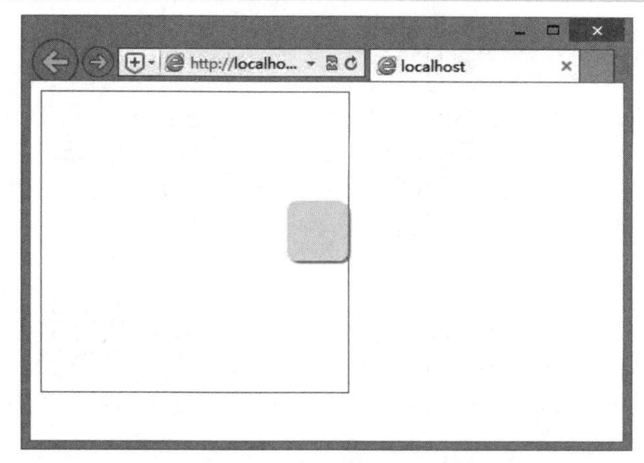

图 13.21 设计小盒子运动动画

13.4.2 设置动画属性

扫一扫，看视频

1. 定义动画名称

使用 animation-name 属性可以定义 CSS 动画的名称，语法如下所示：

```
animation-name:none | IDENT [, none | IDENT ]*;
```

初始值为 none，定义一个适用的动画列表。每个名字是用来选择动画关键帧，提供动画的属性值。如名称是 none，那么就不会有动画。

2. 定义动画时间

使用 animation-duration 属性可以定义 CSS 动画播放时间，语法如下所示：

```
animation-duration:<time> [, <time>]*;
```

在默认情况下该属性值为 0，这意味着动画周期是直接的，即不会有动画。当为负值时，则被视为 0。

3. 定义动画类型

使用 animation-timing-function 属性可以定义 CSS 动画类型，语法如下所示：

```
animation-timing-function:ease | linear | ease-in | ease-out | ease-in-out |
cubicbezier(<number>, <number>, number>, <number>) [, ease | linear |ease-in |
ease-out | ease-in-out | cubic-bezier(<number>, <number>,<number>, <number>)]*
```

初始值为 ease，取值说明可参考上面介绍的过渡动画类型。

4. 定义延迟时间

使用 animation-delay 属性可以定义 CSS 动画延迟播放的时间，语法如下所示：

```
animation-delay:<time> [, <time>]*;
```

该属性允许一个动画开始执行一段时间后才被应用。当动画延迟时间为 0，即默认动画延迟时间，则意味着动画将尽快执行，否则该值指定将延迟执行的时间。

5. 定义播放次数

使用 animation-iteration-count 属性定义 CSS 动画的播放次数，语法如下所示：

```
animation-iteration-count:infinite | <number> [, infinite | <number>]*;
```

默认值为 1，这意味着动画将从开始到结束播放一次。infinite 表示无限次，即 CSS 动画永远重复。如果取值为非整数，将导致动画结束于一个周期的一部分。如果取值为负值，则将导致动画在交替周期内反向播放。

6. 定义播放方向

使用 animation-direction 属性定义 CSS 动画的播放方向，基本语法如下所示：

```
animation-direction:normal | alternate [, normal | alternate]*;
```

默认值为 normal。当为默认值时，动画的每次循环都向前播放。另一个值是 alternate，设置该值则表示第偶数次向前播放，第奇数次向反方向播放。

7. 定义播放状态

使用 animation-play-state 属性定义动画正在运行，还是暂停，语法如下所示：

```
animation-play-state: paused|running;
```

初始值为 running。其中 paused 定义动画已暂停，running 定义动画正在播放。

提示：

可以在 JavaScript 中使用该属性，这样就能在播放过程中暂停动画。在 JavaScript 脚本中的用法如下：

```
object.style.animationPlayState="paused"
```

8. 定义动画外状态

使用 animation-fill-mode 属性定义动画外状态，语法如下所示：

```
animation-fill-mode: none | forwards | backwards | both [ , none | forwards |
backwards | both ]*
```

初始值为 none，如果提供多个属性值，以逗号进行分隔。取值说明如下：

- none：不设置对象动画之外的状态。
- forwards：设置对象状态为动画结束时的状态。
- backwards：设置对象状态为动画开始时的状态。
- both：设置对象状态为动画结束或开始的状态。

【示例】 本示例设计一个小球，定义它水平向左运动，动画结束之后，再返回起始点位置，效果如图 13.22 所示。

```
<!DOCTYPE html>
<html>
<head>
<meta charset="utf-8" />
<style>
/*启动运动的小球，并定义动画结束后返回*/
.ball{
    width: 50px; height: 50px;
    background: #93FB40;
    border-radius: 100%;
    box-shadow:2px 2px 2px #999;
    -moz-animation:ball 1s ease backwards;
    -webkit-animation:ball 1s ease backwards;
    -o-animation:ball 1s ease backwards;
    -ms-animation:ball 1s ease backwards;
    animation:ball 1s ease backwards;
}
/*定义小球水平运动关键帧*/
@-webkit-keyframes ball{
    0%{-webkit-transform:translate(0,0);}
    100%{-webkit-transform:translate(400px);}
}
@-moz-keyframes ball{
    0%{-moz-transform:translate(0,0);}
    100%{-moz-transform:translate(400px);}
}
@-o-keyframes ball{
    0%{-o-transform:translate(0,0);}
    100%{-o-transform:translate(400px);}
}
@-ms-keyframes ball{
    0%{-ms-transform:translate(0,0);}
    100%{-ms-transform:translate(400px);}
}
@keyframes ball{
    0%{transform:translate(0,0);}
    100%{transform:translate(400px);}
}
</style>
</head>
<body>
<div class="ball"></div>
</body>
</html>
```

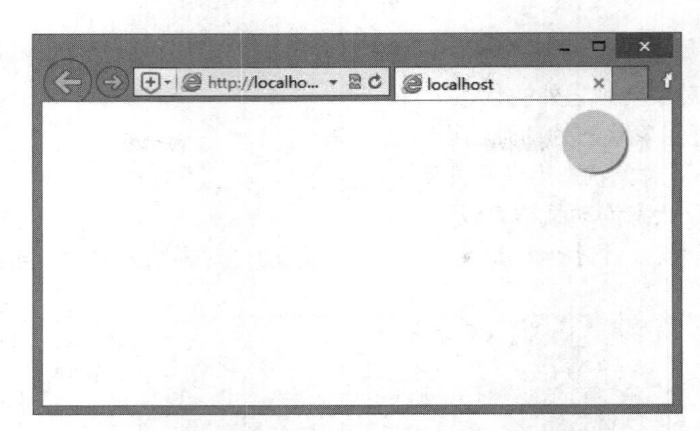

图 13.22　设计运动小球最后返回起始点位置

13.5　实 战 案 例

本节将通过多个案例帮助读者上机练习和提升 CSS3 动画设计技法。

扫一扫，看视频

13.5.1　设计挂图

本例使用 CSS3 阴影、透明效果，以及变换，让图片随意贴在墙上，当鼠标移动到图片上时，会自动放大并竖直摆放，演示效果如图 13.23 所示。在默认状态下，图片被随意地显示在墙面上，鼠标经过图片时，图片会竖直摆放，并被放大显示。

图 13.23　设计挂图效果

完整代码如下：

```
<!doctype html>
<html>
<head>
<meta charset="utf-8">
<title></title>
<style type="text/css">
ul.polaroids li { display: inline;}
ul.polaroids a {
    display: inline; float: left;
    margin: 0 0 50px 60px; padding: 12px;
    text-align: center;
    text-decoration: none; color: #333;
     /*为图片外框设计阴影效果 */
```

```
    -webkit-box-shadow: 0 3px 6px rgba(0, 0, 0, .25);
    -moz-box-shadow: 0 3px 6px rgba(0, 0, 0, .25);
    box-shadow: 0 3px 6px rgba(0, 0, 0, .25);
    /*设置过渡动画：过渡属性为 transform，时长为 0.15 秒，线性渐变 */
    -webkit-transition: -webkit-transform .15s linear;
    -moz-transition: -webkit-transform .15s linear;
    transition: -webkit-transform .15s linear;
    /*顺时针旋转 2 度  */
    -webkit-transform: rotate(-2deg);
    -moz-transform: rotate(-2deg);
    transform: rotate(-2deg);
}
ul.polaroids img { /*统一图片基本样式 */
    display: block;
    height: 100px;
    border: none;
    margin-bottom: 12px;
}
/*利用图片的 title 属性，添加图片显示标题 */
ul.polaroids a:after { content: attr(title);}
/*为偶数图片倾斜显示*/
ul.polaroids li:nth-child(even) a {
    /*逆时针旋转 10 度 */
    -webkit-transform: rotate(10deg);
    -moz-transform: rotate(10deg);
    transform: rotate(10deg);
}
ul.polaroids li a:hover {
    /*放大对象 1.25 倍 */
    -webkit-transform: scale(1.25);
    -moz-transform: scale(1.25);
    transform: scale(1.25);
    -webkit-box-shadow: 0 3px 6px rgba(0, 0, 0, .5);
    -moz-box-shadow: 0 3px 6px rgba(0, 0, 0, .5);
    box-shadow: 0 3px 6px rgba(0, 0, 0, .5);
}
</style>
</head>
<body>
<ul class="polaroids">
    <li> <a href="1" title="笑笑"> <img src="images/1.png" alt="笑笑"> </a> </li>
    <li> <a href="2" title="佳佳"> <img src="images/2.png" alt="佳佳"> </a> </li>
    <li> <a href="3" title="圆圆"> <img src="images/3.png" alt="圆圆"> </a> </li>
    <li> <a href="4" title="倩倩"> <img src="images/4.png" alt="倩倩"> </a> </li>
</ul>
</body>
</html>
```

13.5.2 设计高亮显示

扫一扫，看视频

本示例设计列表项目在鼠标经过时高亮显示，如图 13.24 所示。主要是通过 transitions 属性指定当鼠标指针移动到 li 元素上时在 1 秒钟内完成前景色和背景色的平滑过渡。

```
<!doctype html>
<html>
<head>
<meta charset="utf-8">
<style type="text/css">
li {
    line-height: 2em;
    color: #666;
    -webkit-transition: background-color 1s linear, color 1s linear;
    -moz-transition: background-color 1s linear, color 1s linear;
    -o-transition: background-color 1s linear, color 1s linear;
    transition: background-color 1s linear, color 1s linear;
}
li:hover {
    background-color: #ffff00;
    color: #000;
}
</style>
</head>
<body>
<ol>
    <li>白日依山尽，黄河入海流。欲穷千里目，更上一层楼。</li>
    <li>黄河远上白云间，一片孤城万仞山。羌笛何须怨杨柳，春风不度玉门关。</li>
    <li>海内存知己，天涯若比邻。无为在歧路，儿女共沾巾。</li>
</ol>
</body>
</html>
</html>
```

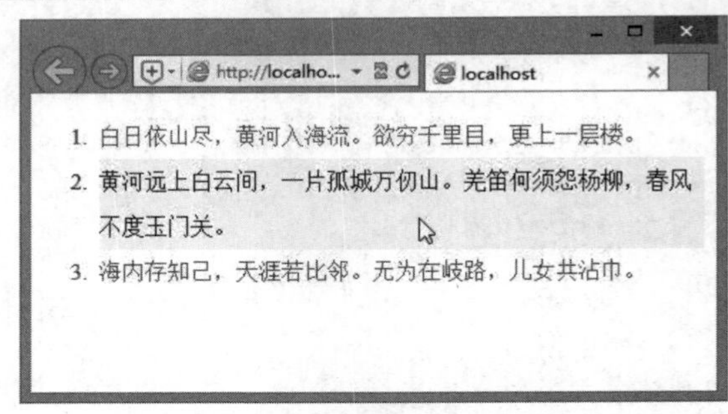

图 13.24　设计高亮动画效果

扫一扫，看视频

13.5.3　设计 3D 几何体

【示例 1】　本示例使用 2D 多重变换制作一个正方体，演示效果如图 13.25 所示。

```
<!doctype html>
<html>
<head>
<meta charset="utf-8">
<style type="text/css">
body{padding:20px 0 0 100px;}
.side {
    height: 100px; width: 100px;
```

```
    position: absolute;
    font-size: 20px; font-weight: bold; line-height: 100px; text-align: center;
color: #fff;
    text-shadow: 0 -1px 0 rgba(0,0,0,0.2);
    text-transform: uppercase;
}
.top {/*顶面*/
    background: red;
    transform: rotate(-45deg) skew(15deg, 15deg);
}
.left {/*左侧面*/
    background: blue;
    transform: rotate(15deg) skew(15deg, 15deg) translate(-50%, 100%);
}
.right {/*右侧面*/
    background: green;
    transform: rotate(-15deg) skew(-15deg, -15deg) translate(50%, 100%);
}
</style>
<title></title>
</head>
<body>
<div class="side top">Top</div>
<div class="side left">Left</div>
<div class="side right">Right</div>
</body>
</html>
```

图 13.25　设计 2D 变换盒子

【示例 2】　本示例使用 3D 多重变换制作一个正方体，演示效果如图 13.26 所示。

```
<!doctype html>
<html>
<head>
<meta charset="utf-8">
<style type="text/css">
.stage {/*定义画布样式 */
    width: 300px; height: 300px; margin: 100px auto; position: relative;
    perspective: 300px;
```

```
}
/*定义盒子包含框样式 */
.container { transform-style: preserve-3d;}
/*定义盒子六面基本样式 */
.side {
   background: rgba(255,0,0,0.3);
   border: 1px solid red;
   font-size: 60px; font-weight: bold; color: #fff; text-align: center;
   height: 196px; line-height: 196px; width: 196px;
   position: absolute;
   text-shadow: 0 -1px 0 rgba(0,0,0,0.2);
   text-transform: uppercase;
}
.front {/*使用 3D 变换制作前面 */
   transform: translateZ(100px);
}
.back {/*使用 3D 变换制作后面 */
   transform: rotateX(180deg) translateZ(100px);
}
.left {/*使用 3D 变换制作左面 */
   transform: rotateY(-90deg) translateZ(100px);
}
.right {/*使用 3D 变换制作右面 */
   transform: rotateY(90deg) translateZ(100px);
}
.top {/*使用 3D 变换制作顶面 */
   transform: rotateX(90deg) translateZ(100px);
}
.bottom {/*使用 3D 变换制作底面 */
   transform: rotateX(-90deg) translateZ(100px);
}
</style>
<title></title>
</head>
<body>
<div class="stage">
   <div class="container">
      <div class="side front">前面</div>
      <div class="side back">背面</div>
      <div class="side left">左面</div>
      <div class="side right">右面</div>
      <div class="side top">顶面</div>
      <div class="side bottom">底面</div>
   </div>
</div>
</body>
</html>
```

图 13.26　设计 3D 盒子

13.5.4　设计旋转的盒子

扫一扫，看视频

继续以上节示例为基础，本节使用 animation 属性设计盒子旋转显示。

【示例 1】　本示例使用 2D 制作一个正方体，然后设计它在鼠标经过时沿 Y 轴旋转，演示效果如图 13.27 所示。

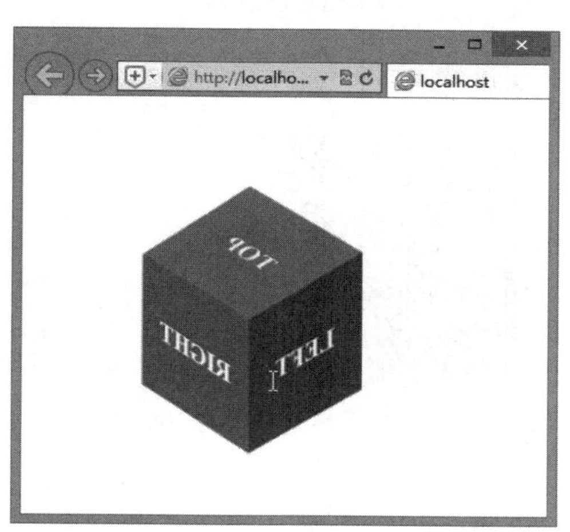

图 13.27　设计旋转的 3D 盒子

第 1 步：复制上节示例 index1.html。在 HTML 结构中为盒子添加两层包含框。

```
<div class="stage s1">
    <div class="container">
        <div class="side top">Top</div>
        <div class="side left">Left</div>
        <div class="side right">Right</div>
    </div>
</div>
```

第 2 步：在内部样式表中定义关键帧。

```
/*定义关键帧动画 */
@keyframes spin{/*标准模式 */
```

```
    0%{transform:rotateY(0deg)}
    100%{transform:rotateY(360deg)}
}
```

第 3 步：设计 3D 变换的透视距离以及变换类型，即启动 3D 变换。

```
/*定义盒子所在画布框的样式 */
.stage {
    perspective: 1200px;
}
/*定义盒子包含框样式 */
.container {
    transform-style: preserve-3d;
}
```

第 4 步：定义动画触发方式。

```
/*定义鼠标经过盒子时，触发线性变形动画，动画时间 5 秒，持续播放 */
.container:hover{
    animation:spin 5s linear infinite;
}
```

完整代码请参考本书资源包示例。

【示例 2】 本示例使用 3D 制作一个正方体，然后设计它在鼠标经过时沿 Y 轴旋转，演示效果如图 13.28 所示。

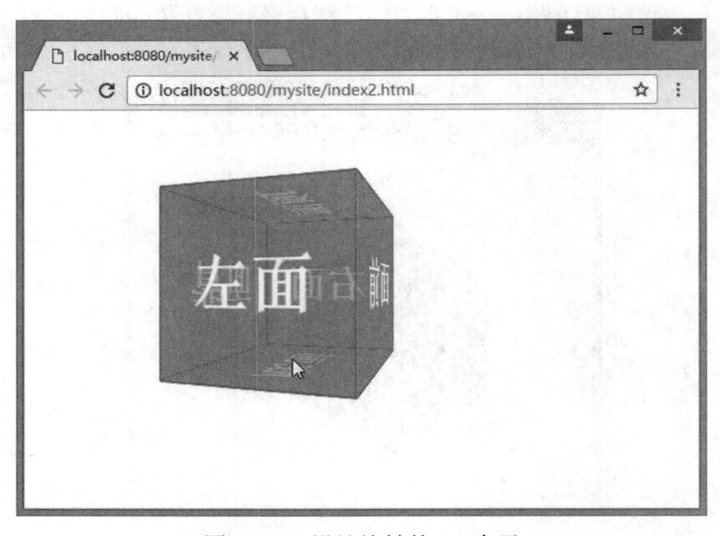

图 13.28　设计旋转的 3D 盒子

第 1 步：在内部样式表中定义关键帧。

```
/*定义关键帧动画 */
@keyframes spin {
    0% {transform:rotateY(0deg)}
    100% {transform:rotateY(360deg)}
}
```

第 2 步：设计 3D 变换的透视距离以及变换类型，即启动 3D 变换。

```
/*定义画布样式 */
.stage { perspective: 300px; }
/*定义盒子包含框样式 */
.container { transform-style: preserve-3d; }
```

第 3 步：定义动画触发方式。

```
/*定义鼠标经过时触发盒子旋转动画 */
.container:hover {
    animation: spin 5s linear infinite;
}
```

完整代码请参考本书资源包示例。

13.5.5　设计可折叠面板

在网页上经常会看到设计精巧的折叠面板，它们的设计方法基本相似，利用 JavaScript 脚本动态控制每个选项卡盒子伸缩，完成动态显示和隐藏，从而实现鼠标操作的折叠面板效果。本节使用 CSS3 的目标伪类（:target）设计这种效果，使用过渡动画设计滑动效果，效果如图 13.29 所示。

图 13.29　设计折叠面板

完整代码如下：

```
<!doctype html>
<html>
<head>
<meta charset="utf-8">
<style type="text/css">
/* 定义折叠框外框样式 */
.accordion {
    background: #eee; border: 1px solid #999;
    margin: 2em;}
/* 定义折叠框标题栏样式 */
.accordion h2 {
    margin: 0;  padding: 12px 0;
    background:#CCC;
}
/* 定义折叠框内容框样式 */
.accordion .section {
    border-bottom: 1px solid #ccc;
    background: #fff;
}
```

```
/* 定义折叠框选项标题栏样式*/
.accordion h3 {
    margin:0; padding:3px 1em;
    background: #eee;
}
/* 定义折叠框选项标题栏超链接样式*/
.accordion h3 a {
    font-weight: normal;
    text-decoration:none;
}
/* 当获得目标焦点时，粗体显示选项标题栏文字*/
.accordion :target h3 a { font-weight: bold; }
/* 选项栏标题对应的选项子框样式 */
.accordion h3 + div {
    height: 0;
    padding:0 1em;
    overflow: hidden;
    /*定义过渡对象为高度，过渡时间为 0.3 秒，渐显显示*/
    transition: height 0.3s ease-in;
}
.accordion h3 + div img { margin:4px; }
    /*当获得目标焦点时，子选项内容框样式 */
.accordion :target h3 + div {
    /*当获取目标之后，高度为 300 像素*/
    height:300px;
    overflow:auto;
}
</style>
</head>
<body>
<div class="accordion">
    <h2>壁纸世界</h2>
    <div id="one" class="section">
        <h3> <a href="#one">花草植物</a> </h3>
        <div><img src="images/11.png"></div>
    </div>
    <div id="two" class="section">
        <h3> <a href="#two">旅游风光</a> </h3>
        <div><img src="images/22.png"></div>
    </div>
    <div id="three" class="section">
        <h3> <a href="#three">海底世界</a> </h3>
        <div><img src="images/33.png"></div>
    </div>
</div>
</body>
</html>
```

扫一扫，看视频

13.5.6 设计翻转广告

本例设计当鼠标移动到产品图片上时，产品信息翻转滑出，效果如图 13.30 所示。在默认状态下只显示产品图片，而产品信息隐藏不可见。当鼠标移动到产品图像上时，产品图像开始慢慢往上旋转使产品信息展示出来，而产品图像则慢慢隐藏起来，看起来就像是一个旋转的盒子。

默认状态

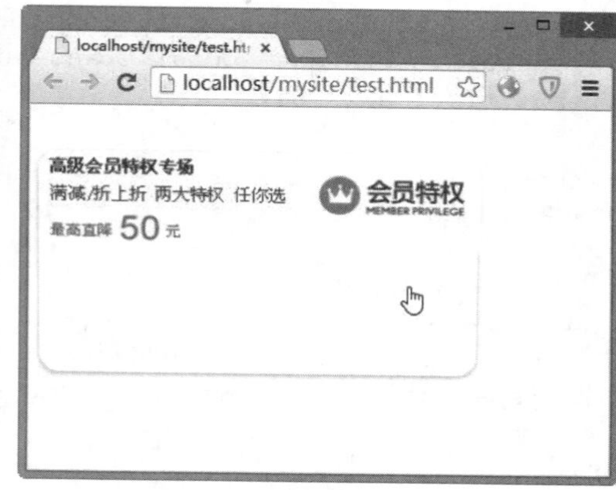

翻转状态

图 13.30　设计 3D 翻转广告牌

完整代码如下所示：

```
<!DOCTYPE HTML>
<html lang="en-US">
<head>
<meta charset="UTF-8">
<style type="text/css">
/*定义包含框样式 */
.wrapper {
    display: inline-block; width: 345px; height: 186px; margin: 1em auto; cursor: pointer; position: relative;
    /*定义 3D 元素距视图的距离 */
    perspective: 4000px;
}
/*定义旋转元素样式：3D 动画，动画时间 0.6 秒 */
.item {
    height: 186px;
    transform-style: preserve-3d;
    transition: transform .6s;
}
*定义鼠标经过时触发动画，并定义旋转形式 */
.item:hover {
    transform: translateZ(-50px) rotateX(95deg);
}
.item:hover img {box-shadow: none; border-radius: 15px;}
.item:hover .information { box-shadow: 0px 3px 8px rgba(0,0,0,0.3); border-radius: 15px;}
/*定义广告图的动画形式和样式 */
.item>img {
    display: block; position: absolute; top: 0; border-radius: 3px;box-shadow: 0px 3px 8px rgba(0,0,0,0.3);
    transform: translateZ(50px);
    transition: all .6s;
```

```
}
/*定义广告文字的动画形式和样式 */
.item .information {
   position: absolute; top: 0; height: 186px; width: 345px; border-radius: 15px;
   transform: rotateX(-90deg) translateZ(50px);
   transition: all .6s;
}
</style>
</head>
<body>
<div class="wrapper">
   <div class="item">
      <img src="images/1.png" />
      <span class="information"><img src="images/2.png" /></span>
   </div>
</div>
</div>
</body>
</html>
```

扫一扫，看视频

13.5.7 设计跑步动画

本节设计一个跑步动画效果，主要使用 CSS3 帧动画控制一张序列人物跑步的背景图像，在页面固定“镜头”中快速切换来实现动画效果，如图 13.31 所示。

图 13.31 设计跑步的小人

【操作步骤】

第 1 步：设计舞台场景结构。新建 HTML 文档，保存为 index1.html。输入以下代码：

```
<div class="charector-wrap " id="js_wrap">
   <div class="charector"></div>
</div>
```

第 2 步：设计舞台基本样式。其中导入的小人图片是一个序列跑步人物，如图 13.32 所示。

```
.charector-wrap {
   position: relative;
   width: 180px;
```

```
    height: 300px;
    left: 50%;
    margin-left: -90px;
}
.charector{
    position: absolute;
    width: 180px;
    height:300px;
    background: url(img/charector.png) 0 0 no-repeat;
}
```

图 13.32　小人序列集合

本示例的主要设计任务就是让序列小人仅显示一个，然后通过 CSS3 动画，让他们快速闪现在指定限定框中。

第 3 步：设计动画关键帧。

```
@keyframes person-normal{/*跑步动画名称 */
    0% {background-position: 0 0;}
    14.3% {background-position: -180px 0;}
    28.6% {background-position: -360px 0;}
    42.9% {background-position: -540px 0;}
    57.2% {background-position: -720px 0;}
    71.5% {background-position: -900px 0;}
    85.8% {background-position: -1080px 0;}
    100% {background-position: 0 0;}
}
```

第 4 步：设置动画属性。

```
.charector{
    animation-iteration-count: infinite;/* 动画无限播放 */
    animation-timing-function:step-start;/* 马上跳到动画每一结束帧的状态 */
}
```

第 5 步：启动动画，并设置动画频率。

```
/* 启动动画，并控制跑步动作频率*/
.charector{
    animation-name: person-normal;
    animation-duration: 800ms;
}
```

第 14 章　设计可响应的移动网页

手机的屏幕比较小，宽度通常在 600 像素以下，PC 屏幕的宽度一般都在 1000 像素以上，有的甚至达到了 2000 像素。同样的内容，要在大小迥异的屏幕上都呈现出令人满意的效果，并不是一件容易的事。本章将重点介绍目前移动网页设计中比较流行的响应式技术。无论用户正在使用台式机、笔记本、平板电脑（如 iPad），还是移动设备（如 iPhone）等，响应式页面都能够自动切换分辨率、图片尺寸及网页布局等，以适应不同的设备环境。

【学习重点】

- 了解响应式设计。
- 设计响应式图片。
- 使用 CSS3 设备类型。
- 设计响应式网页布局。

14.1　响应式设计基础

响应式 Web 设计是一种技术，它可以使网站适应于不同设备。任何设备，如智能手机、平板电脑、TV、PC 显示器、iPhone 和 Android 手机，都有各自的屏幕分辨率、清晰度以及屏幕定向方式（如横屏、竖屏、正方形等），对于日益流行的 iPhone、iPad 及其他一些智能手机、平板电脑等，开发人员只需要正确地实现响应式 Web 设计，网站就可以很好地适合。

14.1.1　响应式设计流程

目前响应式 Web 设计的主要技术包括：

- 弹性网格
- 液态布局（%）
- 弹性图片显示
- 使用 CSS Media Query 技术
- 使用 JavaScript 脚本智能控制

弹性布局存在缺陷：大的图片可以轻易破坏页面结构，即使是弹性的元素结构，在极端的情况下，仍会破坏布局。有时甚至不能适应台式机、笔记本的屏幕分辨率差异，更不用说手机等移动设备了。

通过响应式设计可以使页面更富弹性，图片的尺寸可以被自动调整，页面布局再不会被破坏。无论用户切换设备的屏幕定向方式，还是从台式机屏幕转到 iPad 上浏览，页面都会真正的富有弹性。

响应式 Web 设计流程如下：

第 1 步：确定需要兼容的设备类型、屏幕尺寸。

- 设备类型：包括移动设备（手机、平板）和 PC。对于移动设备，设计和实现的时候要注意增加手势的功能。
- 屏幕尺寸：包括各种手机屏幕的尺寸（包括横向和竖向）、各种平板的尺寸（包括横向和竖向）、普通电脑屏幕和宽屏。

注意：

在设计中要注意下面两个问题：

- 在响应式设计时，要确定页面适用的尺寸范围。对于结构复杂的页面，如果直接迁移到手机上，不太现实，不如直接设计一个手机版的首页，反而更简单。
- 结合用户需求和实现成本，对适用的尺寸进行取舍。如一些功能操作页面，用户一般没有在移动端进行操作的需求，因此没有必要进行响应式设计。

第 2 步：制作线框原型。

针对确定需要适应的几个尺寸，分别制作不同的线框原型，需要考虑清楚不同尺寸下页面的布局如何变化，内容尺寸如何缩放，功能、内容的删减，甚至针对特殊环境作特殊化的设计等。这个过程需要设计师和开发人员保持密切的沟通。

第 3 步：测试线框原型。

将图片导入到相应的设备进行一些简单的测试，可以尽早发现可访问性、可读性等方面存在的问题。

第 4 步：视觉设计。

由于移动设备的屏幕像素密度与传统电脑屏幕不一样，因此在设计的时候需要保证内容文字的可读性、控件可点击区域的面积等。

第 5 步：脚本实现。

与传统的 Web 开发相比，响应式设计的页面由于页面布局、内容尺寸发生了变化，所以最终的产品更有可能与设计稿出入较大，需要开发人员和设计师多沟通。

扫一扫，看视频

14.1.2　设计响应式图片

在响应式 Web 设计中，一个重要的问题是如何正确处理图片大小。

首先，应该设置图片具有弹性。弹性图片的设计思路：无论何时，都确保在图片原始宽度范围内，以最大的宽度同比完整地显示图片。不必在样式表中为图片设置宽度和高度，只需要让样式表在窗口尺寸发生变化时，辅助浏览器对图片进行缩放。

同比缩放图片的技术有很多，其中有不少是简单易行的，比较流行的方法就是使用 CSS 的 max-width 属性。

```
img {
   max-width: 100%;
}
```

只要没有其他涉及到图片宽度的样式代码覆盖上面的样式，页面上所有的图片就会以其原始宽度进行加载，除非其容器可视部分的宽度小于图片的原始宽度。上面的代码确保图片最大宽度不会超过浏览器窗口或是其容器可视部分的宽度，所以当窗口或容器的可视部分开始变窄时，图片的最大宽度值也会相应的减小，图片本身永远不会被容器边缘隐藏和覆盖。

老版本的 IE 不支持 max-width，对其可以单独设置为：

```
img {
   width: 100%;
}
```

此外，Windows 平台缩放图片时，可能出现图像失真现象。这时，可以尝试使用 IE 的专有命令：

```
img {
   -ms-interpolation-mode: bicubic;
}
```

或者，也可以使用 Ethan Marcotte 开发的专用插件 imgSizer.js（http://unstoppablerobotninja.com/

demos/resize/imgSizer.js）。

```
addLoadEvent(function() {
    var imgs = document.getElementById("content").getElementsByTagName("img");
    imgSizer.collate(imgs);
});
```

有条件的话，最好能够根据不同大小的屏幕，加载不同分辨率的图片。有很多方法可以做到这一条，服务器端和客户端都可以实现。

图片本身的分辨率、加载时间是另外一个需要考虑的问题。虽然通过上面的方法，可以很轻松地缩放图片，确保在移动设备中被完整浏览，但如果原始图片本身过大，便会显著降低图片文件的下载速度，对存储空间也会造成不必要的消耗。解决方法：自适应图片缩放尺寸，在小设备上能够自动降低图片的分辨率。

2010 年，Ethan Marcotte 提出了响应式网页设计（Responsive Web Design）这个名词，他制作了一个范例，展示了响应式 Web 设计在页面弹性方面的特性（http://alistapart.com/d/responsive-web-design/ex/ex-site-flexible.html），页面内容是《福尔摩斯历险记》中六个主人公的头像。如果屏幕宽度大于 1300 像素，则 6 张图片并排在一行，如图 14.1 所示。

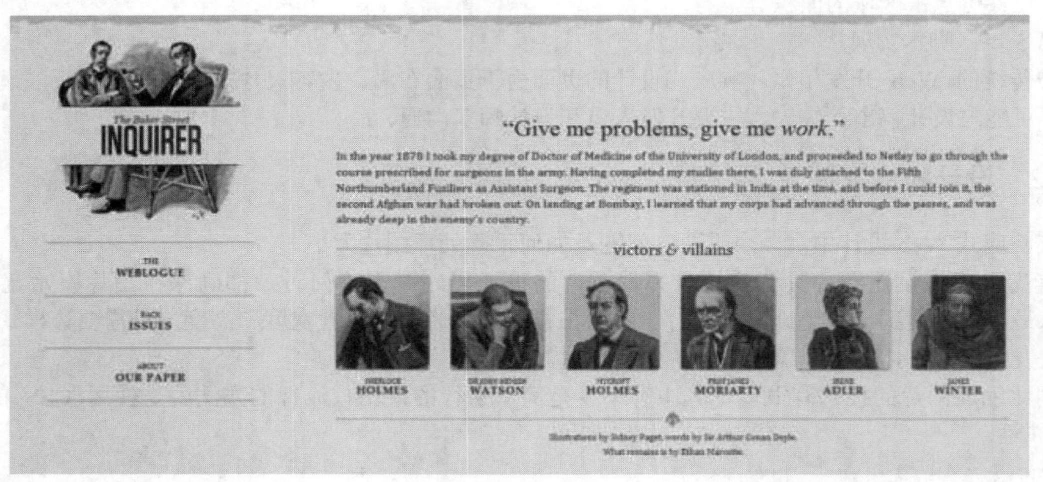

图 14.1　宽屏显示效果

如果屏幕宽度在 600 像素到 1300 像素之间，则 6 张图片分成两行，如图 14.2 左图所示；如果屏幕宽度在 400 像素到 600 像素之间，则导航栏移到网页头部，如图 14.2 中图所示；如果屏幕宽度在 400 像素以下，则 6 张图片分成三行，如图 14.2 右图所示。

如果将浏览器窗口不断调小，会发现 Logo 图片的文字部分始终保持同比缩小，保证其完整可读，而不会像周围的插图一样被两边裁掉。所以整个 Logo 其实包括两部分：插图作为页面标题的背景图片，会保持尺寸，但会随着布局调整而被裁切，而文字部分则是一张单独的图片。

```
<h1 id="logo">
    <a href="#"><img src="site/logo.png" alt="The Baker Street Inquirer" /></a>
</h1>
```

其中，<h1>标记使用插图作为背景，文字部分的图片则始终保持与背景的对齐。

本实例的实现方式完美地结合了液态网格和液态图片技术，展示了响应式 Web 设计的思路，并且聪明的在正确的地方使用了正确的 HTML 标记。

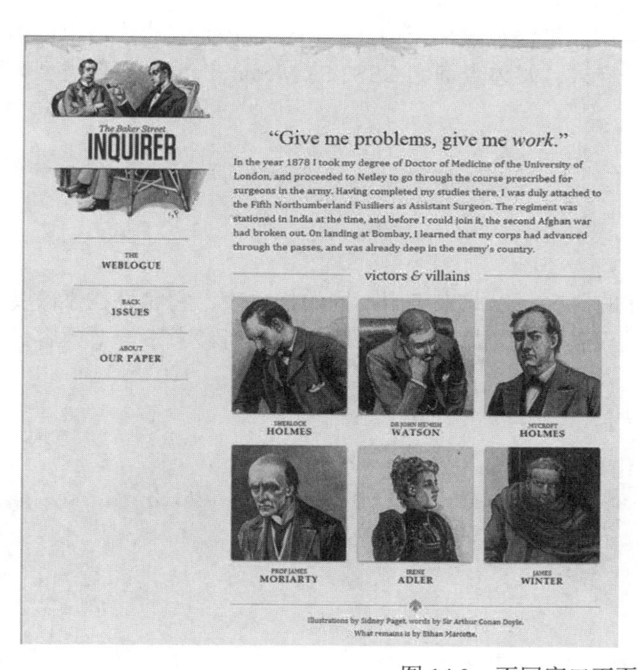

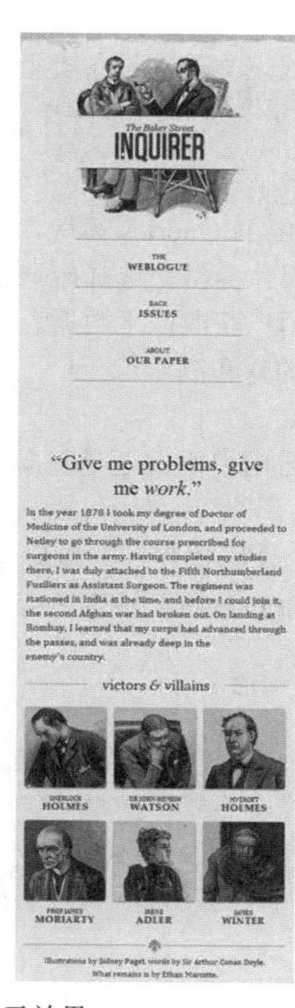

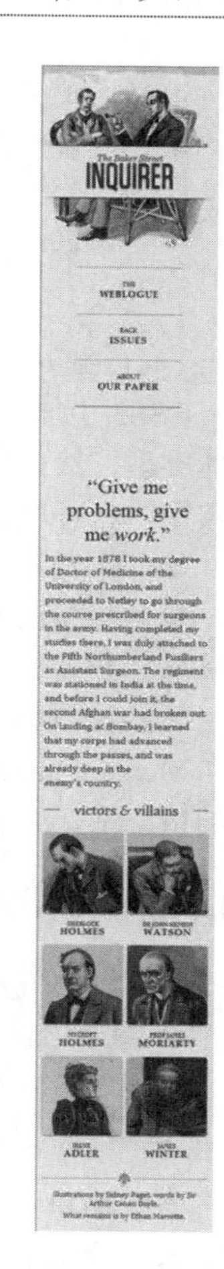

图 14.2　不同窗口下页面显示效果

14.1.3　定义媒体类型

扫一扫，看视频

CSS2.1 中定义了各种设备类型，包括显示器、便携设备、电视机等，如表 14.1 所示。设备类型允许为不同样式表（包括内部样式表和外部样式表）设置不同的设备类型，如打印样式表文件、手机样式表文件、电脑样式表文件等。

表 14.1　CSS 设备类型

类　　型	支持的浏览器	说　　明
aural	Opera	用于语音和音乐合成器（CSS3 不推荐使用）
braille	Opera	用于触觉反馈设备
handheld	Chrome，Safari，Opera	用于小型或手持设备
print	所有浏览器	用于打印机
projection	Opera	用于投影图像，如幻灯片
screen	所有浏览器	用于计算机显示器
tty	Opera	用于使用固定间距字符格式的设备。如电传打字机和终端
tv	Opera	用于电视类设备
embossed	Opera	用于凸点字符（盲文）印刷设备
speech	Opera	用于语音类型
all	所有浏览器	用于所有媒体设备类型

定义设备类型，可以使用 HTML 标签的 media 属性，具体说明如下。

- 设置外部样式表文件的设备类型

```
<link href="csss.css" rel="stylesheet" type="text/css" media="handheld" />
```

- 设置内部样式表文件的设备类型。

```
<style type="text/css" media="screen">
...
</style>
```

CSS3 中加入了 Media Queries 模块，该模块中允许添加媒体查询（media query）表达式，用以指定媒体类型，然后根据媒体类型来选择应该使用的样式。媒体查询比 CSS2 的 Media Type（设备类型）更加实用，它可以帮助用户获取以下数据。

- 浏览器窗口的宽和高
- 设备的宽和高
- 设备的手持方向，横向还是竖向
- 分辨率

Media Queries 允许添加表达式以确定媒体的情况，以此来应用不同的样式表。它允许在不改变内容的情况下，改变页面的布局以精确适应不同的设备，以此加强体验。详细说明可参考下一节内容。

扫一扫，看视频

14.1.4 使用@media

CSS3 使用@media 规则定义媒体查询，简化语法格式如下：

```
@media  [only  |  not]?  <media_type>  [and  <expression>]*  |  <expression>  [and
<expression>]*{
   /* CSS 样式列表 */
}
```

参数简单说明：

- <media_type>：指定设备类型。CSS 设备类型列表参考表 14.1。
- <expression>：指定媒体查询使用的媒体特性。放置在一对圆括号中，如（min-width:400px）。完整的特性说明参见表 14.2。
- 逻辑关键字，如 and（逻辑与）、not（排除某种设备）、only（限定某种设备）等。

表 14.2 Media Queries 媒体特性

媒体特性	值	可用媒体类型	接受 min/max
width	length	visual、tactile	yes
height	length	visual、tactile	yes
device-width	length	visual、tactile	yes
device-height	length	visual、tactile	yes
orientation	portrait | landscape	bitmap	no
aspect-ratio	ratio	bitmap	yes
device-aspectratio-ratio	ratio	bitmap	yes
color	integer	visual	yes
color-index	integer	visual	yes
monochrome	integer	visual	yes
resolution	resolution	bitmap	yes
scan	progressive |interlace	tv	no
grid	integer	visual、tactile	no

媒体特性共 13 种，类似 CSS 属性的集合，但与 CSS 属性不同的是，媒体特性只接受单个的逻辑表达式作为其值，或者没有值。并且其中的大部分接受 min/max 的前缀，用来表示大于等于/小于等于的逻辑，以避免使用<和>这些字符。

在代码的开头必须书写@media，然后指定设备类型，接着指定设备特性。设备特性的书写方式与样式的书写方式很相似，分为两个部分，由冒号分隔，冒号前书写设备的某种特性，冒号后书写该特性的具体值。

例如，下面的语句指定了当设备窗口宽度小于 640px 时所使用的样式：

```
@media screen and (max-width: 639px) {
    /*样式代码*/
}
```

可以使用多个媒体查询将同一个样式应用于不同的设备类型和设备特性中，媒体查询之间通过逗号分隔，类似于选择器分组。

```
@media handheld and (min-width:360px),screen and (min-width:480px) {
    /*样式代码*/
}
```

可以在表达式中加上 not、only 和 and 等逻辑关键字。

```
//下面的样式代码将被使用在除便携设备之外的其他设备或非彩色便携设备中
@media not handheld and (color) {
    /*样式代码*/
}
//下面的样式代码将被使用在所有非彩色设备中
@media all and (not color) {
    /*样式代码*/
}
```

only 关键字能够让那些不支持 Media Queries，但是能够读取 Media Type 的设备的浏览器将表达式中的样式隐藏起来。例如：

```
@media only screen and (color) {
    /*样式代码*/
}
```

对于支持 Media Queries 的设备来说，将能够正确地应用样式，就仿佛 only 不存在一样。对于不支持 Media Queries 但能够读取 Media Type 的设备（如 IE8 只支持@media screen）来说，由于先读取到的是 only 而不是 screen，所以将忽略这个样式。

提示：

媒体查询也可以被用在@import 规则和<link>标签中。例如：

```
@import url(example.css) screen and (width:800px);
<link media="screen and (width:800px)" rel="stylesheet" href="example.css" />
```

【示例】 下面通过一个示例演示如何正确使用@media 规则。示例代码如下，演示效果如图 14.3 所示。

```
<!doctype html>
<html>
<head>
<meta charset="utf-8">
<style type="text/css">
.wrapper {
    padding: 5px 10px; margin: 40px; border: solid 1px #999;
    text-align:center; color:#999;}
```

```
.viewing-area span {color: #666; display: none;}
/* max-width:如果视图窗口的宽度小于 600 像素，则醒目显示，并显示提示性的文字 */
@media screen and (max-width: 600px) {
    .one {
        background: red;
        border: solid 1px #000;
        color:#fff;    }
    span.lt600 {display: inline-block; }
}
/* min-width:如果视图窗口的宽度大于 900 像素，则醒目显示，并显示提示性的文字*/
@media screen and (min-width: 900px) {
    .two {
        background: red;
        border: solid 1px #000;
        color:#fff; }
    span.gt900 {display: inline-block; }
}
/* min-width & max-width: 如果视图窗口的宽度小于 600 像素，则醒目显示，并显示提示性的文字
*/
@media screen and (min-width: 600px) and (max-width: 900px) {
    .three {
        background: red;
        border: solid 1px #000;
        color:#fff; }
    span.bt600-900 { display: inline-block; }
}
/* max device width: 下面的样式应用于 IE iPhone 设备，且设备最大宽度为 480 像素 */
@media screen and (max-device-width: 480px) {
    .iphone {background: #ccc; }
}
</style>
</head>
<div class="wrapper one">窗口宽度小于 600 像素</div>
<div class="wrapper two">窗口宽度大于 900 像素</div>
<div class="wrapper three">窗口宽度介于 600 像素到 900 像素之间</div>
<div class="wrapper iphone">IE iPhone 设备，最大宽度为 480 像素。</div>
<p class="viewing-area">
    <strong>当前视图宽度:</strong>
    <span class="lt600">小于 600px</span>
    <span class="bt600-900">在 600 - 900px 之间</span>
    <span class="gt900">大于 900px</span>
</p>
<body>
</body>
</html>
```

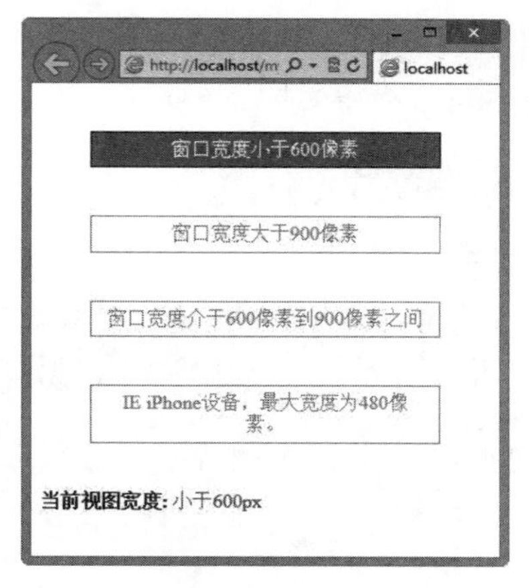

窗口宽度小于 600px

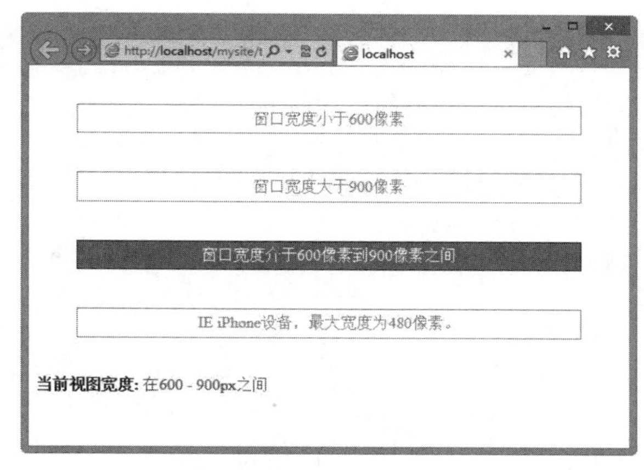

窗口宽度介于 600～900px 之间

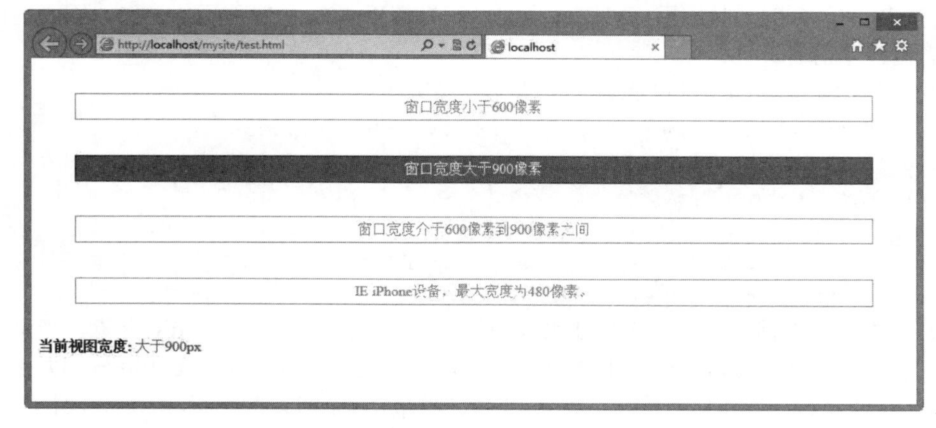

窗口宽度大于 900px

图 14.3　使用@media 规则

14.1.5　在<link>中定义媒体查询

扫一扫，看视频

通过上面的示例可以看到，直接在网页内部样式表中使用移动设备样式很方便，但对于网站来说，这样做就显得非常麻烦。这时可以使用 Media Queriy 链接外部 CSS 样式表文件，以便在独立的样式表文件中为不同设备编写 CSS 代码。具体用法如下。

```
<link rel="stylesheet" type="text/css" href="small-device.css"
   media="only screen and (max-device-width: 480px)" />
```

通过在<link>标签中设置 media 属性，可以添加 Media Queries 规则，此时 media 属性值的语法格式遵循@media 规则的用法。media 属性类似于标签的 style 属性，即在标签内添加样式属性。

一个 Media Query 语句包含一种媒体类型，如果媒体类型没有指定，那么就是默认类型 all，例如：

```
<link rel="stylesheet" type="text/css" href="example.css"
   media="(max-width: 600px)">
```

一个 Media Query 包含 0 到多个表达式，表达式又包含 0 到多个关键字，以及一种媒体特性，例如：

```
<link rel="stylesheet" type="text/css" href="example.css"
   media="handheld and (min-width:20em) and (max-width:50em)">
```

逗号（,）被用来表示“并列”，表示“或者”的意思。例如，下面的代码表示该 CSS 样式表被应用于宽度小于 20em 的手持设备，或者宽度小于 30em 的屏幕设备中。

```
<link rel="stylesheet" type="text/css" href="example.css"
   media="handheld and (max-width:20em), screen and (max-width:30em)">
```

not 关键字用来排除符合表达式的设备，例如：

```
<link rel="stylesheet" type="text/css" href="example.css"
   media="not screen and (color)">
```

再看下面这个示例。

```
<link rel="stylesheet" type="text/css" href="styleA.css"
   media="screen and (min-width: 800px)">
<link rel="stylesheet" type="text/css" href="styleB.css"
   media="screen and (min-width: 600px) and (max-width: 800px)">
<link rel="stylesheet" type="text/css" href="styleC.css"
   media="screen and (max-width: 600px)">
```

例中将设备分成 3 种，分别是宽度大于 800px 时应用 styleA，宽度在 600px 到 800px 之间时应用 styleB，以及宽度小于 600px 时应用 styleC。当宽度正好等于 800px 时应用 styleB，因为前两条表达式都成立，后者覆盖了前者。

上面的代码虽然正确，但是不准确。正常情况应该这样写：

```
<link rel="stylesheet" type="text/css" href="styleA.css"
   media="screen">
<link rel="stylesheet" type="text/css" href="styleB.css"
   media="screen and (max-width: 800px)">
<link rel="stylesheet" type="text/css" href="styleC.css"
   media="screen and (max-width: 600px)">
```

【示例】 本示例根据不同的窗口尺寸来选择使用不同样式，共有 3 个 div 元素，当浏览器的窗口尺寸不同时，页面会根据当前窗口的大小选择使用不同的样式。当窗口宽度在 1000px 以上时，将 3 个 div 元素分三栏并列显示；当窗口宽度在 640px 以上、999px 以下时，3 个 div 元素分两栏显示；当窗口宽度在 639px 以下时，3 个 div 元素从上往下排列显示。

```
<!doctype html>
<html>
<head>
<meta charset="utf-8">
<style type="text/css">
body { margin: 20px 0; }
#container {width: 960px; margin: auto;}
#wrapper {width: 740px; float: left;}
.height {
   line-height: 600px; text-align: center; font-weight: bold; font-size: 2em;
   margin: 0 0 20px 0;}
#main {
   width: 520px; background: yellow; /* 黄色 */
   float: right;}
#sub01 {
   width: 200px; background: orange; /* 橙色 */
   float: left;}
#sub02 {
   width: 200px; background: green; /* 绿色 */
```

```
    float: right;}
/* 窗口宽度在 1000px 以上 */
@media screen and (min-width: 1000px) {
    /* 三栏显示*/
    #container { width: 1000px; }
    #wrapper {width: 780px; float: left;}
    #main {width: 560px; float: right;}
    #sub01 {width: 200px; float: left;}
    #sub02 {width: 200px; float: right;}
}
/* 窗口宽度在 640px 以上、999px 以下 */
@media screen and (min-width: 640px) and (max-width: 999px) {
    /* 两栏显示 */
    #container { width: 640px; }
    #wrapper { width: 640px; float: none;}
    .height { line-height: 300px; }
    #main {width: 420px; float: right;}
    #sub01 {width: 200px; float: left;}
    #sub02 {width: 100%; float: none; clear: both; line-height: 150px;}
}
/* 窗口宽度在 639px 以下 */
@media screen and (max-width: 639px) {
    /* 一栏显示  */
    #container { width: 100%; }
    #wrapper { width: 100%; float: none;}
    body { margin: 20px; }
    .height { line-height: 300px; }
    #main { width: 100%; float: none;}
    #sub01 {width: 100%;float: none; line-height: 100px;}
    #sub02 { width: 100%; float: none; line-height: 100px;}
}
</style>
</head>
<body>
<div id="container">
    <div id="wrapper">
        <div id="main" class="height">主栏目</div>
        <div id="sub01" class="height">次要栏目</div>
    </div>
    <div id="sub02" class="height">辅助栏目</div>
</div>
</body>
</html>
```

当窗口宽度在 1000px 以上时，将 3 个 div 元素分三栏并列显示，则预览效果如图 14.4 所示。

图 14.4　窗口宽度在 1000px 以上时页面显示效果

当窗口宽度在 640px 以上、999px 以下时，3 个 div 元素分两栏显示，则预览效果如图 14.5 所示。

当窗口宽度在 639px 以下时，3 个 div 元素从上往下排列显示，则预览效果如图 14.6 所示。

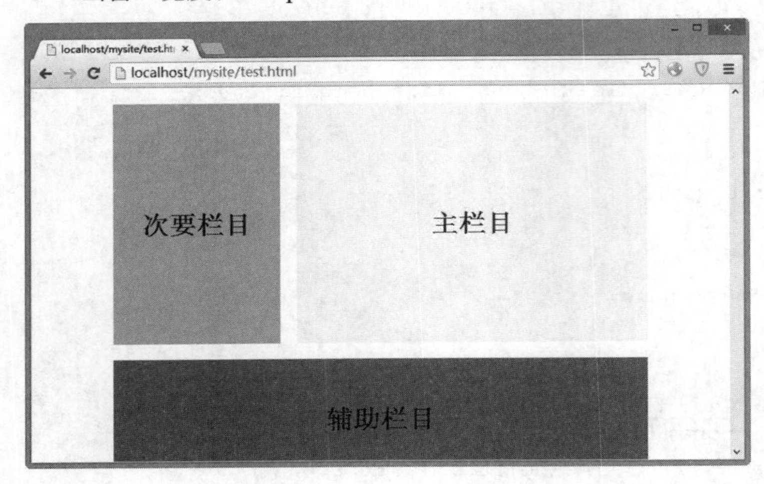

图 14.5　窗口宽度在 640px 以上、999px 以下时页面显示效果

图 14.6　窗口宽度在 639px 以下时页面显示效果

提示：

在 iPhone 和 iPod touch 中使用的 Safari 浏览器也对 CSS3 的媒体查询表达式提供支持。iPhone 的分辨率是 320px*480px，示例页面中的 3 个 div 元素本来应该是从上往下排列显示的，但是真正运行的时候，浏览器中的显示结果却为两栏显示。

这是因为在 iPhone 中使用的 Safari 浏览器在显示页面时是以窗口宽度 980px 进行显示的。因为现在的网页大多是按照宽度为 800px 左右的标准进行制作的，所以 Safari 浏览器如果按照 980px 的宽度来显示，就可以正常显示绝大多数的网页了。

即使已经写好了页面在小尺寸窗口中运行时的样式，iPhone 中的 Safari 浏览器也不会使用这个样式，而是选择窗口宽度为 980px 时所使用的样式。在这种情况下，可以利用<meta>标签在页面中指定 Safari 浏览器在处理本页面时按照多少像素的窗口宽度来进行，指定方法类似如下所示：

```
<meta name="viewport" conten="width=600px" />
```

这样在 iPhone 中重新运行该示例，Safari 浏览器将窗口宽度作为 600px 来处理，将 3 个 div 元素从上往下并排显示。因此，如果在页面中已经准备好了在小尺寸窗口中使用的样式，并且有可能在 iPhone 或 iPod touch 中被打开时，不要忘了加入<meta>标签并在标签中写入指定的窗口宽度。

扫一扫，看视频

14.1.6　设计响应式布局

由于网页需要根据屏幕宽度自动调整布局，故首先不能使用绝对宽度的布局，也不能使用具有绝对宽度的元素。具体说，CSS 代码不能指定像素宽度：

```
width: 940 px;
```

只能指定百分比宽度：

```
width: 100%;
```

或者

```
width:auto;
```

网页字体大小也不能使用绝对大小（px），而只能使用相对大小（em）。例如：

```
body {
    font: normal 100% Helvetica, Arial, sans-serif;
}
```

上面的代码定义字体大小是页面默认大小的 100%，即 16 像素。

```
h1 {
    font-size: 1.5em;
}
```

然后，定义一级标题的大小是默认字体大小的 1.5 倍，即 24 像素（24/16=1.5）。

```
small {
    font-size: 0.875em;
}
```

定义 small 元素的字体大小是默认字体大小的 0.875 倍，即 14 像素（14/16=0.875）。

流体布局是响应式设计中的一个重要方面，它要求页面中各个区块的位置都是浮动的，而不是固定不变的。

```
.main {
    float: right;
    width: 70%;
}
.leftBar {
    float: left;
    width: 25%;
}
```

float 的优势是如果宽度太小，并列显示不下两个元素时，后面的元素会自动换到前面元素的下方显示，而不会出现水平方向 overflow（溢出），避免了水平滚动条的出现。另外，应该尽量减少绝对定位（position: absolute）的使用。

在响应式网页设计中，除了图片，还应考虑页面布局结构的响应式调整。一般可以使用独立的样式表，或者使用 CSS Media Query 技术。例如，可以使用一个默认主样式表来定义页面的主要结构元素，如#wrapper、#content、#sidebar、#nav 等的默认布局方式，以及一些全局性的样式方案。

然后可以监测页面布局随着不同的浏览环境而产生的变化，如果它们变得过窄、过短、过宽、过长，则通过一个子级样式表来继承主样式表的设定，并专门针对某些布局结构进行样式覆盖。

【示例 1】　下面的代码可以放在默认主样式表 style.css 中。

```
html, body {}
h1, h2, h3 {}
p, blockquote, pre, code, ol, ul {}
```

```
/* 结构布局元素 */
#wrapper {
   width: 80%;
   margin: 0 auto;
   background: #fff;
   padding: 20px;
}
#content {
   width: 54%;
   float: left;
   margin-right: 3%;
}
#sidebar-left {
   width: 20%;
   float: left;
   margin-right: 3%;
}
#sidebar-right {
   width: 20%;
   float: left;
}
```

下面的代码可以放在子级样式表 mobile.css 中，专门针对移动设备进行样式覆盖：

```
#wrapper {width: 90%;}
#content {width: 100%;}
#sidebar-left {
   width: 100%;
   clear: both;
   border-top: 1px solid #ccc;
   margin-top: 20px;
}
#sidebar-right {
   width: 100%;
   clear: both;
   border-top: 1px solid #ccc;
   margin-top: 20px;
}
```

CSS3 支持在 CSS2.1 中定义的媒体类型，同时添加了很多涉及媒体类型的功能属性，包括 max-width（最大宽度）、device-width（设备宽度）、orientation（屏幕定向：横屏或竖屏）和 color。在 CSS3 发布之后，新上市的 iPad、Android 等相关设备都可以完美地支持这些属性。所以，可以通过 Media Query 为新设备设置独特的样式，而忽略那些不支持 CSS3 的台式机中的旧浏览器。

【示例 2】 下面的代码定义了如果页面通过屏幕呈现，非打印一类，并且屏幕宽度不超过 480px，则加载 shetland.css 样式表。

```
<link rel="stylesheet" type="text/css" media="screen and (max-device-width: 480px)" href="shetland.css" />
```

用户可以创建多个样式表，以适应不同设备类型的宽度范围。当然，更有效率的做法是：将多个 Media Queriy 整合在一个样式表文件中：

```
@media only screen and (min-device-width : 320px) and (max-device-width : 480px) {
   /* Styles */
```

```
}
@media only screen  and (min-width : 321px) {
    /* Styles */
}
@media only screen  and (max-width : 320px) {
    /* Styles */
}
```

上面的代码可以兼容各种主流设备。这种整合多个 Media Queriy 于一个样式表文件的方式，与通过 Media Queriy 调用不同样式表是不同的。

上面的代码被 CSS2.1 和 CSS3 所支持，也可以使用 CSS3 专有的 Media Queriy 功能来创建响应式 Web 设计。通过 min-width 可以设置在浏览器窗口或设备屏幕宽度高于这个值的情况下，为页面指定一个特定的样式表，而 max-width 属性则反之。

【示例 3】　将多个 Media Queriy 整合在单一样式表中，这样做更加高效，可以减少请求数量。

```
@media screen and (min-width: 600px) {
    .hereIsMyClass {
        width: 30%;
        float: right;
    }
}
```

上面代码中定义的样式类只有在浏览器或屏幕宽度超过 600px 时才会有效。

```
@media screen and (max-width: 600px) {
    .aClassforSmallScreens {
        clear: both;
        font-size: 1.3em;
    }
}
```

而这段代码的作用则相反，该样式类只有在浏览器或屏幕宽度小于 600px 时才会有效。

因此，使用 min-width 和 max-width 可以同时判断设备屏幕尺寸与浏览器实际宽度。如果希望通过 Media Queriy 作用于某种特定的设备，而忽略其上运行的浏览器是否由于没有最大化，而在尺寸上与设备屏幕尺寸产生不一致的情况。这时，可以使用 min-device-width 与 max-device-width 属性来判断设备本身的屏幕尺寸。

```
@media screen and (max-device-width: 480px) {
    .classForiPhoneDisplay {font-size: 1.2em; }
}
@media screen and (min-device-width: 768px) {
    .minimumiPadWidth {
        clear: both;
        margin-bottom: 2px solid #ccc;
    }
}
```

【示例 4】　还有一些其他方法，可以有效使用 Media Queriy 来锁定某些指定的设备。对于 iPad 来说，orientation 属性很有用，它的值可以是 landscape（横屏）或 portrait（竖屏）。

```
@media screen and (orientation: landscape) {
    .iPadLandscape {
        width: 30%;
        float: right;
    }
}
```

```
@media screen and (orientation: portrait) {
   .iPadPortrait {clear: both;}
}
```

但这个属性目前确实只在 iPad 上有效。对于其他可以转屏的设备（如 iPhone），则可以使用 min-device-width 和 max-device-width 来变通实现。

下面将上述属性组合使用，来锁定某个屏幕尺寸范围：

```
@media screen and (min-width: 800px) and (max-width: 1200px) {
   .classForaMediumScreen {
      background: #cc0000;
      width: 30%;
      float: right;
   }
}
```

上面的代码可以作用于浏览器窗口或屏幕宽度在 800px 至 1200px 之间的所有设备。

其实，用户仍然可以选择使用多个样式表的方式来实现 Media Queriy。如果从资源组织和维护的角度出发，这样做更高效。

```
<link rel="stylesheet" media="screen and (max-width: 600px)" href="small.css" />
<link rel="stylesheet" media="screen and (min-width: 600px)" href="large.css" />
<link rel="stylesheet" media="print" href="print.css" />
```

读者可以根据实际情况决定使用 Media Queriy 的方式。例如，对于 iPad，可以将多个 Media Queriy 直接写在一个样式表中。因为 iPad 用户随时有可能切换屏幕方向，这种情况下，要保证页面在极短的时间内响应屏幕尺寸的调整，必须选择效率最高的方式。

Media Queriy 不是绝对唯一的解决方法，它只是一个以纯 CSS 方式实现响应式 Web 设计思路的手段。另外，还可以使用 JavaScript 来实现响应式设计。特别是当某些旧设备无法完美支持 CSS3 的 Media Queriy 时，它可以作为后备支援。所有主流浏览器都支持 Media Queriy，包括 IE9，而对于老式浏览器（主要是 IE6、7、8）则可以考虑使用 css3-mediaqueries.js。

```
<!-[if lt IE 9]>
<script src="http://css3-mediaqueries-js.googlecode.com/svn/trunk/css3-mediaqueries.
js"></script>
<![endif]->
```

【示例 5】 下面的代码演示了如何使用简单的几行 jQuery 代码来检测浏览器宽度，并为不同的情况调用不同的样式表：

```
<script  type="text/javascript"  src="http://ajax.googleapis.com/ajax/libs/jquery/
1.9.1/jquery.min.js"></script>
<script type="text/javascript">
$(document).ready(function(){
   $(window).bind("resize", resizeWindow);
   function resizeWindow(e){
      var newWindowWidth = $(window).width();
      if(newWindowWidth < 600){
         $("link[rel=stylesheet]").attr({href : "mobile.css"});
      }
      else if(newWindowWidth > 600){
         $("link[rel=stylesheet]").attr({href : "style.css"});
      }
   }
});
</script>
```

类似这样的解决方案还有很多，借助 JavaScript，则可以实现更多的变化。

14.2 实战案例

本节将通过多个案例帮助读者练习如何设计响应式页面。

扫一扫，看视频

14.2.1 根据设备控制显示内容

对于移动设备来说，文字内容的显示需要帮助用户在任何设备环境下都能更容易地获取最重要的内容信息，因此要坚持以下几个原则：

- 简化的导航。
- 更易聚焦的内容。
- 以信息列表代替传统的多行文案内容等。

针对这个问题，可以在一个选用某类小屏幕设备的样式表中使用 display: none;来隐藏掉页面中的某些模块。例如，对于手机类设备，可以隐藏掉大块的文字内容区，而只显示一个简单的导航结构，其中的导航元素可以指向详细内容页面。

注意：

不要使用 visibility:hidden;的方式，因为这只能使元素在视觉上不做呈现。

下面的示例通过简单的几步就设计出一个能够根据设备而显示不同模块的响应式页面。

【操作步骤】

第 1 步：通过 Dreamweaver 新建一个 HTML5 文档，在头部区域定义 Meta 标签。大多数移动浏览器将 HTML 页面放大为宽的视图（viewport）以符合屏幕分辨率。这里可以使用视图的 Meta 标签来重置，让浏览器使用设备的宽度作为视图宽度并禁止初始的缩放。

```
<!doctype html>
<html>
<head>
<meta charset="utf-8">
<title></title>
<!-- viewport meta to reset iPhone inital scale -->
<meta name="viewport" content="width=device-width, initial-scale=1.0">
</head>
<body>
</body>
</html>
```

第 2 步：IE8 或者更早的浏览器并不支持 Media Query。可以使用 media-queries.js 或者 respond.js 来为 IE 添加 Media Query 支持。

```
<!-- css3-mediaqueries.js for IE8 or older -->
<!--[if lt IE 9]>
   <script src="http://css3-mediaqueries-js.googlecode.com/svn/trunk/css3-medi-
aqueries.js"></script>
<![endif]-->
```

第 3 步：设计页面 HTML 结构。整个页面基本布局包括：头部、内容、侧边栏和页脚。头部为固定高度 180 像素，内容容器宽度是 600 像素，而侧边栏宽度是 300 像素，线框图如图 14.7 所示。

```
<!doctype html>
<html>
<head>
<meta charset="utf-8">
```

```
<title></title>
<!-- viewport meta to reset iPhone inital scale -->
<meta name="viewport" content="width=device-width, initial-scale=1.0">
<!-- css3-mediaqueries.js for IE8 or older -->
<!--[if lt IE 9]>
   <script src="http://css3-mediaqueries-js.googlecode.com/svn/trunk/css3-mediaqu-
 eries.js"> </script>
<![endif]-->
</head>
<body>
<div id="pagewrap">
   <div id="header">
      <h1>Header</h1>
      <p>Tutorial by <a href="#">Myself</a> (read <a href="#">related article
</a>)</p>
   </div>
   <div id="content">
      <h2>Content</h2>
      <p>text</p>
   </div>
   <div id="sidebar">
      <h3>Sidebar</h3>
      <p>text</p>
   </div>
   <div id="footer">
      <h4>Footer</h4>
   </div>
</div>
</body>
</html>
```

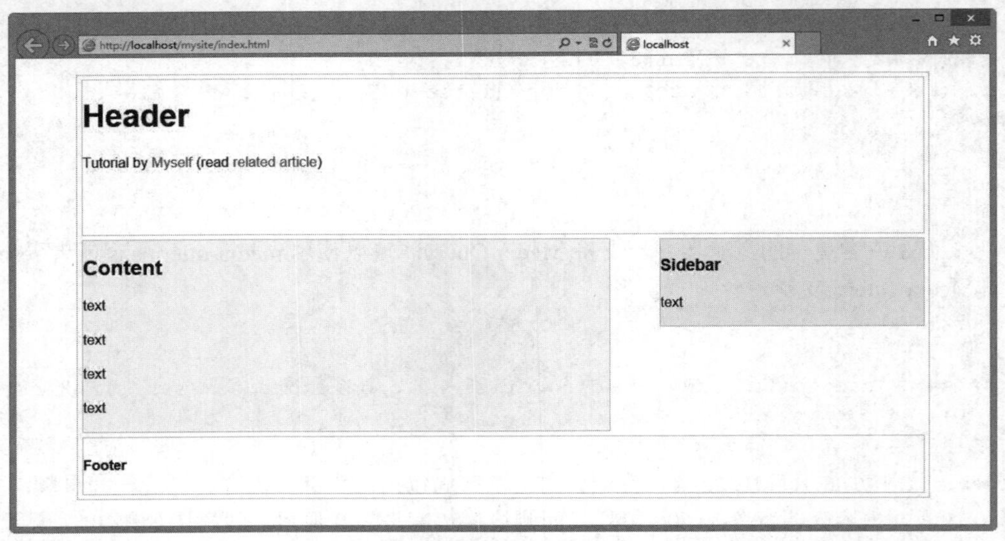

图 14.7　设计页面结构

第 4 步：使用 Media Queriy。CSS3 Media Query（媒介查询）是响应式设计的核心，它根据条件告诉浏览器如何为指定视图宽度渲染页面。

当视图宽度小于等于 980 像素时，如下规则将会生效。基本上，会将所有的容器宽度从像素值设置为百分比以使得容器大小自适应。

```
/* 当窗口视图小于等于 980 像素时响应下面的样式 */
@media screen and (max-width: 980px) {
    #pagewrap {
        width: 94%;
    }
    #content {
        width: 65%;
    }
    #sidebar {
        width: 30%;
    }
}
```

第 5 步：为小于等于 700 像素的视图指定#content 和#sidebar 的宽度为自适应并且清除浮动，使得这些容器按全宽度显示。

```
/* 当窗口视图小于等于 700 像素时响应下面的样式 */
@media screen and (max-width: 700px) {
    #content {
        width: auto;
        float: none;
    }
    #sidebar {
        width: auto;
        float: none;
    }
}
```

第 6 步：对于小于等于 480 像素（手机屏幕）的情况，将#header 元素的高度设置为自适应，将 h1 的字体大小修改为 24 像素并隐藏侧边栏。

```
/* 当窗口视图小于等于 480 像素时响应下面的样式 */
@media screen and (max-width: 480px) {
    #header {
        height: auto;
    }
    h1 {
        font-size: 24px;
    }
    #sidebar {
        display: none;
    }
}
```

第 7 步：可以根据个人喜好添加足够多的媒介查询。上面三段样式代码仅仅展示了三个媒介查询。媒介查询的目的在于为指定的视图宽度指定不同的 CSS 规则，来实现不同的布局。演示效果如图 14.8 所示。

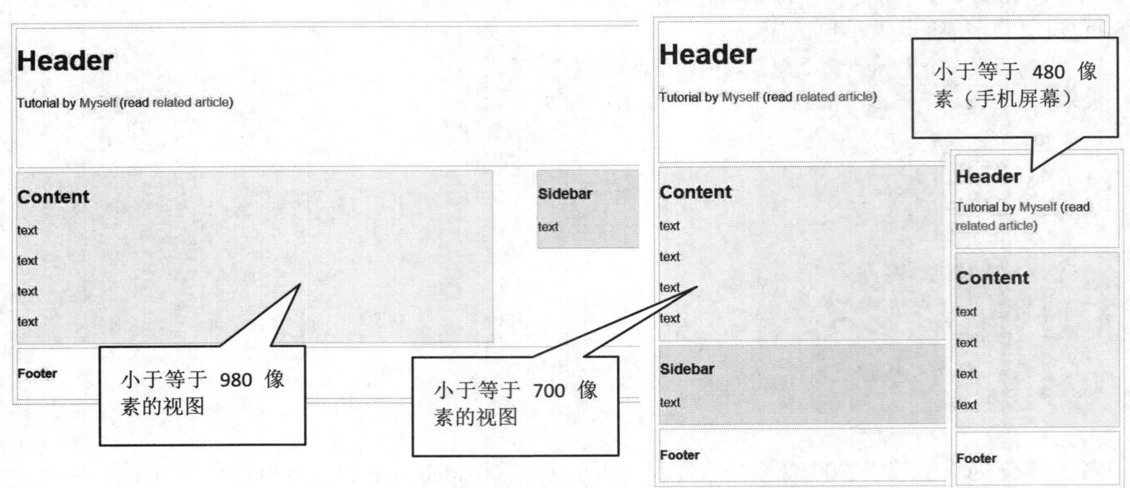

图 14.8　设计不同宽度下的视图效果

提示：

触屏设备目前已经成为主流。虽然多数触屏设备还是小屏幕类型的产品，如手机，但是市场上越来越多的大屏幕设备也开始使用触屏技术，就连一些笔记本和台式机也加入了触屏技术。

相比于传统的基于鼠标指针的互动，触屏技术显然带来了截然不同的交互方式与相应的设计规范。例如，触屏设备无法响应 CSS 定义的 hover 行为及相应的样式，因为它没有鼠标指针的概念，手指点击就是 click 行为。所以不要让任何功能依赖于对 hover 状态的触发。

一般建议在设计中，既有利于改进针对触屏设备的设计方式，同时也不会削弱传统键鼠设备上的用户体验。例如，放在页面右侧的导航列表可以对触屏设备的用户更加友好。因为多数人习惯用右手点击操作，而左手负责握住设备；这样，放在右侧的导航列表既方便右手的点击，又可以避免被握住设备的左手不小心触碰到。而这一点与键鼠设备用户的习惯完全不矛盾。

14.2.2　设计伸缩菜单

本示例设计一个置顶导航栏，该导航栏能够响应设备类型，并根据设备显示不同的伸缩盒布局效果，在小屏设备上，从上到下显示；在默认状态下，从左到右显示，右对齐盒子；当设备小于 800 像素时，设计导航项目分散对齐显示，示例预览效果如图 14.9 所示。

小于 600 像素屏幕

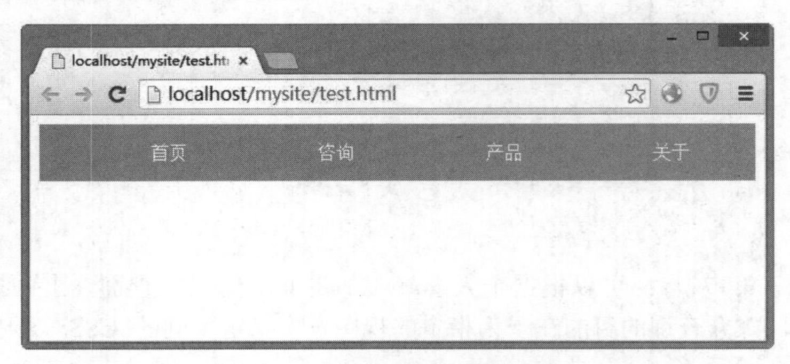

介于 600 和 800 像素之间设备

图 14.9　定义伸缩项目居中显示（一）

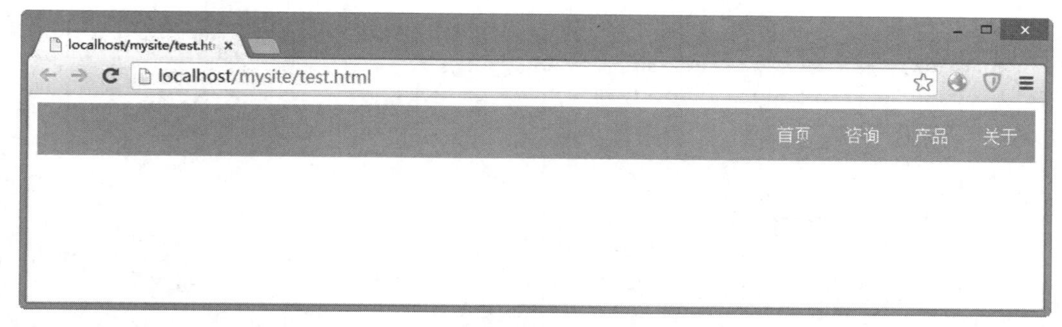

大于 800 像素屏幕

图 14.9　定义伸缩项目居中显示（二）

【操作步骤】

第 1 步：新建 HTML5 文档，保存为 index.html。

第 2 步：在<body>标签内输入以下代码，设计菜单结构。

```
<ul class="navigation">
   <li><a href="#">首页</a></li>
   <li><a href="#">咨询</a></li>
   <li><a href="#">产品</a></li>
   <li><a href="#">关于</a></li>
</ul>
```

第 3 步：在<head>标签内添加<style type="text/css">标签，定义一个内部样式表。

第 4 步：在内部样式表中输入以下 CSS 代码，设计菜单布局方式。

```
/*默认伸缩布局*/
.navigation {
   list-style: none;
   margin: 0;
   background: deepskyblue;
   display: -webkit-box;
   display: -moz-box;
   display: -ms-flexbox;
   display: -webkit-flex;
   display: flex;
   -webkit-flex-flow: row wrap;
   /* 所有列面向主轴终点位置靠齐 */
   justify-content: flex-end;}
.navigation a {
   text-decoration: none;
   display: block;
   padding: 1em;
   color: white;}
.navigation a:hover { background: blue; }
```

第 5 步：为不同类型的设备设计响应样式。

```
/*在小于 800 像素设备下伸缩布局*/
@media all and (max-width: 800px) {
   /* 当在中等屏幕中，导航项目居中显示，并且剩余空间平均分布在列表之间 */
   .navigation { justify-content: space-around; }}
/*在小于 600 像素设备下伸缩布局*/
@media all and (max-width: 600px) {
```

```
    .navigation { /* 在小屏幕下，没有足够空间行排列，可以换成列排列 */
        -webkit-flex-flow: column wrap;
        flex-flow: column wrap;
        padding: 0;}
    .navigation a {
        text-align: center;
        padding: 10px;
        border-top: 1px solid rgba(255,255,255,0.3);
        border-bottom: 1px solid rgba(0,0,0,0.1);}
    .navigation li:last-of-type a { border-bottom: none; }
}
```

14.2.3 设计可响应网页模板

本示例设计一个更具灵活性的网站模板，使用响应式技术配合 CSS3 弹性盒模型，定义 3 行 3 列布局页面。考虑到移动先行，这里设计大屏幕下 3 列布局，中屏幕下 2 列布局，小屏幕下单列布局，同时灵活定义每个栏目的显示顺序，以摆脱文档顺序束缚，示例预览效果如图 14.10 所示。

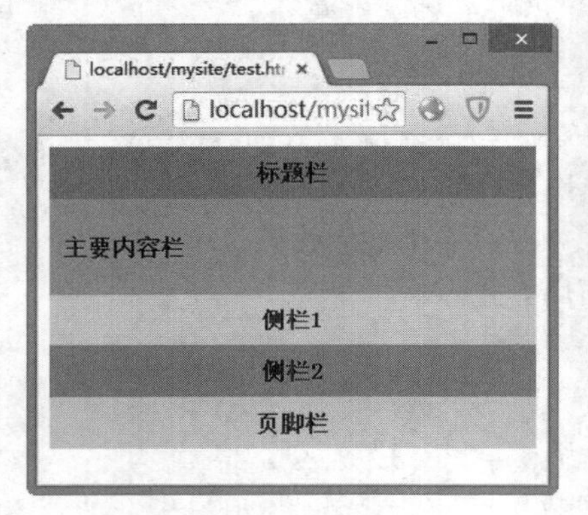

小于 600 像素屏幕

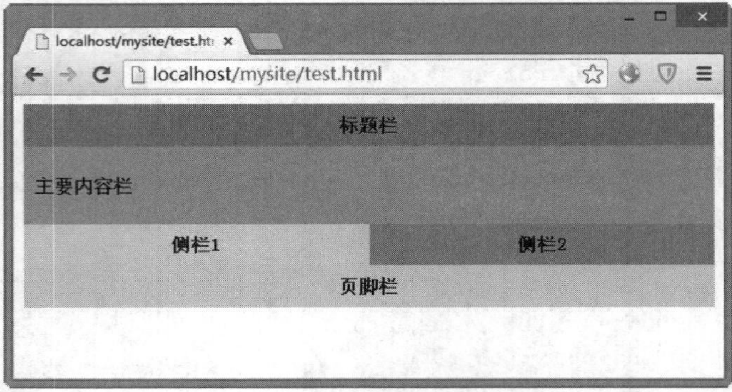

介于 600 和 800 像素之间设备

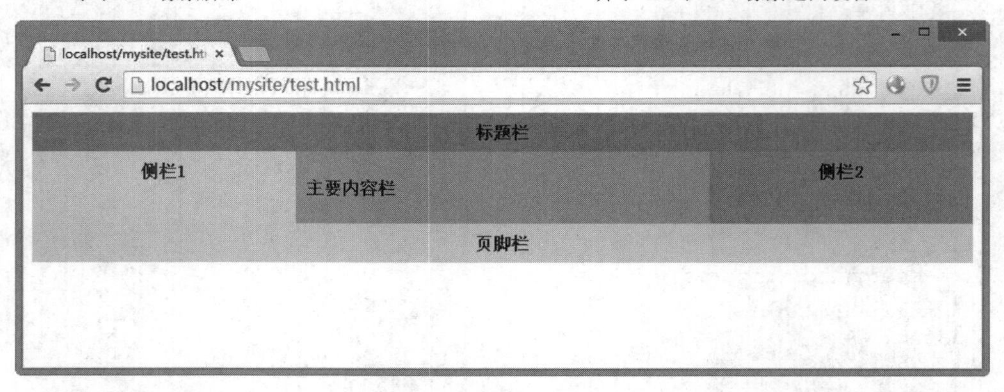

大于 800 像素屏幕

图 14.10　定义伸缩项目居中显示

【操作步骤】

第 1 步：新建 HTML5 文档，保存为 index.html。

第 2 步：在<body>标签内输入以下代码，设计文档模板结构。

```
<div class="wrapper">
```

```
    <header class="header">标题栏</header>
    <article class="main">
        <p>主要内容栏</p>
    </article>
    <aside class="aside aside-1">侧栏 1</aside>
    <aside class="aside aside-2">侧栏 2</aside>
    <footer class="footer">页脚栏</footer>
</div>
```

第 3 步：在<head>标签内添加<style type="text/css">标签，定义一个内部样式表。

第 4 步：在内部样式表中输入以下 CSS 代码，设计页面通用样式。

```
.wrapper {
    display: -webkit-box;
    display: -moz-box;
    display: -ms-flexbox;
    display: -webkit-flex;
    display: flex;
    -webkit-flex-flow: row wrap;
    flex-flow: row wrap;
    font-weight: bold;
    text-align: center;
}
/* 设置所有标签宽度为 100% */
.wrapper > * {
    padding: 10px;
    flex: 1 100%;
}
.header { background: tomato; }
.footer { background: lightgreen; }
.main {
    text-align: left;
    background: deepskyblue;
}
.aside-1 { background: gold; }
.aside-2 { background: hotpink; }
```

第 5 步：输入下面的 CSS 代码，设计中屏设备专用样式。

```
/* 中屏设备 */
@media all and (min-width: 600px) {
    /* 两个边栏在同一行 */
    .aside { flex: 1 auto; }
}
```

第 6 步：输入下面的 CSS 代码，设计大屏设备专用样式。

```
/* 大屏设备 */
@media all and (min-width: 800px) {
    /* 设置左边栏在主内容左边
    设置主内容区域宽度是其他两个侧边栏宽度的两倍
    */
    .main { flex: 2 0px; }
    .aside-1 { order: 1; }
    .main { order: 2; }
    .aside-2 { order: 3; }
    .footer { order: 4; }
}
```

扫一扫，看视频

14.2.4 设计响应式网站首页

本节设计将页面容器宽度设置为固定的 980px，对于桌面浏览环境，该宽度适用于任何宽于 1024 像素的分辨率。然后通过 Media Query 来监测那些宽度小于 980px 的设备分辨率，并将页面的宽度设置由固定方式改为液态版式，布局元素的宽度随着浏览器窗口的尺寸变化进行调整。

当可视部分的宽度进一步减小到 650px 以下时，主要内容部分的容器宽度会增大至全屏，而侧边栏将被置于主内容部分的下方，整个页面变为单栏布局。演示效果如图 14.11 所示。

图 14.11 设计响应式网站首页效果

在本示例中，主要应用了下面几个技术和技法。

- Media Query JavaScript。对于那些尚不支持 Media Query 的浏览器，在页面中调用 css3-mediaqueries.js。
- 使用 CSS Media Queriy 实现自适应页面设计，使用 CSS 根据分辨率宽度的变化来调整页面布局结构。
- 设计弹性图片和多媒体。通过 max-width: 100%和 height: auto 实现图片的弹性化。通过 width: 100%和 height: auto 实现内嵌元素的弹性化。
- 字号自动调整的问题，通过-webkit-text-size-adjust:none 禁用 iPhone 中 Safari 的字号自动调整。

【操作步骤】

第 1 步：新建 HTML5 类型文档，编写网站基本结构代码。使用 HTML5 标签来更加语义化地实现这些结构，包括页头、主要内容部分、侧边栏和页脚。

```
<!doctype html>
<html>
<head>
<meta charset="utf-8">
<title></title>
</head>
<body>
<div id="pagewrap">
    <header id="header">
```

```
        <hgroup>
            <h1 id="site-logo"> </h1>
            <h2 id="site-description"> </h2>
        </hgroup>
        <nav>
            <ul id="main-nav">
                <li><a href="#"> </a></li>
            </ul>
        </nav>
        <form id="searchform">
            <input type="search">
        </form>
    </header>
    <div id="content">
        <article class="post">主要内容区域</article>
    </div>
    <aside id="sidebar">
        <section class="widget">侧栏区域</section>
    </aside>
    <footer id="footer">页脚区域</footer>
</div>
</body>
</htm
```

第 2 步：IE 是永恒的话题，对于 HTML5 标签，IE9 之前的版本无法提供支持。目前的最佳解决方案仍是通过 html5.js 来帮助这些旧版本的 IE 浏览器创建 HTML5 元素节点。因此，这里添加如下兼容技法，调用该 js 文件。

```
<!--[if lt IE 9]>
<script src="http://html5shim.googlecode.com/svn/trunk/html5.js"></script>
<![endif]-->
```

第 3 步：设计 HTML5 块级元素样式。首先仍是浏览器兼容问题，虽然经过上一步努力已经可以在低版本的 IE 中创建 HTML5 元素节点，但还是需要在样式方面做些工作，将这些新元素声明为块级样式。

```
article, aside, details, figcaption, figure, footer, header, hgroup, menu, nav,
section {
     display: block; }
```

第 4 步：设计主要结构的 CSS 样式。这里忽略细节样式设计，将注意力集中在整体布局上。在默认情况下页面容器的固定宽度为 980 像素，页头部分（header）的固定高度为 160 像素，主要内容部分（content）的宽度为 600 像素，左浮动；侧边栏（sidebar）右浮动，宽度为 280 像素。

```
<style type="text/css">
#pagewrap {
    width: 980px;
    margin: 0 auto;}
#header { height: 160px; }
#content {
    width: 600px;
    float: left;}
#sidebar {
    width: 280px;
    float: right;}
```

```
#footer { clear: both; }
</style>
```

第 5 步：初步完成了页面结构的 HTML 和默认结构样式，当然，具体页面细节样式就不再赘述，读者可以参考本节示例源代码。

此时预览页面效果，由于还没有做任何 Media Query 方面的工作，页面还不能随着浏览器尺寸的变化而改变布局。在页面中调用 css3-mediaqueries.js 文件，即可解决 IE8 及其以前版本支持 CSS3 Media Queriy。

```
<!--[if lt IE 9]>
    <script src="http://css3-mediaqueries-js.googlecode.com/svn/trunk/css3-mediaqueries.js"></script>
<![endif]-->
```

第 6 步：创建 CSS 样式表，并在页面中调用：

```
<link href="media-queries.css" rel="stylesheet" type="text/css">
```

第 7 步：借助 Media Queriy 技术设计响应式布局。

当浏览器可视部分宽度大于 650px 小于 980px 时（液态布局），将 pagewrap 的宽度设置为 95%，将 content 的宽度设置为 60%，将 sidebar 的宽度设置为 30%。

```
@media screen and (max-width: 980px) {
    #pagewrap { width: 95%; }
    #content {
        width: 60%;
        padding: 3% 4%;
    }
    #sidebar { width: 30%; }
    #sidebar .widget {
        padding: 8% 7%;
        margin-bottom: 10px;
    }
}
```

第 8 步：当浏览器可视部分宽度小于 650px 时（单栏布局），将 header 的高度设置为 auto；将 searchform 绝对定位在 top: 5px 的位置；将 main-nav、site-logo、site-description 的定位设置为 static；将 content 的宽度设置为 auto（主要内容部分的宽度将扩展至满屏），并取消 float 设置；将 sidebar 的宽度设置为 100%，并取消 float 设置。

```
@media screen and (max-width: 650px) {
    #header { height: auto; }
    #searchform {
        position: absolute;
        top: 5px;
        right: 0;
    }
    #main-nav { position: static; }
    #site-logo {
        margin: 15px 100px 5px 0;
        position: static;
    }
    #site-description {
        margin: 0 0 15px;
        position: static;
    }
    #content {
```

```
        width: auto;
        float: none;
        margin: 20px 0;
    }
    #sidebar {
        width: 100%;
        float: none;
        margin: 0;
    }
}
```

第 9 步：480px 是 iPhone 横屏时的宽度。当浏览器可视部分的宽度小于该数值时，禁用 HTML 节点的字号自动调整。默认情况下，iPhone 会将过小的字号放大，这里可以通过-webkit-text-size-adjust 属性进行调整，将 main-nav 中的字号设置为 90%。

```
@media screen and (max-width: 480px) {
    html {-webkit-text-size-adjust: none;}
    #main-nav a {
        font-size: 90%;
        padding: 10px 8px;
    }
}
```

第 10 步：设计弹性图片。为图片设置 max-width: 100%和 height: auto，实现其弹性化。对于 IE，仍然需要一点额外的工作。

```
img {
    max-width: 100%;
    height: auto;
    width: auto\9; /* ie8 */}
```

第 11 步：设计弹性内嵌视频。对于视频也需要做 max-width: 100%的设置，但是 Safari 对内嵌的该属性支持不是很好，所以使用 width: 100%来代替。

```
.video embed, .video object, .video iframe {
    width: 100%;
    height: auto;
    min-height: 300px;}
```

第 12 步：iPhone 中的初始化缩放。在默认情况下，iPhone 中的 Safari 浏览器会对页面进行自动缩放，以适应屏幕尺寸。这里可以使用以下的 meta 设置，将设备的默认宽度作为页面在 Safari 的可视部分宽度，并禁止初始化缩放。

```
<meta name="viewport" content="width=device-width; initial-scale=1.0">
```

第 15 章 使用 JavaScript 控制 CSS 样式

在网页设计中经常需要使用 JavaScript 动态控制 CSS 样式，使用 CSS+JavaScript 可以设计各种网页特效或用户交互效果，这些操作被称为动态样式或脚本化 CSS，主要任务包括控制网页对象的大小、位置、显示等，如果再配合 JavaScript 定时器，还可以设计类似 CSS3 的动画效果。

【学习重点】

- 使用 JavaScript 脚本控制行内或样式表中的样式。
- 控制网页对象大小和设计网页对象变形效果。
- 定位和设计运动效果。
- 显隐和设计渐隐、渐显效果。
- 能够在网页中添加各种交互响应或动态特效。

15.1 在网页中使用 JavaScript

JavaScript 是目前最流行、应用最广泛的编程语言之一，它是 Web 开发的核心工具，一般作为嵌入式脚本在网页中直接使用。在 HTML 页面中嵌入 JavaScript 脚本需要使用<script>标签，用户可以在<script>标签中直接编写 JavaScript 代码，或者单独编写 JavaScript 文件，然后通过<script>标签导入。

扫一扫，看视频

15.1.1 使用<script>标签

下面通过示例演示<script>标签的两种用法：直接在页面中嵌入 JavaScript 代码和导入外部 JavaScript 文件。

【示例 1】 直接在页面中嵌入 JavaScript 代码。

第 1 步：新建 HTML 文档，保存为 test.html。然后在<head>标签内插入一个<script>标签。

第 2 步：为<script>标签指定 type 属性值为"text/javascript"。现代浏览器默认<script>标签的类型为 JavaScript 脚本，因此即使省略 type 属性，依然能够被正确执行，但是考虑到代码的兼容性，建议定义该属性。

第 3 步：直接在<script>标签内部输入 JavaScript 代码：

```
<!doctype html>
<html>
<head>
<meta charset="utf-8">
<title>test</title>
<script type="text/javascript">
function hi(){
   document.write("<h1>Hello,World!</h1>");
}
hi();
</script>
</head>
<body>
```

```
</body>
</html>
```

上面的 JavaScript 脚本先定义了一个 hi()函数，该函数被调用后会在页面中显示字符串"Hello,World!"。document 表示 DOM 网页文档对象，document.write()表示调用 Document 对象的 write()方法，在当前网页源代码中写入 HTML 字符串"<h1>Hello,World! </h1>"。

调用 hi()函数，浏览器将在页面中显示一级标题字符"Hello,World! "。

第 4 步：保存网页文档，在浏览器中预览，则显示效果如图 15.1 所示。

图 15.1　第一个 JavaScript 程序

包含在<script>标签内的 JavaScript 代码被浏览器从上至下依次解释执行。

注意：

当使用<script>标签嵌入 JavaScript 代码时，不要在代码中的任何地方输出"</script>"字符串。例如，浏览器在加载以下代码时就会产生一个错误：

```
<script type="text/javascript">
function hi(){
    document.write("</script>");
}
hi();
</script>
```

错误原因：当浏览器解析到字符串"</script>"时，会结束 JavaScript 代码段的执行。

解决方法：

```
<script type="text/javascript">
function hi(){
    document.write("<\/script>");
}
hi();
</script>
```

若使用转义字符把字符串"</script>"分成两部分来写就不会造成浏览器的误解。

【示例 2】　包含外部 JavaScript 文件。

第 1 步：新建文本文件，保存为 test.js。注意，扩展名为.js，表示该文本文件是 JavaScript 类型的文件。

提示：

使用<script>标签包含外部 JavaScript 文件时，默认文件类型为 JavaScript，因此.js 扩展名不是必需的，浏览器不会检查包含 JavaScript 的文件的扩展名。在高级开发中，使用 JSP、PHP 或其他服务器端语言动态生成 JavaScript 代码时可以使用任意扩展名，如果不使用.js 扩展名，用户应确保服务器能返回正确的 MIME 类型。

第 2 步：打开 test.js 文本文件，在其中编写以下代码，定义简单的输出函数。

```
function hi(){
    alert("Hello,World!");
}
```

在上面的代码中，alert()表示 Window 对象的方法，调用该方法将弹出一个提示对话框，显示参数字符串"Hello,World!"。

第 3 步：保存 JavaScript 文件，注意与网页文件的位置关系。这里保存 JavaScript 文件的位置与调用该文件的网页文件位于相同目录下。

第 4 步：新建 HTML 文档，保存为 test1.html。然后在<head>标签内插入一个<script>标签，定义 src 属性，设置属性值为指向外部 JavaScript 文件的 URL 字符串。代码如下所示：

```
<script type="text/javascript" src="test.js"></script>
```

第 5 步：在上面的<script>标签下一行继续插入一个<script>标签，直接在<script>标签内部输入 JavaScript 代码，调用外部 JavaScript 文件中的 hi()函数。

```
<!doctype html>
<html>
<head>
<meta charset="utf-8">
<title>test</title>
<script type="text/javascript" src="test.js"></script>
<script type="text/javascript">
hi();          //调用外部 JavaScript 文件的函数
</script>
</head>
<body>
</body>
</html>
```

第 6 步：保存网页文档，在浏览器中预览，则显示效果如图 15.2 所示。

图 15.2　调用外部函数弹出提示对话框

提示：

定义 src 属性的<script>标签不应再包含 JavaScript 代码。如果嵌入了代码，则只会下载并执行外部 JavaScript 文件，嵌入代码则会被忽略。

<script>标签的 src 属性可以包含来自外部域的 JavaScript 文件。例如：

```
<script type="text/javascript" src="http://www.sothersite.com/test.js"></script>
```

这些位于外部域中的代码也会被加载和解析。因此在访问自己不能控制的服务器上的 JavaScript 文件时要小心，防止恶意代码或者恶意人员随时替换 JavaScript 文件中的代码。

扫一扫，看视频

15.1.2　脚本位置

所有<script>标签都会按照它们在 HTML 中出现的先后顺序依次被解析。在不使用 defer 和 async 属性的情况下，只有在解析完前面<script>标签中的代码之后，才会开始解析后面<script>标签中的代码。

【示例 1】　在默认情况下，所有<script>标签都应该放在页面头部的<head>标签中。

```
<!doctype html>
<html>
<head>
<meta charset="utf-8">
<title>test</title>
<script type="text/javascript" src="test.js"></script>
<script type="text/javascript">
hi();
</script>
</head>
<body>
<!-- 网页内容 -->
</body>
</html>
```

这样就可以把所有外部文件（包括 CSS 文件和 JavaScript 文件）的引用都放在相同的地方。但是，在文档的<head>标签中包含所有 JavaScript 文件，意味着必须等到全部 JavaScript 代码都被下载、解析和执行完以后，才能开始呈现页面的内容。如果页面需要很多 JavaScript 代码，这样无疑会导致浏览器在呈现页面时出现明显的延迟，而延迟期间的浏览器窗口中将是一片空白。

【示例 2】 为了避免延迟问题，现代 Web 应用程序一般都把全部 JavaScript 引用放在<body>标签中页面的内容后面。

```
<!doctype html>
<html>
<head>
<meta charset="utf-8">
</head>
<body>
<!-- 网页内容 -->
<<title>test</title>
<script type="text/javascript" src="test.js"></script>
<script type="text/javascript">
hi();
</script>
/body>
</html>
</html>
```

这样，在解析包含的 JavaScript 代码之前，页面的内容将完全呈现在浏览器中，同时也会感到打开页面的速度加快了。

15.1.3 延迟执行

扫一扫，看视频

为了避免脚本在执行时影响页面的构造，HTML 为<script>标签定义了 defer 属性。defer 属性能够迫使脚本被延迟到整个页面都解析完毕后再运行。因此，在<script>标签中设置 defer 属性，相当于告诉浏览器虽然可以立即下载 JavaScript 代码，但延迟执行。

【示例】 在本示例中，虽然把<script>标签放在文档的<head>标签中，但其中包含的脚本将延迟到浏览器遇到</html>标签后再执行。

```
<!doctype html>
<html>
```

```
<head>
<script type="text/javascript" defer src="test1.js"></script>
<script type="text/javascript" defer src="test2.js"></script>
</head>
<body>
<!-- 网页内容 -->
</body>
</html>
```

HTML5 规范要求脚本按照它们出现的先后顺序执行，因此第一个延迟脚本会先于第二个延迟脚本执行，而这两个脚本会先于 DOMContentLoaded 事件执行。在实际应用中，延迟脚本并不一定会按照顺序执行，也不一定会在 DOMContentLoaded 事件触发前执行，因此最好只包含一个延迟脚本。

提示：

defer 属性只适用于外部脚本文件。这一点在 HTML5 中已经明确规定，因此支持 HTML5 的实现会忽略给嵌入脚本设置的 defer 属性。IE4～IE7 还支持嵌入脚本的 defer 属性，但 IE8 及之后版本则完全支持 HTML5 规定的行为。

IE4、Firefox 3.5、Safari 5 和 Chrome 是最早支持 defer 属性的浏览器，其他浏览器则会忽略这个属性。因此，把延迟脚本放在页面底部仍然是最佳选择。

注意：

在 XHTML 类型的文档中，defer 属性应该定义为 defer="defer"。

扫一扫，看视频

15.1.4 异步响应

HTML5 为<script>标签定义了 async 属性。这个属性与 defer 属性类似，都用于改变外部脚本的行为。同样与 defer 类似，async 只适用于外部脚本文件，并告诉浏览器立即下载文件。但与 defer 不同的是，标记为 async 的脚本并不保证按照指定它们的先后顺序执行。

【示例】 在下面的代码中，第二个脚本文件 test2.js 可能会在第一个脚本文件 test1.js 之前执行。因此，用户要确保两个文件之间没有逻辑顺序的关联和互不依赖是非常重要的。

```
<!doctype html>
<html>
<head>
<script type="text/javascript" async src="test1.js"></script>
<script type="text/javascript" async src="test2.js"></script>
</head>
<body>
<!-- 网页内容 -->
</body>
</html>
```

指定 async 属性的目的是不让页面等待两个脚本文件下载完后再执行，从而异步加载页面其他内容。

提示：

异步响应的脚本一定会在页面的 load 事件前执行，但可能会在 DOMContentLoaded 事件触发之前或之后执行。异步脚本不要在加载期间修改 DOM。

支持异步脚本的浏览器包括 Firefox 3.6+、Safari 5 和 Chrome。在 XHTML 文档中，要把 async 属性设为 async="async"。

15.1.5　脚本样式与 CSS 样式

JavaScript 代码与 CSS 代码不会响应干扰，但是由于 JavaScript 可以控制 CSS 样式，所以它们之间仍然存在某些关联和容易混淆的概念性操作。

对于 CSS 文件来说，样式所引用的外部文件的路径都是以代码所在位置作为参考来进行设置的，而 JavaScript 恰恰相反，它是以所引用的网页位置作为参考进行设置的。

【示例】　有这么一个简单的站点结构，网页文件位于根目录，而 CSS 文件、JavaScript 文件和图像文件都位于根目录下的 images 文件夹中，如图 15.3 所示。

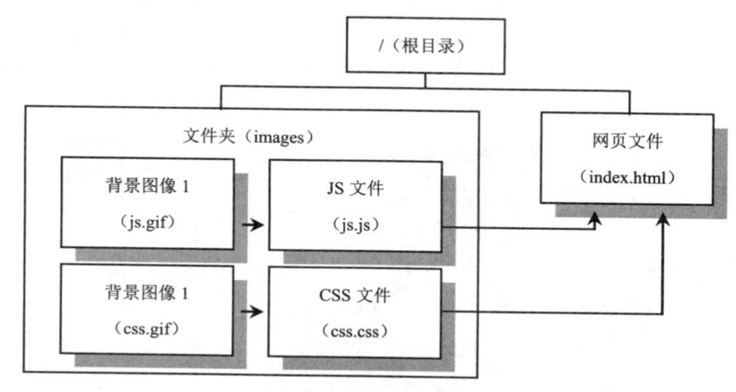

图 15.3　一个简单站点结构

下面分别使用 CSS 样式和 JavaScript 脚本样式为网页中的<div id="box">标签定义背景图像。

【操作步骤】

第 1 步：新建样式表文件，保存为 css.css，存放于 images 文件夹中。

第 2 步：在 CSS 样式表文件（css.css）中定义方法如下：

```
#box {
    background:url(css.gif);
}
```

CSS 文件与背景图像文件都在同一目录（images 文件夹）下，所以可以直接引用，而不用考虑网页文件的位置。

第 3 步：新建 JavaScript 文件，保存为 js.js，存放于 images 文件夹中。

第 4 步：在 js.js 文件中输入下面的代码，使用 JavaScript 脚本定义<div id="box">的背景图像。

```
window.onload = function(){
    document.getElementById("box").style.backgroundImage="url(images/ js.gif)";
}
```

从上面的代码可以看到，JavaScript 文件所引用的背景图像路径是以网页文件的位置为参考来进行设置的，而不用考虑 JavaScript 文件的具体位置，如果网页文件不动，则 JavaScript 文件所引用的路径是不会变化的。

第 5 步：新建网页文件，保存为 index.html，存放于根目录下。

第 6 步：在网页文件中同时引用 CSS 和 JavaScript 文件。

```
<!doctype html>
<html>
<head>
<meta charset="utf-8">
<style type="text/css">
#box {
```

```
    width:440px;
    height:312px;
}
</style>
<script type="text/javascript"  src="images/js.js"></script>
<link href="images/css.css" rel="stylesheet" type="text/css">
</head>
<body>
<div id="box"></div>
</body>
</html>
```

第 7 步：保存网页文档，在浏览器中预览，会发现<div id="box">标签显示 JavaScript 脚本定义的背景图像效果，如图 15.4 所示。

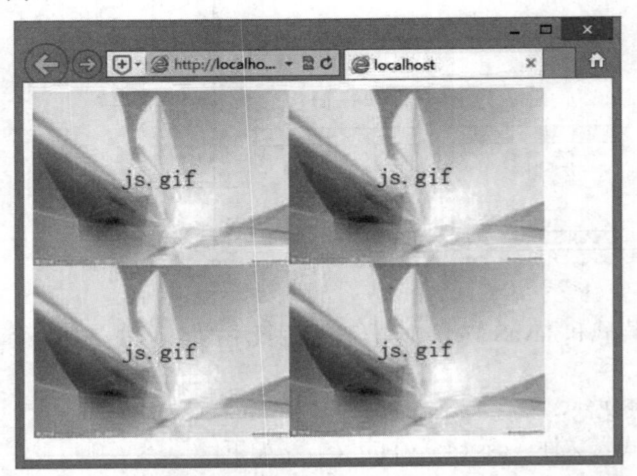

图 15.4　js.gif 优先显示

总之，JavaScript 文件与 CSS 文件中的代码在引用外部图像文件时，它们的相对路径设置是不同的，具体区分如下。

- CSS 文件：考虑 CSS 文件与导入的外部图像文件之间的位置关系。
- JavaScript 文件：考虑网页文件与导入的外部图像文件之间的位置关系。

当使用 CSS 和 JavaScript 同时为页面对象定义样式时，JavaScript 脚本样式的优先级要大于 CSS 样式的优先级。

15.2　获取网页对象

使用 JavaScript 控制 CSS 样式的第一步是获取网页对象，以实现对其进行控制。

扫一扫，看视频

15.2.1　获取元素

为了获取文档结构中的元素节点，DOM 提供了两个方法。

1. 使用 getElementById()方法

使用 getElementById()方法可以精确获取指定元素的引用指针。具体用法如下：

```
o = document.getElementById(ID)
```

其中 o 表示指定元素的引用指针，参数 ID 表示文档结构中对应元素的 id 属性值。如果文档中不存在指定元素，则返回值为 null。该方法只适用于 document 对象。

【示例 1】 下面的脚本能够获取对<div id="box">对象的控制权。

```
<div id="box">盒子</div>
<script>
var box = document.getElementById("box");  // 获取 id 属性值为 box 的指定元素的引用指针
</script>
```

getElementById()方法返回指定元素的对象，这个对象包含 nodeName、nodeType 等属性，简单说明如下。

- nodeName 表示节点的名称。如果是元素节点，则 nodeName 返回值为标签名称，标签名称永远是大写；如果是属性节点，则 nodeName 返回值为属性的名称；如果是文本节点，则 nodeName 返回值永远是#text 标识符；如果是文档节点，则 nodeName 返回值永远是#document 标识符。
- nodeType 表示节点的类型。该属性的返回值比较多，常用节点类型包括：1 表示元素类型，2 表示属性，3 表示文本，8 表示注释，9 表示文档。

【示例 2】 在本示例中，使用 getElementById()方法获取<div id="box">对象的引用指针，然后利用 nodeName、nodeType 属性查看该对象的节点类型和节点名称。

```
<div id="box">盒子</div>
<script>
var box = document.getElementById("box");         // 获取指定盒子的引用指针
var info = "nodeName: " + box.nodeName;           // 获取该节点的名称
info += "\rnodeType: " + box.nodeType;            // 获取该节点的类型
alert(info);                                      // 显示提示信息
</script>
```

2. 使用 getElementByTagName()方法

使用 getElementByTagName()方法获取指定标签名称的所有元素对象。其用法如下：

```
a = document.getElementsByTagName(tagName)
```

其中参数 tagName 表示指定名称的标签，该方法返回值为一个元素集合。使用 length 属性可以获取集合中包含元素的个数，利用数组下标可以确定其中某个元素对象。

【示例 3】 对于这些数组元素来说，由于它们都是节点对象，因此可以使用 nodeName、nodeType 属性查看该对象的节点类型、节点名称。

```
<p id="p1">段落文本 1</p>
<p id="p2">段落文本 2</p>
<p id="p3">段落文本 3</p>
<script>
var p = document.getElementsByTagName("p");        // 获取文档中所有 p 元素
alert(p[2].nodeName);                              // 显示第 3 个 p 元素对象的节点名称
</script>
```

在实际开发中，常用 for 循环遍历集合中所有元素。

【示例 4】 下面的代码就使用 for 循环遍历获得的所有 p 元素，并设置 p 元素的 class 属性为“red”。

```
<p id="p1">段落文本 1</p>
<p id="p2">段落文本 2</p>
<p id="p3">段落文本 3</p>
<script>
var p = document.getElementsByTagName("p");      // 获取文档中所有 p 元素
for(var i=0;i<p.length;i++){                     // 遍历 p 数据集合
```

```
    p[i].setAttribute("class","red");          // 为每个 p 元素添加 class（类）
}
</script>
```

提示：

本例使用 document.getElementsByTagName("*")方式获取文档中所有元素节点。不过这个方法很少使用，同时 IE 6.0 及其以下版本浏览器对其支持都不是很好。对于 IE 浏览器来说，可以通过 document.all 来获取文档中所有元素节点。

扫一扫，看视频

15.2.2 使用 CSS 选择器

HTML5 引入了与 jQuery 选择器相似的 DOM API 模块，该模块中的 querySelector() 和 querySelectorAll() 方法能够根据 CSS 选择器规范，便捷定位文档中指定元素。目前主流浏览器均支持它们，包括 IE8+、Firefox、Chrome、Safari、Opera。

从规范接口定义可以看到 Document、DocumentFragment、Element 都实现了 NodeSelector 接口，即这三种类型的节点都拥有 querySelector() 和 querySelectorAll() 方法。

querySelector() 和 querySelectorAll() 方法的参数必须是符合 CSS 选择器规范的字符串，不同的是 querySelector()方法返回的是一个元素对象，querySelectorAll() 方法返回的是一个元素集合。

【示例 1】 新建网页文档，输入下面的 HTML 结构代码。

```
<div class="content">
    <ul>
        <li>首页</li>
        <li class="red">财经</li>
        <li class="blue">娱乐</li>
        <li class="red">时尚</li>
        <li class="blue">互联网</li>
    </ul>
</div>
```

如果要获得第一个 li 元素，可以使用如下方法：

```
document.querySelector(".content ul li");
```

如果要获得所有 li 元素，可以使用如下方法：

```
document.querySelectorAll(".content ul li");
```

如果要获得所有 class 为 red 的 li 元素，可以使用如下方法：

```
document.querySelectorAll("li.red");
```

提示：

DOM API 模块也包含 getElementsByClassName()方法，使用该方法可以获取指定类名的元素。例如：

```
document.getElementsByClassName("red");
```

注意，getElementsByClassName()方法只能够接收字符串，且为类名，而且不需要加点号前缀，如果没有匹配到任何元素则返回空数组。

CSS 选择器是一个便捷的确定元素的方法，这是因为大家已经对 CSS 很熟悉了。当需要联合查询时，使用 querySelectorAll()更加便利。

【示例 2】 在文档中一些 li 元素的 class 名称是 red，另一些的 class 名称是 blue，可以用 querySelectorAll()方法一次性获得这两类节点。

```
var lis = document.querySelectorAll("li.red, li.blue");
```

如果不使用 querySelectorAll()方法，那么要获得同样列表，需要进行更多工作。一个办法是选择所有的 li 元素，然后通过迭代操作过滤出那些不需要的列表项目。

```
var result = [], lis1 = document.getElementsByTagName('li'), classname = '';
```

```
for(var i = 0, len = lis1.length; i < len; i++) {
    classname = lis1[i].className;
    if(classname === 'red' || classname === 'blue') {
        result.push(lis1[i]);
    }
}
```

比较上面两种不同的用法，使用选择器 querySelectorAll()方法比使用 getElementsByTagName()的性能要快很多。因此，如果浏览器支持 document.querySelectorAll()，那么最好使用它。

15.2.3　遍历 DOM 节点

扫一扫，看视频

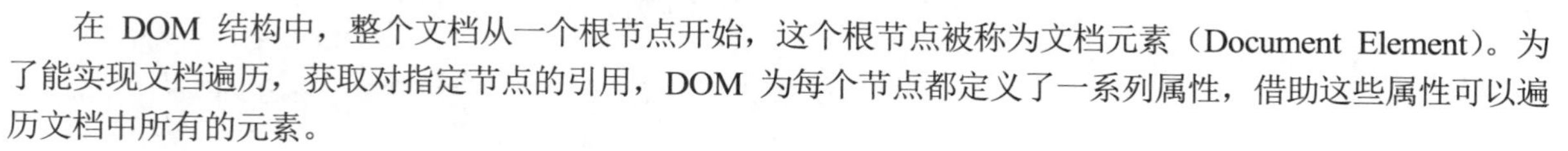

在 DOM 结构中，整个文档从一个根节点开始，这个根节点被称为文档元素（Document Element）。为了能实现文档遍历，获取对指定节点的引用，DOM 为每个节点都定义了一系列属性，借助这些属性可以遍历文档中所有的元素。

1. childNodes

该属性能够获取指定元素的所有子节点，返回值为一个数组。

【示例 1】　本示例展示了如何获取指定元素的子节点对象。

```
<script>
window.onload = function(){
    var tag = document.getElementsByTagName("ul")[0];    // 获取列表结构元素
    var a = tag.childNodes;        // 获取列表结构包含的所有列表项节点
    alert(a[0].nodeName);          // 显示第一个列表项的节点名称
}
</script>
<ul>
    <li>D 表示文档，DOM 的物质基础</li>
    <li>O 表示对象，DOM 的思想基础</li>
    <li>M 表示模型，DOM 的方法基础</li>
</ul>
```

文本节点和属性节点都不包含任何子节点，所以它们的 childNodes 属性永远返回一个空数组。如果想判断某个元素是否包含有子节点，可以使用 haschildNodes()方法进行快速判断。如果想知道指定元素包含的子节点数，可以使用 childNodes 数组的 length 属性快速获取。

```
node.childNodes.length
```

childNodes 属性是一个只读属性，并能够自动刷新。

2. firstChild 和 lastChild

firstChild 可以返回指定元素的第一个子节点，lastChild 可以返回指定元素的最后一个子节点。它们都是只读属性，其中 firstChild 属性值等价于 childNodes 数组的第一个元素的值：

```
node.childNodes[0] = node.firstChild
```

lastChild 属性值等价于 childNodes 数组的最后一个元素的值：

```
node.childNodes[node.childNodes.length-1] = node.lastChild
```

3. parentNode

parentNode 将返回指定节点的父节点，且永远是一个元素类型节点，因为只有元素节点才可能包含子节点。不过 document 节点没有父节点，document 节点的 parentNode 属性将返回 null。parentNode 是一个只读属性。

4. nextSibling 和 previousSibling

nextSibling 能够返回一个指定节点的下一个相邻节点，previousSibling 能够返回一个指定节点的上一个相邻节点。它们都是只读属性。如果指定节点的相邻节点中没有同属一个父节点的节点，将返回 null。

5. documentElement

在 DOM 文档结构中，根节点可以通过以下方法获取：

```
document.documentElement
```

除了使用 Document 对象提供的 getElementsByTagName()和 getElementById()方法获取指定节点的元素外，我们也可以借助根节点为起点，通过文档遍历达到预览整个文档的目的。

【示例 2】　针对下面的文档结构。

```
<html>
<head></head>
<body><span class="red">body</span>元素</body>
</html>
```

可以使用以下方法获取对 body 元素的引用：

```
var e = document.documentElement.firstChild.nextSibling;
```

或者：

```
var e = document.documentElement.lastChild;
```

通过下面的方法可以获取 span 元素中包含的文本：

```
var value= document.documentElement.lastChild.firstChild.firstChild.nodeValue;
```

扫一扫，看视频

15.2.4　遍历元素

DOM 的 parentNode、nextSibling、previousSibling、firstChild 和 lastChild 属性返回类型都为节点，但是在实际开发中往往需要遍历元素类型的节点，而不是文本节点、注释节点或者属性节点等，为此本节扩展仅介绍能够指向元素类型的指针函数。

【示例 1】　扩展 firstChild 和 lastChild 函数。

获取指定元素的第一个子元素，参数为指定父元素，返回值为第一个子元素或者 null。

```
function first(e){
    var e = e.firstChild;              // 获取元素的第一个子节点
    while (e && e.nodeType != 1){
    // 如果存在该子节点，且类型不等于元素，则搜索下一个节点，直到节点类型为元素
        e = e.nextSibling;
    }
    return e;
}
```

获取指定元素的最后一个子元素，参数为指定父元素，返回值为最后一个子元素或者 null。

```
function last(e){
    var e = e.lastChild;               // 获取元素的最后一个子节点
    while (e && e.nodeType != 1) {
    // 如果存在该子节点，且类型不等于元素，则搜索上一个节点，直到节点类型为元素
        e = e.previousSibling;
    }
    return e;
}
```

【示例 2】　扩展 parentNode 函数。

parentNode 指针能够获取指定节点的父元素，不过我们可以扩展该指针函数，设计一次访问多级父元素。扩展函数如下。

```
// 扩展 parentNode 指针的功能，实现一次能够操纵多个父元素
// 参数：e 表示当前节点，n 表示要操纵的父元素级数
// 返回值：返回指定层级的父元素
function parent(e, n){
    var n = n || 1;
    // 如果没有指定第二个参数值，则表示获取上一级父元素
    for(var i = 0; i < n; i ++ ) {             // 逐层遍历父元素
        if(e.nodeType == 9) break;             // 如果到了根节点，则返回根元素
        if(e != null) e = e.parentNode;        // 获取上一级父元素
    }
    return e;
}
```

例如，如此调用该指针函数 e = parent(e, 3);，相当于 e = e.parentNode.parentNode. parentNode;。

【示例 3】　扩展 nextSibling 和 previousSibling 函数。

获取指定元素的上一个相邻元素，参数为指定元素，返回值为上一个相邻元素或者 null。

```
function pre(e){
    var e = e.previousSibling;
    while (e && e.nodeType != 1){
        e = e.previousSibling;
    }
    return e;
}
```

获取指定元素的下一个相邻元素，参数为指定元素，返回值为下一个相邻元素或者 null。

```
function next(e){
    var e = e.nextSibling;
    while (e && e.nodeType != 1){
        e = e.nextSibling;
    }
    return e;
}
```

【示例 4】　新建网页文档，保存为 index.html，设计一个简单的 HTML 文档结构。

```
<body>
    <p class="red">p</p>
    <div>元素
        <span class="red">span</span>
        <i>i</i>
        <strong>strong</strong>
    </div>
    <b>b</b>
</body>
```

在脚本中获取 div 元素，然后分别套用上面的扩展函数来获取相应的元素：

```
window.onload = function(){
    var e = document.getElementsByTagName("div")[0]; // 获取 div 元素
    e = next(e);                                     // 利用扩展函数获取相应指针元素
    alert(e.nodeName);                               // 显示指针元素的标签名
}
```

提示：

现代浏览器都支持通过 document.body 获取 body 元素。

15.3 操作类样式

使用 JavaScript 控制 CSS 样式最简单、最直接的方法是为元素添加或删除类样式。

扫一扫，看视频

15.3.1 获取类样式

DOM 定义了 getAttribute()方法用于获取指定元素的属性。其用法比较简单，只要指定元素及其属性，即可快速反馈该元素所对应的属性值。

【示例 1】 本示例能够获取红色盒子和蓝色盒子，并显示这些元素所包含的 class 属性值。

```
<script>
window.onload = function() {
    var red = document.getElementById("red");      // 获取红色盒子
    alert(red.getAttribute("class"));               // 显示红色盒子的 class 属性值
    var blue = document.getElementById("blue");    // 获取蓝色盒子
    alert(blue.getAttribute("class"));              // 显示蓝色盒子的 class 属性值
}
</script>
<div id="red" class="red">红盒子</div>
<div id="blue" class="blue">蓝盒子</div
```

所传递的参数是一个字符串形式的元素属性名称，返回的是一个字符串类型的值，如果给定属性不存在，则返回值为 null。

【示例 2】 除了上面读取属性的标准方法外，HTML DOM 模型还支持快捷读取属性的方法。

```
window.onload = function() {
    var red = document.getElementById("red");
    alert(red.id);
    var blue = document.getElementById("blue");
    alert(blue.id);
}
```

但是对于 class 属性，则必须使用 className 属性来读取，因为 class 是 JavaScript 保留字。同样，要读取 for 属性，则必须使用 htmlFor 属性名，这与 CSS 脚本中 float 和 text 属性被改名为 cssFloat 和 cssText 的原因相同。

【示例 3】 使用 className 读取类样式。

```
<script>
window.onload = function() {
    var red = document.getElementById("red");      // 获取红色盒子
    alert(red.className);                           // 显示红色盒子的 class 属性值
    var blue = document.getElementById("blue");    // 获取蓝色盒子
    alert(blue.className);                          // 显示蓝色盒子的 class 属性值
}
</script>
<div id="red" class="red">红盒子</div>
<div id="blue" class="blue">蓝盒子</div
```

【示例 4】 对于复合类样式，需要使用 split()方法劈开返回字符串，然后遍历读取类样式。

```
<script>
```

```
window.onload = function() {
    // 所有类名生成的数组
    var classNameArray = document.getElementById("red").className.split(" ");
    for(var i in classNameArray ){  // 遍历数组
        alert(classNameArray[i]);    // 当前 class 名
    }
}
</script>
<div id="red" class="red blue">红盒子</div>
```

15.3.2 添加类样式

为元素设置属性可以使用 setAttribute()方法实现，用法如下：

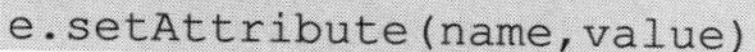

```
e.setAttribute(name,value)
```

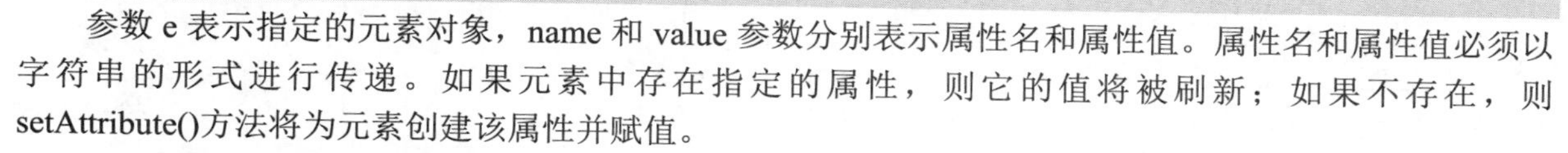

参数 e 表示指定的元素对象，name 和 value 参数分别表示属性名和属性值。属性名和属性值必须以字符串的形式进行传递。如果元素中存在指定的属性，则它的值将被刷新；如果不存在，则 setAttribute()方法将为元素创建该属性并赋值。

【示例 1】 本示例分别为页面中 div 元素设置 class 属性。

```
<script>
window.onload = function() {
    var red = document.getElementById("red");
    var blue = document.getElementById("blue");
    red.setAttribute("class", "red");
    blue.setAttribute("class", "blue");
}
</script>
<div id="red">红盒子</div>
<div id="blue">蓝盒子</div>
```

【示例 2】 使用 setAttribute()方法存在弊端，因此一般通过 className 设置元素的类名。

```
<script>
window.onload = function() {
    var red = document.getElementById("red");
    var blue = document.getElementById("blue");
    red.className = "red";
    blue.className = "blue";
}
</script>
<div id="red">红盒子</div>
<div id="blue">蓝盒子</div>
```

【示例 3】 直接使用 className 添加类样式，会覆盖掉元素原来的类样式，因此我们可以采用叠加的方式添加类。

```
<script>
window.onload = function() {
    var red = document.getElementById("red");
    red.className = "red";
    red.className += " blue";
}
</script>
<div id="red">红盒子</div>
```

【示例 4】 使用叠加的方式添加类也存在问题，这样容易添加大量重复的类。为此，我们定义一个检测函数，来判断元素是否包含指定的类，然后再决定是否添加类。

```
<script>
function hasClass(element,className){//类名检测函数
   var reg =new RegExp('(\\s|^)'+ className + '(\\s|$)');
   return  reg.test(element.className); //使用正则检测是否有相同的样式
}
function addClass(element,className){//添加类名函数
   if(!hasClass(element, className))
      element.className +=' ' + className;
}
window.onload = function() {
   var red = document.getElementById("red");
   addClass(red,'red');
   addClass(red,'blue');
}
</script>
<div id="red">红盒子</div>
```

扫一扫，看视频

15.3.3 删除类样式

DOM 使用 removeAttribute()方法删除指定的属性，用法如下：

```
e.removeAttribute(name)
```

其中 e 表示一个元素对象，而参数 name 表示元素的属性名。

【示例 1】 本示例演示了如何动态设置表格的边框。

```
<script>
window.onload = function() {// 绑定页面加载完毕时的事件处理函数
   var table = document.getElementsByTagName("table")[0]; // 获取表格外框的引用指针
   var del = document.getElementById("del");     // 获取删除按钮的引用指针
   var reset = document.getElementById("reset"); // 获取恢复按钮的引用指针
   del.onclick = function(){                     // 为删除按钮绑定事件处理函数
      table.removeAttribute("border");           // 移出边框属性
   }
   reset.onclick = function(){                   // 为恢复按钮绑定事件处理函数
      table.setAttribute("border", "2");         // 设置表格的边框属性
   }
}
</script>
<table width="100%" border="2">
   <tr>
      <td>数据表格</td>
   </tr>
</table>
<button id="del">删除</button><button id="reset">恢复</button>
```

在上面的示例中，设计了两个按钮，并分别绑定了不同的事件处理函数。单击【删除】按钮即可调用表格的 removeAttribute()方法清除表格边框，单击【恢复】按钮即可调用表格的 setAttribute()方法重新设置表格边框的粗细。

【示例 2】 本示例演示了如何自定义删除类函数，并调用该函数删除指定类名。

```
<script type="text/javascript">
function hasClass(element,className){//类名检测函数
   var reg =new RegExp('(\\s|^)'+ className + '(\\s|$)');
```

```
    return  reg.test(element.className); //使用正则检测是否有相同的样式
}function deleteClass(element,className){
    f(hasClass(element,className)){
        element.className.replace(reg,' '); //利用正则捕获到要删除的样式的名称，然后把
                                        它替换成一个空白字符串，就相当于删除了
    }
}
window.onload = function() {
    var red = document.getElementById("red");
    deleteClass(red,'blue');
}
</script>
<div id="red" class="red  blue  bold">红盒子</div>
```

上面的代码使用正则表达式检测 className 属性值字符串中是否包含指定的类名，如果存在，则使用空字符替换掉匹配到的子字符串，从而实现删除类名的目的。

15.4　读写行内样式

在 JavaScript 脚本中获取页面元素之后，就可以使用 style 属性获取该元素的 CSS2Properties 对象。CSS2Properties 包含了该对象的所有 CSS 脚本属性，设置这些属性与设置 CSS 样式的效果是一样的。

注意：

使用 style 属性只能读写元素的行内样式，故不能使用 CSS2Properties 对象获取样式表中的信息。

15.4.1　CSS 脚本特性

扫一扫，看视频

CSS 属性很多都是复合名，常使用连字符连接多个单词。例如，border-right 表示右边框样式，border-right-color 表示右边框的颜色效果。但是在脚本中，连字符被定义为减号，会自动参与表达式的运算。因此，CSS2Properties 对象所定义的属性名与 CSS 属性名是不同的。

如果对应 CSS 属性名包含一个或多个连字符，那么 CSS2Properties 就会删除这些连字符，并根据驼峰命名法重命名 CSS 脚本属性名。

【示例】　对于 border-right-color 属性来说，在脚本中应该使用 borderRightColor。所以以下页面脚本中的用法都是错误的。

```
<!doctype html>
<html>
<head>
<meta charset="utf-8">
<script>
window.onload = function(){
    var box = document.getElementById("box");
    box.style.border-right-color = "red";
    box.style.border-right-style = "solid";
}
</script>
</head>
<body>
```

```
<div id="box" >盒子</div>
</body>
</html>
```

针对以上页面脚本，可以修改为：

```
<script>
window.onload = function(){
    var box = document.getElementById("box");
    box.style.borderRightColor = "red";
    box.style.borderRightStyle = "solid";
}
</script>
```

提示：

在设置 CSS 脚本属性时，应注意几个问题：

- 由于 float 是 JavaScript 保留字，因此禁止用户使用。故 CSS2Properties 内没有与 float 属性对应的名称。为了解决这个问题，CSS2Properties 在 float 属性前增加了 css 前缀，即使用 cssFloat 来表示脚本中的 float 属性。
- 在 CSS 中读写属性值时，不需要考虑值的类型。但在 JavaScript 中，CSS2Properties 对象认定所有 CSS 属性值都是字符串，因此脚本中所有属性值都必须加上引号，以表示为字符串类型。例如：

```
elementNode.style.fontFamily = "Arial, Helvetica, sans-serif";
elementNode.style.cssFloat = "left";
elementNode.style.color = "#ff0000";
```

- 在 CSS 样式中声明尾部的分号不能够作为属性值的一部分被引用，脚本中的分号只是 JavaScript 语法规则的一部分，而不是 CSS 声明中分号的引用。
- 声明中属性值所包含的单位等都必须作为值的一部分，完整地传递给 CSS 脚本属性，省略单位则所设置的脚本样式无效。例如：

```
elementNode.style.width = "100px";
```

- 在脚本中可以动态设置属性值，但最终赋值给属性的应是一个字符串，且必须包含单位。例如：

```
elementNode.style.top = top + "px";
elementNode.style.right = right + "px";
elementNode.style.bottom = bottom + "px";
elementNode.style.left = left + "px";
```

扫一扫，看视频

15.4.2 使用 style 对象

DOM 定义每个元素都继承一个 style 对象，style 对象包含一些方法，利用这些方法可以与 CSS 样式实现交互。但是，style 对象针对的是行内样式，不支持操作样式表，包括内部样式表（<style>标签包含的样式）或外部样式表。

1. getPropertyValue()方法

getPropertyValue()方法能够获取指定元素样式属性的值。具体用法如下：

```
var value = e.style.getPropertyValue(propertyName)
```

参数 propertyName 表示 CSS 属性名，不是 CSS 脚本属性名，对于复合名应该使用连字符进行连接。

【示例 1】 下面的代码使用 getPropertyValue()方法获取行内样式中的 width 属性值，然后输出到盒子内显示，如图 15.5 所示。

```
<!doctype html>
<html>
<head>
<meta charset="utf-8">
<script>
window.onload = function(){
    var box = document.getElementById("box");            //获取<div id="box">
    var width = box.style.getPropertyValue("width");    //读取 div 元素的 width 属性值
    box.innerHTML = "盒子宽度：" + width;                  //输出显示 width 值
}
</script>
</head>
<body>
<div id="box" style="width:300px; height:200px;border:solid 1px red" >盒子</div>
</body>
</html>
```

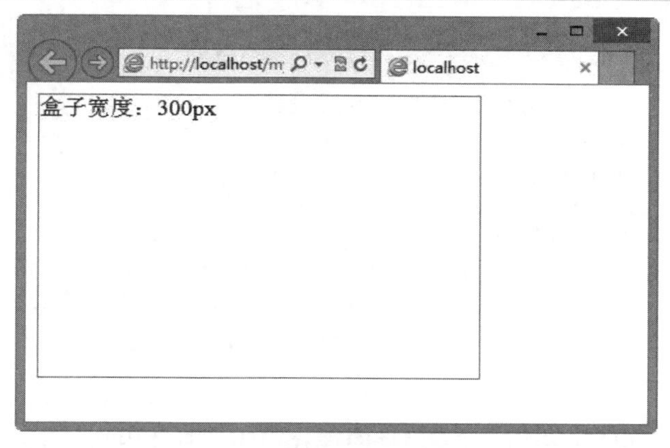

图 15.5　使用 getPropertyValue()读取行内样式

早期 IE 版本不支持 getPropertyValue()方法，但是可以通过 style 对象直接访问样式属性，以获取指定样式的属性值。

【示例 2】　针对上例代码，可以使用如下方式读取 width 属性值。

```
<script>
window.onload = function(){
    var box = document.getElementById("box");
    var width = box.style.width;
    box.innerHTML = "盒子宽度：" + width;
}
</script>
```

2. setProperty()方法

setProperty()方法可以为指定元素设置样式。具体用法如下：

```
e.style.setProperty(propertyName, value, priority)
```

参数说明如下：

- propertyName：设置 CSS 属性名。
- value：设置 CSS 属性值，包含属性值的单位。

- priority：表示是否设置!important 优先级命令，如果不设置可以以空字符串表示。

【示例 3】　在本示例中使用 setProperty()方法定义盒子的显示宽度和高度分别为 400 像素和 200 像素。

```
<!doctype html>
<html>
<head>
<meta charset="utf-8">
<script>
window.onload = function(){
    var box = document.getElementById("box");       //获取<div id="box">
    box.style.setProperty("width","400px","");      //定义盒子宽度为 400 像素
    box.style.setProperty("height","200px","");     //定义盒子宽度为 200 像素
}
</script>
</head>
<body>
<div id="box" style="border:solid 1px red" >盒子</div>
</body>
</html>
```

如果要兼容早期 IE 浏览器，则可以使用如下方式设置。

```
<script>
window.onload = function(){
    var box = document.getElementById("box");
    box.style.width = "400px";
    box.style.height = "200px";
}
</script>
```

3. removeProperty()方法

removeProperty()方法可以移除指定 CSS 属性的样式声明。具体用法如下：

```
e.style. removeProperty (propertyName)
```

4. item()方法

item()方法返回 style 对象中指定索引位置的 CSS 属性名称。具体用法如下：

```
var name = e.style.item(index)
```

参数 index 表示 CSS 样式的索引号。

5. getPropertyPriority()方法

getPropertyPriority()方法可以获取指定 CSS 属性中是否附加了!important 优先级命令，如果存在则返回"important"字符串，否则返回空字符串。

【示例 4】　在本示例中，定义鼠标移过盒子时，设置盒子的背景色为蓝色，边框颜色为红色；当移出盒子时，又恢复到盒子默认设置的样式；而单击盒子时则在盒子内输出动态信息，显示当前盒子的宽度和高度，演示效果如图 15.6 所示。

```
<!doctype html>
<html>
<head>
<meta charset="utf-8">
<script>
window.onload = function(){
```

```
    var box = document.getElementById("box");     //获取盒子的引用
    box.onmouseover = function(){         //定义鼠标经过时的事件处理函数
        box.style.setProperty("background-color", "blue", "");//设置背景色为蓝色
        box.style.setProperty("border", "solid 50px red", "");    //设置边框为 50 像素的红色实线
    }
    box.onclick = function(){         //定义鼠标单击时的事件处理函数
        box .innerHTML = (box.style.item(0) + ":" + box.style.getPropertyValue("width"));
                //显示盒子的宽度
        box .innerHTML = box .innerHTML + "<br>" + (box.style.item(1) + ":" + box.style.getPropertyValue("height"));        //显示盒子的高度
    }
    box.onmouseout = function(){         //定义鼠标移出时的事件处理函数
        box.style.setProperty("background-color", "red", "");    //设置背景色为红色
        box.style.setProperty("border", "solid 50px blue", "");//设置边框为 50 像素的蓝色实线
    }
}
</script>
</head>
<body>
<div id="box" style="width:100px; height:100px; background-color:red; border: solid 50px blue;"></div>
</body>
</html>
```

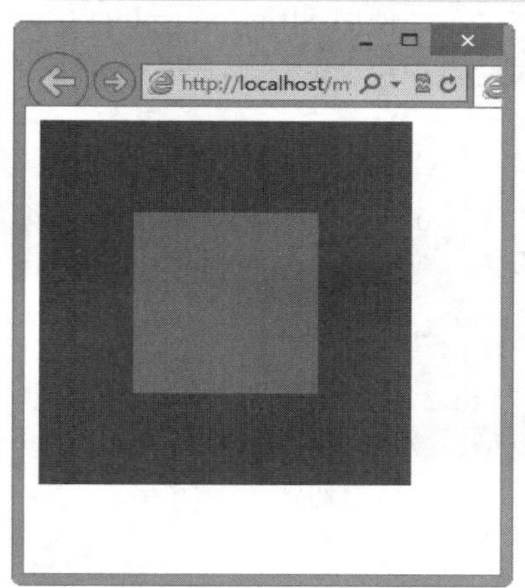

默认显示效果

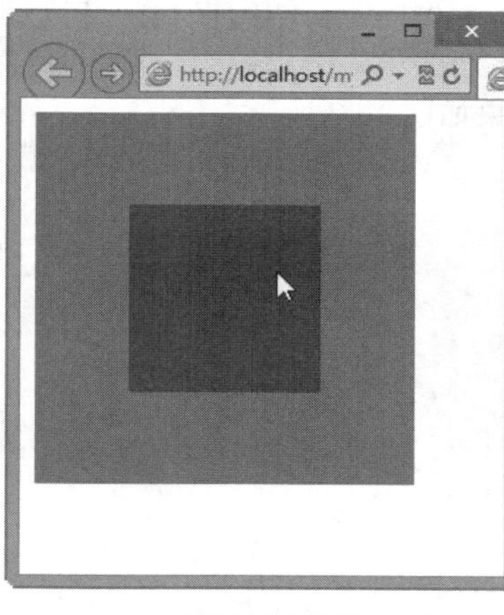

鼠标经过效果

鼠标单击效果

图 15.6　设计动态交互样式效果

【示例 5】 针对示例 4，下面使用一种快捷方式设计相同的交互效果，这样能够兼容 IE 早期版本，页面代码如下所示。

```
<!doctype html>
<html>
<head>
<meta charset="utf-8">
<script>
window.onload = function(){
    var box = document.getElementById("box");        //获取盒子的引用
```

```
    box.onmouseover = function(){
        box.style.backgroundColor = "blue";             //设置背景样式
        box.style.border = "solid 50px red";            //设置边框样式
    }
    box.onclick = function(){                           //读取并输出行内样式
        box .innerHTML = "width:" + box.style.width;
        box .innerHTML = box .innerHTML + "<br>" +  "height:" + box.style.height;
    }
    box.onmouseout = function(){                        //设计鼠标移出之后，恢复默认样式
        box.style.backgroundColor = "red";
        box.style.border = "solid 50px blue";
    }
}
</script>
</head>
<body>
<div  id="box"  style="width:100px;  height:100px;  background-color:red;  border:
solid 50px blue;"></div>
</body>
</html>
```

拓展：

非 IE 浏览器也支持 style 快捷访问方式，但是无法获取 style 对象中指定序号位置的属性名称，此时可以使用 cssText 属性读取全部 style 属性值，借助 JavaScript 方法再把返回字符串劈开为数组。

【示例 6】 在本示例中，使用 cssText 读取全部行内样式字符串，然后使用 String 的 split()方法把字符串劈开为数组，再使用 for / in 语句遍历数组，逐一读取每个样式，再使用 split()方法劈开属性和属性值，最后格式化输出显示，演示效果如图 15.7 所示。

```
<!doctype html>
<html>
<head>
<meta charset="utf-8">
<script>
window.onload = function(){
    var box = document.getElementById("box");           //获取盒子的引用
    var str = box.style.cssText;                        //读取盒子全部行内样式
    var a = str.split(";");                             //把行内样式字符串转换为数组
    var temp="";
    for(var b in a){                                    //遍历行内样式
        var prop = a[b].split(":");                     //把每个样式字符串劈开为数组
        if(prop[0])                                     //如果存在属性，则输出显示
            temp += b + " : " + prop[0] + " = " + prop[1] + "<br>";
    }
    box.innerHTML = "box.style.cssText = " + str;
    box.innerHTML = box.innerHTML + "<br><br>" + temp;//把格式化后的行内样式输出显示
}
</script>
</head>
<body>
<div  id="box"  style="width:600px;  height:200px;  background-color:#81F9A5;  border:
solid 2px blue;padding:10px"></div>
</body>
</html>
```

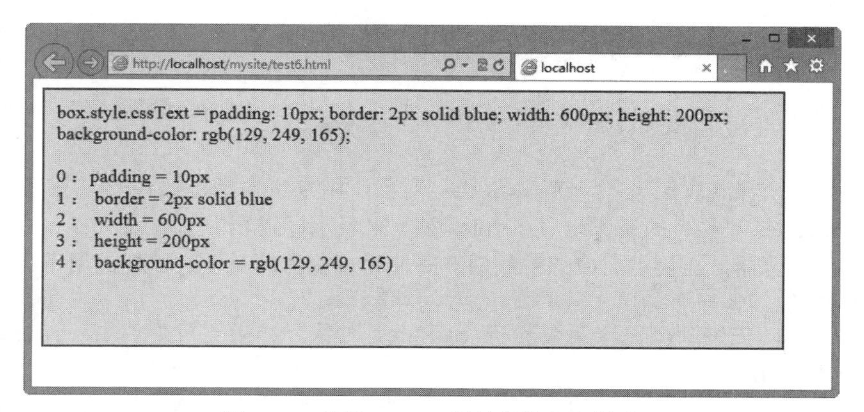

图 15.7　使用 cssText 属性获取行内样式

使用 getAttribute()方法也可以获取 style 属性值。不过该方法返回值保留 style 属性值的原始模样，而 cssText 属性返回值则可能经过浏览器处理，且不同浏览器的返回值格式略有不同。

【示例 7】　修改上例的代码，使用 getAttribute()方法获取行内样式字符串信息。

```
<!doctype html>
<html>
<head>
<meta charset="utf-8">
<title></title>
<style type="text/css"></style>
<script>
window.onload = function(){
    var box = document.getElementById("box");
    var str = box.getAttribute("style");
    var a = str.split(";");
    var temp="";
    for(var b in a){
        var prop = a[b].split(":");
    if(prop[0])
        temp += b + " : " + prop[0] + " = " + prop[1] + "<br>";
    }
    box.innerHTML = "box.style.cssText = " + str;
    box.innerHTML = box.innerHTML + "<br><br>" + temp;
}
</script>
</head>
<body>
<div id="box" style="width:600px; height:200px; background-color:#81F9A5; border:
solid 2px blue;padding:10px"></div>
</body>
</html>
```

15.5　读写样式表中样式

使用 styleSheets 对象可以访问<style>标签定义的内部样式表，以及使用<link>标签或@import 命令导入的外部样式表。styleSheets 对象属于 document 对象，可以通过 document.styleSheets 进行访问。

扫一扫，看视频

15.5.1 使用 styleSheets 对象

document 对象包含一个 styleSheets 属性集合，它保存了文档中所有的样式表，包括内部样式表和外部样式表。

styleSheets 为每个样式表定义了一个 cssRules 对象，用来包含指定样式表中所有的规则（样式）。但是 IE 不支持 cssRules 对象，而是预定义了 rules 对象来表示样式表中的规则。

为了兼容主流浏览器，在使用前应该检测用户所使用浏览器的类型，以便调用不同的对象：

```
var cssRules = document.styleSheets[0].cssRules || document.styleSheets[0].rules;
```

在上面的代码中，先判断浏览器是否支持 cssRules 对象，如果支持则使用 cssRules（非 IE 浏览器），否则使用 rules（IE 浏览器）。

【示例】 在本示例中，通过<style>标签定义一个内部样式表，为页面中的<div id="box">标签定义 4 个属性：宽度、高度、背景色和边框；然后在脚本中使用 styleSheets 访问这个内部样式表，把样式表中的第一个样式的所有规则读取出来，并在盒子中输出显示，如图 15.8 所示。

```
<!doctype html>
<html>
<head>
<meta charset="utf-8">
<style type="text/css">
#box {
    width: 400px;
    height: 200px;
    background-color:#BFFB8F;
    border: solid 1px blue;
}
</style>
<script>
window.onload = function(){
    var box = document.getElementById("box");
    var cssRules = document.styleSheets[0].cssRules || document.styleSheets[0].
rules;//判断浏览器类型
    box.innerHTML = "<h3>盒子样式</h3>"
    box.innerHTML += "<br>边框：" + cssRules[0].style.border; //读取 cssRules 的
border 属性
    box.innerHTML += "<br>背景：" + cssRules[0].style.backgroundColor;
    //读取 cssRules 的 background-color 属性
    box.innerHTML += "<br>高度：" + cssRules[0].style.height;//读取 cssRules 的
height 属性
    box.innerHTML += "<br>宽度：" + cssRules[0].style.width;//读取 cssRules 的
width 属性
}
</script>
</head>
<body>
<div id="box"></div>
</body>
</html>
```

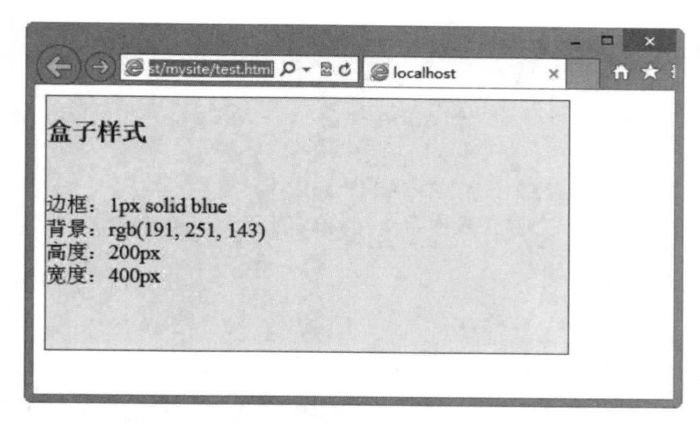

图 15.8　使用 styleSheets 访问内部样式表

提示：

cssRules（或 rules）的 style 对象在访问 CSS 属性时，使用的是 CSS 脚本属性名，因此所有属性名称中不能使用连字符。例如：

```
cssRules[0].style.backgroundColor;
```

这与行内样式中的 style 对象的 setProperty()方法不同，setProperty()方法使用的是 CSS 属性名。例如：

```
box.style.setProperty("background-color", "blue", "");
```

15.5.2　访问样式

styleSheets 包含文档中所有样式表，用户可以通过下标访问每个样式表，每个数组元素代表一个样式表，数组的索引位置是根据样式表在文档中的位置决定的。每个<style>标签包含的所有样式表示一个内部样式表，每个独立的 CSS 文件表示一个外部样式表。

【示例】　本示例演示如何准确找到指定样式表中的样式属性。操作步骤如下：

第 1 步：启动 Dreamweaver，新建 CSS 文件，保存为 style1.css，存放在根目录下。

第 2 步：在 style1.css 中输入下面的样式代码，定义一个外部样式表。

```
@charset "utf-8";
body { color:black; }
p { color:gray; }
div { color:white; }
```

第 3 步：新建 HTML 文档，保存为 test.html，保存在根目录下。

第 4 步：使用<style>标签定义一个内部样式表，设计如下样式：

```
<style type="text/css">
#box { color:green; }
.red { color:red; }
.blue { color:blue; }
</style>
```

第 5 步：使用<link>标签导入外部样式表文件 style1.css。

```
<link href="style1.css" rel="stylesheet" type="text/css" media="all" />
```

第 6 步：在文档中插入一个<div id="box">标签。

```
<div id="box"></div>
```

第 7 步：使用<script>标签在头部位置插入一段脚本。设计在页面初始化完毕后，使用 styleSheets 访问文档中第二个样式表，然后再访问该样式表的第一个样式中的 color 属性。

```
<script>
window.onload = function(){
   var cssRules = document.styleSheets[1].cssRules || document.styleSheets[1].
rules;
   var box = document.getElementById("box");
   box.innerHTML = "第二个样式表中第一个样式的 color 属性值 = " + cssRules[0].style.
color;
}
</script>
```

第 8 步：保存页面，整个文档的代码如下所示：

```
<!doctype html>
<html>
<head>
<meta charset="utf-8">
<style type="text/css">
#box { color:green; }
.red { color:red; }
.blue { color:blue; }
</style>
<link href="style1.css" rel="stylesheet" type="text/css" media="all" />
<script>
window.onload = function(){
   var cssRules = document.styleSheets[1].cssRules || document.styleSheets[1].
rules;
   var box = document.getElementById("box");
   box.innerHTML = "第二个样式表中第一个样式的 color 属性值 = " + cssRules[0].style.
color;
}
</script>
</head>
<body>
<div id="box"></div>
</body>
</html>
```

最后，在浏览器中预览页面，则可以看到访问的 color 属性值为 black，如图 15.9 所示。

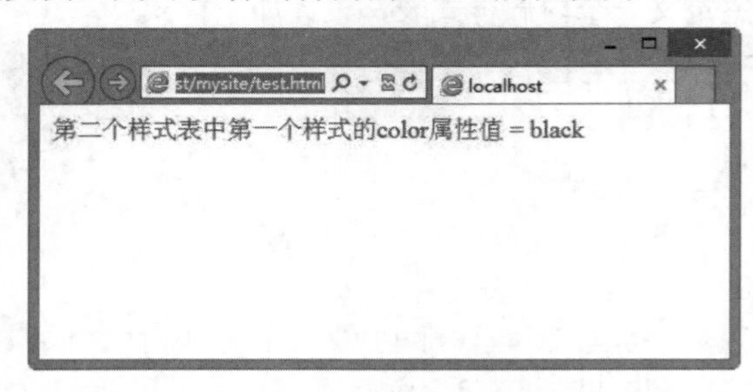

图 15.9　使用 styleSheets 访问外部样式表

提示：

上面示例中 styleSheets[1]表示外部样式表文件（style1.css），而 cssRules[0]表示外部样式表文件中的第一个样式。cssRules[0].style.color 可以获取外部样式表文件中第一个样式中的 color 属性的声明值。反之，如果把<link>标签放置在内部样式表的上面，即代码如下：

```
<head>
<link href="style1.css" rel="stylesheet" type="text/css" media="all" />
<style type="text/css">
#box { color:green; }
.red { color:red; }
.blue { color:blue; }
</style>
</head>
```

上面的脚本将返回内部样式表中第一个样式中的 color 属性声明值，即为 green。如果把外部样式表转换为内部样式表，或者把内部样式表转换为外部样式表，都不会影响 styleSheets 的访问。因此，样式表和样式的索引位置是不受样式表类型以及样式的选择符限制的。任何类型的样式表（不管是内部的，还是外部的）都在同一个平台上按照文档中的解析位置进行索引。同理，不同类型选择符的样式在同一个样式表中也是根据先后位置进行索引的。

15.5.3　读取选择符

扫一扫，看视频

使用 styleSheets 和 cssRules（或 rules）可以获取文档样式表中的任意样式。另外，每个 CSS 样式都包含 selectorText 属性，使用该属性可以获取样式的选择符。

【示例】　在本示例中，使用 selectorText 属性获取第一个样式表（styleSheets[0]）中的第三个样式（cssRules[2]）的选择符，输出显示为“.blue”，如图 15.10 所示。

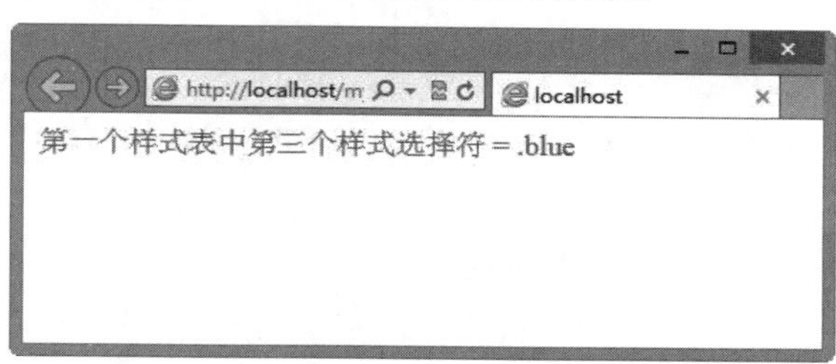

图 15.10　使用 selectorText 访问样式选择符

```
<!doctype html>
<html>
<head>
<meta charset="utf-8">
<style type="text/css">
#box { color:green; }
.red { color:red; }
.blue { color:blue; }
</style>
<link href="style1.css" rel="stylesheet" type="text/css" media="all" />
<script>
window.onload = function(){
    var cssRules = document.styleSheets[0].cssRules || document.styleSheets[0].
rules;
    var box = document.getElementById("box");
    box.innerHTML = "第一个样式表中第三个样式选择符 = " + cssRules[2].selectorText;
}
```

```
</script>
</head>
<body>
<div id="box"></div>
</body>
</html>
```

扫一扫，看视频

15.5.4 编辑样式

cssRules 的 style 对象不仅可以访问属性，还可以设置属性值。

【示例】 在本示例中，样式表中包含 3 个样式，其中蓝色样式类（.blue）定义字体显示为蓝色。然后利用脚本修改该样式类（.blue 规则）的字体颜色显示为浅灰色（#999），最后显示效果如图 15.11 所示。

```
<!doctype html>
<html>
<head>
<meta charset="utf-8">
<title></title>
<style type="text/css">
#box { color:green; }
.red { color:red; }
.blue { color:blue; }
</style>
<script>
window.onload = function(){
    var cssRules = document.styleSheets[0].cssRules || document.styleSheets[0].
rules;
    cssRules[2].style.color="#999";    //修改样式表中指定属性的值
}
</script>
</head>
<body>
<p class="blue">原为蓝色字体，现在显示为浅灰色。</p>
</body>
</html>
```

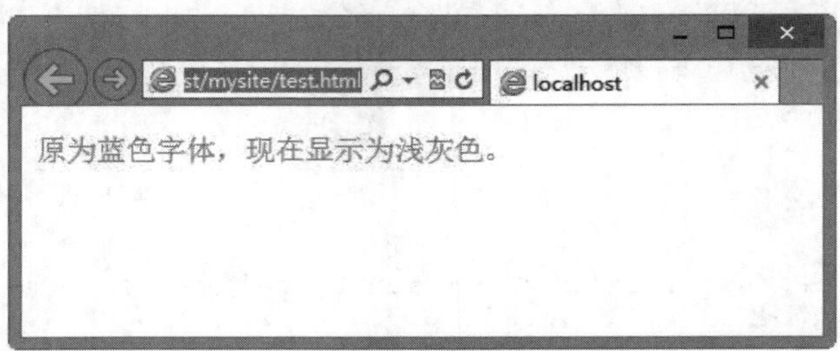

图 15.11 修改样式表中的样式

提示：

利用上述方法修改样式表中的类样式，会影响其他对象或其他文档对当前样式表的引用，因此在使用时请务必谨慎。

15.5.5　添加样式

使用 addRule()方法可以为样式表增加一个样式。该方法具体用法如下：

```
styleSheet.addRule(selector,style ,[index])
```

styleSheet 表示样式表引用，参数说明如下：

- selector：表示样式选择符，以字符串的形式传递。
- style：表示具体的声明，以字符串的形式传递。
- index：一个索引号，表示添加样式在样式表中的索引位置，默认为-1，即位于样式表的末尾，该参数可以不设置。

Firefox 浏览器不支持 addRule()方法，但是支持使用 insertRule()方法添加样式。insertRule()方法的用法如下：

```
styleSheet.insertRule(rule ,[index])
```

参数说明如下：

- rule：表示一个完整的样式字符串，
- index：与 addRule()方法中的 index 参数作用相同，但默认为 0，放置在样式表的末尾。

【示例】 在本示例中，先在文档中定义一个内部样式表，然后使用 styleSheets 集合获取当前样式表，利用数组默认属性 length 获取样式表中包含的样式个数。

最后在脚本中使用 addRule()（或 insertRule()）方法增加一个新样式，样式选择符为 p，样式声明为背景色为红色，字体颜色为白色，段落内部补白为 1 个字体大小。

保存页面，在浏览器中预览，则显示效果如图 15.12 所示。

```
<!doctype html>
<html>
<head>
<meta charset="utf-8">
<style type="text/css">
#box { color:green; }
.red { color:red; }
.blue { color:blue; }
</style>
<script>
window.onload = function(){
    var styleSheets = document.styleSheets[0];    //获取样式表引用
    var index = styleSheets.length;          //获取样式表中包含样式的个数
    if(styleSheets.insertRule){          //判断浏览器是否支持 insertRule()方法
        //使用 insertRule()方法在文档内部样式表中增加一个 p 标签选择符的样式，设置段落背景色
为红色，字体颜色为白色，补白为一个字体大小。插入位置在样式表的末尾
        styleSheets.insertRule("p{background-color:red;color:#fff;padding:1em;}",
index);
    }else{            //如果浏览器不支持 insertRule()方法
        styleSheets.addRule("P",  "background-color:red;color:#fff;padding:1em;",
index);
    }
}
</script>
</head>
<body>
<p>在样式表中增加样式操作</p>
</body>
</html>
```

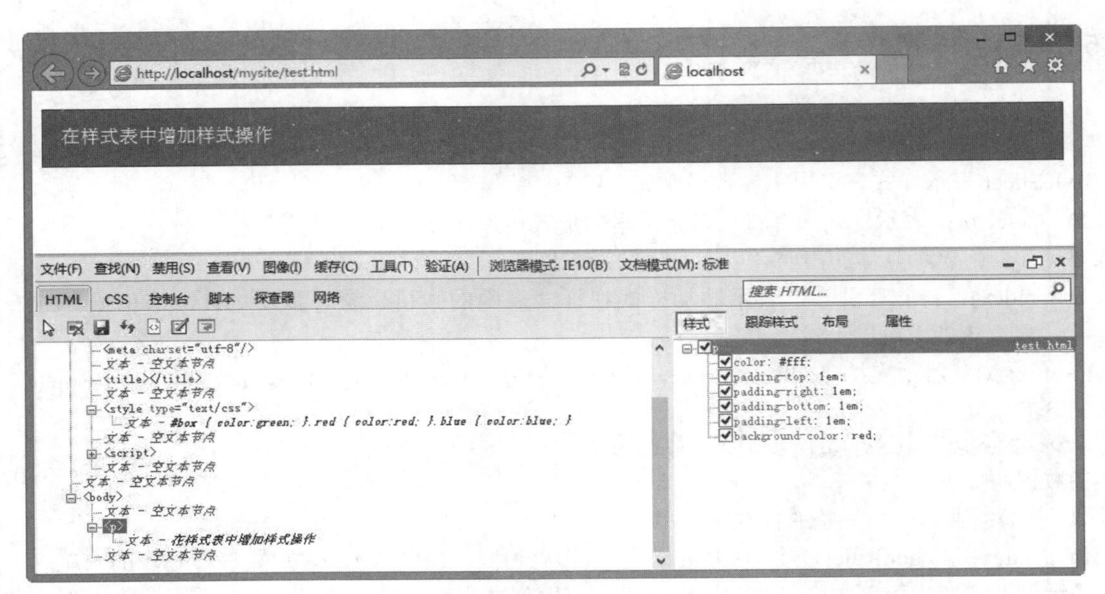

图 15.12　为段落文本增加样式

扫一扫，看视频

15.5.6　读取最终样式

CSS 样式能够重叠，这就会导致当一个对象被定义了多个样式后，显示的效果未必是某个样式所设计的效果。也就是说，定义样式与显示样式并非完全重合。DOM 定义了一个方法来帮助用户快速检测当前对象的最后渲染样式，不过 IE 和标准 DOM 之间实现的方法略有不同。下面分别进行说明：

➘　IE 浏览器

IE 浏览器定义了一个 currentStyle 对象，该对象是一个只读对象。currentStyle 对象包含了文档内所有元素的 style 对象定义的属性，以及任何未被覆盖的 CSS 规则的 style 属性。

【示例 1】　针对上节示例，为类样式 blue 增加了一个背景色为白色的声明，然后把该类样式应用到段落文本中。

```
<!doctype html>
<html>
<head>
<meta charset="utf-8">
<style type="text/css">
#box { color:green; }
.red { color:red; }
.blue {
   color:blue;
   background-color:#FFFFFF;
}
</style>
<script>
window.onload = function(){
   var styleSheets = document.styleSheets[0];     //获取样式表引用
   var index = styleSheets.length;          //获取样式表中包含样式的个数
   if(styleSheets.insertRule){          //判断浏览器是否支持 insertRule()方法
      //使用 insertRule()方法在文档内部样式表中增加一个 p 标签选择符的样式，设置段落背景色为红色，字体颜色为白色，补白为一个字体大小。插入位置在样式表的末尾
      styleSheets.insertRule("p{background-color:red;color:#fff;padding:1em;}", index);
```

```
    }else{              //如果浏览器不支持 insertRule()方法
        styleSheets.addRule("P",  "background-color:red;color:#fff;padding:1em;",
index);
    }
}
</script>
</head>
<body>
<p class="blue">在样式表中增加样式操作</p>
</body>
</html>
```

在浏览器中预览，会发现脚本中使用 insertRule()（或 addRule()）方法添加的样式无效，效果如图 15.13 所示。

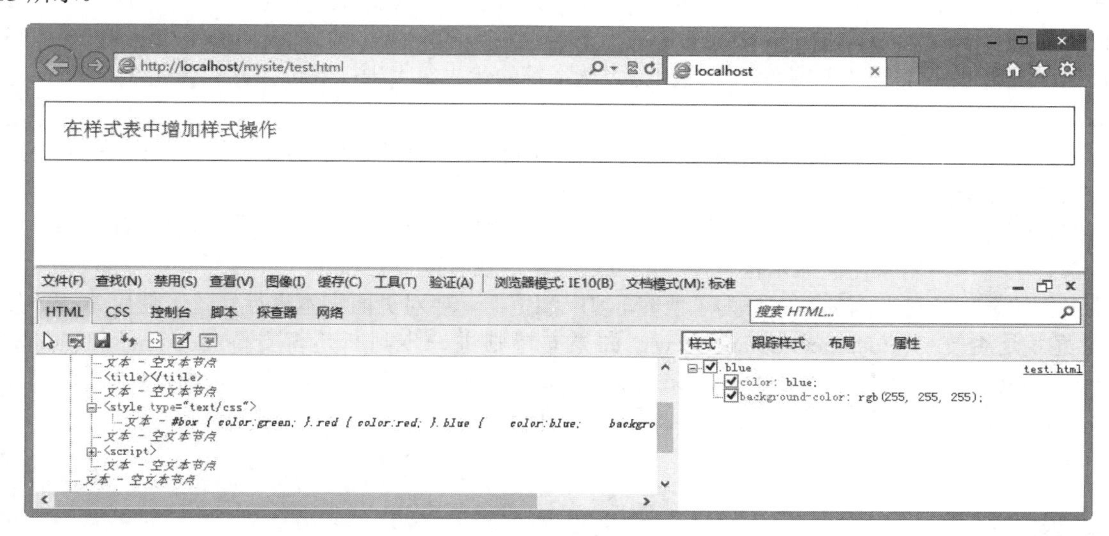

图 15.13　背景样式重叠后的效果

如果没有考虑到样式重叠问题，用户就会陷入迷惑，这时可以使用 currentStyle 对象获取当前 p 元素最终显示了哪些样式，这样就可以找到 insertRule()（或 addRule()）方法添加的样式失效的原因。

【示例 2】　把上例另存为 test1.html，然后在脚本中添加代码，使用 currentStyle 获取当前段落标签<p>的最终显示样式，显示效果如图 15.14 所示。

```
<script>
window.onload = function(){
    var styleSheets = document.styleSheets[0];    //获取样式表引用
    var index = styleSheets.length;         //获取样式表中包含样式的个数
    if(styleSheets.insertRule){ //判断浏览器是否支持 insertRule()方法，支持则调用，否则
调用 addRule
        styleSheets.insertRule("p{background-color:red;color:#fff;padding:1em;}",
index);
    }else{
        styleSheets.addRule("P",  "background-color:red;color:#fff;padding:1em;",
index);
    }
    var p = document.getElementsByTagName("p")[0];
    p.innerHTML = "背景色："+p.currentStyle.backgroundColor+"<br>字体颜色："+p.
currentStyle.color;
```

```
}
</script>
```

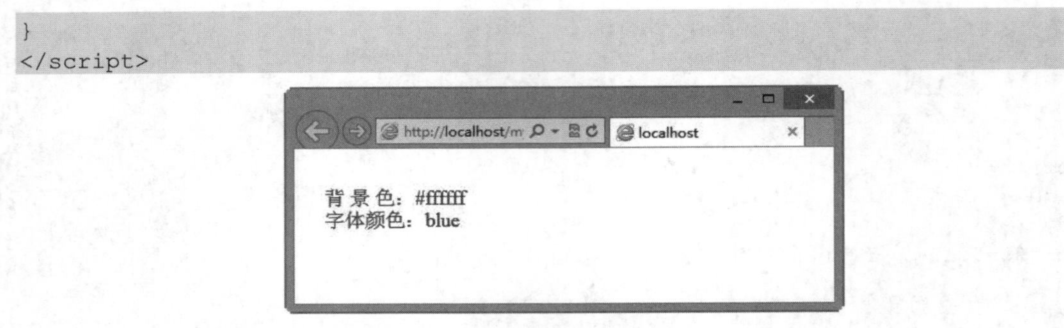

图 15.14　在 IE 中获取 p 的显示样式

在上面的代码中，首先使用 getElementsByTagName()方法获取段落文本的引用；然后调用该对象的 currentStyle 子对象，并获取指定属性的对应值。通过这种方式，会发现 insertRule()（或 addRule()）方法添加的样式被 blue 类样式所覆盖，这是因为类选择符的优先级大于标签选择符的优先级。

➘　非 IE 浏览器

DOM 定义了一个 getComputedStyle()方法，该方法可以获取目标对象的显示样式，但是它需要使用 document.defaultView 对象进行访问。

getComputedStyle()方法包含了两个参数：第一个参数表示元素，用来获取样式的对象；第二个参数表示伪类字符串，用来定义显示位置，一般可以省略，或者设置为 null。

【示例 3】　针对上面的示例，为了兼容非 IE 浏览器，要对页面脚本进行修改。使用 if 语句判断当前浏览器是否支持 document.defaultView，如果支持则进一步判断是否支持 document.defaultView.getComputedStyle，如果支持则使用 getComputedStyle()方法读取最终显示样式；否则判断当前浏览器是否支持 currentStyle，如果支持则使用它读取最终显示样式。

```
<!doctype html>
<html>
<head>
<meta charset="utf-8">
<style type="text/css">
#box { color:green; }
.red { color:red; }
.blue {color:blue; background-color:#FFFFFF;}
</style>
<script>
window.onload = function(){
   var styleSheets = document.styleSheets[0];    //获取样式表引用指针
   var index = styleSheets.length;          //获取样式表中包含样式的个数
   if(styleSheets.insertRule){         //判断浏览器是否支持
      styleSheets.insertRule("p{background-color:red;color:#fff;padding:1em;}",
index);
   }else{
      styleSheets.addRule("P",  "background-color:red;color:#fff;padding:1em;",
index);
   }
   var p = document.getElementsByTagName("p")[0];
   if( document.defaultView && document.defaultView.getComputedStyle)
```

```
        p.innerHTML = "背景色: "+document.defaultView.getComputedStyle(p,null).
backgroundColor+"<br>字体颜色: "+document.defaultView.getComputedStyle(p,null).
color;
    else if( p.currentStyle)
        p.innerHTML = "背 景 色: "+p.currentStyle.backgroundColor+"<br>字体颜色: "+
p.currentStyle.color;
    else
        p.innerHTML = "当前浏览器无法获取最终显示样式";
}
</script>
</head>
<body>
<p class="blue">在样式表中增加样式操作</p>
</body>
</html>
```

保存页面，在 Firefox 中预览，则显示效果如图 15.15 所示。

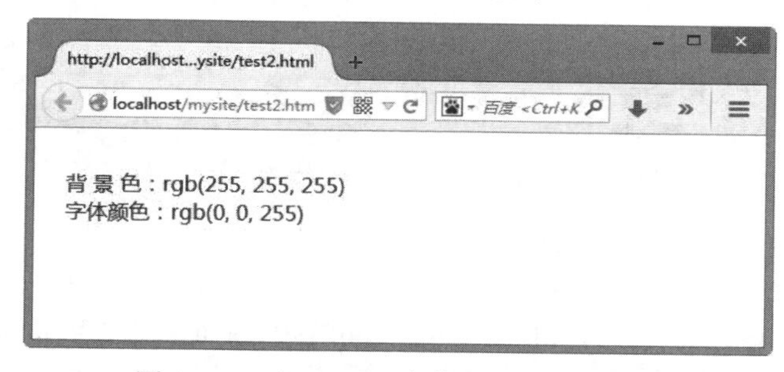

图 15.15　在 Firefox 中获取 p 的显示样式

15.6　获 取 尺 寸

尺寸是指元素在网页中存在或显示的宽度和高度。对于网页对象来说，存在与显示是两个不同的概念，存在元素的大小可能会大于可视区域，也可能显示出来的区域大于存在的大小。

15.6.1　获取对象大小

扫一扫，看视频

使用 offsetWidth 和 offsetHeight 属性可以获取元素的尺寸，其中 offsetWidth 表示元素在页面中所占据的总宽度，offsetHeight 表示元素在页面中所占据的总高度。

【示例 1】　使用 offsetWidth 和 offsetHeight 属性获取元素大小。

```
<div style="height:200px;width:200px;">
    <div style="height:50%;width:50%;">
    <div style="height:50%;width:50%;">
        <div style="height:50%;width:50%;">
        <div id="div" style="height:50%;
width:50%;border-style:solid;"></div>
        </div>
    </div>
    </div>
```

```
</div>
<script>
var div = document.getElementById("div");
var w = div.offsetWidth;        // 返回元素的总宽度
var h = div.offsetHeight;        // 返回元素的总高度
</script>
```

上面的示例在 IE 的怪异模式下和支持 DOM 模型的浏览器中解析结果差异很大，其中 IE 怪异模式解析返回宽度为 21 像素，高度为 21 像素，而在支持 DOM 模型的浏览器中返回高度和宽度都为 19 像素。

根据示例中行内样式定义的值，可以算出最内层元素的宽和高都为 12.5 像素，实际取值为 12 像素。但是对于 IE 怪异解析模式来说，样式属性 width 和 height 的值就是元素的总宽度和总高度。由于 IE 是采用四舍五入法处理小数部分的值，故该元素的总高度和总宽度都是 13 像素。同时，由于 IE 模型定义每个元素都有一个默认行高，即使元素内不包含任何文本，实际高度就显示为 21 像素。

而对于支持 DOM 模型的浏览器来说，它们认为元素样式属性中的宽度和高度仅是元素内部包含内容区域的尺寸，而元素的总高度和总宽度应该加上补白和边框，由于元素默认边框值为 3 像素，所以最后计算的总高度和总宽度都是 19 像素。

提示：

IE 怪异模式是一种非标准的解析方法，与标准模式相对应，主要是因为 IE 浏览器要兼容大量传统布局的网页。怪异模式在 IE 6.0 以下版本浏览器中存在，在 IE 6.0 及其以上版本浏览器中如果页面明确设置为怪异模式显示，或者 HTML 文档的 DOCTYPE（文档类型）没有明确定义，也会按怪异模式进行解析。

【示例 2】 解决 offsetWidth 和 offsetHeight 属性的缺陷。

利用 offsetWidth 和 offsetHeight 属性是获取元素尺寸最好的方法，但是当为元素定义了隐藏属性，即设置样式属性 display 的值为 none 时，offsetWidth 和 offsetHeight 属性返回值都为 0。

```
<div id="div" style="height:200px;width:200px;
border-style:solid;display:none;"></div>
<script>
var div = document.getElementById("div");
var w = div.offsetWidth;        // 返回 0
var h = div.offsetHeight;        // 返回 0
</script>
```

这种情况还会发生在当父级元素的 display 样式属性为 none 时，即当前元素虽然没有设置隐藏显示，但是根据继承关系，它也会被隐藏显示，此时 offsetWidth 和 offsetHeight 属性值都是 0。总之，对于隐藏元素来说，不管它的实际高度和宽度是多少，最终使用 offsetWidth 和 offsetHeight 属性读取时都是 0。

解决方法：先判断元素的样式属性 display 的值是否为 none，如果不是，则直接调用 offsetWidth 和 offsetHeight 属性读取即可；如果为 none，则可以暂时显示元素，然后读取它的尺寸，读完之后再把它恢复为隐藏样式。

扫一扫，看视频

15.6.2 获取可视区域大小

不同浏览器对于 offsetWidth 和 offsetHeight 属性的解析标准是不同的，同时复杂的显示环境会导致元素在不同场合下所呈现的效果迥异。在某些情况下，用户需要精确计算元素的尺寸，这时候可以选用一些 HTML 元素特有的属性，这些属性虽然不是 DOM 标准的一部分，但是由于它们获得了所有浏览器的支持，所以在 JavaScript 开发中还是被普遍应用，说明如表 15.1 所示。

表 15.1　与元素尺寸相关的属性

元素尺寸专用属性	说　明
clientWidth	获取元素可视部分的宽度，即 CSS 的 width 和 padding 属性值之和，元素边框和滚动条不包括在内，也不包含任何可能的滚动区域
clientHeight	获取元素可视部分的高度，即 CSS 的 height 和 padding 属性值之和，元素边框和滚动条不包括在内，也不包含任何可能的滚动区域
offsetWidth	元素在页面中占据的宽度总和，包括 width、padding、border，以及滚动条的宽度
offsetHeight	元素在页面中占据的高度总和，包括 height、padding、border，以及滚动条的高度
scrollWidth	当元素设置了 overflow:visible 样式属性时，元素的总宽度。也有人把它解释为元素的滚动宽度。在默认状态下，如果该属性值大于 clientWidth 属性值，则元素会显示滚动条，以便能够翻阅被隐藏的区域
scrollHeight	当元素设置了 overflow:visible 样式属性时，元素的总高度。也有人把它解释为元素的滚动高度。在默认状态下，如果该属性值大于 clientHeight 属性值，则元素会显示滚动条，以便能够翻阅被隐藏的区域

【示例】　设计一个简单的盒子，盒子的 height 值为 200 像素，width 值为 200 像素，边框显示为 50 像素，补白区域定义为 50 像素。内部包含信息框，其宽度设置为 400 像素，高度也设置为 400 像素，换句话说就是盒子的内容区域为(400px,400px)。

```
<div id="div" style="height:200px;width:200px;border:solid 50px
red;overflow:auto;padding:50px;">
   <div id="info" style="height:400px;width:400px;
border:solid 1px blue;"></div>
</div>
```

然后，利用 JavaScript 脚本在内容框中插入一些行列号：

```
var info = document.getElementById("info");
var m = 0, n = 1, s = "";
while(m ++ < 19){
   s += m + "  ";
}
s += "<br />";
while(n ++ < 21){
   s += n + "<br />";
}
info.innerHTML = s;              // 插入行列号
```

盒子呈现效果如图 15.16 所示。

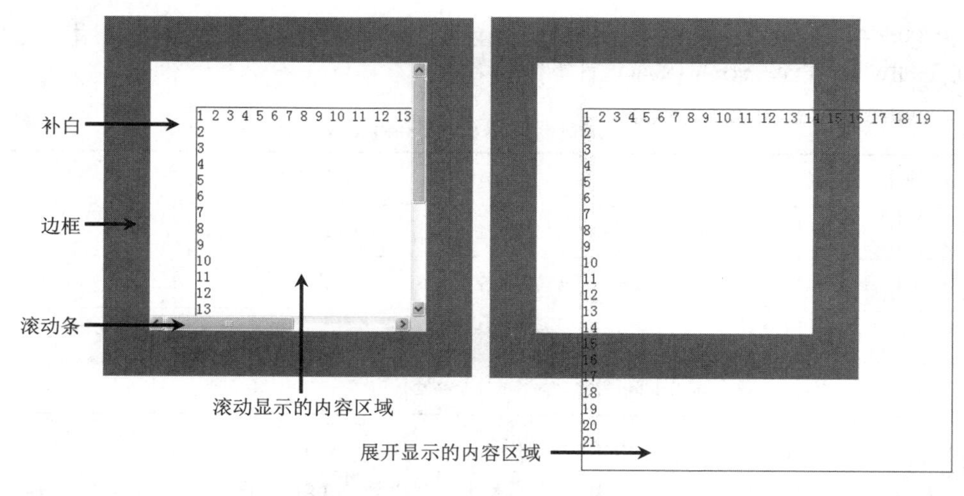

图 15.16　盒模型及其相关构成区域

现在分别调用 offsetHeight、scrollHeight、clientHeight 属性，则可以获取不同区域的高度，如图 15.17 所示。

```
var div = document.getElementById("div");
// 以下返回值是根据 IE 浏览器而定的
var ho = div.offsetHeight;      // 返回 400
var hs = div.scrollHeight;      // 返回 502
var hc = div.clientHeight;      // 返回 283
```

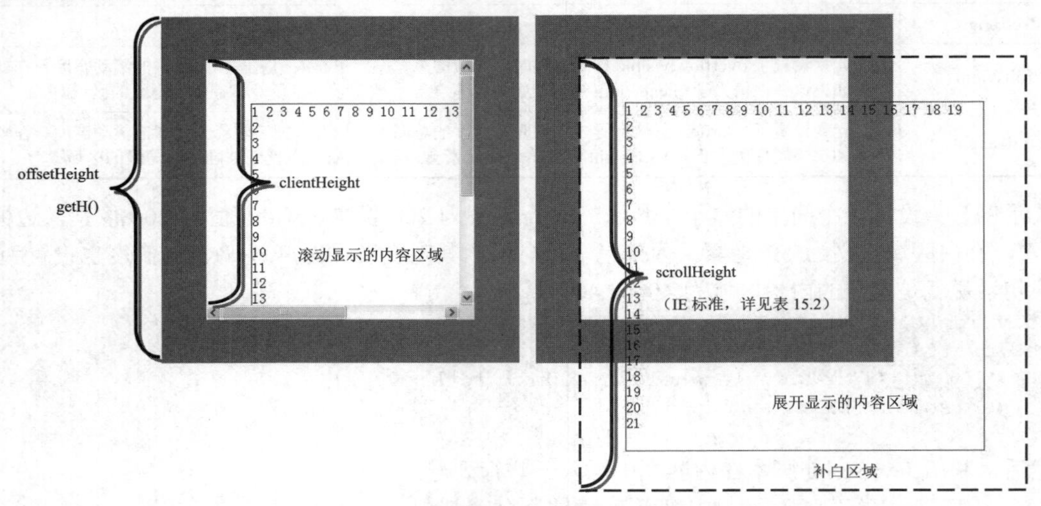

图 15.17　盒模型不同区域的高度示意图

通过上面的示意图，能够很直观地看出 offsetHeight、scrollHeight、clientHeight 这三个属性值与自定义函数 getH()的值不同，具体说明如下。

- offsetHeight = border-top-width + padding-top + height + padding-bottom + border-bottom-width
- scrollHeight = padding-top + 包含内容的完全高度 + padding-bottom
- clientHeight = padding-top + height + border-bottom-width – 滚动条的宽度

上面是围绕元素高度进行说明，针对宽度的计算方式可以依此类推，这里就不再重复。

提示：

不同浏览器对于 scrollHeight 和 scrollWidth 属性的解析方式不同。结合上面的示例，具体说明如表 15.2 所示，而 scrollWidth 属性与 scrollHeight 属性雷同。

表 15.2　浏览器解析 scrollHeight 属性比较

浏览器	返回值	计算公式
IE	502	padding-top + 包含内容的完全高度 + padding-bottom
Firefox	452	padding-top + 包含内容的完全高度
Opera	419	包含内容的完全高度 + 底部滚动条的宽度
Safari	452	padding-top + 包含内容的完全高度

如果设置盒子的 overflow 属性为 visible，则 clientHeight 的值为 300：

```
clientHeight = padding-top + height + border-bottom-width
```

说明如果隐藏滚动条显示，则 clientHeight 属性值不用减去滚动条的宽度，即滚动条的区域被转化为可视内容区域。同时，不同浏览器对于 clientHeight 和 client Width 属性的解析也不同，结合上面示例，具体说明如表 15.3 所示。

表 15.3 浏览器解析 clientHeight 属性比较

浏览器	返回值	计算公式
IE	502	padding-top + 包含内容的完全高度 + padding-bottom
Firefox	400	border-top-width + padding-top + height + padding-bottom + border-bottom-width
Opera	502	padding-top + 包含内容的完全高度 + padding-bottom
Safari	502	padding-top + 包含内容的完全高度 + padding-bottom

15.6.3 获取偏移大小

扫一扫，看视频

scrollLeft 和 scrollTop 属性可以获取移出可视区域外面的宽度和高度。用户可以利用这两个属性确定滚动条的位置，也可以使用它们获取当前滚动区域内容，说明如表 15.4 所示。

表 15.4 scrollLeft 和 scrollTop 属性说明

元素尺寸专用属性	说 明
scrollLeft	元素左侧已经滚动的距离（像素值）。更通俗地说，就是设置或获取位于元素左部边界与元素中当前可见内容的最左端之间的距离
scrollTop	元素顶部已经滚动的距离（像素值）。更通俗地说，就是设置或获取位于元素顶部边界与元素中当前可见内容的最顶端之间的距离

【示例】 本示例演示了如何设置和更直观地获取滚动区域的尺寸。

```
<textarea id="text" rows="5" cols="25" style="float:right;">
</textarea>
<div id="div" style="height:200px;width:200px;border:solid 50px red;
padding:50px;overflow:auto;">
   <div id="info" style="height:400px;width:400px;
border:solid 1px blue;"></div>
</div>
<script>
var div = document.getElementById("div");
div.scrollLeft = 200;          // 设置盒子左边滚动区域宽度为 200 像素
div.scrollTop = 200;          // 设置盒子顶部滚动区域高度为 200 像素
var text = document.getElementById("text");
div.onscroll = function(){          // 注册滚动事件处理函数
   text.value =   "scrollLeft    = " + div.scrollLeft + "\n" +
          "scrollTop  = " + div.scrollTop + "\n" +
          "scrollWidth = " + div.scrollWidth + "\n" +
          "scrollHeight = " + div.scrollHeight ;
}
</script>
```

呈现效果如图 15.18 所示。

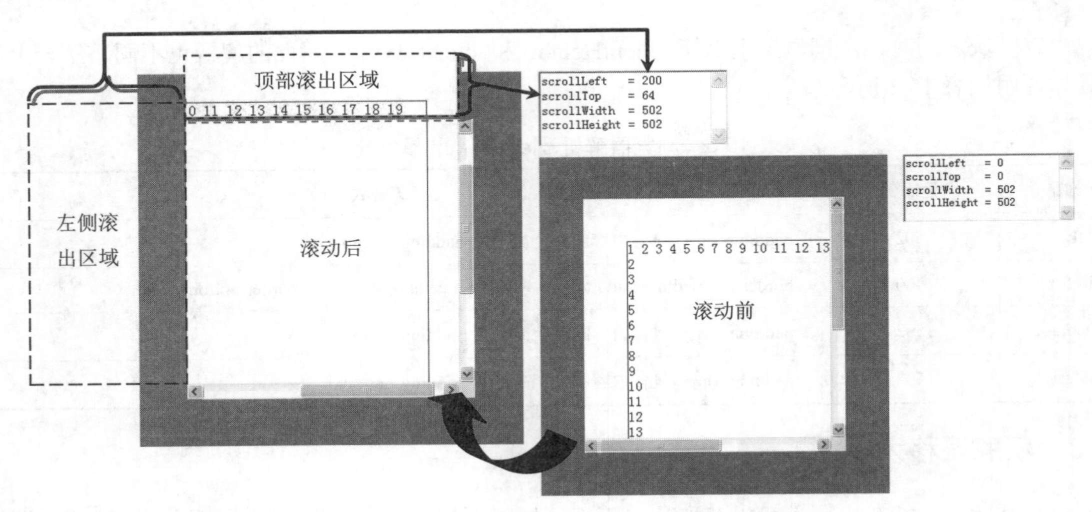

图 15.18 scrollLeft 和 scrollTop 属性指示区域示意图

扫一扫，看视频

15.6.4 获取窗口大小

【示例 1】 如果能获取<html>标签的 clientWidth 和 clientHeight 属性，就可以得到浏览器窗口的可视宽度和高度，而<html>标签在脚本中表示为 document.documentElement，可以这样设计：

```
var w = document.documentElement.clientWidth;     // 返回值不包含滚动条的宽度
var h = document.documentElement.clientHeight;    // 返回值不包含滚动条的高度
```

不过在 IE 怪异模式下，body 是最顶层的可视元素，而 html 元素保持隐藏。所以只有通过<body>标签的 clientWidth 和 clientHeight 属性才可以得到浏览器窗口的可视宽度和高度，而<body>标签在脚本中表示为 document.body，所以如果要兼容 IE 怪异解析模式，则可以这样设计：

```
var w = document.body.clientWidth;
var h = document.body.clientHeight;
```

然而，支持 DOM 解析模式的浏览器都把 body 视为一个普通的块级元素，而<html>标签才包含整个浏览器窗口。因此，考虑到浏览器的兼容性，可以这样设计：

```
var w = document.documentElement.clientWidth || document.body.clientWidth;
var h = document.documentElement.clientHeight || document.body.clientHeight;
```

如果浏览器支持 DOM 标准，则使用 documentElement 对象读取；如果该对象不存在，则使用 body 对象读取。

【示例 2】 如果窗口包含内容超出了窗口可视区域，则应该使用 scrollWidth 和 scrollHeight 属性来获取窗口的实际宽度和高度。但是对于 document.documentElement 和 document.body 来说，不同浏览器对于它们的支持略有差异。

```
<body style="border:solid 2px blue;margin:0;padding:0">
<div style="width:2000px;height:1000px;border:solid 1px red;">
</div>
</body>
<script>
var wb = document.body.scrollWidth;
var hb = document.body.scrollHeight;
var wh = document.documentElement.scrollWidth;
var hh = document.documentElement.scrollHeight;
</script>
```

不同浏览器的返回值比较如表 15.5 所示。

表 15.5 浏览器解析 scrollWidth 属性比较

浏览器	body.scrollWidth	body.scrollHeight	documentElement.scrollWidth	documentElement.scrollHeight
IE	2002	1002	2004	1006
Firefox	2002	1002	2004	1006
Opera	2004	1006	2004	1006
Chrome	2004	1006	2004	1006

通过上表返回值比较，可以看到不同浏览器对于使用 documentElement 对象获取浏览器窗口的实际尺寸是一致的，但是使用 Body 对象来获取对应尺寸就会存在很大的差异，特别是 Firefox 浏览器，它把 scrollWidth 与 clientWidth 属性值视为相等。

15.7 获 取 位 置

元素定位是网页动画设计的基础，通过获知访问对象的位置以便做出及时、准确的响应。

15.7.1 获取偏移位置

扫一扫，看视频

CSS 的 left 和 top 属性不能真实反映元素相对于页面或其他对象的精确位置，不过每个元素都拥有 offsetLeft 和 offsetTop 属性，它们描述了元素的偏移位置。但不同浏览器定义元素偏移的参照对象不同。例如，IE 会以父元素为参照对象进行偏移，而支持 DOM 标准的浏览器会以最近定位元素为参照对象进行偏移。

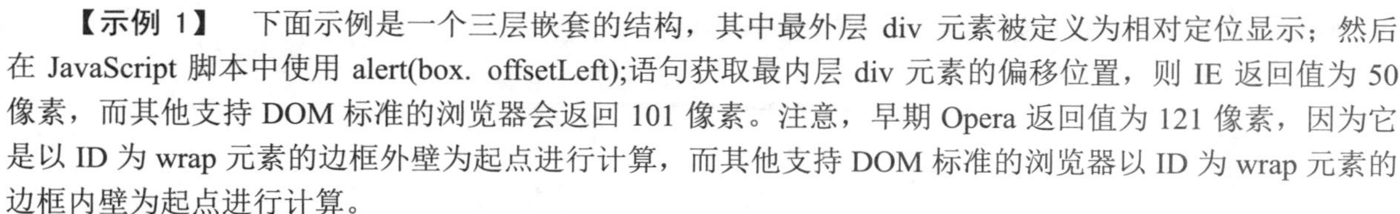

【示例 1】 下面示例是一个三层嵌套的结构，其中最外层 div 元素被定义为相对定位显示；然后在 JavaScript 脚本中使用 alert(box. offsetLeft);语句获取最内层 div 元素的偏移位置，则 IE 返回值为 50 像素，而其他支持 DOM 标准的浏览器会返回 101 像素。注意，早期 Opera 返回值为 121 像素，因为它是以 ID 为 wrap 元素的边框外壁为起点进行计算，而其他支持 DOM 标准的浏览器以 ID 为 wrap 元素的边框内壁为起点进行计算。

```
<style type="text/css">
div {
    width:200px; height:100px; border:solid 1px red; padding:50px;
}
#wrap {
    position:relative;
    border-width:20px;
}
</style>

<div id="wrap">
    <div id="sub">
    <div id="box"></div>
    </div>
</div>
```

呈现效果如图 15.19 所示。

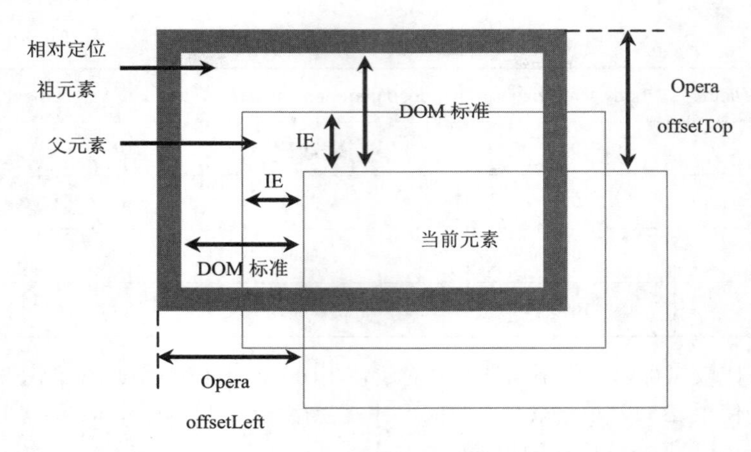

图 15.19　获取元素的位置示意图

所有浏览器都支持 offsetParent 属性，该属性总能指向定位元素。例如，针对上面的嵌套结构，有如下几种情况。

- 对于 IE 浏览器来说，当前定位元素（ID 为 box 的 div 元素）的 offsetParent 属性将指向 ID 为 sub 的 div 元素。对于 sub 元素来说，它的 offsetParent 属性将指向 ID 为 wrap 的 div 元素。
- 对于支持 DOM 的浏览器来说，当前定位元素的 offsetParent 属性将指向 ID 为 wrap 的 div 元素。

所以可以设计一个能够兼容不同浏览器的等式：

IE：　　(#box).offsetLeft + (#sub).offsetLeft = 　(#box).offsetLeft + (#box).offsetParent.offsetLeft

DOM：　　(#box).offsetLeft

对于任何浏览器来说，offsetParent 属性总能够自动识别当前元素偏移的参照对象，所以不用担心 offsetParent 在不同浏览器中具体指代什么元素。这样就能够通过迭代来计算当前元素距离窗口左上顶角的坐标值，演示如图 15.20 所示。

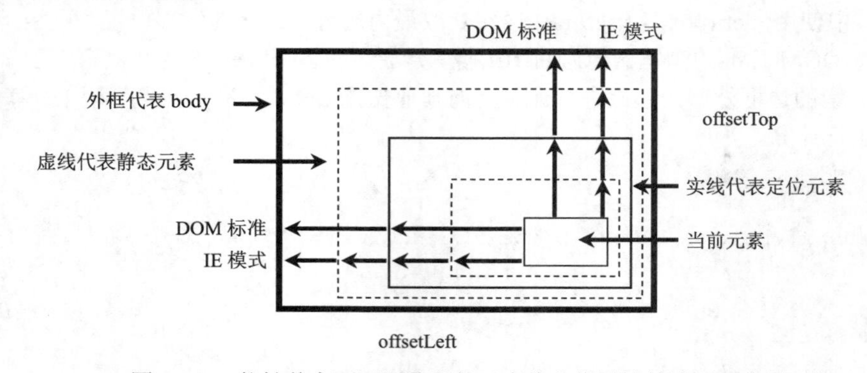

图 15.20　能够兼容不同浏览器的元素偏移位置计算演示示意图

通过上图可以看到，尽管不同浏览器的 offsetParent 属性指代的元素不同，但是通过迭代计算，当前元素距离浏览器窗口的坐标距离都是相同的。

【示例 2】　根据上述分析可以设计一个扩展函数。

```
// 获取指定元素距离窗口左上角偏移坐标
// 参数：e 表示获取位置的元素
// 返回值：返回对象直接量，其中属性 x 表示 x 轴偏移距离，属性 y 表示 y 轴偏移距离
```

```
function getPoint(e){
    var x = y = 0;          // 初始化临时变量
    while(e.offsetParent){
     // 如果存在 offsetParent 指代的元素，则获取它的偏移坐标
    x += e.offsetLeft;      // 累计总的 x 轴偏移距离
    y += e.offsetTop;      // 累计总的 y 轴偏移距离
    e = e.offsetParent;
     // 把当前元素的 offsetParent 属性值传递给循环条件表达式
    }
    return {
    // 遍历到 body 元素后，将停止循环，把叠加的值赋值给对象直接量，并返回该对象
    "x" : x,
    "y" : y
    };
}
```

由于 body 和 html 元素没有 offsetParent 属性，所以当迭代到 body 元素时，会自动停止并计算出当前元素距离窗口左上角的坐标距离。

提示：

不要为包含元素定义边框，因为不同浏览器对边框的处理方式不同。例如，IE 浏览器会忽略所有包含元素的边框，因为所有元素都是参照对象，且以参照对象的边框内壁作为边线进行计算。Firefox 和 Safari 会把静态元素的边框作为实际距离进行计算，因为对于它们来说，静态元素不作为参照对象。而对于 Opera 浏览器来说，它根据非静态元素边框的外壁作为边线进行计算，所以该浏览器所获取的值又不同。如果不为所有包含元素定义边框，就可以避免不同浏览器解析的分歧，最终实现返回相同的距离。

15.7.2　获取相对位置

扫一扫，看视频

在复杂的嵌套结构中，仅仅获取元素相对于浏览器窗口的位置并没有多大利用价值，因为定位元素是根据最近的上级非静态元素进行定位的。同时对于静态元素来说，它是根据父元素的位置来决定自己的显示位置的。

要获取相对于父级元素的位置，用户可以调用上节自定义的 getPoint()扩展函数分别获取当前元素和父元素距离窗口的距离，然后求两个值的差即可。

【示例】　为了提高执行效率，可以先判断 offsetParent 属性是否指向父级元素，如果是，则可以直接使用 offsetLeft 和 offsetTop 属性获取元素相对于父元素的距离；否则就调用 getPoint()扩展函数分别获得当前元素和父元素距离窗口的坐标，然后求差即可。

```
// 获取指定元素距离父元素左上角的偏移坐标
// 参数：e 表示获取位置的元素
// 返回值：返回对象直接量，其中属性 x 表示 x 轴偏移距离，属性 y 表示 y 轴偏移距离
function getP(e){
    if(e.parentNode == e.offsetParent){
    // 判断 offsetParent 属性是否指向父级元素
    var x = e.offsetLeft;      // 如果是，则直接读取 offsetLeft 属性值
    var y = e.offsetTop ;      // 读取 offsetTop 属性值
    }
    else{
    // 否则调用 getPoint()扩展函数获取当前元素和父元素的 x 轴坐标，并返回它们的差值
    var o = getPoint(e);
    var p = getPoint(e.parentNode);
    var x = o.x - p.x;
    var y = o.y - p.y;
```

```
    }
    return {          // 返回对象直接量，对象包含当前元素距离父元素的坐标
    "x" : x,
    "y" : y
    };
}
```

下面调用该扩展函数获取指定元素相对于父元素的偏移坐标：

```
var box = document.getElementById("box");
var o = getP(box);          // 调用扩展函数获取元素相对于父元素的偏移坐标
alert(o.x);                 // 读取 x 轴坐标偏移值
alert(o.y);                 // 读取 y 轴坐标偏移值
```

扫一扫，看视频

15.7.3 获取定位位置

定位包含框就是定位元素参照的包含框对象，一般为距离当前元素最近的上级定位元素。获取元素相对定位包含框的位置可以直接读取 CSS 样式中的 left 和 top 属性值，它们记录了定位元素的坐标值。

【示例】 本扩展函数 getB()调用了 getStyle()扩展函数，该函数能够获取元素的 CSS 样式属性值。对于默认状态的定位元素或者静态元素，它们的 left 和 top 属性值一般为 auto。因此，获取 left 和 top 属性值之后，可以尝试使用 parseInt()方法把它们转换为数值。如果失败，说明其值为 auto，则设置为 0，否则返回转换的数值。

```
// 获取指定元素距离定位包含框元素左上角的偏移坐标
// 参数：e 表示获取位置的元素
// 返回值：返回对象直接量，其中属性 x 表示 x 轴偏移距离，属性 y 表示 y 轴偏移距离
function getB(e){
    return {
    "x" : (parseInt(getStyle(e, "left")) || 0) ,
    "y" : (parseInt(getStyle(e, "top")) || 0)
    };
}
```

扫一扫，看视频

15.7.4 获取鼠标指针位置

要获取鼠标指针的页面位置，首先应捕获当前事件对象，然后读取事件对象中包含的定位信息。考虑到浏览器的不兼容性，可以选用 pageX/pageY（兼容 Safari）或 clientX/clientY（兼容 IE）属性对。另外，还需要配合使用 scrollLeft 和 scrollTop 属性。

【示例】 定义扩展函数获取鼠标指针的页面位置。

```
// 获取鼠标指针的页面位置
// 参数：e 表示当前事件对象，由系统自动捕获
// 返回值：返回鼠标相对页面的坐标对象，其中属性 x 表示 x 轴偏移距离，属性 y 表示 y 轴
偏移距离
function getMP(e){
    var e = e || window.event;          // 标准化事件对象
    return {
    x : e.pageX ||
      e.clientX + (document.documentElement.scrollLeft ||
                 document.body.scrollLeft), y : e.pageY ||
      e.clientY + (document.documentElement.scrollTop ||
                 document.body.scrollTop)
    }
}
```

pageX 和 pageY 事件属性不被 IE 浏览器支持，而 clientX 和 clientY 事件属性又不被 Safari 浏览器支持，因此可以混合使用它们以兼容不同的浏览器。同时，对于 IE 怪异解析模式来说，body 元素代表页面区域，而 html 元素被隐藏，但是支持 DOM 标准的浏览器认为 html 元素代表页面区域，而 body 元素仅是一个独立的页面元素，所以需要兼容这两种解析方式。

下面的示例演示了如何调用上面定义的扩展函数 getMP()捕获当前鼠标指针在文档中的位置：

```
<body style="width:2000px;height:2000px;">
    <textarea id="t" cols="15" rows="4" style=
"position:fixed;left:50px;top:50px;"></textarea>
</body>
<script>
var t = document.getElementById("t");
document.onmousemove = function(e){
    var m = getMP(e);
    t.value ="mouseX = " + m.x  + "\n" + "mouseY = " + m.y
}
</script>
```

呈现效果如图 15.21 所示。

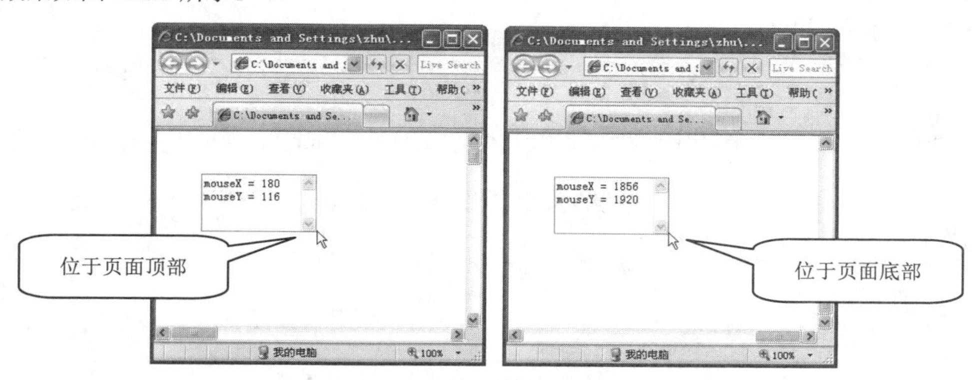

图 15.21　鼠标指针在页面中的位置

15.7.5　获取鼠标指针相对位置

扫一扫，看视频

除了考虑鼠标的页面位置外，在开发中还应该考虑鼠标在当前元素内的位置。这需要用到事件对象的 offsetX/offsetY 或 layerX/layerY 属性对。由于早期 Mozilla 类型浏览器不支持 offsetX 和 offsetY 事件属性，因此可以考虑用 layerX 和 layerY 事件属性，但是这两个事件属性是以定位包含框为参照对象，而不是以元素自身左上顶角，因此还需要减去当前元素的 offsetLeft/offsetTop 值。

【示例 1】 可以使用 offsetLeft 和 offsetTop 属性获取元素在定位包含框中的偏移坐标，然后使用 layerX 属性值减去 offsetLeft 属性值，使用 layerY 属性值减去 offsetTop 属性值，即可得到鼠标指针在元素内部的位置。

```
// 获取鼠标指针在元素内的位置
// 参数：e 表示当前事件对象，o 表示当前元素
// 返回值：返回鼠标相对元素的坐标对象，其中属性 x 表示 x 轴偏移距离，
属性 y 表示 y 轴偏移距离
function getME(e, o){
    var e = e || window.event;
    return {
    x : e.offsetX ||
        (e.layerX - o.offsetLeft),
    y : e.offsetY ||
```

```
        (e.layerY - o.offsetTop)
    }
}
```

在实践中上面的扩展函数存在几个问题：

- 为了兼容 Mozilla 类型浏览器，通过鼠标偏移坐标减去元素的偏移坐标，可以得到元素内鼠标偏移坐标的参考原点元素边框外壁的左上角。
- Safari 浏览器的 offsetX 和 offsetY 是以元素边框外壁的左上角为坐标原点，而其他浏览器则是以元素边框内壁的左上角为坐标原点，这就导致不同浏览器的解析差异。
- 考虑到边框对于鼠标位置的影响，当元素边框很宽时，必须考虑如何消除边框对于鼠标位置的影响。但是，由于边框样式不同，且存在 3 像素的默认宽度，就为获取元素的边框实际宽度带来了麻烦。需要设置更多的条件，来判断当前元素的边框宽度。

【示例 2】 完善后的获取鼠标指针在元素内位置的扩展函数如下：

```
// 完善获取鼠标指针在元素内的位置
// 参数：e 表示当前事件对象，o 表示当前元素
// 返回值：返回鼠标相对元素的坐标对象，其中属性 x 表示 x 轴偏移距离，
属性 y 表示 y 轴偏移距离
function getME(e, o){
    var e = e || window.event;
    // 获取元素左侧边框的宽度
    // 调用 getStyle()扩展函数获取边框样式值，并尝试转换为数值，如果转换成功，
则赋值
    // 否则判断是否定义了边框样式，如果定义了边框样式，且值不为 none，
则说明边框宽度为默认值，即为 3 像素
    // 如果没有定义边框样式，且宽度值为 auto，则说明边框宽度为 0
    var bl = parseInt(getStyle(o, "borderLeftWidth")) ||
        ((o.style.borderLeftStyle && o.style.borderLeftStyle !=
"none" )? 3 : 0);
    // 获取元素顶部边框的宽度，设计思路与获取左侧边框方法相同
    var bt = parseInt(getStyle(o, "borderTopWidth")) ||
        ((o.style.borderTopStyle && o.style.borderTopStyle !=
"none" ) ? 3 : 0);
    var x = e.offsetX ||            // 一般浏览器下鼠标偏移值
        (e.layerX - o.offsetLeft - bl);
    // 兼容 Mozilla 类型浏览器，减去边框宽度
    var y = e.offsetY ||            // 一般浏览器下鼠标偏移值
        (e.layerY - o.offsetTop - bt);
    // 兼容 Mozilla 类型浏览器，减去边框高度
    var u = navigator.userAgent;        // 获取浏览器的用户数据
    if( (u.indexOf("KHTML") > - 1) ||
    (u.indexOf("Konqueror") > - 1) ||
    (u.indexOf("AppleWebKit") > - 1)
    ){      // 如果是 Safari 浏览器，则减去边框的影响
    x -= bl;
    y -= bt;
    }
    return {// 返回兼容不同浏览器的鼠标位置对象，以元素边框内壁左上角为定位原点
    x : x,
    y : y
    }
}
```

呈现效果如图 15.22 所示。

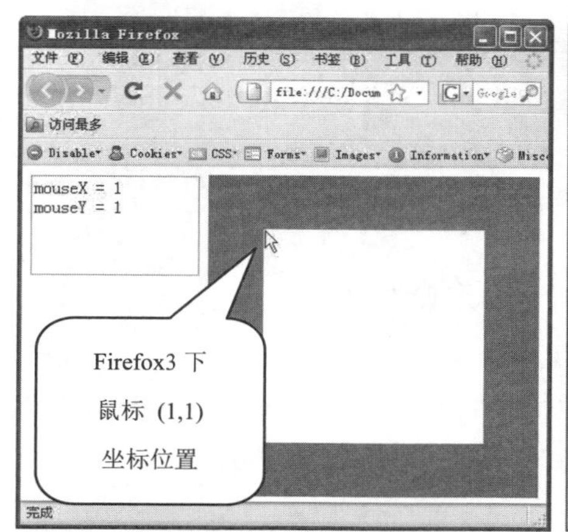

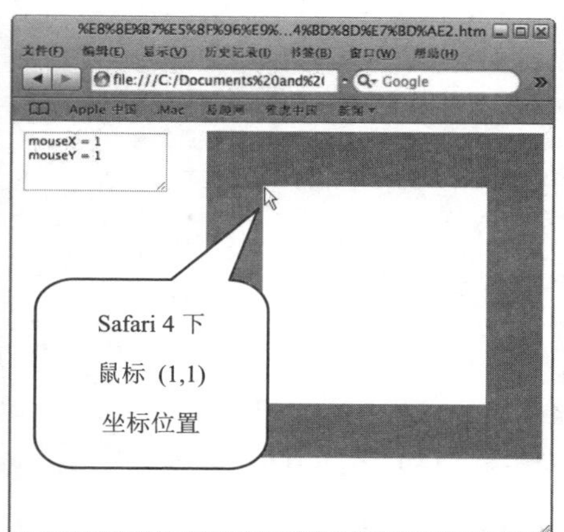

图 15.22　完善鼠标指针在元素内的定位

15.7.6　获取滚动条位置

扫一扫，看视频

【示例】　对于浏览器窗口的滚动条来说，使用 scrollLeft 和 scrollTop 属性也可以获取窗口滚动条的位置。

```
// 获取页面滚动条的位置
// 参数：无
// 返回值：返回滚动条的位置，其中属性 x 表示 x 轴偏移距离，属性 y 表示 y 轴偏移距离
function getPS(){
    var h = document.documentElement;                // 获取页面引用指针
    var x = self.pageXOffset ||                      // 兼容早期浏览器
        (h && h.scrollLeft) ||                       // 兼容标准浏览器
        document.body.scrollLeft;                    // 兼容 IE 怪异模式
    var y = self.pageYOffset ||                      // 兼容早期浏览器
        (h && h.scrollTop) ||                        // 兼容标准浏览器
        document.body.scrollTop;                     // 兼容 IE 怪异模式
    return {
    x : x,
    y : y
    };
}
```

15.8　设 置 位 置

本节在上节示例基础上介绍如何定义网页对象的位置。

扫一扫，看视频

15.8.1　设置偏移位置

与获取元素的位置相比，设置元素的偏移位置就比较容易，可以直接使用 CSS 属性进行设置。不过对于页面元素来说，只有定位元素才允许设置元素的位置。考虑到页面中定位元素的位置常用绝对定位方式，所以不妨把设置元素的位置封装到一个函数中。

【示例】　下面的函数能够根据指定元素，及其传递的坐标值，快速设置元素相对于上级定位元素

的位置。

```
// 设置元素的偏移位置，即以上级定位元素为参照对象定位元素的位置
// 参数：e 表示设置位置的元素，o 表示一个对象，对象包含的属性 x 代表 x 轴距离，
属性 y 代表 y 轴距离，不用附带单位，默认以像素为单位
// 返回值：无
function setP(e,o){
    (e.style.position) || (e.style.position = "absolute");
    // 如果元素静态显示，则对其进行绝对定位
    e.style.left = o.x + "px";        // 设置 x 轴的距离
    e.style.top = o.y + "px";        // 设置 y 轴的距离
}
```

定位元素还可以使用 right 和 bottom 属性，但是我们更习惯使用 left 和 top 属性来定位元素的位置，所以在该函数中没有考虑 right 和 bottom 属性。

扫一扫，看视频

15.8.2 设置相对位置

偏移位置是重新定位元素的位置，不考虑元素可能存在的定位值。但是，在动画设计中，经常需要设置元素以当前位置为起点进行偏移。

【示例】 定义一个扩展函数，以实现元素相对当前位置进行偏移。该函数中调用了上节介绍的 getB()扩展函数，此函数能够获取当前元素的定位坐标值：

```
// 设置元素的相对位置，即相对于当前位置进行偏移
// 参数：e 表示设置位置的元素，o 表示一个对象，对象包含的属性 x 代表 x 轴偏移距离，
属性 y 代表 y 轴偏移距离，不用附带单位，默认以像素为单位
// 返回值：无
function offsetP(e, o){
    (e.style.position) || (e.style.position = "absolute");
    // 如果元素静态显示，则对其进行绝对定位
    e.style.left = getB(e).x + o.x + "px";    // 设置 x 轴的距离
    e.style.top = getB(e).y + o.y + "px";    // 设置 y 轴的距离
}
```

针对下面的结构和样式，用户可以调用 offsetP()函数设置 ID 为 sub 的 div 元素向右下方向偏移(10,100)的坐标距离。

```
<style type="text/css">
div {
    width:200px; height:100px; border:solid 1px red; padding:50px;
position:absolute; left:50px; top:50px;
}
</style>

<div id="wrap">
    <div id="sub">
    <div id="box"></div>
    </div>
</div>

<script>
var sub = document.getElementById("sub");
offsetP(sub,{
    x : 10, y : 100
});
</script>
```

15.8.3　设置滚动条位置

扫一扫，看视频

Window 对象定义了 scrollTo(x, y)方法，该方法能够根据传递的参数值定位滚动条的位置，其中参数 x 可以定位页面内容在 x 轴方向上的偏移量，而参数 y 可以定位页面内容在 y 轴方向上的偏移量。

【示例】　下面的扩展函数能够把滚动条定位到指定的元素位置，其中调用了 15.5.1 节中定义的 getPoint ()扩展函数来获取指定元素的页面位置。

```
// 滚动到页面中指定的元素位置
// 参数：指定的对象
// 返回值：无
function setPS(e){
    window.scrollTo(getPoint(e).x, getPoint(e).y);
}
```

15.9　显　　示

CSS 使用 visibility 和 display 属性控制元素的显示或隐藏。visibility 和 display 属性各有优缺点，如果担心隐藏元素会破坏页面结构，影响页面布局，可以选用 visibility 属性。visibility 属性能够隐藏元素，但是会留下一块空白区域，影响页面视觉效果，如果不考虑布局问题，则可以使用 display 属性。

15.9.1　可见性

扫一扫，看视频

简单的隐藏元素可以通过 style.display 属性来实现，虽然这种方法并不标准，但却被普遍采用。

【示例 1】　本示例能够遍历结构中所有的 p 元素，并把 class 属性值不为 main 的段落文本全部隐藏。

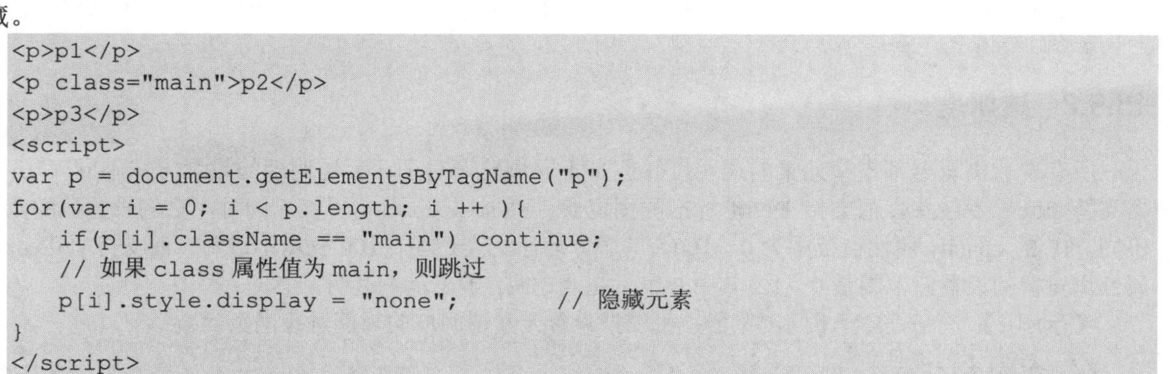

```
<p>p1</p>
<p class="main">p2</p>
<p>p3</p>
<script>
var p = document.getElementsByTagName("p");
for(var i = 0; i < p.length; i ++ ){
    if(p[i].className == "main") continue;
    // 如果 class 属性值为 main，则跳过
    p[i].style.display = "none";        // 隐藏元素
}
</script>
```

要恢复 style.display 属性的默认值，只需设置 style.display 属性值为空字符串（style.display = ""）即可。

【示例 2】　由于显示和隐藏是交互设计中经常用到的技巧，所以有必要对其进行功能封装，以实现代码重用和灵活应用，并能够兼容不同浏览器。

当指定元素和布尔值参数时，则元素能够根据布尔值是 true 或 false 来决定是否进行显示或隐藏，如果不指定第二个布尔值参数，则函数将对元素进行显示或隐藏切换：

```
// 设置或切换元素的显示或隐藏
// 参数：e 表示要显示或隐藏的元素，b 是一个布尔值，当为 ture 时，将显示元素 e；
当为 false 时，将隐藏元素 e。如果省略参数 b，则根据元素 e 的显示状态，进行显示或
隐藏切换
// 返回值：无
```

```
function display(e, b){
    // 监测第二个参数的类型。如果该参数存在且不为布尔值，则抛出异常
    if(b && (typeof b != "boolean")) throw new Error("第二个参数应该是布尔值!");
    var c = getStyle(e, "display");     // 获取当前元素的显示属性值
    (c != "none") && (e._display = c);
     // 记录元素的显示性质，并存储到元素的属性中
    e._display = e._display || "";
    // 如果没有定义显示性质，则赋值为空字符串
    if(b || (c == "none") ){      // 当第二个参数值为true，或者元素隐藏时
    e.style.display = e._display;
    // 则将调用元素的_display属性值恢复元素或显示元素
    }
    else{
    e.style.display = "none";    // 否则隐藏元素
    }
}
```

下面在页面中设置一个向右浮动的元素 p。连续调用三次 display()函数后，相当于隐藏元素，代码如下所示：

```
<p style="float:right; border:solid 1px red; width:100px;
height:100px;">p1</p>
<script>
var p = document.getElementsByTagName("p")[0];
display(p);              // 切换隐藏
display(p);              // 切换显示
display(p);              // 切换隐藏
</script>
```

不管元素是否显示或隐藏，如果按如下方式调用，则会显示出来，且元素依然显示为原来的状态：

```
display(p , true);            // 强制显示
```

扫一扫，看视频

15.9.2 透明度

所有现代浏览器都支持元素的透明度，但是不同浏览器对于元素透明度的设置方法不同。IE 浏览器支持 filters 滤镜集，而支持 DOM 标准的浏览器认可 style.opacity 属性。同时，它们设置值的范围也不同，IE 的 opacity 属性值范围为 0～100，其中 0 表示完全透明，100 表示不透明。而支持 style.opacity 属性浏览器的设置值范围是 0～1，其中 0 表示完全透明，1 表示不透明。

【示例 1】 为了兼容不同浏览器，可以把设置元素透明度的功能进行函数封装。

```
// 设置元素的透明度
// 参数：e表示要预设置的元素，n表示一个数值，取值范围为0～100，如果省略，
则默认为100，即不透明显示元素
// 返回值：无
function setOpacity(e, n){
    var n = parseFloat(n);      // 把第二个参数转换为浮点数
    if(n && (n>100) || !n) n=100;
    // 如果第二个参数存在且值大于100，或者不存在该参数，则设置其为100
    if(n && (n<0))  n =0;      // 如果第二个参数存在且值小于0，则设置其为0
    if (e.filters){          // 兼容IE浏览器
    e.style.filter = "alpha(opacity=" + n + ")";
    }
    else{             // 兼容DOM标准
```

```
    e.style.opacity = n / 100;
    }
}
```

在获取元素的透明度时，应注意在 IE 浏览器中不能够直接通过属性读取，而应借助 filters 集合的 item()方法获取 Alpha 对象，然后读取它的 opacity 属性值。

【示例 2】 为了避免在读取 IE 浏览器中元素的透明度时发生错误，建议使用 try 语句包含读取语句。

```
// 获取元素的透明度
// 参数：e 表示要预设置的元素
// 返回值：元素的透明度值，范围在 1～100 之间
function getOpacity(e){
    var r;
    if ( ! e.filters){
    if (e.style.opacity) return parseFloat(e.style.opacity) * 100;
    }
    try{
    return e.filters.item('alpha').opacity
    }
    catch(o){
    return 100;
    }
}
```

15.10 实 战 案 例

本节将通过多个示例帮助读者上机练习，通过实际操练掌握使用 JavaScript 控制 CSS 的方法。

15.10.1 使用定时器

扫一扫，看视频

在 JavaScript 中设计动画，主要利用循环体和定时器（setTimeout 和 setInterval）来实现。动画设计思路：通过循环改变元素的某个 CSS 样式属性，从而达到动态效果，如移动位置、缩放大小、渐隐渐显等。为了能够设计更逼真的效果，一般通过高频率小步伐快速修改样式属性值，让浏览者感觉动画是在持续运动而不是由很多次设置组成。

动画的过程体现一种时间连续性，JavaScript 主要通过 setTimeout 和 setInterval 方法实现。

1. setTimeout()方法

setTimeout()方法能够在指定的时间段后执行特定代码。其用法如下：

```
var o = setTimeout( code, delay )
```

参数 code 表示要延迟执行的代码字符串，该字符串语句可以在 Window 环境中执行，如果包含多个语句，应该使用分号进行分隔。delay 表示延迟的时间，以毫秒为单位。返回一个延迟执行的代码控制句柄。如果把这个句柄传递给 clearTimeout()方法，则会取消代码的延迟执行。

【示例 1】 本示例演示了当鼠标移过段落文本时，会延迟半秒钟并弹出一个提示对话框，显示当前元素的名称。

```
<p>段落文本</p>
<script>
```

```
var p = document.getElementsByTagName("p")[0];
p.onmouseover = function(i){
    setTimeout(function(){
    alert(p.tagName)
    }, 500);
}
</script>
```

setTimeout()方法的第一个参数虽然是字符串，但是也可以把 JavaScript 代码封装在一个函数体内，然后把函数引用作为参数传递给 setTimeout()方法，等待延迟调用，这样就避免了传递字符串的疏漏和麻烦。

【示例 2】 本示例演示了如何为集合中每个元素都绑定一个事件延迟处理函数。

```
var o = document.getElementsByTagName("body")[0].childNodes;
    // 获取 body 元素下所有子元素
for(var i = 0; i < o.length; i ++ ){      // 遍历元素集合
    o[i].onmouseover = function(i){      // 注册鼠标经过事件处理函数
    return function(){              // 返回闭包函数
        f(o[i]);      // 调用函数 f，并传递当前对象引用
    }
    }(i);          // 调用函数并传递循环序号，实现在闭包中存储对象序号值
}
function f(o){          // 延迟处理函数
    // 定义延迟半秒钟后执行代码
    var out = setTimeout( function(){
    alert(o.tagName);              // 显示当前元素的名称
    }, 500);
}
```

这样当鼠标移过每个 body 元素下子元素时，都会延迟半秒钟后弹出一个提示对话框，提示该元素的名称。

【示例 3】 可以利用 clearTimeout()方法在特定条件下清除延迟处理代码。例如，当鼠标移过某个元素并停留半秒钟之后，才会弹出提示信息，一旦鼠标移出当前元素，就立即清除前面定义的延迟处理函数，以避免相互干扰。

```
var o = document.getElementsByTagName("body")[0].childNodes;
for(var i = 0; i < o.length; i ++ ){
    o[i].onmouseover = function(i){
    // 为每个元素注册鼠标移过时事件延迟处理函数
    return function(){
        f(o[i])
    }
    } (i);
    o[i].onmouseout = function(i) {
    // 为每个元素注册鼠标移出时清除延迟处理函数
    return function(){
        clearTimeout(o[i].out);
        // 调用 clearTimeout()方法，清除已注册的延迟处理函数
    }
    } (i);
}
function f(o){
    // 为了防止混淆多个注册的延迟处理函数，分别把不同元素的延迟处理函数的引用
存储在该元素对象的 out 属性中
    o.out = setTimeout(function(){
```

```
    alert(o.tagName);
    } , 500);
}
```

setTimeout()方法只能够被执行一次，如果希望反复执行该方法中包含的代码，则应该在 setTimeout()方法中包含对自身的调用，这样就可以把自己注册为可以反复被执行的方法。

【示例 4】 本示例会在页面内的文本框中按秒针速度显示递加的数字，当循环执行 10 次后，会调用 clearTimeout()方法清除对代码的执行，并弹出提示信息。

```
<input type="text" />
<script>
var t = document.getElementsByTagName("input")[0];
var i = 1;
function f(){
    var out = setTimeout(        // 定义延迟执行的方法
    function(){                  // 延迟执行函数
    t.value = i ++ ;             // 递加数字
    f();                         // 调用包含 setTimeout()方法的函数
    }, 1000);                    // 设置每秒执行一次调用
    if(i > 10){                  // 如果超过 10 次，则清除执行，并弹出提示信息
    clearTimeout(out);
    alert("10 秒钟已到");
    }
}
f();                             // 调用函数
</script>
```

2. setInterval()方法

使用 setTimeout()方法模拟循环执行指定代码，不如直接调用 setInterval()方法来实现。setInterval()方法能够周期性执行指定的代码，如果不加以处理，那么该方法将会被持续执行，直到浏览器窗口关闭，或者跳转到其他页面为止。其语法如下：

```
var o = setInterval(code, interval)
```

该方法的用法与 setTimeout()方法基本相同，其中参数 code 表示要周期执行的代码字符串，而 interval 参数表示周期执行的时间间隔，以毫秒为单位。该方法返回的值是一个 Timer ID，这个 ID 编号指向对当前周期函数的执行引用，利用该值对计时器进行访问，如果把这个值传递给 clearTimeout()方法，则会强制取消周期性执行的代码。

此外，setInterval()方法的第一个参数如果是一个函数，则 setInterval()方法还可以跟随任意多个参数，这些参数将作为此函数的参数使用。格式如下所示：

```
var o = setInterval( function, interval[,arg1,arg2,.....argn])
```

【示例 5】 针对上面的示例，可以这样设计：

```
<input type="text" />
<script>
var t = document.getElementsByTagName("input")[0];
var i = 1;
var out = setInterval(f, 1000);     // 定义周期性执行的函数
function f(){
    t.value = i ++ ;
    if(i > 10){                     // 如果重复执行 10 次
    clearTimeout(out);              // 则清除周期性调用函数
    alert("10 秒钟已到");
```

```
    }
}
</script>
```

提示：

setTimeout()和 setInterval()方法在用法上有几分相似，不过两者的区别也很明显，setTimeout()方法主要用来延迟代码执行，而 setInterval()方法主要用来实现周期性执行代码。

在动画设计中，setTimeout()方法适合在不确定的时间内持续执行某个动作，而 setInterval()方法适合在有限的时间内执行可以确定起点和终点的动画。

如果同时做周期性动作，setTimeout()方法不会每隔几秒钟就执行一次函数，函数执行需要 1 秒钟，而延迟时间为 1 秒钟，则整个函数应该是每 2 秒钟才执行一次。而 setInterval()方法却没有被自己调用的函数所束缚，它只是简单地每隔一定时间就重复执行一次那个函数。

扫一扫，看视频

15.10.2 设计运动

运动效果主要通过动态修改元素的坐标来实现。设计的关键有以下两点。

- 应考虑元素的初始化坐标、最终坐标，以及移动坐标等定位要素。如果参照物相同，则这个问题比较好解决。
- 移动的速度、频率等问题。移动可以借助定时器来实现，但效果的模拟涉及到算法问题，不同的算法，可能会设计出不同的移动效果，如匀速运动、加速和减速运动。在 Flash 动画设计中，就专门提供了一个 Tween 类，利用它可以模拟出很多运动效果，如缓动、弹簧震动等，其技术核心是算法设计问题。算法好像很高深，但通俗一点讲，就是通过数学函数计算定时器每次触发时移动的距离。

【示例】 本示例演示了如何设计一个简单的元素滑动效果。通过指定元素、移动的位置，以及移动的步数，可以设计按一定的速度把元素从当前位置移动到指定的位置。本示例引用了前面介绍的getB()方法，该方法能够获取当前元素的绝对定位坐标值。

```
// 简单的滑动函数
// 参数：e 表示元素，x 和 y 表示要移动的最后坐标位置（相对包含块），
   t 表示元素移动的步数
function slide(e, x, y, t){
   var t = t || 100;    // 初始化步数，步数越大，速度越慢，移动的过程越逼真，
                           但是中间移动的误差就越明显
   var o = getB(e);     // 当前元素的绝对定位坐标值
   var x0 = o.x;
   var y0 = o.y;
   var stepx = Math.round((x - x0) / t);
   // 计算 x 轴每次移动的步长，由于像素点不可用小数，所以会存在一定的误差
   var stepy = Math.round((y - y0) / t);     // 计算 y 轴每次移动的步长
   var out =  setInterval(function(){    // 设计定时器
   var o = getB(e);           // 获取每次移动后的绝对定位坐标值
   var x0 = o.x;
   var y0 = o.y;
   e.style["left"] = (x0 + stepx) + 'px';      // 定位每次移动的位置
   e.style["top"] = (y0 + stepy) + 'px';       // 定位每次移动的位置
   if (Math.abs(x - x0) <= Math.abs(stepx) || Math.abs(y - y0) <=
Math.abs(stepy)) {    // 如果距离终点坐标的距离小于步长，
                         则停止循环执行，并校正元素的最终坐标位置
      e.style["left"] = x + 'px';
      e.style["top"] = y + 'px';
```

```
        clearTimeout(out);
    };
    }, 2)
};
```

使用时应该定义元素的绝对定位或相对定位显示状态，否则移动无效。在网页动画设计中，一般都使用这种定位移动方式来实现。

```
<style type="text/css">
.block {width:20px; height:20px; position:absolute; left:200px;
top:200px; background-color:red; }
</style>
<div class="block" id="block1"></div>
<script>
temp1 = document.getElementById('block1');
slide(temp1, 400, 400,60);
</script>
```

15.10.3　设计渐变

扫一扫，看视频

渐隐渐显效果主要通过动态修改元素的透明度来实现。

【示例】　本示例演示了如何实现一个简单的渐隐渐显动画效果，涉及到 setOpacity()函数的调用。

```
// 渐隐渐显动画显示函数
// 参数：e 表示渐隐渐显元素，t 表示渐隐渐显的速度，值越大渐隐渐显速度越慢，
io 表示渐隐或渐显方式，取值 true 表示渐显，取值 false 表示渐隐
function fade(e, t, io){
    var t = t || 10;                    // 初始化渐隐渐显速度
    if(io){                             // 初始化渐隐渐显方式
    var i = 0;
    }else{
    var i = 100;
    }
    var out = setInterval(function(){     // 设计定时器
    setOpacity(e, i);                   // 调用 setOpacity()函数
    if(io) {                            // 根据渐隐或渐显方式决定执行效果
        i ++ ;
        if(i >= 100)  clearTimeout(out);
    }
    else{
        i-- ;
        if(i <= 0)  clearTimeout(out);
    }
    }, t);
}
```

下面调用该函数：

```
<style type="text/css">
.block {width:200px; height:200px; background-color:red; }
</style>
<div class="block" id="block1"></div>
<script>
e = document.getElementById('block1');
fade(e,50,true);              // 应用渐隐渐显动画效果
</script>
```

扫一扫，看视频

15.10.4 设计换肤

网页换肤技术的本质就是多个外部样式表的动态更换。本例设计一个逼真的网页换肤效果，以空白模板的效果呈现，如图 15.23 至图 15.25 所示。在页面右上角定义了 3 个模拟按钮，单击这些皮肤切换按钮可以使页面呈现不同的显示效果。其设计核心也是利用脚本来动态控制外部样式表文件的导入。

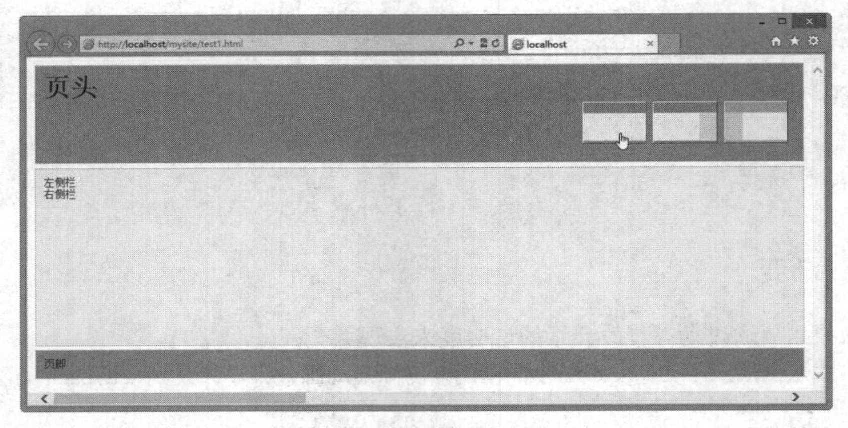

图 15.23　网页皮肤演示效果 1

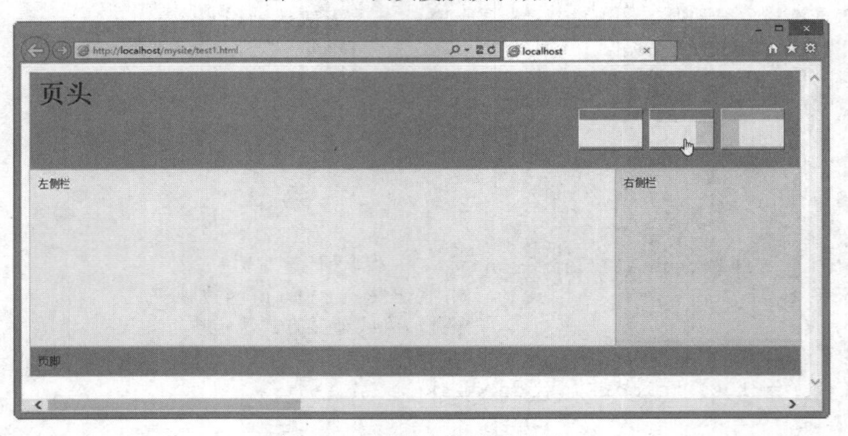

图 15.24　网页皮肤演示效果 2

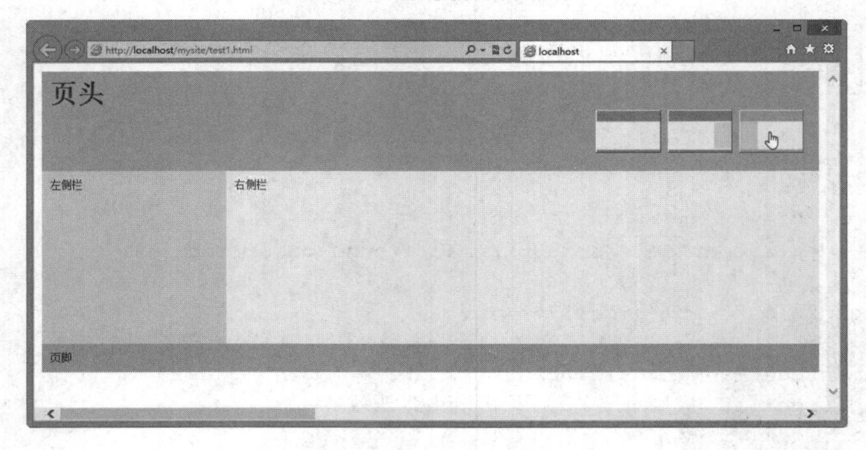

图 15.25　网页皮肤演示效果 3

【操作步骤】

第 1 步：启动 Dreamweaver，新建文档，保存为 test1.html。设计一个简单的页面宏观结构（3 级嵌套）。页面结构包含 3 部分：页头区域（<div id="header">）、主体结构（<div id="main">）和页眉区域（<div id="footer">）。在页头区域包含了 3 个皮肤提示标签（使用<span>标签设计）。

```
<div id="wrapper">
    <div id="header">
        <h1>页头</h1>
        <p><span title="皮肤 1" class="btn1">皮肤 1</span><span title="皮肤 2"
class="btn2">皮肤 2</span><span title="皮肤 3" class="btn3">皮肤 3</span></p>
    </div>
    <div id="main">
        <div id="leftcolumn"> 左侧栏</div>
        <div id="rightcolumn">右侧栏</div>
    </div>
    <div id="footer">页脚 </div>
</div>
```

第 2 步：以该结构为基础设计 3 个样式表（test1(0).css、test1(1).css、test1(2).css），这些样式表的具体设计效果如图 15.23 至图 15.25 所示，详细代码就不再讲解，读者可以查看本书资源包中本节示例。

第 3 步：在默认状态下导入 test1(0).css 样式表文件，设计页面默认皮肤效果。此时必须使用<link>标签导入外部样式表文件，不建议使用@import url("test1(1).css");命令导入外部样式表，因为它不便于用脚本控制。

```
<link href="test1(0).css" rel="stylesheet" type="text/css" media="all" />
```

第 4 步：使用 CSS 模拟皮肤切换按钮，具体代码如下：

```
<style type="text/css">
#header p { text-align:right; }        /* 右对齐皮肤切换按钮 */
#header p span {                       /* 皮肤标签样式 */
    margin-right:8px;                  /* 定义按钮之间的边距 */
    cursor:pointer;                    /* 鼠标指针经过显示为手形 */
    padding:25px 37px 25px 38px;       /* 增加补白，以实现完整显示背景图像 */
    border:solid 1px;                  /* 增加 1 像素宽度的实线 */
   border-color:#fff #666 #666 #fff;  /* 通过边框颜色的明暗，设计立体效果 */
    font-size:0;                       /* 字体大小为 0，不显示标签内包含的文本 */
    line-height:0;                     /* 隐藏行高，兼容 IE 浏览器 */
    text-indent:-999px;                /* 设置文本显示在标签的外边，隐藏文本，兼容 Opera */
    zoom:1;                            /* 设置 span 以布局模型显示，兼容 IE 浏览器显示边框 */
}
#header .btn1 { background:green url(images/btn1.gif) no-repeat center; }/* 背景
图像 1 */
#header .btn2 { background:green url(images/btn2.gif) no-repeat center; }/* 背景
图像 2 */
#header .btn3 { background:green url(images/btn3.gif) no-repeat center; }/* 背景
图像 3 */
</style>
```

第 5 步：兼容 IE 6 及其以下版本浏览器，主要问题是 IE 6 及其以下版本浏览器无法正常撑开 span 行内元素，通过给行内元素定义 1 像素的宽度来触发它能够自身展开。详细代码如下：

```
* html #header p span {/* 该选择器仅在 IE 6 及其以下版本中执行 */
    padding:25px 36px 25px 38px;     /* 右侧补白缩小一个像素 */
    width:1px;                       /* 定义 1 像素宽度，促使 span 元素张开 */
    color:#fff;                      /* 白色字体，隐藏一个小黑点（与背景色重合） */}
```

第 6 步：设计脚本控制程序，并为 3 个皮肤标签绑定事件处理函数。详细代码如下：

```
<script>
window.onload = function(){//页面加载完毕时执行的事件处理函数
    var link = document.getElementsByTagName("link")[0];    //获取<link>标签的引用
    //获取头部区域内的 span 元素的引用集合
    var span = document.getElementById("header").getElementsByTagName("span");
    span[0].onclick = function(){    //为第 1 个<span>标签绑定鼠标单击时的事件处理函数
        link.href = "test1(0).css"; //为<link>标签的 href 属性设置 URL（外部样式表文
件）
    }
    span[1].onclick = function(){    //为第 2 个<span>标签绑定鼠标单击时的事件处理函数
        link.href = "test1(1).css"; //为<link>标签的 href 属性设置 URL（外部样式表文
件）
    }
    span[2].onclick = function(){    //为第 3 个<span>标签绑定鼠标单击时的事件处理函数
        link.href = "test1(2).css"; //为<link>标签的 href 属性设置 URL（外部样式表文
件）
    }
}
</script>
```

第 16 章　使用 CSS 设计 XML 文档样式

XML 是一种允许用户自定义标签的标识语言，用法比 HTML 灵活，功能更强大。XML 可以标识数据，作为一种通用数据格式，非常适合 Web 传输，XML 也是传统桌面应用中比较流行的数据存储和交换格式。本章将讲解如何使用 CSS 控制 XML 文档样式。

【学习重点】

- 熟悉 XML 文档结构。
- 能够使用 CSS 设计 XML 显示样式。

16.1　XML 样式基础

XML 是可扩展标签语言的英文首字母缩写，在结构上与 HTML 很相似，但是 XML 优势明显：通用、结构简洁，非常适合各种网络应用的需要。

扫一扫，看视频

16.1.1　XML 文档结构

XML 文档也是文本文件，扩展名为 xml。XML 文档结构一般包含三部分：XML 声明、处理指令和 XML 元素。其中处理指令是可选部分。

【示例】　新建文本文件，保存为 test.xml。然后输入下面的代码。

```
<?xml version="1.0" encoding="utf-8"?>
<blog>
   <item>
   <id>1</id>
      <title>标题</title>
      <time>发布时间</time>
      <content>日志内容</content>
      <word>
         <user>昵称</user>
         <time>留言时间</time>
         <text>留言内容</text>
      </word>
   </item>
</blog>
```

上面的代码是一个非常简单的 XML 文档，与 HTML 文档结构很相似，但是标签可以随意命名，标签也没有任何默认格式，仅是数据信息的语义标识，在浏览器中预览，显示效果如图 16.1 所示。

在上面的代码中，第一行代码表示 XML 声明，从第二行开始是各种标签嵌套在一起。与 HTML 一样，XML 也是一个基于文本的标签语言，不同的是，XML 标签说明了数据的含义，而不是如何显示它。

拓展：

XML 文档内容都是由一个根节点构成（如 blog），它由开始标签<blog >和结束标签</blog>组成。开始标签与结束标签之间就是这个元素的内容。由于各个元素的内容被各自的元素标签所包含，所以在 XML 中各种数据的分类查找和处理就变得非常容易。

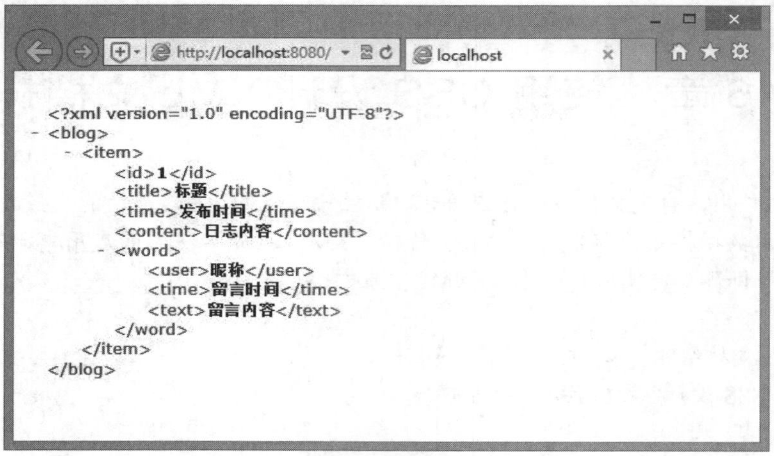

```
<?xml version="1.0" encoding="UTF-8"?>
- <blog>
  - <item>
      <id>1</id>
      <title>标题</title>
      <time>发布时间</time>
      <content>日志内容</content>
    - <word>
        <user>昵称</user>
        <time>留言时间</time>
        <text>留言内容</text>
      </word>
    </item>
  </blog>
```

图 16.1　XML 文档显示效果

XML 标签包含三部分：标签的起始符“<”、标签的名称和标签的终止符“>”，标签的名称也称为元素，它表示一个对象。标签的起始符和终止符分别为 ASCII 编码的小于号和大于号。在 HTML 中标签都是预定义好的，包含默认的显示样式，而在 XML 中标签名称是不固定的，可以根据需要来定义和使用标签。XML 也支持空标签，如<blog></blog>，一般可以简写为<blog/>。

在 XML 中可以根据需要为标签定义属性。在开始标签或空标签中可以包含任意多个属性，属性的作用是对标签及其内容的附加信息进行描述。

XML 属性使用空格分隔开的名/值对构成。所有的属性值都必须使用引号括起来。语法形式如下：

```
<标签名 属性名 1="属性值 1" 属性名 2="属性值 2" 属性名 3="属性值 3"...>元素内容</标签名>
```

例如：

```
<留言 姓名="张三" QQ="666666666" Email="zhangsan@263.net" 留言时间="2017-4-5 16:39:26">
        这里是我的留言
</留言>
```

对于空元素，其语法形式如下：

```
<标签名 属性名 1="属性值 1" 属性名 2="属性值 2" 属性名 3="属性值 3"... / >
```

元素和属性都可以描述信息，那么该使用属性，还是使用元素呢？

一般来讲，具有如下特征的信息可以考虑使用属性来表示。

- 与文档无关的简单信息。例如，<书桌 长="240cm" 宽="80cm" 高="100cm"/>中的“书桌”元素，其目的是向用户展示一个书桌，但书桌的大小与用户基本无关，而且其“长、宽和高”也没有子结构。在这种情况下，就可以将书桌的“长、宽和高”信息作为元素的属性进行定义。
- 与文档有关，而与文档的内容无关的简单信息。例如，<Email 发送时间="2017-4-5 16:39:26" 发送人="张三" >这里是电子邮件内容</Email>。

当然，有很多信息既可以用元素来表示，也可以用属性来表示。例如，对于上面示例中的留言信息，以及与留言相关的属性，这些留言属性既可以使用元素来表示，也可以使用属性来表示。

提示：

在将已有文档处理为 XML 文档时，文档的原始内容应全部表示为元素；而编写者所增加的一些附加信息，如对文档某一点内容的说明、注释、文档的某些背景材料等信息则可以表示为属性，当然前提是这些信息非常简单。

在创建和编写 XML 文档时，如果是希望显示的内容应表示为元素，即能够在浏览器中显示出来的信息，反之则表示为属性。

实在无法确定表示为元素或属性的，就可以表示为元素。因为对于文档处理来讲，元素比属性更容易操作。

扫一扫，看视频

16.1.2　嵌入 CSS 样式

在 XML 中应用 CSS 的方式有三种，这与 HTML 应用 CSS 相似。

- 内部声明 CSS：在 XML 文档中直接置入 CSS 样式。
- 连接 CSS 样式表：新建 CSS 样式表文件，然后使用命令将 XML 文档与 CSS 文件关联在一起。
- 内置 CSS 样式表：新建 CSS 样式表文件，然后在 XML 文档内部样式表中使用@import 导入。

XML 文档内部包含的 CSS 样式被称为内部 CSS。为了将 CSS 样式置入 XML 文档内部，并让处理器识别哪些是 CSS 样式，哪些是 XML 元素，需要引入<style>标签，并且通过名域机制引入<style>，具体格式如下：

```
<根元素名 xmlns:html="http://www.w3.org/TR/REC-HTML40">
```

这是一个名域声明语句，http://www.w3.org/TR/REC-HTML40 是定义 HTML 标签的名域（文件），为了在 XML 文档中引入 HTML 的标签<style>和</style>必须指定它的来源和作用。然后把所有在 XML 文档中可能出现的 CSS 样式指令都放在<style>标签对中。HTML 标签的名域文件有很多，根据文档类型可以酌情设置。例如，下面的声明定义 XHTML1 文档类型。

```
<根元素名 xmlns:html=" http://www.w3.org/1999/xhtml ">
```

注意，有了这条名域声明语句后，在 XML 文档中使用“HTML:”为前缀，后面可指定任何 HTML 标签，如<HTML:DIV>和</HTML:DIV>、<HTML:A>和</HTML:A>等。

具有内部 CSS 的 XML 文档引用方式如下：

```
<html:style>
```

这里引入的 HTML 标签来自 HTML4 文档类型。格式如下：

```
<?xml version="1.0" encoding="gb2312" standalone="yes" ?>
<?xml-stylesheet type="text/css" ?>
<根元素 xmlns:html="http://www.w3.org/TR/REC-HTML40">
    <html:style>
        CSS-selector1{属性名:属性值; 属性名:属性值; ……}
        CSS-selector2{属性名:属性值; 属性名:属性值; ……}
        ……
    </html:style>
    <XML 元素 1……>元素内容</XML 元素 1>
    <XML 元素 1……>元素内容</XML 元素 1>
    ……
</根元素>
```

【示例】　在本示例中通过在 XML 文档内部定义样式表，实现对 XML 文档显示样式进行控制，显示效果如图 16.2 所示。注意，HTML 名域 URL 的引用。

```
<?xml version="1.0" encoding="utf-8"?>
<?xml-stylesheet type="text/css"?>
<poetry xmlns:html="http://www.w3.org/1999/xhtml">
    <html:style>
     poetry {
         background-color: #FFC;
         display: block;
         margin: 2em;
     }
     head {
```

```
        display: block;
        font-size: 32px;
        color: red;
        text-align: center;
    }
    author {
        display: block;
        font-size: 20px;
        color: blue;
        text-align: center;
        margin:12px 0;
    }
    content {
        display: block;
        font-size: 16px;
        color: green;
        text-align: center;
        line-height:1.8em;
        padding-left: 2em;
    }
    </html:style>
   <head>静夜思</head>
   <author>李白</author>
   <content>床前明月光，疑是地上霜。</content>
   <content>举头望明月，低头思故乡。</content>
</poetry>
```

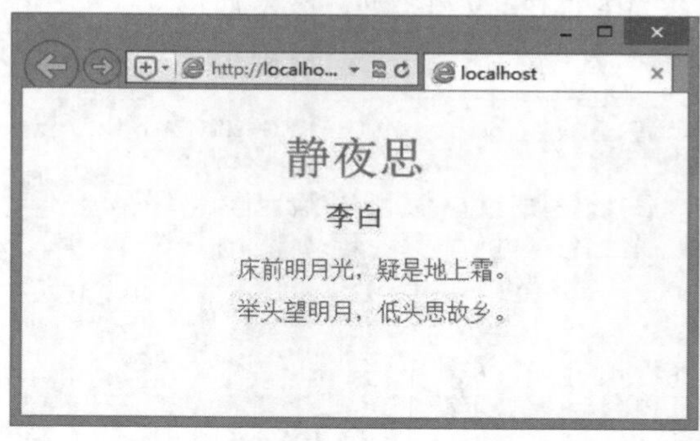

图 16.2　通过内部 CSS 样式控制 XML 文档效果

在上面的代码中，第 1 行是 XML 文件的头部声明，作为一个格式良好的 XML 文档，都应该添加头部的声明信息。第 2 行是 CSS 样式的声明，其中，xml-stylesheet 的意思是为 XML 文档添加样式表，type="text/css"的意思是样式表的类型是 CSS 样式表。第 4 行和第 29 行中间的内容则是 CSS 样式的内容，其中第 4 行用来声明添加 CSS 代码，第 29 行则是它的封闭标签。后面几行是 XML 文档的内容。在添加了 CSS 样式之后，在 IE 中打开这个 XML 文档，效果如图 16.2 所示。

扫一扫，看视频

16.1.3　使用 CSS 样式表

一般不推荐使用内部 CSS 样式，而建议使用外部 CSS 样式表，将所有规范 XML 元素的样式用一个独立的 CSS 文件保存，使用起来会更方便。

建立 CSS 样式表文件后，需要将 CSS 文档与对应的 XML 文档关联，这是在 XML 文档头部用语句来完成的：

```
<?xml-stylesheet type="text/css" href="CSS 文档的 URL" ?>
```

在这条声明语句中，type 用来指定文档类型，这里表明是文本、CSS 类型。href 用来指明引用的 CSS 文档的位置、名称和扩展名，即 CSS 文档的通用资源定位地址。

【示例】 本示例演示了如何导入外部样式表文件。

第 1 步：新建 XML 文档，保存为 index.xml。

第 2 步：输入下面的代码，设计与唐诗相关的标识内容。

```
<?xml version="1.0" encoding="utf-8"?>
<poetry>
    <head>鹿柴</head>
    <author>王维</author>
    <content>空山不见人，但闻人语响。</content>
    <content>返影入深林，复照青苔上。</content>
</poetry>
```

第 3 步：新建 CSS 样式表文件，保存为 style.css。

第 4 步：输入下面的样式代码。

```
poetry {
    background-color: #FFC;
    display: block;
    margin: 2em;
}
head {
    display: block;
    font-size: 32px;
    color: red;
    text-align: center;
}
author {
    display: block;
    font-size: 20px;
    color: blue;
    text-align: center;
    margin: 12px 0;
}
content {
    display: block;
    font-size: 16px;
    color: green;
    text-align: center;
    line-height: 1.8em;
    padding-left: 2em;
    text-shadow:2px 2px 2px #93FB40;
}
```

第 5 步：在 index.xml 文档头部位置，即第 2 行的位置，使用<?xml-stylesheet>命令导入外部样式表文件 style.css。

```
<?xml-stylesheet type="text/css" href="style.css"?>
```

第 6 步：保存文档，在浏览器中预览，则显示效果如图 16.3 所示。

如果没有 CSS 样式表的作用，在浏览器中预览 index.xml 文档，则显示效果如图 16.4 所示。

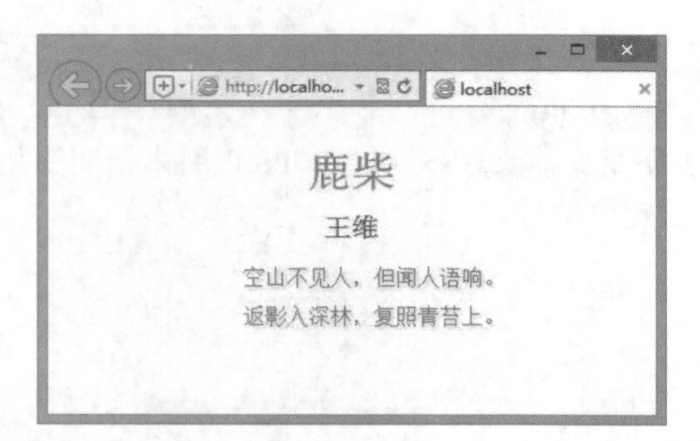

图 16.3 通过外部 CSS 样式表控制 XML 文档效果

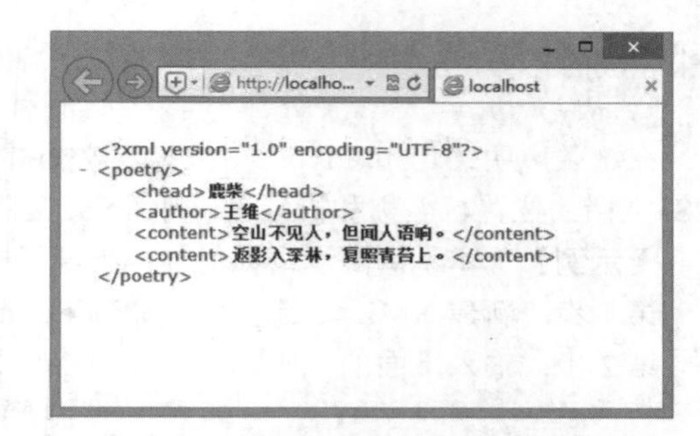

图 16.4 无 CSS 的 XML 文档效果

16.2 实 战 案 例

本节将通过实例的形式帮助读者使用 CSS 设计 XML 文档样式，以提高实战技法和技巧，快速理解 CSS 在 XML 中的应用。

扫一扫，看视频

16.2.1 设计特效文字

本节示例介绍如何使用 CSS 定位技术设计一个文字阴影特效，如图 16.5 所示。

图 16.5 设计 XML 文字特效

【操作步骤】

第 1 步：新建 XML 文档，保存为 index.xml。

第 2 步：与 HTML 文字阴影效果的思路基本一致，用两个标记分别记录两段相同的文字，XML 文档代码如下。

```
<?xml version="1.0" encoding="utf-8"?>
<shadow>
    <char1>春眠不觉晓，处处闻啼鸟。</char1>
    <char2>春眠不觉晓，处处闻啼鸟。</char2>
</shadow>
```

第 3 步：新建 CSS 样式表文件，保存为 style.css。

第 4 步：输入下面的样式代码。

```
shadow {
    font-family: Arial;
    font-size: 80px;
    font-weight: bold;
}
char1 {
```

```
    position: absolute; /* 绝对定位 */
    color: #FFFF00;
    top: 10px;
    left: 15px;
    z-index: 2;          /* 高低关系 */
    border: 2px solid #222;
    padding: 5px 10px 5px 10px;
}
char2 {
    position: absolute; /* 绝对定位 */
    top: 15px;
    left: 20px;
    color: #ff0000;
    z-index: 1;          /* 高低关系 */
    padding: 5px 10px 5px 10px;
    background-color: #7c0000;
}
```

第 5 步：在 index.xml 文档头部位置，即第 2 行的位置，使用<?xml-stylesheet>命令导入外部样式表文件 style.css 即可完成本例效果。

```
<?xml-stylesheet type="text/css" href="style.css"?>
```

16.2.2 设计表格样式

扫一扫，看视频

本节示例介绍如何使用 CSS 设计 XML 以表格样式显示数据，并隔行换色，效果如图 16.6 所示。

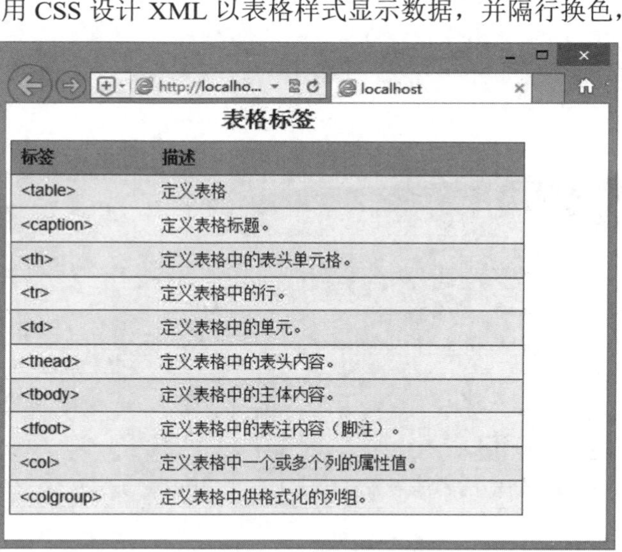

表格标签

标签	描述
<table>	定义表格
<caption>	定义表格标题。
<th>	定义表格中的表头单元格。
<tr>	定义表格中的行。
<td>	定义表格中的单元。
<thead>	定义表格中的表头内容。
<tbody>	定义表格中的主体内容。
<tfoot>	定义表格中的表注内容（脚注）。
<col>	定义表格中一个或多个列的属性值。
<colgroup>	定义表格中供格式化的列组。

图 16.6 设计表格显示样式

【操作步骤】

第 1 步：新建 XML 文档，保存为 index.xml。

第 2 步：设计 XML 文档结构。使用<list>定义表格框，使用<caption>定义表头，使用<title>定义列标题行，使用<item>定义数据行，使用<name>定义第一列单元格，使用<describe>定义第二列单元格。

```
<?xml version="1.0" encoding="gb2312"?>
<list>
```

```
    <caption>表格标签</caption>
    <title>
        <name>标签</name>
        <describe>描述</describe>
    </title>
    <item>
        <name>&lt;table&gt;</name>
        <describe>定义表格</describe>
    </item>
    <item>
        <name>&lt;caption&gt;</name>
        <describe>定义表格标题。</describe>
    </item>
    <item>
        <name>&lt;th&gt;</name>
        <describe>定义表格中的表头单元格。</describe>
    </item>
    <item>
        <name>&lt;tr&gt;</name>
        <describe>定义表格中的行。</describe>
    </item>
    <item>
        <name>&lt;td&gt;</name>
        <describe>定义表格中的单元。</describe>
    </item>
    <item>
        <name>&lt;thead&gt;</name>
        <describe>定义表格中的表头内容。</describe>
    </item>
    <item>
        <name>&lt;tbody&gt;</name>
        <describe>定义表格中的主体内容。</describe>
    </item>
    <item>
        <name>&lt;tfoot&gt;</name>
        <describe>定义表格中的表注内容（脚注）。</describe>
    </item>
    <item>
        <name>&lt;col&gt;</name>
        <describe>定义表格中一个或多个列的属性值。</describe>
    </item>
    <item>
        <name>&lt;colgroup&gt;</name>
        <describe>定义表格中供格式化的列组。</describe>
    </item>
</list>
```

第 3 步：新建 CSS 样式表文件，保存为 style.css。

第 4 步：输入下面的样式代码。

```
list {
    font-family: Arial;
    font-size: 14px;
    position: absolute;           /* 绝对定位 */
    top: 0px;
    left: 0px;
    padding: 4px;                 /* 适当的调整位置 */
}
caption {
    margin-bottom: 6px;
    font-weight: bold;
    font-size: 1.4em;
    text-align:center;
    display: block;               /* 块元素 */
}
title {
    background-color: #4bacff;
    display: block;               /* 块元素 */
    border: 1px solid #0058a3;    /* 边框 */
    margin-bottom: -1px;          /* 解决边框重叠的问题 */
    padding: 4px 0px 4px 0px;
    font-weight:bold;
}
item {
    display: block;               /* 块元素 */
    background-color: #eaf5ff;    /* 背景色 */
    border: 1px solid #0058a3;    /* 边框 */
    margin-bottom: -1px;          /* 解决边框重叠的问题 */
    padding: 4px 0px 4px 0px;     /* Firefox 不支持行内元素的 padding，只支持 block 元素
的 padding，为了尽量统一两个浏览器，故将 padding-top 和 bottom 放到这里设置 */
}
item:nth-child(2n+1) {
    background-color: #eee; /* 背景色 */
}
name, describe {
    padding: 2px 8px 2px 8px;
    display: inline-block;
}
name {                        /* Firefox 不支持行内元素的 width 属性 */
    width: 100px;}
describe { width: 300px;}
```

第 5 步：在 index.xml 文档头部位置，即第 2 行的位置，使用<?xml-stylesheet>命令导入外部样式表文件 style.css 即可完成本例效果。

```
<?xml-stylesheet type="text/css" href="style.css"?>
```

扫一扫，看视频

16.2.3 设计图文页面

本示例设计一幅图文并茂的诗配画效果，在页面中通过夕阳背景衬托意境，通过 CSS 嵌入的诗人速写给画面以点睛，并在背景图的左上角显示一首唐代诗人李商隐的《登乐游原》小诗，使页面看起来更富诗情画意，设计效果如图 16.7 所示。

图 16.7　设计诗情画意图文效果

【操作步骤】

第 1 步：构建 XML 文档结构，并保存为 index.xml。

```
<?xml version="1.0" encoding="utf-8"?>
<poem>
    <title>登乐游原</title>
    <author>唐 李商隐</author>
    <wen>
        <li>向晚意不适，</li>
        <li>驱车登古原。</li>
        <li>夕阳无限好，</li>
        <li>只是近黄昏。</li>
    </wen>
</poem>
```

第 2 步：新建 CSS 样式表文件，保存为 xml.css。在样式表文件中定义 XML 文档中各个标签的基本显示样式。

```
poem { /*画面样式*/
    margin:0px;
    background-image:url(06.jpg);  /*设计画面背景图*/
}
title { /*标题样式*/
    position:absolute;
    left:80px;
```

```
    top:20px;
    font-size:26px;
    color:#FFF;
    font-weight:bold;
}
author { /*作者样式*/
    position:absolute;
    left:100px;
    top:60px;
    font-size:14px;
    color:#0033FF;
}
wen { /*诗文外包含框样式*/
    position:absolute;
    left:80px;
    top:90px;
}
li { /*诗文列表样式*/
    display:block;
    color:#000;
    font-size:20px;
    font-weight:bold;
    margin:6px;
}
```

第 3 步：使用 CSS 在文档中嵌入诗人画像，通过 width 和 height 属性定义诗文外包含框的大小，并用 background 属性定位值 bottom 和 right 把嵌入的诗人画像放到包含框的右下角即可。

```
wen {
    width:620px;
    height:350px;
    background:url(author.png) bottom right no-repeat ;
}
```

16.2.4　设计正文版面

扫一扫，看视频

图文混排一般多用于正文内容部分或者新闻内容部分，处理的方式也很简单，文字围绕在图片的一侧，或者一边，或者四周。这样的设计可以让整个版面显得既饱满又不杂乱。为了获取较高的代码可移植性，要求使用 XML+CSS 方式来实现。

图文混排版式一般情况下不是在页面设计制作过程中实现的，而是在网站发布后通过网站的新闻发布系统进行自动发布，这样的内容发布模式对于图片的大小、段落文本排版都是属于不可控的，因此要考虑到图与文不规则问题。

使用绝对定位方式后，图片将脱离文档流，成为页面中具有层叠效果的一个元素，将会覆盖文字，因此不建议使用绝对定位实现图文混排。通过浮动设计图文混排是比较理想的方式，适当利用补白（padding）或者文字缩进（text-indent）的方式将图片与文字分开。设计效果如图 16.8 所示。

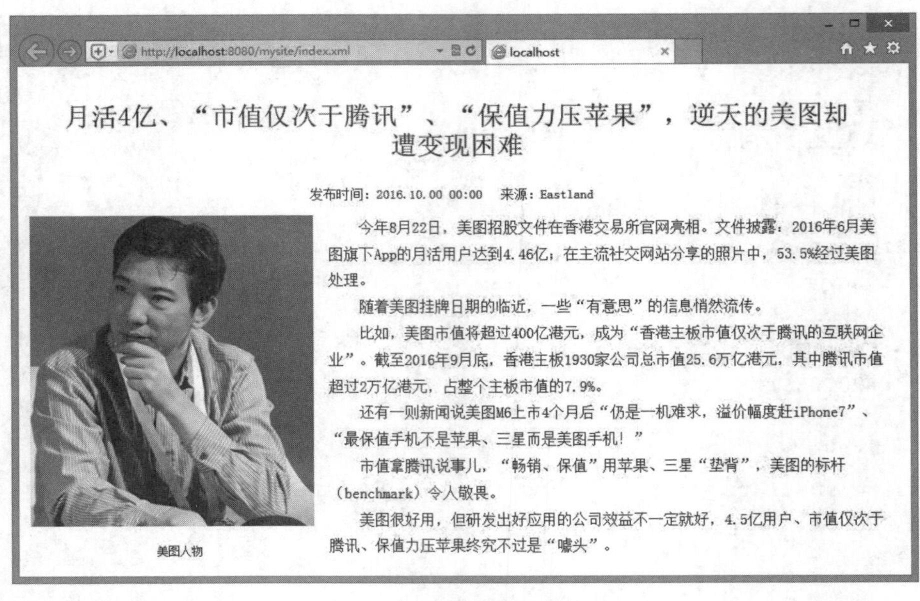

图 16.8　设计正文版面效果

【操作步骤】

第 1 步：构建 XML 文档结构，并保存为 index.xml。

```
<?xml version="1.0" encoding="gb2312"?>
<?xml-stylesheet type="text/css" href="images/xml.css"?>
<new>
    <h1>月活 4 亿、“市值仅次于腾讯”、“保值力压苹果”，逆天的美图却遭变现困难</h1>
    <detail>
        <time>发布时间：2016.10.00 00:00</time>
        <from>来源：Eastland</from>
    </detail>
    <pic>
        <img></img>
        <title>美图人物</title>
    </pic>
    <p>今年 8 月 22 日，美图招股文件在香港交易所官网亮相。文件披露：2016 年 6 月美图旗下 App 的月活用户达到 4.46 亿；在主流社交网站分享的照片中，53.5%经过美图处理。</p>
    <p>随着美图挂牌日期的临近，一些“有意思”的信息悄然流传。</p>
    <p>比如，美图市值将超过 400 亿港元，成为“香港主板市值仅次于腾讯的互联网企业”。截至 2016 年 9 月底，香港主板 1930 家公司总市值 25.6 万亿港元，其中腾讯市值超过 2 万亿港元，占整个主板市值的 7.9%。</p>
    <p>还有一则新闻说美图 M6 上市 4 个月后“仍是一机难求，溢价幅度赶 iPhone7”、“最保值手机不是苹果、三星而是美图手机！”</p>
    <p>市值拿腾讯说事儿，“畅销、保值”用苹果、三星“垫背”，美图的标杆（benchmark）令人敬畏。</p>
    <p>美图很好用，但研发出好应用的公司效益不一定就好，4.5 亿用户、市值仅次于腾讯、保值力压苹果终究不过是“噱头”。</p>
</new>
```

整个结构包含在<new>新闻框中，新闻框中包含四部分，第一部分是新闻标题，由<h1>标签负责；第二部分是新闻的附加信息，由<detail>标签负责管理，包括发布时间标签<time>和新闻源自标签<from>；第三部分是新闻图片，由<pic>图片框负责控制，其中包含<img>标签负责显示图片，<title>标签负责注释图片；第四部分是新闻正文部分，由<p>标签负责管理。

第 2 步：新建 CSS 样式表文件，保存为 xml.css。在样式表文件中定义 XML 文档中各个标签的基本显示样式。先输入下面的样式，定义新闻框显示效果。

```
new {
    display:block;
    width:900px; /* 控制内容区域的宽度，根据实际情况考虑，也可以不需要 */
    margin:12px;
}
```

第 3 步：继续添加样式，设计新闻标题样式，其中包括三级标题，统一标题为居中对齐显示，一级标题字体大小为 28 像素，<detail>标签字体大小为 14 像素，<title>标签大小为 12 像素，同时<title>标签标题取消默认的上下边界样式。

```
new h1 {
    display:block;
    text-align:center;
    font-size:28px;
    margin:1em;
}
new detail {
    display:block;
    text-align:center;
    font-size:14px;
    margin:1em;
}
new time, new from {
    padding-right:12px;
    ;
}
new title {
    display:block;
    text-align:center;
    font-size:12px;
    margin:0;
    padding:0;
}
```

第 4 步：设计新闻图片框和图片样式，设计新闻图片框向左浮动，然后定义新闻图片大小固定，并适当拉开与环绕文字之间的距离。

```
new pic {
    display:block;
    float:left;
    text-align:center;
}
new img {
    display:inline-block;
    background:url(01.jpg);
    width:307px;
    height:409px;
    margin-right:1em;
    margin-bottom:1em;
}
```

第 5 步：设计段落文本样式，主要包括段落文本的首行缩进和行高效果。

```
new p {
    display:block;
    line-height:1.8em;
    text-indent:2em;
}
```

简单的几句 CSS 样式代码就能实现图文混排的页面效果。其中重点内容就是设置图片浮动，float:left 就是将图片向左浮动，那么如果设置 float:right 后又将会是怎么样的一个效果呢，读者可以修改代码并在浏览器中查看页面效果。